原书第2版

云计算
原理、应用、管理与安全

[美] 丹·C. 马里恩斯库（Dan C. Marinescu） 著

佘堃 蔺立凡 等译

Cloud Computing
Theory and Practice Second Edition

机械工业出版社
CHINA MACHINE PRESS

图书在版编目（CIP）数据

云计算：原理、应用、管理与安全：原书第2版 /（美）丹·C. 马里恩斯库（Dan C. Marinescu）著；余堃等译 . -- 北京：机械工业出版社，2021.5（2024.4 重印）
（计算机科学丛书）
书名原文：Cloud Computing: Theory and Practice, Second Edition
ISBN 978-7-111-68079-6

I. ①云… II. ①丹… ②余… III. ①云计算 IV. ① TP393.027

中国版本图书馆 CIP 数据核字（2021）第 075762 号

北京市版权局著作权合同登记　图字：01-2018-4797 号。

Cloud Computing: Theory and Practice, Second Edition
Dan C. Marinescu
ISBN: 9780128128107
Copyright © 2018 Elsevier Inc. All rights reserved.
Authorized Chinese translation published by China Machine Press.
《云计算：原理、应用、管理与安全》（原书第 2 版）（余堃 蔺立凡 等译）
ISBN: 9787111680796
Copyright © Elsevier Inc. and China Machine Press. All rights reserved.
No part of this publication may be reproduced or transmitted in any form or by any means, electronic or mechanical, including photocopying, recording, or any information storage and retrieval system, without permission in writing from Elsevier (Singapore) Pte Ltd. Details on how to seek permission, further information about the Elsevier's permissions policies and arrangements with organizations such as the Copyright Clearance Center and the Copyright Licensing Agency, can be found at our website: www.elsevier.com/permissions.

This book and the individual contributions contained in it are protected under copyright by Elsevier Inc. and China Machine Press (other than as may be noted herein).

This edition of Cloud Computing: Theory and Practice, Second Edition is published by China Machine Press under arrangement with ELSEVIER INC.

This edition is authorized for sale in the Chinese mainland (excluding Hong Kong SAR, Macao SAR and Taiwan). Unauthorized export of this edition is a violation of the Copyright Act. Violation of this Law is subject to Civil and Criminal Penalties.

本版由 ELSEVIER INC. 授权机械工业出版社在中国大陆地区（不包括香港、澳门特别行政区以及台湾地区）出版发行。

本版仅限在中国大陆地区（不包括香港、澳门特别行政区以及台湾地区）出版及标价销售。未经许可之出口，视为违反著作权法，将受民事及刑事法律之制裁。

本书封底贴有 Elsevier 防伪标签，无标签者不得销售。

注意

本书涉及领域的知识和实践标准在不断变化。新的研究和经验拓展我们的理解，因此须对研究方法、专业实践或医疗方法作出调整。从业者和研究人员必须始终依靠自身经验和知识来评估和使用本书中提到的所有信息、方法、化合物或本书中描述的实验。在使用这些信息或方法时，他们应注意自身和他人的安全，包括注意他们负有专业责任的当事人的安全。在法律允许的最大范围内，爱思唯尔、译文的原文作者、原文编辑及原文内容提供者均不对因产品责任、疏忽或其他人身或财产伤害及 / 或损失承担责任，亦不对由于使用或操作文中提到的方法、产品、说明或思想而导致的人身或财产伤害及 / 或损失承担责任。

出版发行：机械工业出版社（北京市西城区百万庄大街 22 号　邮政编码：100037）			
责任编辑：曲　熠		责任校对：殷　虹	
印　　刷：北京建宏印刷有限公司		版　次：2024 年 4 月第 1 版第 2 次印刷	
开　　本：185mm×260mm　1/16		印　张：24.25	
书　　号：ISBN 978-7-111-68079-6		定　价：139.00 元	

客服电话：(010) 88361066　88379833　68326294

版权所有 • 侵权必究
封底无防伪标均为盗版

译者序

云计算、大数据、人工智能的新进展和区块链等新技术带来的变化已经深刻地改变了我们的生活方式，而且这种改变还在进一步、更深层次地发生着。这种深刻的改变来得太快，以致虽然我们每天都在经历并享受着，但大部分人还"云"里雾里，甚至不知所"云"。作为专业人士，尽管我们了解这些新技术的出现都来自"云计算"的突破，清楚"云即互联网""云就是互联网的图腾"背后的含义，也理解大数据、区块链和人工智能2.0甚至工业2025都是云时代的产物，但每每进行解释时还是会感到水平有限。遍阅文献，总算找到了云计算知识集大成者——Dan C. Marinescu博士的这本书。感谢机械工业出版社给予我们翻译本书的机会，虽然翻译和审校花了近两年的时间，但我认为这是值得的，因为这是目前世界上最好的云计算教科书。

本书可作为"计算机网络"后续课程的教材和参考书籍，适合计算机、电子、通信、软件工程和网络空间安全等相关专业本科生或研究生阅读。

在本书的翻译过程中，得到了电子科技大学信息与软件工程学院、智能软件与感知计算研究中心诸多老师和学生的支持及帮助。于钥、刘文哲、鲍涛、潘映林、张登凯、吴佳伟和杨帅等学生参与了本书的第一次校译；蔺立凡、陈浩、张郭健、胡艺和文钊等学生参与了本书的第二次校译，蔺立凡完成了第二、三次校译的总体整理；周飞阳、杨晨、唐峰、何万泽和彭涛等学生完成了本书的第三次校译，并制作了PPT㊀。

限于时间和学识，译文中难免存在疑问和错漏之处，请将问题发送给 kun@uestc.edu.cn，我将及时反馈。

佘堃

于电子科技大学沙河校区

㊀ 用书教师可访问 course.cmpreading.com 下载PPT资源。——编辑注

推荐序

Cloud Computing: Theory and Practice, Second Edition

当今用过计算机的人都听说过云计算，而且大多数人都在某种程度上使用过云计算，如面向科学和工程的高精计算或者希望安全地在云中存储家人的照片。什么是计算云？为什么它无处不在？谁提供云计算服务？它提供了哪些服务？为什么它具有高性价比？计算云是如何构建和编程的？如何访问它？它如何存储和处理巨量的信息集合？怎样才能保证它的安全？这本书将回答这些关于云计算的设计、实现、使用和优势的问题。这本书是关于云计算的权威教科书和参考书，是为来自学术界、工业界和政府的研究者及教育工作者编写的。

我认识这本书的作者 Dan C. Marinescu 博士已经 30 多年了。作为一名长期从事计算机科学和计算机工程研究的人，我可以肯定地说，Dan 是一位学者、一位知识分子、一位专业研究者和一位勤奋的作家。作为想了解云计算的人，我们很幸运，Dan 运用他的智慧和精力，将云计算众多方面的丰富知识汇集成了这本书。

本书是以简明且易懂的方式编写的，取材于数百种相关资料。作者将这数百种资料及其中的知识组织起来，并在统一的术语、上下文和框架中予以呈现，使内容连贯一致。

可以说这本书是云计算的"百科全书"。除了上面提到的主题之外，读者将从本书中学习的其他主题包括：应用程序开发、大数据、容器、用于优化系统使用的控制论、数据存储、数据流、死锁预防、能效、图形处理单元、虚拟机管理程序、互联云、互连网络、互联网的通信、MapReduce 编程、移动计算、以网络为中心的计算和以网络为中心的内容、并行性（数据级、线程级和任务级）、性能分析、过程协调、资源管理及调度、安全性、服务水平协议、可信、虚拟化和仓库级计算机。书中还对现有云计算硬件和软件系统进行了研究和比较。

大部分章末都有一系列值得思考的练习和问题。其中的许多问题需要读者参考其他特定的参考文献以获得额外信息。这些问题引导学生运用和借鉴书中的知识，探索其他系统，并加深对知识的理解。此外，本书的附录中还包含针对云计算课程的研究项目。

本书提供了将近 550 篇参考文献，每个主题都引用了相关文献，以引导读者了解更多细节。参考文献也经常用于问题和练习，以帮助读者了解更多信息。

本书组织严密，主要由四个部分组成，每个部分由多章具体阐述。本书具有相当的技术深度，既包括基础理论概念，又涉及现实实践。尽管本书在技术上很深奥，但其写作风格和组织结构使之易于阅读和理解。书中包含 180 多幅插图，并配有有效的文字说明，呈现方式清晰，易于读者理解。

每个云计算基础设施都是一类大规模复杂系统，对于设计、分析、部署和安全保护的每个阶段，既要考虑满足用户需求，又要为云服务供应商带来利润。这些问题都非常难处理，本书将尝试给出一些解决方案。

总之，Dan C. Marinescu 博士运用他深厚的写作功底和杰出研究者的经验，成功地把云计算领域广泛而复杂的知识有效地组织起来，并且使其变得易于理解。这本书是权威的云计算教科书和参考资料,可供研究人员、实践者、系统设计者和实现者以及使用云计算的应用专家阅读。

H. J. Siegel

IEEE Fellow,ACM Fellow

科罗拉多州立大学荣休教授

电气和计算机工程 George T. Abell 名誉首席杰出教授

计算机科学教授

校信息科学和技术中心主任

前言

Cloud Computing: Theory and Practice, Second Edition

在计算时代开启之后的几乎半个世纪,在永恒的硅时代,颠覆性的多核技术使得计算科学社区和应用程序开发人员意识到理解和使用并发性的重要性。现在已经没有必要等待更快的时钟频率技术,而是更倾向于选择设计算法和实现应用程序来更好地发挥现代处理器的多核作用。

当新的应用程序可以利用云计算毫不费力地实现高并发,并且在这个过程中产生巨大的收益时,这种想法再次发生了变化。一个并行和分布式系统的新时代开始了,大数据时代隐藏着"金矿"信息,并且需要大量的计算资源。在这个时代,"粗糙"是好的,"精细"不一定好,至少在并行性的粒度上是这样的。新的挑战来自如何利用数百万多核处理器的能力,并允许它们有效地协同工作。

计算机和信息处理技术的发展速度确实惊人,甚至超出了最乐观的专家与预测者的预期和预测。例如,在20世纪90年代初,美国能源部的基于科学的库存管理(SBSS)计划从核反应堆的地下测试过渡到以科学为基础的计算机驱动测试,要求在10年内将超级计算机的速度提高10 000倍。而事实上100Tflops这个目标在实现时已经翻了20倍[417]。

过去的几十年强化了这样一种观点:信息处理可以在通过互联网接入的大型计算和存储系统上更有效地进行。网络、处理器架构、存储技术和软件技术的进步,都在为接受新计算模型而做出改变。

20世纪90年代初,美国国家实验室和大学为造福世界科学界而发起的网格计算运动吸引了学者和投资机构的注意。10年后,面向企业应用的云计算时代开始了。

2006年,亚马逊推出了亚马逊网络服务(AWS),提供的第一个云计算服务是弹性云计算(EC2)和简单存储服务(S3)。今天,S3已经拥有超过2万亿的对象,通常每秒运行超过110万个峰值请求,它的年增长率是132%[232]。自2013年5月开始服务以来,弹性MapReduce已经启动了550万个集群。

AWS拥有超过100万的客户,他们可以访问28个以上的数据中心;一个数据中心需要为50 000~80 000台服务器供电,网络容量为10^2 Tbps,同时使用25MW~30MW的功率[220]。2015年,亚马逊拥有最大的云基础设施。其他14家云供应商的总容量是AWS的1/5[232]。

据非官方估计,2012年1月谷歌使用的服务器数量接近180万。今天,有超过200个云服务供应商(CSP)以及大约120个支持基础设施即服务(IaaS)和数据库即服务(DBaaS)的云交付模型。在过去,一家IT公司花数年时间才能拥有100万客户,而Instagram仅花几周就达到了这一里程碑。

许多IT公司(如亚马逊、谷歌、微软、IBM、Oracle等)推动的云计算已经有效地实现了计算的大众化。2015年,地球上72亿居民中有26亿人使用电子邮件服务⊖,如Gmail。数以亿计的人使用在线服务购买所有能想到的商品,或者在遥远的地方租房子。数以百万计的计算机专家和新手只需要一张信用卡就可以访问以前由政府机构运行的超级

⊖ 参见 http://www.radicati.com/wp/wp-content/uploads/2015/02/Email-Statistics-Report-2015-2019-Executive-Summary.pdf。

计算机提供的计算机资源——当时只有少数人才拥有访问权限。

计算机云把我们带入了大数据时代。根据 IBM 的一篇文章："每天，我们会创造 2.5 万亿字节的数据，以至于现在世界上 90% 的数据都是在过去的两年里创造出来的。这些数据来自收集气候信息的传感器、社交媒体网站、数码照片和视频、购买交易记录以及手机 GPS 信号等。这些数据形成了大数据。"[251]

软件的复杂性和支持云服务的硬件基础设施的发展速度令人震惊。谷歌维护着 20 亿行代码，这些代码驱动着应用程序，如谷歌搜索、谷歌地图、谷歌文档、谷歌+、谷歌日历、Gmail、YouTube 和其他谷歌互联网服务。相比之下，微软自 20 世纪 80 年代以来开发的 Windows 操作系统有大约 5000 万行代码，仅为谷歌在 19 年里开发的代码的 1/40 ⊖。

拥有成千上万个处理器的仓库级计算机（WSC）不再是虚构的，而是服务于数以百万计的用户，并在计算机体系结构教科书[56,228]和研究论文[262]中得到了详细分析。WSC 的处理器吞吐量比单线程峰值性能更重要，因为没有单个处理器能够处理现代应用程序的全部工作负载[239]。随着并行线程数量的增加，减少序列化和通信开销变得更加困难。强核（brawny-core）系统——其单核性能相当高——比更节能的弱核（wimpy-core）系统更可取。

在以网络为中心的计算的早期，人们假定网络搜索是"杀手级"应用，这种应用将在未来几十年驱动大型系统的软件和硬件[54]。事实证明，运行在计算机云上的应用程序非常多样化。例如，在 Google，最常用的前 50% 的应用程序只占所使用 CPU 周期的 50%[262]。

云应用程序的广泛运用增加了云基础设施面临的挑战。例如，控制时间关键作业和批处理作业混合而成的工作负载的尾部延迟是非平凡的[131]。一些关键的系统需求是相互矛盾的，例如，多路复用资源既要提高效率并降低响应时间，又要支持性能和安全隔离。

为了建立从底层硬件中移除的抽象层，正在研发一种用于互联网规模任务的操作系统。例如，Dryad[253]、DryadLinq[539]、Mesos[237]、Borg[502]、Omega[446] 和 Kubernetes[82] 试图弥合集群基础设施与应用程序对其环境的假设之间的差距。这种系统管理着一个由非常多的独立服务器组成的物理集群的虚拟计算机聚合资源。

云计算的软件栈已经发展到为系统提供统一的更高层次的视图，而不是一个单个机器组成的大集合。虚拟化和容器化是无处不在的抽象，它们使访问日益庞大和多样化的云用户群体变得更容易。分布式和半结构化存储系统，如谷歌的 BigTable[96] 或 Amazon 的 Dynamo[134] 被广泛使用。支持更高抽象的系统包括 FiumeJava[92]、Mesa[212]、Pig[187]、Spark[541]、Spark Streaming[543]、Tachyon[301]等。

云计算已经并将持续对具有大数据处理能力的许多个人、机构和研究团体产生深远的影响。计算机云在多变和需求冲突的环境中运行。计算机云的这种颠覆性特性最终需要系统设计中的新思维。

云的规模产生了意想不到的好处，同时也给系统设计者带来了巨大的挑战。即使稍微改进一下服务器性能或资源管理算法，也可能导致巨大的成本节约，收到如潮的好评。与此同时，若数百万软硬件组件中的一个出了故障，其在整个系统中的传播将会造成灾难性的后果。在大型工程系统中，重要的一课是为意外的低概率事件的发生做好准备，并且提前考虑其可能造成的重大破坏性影响。

过去几年，云计算的发展速度非常快，本书的第 2 版在第 1 版的基础上进行了修订，

⊖ 谷歌于 1998 年 9 月正式成立。

以反映这些变化。我们试图对大量的信息进行筛选，以提炼出与云计算相关的主要思想。第1章非正式地介绍计算机云、以网络为中心的计算和以网络为中心的内容，云计算的实体、范式和服务，以及伦理问题。第2章综述三大云服务供应商Amazon、Google和Microsoft提供的服务，并讨论了CSP与云用户之间的责任分担。之后的章节由四个部分组成。

第一部分（第3和4章）介绍与并行和分布式计算有关的重要理论和实践概念。第3章介绍计算模型、进程组的全局状态、因果历史、原子操作、并发、Petri网并发建模、共识协议和负载均衡。第4章涵盖数据级/线程级/任务级并行、并行计算机体系结构、分布式系统、虚拟化，还讨论了如何通过模块化、分层和层次结构来处理现代系统的复杂性。

第二部分（第5和6章）介绍云基础设施的两个关键要素。第5章致力于通信和云接入，介绍了网络组织结构、云计算网络基础设施、命名数据网络（NDN）、软件定义网络、互连网络（如InfiniBand和Myrinet）、存储区域网络、可伸缩数据中心通信架构、内容分发网络和车载自组织网络。第6章介绍存储模型、文件系统、NoSQL数据库、锁服务、谷歌的BigTable和Megastore、存储的规模可靠性和数据库服务。

第三部分（第7～10章）讨论云应用、云资源管理和调度。在简要回顾工作流的基础上，第7章分析了ZooKeeper协调器、MapReduce编程模型和处理大数据的分布式计算框架，包括Hadoop、Hive、Yarn、Tez、Pig、Impala，接着介绍云计算在科学和工程、生物学研究及社交计算中的应用。第8章讨论云基础设施，包括仓库级计算机、WSC的性能、软件栈组件、云资源管理、粗粒度数据并行应用的引擎、大数据的内存集群计算以及包括Docker和Kubernetes在内的容器化软件。第9章致力于资源管理和调度，涵盖的主题包括：基于云的Web服务的效用模型、控制论在调度中的应用、两级资源分配策略、多个自主性能管理器的协调、延迟调度、数据感知调度、包括启动时间公平排队在内的几种调度算法和借用虚拟时间。第10章介绍资源虚拟化，包括性能和安全隔离、虚拟化的硬件支持、对广泛使用的虚拟机管理程序Xen和KVM的分析、嵌套虚拟化以及与虚拟化相关的性能损耗和风险。

第四部分（第11～13章）介绍云计算的研究主题。第11章的核心是云安全，在对云安全风险、隐私和信任进行一般性讨论之后，分析了虚拟化安全以及共享映像和管理操作系统所带来的安全风险，给出了一种基于微内核设计原则和可信虚拟机监视器的虚拟机管理程序的实现。第12章主要讨论大数据、数据流和移动应用带来的挑战。在分析大数据的演进和发展之后，介绍MapReduce之后出现的技术，包括Pig、Hive和Impala。然后给出OLTP（在线事务处理）数据库和核内数据库化的概念，并分析移动计算应用、移动应用的能耗以及移动云计算的局限性。第13章关注更高级的主题，如规模对性能的影响、有期限的云调度、自组织和云资源的组合竞拍。

两个附录⊖为计划使用AWS服务的用户和学习云计算课程的学生提供了有用的信息。附录A讨论云应用开发，附录B介绍几个大规模模拟和云服务中的云项目，其中包括对多个可选设计方案进行并发评估的应用，以及计算科学中的大数据应用。

部分章末尾的历史笔记展示了对应章中讨论的科学和技术的里程碑。这些历史笔记提醒人们，自云计算时代开始，那些被视为经典的重要概念是如何出现及发展的。其中还展

⊖ 附录为在线资源，可访问Elsevier网站（https://www.elsevier.com/books-and-journals/book-companion/9780128128107）或出版社网站（course.cmpreading.com）下载。——编辑注

示了技术进步的影响力以及它们给我们的社会和我们的思想带来的根本性变革。

书中引用了将近550篇参考文献。许多参考文献介绍了云计算的几个相关领域的新研究成果，还有一些是关于并行和分布式系统中的关键主题的经典参考文献。术语表涵盖了书中使用的重要概念和术语。

感谢多年来与我分享智慧和知识的许多同事和合作者。特别感谢科罗拉多州立大学的H. J. Siegel教授、爱尔兰科克大学的John Patrick Morrison以及欧道明大学的Stephan Olariu。感谢Stephan Olariu教授和Gabriela Marinescu提供了大约600页的文本注释。感谢爱思唯尔的Nate McFadden和Steve Merken的指导和帮助。

目 录

译者序
推荐序
前言

第 1 章 引言 ········· 1
1.1 云计算 ········· 2
1.2 以网络为中心的计算和以网络为中心的内容 ········· 3
1.3 云计算：一个古老的概念，它的时代已经来临 ········· 4
1.4 云交付模型和定义属性 ········· 6
1.5 云计算中的伦理道德问题 ········· 8
1.6 云计算的缺陷 ········· 9

第 2 章 云服务供应商与云生态系统 ········· 11
2.1 云生态系统 ········· 11
2.2 云计算交付模型和服务 ········· 13
2.3 亚马逊网络服务 ········· 15
2.4 AWS 的持续演进 ········· 21
2.5 谷歌云 ········· 24
2.6 微软 Windows Azure 和 Online Services ········· 27
2.7 云存储的多样性和供应商锁定 ········· 28
2.8 云计算的互操作性和互联云 ········· 29
2.9 服务水平协议和合规水平协议 ········· 31
2.10 用户与 CSP 之间的责任分担 ········· 32
2.11 用户体验 ········· 33
2.12 软件授权 ········· 34
2.13 云计算的能源消耗及其对生态的影响 ········· 34
2.14 云计算面临的主要挑战 ········· 35
2.15 扩展阅读 ········· 36
2.16 练习和问题 ········· 37

第一部分

第 3 章 云的并发性 ········· 40
3.1 持久挑战：并发与云计算 ········· 40
3.2 计算领域的通信和并发 ········· 42
3.3 计算模型和 BSP 模型 ········· 45
3.4 一种多核计算模型 ········· 47
3.5 用 Petri 网对并发建模 ········· 48
3.6 进程状态：一个进程或线程组的全局状态 ········· 53
3.7 通信协议和进程协调 ········· 56
3.8 通信、逻辑时钟和消息交付规则 ········· 57
3.9 运行、裁剪和因果历史 ········· 60
3.10 线程和活动协调 ········· 63
3.11 临界区、锁、死锁和原子操作 ········· 67
3.12 共识协议 ········· 71
3.13 负载均衡 ········· 73
3.14 Java 的多线程和并发以及 FlumeJava ········· 76
3.15 历史笔记和扩展阅读 ········· 78
3.16 练习和问题 ········· 79

第 4 章 并行与分布式系统 ········· 81
4.1 数据级、线程级和任务级并行 ········· 81
4.2 并行架构 ········· 83
4.3 SIMD 架构、向量处理和多媒体扩展 ········· 86
4.4 图形处理单元 ········· 88
4.5 增速比、Amdahl 定律和可扩展增速比 ········· 90

| 4.6 | 多核处理器的增速比 …………… 91
| 4.7 | 分布式系统和系统模块化 …… 93
| 4.8 | 软模块化和强模块化 ………… 94
| 4.9 | 分层和层次结构 ……………… 98
| 4.10 | 虚拟化和分层 ………………… 99
| 4.11 | P2P 系统 …………………… 101
| 4.12 | 大规模系统 ………………… 103
| 4.13 | 可组合边界和可伸缩性 …… 104
| 4.14 | 历史笔记和扩展阅读 ……… 105
| 4.15 | 练习和问题 ………………… 108

第二部分

第 5 章 云接入与云互连网络 …… 110

| 5.1 | 分组交换网络和互联网 ……… 110
| 5.2 | 互联网的演变 ………………… 114
| 5.3 | Web 访问和 TCP 拥塞控制窗口 ………………………… 117
| 5.4 | 命名数据网络 ………………… 119
| 5.5 | 软件定义网络 ………………… 121
| 5.6 | 计算机云的互连网络 ………… 121
| 5.7 | 多级互连网络 ………………… 124
| 5.8 | 无限带宽技术和 Myrinet …… 126
| 5.9 | 存储区域网络和光纤信道 …… 128
| 5.10 | 可伸缩数据中心通信架构 … 130
| 5.11 | 网络资源管理算法 ………… 133
| 5.12 | 内容分发网络 ……………… 136
| 5.13 | 车载自组织网络 …………… 139
| 5.14 | 扩展阅读 …………………… 139
| 5.15 | 练习和问题 ………………… 140

第 6 章 云数据存储 ………………… 141

| 6.1 | 存储技术的发展史 …………… 142
| 6.2 | 存储模型、文件系统和数据库 …………………………… 144
| 6.3 | 分布式文件系统：先驱者 …… 146
| 6.4 | 通用并行文件系统 …………… 151
| 6.5 | 谷歌文件系统 ………………… 153
| 6.6 | 锁和锁服务 Chubby ………… 155
| 6.7 | NoSQL 数据库 ……………… 158

| 6.8 | 用于在线事务处理的数据存储系统 …………………………… 159
| 6.9 | BigTable …………………… 160
| 6.10 | Megastore ………………… 162
| 6.11 | 存储的规模可靠性 ………… 163
| 6.12 | 计算机云中的磁盘本地化和数据本地化 ………………… 166
| 6.13 | 数据库起源 ………………… 167
| 6.14 | 历史笔记和扩展阅读 ……… 169
| 6.15 | 练习和问题 ………………… 170

第三部分

第 7 章 云应用程序 ………………… 172

| 7.1 | 云应用开发和架构风格 …… 172
| 7.2 | 多活动协调 ………………… 175
| 7.3 | 工作流模式 ………………… 178
| 7.4 | 基于状态机模型的协调：ZooKeeper ………………… 180
| 7.5 | MapReduce 编程模型 ……… 183
| 7.6 | 案例研究：GrepTheWeb 应用 ………………………… 185
| 7.7 | Hadoop、Yarn 和 Tez ……… 187
| 7.8 | SQL 在 Hadoop 上的应用：Pig、Hive 和 Impala ………… 191
| 7.9 | 当前的云应用与新机遇 …… 195
| 7.10 | 科学与工程领域的云 ……… 196
| 7.11 | 生物学研究中的云计算 …… 199
| 7.12 | 社交计算、数字内容和云计算 …………………………… 201
| 7.13 | 软件故障隔离 ……………… 202
| 7.14 | 扩展阅读 …………………… 203
| 7.15 | 练习和问题 ………………… 203

第 8 章 云的软硬件 ………………… 205

| 8.1 | 虚拟机和容器 ………………… 205
| 8.2 | 云硬件和仓库级计算机 …… 207
| 8.3 | WSC 的性能 ………………… 209
| 8.4 | 虚拟机管理程序 …………… 212
| 8.5 | 粗粒度数据并行应用的引擎 …………………………… 212

8.6	细粒度的集群资源共享	214	10.7	基于内核的虚拟机	280
8.7	大规模集群管理系统 Borg	215	10.8	嵌套虚拟化	281
8.8	共享状态集群管理	217	10.9	用于 ARMv8 的基于内核的可信虚拟机	284
8.9	QoS 感知集群管理	219	10.10	Itanium 体系结构的半虚拟化	286
8.10	资源隔离	221	10.11	虚拟机的性能比较	288
8.11	大数据的内存集群计算	225	10.12	专有云的开源软件平台	290
8.12	容器和 Docker 容器	230	10.13	虚拟化的不足之处	292
8.13	Kubernetes	232	10.14	虚拟化软件	293
8.14	扩展阅读	233	10.15	历史笔记和扩展阅读	294
8.15	练习和问题	234	10.16	练习和问题	295

第 9 章 云资源管理与调度 …… 236

9.1	资源管理的策略和机制	237
9.2	云资源的效用和能效	238
9.3	资源管理和动态应用调节	241
9.4	控制论和最优资源管理	242
9.5	两级资源分配架构的稳定性	244
9.6	基于动态阈值的反馈控制	245
9.7	自主性能管理器的协调	246
9.8	基于云 Web 服务的效用模型	248
9.9	计算机云的调度算法	251
9.10	延迟调度	252
9.11	数据感知调度	256
9.12	Apache 容量调度程序	258
9.13	启动时间公平排队	259
9.14	借用虚拟时间	262
9.15	扩展阅读	265
9.16	练习和问题	266

第 10 章 云资源虚拟化 …… 267

10.1	计算机云的性能和安全隔离	268
10.2	虚拟机	268
10.3	全虚拟化和半虚拟化	271
10.4	对虚拟化的硬件支持	272
10.5	Xen：一种基于半虚拟化的虚拟机管理程序	275
10.6	Xen 2.0 的网络虚拟化优化	279

第四部分

第 11 章 云安全 …… 298

11.1	安全性：云用户最关心的问题	298
11.2	云安全风险	300
11.3	隐私和隐私影响评估	303
11.4	信任	305
11.5	云数据加密	306
11.6	数据库服务安全	308
11.7	操作系统安全	309
11.8	虚拟机安全	310
11.9	虚拟化安全	311
11.10	共享映像带来的安全风险	313
11.11	管理操作系统带来的安全风险	316
11.12	Xoar：打破 TCB 的整体设计	318
11.13	可信虚拟机管理程序	320
11.14	移动设备和云安全	321
11.15	扩展阅读	322
11.16	练习和问题	323

第 12 章 大数据、数据流和移动云 …… 324

12.1	大数据	325
12.2	大数据的数据仓库和谷歌数据库	326

12.3 数据分析的自引导技术 ……… 332
12.4 近似查询处理 …………… 335
12.5 动态数据驱动应用 ………… 337
12.6 数据流 ……………………… 339
12.7 面向数据流的数据流模型 …………………… 342
12.8 合并多个数据流 ………… 344
12.9 系统的规模可用性 ……… 346
12.10 规模和延迟 ……………… 348
12.11 移动计算和应用 ………… 351
12.12 移动计算的能效 ………… 353
12.13 可选的移动云计算模型 … 354
12.14 移动边缘云和马尔可夫决策过程 …………………… 356
12.15 扩展阅读 ………………… 358
12.16 练习和问题 ……………… 358

第 13 章 进阶主题 …………………… 360
13.1 一窥未来 ………………… 360
13.2 有期限的云调度 ………… 361
13.3 有期限的 MapReduce 应用调度 …………………… 365
13.4 涌现和自组织 …………… 366
13.5 资源捆绑和云资源的组合竞拍模型 ………………… 368
13.6 云互操作性和超云 ……… 370
13.7 迎接接连不断的挑战 …… 372

在线章节⊖

附录 A 云应用开发
附录 B 云项目
术语表
参考文献

⊖ 请访问 course.cmpreading.com 下载在线资源。——编辑注

第 1 章

引　言

　　从概念上讲，计算服务可以被视作另一种公共设施，就像水、电和煤气一样，每个国家的每个家庭都可以使用。计算机云就是提供计算服务的基础设施。在效用计算中，硬件和软件资源都集中在大型数据中心。使用计算服务的用户为他们所使用的计算、存储以及通信资源付费。效用计算经常需要一个类似于云的基础设施，云计算的重点则在于提供计算服务的商业模型。

　　半个多世纪前，在麻省理工学院百年校庆之际，约翰·麦卡锡(John McCarthy，1971年图灵奖得主，研究方向为人工智能)预言道："如果 I 型计算机将成为未来的计算机，那么可能有一天，计算服务将和电话系统等其他系统一样，成为公共基础设施，计算机公共设施可能成为新兴的重要行业的基础。"现在，麦卡锡的预言从技术和社会角度来看已成为现实。

　　云计算是一种颠覆性的计算模式，因此需要在计算机科学和计算机工程的许多领域进行重大变革，包括数据存储、计算机体系结构、网络、资源管理、调度以及计算机安全。云基础设施的规模不断扩大以及应用程序和需求的多样化带来了大量的用户，云计算的发展面临着巨大的挑战。在本书的后续章节中我们将讨论这些挑战。

　　互联网使云计算成为可能——在没有高速通信的条件下，使用位于远地的数据中心来提供计算和资源存储服务几乎不可能。云计算的发展与互联网的未来有机地联系在了一起。物联网(Internet of Things，IoT)已经洒下了云端计算机的种子。例如亚马逊提供的 Lambda 和 Kinesis 等服务，这些将在 2.4 节中讨论。

　　1999 年至 2013 年，互联网用户的数量增加了十倍，2005 年突破了第一个 10 亿，接着是 2010 年第二个 10 亿，然后是 2014 年第三个 10 亿。这个数字现在甚至变得更大，如图 1.1 所示。许多互联网用户并不知道云计算正在影响他们的生活，但是却通过各种各样

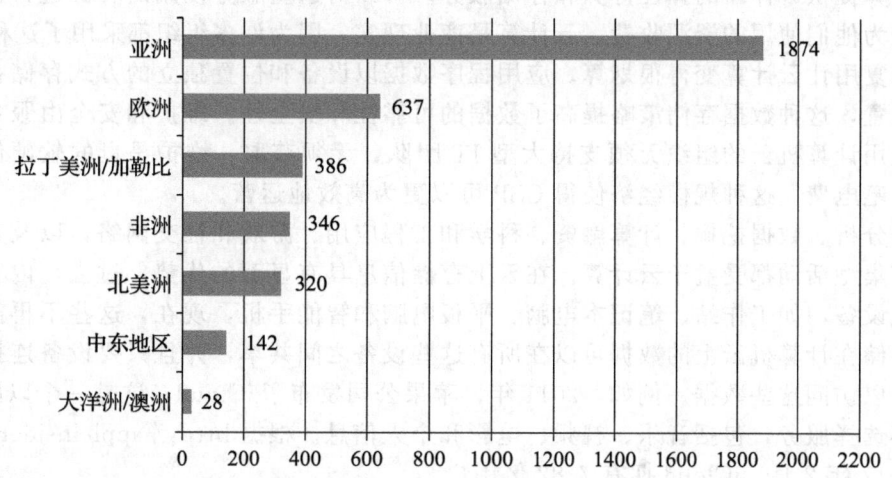

图 1.1　据统计，截至 2017 年 3 月 25 日，全球不同地区的互联网用户数量(以百万计)，参见 http://www.internetworldstats.com/stats.htm

的服务，直接或间接地发现了云计算的魅力。在未来的岁月中，由云基础设施提供的大量计算资源将用于设计和组织复杂系统工程、科学研究、教育、商业、分析、艺术以及人类想要探索的所有方面。数以百万的云用户可以流式传输、下载和访问存储在云中的数据

1.1 节主要介绍云计算的基本概念。1.2 节主要讨论以网络为中心的计算和内容的广泛背景。1.3 节讨论云计算在经历了大规模分布式系统设计的漫长努力后最终成为现实的原因。1.4 节讨论计算机云的定义属性和云交付模型。伦理道德问题和云的缺陷分别在 1.5 节和 1.6 节中讨论。

1.1 云计算

2011 年，美国国家标准与技术研究所（NIST）将云计算定义为"一种允许无处不在的、方便的、按需网络访问的可配置计算资源（如网络、服务器、存储、应用程序和服务）共享池模型，这些共享资源可以通过最少的管理工作、极少的与服务供应商的交互来快速配置和发布。"

云计算具有五个属性：按需自助服务、广泛的互联网访问、资源池、快速伸缩和可度量的服务。DBaaS（数据库即服务）是对三种云服务交付模型——SaaS（软件即服务）、PaaS（平台即服务）和 IaaS（基础设施即服务）——的最新补充。专有云、社区云、公共云和混合云是四种部署模型（如 1.4 节图 1.2 所示）。

云计算时代始于 2006 年，当时亚马逊提供了弹性云计算（EC2）和简单存储服务（S3），这是亚马逊网络服务提供的第一批服务。2012 年，EC2 已被 200 个国家的企业使用。S3 已经拥有超过了两万亿个对象，并且通常每秒运行超过 110 万个峰值请求。弹性 MapReduce 自 2010 年 5 月启动服务以来，已经推出了 550 万个集群（ZDNet 2013）。在过去的几年里，云服务供应商（CSP）提供的服务范围和云用户数量急剧增加。

云计算的初衷是，数据处理和存储可以在通过互联网访问的大型计算和存储系统集群上更有效地完成。计算机云支持从本地计算到以网络为中心的计算和以网络为中心的内容的模式转变，而远程数据中心提供计算和存储资源。在这个新的模式中，用户将数据和代码的控制权交给 CSP。

云计算提供可伸缩的弹性计算和存储服务。可以对这些服务使用的资源进行计量，并且用户仅为他们使用的资源收费。云计算是商业现实，因为许多组织都采用了这种模式。

资源复用让云计算变得很划算。应用程序数据以设备和位置独立的方式存储在离站点较近的位置，这种数据存储策略提高了数据的可靠性和安全性。维护和安全由服务供应商保证。使用计算机云的组织无须支持大型 IT 团队，无须获取、维护昂贵的软硬件，也无须支付大笔电费。这种规模经济使得 CSP 可以更为高效地运营。

数据分析、数据挖掘、计算融资、科学和工程应用、游戏和社交网络，以及其他计算和数据密集型活动都受益于云计算。在云上存储信息具有显著的优势：过去，内容往往局限于个人设备，如工作站、笔记本电脑、平板电脑和智能手机，现在，这些不再需要本地存储。存储在计算机云上的数据可以在所有这些设备之间共享，并且只要设备连接到互联网，就可以访问这些数据。例如，2011 年，苹果公司发布了 iCloud，这是一个以网络为中心的内容选择服务，包括音乐、视频、电影和个人信息。根据 http://appleinsider.com/ 的数据，2017 年 2 月，iCloud 拥有 7.82 亿用户。

云计算极大地改变了提供大规模计算周期和存储空间的系统设计。计算机云使用现成的低成本组件。在过去的四十年里，人们花费高额费用、使用当时最先进的组件制造了独

一无二的超级计算机。

20世纪90年代初，Gordon Bell 曾指出，构建独一无二的系统不仅成本高昂，而且重写应用程序的成本也高得令人望而却步。他预计大规模并行计算迟早会发展成针对大众的计算[59]。

软件控制的数字系统的组成几乎没有界限，因此我们倾向于构建更为复杂的系统，包括系统的系统[335]。这种系统的性能和性质并不总是那么通俗易懂。我们也不需要对计算云偶尔会出现的意想不到的行为或者大规模系统偶尔出现的失误感到惊讶。

大型复杂系统（如计算云）的体系结构、协调机制、设计方法和分析技术将随着技术、环境和云计算的社会影响的变化而发展。其中一些变化将反映通信方面的变化，包括互联网本身的速度、可靠性、安全性、通过迁移到 IPv6 来适应更大寻址空间的能力等方面。

计算和通信是紧密相连的概念，而云计算强化了这一概念。一个领域的进步对另一个领域是至关重要的。事实上，在互联网能够支持高带宽、低延迟、可靠、低成本的通信之前，云计算无法成为传统高性能计算模式的可行替代方案。与此同时，如果没有强大的计算系统来管理网络，现代网络就无法正常运行。高性能交换机是网络和计算机云的关键元素。

云计算基础设施的复杂性是毋庸置疑的，并引发了以下问题：如何管理这样的系统？我们是否需要考虑一些全新的想法，比如未来由数百万服务器组成的云的自我管理和自我修复？应该从这种复杂系统的严格确定性的观点转变为非确定性的观点吗？这些问题的答案为计算机科学和工程界提供了丰富的研究主题。

云计算的兴起并非没有受到怀疑和批评。批评者认为，云计算只是一种营销策略，用户可能会依赖于专有系统，比如有大量的用户依赖云去实现数据存储和计算服务，如果云等大型系统出现故障，会对这些用户带来严重的影响。安全和隐私是云计算用户关心的主要问题。

一个非常重要的问题是，在用户社区的压力下，当前的标准化工作能否成功。另外，专有云计算环境的持续主导可能会对该领域产生负面影响。在可预见的未来，第2章将深入讨论的云交付模型、SaaS、PaaS、IaaS 以及 DBaaS 将继续共存。

基于 SaaS 的服务可能会越来越受欢迎，因为它们更容易为非专业人士所使用，而基于 IaaS 的服务将成为精通计算机的个人、大型组织和政府的服务领域。如果标准化成功了，那么我们可能会看到 IaaS 被设计成从一个基础设施迁移到另一个基础设施，并克服与供应商锁定相关的问题。DBaaS 服务的受欢迎程度可能还会上升。

1.2 以网络为中心的计算和以网络为中心的内容

以网络为中心的计算和以网络为中心的内容的概念反映了这样一个事实，数据处理和数据存储发生在远程计算机系统上，而不是在本地，这些计算机系统可以通过无处不在的互联网访问。内容这个术语指的是任何类型或数量的媒体，无论是静态的还是动态的、单片的还是模块化的、实时的还是存储的、聚合的还是混合的。

这两种以网络为中心的模式具有许多特征：

- 大多数以网络为中心的应用都是数据密集型的，例如，数据分析使得企业可以优化运营，计算机模拟是科学研究的一个强大工具，几乎涵盖从物理学、生物学、化学到考古学的所有科学领域。计算机辅助设计的精密工具，如 Catia（计算机辅助三维交互应用），广泛应用于航空航天和汽车行业。传感器的广泛使用则会产生大量的数据。多媒体应用越来越受欢迎，媒体数据占用的空间越大，就越会增加存储、网络和处理系统的负载。
- 几乎所有的应用程序都是网络密集型的。传输大量数据需要高带宽网络。并行计算、计算导向和数据流都是只能在低延迟网络上有效运行的应用程序的例子。数值模拟中的计算导向是指以交互的方式将计算实验引导到感兴趣的区域。
- 计算和通信资源（CPU 周期、存储、网络带宽）是共享的，可以聚合资源以支持数据密集型应用程序。多路复用使资源利用率变得更高；实际上，当多个应用共享一个系统时，它们对资源的峰值需求并不同步，系统平均利用率会增加。
- 数据共享促进了协作。事实上，在科学、工程、工业、金融、政府等领域的许多应用都需要对共享数据集进行多种类型的分析，并由分散在世界各地的组织进行多种决策。开放软件开发站点是这种协作的另一个例子。
- 在资源有限的系统上运行瘦客户程序访问系统。2011 年 6 月，谷歌发布了谷歌 Chrome OS，该操作系统被设计为在基础设备上运行，以其同名浏览器为基础。
- 基础设施支持某种形式的工作流管理。实际上，复杂的计算任务需要协调多个应用程序，对 Web 2.0 来说，服务的组合是一个基本的信条。

从本地到以网络为中心的数据处理和存储模式的转变有其值得关注的地方和好处：
- 因为此类系统容易受到恶意攻击，从而影响大量用户，所以此类资源池的管理面临着新的挑战。
- 大型系统受到复杂系统的现象特性的影响，例如相对较小的环境变化导致预期之外的系统状态的相变[328]。必须考虑其他资源管理策略，如自组织和基于近似系统状态知识的决策。
- 确保服务质量（QoS）在此类环境中极具挑战性，因为很难实现性能的完全隔离。
- 数据共享不仅带来了安全和隐私方面的挑战，还需要授权用户的访问控制机制，以及关于数据更改历史的详细日志。
- 降低成本。资源集中为计算能力的即付即用创造了机会，因此消除了初始投资，并显著降低了本地计算基础设施的维护和操作成本。
- 用户的便利性和弹性，能够适应具有非常大的峰均比的工作负载。

音像内容的创造和消费很可能改变互联网。预计互联网将支持更高的分辨率、更高的帧率、更广的颜色深度和更强的立体信息等。我们有充分的理由认为未来互联网⊖将以内容为中心。信息是应用于内容的功能的结果。

内容应该被视为具有语义内涵的东西，而不是一串字节；当用户请求命名数据和内容供应商发布数据对象时，通过内容挖掘可以提取相关信息，而我们应该重点关注提取出来的相关信息。以内容为中心的路由允许用户从网络延迟或下载时间方面最合适的位置获取所需的数据。还有一些挑战，如为内容操纵提供安全服务、确保全球版权管理、不当内容的控制和声誉管理。

1.3 云计算：一个古老的概念，它的时代已经来临

很难指出是哪一项单一技术或体系结构的发展引发了以网络为中心的计算和以网络为

⊖ 术语"未来互联网"是一个通用概念，指的是新的互联网体系结构和协议的开发过程中涉及的所有研究和开发活动。

中心的内容的转变。这一变化是微处理器、存储和网络技术发展的累积效应，加上所有这些领域的体系结构进步，以及支持分布式和并行计算的软件系统、工具、编程语言和算法的进步的结果。

多年来，我们目睹了固态技术的惊人发展，这导致了多核处理器的发展。四核处理器（如 AMD Phenom II X4 以及 Intel i3、i5、i7）以及六核处理器（如 AMD Phenom II X6 和 Intel Core i7 Extreme Edition 980X），现在都用于构建填充计算机云的服务器。多核芯片的时代逐渐来临，使得高速缓存相干电路能够以比片外信号传输更高的时钟速率运行。

存储技术也发生了巨大变化。例如，像 RamSan-440 这样的固态硬盘支持系统管理高事务量和高并发用户。RamSan-440 采用 DDR2（双倍数据速率）RAM 提供 60 万次持续随机 IOPS（每秒输入/输出操作）和超过 4GB/秒的持续随机读取或写入带宽，延迟小于 15 微秒，并且有 256GB 和 512GB 的配置可用。内存价格大幅下降，在写作本书的时候，PC 的 1GB 模块的价格大约仅为 5 美元。同时，光存储技术和闪存也是目前广泛使用的存储技术。

软件工程的思想也在发展，并出现了新的模型。表示软件架构和软件设计模式的三层模型出现了。其中包括：

- 表示层，应用程序的最高层。通常运行在桌面、PC 或工作站上，使用标准图形用户界面（GUI），并显示与服务相关的信息，例如浏览商品、购买及购物车内容。表示层可以与其他层进行通信。
- 应用程序/逻辑层。控制应用程序的功能，可能包含一个或多个在工作站或应用服务器上运行的独立模块。它可能是多层次的，这个架构也被称为 n 层架构。
- 数据层。控制存储信息的服务器；它在数据库服务器或大型机上运行关系数据库管理系统，并且包含计算机数据存储逻辑。数据层使数据独立于应用服务器或处理逻辑，并提高了可伸缩性和性能。

任何层次都可以独立更换，例如，表示层中操作系统的更改只会影响用户界面代码。

一旦技术到位，云计算经济优势的显现只是时间问题。由于大型数据中心的规模经济，拥有超过 50 000 个系统的中心比拥有大约 1 000 个系统的中型中心更为经济。与中型数据中心相比，配备了商用计算机的大型数据中心的资源消耗（包括能源）减少为原来的 $1/7 \sim 1/5$[37]。

对于中型数据中心，网络成本（以每 Mbit/sec/month 的美元计）为 95/13＝7.1。对于中等规模的中心，存储成本（以每 GB/month 的美元计）为 2.2/0.4＝5.7。中型数据中心的管理开销更大，一个系统管理员可以管理 140 个中型中心的系统，而同样的一个系统管理员可以管理 1 000 个大型中心的系统。

数据中心用于维持服务器和网络基础设施运行以及数据中心的加热和冷却所消耗的电能非常之大。据报道，2006 年，数据中心消耗了 610 亿千瓦时，占美国全部电力的 1.5%，耗资 45 亿美元。从 2010 年到 2014 年，数据中心总能耗增加了 4%。

2014 年，在美国大约有 300 万个数据中心，这些数据中心的消耗约为 700 亿千瓦时，约占美国能源消耗总量的 2%，相当于 640 万户美国平均耗电家庭的用电量之和。州与州之间的能源成本也不尽相同，例如在爱达荷州每千瓦时 3.6 美分，加州 10 美分，夏威夷则为 18 美分。这就解释了为什么云数据中心大多位于能源成本较低的地区。

一个自然而然的问题是：为什么云计算能够成功，而其他模式却失败了？云计算的成功可以归因于几个大类：技术的进步、现实的系统模型、用户的便利性和财务优势。云计算成功的原因包括：
- 云计算可以更好地利用软件、网络、存储和处理器技术的最新进展。云计算由大型IT公司推动，而这些公司在这些新技术的发展中也有既得利益。
- 云由单一管理域中的一组基本相同的硬件和软件资源组成。在这种设置中，安全性、资源管理、容错和服务质量比在具有多个管理域的资源异构环境中的挑战性要小。
- 云计算专注于企业计算[160,164]，其被行业组织、金融机构、医疗机构等采用，对经济有着巨大的潜在影响。
- 云提供了无限计算资源的幻觉，它的灵活性将应用程序设计者从单一系统的束缚中解放出来。
- 云计算消除了预期财务承诺的需要，它基于现收现付的方式，这有可能吸引新应用和现有应用的新用户，从而开创全行业技术进步的新时代。

尽管技术上的突破使云计算成为可能，但这项新技术仍然存在重大障碍，同时，这些障碍也为研究提供了机会。我们列出了一些最明显的障碍：
- 服务的可用性。当服务供应商无法交付时会发生什么？像通用汽车这样的大型公司能否将其IT活动转移到云上，并保证其活动不会受到云过载的负面影响？这个问题的部分答案由2.9节中讨论的服务水平协议（SLA）提供。一个临时的解决办法是过度的供应，即提供足够的资源来满足最大的预期需求，但过度的供应会对经济产生负面影响。
- 供应商锁定。一旦客户与一家云服务供应商绑定，就很难换到另一家。NIST标准化正在努力解决这个问题。
- 数据保密性和可审计性。这个严重的问题将在第11章进行分析。
- 数据传输瓶颈是数据密集型应用程序的关键。在1Mbps网络上传输1TB的数据需要800万秒，即大约10天；使用快递服务或将数据记录在某种媒介上再传递数据比通过网络发送更快、更便宜。超高速网络将在未来缓解这一问题，例如，1Gbps网络将把这一时间减少到8 000秒，略多于2个小时。
- 性能的不可预测性。这是资源共享的后果之一。性能隔离策略将在10.1节讨论。
- 弹性——能够快速伸缩的能力。需要新的算法来控制资源分配和工作负载分配。基于自组织和自管理的自主计算似乎是一种很有前途的方法。

还有其他常见问题，目前还没有明确的解决方案，包括软件许可和处理系统漏洞。

1.4 云交付模型和定义属性

图1.2总结了本章讨论的云计算交付模型、部署模型、定义属性、资源和基础设施组织。云交付模型、SaaS、PaaS、IaaS和DBaaS可以部署为公共、专有、社区和混合云。

新的交付服务的理念定义如下：
- 云计算利用互联网技术提供弹性服务。术语"弹性计算"指动态获取计算资源和支持可变工作负载的能力。云服务供应商维护着一个庞大的基础设施来支持弹性服务。
- 用于这些服务的资源可以进行计量，用户仅为他们使用的资源付费。
- 服务供应商进行维护和保障安全。

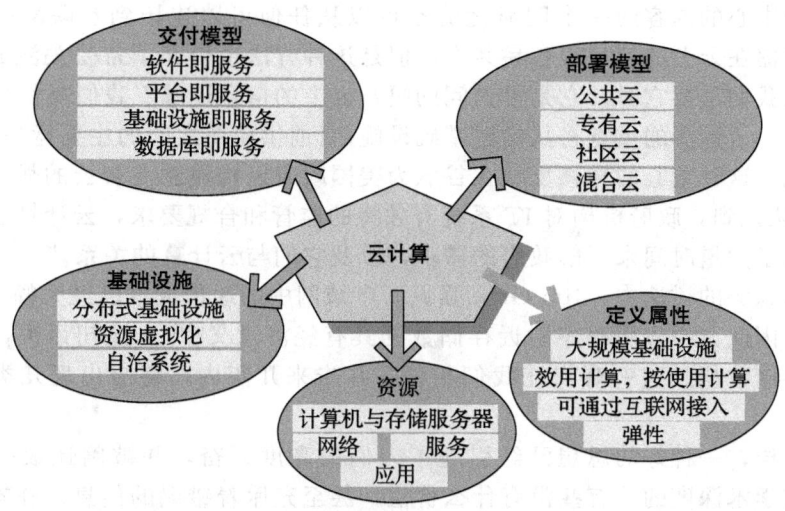

图1.2 云计算：交付模型、部署模型、定义属性、资源和组织基础设施

- 规模经济的专业化和集中化使服务供应商能够更有效地运作。
- 由于资源复用，云计算具有成本效益。服务供应商的低成本会给云用户带来低费用。
- 应用程序数据以与设备和位置无关的方式存储在更靠近其使用位置的地方。这种数据存储策略可能会提高可靠性和安全性，同时降低通信成本。

"计算机云"这个术语已经被广泛使用，因为它涵盖了不同规模、不同管理和不同用户群的基础设施。我们设想了几种类型的云：

- 专有云：基础设施仅为组织运营，可能由组织或第三方管理，也可能存在于组织内部或外部。
- 社区云：基础设施由多个组织共享，并支持共享关注点（例如，任务、安全需求、策略和遵从性考虑）的特定社区。它可以由各组织或第三方管理，可以存在于场所内或场所外。
- 公共云：基础设施向公众或大型行业组织开放，并由销售云服务的组织拥有。
- 混合云：基础设施是由两个或多个云（专有、社区或公共）组成的，这些云仍然是唯一的实体，但通过标准化或专有技术将它们绑定在一起，从而支持数据和应用程序的可移植性（例如，为了在云之间实现负载均衡而进行的云爆发）。

专有云可以提供大型组织（例如研究机构、大学或公司）所需的计算资源。专有云不支持效用计算是因为其观察到：组织必须投资于基础设施，而专有云的用户在消耗资源的同时支付费用[37]。然而，专有云可以使用与公共云相同的硬件基础设施；它的安全需求与公共云不同，并且在云上运行的软件在特定领域可能会受限制。

云计算是一种技术和社会现实，并且是一种新兴的技术。此时，我们只能推测这个新模式的基础结构将如何发展，以及什么应用程序将迁移到它之上。当用户依赖于大型数据中心提供的服务，并将私人数据和软件存储在不受他们控制的系统中时，这种技术转变的经济、社会、伦理和法律影响可能是巨大的。

科学和工程应用、数据挖掘、计算金融、游戏和社交网络，以及许多其他计算和数据密集型活动都可以从云计算中受益。从高能物理的实验结果到金融或企业的管理数据，再到照片、视频和电影等个人数据，都可以存储在云上。

以网络为中心的内容的一个明显优势是可以从任何可以连接到互联网的站点访问信息。显然，存储在云上的信息很容易共享，但是这种方法也引起了备受关注的问题：信息是否安全？当我们需要它时，它是可访问的吗？云上的信息还属于我们吗？

未来几年，云计算的重点将从构建基础设施（目前供应商之间的主要竞争领域）转移到应用程序领域。这种重心的转移反映在谷歌为美国政府机构建立专有云的战略上。该公司表示："我们认识到，政府机构对 IT 系统有独特的监管和合规要求，云计算也不例外。因此，我们投入了大量时间来了解政府的需求，以及它们与云计算的关系。"

在对技术趋势的讨论中，Jim Gray 强调，广域网中的通信成本已经大幅下降，而且还将继续下降。因此，在应用程序附近存储数据具有经济意义[202]，换句话说，在应用程序运行的云中存储数据。这一观点让我们相信，在未来几年内，将会出现几类新的云计算应用[37]。

像往常一样，一种好的思想已经引起了人们的高度兴奋，并被阐述成一连串的出版物，有些是有学术深度的，有些没有什么价值，甚至充斥着错误的信息。在本书中，我们试图筛选大量的信息，并剖析与云计算相关的主要思想。我们首先讨论云计算的应用，然后分析云计算的基础设施。

数十年的并行计算和分布式计算研究为云计算铺平了道路。多年来，在实现过程中我们遇到了不少挑战，包括算法级别的挑战，以及解决其中一些问题并避免其他问题的方法。因此，回顾这些年来我们的经历以及从中学到的教训是很重要的。这就是为什么我们在第 3 章讨论并发，在第 4 章讨论并行和分布式系统。

1.5 云计算中的伦理道德问题

云计算带来了一种范式迁移，这种迁移会对计算机伦理道德产生深远的影响。这种迁移的主要因素是：

- 控制权移交给第三方服务。
- 数据存储在由多个组织管理的多个网站上。
- 多个服务跨网络互操作。

将控制权交给第三方服务可能会引起未经授权的访问、数据损坏、基础设施故障和服务不可用等风险，此外，无论何时出现问题，都很难确定问题的根源和引起问题的实体。系统可以跨越多个组织边界并跨越安全边界，这一过程称为去边缘化。由于去边缘化，"不仅组织 IT 基础设施的边界变得模糊，责任的边界也变得不那么清晰"。[485]

云服务的复杂结构使得很难确定谁负责哪个操作。许多实体促成了一系列具有不良后果的行动，没有人可以为此负责，这就是所谓的"多人问题"。

组织间无限的数据共享和存储测试了信息的自决权，且个人通过收集、使用和披露他人的个人数据，最终实现了进行个人控制的权力或能力。这是对当今不断发展的信息社会的信心和信任的考验。身份欺诈和盗窃之所以成为可能，是因为在流通中的个人数据遭到未经授权的访问，以及通过社交网络传播数据的新形式。所有这些因素也可能对云计算构成威胁。

云服务供应商（CSP）已经在世界各地的数据中心收集了 PB 级的敏感个人信息。云计算的接受程度将取决于 CSP 和数据中心所在国家为确保隐私所做的努力。制度受到文化差异的影响：一些文化倾向于隐私，而另一些文化则强调社会性，这导致了在互联网这个全球系统中，人们对隐私的态度是矛盾的。

关于云计算的伦理道德我们能做些什么？这个问题并不容易回答，因为云计算中的许多不良现象只在某些时候才会出现。然而，对云计算治理的合理性和规则的需求是显而易见的。治理是指治理或调节某物的方式、管理方法、规章制度。提供研究经费的政府组织必须明确注意伦理问题；私营企业较少受到道德监督的约束，因此其治理安排更有利于盈利。

问责制是云计算的必要组成部分，关于如何在云中处理数据以及如何分配责任的足够信息是在云计算中执行道德规则的关键因素。有记录的证据使我们能够定位责任，但在隐私和责任之间可能存在矛盾，重要的是要确定记录的内容，以及谁可以访问这些记录。

我们不期望出现的对云服务供应商的依赖，即所谓的供应商锁定，是一个严重的问题，NIST 目前的标准化工作试图解决这个问题。用户关心的另一个问题是，未来只有少数几家公司主导市场、支配价格和政策。

1.6 云计算的缺陷

云会受到恶意攻击和基础设施故障的影响，例如电力故障。这些事件会影响互联网域名服务器并阻止对云的访问，或者直接影响云。例如，2004 年 6 月 15 日在 Akamai 发生的一次攻击导致了域名停机，并导致谷歌、雅虎和许多其他网站的重大中断。2009 年 5 月，谷歌成为严重拒绝服务(DNS)攻击的目标，导致谷歌新闻和 Gmail 等服务停机数日。

2012 年 6 月 29 日至 30 日，亚马逊因雷击延长停机时间。美国东部地区的亚马逊云由四个可用区的 10 个数据中心组成，其最初受到电力波动的影响，可能是由雷暴引起的。可用区是数据中心域内公共云服务发起和运行的位置。2012 年 6 月 29 日，一场风暴袭击了美国东海岸，摧毁了亚马逊在弗吉尼亚州的部分设施，影响了使用该地区系统的公司。根据 http://mashable.com/2012/06/30/aws-instagram/ 的数据，照片分享服务 Instagram 是这次停机的受害者之一。

从故障中恢复需要很长时间，并暴露了一系列问题。例如，十个中心中的一个未能在耗尽 UPS 机组提供的电力之前切换到备用发电机。虽然亚马逊云使用的"控制平台"允许用户切换到不同域的资源，但这个软件组件也失败了。启动过程出错，延长了重启 EC2 和 EBS 服务的时间。

另一个关键问题是弹性负载均衡器(ELB)中的一个漏洞，它用于将流量路由到具有可用容量的服务器。一个类似的漏洞影响了关系数据库服务(RDS)的恢复过程。这一事件暴露了只在特殊情况下才会发生的"隐藏"问题。

交互服务带来的稳定性风险在文献[177]中进行了讨论。云应用供应商、云存储供应商和网络供应商可以实现不同的策略，负责均衡和其他反应机制之间不可预测的交互可能导致动态不稳定性。管理负载、功耗和基础设施元素的独立控制器的意外耦合可能导致不希望出现的反馈和不稳定性，类似于互联网边界网关协议(Border Gateway Protocol, BGP)中基于策略的路由。

例如，应用供应商的负载均衡器可以与基础设施供应商的驱动优化器进行交互。其中一些耦合可能只在极端情况下才会出现，并且在正常操作条件下很难检测到，但是当系统试图从硬故障中恢复时，可能会产生灾难性的后果，例如"亚马逊云 2012"故障。

将数据中心的集群资源放在不同的地理位置上可以降低灾难性故障的概率。这种资源的地理分散可能会产生一些积极的副作用，例如减少通信流量，通过将计算分派到电力更便宜的地点来降低能源成本，以及通过智能和高效的负载均衡策略来提高性能。

有时，用户可以选择在何处运行应用程序。我们将在2.3节看到，亚马逊云用户可以选择其应用程序实例将要运行的区域，以及存储站点的区域。系统的目标是最大限度地提高吞吐量、资源利用率和经济效益，必须仔细权衡用户需求、低成本和响应时间以及最大可用性。

　　任何系统优化的代价都是系统复杂性的增加。例如，广域网(WAN)上的通信延迟比局域网(LAN)上的通信延迟大得多，因此需要开发用于全局决策的新算法。

　　第2章将对2016年末的云生态系统进行更深入的分析。接下来的第3章和第4章讨论与云计算相关的并发概念、并行和分布式计算原则概念。这两个主题都非常广泛，我们只涉及与云计算相关的方面。对计算机云的网络访问和云数据存储的深入分析分别是第5章和第6章的主题。

第 2 章
云服务供应商与云生态系统

本章介绍截至2017年中期的云生态系统。该生态系统的主要参与者有亚马逊、谷歌和微软。这三大云服务供应商都至少支持一种云计算交付模型:SaaS、PaaS、IaaS或DBaaS。亚马逊是美国IaaS方面的先驱,谷歌正在向SaaS和PaaS交付模型发力,微软主要致力于PaaS方面。同时,亚马逊、甲骨文和其他许多内容服务供应商(CSP)都提供DBaaS服务。

还有其他几家IT公司也涉足了云计算。IBM提供云计算平台IBMSmartCloud,其包括用于构建专有和混合云计算环境的服务器、存储和虚拟化组件,并在2012年10月宣布与AT&T合作,让客户能够通过AT&T的安全专用线路访问IBM的云基础设施。

2011年,惠普宣布计划进入云计算俱乐部。甲骨文于2012年初宣布进入企业计算领域。甲骨文云基于Java、SQL标准和一系列软件系统,如Exadata、Exalogic、WebLogic和Oracle数据库等。甲骨文计划提供应用和基于Java和SQL的平台服务,如Fusion HCM(人力资本管理)、FusionCR(客户关系管理)和Oracle社交网络。

本章首先简单介绍云的生态系统,然后深入讨论云交付模型及其服务,针对云计算在亚马逊、谷歌和微软中的应用分析分别于2.1、2.2、2.3、2.4、2.5和2.6节中展开。2.7和2.8节涵盖了供应商锁定的普遍问题以及云互操作性的前景。

2.9节介绍服务水平协议(SLA),2.10节讨论云用户与云服务供应商之间的责任分配。用户体验在2.11节中分析,而2.12节专门讨论软件许可。2.13节介绍云的能源消耗和云计算对生态环境的影响。2.14节讨论云计算面临的主要挑战。2.15和2.16节分别为扩展阅读以及练习和问题。

2.1 云生态系统

每天都有数亿人使用在线服务。每一天,云都要存储和处理来自各种传感器收集的大致250亿字节的数据,这些数据或者采自气候数据,或者采自百万量级人类所拍的数字照片和视频,或者采自手机GPS信号,等等。亚马逊、谷歌、微软、IBM和甲骨文等IT公司推动的云计算已经有效地使得计算大众化了。

每年约3 500亿个电表的数据被用以分析和预测电能的消耗,每天有500万笔交易被检查以防止欺诈,Twitter每天处理12TB的数据,Instagram使用AWS每秒处理25~100张照片。福布斯预测,全球公共云服务支出以年复合增长率19.4%从2015年的近700亿美元增加到2019年的超过1 410亿美元,详见http://www.forbes.com/。

云计算的经济影响不容低估。使用公共云和混合云进行数据分析、产品设计和其他应用的企业数量每年都在大幅增加。过去,IT公司花数年时间才能得到100万客户,如今Instagram只需几周就可以达到这个数量级。

云计算产生的收入每年都在大幅增加。例如,根据Synergy研究机构的数据,2016年云计算的收入增长了25%,如图2.1所示(该图来自http://www.geekwire.com/2017/cloud-computing-revenues-jumped-25-2016-strong-growthahead-researcher-says/)。

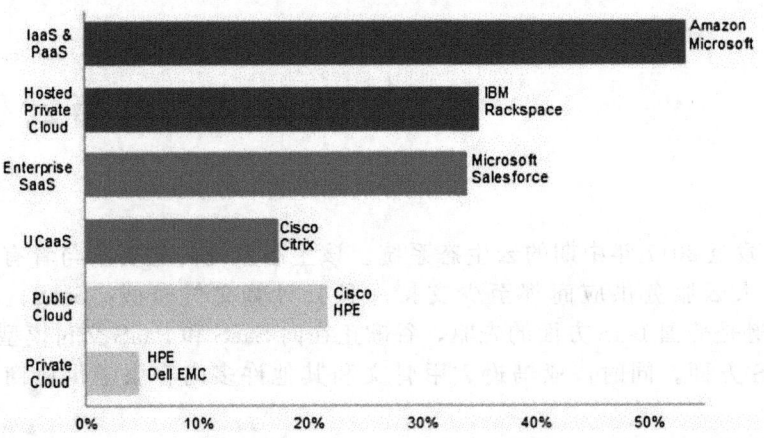

图2.1 2016年第三季度不同类型云计算的年化收入增长。不同类型的市场主导产品是由Synergy研究机构选出的

云计算目前的市场仍然由亚马逊主宰。在2013年，排名紧随其后的14个云供应商的总产能是AWS的1/5[232]。2016年的调查报告显示："57%的受访者使用了AWS，采用AWS的企业比例从50%上升到56%，然而小企业对AWS的采用率从61%稍微下降到58%。"[420]见图2.2。

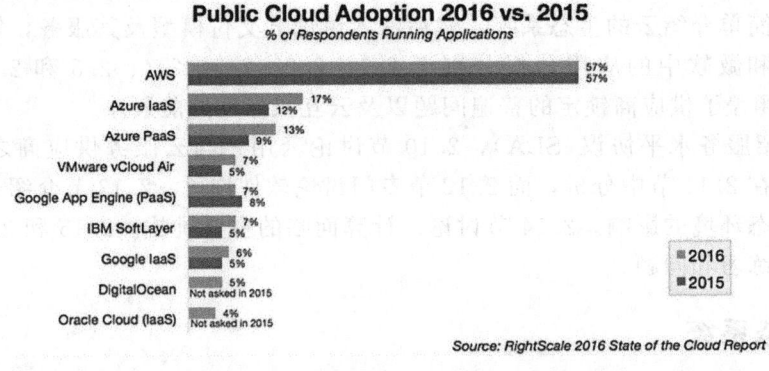

图2.2 2016年公共云的采用情况[420]

同一份调查报告称："公共云中运行超过1 000台虚拟机(VM)的企业比例从13%增加到17%，而专有云中这类企业的比例从22%增加到31%。"Docker的采用量也逐年增长，从受访者的13%增长到27%。随着许多公共云用户正在开发自己的专有云，混合云的普及率也在不断上升。

云用户面临一些挑战：安全性、合规性、管理成本和缺乏专业知识。云用户试图通过以下措施来降低云成本：
- 监控资源利用率。
- 避免繁忙时间和关闭临时负载。
- 购买AWS预留实例(reserved instance)的同时，有效利用竞价实例(spot instance)。
- 将负载迁移到成本较低的区。

美国国家科学基金会(NSF)支持学术界访问云设施CloudLab和Chameleon。CloudLab是一个测试平台，允许研究人员实验云架构和新应用。在犹他州、威斯康星州和南卡罗来纳州这三个地方大约有 15 000 个核可用于这样的实验。Chameleon 是用于大规模云研究的 OpenStack KVM 实验环境。

2.2 云计算交付模型和服务

根据图 2.3 中的 NIST 参考模型[362]，云计算所涉及的实体包括：服务消费者——与服务供应商保持业务关系并使用其服务的实体；服务供应商——负责为服务消费者提供服务的实体；运营商——在供应商和消费者之间提供云服务连接和传输的中介；代理——管理云服务的使用、性能和交付并协商供应商和消费者之间的关系的实体；审计师——可以对云服务、信息系统运营、云实施的性能和安全性进行独立评估的一方。审计是指通过一定的度量手段判定云系统对一套既定规则的符合程度，得到系统级的评估结果。例如，安全审计评估云安全性，隐私影响审计评估云的隐私保护情况，而性能审计评估云系统的性能。

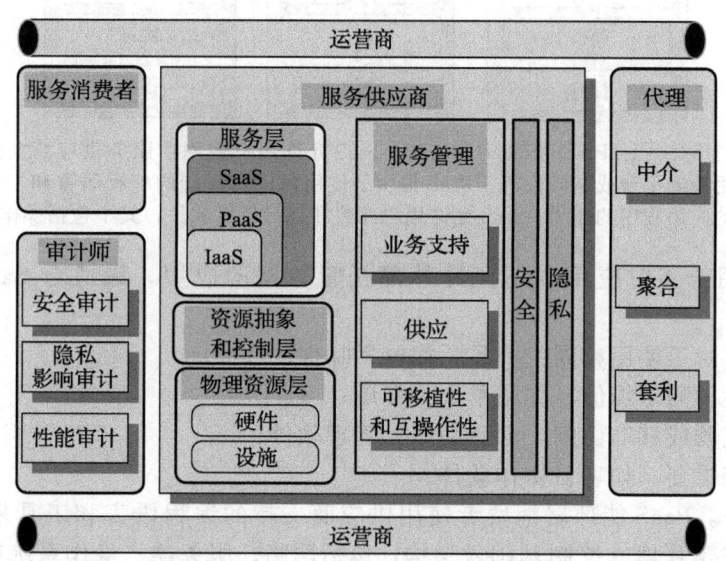

图 2.3 根据 NIST 的图表，面向服务计算特别是云计算中涉及的实体。运营商提供服务供应商、服务消费者、代理和审计师之间的连接

我们很难将与云计算相关的服务与任何计算中心包含的服务区分开来[463]。虽然本节讨论的许多服务可以由云架构提供，但它们也可以用于非云架构中。

根据云安全联盟，图 2.4 给出了三种交付模型 SaaS、PaaS 和 IaaS 的结构[124]。从 SaaS 的极端受限到 PaaS 的适中，再到会对 IaaS 产生影响，用户的自由度以及与云基础设施交互的复杂性随结构变化而有所不同。

软件即服务。 SaaS 云基础设施仅运行由服务供应商开发的应用。各种固定和移动的设备使得大量客户使用诸如网络浏览器之类的瘦客户接口（例如基于浏览器的电子邮件）来访问这些应用提供的服务。这些服务的用户不用管理或控制包括网络、服务器、操作系统、存储甚至某些个人应用在内的基础云架构，当然部分用户特定的应用配置除外。这些服务包括：

- 企业服务，如工作流管理、组件和协作、供应链、通信、数字签名、客户关系（CR）管理、桌面软件、财务管理、地理空间和搜索。
- Web 2.0 应用程序，如元数据管理、社交网络、博客、维基服务和门户服务。

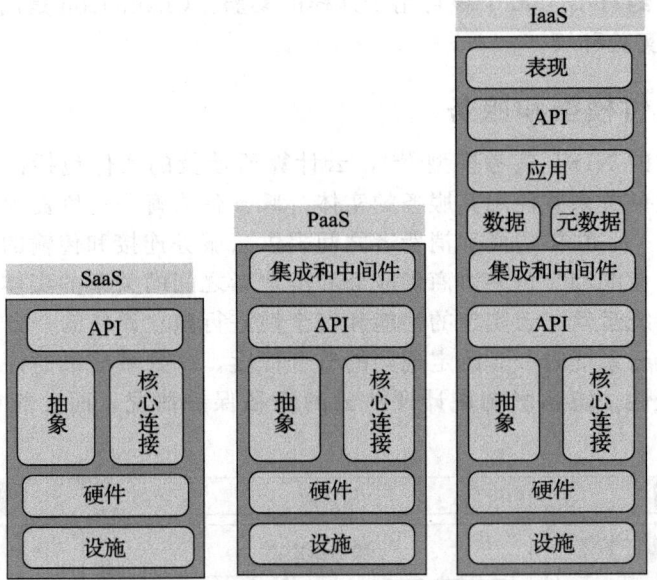

图 2.4 三种交付模型(SaaS、PaaS 和 IaaS)的结构。SaaS 允许用户使用由服务供应商提供的应用程序，但不允许使用控制平台或基础设施。PaaS 提供了使用供应商支持的编程语言和工具来部署消费者创建或获取的应用程序的能力。IaaS 允许用户部署和运行任意软件，其中包括操作系统和应用程序

SaaS 不适用于实时应用或不允许外部托管数据的应用。最适合 SaaS 的候选应用如下：

- 许多竞争对手使用相同的产品，如电子邮件；
- 有周期性的需求峰值，如账单和工资单；
- 要求浏览器或移动访问，如移动销售管理软件；
- 仅仅短期需要，如项目协作软件。

平台即服务。PaaS 能部署消费者使用供应商支持的编程语言和工具来创建或获取的应用。用户不需要管理或控制基础云架构，包括网络、服务器、操作系统或存储。用户可以控制已部署的应用程序以及可能的应用托管环境配置。这些服务包括：会话管理、设备集成、沙箱、仪器和测试、内容管理、知识管理、通用描述、发现和集成(UDDI)。UDDI 是一个独立于平台的、基于可扩展标记语言(XML)的注册机制，用于注册和定位 Web 服务。

当应用程序必须是可移植的，或使用专用编程语言，或必须定制基础软硬件以提高性能时，PaaS 并不是特别有用。它主要应用于这类开发——有多个开发人员和用户协同工作，并且部署和测试服务应该自动化时。

基础设施即服务。IaaS 能够提供处理、存储、网络和其他基础计算资源；消费者能够部署和运行任意的软件，包括操作系统和应用程序。消费者不需要管理或控制云基础设施，但可以控制操作系统、存储和部署的应用，还可以受限控制某些网络组件(例如主机防火墙)。此交付模型提供的服务包括：服务器托管、Web 服务器、存储、计算硬件、操作系统、虚拟实例、负载均衡、互联网访问和带宽供应。

IaaS 云计算交付模型具有许多特性，如分布式资源和动态伸缩能力，它基于公共事业定价模型和可变化的成本，硬件在多个用户之间共享。当需求波动剧烈、新业务需要计算资源并且不想投资计算基础设施，或组织正在快速扩张时，就需要这种云计算模式。

图 2.3 显示了支持三种交付模型所需要的一些活动，包括：

- 服务管理和配置，如虚拟化、服务配置、呼叫中心、运营管理、系统管理、QoS 管理、计费和结算、资产管理、SLA 管理、技术支持和备份。
- 安全管理，如身份和授权、认证和鉴定、入侵防御、入侵检测、病毒防护、加密、物理安全、事件响应、访问控制、审计和跟踪以及防火墙。
- 客户服务，如客户助理和在线帮助、订阅、商业智能、报告、客户偏好和个性化。
- 集成服务，如数据管理和开发。

这表明面向服务的体系结构涉及多个子系统和这些子系统之间的复杂交互。各个子系统可以分层设计，例如，我们看到服务层位于控制物理资源层的资源抽象层之上。

数据库即服务。DBaaS 是一种关于数据库的云服务，该数据库运行在服务供应商的物理设施上。与目前的物理服务器和存储架构相比，云数据库服务具有明显的优势：
- 即时伸缩性
- 性能保证
- 专业技能
- 最新的技术
- 支持故障转移
- 逐步下降的价格

DBaaS 模型的特色包括：
- 自服务——不需要重大部署或配置，也不需要设置性能和成本惩罚因子的服务。
- 独立于设备和位置的抽象数据库资源，无须考虑硬件利用率。
- 弹性和可伸缩性——自动和动态缩放。
- 现收现付模式——量化反映所用的资源及其成本。
- 敏捷性——应用程序无缝地衔接新技术或其他需求。

云 DBaaS 使用分层架构。用户界面层通过互联网访问服务。应用层访问软件服务和存储空间。数据库层提供高效可靠的数据库服务，通过重用驻留在存储中的查询语句，可以节省查询和加载数据的时间。数据存储层加密存储的数据，不需要用户参与，备份管理和磁盘监控也由该层提供。

多租户是 DBaaS 模型的组成部分。尽管有一定的优势，但多租户带来了资源管理挑战以及 11.6 节中要讨论的安全挑战。

2.3 亚马逊网络服务

在过去十年里，亚马逊改变了计算的面貌。首先，它安装了强大的计算基础设施来维持核心业务，在网上销售各种商品，从书籍、光盘到美食和家电。然后，该公司发现，这种基础设施可以进一步扩展，为企业及大众计算提供负担得起和易于使用的资源。

2006 年年中，亚马逊推出了基于 IaaS 交付模型的亚马逊网络服务（AWS）。在这个模型中，云服务供应商提供了一种基础设施，由高速网络连接的计算和存储服务器组成，并支持一组服务来访问这些资源。应用程序开发人员负责在自己选择的平台上安装应用程序，并管理亚马逊提供的资源。

据报道，2012 年有 200 个国家的企业使用了 AWS。这表明这种计算模式具有极高的国际影响力。大量的大型企业以及初创企业都在使用 AWS 基础设施提供的计算服务。例如，一家初创企业报告称，使用亚马逊每月的计算费用在 10 万美元左右，而在没有 AWS 提供高速和灵活的计算能力的情况下，将花费逾 200 万美元来维护自己的基础设施并进行计算——这家初创公司只雇佣了 10 名而不是 60 名工程师来维护自己的计算基础设施(来自《纽约时报》2012 年 8 月 28 日的文章"云计算兴起,亚马逊重塑计算")。

2017 年 3 月 28 日,《纽约时报》标题为"云业务助力亚马逊创造利润新纪录"的文章中写道:"公司利润的最大来源是 AWS——云计算业务,这项业务仅仅十多年前才开始,现在已经能带来每年逾 100 亿美元的收入……亚马逊是为数不多的仍能实现两位数收入增长的科技公司。"

AWS 计算、存储和通信服务。 亚马逊是第一家云计算供应商,2006 年 8 月,它发布了一个名为 EC2 的弹性计算平台的有限公测版本。之后,AWS 在 2008 年发布了 24 项服务,2009 年 48 项,2010 年 61 项,2011 年 82 项,2012 年 159 项,2013 年 280 项,2014 年发布了 449 项新服务和重大功能[232]。图 2.5 显示了 AWS 提供的服务,从 2011 年底开始就可以通过管理控制台访问这些服务。

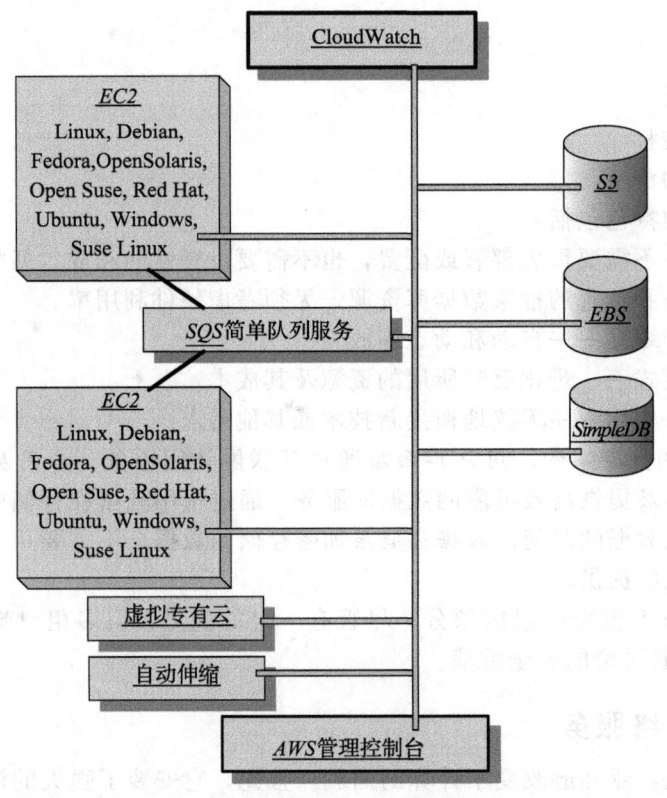

图 2.5 AWS 提供的服务可从 AWS 管理控制台访问。在各种操作系统下运行的应用程序可以使用 EC2 启动。多个 EC2 实例可以使用 SQS 进行通信。有几个存储服务可用,如 S3、SimpleDB 和 EBS。云监视支持性能监视,自动伸缩支持弹性资源管理,虚拟专有云支持并行应用程序的直接迁移

弹性计算云(EC2)⊖是一个具有简单接口的 Web 服务,用于在部分操作系统下启动应用实例,例如部分 Linux 发行版、Microsoft Windows Server 2003 和 2008、OpenSolaris、FreeBSD 和 NetBSD。

一个实例就是虚拟服务器。用户选择该虚拟服务器所在的域和可用区,并从一个有限

⊖ 亚马逊 EC2 由 C. Pinkham 领导的团队开发,团队成员还包括 C. Brown、Q. Hoole、R. Paterson-Jones 和 W. Van Biljon,他们全部来自南非好望角。

的实例类型菜单中选择一个，实例类型指出了应用所需的资源、CPU 时钟、主内存、辅助存储、通信和 I/O 带宽。

实例启动后，会赋予其一个 DNS 名，这个名映射到私有 IP 地址，用于 EC2 通信网络内的内部通信；还会赋予其一个公开 IP 地址，用于与亚马逊内部网之外的通信，例如，用于与启动该实例的用户通信。网络地址转换（NAT）将外部 IP 地址映射到内部 IP 地址。

公开 IP 地址可用于实例的整个生命周期，当实例停止或终止时，该地址将返回可用的公开 IP 地址池。实例可以请求一个弹性 IP 地址，而不是公开 IP 地址。弹性 IP 地址是一个静态的公开 IP 地址，来自可用区的地址池。当实例停止或终止时，弹性 IP 地址不会被释放，当实例不再被需要时则必须进行释放。

实例可以从预定义的亚马逊机器镜像（AMI）中创建，这些 AMI 经过数字签名并存储在 S3 中，也可以从用户自定义的镜像中创建。镜像包括操作系统、运行时环境、库和用户所需的应用程序。AMI 镜像创建原始镜像的精确副本，但不包含与配置相关的信息，如主机名或 MAC 地址。用户可以从现有的 AMI 启动实例并终止实例、启动和停止实例、创造新镜像、给镜像贴标签以及重新启动实例。

EC2 基于 10.5 节中将详细讨论的 Xen 虚拟化策略。在 EC2 中，每个虚拟机或实例就像一个虚拟专用服务器。实例指明了一个应用可用的最大资源量、访问该实例的接口以及每小时的成本。服务器可以运行一个或多个用户启动的多个虚拟机或实例；实例可以使用存储服务、S3、EBS、SimpleDB 以及 AWS 提供的其他服务，参见图 2.6。

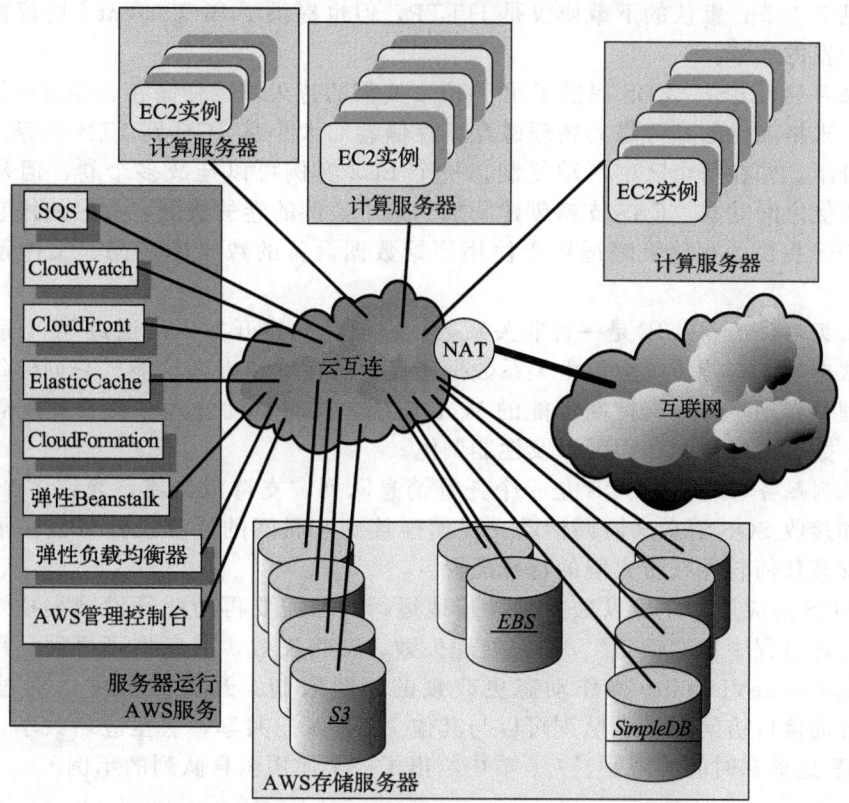

图 2.6 支持 AWS 服务的可用区的配置。云互连支持区内计算和存储服务器之间的高速通信，还支持通过网络地址转换（NAT）与其他可用区的服务器、云用户进行通信。NAT 将外部 IP 地址映射到内部 IP 地址。多租户增加了服务器的利用率并降低了成本

用户可以使用一组 SOAP 消息与 EC2 交互（参见 7.1 节），并列出可用的 AMI 镜像、从镜像引导实例、终止映像、显示用户的运行实例和显示控制台输出等。在 EC2 的弹性和安全计算环境中，用户能以 root 权限访问每个实例。实例可以放在不同域和可用区的多个位置中。

EC2 允许通过虚拟机（VM）导入工具将镜像从用户环境导入实例。它还使用弹性负载均衡工具在多个实例之间自动分配传入的应用流量。EC2 将一个弹性 IP 地址与一个账户关联起来，该机制使得用户可以屏蔽实例的故障，并将一个公开 IP 地址重新捆绑到该账户的任何实例，而不需要与软件支持团队进行沟通。

简单存储系统（S3）是一种存储大型对象的存储服务。它支持最小功能集：写、读和删除。S3 允许应用处理无限量的对象，大小可以从 1 个字节到 5TB。对象被存储在桶中，并通过唯一的、开发人员分配的键进行检索；桶存储在用户选择的域中。

S3 维护每个对象：名称、修改时间、访问控制表，以及最多 4KB 用户定义的元数据。对象名是全局的。认证机制确保数据的安全；对象可以公开，也可以授权给其他用户。S3 支持使用 PUT、GET 和 DELETE 原语来操作对象，但不支持复制、重命名或将对象从一个桶移到另一个桶的原语。APPEND 到一个对象，需要先读，然后写入整个对象。

S3 计算写入的每个对象的 MD5 ⊖，并在一个名为 ETag 的字段中返回它。用户需要计算存储或编写的对象的 MD5，并将其与 ETag 中的值进行比较；如果两个值不匹配，则对象在传输或存储期间被损坏。S3 SLA 保证了可靠性。S3 使用标准化的 REST 和 SOAP 接口，参见 7.1 节；默认的下载协议是 HTTP，但也提供了 BitTorrent ⊖ 协议接口，以降低大规模分发的成本。

弹性块存储（EBS）。EBS 提供了用于 EC2 实例的持久块级存储卷。卷对应用程序来说是原始的、未格式化的和可靠的物理磁盘，存储卷的大小从 1GB 到 1TB 不等。这些卷在可用区中分组，并在每个区中自动复制。一个 EC2 实例可以挂载多个卷，但是一个卷不能在多个实例之间共享。EBS 支持创建附加到某个实例的卷的快照，然后使用它们重新启动实例。EBS 提供的存储策略适用于使用原始数据设备的数据库应用、文件系统和应用程序。

简单数据库（SimpleDB）是一种非关系数据存储，允许开发人员通过 Web 服务请求存储和查询数据项，支持传统上仅由关系数据库提供的存储和查询功能。它创建每个数据项的多个地理分布副本，并支持高性能的 Web 应用，同时自动管理基础设施配置、硬件和软件维护、数据项的复制和索引以及性能调优。

简单队列服务（SQS）。SQS 是一个托管消息队列，支持工作流，允许多个 EC2 实例通过发送和接收 SQS 消息来协调活动。任何连接到互联网的计算机都可以添加或读取消息，无须安装任何软件或防火墙的特殊配置。

使用 SQS 的应用程序可以独立和异步地运行，不需要再为此开发同类技术。接收到的消息在处理过程中被"锁定"，如果处理失败，锁将失效，消息将可再次利用。可以通过 ChangeMessageVisibility 操作动态更改锁的超时限制。开发人员可以通过标准化的 SOAP 和查询接口访问 SQS。队列可以与其他 AWS 账户共享，甚至匿名共享，但队列共享会受到 IP 地址和时间的限制。7.6 节中给出了一个使用消息队列的示例。

⊖ MD5（消息摘要算法）是一种广泛使用的密码哈希函数，它生成 128 比特哈希值，可用于校验和。SHA-i（安全哈希算法，$0 \leqslant i \leqslant 3$）是一族密码哈希函数集，SHA-1 是一种类似 MD5 的 160 比特的哈希函数。

⊖ BitTorrent 是一种用于文件共享的对等实体（P2P）通信协议。

云监视(CloudWatch)是应用开发人员、用户和系统管理员用来收集和跟踪与程序性能和资源利用率相关的重要指标的监视基础设施。在不安装任何软件的情况下,用户可以监视大约12个预先选择的指标,查看这些指标的图表和统计数据。

启动 AMI 时,用户可以启动 CloudWatch 并指定监视的类型。基本监视免费,每隔 5 分钟收集一次数据,最多 10 个指标,而详细的监视需要收费,每隔 1 分钟收集一次。此服务还可以用于监视 EBS 卷的访问延迟、RDS DB 实例的可用存储空间、SQS 中的消息数量以及应用程序感兴趣的其他参数。

虚拟专有云(VPC)。VPC 在组织的现有 IT 基础设施和 AWS 云之间提供了桥,现有的基础设施通过虚拟专用网络(VPN)连接到一组隔离的 AWS 计算资源。VPC 使得现有的管理能力(如安全服务、防火墙和入侵检测系统)能在云中无缝地操作。

自动伸缩利用了云的弹性,提供 EC2 实例的自动伸缩能力。该服务支持分组实例、对组中的实例进行监视、定义触发器、成对的 CloudWatch 警报和策略、放大或缩小组的规模。通常,要指定组规模的最大值、最小值和常规大小。

自动伸缩组由一组实例组成,这些实例在启动配置中静态描述。当组被扩展时,使用启动配置的 runInstances EC2 调用参数启动新的实例;当组被缩小时,优先终止具有较旧启动配置的实例。自动伸缩服务的监视功能按照指定策略执行健康检查,例如,用户可以指定面向弹性负载均衡的健康检查,然后自动伸缩将终止性能较低的实例并启动新的实例。触发器使用 CloudWatch 警报来检测事件,然后启动特定的操作,例如,触发器可以检测到组中实例 CPU 的利用率何时超过 90%,然后启动新的实例来扩展组。通常,要为一个组指定可伸缩的触发器。

2012 年推出的 AWS 服务包括:
- 路由 53——一个低延迟的 DNS 服务,用于管理用户的 DNS 公开记录。
- 弹性 MapReduce(Elastic MapReduce,EMR)——一种支持处理大量数据的服务,使用运行在 EC2 上的托管 Hadoop,基于 7.5 节中讨论的 MapReduce 范例。
- 简单工作流服务(SWS)——支持工作流管理,允许调度、依赖项管理和多个 EC2 实例的协调。
- ElastiCache——一种服务,使 Web 应用程序能够从受控的内存缓存系统中检索数据,而不是从速度慢得多的基于磁盘的数据库中检索数据。
- DynamoDB——一种可伸缩、低延迟的全受控 NoSQL 数据库服务。
- CloudFront——用于内容交付的 Web 服务。
- 弹性负载均衡器——一种云服务,可以在应用程序的多个实例中自动分配传入的请求。

下面讨论另外两种服务:CloudFormation 和弹性 Beanstalk。

CloudFormation 创建描述应用程序基础结构的堆栈。用户创建一个模板,以及一个格式化为 JavaScript 对象表示法(JSON)的文本文件,用来描述资源、配置值和这些资源之间的互连。模板可以参数化,以允许在运行时进行定制,例如,指定实例的类型、数据库的端口号或 RDS 大小。下面是创建 EC2 实例的模板:

```
{
    "Description" : "Create instance running Ubuntu Server 12.04 LTS 64 bit AMI"
    "Parameters" : {
        "KeyPair" : {
```

```
                "Description" : "Key Pair to allow SSH access to the instance",
                "Type" : "String"
            }
        },
        "Resources" : {
            "Ec2Instance" : {
                "Type" : "AWS::EC2::Instance",
                "Properties" : {
                    "KeyName" : { "Ref" : "KeyPair" },
                    "ImageId" : "aki-004ec330"
                }
            }
        },
        "Outputs" : {
            "InstanceId" : {
                "Description" : "The InstanceId of the newly created instance",
                "Value" : { "Ref" : "Ec2InstDCM" }
            }
        },
        "AWSTemplateFormatVersion" : "2012-03-09"
}
```

弹性 Beanstalk 与其他 AWS 服务(包括 EC2、S3、SNS、弹性负载均衡和自动伸缩)交互。弹性 Beanstalk 自动处理部署、容量配置、负载平衡、自动伸缩和应用程序监视功能[495]。该服务根据应用程序的要求自动伸缩资源,根据默认的自动伸缩设置可向上扩展或向下缩回。该服务提供的一些管理功能如下:

- 部署新的应用程序版本或回滚到以前的版本。
- 访问 CloudWatch 监控服务报告的结果。
- 当应用程序状态改变或添加、删除应用服务器时使用电子邮件通知。
- 访问服务器日志文件时不需要登录到应用服务器。

弹性 Beanstalk 服务可用 Java 平台、PHP 服务器方描述语言或.NET 框架开发。例如,Java 开发人员可以使用集成开发环境(如 Eclipse)创建应用程序,并将代码打包到".war"类型的 Java Web 应用程序归档文件中。.war 文件被上载到使用管理控制台的弹性 Beanstalk,然后在较短时间内完成部署,并且可以通过 URL 访问应用程序。

用户可以选择从 Web 浏览器或者运行 Linux 或 Microsoft Windows 系统来与 AWS 交互和管理 AWS 资源:

- Web 管理控制台,并不是所有的选项都可以在这种模式下使用。
- 命令行工具,见 http://aws.amazon.com/developertools。
- AWS SDK 库和工具包支持多种编程语言,包括 Java、PHP[⊖]、C♯和 Obj C。
- 原始 REST 请求,如 7.1 节所示。

亚马逊 Web 服务许可协议(AWSLA)允许云服务供应商在任何时候以任何理由终止对任何客户的服务,并包含一份约定:不会因使用 AWS 而让亚马逊或其附属公司受到起诉。如文献[186]中所述,AWSLA 禁止"通过 AWS 获得的其他信息用于直接营销、发送垃圾邮件、联系卖家或客户"。禁止 AWS 用于存储任何"淫秽、诽谤、恶意或伤害任何个人或实体"的内容,还禁止"使用 S3 以任何方式进行非法活动或促进非法活动,包括

⊖ PHP 由 Perl 脚本进化而来,发展成为一种通用的服务器方脚本语言。Perl 脚本用于生成称作"个人主页工具"的动态 Web 页面。嵌入 HTML 源文件的代码由具有 PHP 处理器模块的 Web 服务器解释,该 PHP 处理器模块生成返回的 Web 页面。

但不限于以任何方式可能基于种族、性别、宗教、国籍、残疾、性取向或年龄的歧视"。

Amazon Web 服务的早期评估。 2007 年对 AWS 的评估[186]报告显示，EC2 实例速度快、有响应且非常可靠，不到两分钟就可以启动一个新实例。在测试的一年中，经历了一次计划外的重新启动和一个实例冻结，在重新启动期间没有数据丢失，但是无法从冻结的实例虚拟磁盘中恢复数据。

为了测试 S3 服务，创建了一个桶，并装入大小为 1 字节、1KB、1MB、16MB 和 100MB 的对象。1 字节对象的测量吞吐量反映了 S3 的事务处理速度，因为测试程序要求在下一个事务被启动之前成功地解决每个事务。测量结果表明，用户最多可以执行 50 个非重叠 S3 事务。100MB 测量 S3 系统可以传递给单个客户端线程的最大数据吞吐量。测量结果表明，大对象的数据吞吐量比小对象大得多，最可能的原因来自高事务的开销。1MB 数据的写入带宽约为 5MB/s，而读取带宽降低为原来的 1/5，为 1MB/s。

另一个测试用于查看并发请求是否能提高 S3 的吞吐量。实验涉及运行在两个不同集群上的两个虚拟机，并对同一桶重复 100MB GET 和 PUT 操作。虚拟机交互运行，每一个运行 1~6 个线程 10 分钟，然后重复该模式 11 小时。当线程数从 1 增加到 6 时，每个线程的带宽大致被削减一半，6 个线程的总带宽为 30MB/s，约为其中一个线程带宽的 3 倍。在 EC2 的 107 556 个测试中，每个都有多次读写，但仅仅遇到 6 次写重试、3 次写入错误和 4 次读重试。

2.4 AWS 的持续演进

近年来亚马逊成为云计算惊人发展的最重要的推动力之一。AWS 基础设施得益于大量新技术。今天，AWS 可能是最有吸引力和最具成本效益的云计算环境，不仅适用于企业应用，也适用于计算科学和工程应用[24]。

持续不断地扩展 AWS 云基础设施的软硬件令人震惊。Amazon 已经设计了自己的存储机架，比如可以容纳 864 个磁盘驱动器的机架，其重量超过一吨。公司设计并建造了自己的变电所。其中三个 100% 碳中和地区分别在美国西部（俄勒冈），AWS 政务云（美国）和欧盟（法兰克福）。

EC2 实例。 AWS 针对不同类型的应用提供了几种类型的 EC2 实例：
- T2——提供基线 CPU 性能和超过基线的能力。
- M3 和 M4——提供计算、内存和网络资源的平衡。
- C4——使用高性能处理器，并具有最低的价格/计算性能。
- R3——对内存密集型应用进行了优化。
- G2——目标图形和通用 GPU 应用。
- I2——存储优化。
- D2——提供高磁盘吞吐量。

每个实例封装一类不同的处理器、内存、存储和网络带宽组合。对于不同的实例类型，vCPU 的数量以及处理器的类型、体系结构和时钟速度都是不同的。vCPU 是分配给一台虚拟机的虚拟处理器。

AWS 没有指出 vCPU 是否对应于多核处理器的一个核，尽管这是可能的。无论是低端还是高端实例，每个 vCPU 的内存量是相同的。内存有时用 Gibibytes 进行测量，$1GiB = 2^{30}$ 字节或 1 073 741 824 字节，而 $1GB = 10^9$ 字节。

对于表 2.1 中的实例，M4 实例使用运行在 2.5GHz 的英特尔 Xeon E5-2670V3 处理器，C4 实例使用运行在 2.9GHz 的英特尔 Xeon E5-2666 V3 处理器，G2 实例使用 E5-2670 处理器。前两个处理器支持先进的向量扩展 AVX 和 AVX2，它们是 X86 ISA 的扩展。在 AVX2 中，SIMD 寄存器文件的宽度从 128 位增加到 256 位，还有几个附加的特征，包括：将大多数向量整数 SSE 和 AVX 指令扩展到 256 位；三操作数通用位操作和乘法；三操作数融合乘法累加；收集支持，允许从非连续内存位置加载向量元素；DWORD 和 QWORD 粒度的任意置换；向量移位。一个用于 G2 实例的英伟达 GPU 有 1 536 个 CUDA 内核和 4GB 的视频内存。

支持 AVX 的操作系统包括苹果操作系统、Linux、Windows、FreeBSD、OpenBSD 和 Solaris。GCC 编译器的最新版本支持 AVX。不幸的是，没有新的基准可比较表 2.1 所示的 AWS 实例（2016 年）与排名前 500 的系统的性能。

表 2.1 由 M4、C4 和 G2 实例提供的资源：vCPU 的数量、存储量、磁盘访问的数据速率和每小时的成本

实例类型	vCPU	存储(GiB)	EBS 吞吐量(Mbps)	成本(美元/小时)
m4.large	2	8	450	0.12
m4.xlarge	4	16	750	0.239
m4.2xlarge	8	32	1 000	0.479
m4.4xlarge	16	64	2 000	0.958
m4.10xlarge	40	160	4 000	2.394
c4.large	2	3.75	500	0.105
c4.xlarge	4	7.5	750	0.209
c4.2xlarge	8	15	1 000	0.419
c4.4xlarge	16	30	2 000	0.838
c4.8-xlarge	36	60	4 000	1.675
g2.2xlarge	8	15	—	0.65
g2.4xlarge	32	60	—	2.60

C4 实例的浮点性能令人印象深刻。例如，c4.8xlarge 实例包含两个英特尔 Xeon E5-2666 v3，具有 3.50GHz 频率、18 核和 36 线程，以及 32KB×9 L1 指令和数据缓存、256KB×9 L2 高速缓存、26.3MB L3 高速缓存，60GB 主存提供超过 61Gflops 多核配置性能，可参看 http://browser.primatelabs.com/geekbench3/1694602。

具有附加 GPU 的 G2 实例的性能更令人惊讶。文献[125]报告了 CUDA 7.0 的性能，包括 cuFFT、cuBLAS、cuSPARSE、cuSOLVER、cuRAND 和 cuDNN 几个库。例如，cuBLAS 支持所有 152 个标准例程和分布在多个 GPU 上的分布式计算，具有到 CPU 的核外流和无限的矩阵规模，单精度支持 3 个以上 Tflops，双精度支持超过 1 个 Tflops。

AWS Lambda 服务。 对许多人来说，云计算与大数据应用和长时间的持久计算有关，而不是面向外部事件触发的实时应用和短时突发计算。作为云计算领域的领导者，AWS 也在努力为云计算社区所预期的未来而开发新的服务能力。

几年前，AWS 引入了一种无伺服计算机的服务，面向未来物联网，应用程序由用户指定的条件或事件触发。例如，应用程序可能利用午夜时很短的一段时间来检查企业的日常能源消耗，也可能每周激活一次以检查销售链，或由于收到业主智能手机产生的事件而触发应用打开家庭报警系统。

与 EC2 完全不同的是，当客户按小时计费时，例如，如果 C4 实例使用 1 小时 10 分钟，那么计费时间为 2 小时，而 Lambda 服务按实际时间计费，其计费尺度为毫秒。这项

服务的使用似乎相对容易。首先，通过上传代码（或者在 Lambda 控制台中构建代码）并选择内存、过期时间、AWS 标识和访问管理（IAM）角色来创建你的程序。然后，指定 AWS 资源来触发该程序，可以是特定的亚马逊 S3 桶、亚马逊 DynamoDB 表或亚马逊 Kinesis 流。当资源发生变化时，Lambda 将运行你的程序，并根据输入请求的要求启动和管理计算资源。参看 https://aws.amazon.com/lambda/details/，其中描述了亚马逊 Kinesis 数据流平台。

域和可用区。 亚马逊通过位于几个大洲的数据中心网络提供云服务。2017 年中，亚马逊拥有 28 个数据中心。一个可用区（AZ）就是一个数据中心，有 50 000～80 000 台服务器，消耗 25～30MW 的电能。域拥有几个被高速网络连接起来的可用区，域之间不共享资源，也不通过互联网交流。所有域都至少有两个可用区。截至 2017 年 1 月的 AWS 域如下所示：

- 美洲：北弗吉尼亚、俄亥俄、俄勒冈、北加州、蒙特利尔、圣保罗和政务云（GovCloud）。
- 亚太：新加坡、东京、悉尼、首尔、孟买、北京。
- 欧洲/中东/非洲：爱尔兰、法兰克福、伦敦。

域内存储会自动复制。S3 桶在可用区内复制，域内可用区之间也可以复制，而 EBS 卷仅在同一可用区内复制。许多域对于关键应用都要求复制其重要信息，以便灾难事件发生导致域中某些服务器不可用时，应用仍然能够正常工作。

大多数 AWS 服务在所有域中都可以使用，但也有一些受到限制。美洲八个域的服务列表包括：CloudWatch、CloudWatch 日志、DynamoDB、ElastiCache、弹性 MapReduce、Glacier、Kinesis 流、Redshift、关系数据库服务（RDS）、简单通知服务（SNS）、简单队列服务（SQS）、简单存储服务（S3）、简单工作流服务（SWF）、虚拟专有云（VPC）、自动伸缩、CloudFormation、CloudTrail、配置、直接连接、密钥管理服务、Shield 标准、弹性负载均衡和 VM 导入/导出。表 2.2 列出了截至 2017 年 1 月在欧洲/中东/非洲三个地域内可用的服务。

表 2.2 欧洲/中东/非洲域受限可用的 AWS 服务

服务	爱尔兰	法兰克福	伦敦
Amazon AppStream 2.0	是		
Amazon CloudSearch	是	是	
Amazon Cognito	是		
Amazon GameLift	是	是	
Amazon Cloud Directory	是		
Amazon EC2 Systems Manager	是	是	
Amazon Elastic Transcoder	是		
Amazon Elastic File System (EFS)	是		
Amazon Machine Learning	是		
Amazon SimpleDB	是		
Amazon WorkSpaces	是	是	
AWS IoT	是	是	

不同地域的计费费率不同，大致可分为四类：低、中、高和非常高，见表 2.3。这些费率由运营成本的组成部分决定，包括能源、通信和维护成本。因此，选择地域的动机是基于对最小成本、减少通信延迟、增加可靠性和安全性的考虑。

表 2.3 几个域的计费率

域	地点	可用区	费率
美国西部	俄勒冈	us-west-2a/2b/2c	低
美国西部	北加州	us-west-1a/1b/1c	高
美国东部	北弗吉尼亚	us-east-1a/2a/3a/4a	低

(续)

域	地点	可用区	费率
欧洲	爱尔兰	eu-west-1a/1b/1c	中
南美	巴西圣保罗	sa-east-1a/1b	非常高
亚太	日本东京	ap-northeast-1a/1b	高
亚太	新加坡	ap-southeast-1a/1b	中

AWS 网络。每个 AWS 域都有冗余的转接中心,用专用链路连接到其他 AWS 域和直连客户,并通过对等和有偿传输连接到互联网。大多数主要域通过专门的光纤通道互连,避开对等问题、缓冲问题和公共链路上可能发生的容量限制。

可用区之间支持最多 25Tbps 的峰值流量。可用区之间的通信延迟在 1~2 毫秒之间。两个服务器之间的通信延迟由以下三部分组成:

- 应用程序→访客操作系统→虚拟机管理程序→网络接口(NIC):毫秒级。
- 通过 NIC:微秒级。
- 通过光纤:纳秒级。

单 Root I/O 虚拟化能够虚拟化多个 NIC,每个客户机都可获得自己的虚拟 NIC[232]。

2.5 谷歌云

谷歌的工作集中在软件即服务(SaaS)和平台即服务(PaaS)领域[198]。据估计,直到 2012 年 1 月,谷歌使用的服务器数量接近 180 万台,预计 2013 年初将接近 240 万台[399]。谷歌维护了 20 亿行与其云基础设施相关的代码⊖。

Gmail、Google Drive、Google Calendar、Picasa 和 Google Groups 等服务对个人用户免费,对机构组织收费。这些服务运行在云上,可以从包括智能手机、平板电脑和笔记本电脑在内的各种设备中调用。这些服务的数据存储在云上的数据中心。

应用引擎(AppEngine, AE)。谷歌是 PaaS 领域的领导者。AE 作为一种基础设施,能构建 Web 和移动应用,并在谷歌服务器上运行这些应用。最初,它只支持 Python,后来添加了对 Java 的支持。可以通过具有类 SQL 语法的 GQL(谷歌查询语言)访问数据库。

AE 集计算、存储、搜索和网络服务为一体。计算引擎(Computer Engine, CE)创建 VM 时按需配置应用的资源。CE 可配置从微实例到具有 32 个 vCPU 或 208GB 内存的实例。一台 VM 可以附加多达 64TB 的网络存储,支持永久加密的本地固态硬盘(SSD)块存储和自动伸缩,以及 Debian、CentOS、CoreOS、SUSE、Ubuntu、Red Hat、FreeBSD、Windows 2008 R2 和 2012 R2 等操作系统。

容器引擎(Container Engine, CntE)是一个集群管理器和基于 Kubernetes 的 Docker 容器的编排系统。容器注册表存储专用 Docker 镜像。CntE 根据用户要求自动安排和管理容器。用 JSON 配置文件指定 CPU、内存数量、副本数量和其他相关信息。云容器引擎 SLA 承诺每月运行时间至少为 99.5%。云函数(Cloud Function, CF)是一种轻量级的、基于事件的异步系统,用于创建响应云事件的单用途函数,CF 用 Javascript 编写并在 Node.js 运行时环境中执行。云负载均衡支持谷歌云平台上的可伸缩负载均衡。

Cloud Storage 是一个统一的对象存储,使应用程序能对视频流、频繁访问的 Web 和

⊖ 此存储库仅对谷歌的 25 000 名开发人员可用,谷歌有自己的名为 Piper 的版本控制系统。GitHub 是一个公共的开源存储库,个人用户在 GitHub 上共享了大量的代码。

图像节点等进行多域操作。Cloud SQL 是一种可全面管理的数据库服务，Cloud BigTable 为大型分析和运营级负载提供高性能 NoSQL 数据库服务，Cloud DataStore 为 Web 和移动应用提供了高度可伸缩的 NoSQL 数据库。

大数据应用程序由多个服务支持。Bigquery 是一个可全面管理的企业数据仓库，用于大型数据分析。Cloud Dataflow 支持管道的流和批处理。Cloud Dataproc 管理 Spark 和 Hadoop 服务。Cloud Datalab 是一种用于大规模数据挖掘、分析和可视化的交互式工具。Cloud Pub/Sub 提供一种支持实时可靠消息传送和数据流的全局服务。

网络功能由云虚拟网络(CVN)管理。AE 用户可以将资源相互连接，也可以通过 CVN 用虚拟专有云隔离资源。云路由器维护虚拟路由器，在用户 CE 网络和用户非谷歌网络之间使用边界网关协议(BGP)。CVN 支持 VPN 和分布式防火墙。Cloud CDN 是一个低延迟、低成本的内容交付网络。Cloud DNS 为谷歌全球网络提供一种弹性、低延迟的 DNS。

有几个 AE 服务可赋能安全能力。云身份和访问管理(IAM)提供了管理资源权限的工具，可将公司内的工作职能映射到组和角色。Cloud KMS 是一种密钥管理服务，赋能用户管理加密的能力，能生成、使用、旋转和销毁 AES256 密钥加密密钥。云安全扫描器用于扫描谷歌 AE 应用中的常见漏洞。

AE 提供云开发工具。Cloud SDK 是一组工具的集合，包括 gcloud、gsutil 和 bq，用于访问 CE、Cloud Storage 和其他服务。云源代码存储库提供 Git 版本控制，以支持应用程序或服务的协同开发。Android Studio、PowerShell、IntelliJ、Eclipse 和 Visual Studio 等工具也可用。

管理工具箱中还包括 Stackdriver，它支持监视、日志记录和诊断工具。Stackdriver 监控工具提供了性能、正常运行时间以及云应用程序的总体健康信息。Stackdriver 调试器允许用户检查应用程序的状态，而不需要记录语句，也不需要停止或减慢应用程序的速度。Stackdriver 错误报告可计数、分析和聚合崩溃，能够提供一个清晰的异常堆栈跟踪。

还有一系列支持机器学习的服务。云机器学习是一种基于 TensorFlow 模型的可管理服务，用于构建机器学习模型，该模型可以处理任何类型的数据。云自然语言 API 是一个文本分析工具，可用于提取文本信息中的人、地点和事件等。而云语音 API 允许开发人员运用强大的神经网络模型将语音转换成文本，云视觉 API 通过封装强大的机器学习模型用于理解图像的内容。

AE 应用可以在标准环境或灵活环境中运行。表 2.4 总结了这两个环境的特性。定价和服务配额概述见表 2.5。在最低收费的 10 分钟后，用户将按分钟递增收费。

表 2.4 AppEngine 标准环境(AE-STD)和灵活环境(AE-FLX)的特点

特征	AE-STD	AE-FLX
实例启动时间	毫秒	分钟
最大请求超时	60 秒	60 分钟
后台线程	是，有限制的	是
后台进程	否	是
写入本地磁盘	否	是
SSH 调试	否	是
伸缩	手动的，基本的，自动的	手动的，自动的
网络接入	仅通过 AE 服务	是
支持安装第三方二进制文件	否	是
位置/可用性	北美、欧洲、亚太地区	北美、亚太地区

表 2.5 美国和欧洲的谷歌 App 引擎的定价和服务配额

AE 服务	每日免费接入限额	免费接入的单价
Instances	28 instance hours	$0.05 每 instance hour
Cloud Datastore Ops reads/writes/deletes	50k/25k/25k	对于每种类型，$0.06/$0.18/$0.02 每 100k ops
Cloud Datastore Storage	1GB	$0.18 每 GB/month
Outgoing Network Traffic	1GB	$0.12/GB
Incoming Network Traffic	1GB	免费
Cloud Storage	5GB	$0.026 每 GB/month
Memcache-Dedicated Pool	0	$0.06 每 GB/hour
Memcache-Shared Pool	免费	免费
Searches	100	$0.50 每 10k searches
Search-Indexing Documents	0.01GB	$2.0 每 GB
Task Queue	5GB	$0.026GB/month
SSL Virtual IPs	—	$39.0 Virtual IP/month

Gmail 服务在谷歌服务器上托管电子邮件，可使用 Web 界面来访问，它提供从 Lotus Notes 和 Microsoft Exchange 进行迁移的工具。

Google Docs 是一个基于 Web 的软件，用于构建文本文档、电子表格和演示文稿。它支持的特性包括表格、要点、基本字体和文本大小等，允许多个用户编辑和更新同一个文档，查看文档更改的历史记录，并提供一个拼写检查器。该服务允许用户以多种格式导入和导出文件，包括 Microsoft Office、PDF、纯文本和 OpenOffice 等文件的扩展。

Google Calendar 是一个基于浏览器的调度器。它支持一个用户有多个日历、与其他用户共享日历、每日/每周/每月视图显示、搜索事件以及与 Outlook 日历同步的功能。可以通过移动设备访问日历，事件提醒可以发给 SMS、桌面弹出窗口或电子邮件。也可以与其他 Google Calendar 用户共享你的日历。

Picasa 是一个用于上传、共享和编辑图像的工具，免费为每个用户提供 1GB 的磁盘空间。用户可以使用谷歌地图向图像添加标签，并将位置附加到照片上。谷歌群组允许用户建立论坛，用网页或通过电子邮件创建信息。

Google Co-op 允许用户根据一些偏好或类别定制搜索引擎，例如，在 http://data.cs.washington.edu/coop/dbresearch/index.html 中找到数据库研究社区的搜索引擎偏好为 professor、project、publication、jobs。

Google Base 为用户提供从不同的数据源将结构化数据加载到一个中央存储库的服务，该库是一个非常大的、自描述的、半结构化和异构的数据库。它是自描述的，因为每个项目都遵循一个简单的模式：（项目类型，属性名称）。很少有用户注意到这个服务，因此，在谷歌网站上的关键词查询中，可以访问 Google Base，前提是数据库中有相关的数据。要完全集成 Google Base，结果应该在属性之间进行排序。此外，该服务需要精炼选择菜单中的候选值，这可通过在查询期间计算属性和它们的值的直方图来完成。

Google Drive 自 2012 年 4 月起提供在线数据存储服务。它为用户提供 5GB 的免费存储空间，20GB 每月收费 4 美元。它适用于个人电脑、MacBooks、iPhone、iPad 和 Android 设备，允许企业购买最多 16TB 的存储空间。

专业化的结构感知搜索引擎已经实现，包括旅游、天气和本地服务。然而，网络上的数据包含了丰富的人类知识，定义所有可能的知识域是行不通的，也无法决定某个知识域的结束和另一个域的开始。

谷歌还通过引入 Chromebook 重新定义了笔记本电脑，这是一个纯粹以 Web 为核心的运行 Chrome-OS 的设备。基于云计算的应用程序、极端的便携性、内置的 3G 连接、几乎是即时的、全天的电池续航能力是这款设备的主要吸引力。

谷歌遵循自底向上、工程师驱动、自由授权和用户应用开发哲学，而最近进入云计算领域的苹果则严格控制技术堆栈，构建自己的硬件，并要求开发的应用程序遵循严格的规则。包括 iPhone、iOS、iTunes Store、Mac OS X 和 iCloud 在内的苹果产品提供了无与伦比的优雅和极简的互操作性，而谷歌的灵活性则为运行 Android 操作系统的众多设备带来了更为烦琐的用户接口。

Google 以及其他云服务供应商管理着大量的数据。在一个用户最可能希望从独立供应商使用多个云服务的世界中，如果传统的数据库管理服务（DBMS）足以确保互操作性，那么问题就会出现。DBMS 有效地支持数据处理和查询处理，但只在单个管理域内进行操作，并且使用明确定义的模式。数据管理服务的互操作性需要基于不同模式的服务的语义集成。解决传统 DBMS 的局限性的一个答案是文献[178]中引入的所谓的 DataSpaces，它的目标不是数据集成，而是数据共存。

2.6 微软 Windows Azure 和 Online Services

Azure 和 Online Services 分别是微软提供的 PaaS 和 SaaS 云平台。Azure 是一个操作系统，SQL Azure 是基于云的 SQLServer 版本，Azure AppFabric（其前身是".〃NET 服务）是云应用的服务集合。

Windows Azure 有三个核心组件（参见图 2.7）：计算（提供计算环境）、存储（可伸缩的存储空间）和 Fabric 控制器（部署、管理和监视应用程序，将服务器、高速连接和交换机组成的节点连接起来）。内容分发网络（CDN）缓存数据副本以加速计算。连接子系统支持用户和运行在 Windows Azure 上的应用程序之间的 IP 连接。Windows Azure 的 API 接口构建在 REST、HTTP 和 XML 之上。该平台包括五个服务：实时服务、SQL Azure、AppFabric、SharePoint 和 Dynamics CR。Visual Studio 环境也提供了开发云应用的客户端库和工具。

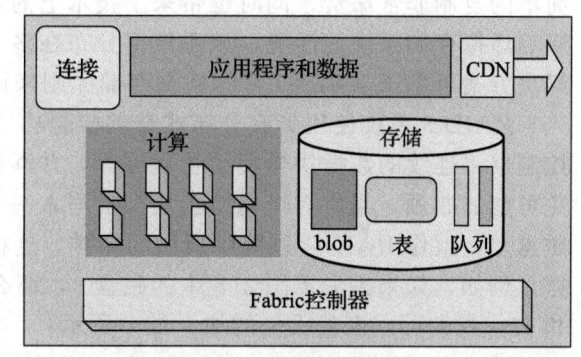

图 2.7　Windows Azure 组件：计算——运行云应用程序，存储——使用 blob、表和队列存储数据，Fabric 控制器——部署、管理和监视应用程序，CDN——维护数据的缓存副本，连接——允许用户系统和运行在 Windows Azure 上的应用程序之间的 IP 连接

应用程序执行的计算是按角色区分的，应用程序通常运行某个角色的多个实例。这些角色实例分为：用于创建 Web 应用的 Web 角色实例，用于运行基于 Window 代码的工作者角色（worker role）实例，运行用户提供的 Windows Server 2008 R2 映像的 VM 角色实例。

可伸缩、负载均衡、内存管理和可靠性由 Fabric 控制器和一个可跨机群复制的分布式应用程序来提供，该机群指其环境中的所有资源，包括计算机、交换机和负载均衡器。Fabric 控制器知道每个 Windows Azure 应用程序，并决定应该在何处运行新的应用程序。

Fabric 控制器选择物理服务器，使用每个 Windows Azure 应用程序上传的配置信息来优化利用率。配置信息基于 XML 描述，描述有多少 Web 角色实例、多少工作者角色实例以及应用程序需要什么其他资源；Fabric 控制器使用此配置文件确定要创建多少 VM。

blob、表、队列和驱动被用作可伸缩的存储。blob 由二进制数据组成，容器由一个或多个 blob 组成。blob 可以高达 TB，它们可能有关联的元数据，例如关于 JPEG 照片拍摄位置的信息。blob 允许 Windows Azure 角色实例与持久存储进行交互，就像它是一个本地的 NTFS[○] 文件系统一样。队列允许 Web 角色实例与工作者角色实例异步通信。

Microsoft Azure 平台目前不提供或支持任何分布式并行计算框架，如 MapReduce、Dryad 或 MPI，而是支持基于队列的基本作业调度[208]。

2.7 云存储的多样性和供应商锁定

云计算的短期历史表明，云服务可能在短时间内不可用，甚至在更长时间内不可用。这样的服务中断会对组织产生负面影响，甚至可能减少或完全抹除计算带给组织的好处。当灾难性系统故障发生时，永久性数据丢失带来的危害会更大。

最后但并非最糟的情况是，单个供应商可能决定抬高服务价格，对计算时钟、内存、存储空间和网络带宽收取比其他云服务供应商更高的费用。在这种情况下，可选择切换到另一个云服务供应商。不幸的是，这种方案代价高昂，因为将大量的数据从旧的供应商迁移到新的供应商，意味着在网络上传输 TB 或可能 PB 级的数据，这需要相当长的时间，而且要支付大量的网络流量费。

为了防范供应商锁定带来的问题，一个方案是将数据复制到多个云服务供应商。这种简单的复制非常昂贵，同时也带来了技术上的挑战。维护数据一致性的开销可能会极大地影响虚拟存储系统的性能，该系统由分布在多个供应商的多个数据完整副本组成。另一种解决方案可基于 RAID-5 可靠数据存储原则来设计。

RAID-5 系统使用具有分布式奇偶校验功能的块级带状磁盘阵列，参见图 2.8a。磁盘控制器将连续的数据块分配给物理磁盘，并逐位异或这些数据块得到奇偶校验块。为了避免可能的瓶颈，当所有奇偶检验块都被写入一个专门的磁盘时，奇偶校验块被写到不同的磁盘上，就像 RAID-4 系统中所做的那样。这种技术使我们可以在一个磁盘丢失后恢复数据。例如，如果丢失了图 2.8 中的磁盘 2，那么我们仍然拥有第三个文件的所有块 c1、c2 和 c3，我们可以恢复丢失的块，如下所示：

$$
\begin{aligned}
a2 &= (a1) XOR (aP) XOR (a3) \\
b2 &= (b1) XOR (bP) XOR (b3) \\
d1 &= (dP) XOR (d2) XOR (d3)
\end{aligned}
\tag{2.1}
$$

显然，我们还可以使用相同的过程检测和纠正单个块中的错误。RAID 控制器还允许并行访问数据（例如，可以同时读取和写入 a1、a2 和 a3），还可以聚合多个写操作以提高性能。

图 2.8b 中的系统在四个集群中提取数据。对数据的访问由代理控制，代理执行 RAID 控制器的一些功能，以及身份认证和其他与安全相关的功能。该代理确保了数据访问的前后原子性，以及或者全部成功或者失败的原子性。代理缓冲数据，也可以变更数据操作命令、优化数据访问，例如，聚合多个写操作，将数据转换为每个云特定的格式等。

[○] NTFS（新技术文件系统）是微软 Windows 操作系统的标准文件系统，从 Windows NT 3.1、Windows 2000 和 Windows XP 就开始使用的系统。

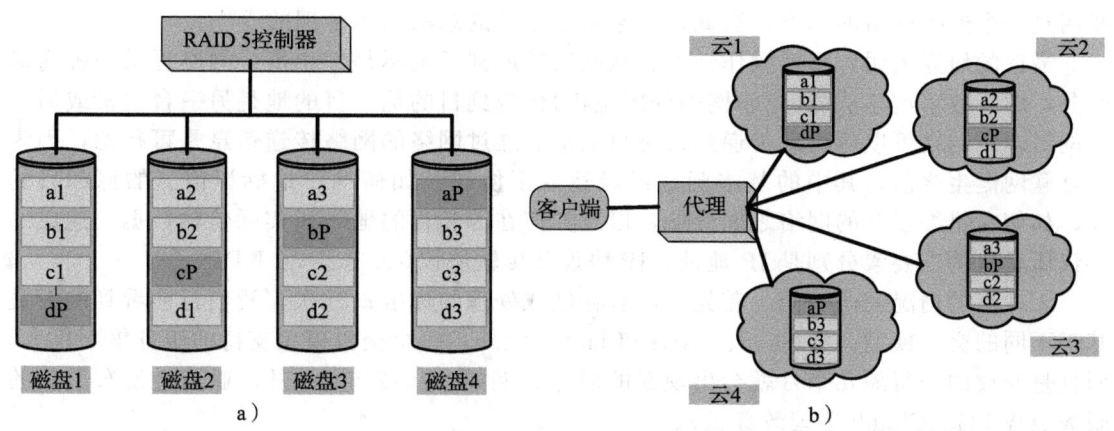

图2.8 a)(3,4)RAID-5，在三个磁盘上剥离单个块，并添加一个奇偶校验块。奇偶校验块是由异或数据块构建的，例如，aP=a1 XOR a2 XOR a3。奇偶校验块分布在四个磁盘之间，aP在磁盘4上，bP在磁盘3上，cP在磁盘2上，dP在磁盘1上。b)将数据从四个云中分离出来的系统，代理提供对数据的透明访问

如此巧妙的想法立即引来几个问题：该机制的响应时间与单个存储系统的响应时间相比如何？代理过程的开销如何？该机制怎么避免单点故障，通过代理吗？是否存在所有供应商实现的数据访问标准？

在文献[6]中给出了一些回答这些问题的实验，他们的RACS系统使用相同的数据模型并模仿AWS S3的接口。2.3节中讨论的S3系统将数据存储在桶中，每个桶都是一个扁平的命名空间，通过键与任意大小的对象关联，但必须小于5GB。文献[6]中讨论的原型实现使作者得出结论，RACS系统的成本增加和性能损失相对较小。该文还提出了一种使用多个代理来避免单点故障的方法，系统能够从单个代理的故障中恢复。客户机连接到多个代理，可以访问存储在多个云上的数据。

考虑到云存储供应商的数量有限，而且缺乏数据存储标准，对于拥有大量数据的组织来说，这种解决方案在实践中是否可行还有待观察。一个基本的问题是，为了提高可靠性和避免供应商锁定，假设引入单一管理机构控制，这虽然带来了操作简单和资源同质的好处，但是这样的云计算的基本贸易准则是否有存在的意义？

这个简短的讨论暗示了标准化和可伸缩解决方案的必要性，这是云计算在不久的将来将面临的众多挑战之中的两大挑战。可伸缩性的普及支配了云管理和云应用的所有方面。当系统规模增加一个或多个数量级时，在小型系统上表现良好的解决方案将不再发挥作用。小测试床系统的实验产生了不确定的结果。唯一的选择是进行高强度的仿真，以证明或否定某个资源管理算法的优点，或某个数据密集型应用的可行性。

我们还可以得出结论，云计算给服务供应商和用户带来了充满挑战的问题；服务供应商必须按照第9章所讨论的服务质量和成本约束，为资源管理制定策略。与此同时，云应用开发人员必须意识到云计算模型的局限性。

2.8 云计算的互操作性和互联云

云的互操作性可以减轻用户对单个云服务供应商的绝对锁定，即所谓的供应商锁定，2.7节曾讨论过。似乎存在一个很自然的问题，是否会出现一种互联云，即一个连接"云的云"，一个能合作提供更好的用户体验的云联盟，这从技术和经济上看都是可行的。互

联网是一个连接网络的网络,因此,看起来互联云的想法也是合理的[62-64]。

最近的研究表明,将互操作性概念从网络扩展到云远不是件小事。网络提供一种高级服务,即将数字信息从源(位于网络外的主机)传输到目的地,目的地是另一台主机或另一个网络,该网络可以将信息传递到最终目的地。通过网络的网络传递信息是可行的,因为在互联网诞生之前,其中的基本问题已经达成了协议:如何唯一地标识信息的源和目的地,如何在错综复杂的网络之间导航,以及如何在源和目的地之间实际传输数据。达成的协议所具有的三要素分别是 IP 地址、IP 协议和传输协议(如 TCP 和 UDP)。

云计算的情况完全不同。首先,没有存储或处理的标准;其次,我们目前看到的云是基于不同的交付模型,即 SaaS、PaaS 和 IaaS。此外,每个交付模型支持的服务集不仅大,而且是开放的,每隔几个月就会出现新的服务。例如,2012 年 10 月,亚马逊发布了新的服务 AWS GovCloud(美国政务云)。

云服务供应商(CSP)是否愿意合作构建互联云的问题尚未解决。一些 CSP 可能认为自己具有竞争优势,因为他们的服务的附加价值是独一无二的。因此,暴露存储和处理信息的方式可能会对他们的业务产生不利的影响。此外,没有 CSP 愿意改变内部操作,所以首要问题应该是在这些条件下是否能够构建一个互联云。

从互联网借用概念之后,一种不支配云内部组织或结构而仅仅实现云之间互操作手段的云联盟是可行的。然而,建设这样的基础设施似乎很艰难。首先,我们需要一套互操作标准,包括命名、寻址、标识、信任、呈现、消息传递、多播和时间。实际上,我们需要共同的标准来标识所有相关的对象,定义传输、存储和处理信息的方法,另外,我们还需要一个公共时钟来度量两个事件之间的时间。

然后,互联云必须开发云计算共享的本体语言(ontology)⊖,每个 CSP 用该本体语言描述所有资源和服务。由于存在大量的系统和服务,单个 CSP 提供的信息量将大到需要类似域名服务(DNS)的分布式数据库。根据文献[62],这些巨量信息存储在互联云的 root 节点,类似于 DNS 的 root 节点。

每个云都需要一个可称为互联云交换的接口,用于进行某个云的请求中包含的所有对象和行为的公共语言描述与云内部描述之间的翻译。更准确地说,源自一个云的请求必须从该云中的内部表示转换为基于共享本体的公共表示,然后在目的云将其转换为可由目的云执行的内部表示。这马上带来了效率和性能的问题,这个问题到现在还不能完全回答,因为互联云仅存在于文献中,但性能将受到极大的影响是毋庸置疑的。

对于云用户来说,安全性是一个主要问题,而互联云只会产生新的威胁。其中的主要问题是,任务将从一个管理域跨到另一个管理域,并且在迁移过程中可能暴露关于任务和用户的敏感信息。互联云任务的无缝迁移需要一个良好的信任模型。

公钥基础设施(Public-Key Infrastructure,PKI)⊖是一种很重要的信任模型,但它对于一个信任必须细致入微的互联云来说是不够的。用于处理数字证书的精细模型意味着代表用户的一个云可以授权另一个云读取存储中的数据,但不能启动新实例。

文献[63]对于信任管理所提倡的解决方案是基于动态的信任指数(trust indexes),这些指数可以随着时间的变化而变化。互联云的 root 节点扮演了认证机构(CA)的角色,而

⊖ 本体语言提供了领域内的知识表达方法,由领域内的许多概念和概念之间的关系组成。

⊖ PKI 是一种创建、分发、撤销、使用和存储数字证书的模型;认证机构(CA)将公钥绑定到给定域中的用户身份;第三方验证机构(VA)保证用户身份的独特性;注册机构(RA)保证公钥与个人的绑定不可置疑,即所谓的不可抵赖性。

互联云之间的数据交换决定了云之间的信任指数。必须使用加密保护数据在互联云之间的存储和运输。OASIS⊖密钥管理互操作协议（KMIP）⊜提出了这类密钥管理方案。

综上所述，互联云的概念带来了许多有趣的研究主题。至于这些概念是否实用，则只有在 NIST 的标准化努力之后才可能讨论。

2.9 服务水平协议和合规水平协议

服务水平协议（SLA）是客户和服务供应商双方协商签订的合同，该协议可以具有法律约束力或者非正式地规定客户所接收的服务，而不是服务供应商如何递送服务。该协议的目标如下：
- 识别和界定客户的需求和约束，包括资源水平、安全性、时间安排和服务质量。
- 提供可理解的框架，这个框架的一个关键方面是对服务类别和成本的清晰定义。
- 简化复杂的问题，例如，当出现故障时，明确客户端和服务供应商之间的职责界限。
- 减少冲突区域。
- 鼓励当发生争议时进行对话。
- 消除不切实际的期望。

SLA 包含了几个方面的共识：服务、优先级、职责、担保和保证。协议通常包括：服务交付性能、跟踪和报告、问题管理、法律纠纷、客户的职责和责任、安全性、机密信息的处理和终止。

云计算中服务的每个区应该定义"服务要达到的水平"或者"最低服务水平"，指出服务可用水平、可服务化水平、性能、操作或其他服务属性的水平，如支付水平；如果没有满足 SLA，也可以指出处罚措施。人们期望任何面向服务的体系结构（SOA）最终将包括支持 SLA 管理的中间件。欧盟支持的框架 7 项目研究了这类问题，可参看 http://sla-at-soi.eu/。

SLA 指定的通用指标是特定于服务的。例如，呼叫中心使用的指标通常如下：
- 丢弃率——等待应答时丢弃的呼叫的百分比。
- 平均应答响应速率——服务台响应呼叫的平均时间。
- 时间服务因素——在确定的时间范围内响应呼叫的百分比。
- 一次通话解决——在没有回电话的情况下已解决的呼叫的百分比。
- 周转时间——完成某项任务的时间。

在 SLA 管理中有两个不同的阶段：合同的谈判以及实时监控其执行过程。自动协商由以下三个主要部分轮流进行：
- 定义谈判的属性和约束的谈判对象。
- 描述谈判方之间互动的谈判协议。
- 负责处理提案和生成反提案的决策模型。

在用户选择服务供应商的情况下，文献[73]中讨论了云计算中的合规性概念，选择过程受制于可定制的用户需求，如安全性、期限和成本。作者提出了一种称为合规云计算（C3）的基础设施，它包括一种表示用户需求和合规水平协议（CLA）的语言，以及用于管理 CLA 的中间件。

⊖ OASIS 是 Advancing Open Standards for the Information Society 的缩写。
⊜ KMIP 规范 V1.0 参见 http://docs.oasis-open.org/kmip/spec/v1.0/kmip-spec-1.0.html。

Web 服务协议规范[31]使用 XML 语言定义协议,它使用在某些方面支持可定制的预定义模板创建协议;它只支持一轮谈判,不需要反对意见。文献[530]描述了一个用于虚拟计算环境的自动 SLA 协商的策略框架。

2.10 用户与 CSP 之间的责任分担

在回顾了亚马逊、谷歌和微软提供的云服务之后,我们可以更好地理解 SaaS、IaaS 和 PaaS 之间的区别。SaaS 供应商同时提供硬件和应用软件,这一点是毋庸置疑的;用户可以通过 Web 界面直接访问这些服务,并且无法控制云资源。典型的例子如谷歌提供的 Gmail、Google Docs、Google Calendar、Google Groups、Picasa 和 Microsoft 提供的 Online Services。

对于 IaaS,服务供应商提供硬件(服务器、存储、网络)和系统软件(操作系统、数据库);此外,供应商还确保系统属性,如安全性、容错性和负载均衡。IaaS 的代表是 AWS。

PaaS 只提供一个平台,包括操作系统和数据库等硬件和系统软件,服务供应商负责系统更新、补丁和软件维护。PaaS 不允许用户对操作系统、安全特性或安装应用程序的能力进行任何控制。典型的例子有谷歌 AE、微软 Azure 和 Salesforce.com 提供的 Force.com。

对于 IaaS 和 PaaS,用户对系统的控制程度是不同的:IaaS 提供完全控制,PaaS 通常不提供控制。因此,IaaS 带来的管理成本与传统的计算基础设施类似,而 PaaS 的管理成本实际上为零。

对于云用户来说,仔细阅读服务水平协议并理解云供应商愿意承担的责任的局限性是至关重要的。在许多情况下,供应商不负责由第三方带来的损害,或者由于客户或第三方导致的硬软件故障。

云用户和云服务供应商之间的责任界限对于三个服务交付模型是不同的,如图 2.9 所示。在 SaaS 的情况下,用户对接口负有部分责任;在 PaaS 的情况下,用户责任增加,包括接口和应用程序。对于 IaaS,用户负责运行应用程序的虚拟机中发生的所有事件。

例如,如果分布式拒绝服务攻击(DDoS)导致整个 IaaS 基础设施崩溃,那么云服务供应商就会对攻击的后果负责。如果 DDoS 只影响几个实例(包括运行用户应用程序的实例),则

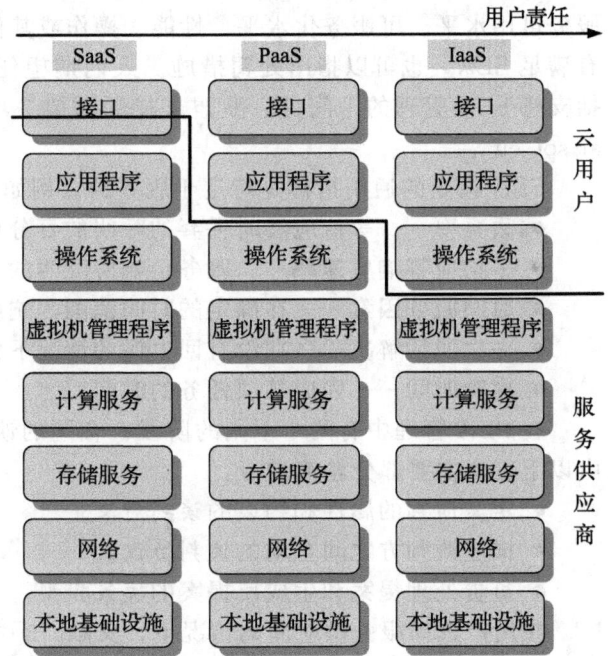

图 2.9 云用户和云服务供应商之间的责任约束

由用户负责。最近发布的一篇文章描述了图 2.9 所示的职责范围,并认为安全性应该成为 IaaS 云用户的主要关注点,请参见 http://www.sans.org/cloud/2012/07/19/can-i-out-source-my-security-to-the-cloud。

2.11 用户体验

目前已经有一些基于庞大云计算用户群体的用户体验研究。文献[385]对云计算终结者(Finish)联盟的一小群用户进行了关于用户体验的实证研究。用户关注的主要问题包括：安全威胁、对快速网络连接的依赖、强制版本更新、数据所有权和用户行为监测。所有用户都表示在云服务中信任是重要的，三分之二的用户意识到了云用户和供应商之间责任的模糊界限，大约一半的用户没有完全理解云功能及其行为，大约三分之一的用户担心安全威胁。

这群用户所感知到的安全威胁包括：滥用和恶意使用云，不完全安全的 API，恶意的内部人员，账户劫持，数据泄露，与共享资源有关的问题。大约一半被调查用户主要关注身份盗窃和隐私问题，三分之一的受访者提到了可用性、责任、数据所有权和版权。

针对这些问题的解决方案建议包括：应该部署用于监视云使用状况的服务水平协议和工具，以防止云的滥用；数据加密和安全测试应该增强 API 的安全性；应该增加一个独立的安全层，以防止恶意内部人员的威胁；必须加强认证和授权，以防止账户劫持；在安全环境中实现数据解密，防止数据泄露；为限制资源共享的负面影响，应分片部署组件和防火墙。

NIST 的云安全工作小组所关心的一系列问题包括：
- 数据的控制/所有权的潜在丢失。
- 数据集成、隐私保护、数据加密。
- 取消配置后的数据残留。
- 多租户数据隔离。
- 在国家边界内的数据定位要求。
- 虚拟机管理程序的安全性。
- 审核数据的完整性保护。
- 经过供应商控制的订阅用户策略验证。
- 给定云服务的认证/鉴定要求。

IBM[246] 2010 年进行的一项研究旨在确定公共和专有云的边界。这项研究对全世界 1 000 多名负责 IT 决策的人士进行了采访。77% 的受访者认为成本节约是采用公共云的主要理由，尽管只有 30% 的受访者相信公共云对他们的业务"非常有吸引力或有吸引力"，相比之下，相信专有云的有 64%，混合云的有 34%。

表 2.6 显示了促使用户使用公共云的原因以及每个影响选择的重要因素所占的百分比。9.2 节将讨论数据中心的高耗能成本，奇怪的是，似乎只有 29% 的受访者关心更低的耗能成本。

表 2.6 促使用户使用公共云的原因

原因	百分比	原因	百分比
提高系统可靠性和可用性	50%	解决与更新/升级相关的问题	39%
只为所使用的服务付费	50%	快速部署	39%
节省硬件成本	47%	扩大资源以满足需求的能力	39%
节省软件许可证成本	46%	专注于核心竞争力的能力	38%
降低劳动力成本	44%	利用改进的规模经济的优势	37%
降低维护成本	42%	减少基础设施管理需求	37%
减少 IT 支持需求	40%	降低能源成本	29%
利用最新功能的能力	40%	减少空间需求	26%
减少对内部资源的压力	39%	创造新的收入来源	23%

参与本研究的用户提到的最主要的适合公共云的工作包括：数据挖掘和其他分析（83%）、应用程序流（83%）、服务台服务（80%）、特定行业的应用程序（80%）和开发环境（80%）。

该研究还确定了不适合迁移到公共云环境的工作：
- 敏感数据，如员工记录和医疗记录。
- 多个相互依存的服务，如在线交易处理。
- 没有云授权的第三方软件。
- 需要审计和问责的工作。
- 需要定制的工作

这种研究有助于确定潜在的云用户所关注的问题以及云研究的关键问题。

2.12 软件授权

云计算的软件授权是一个长期存在的问题，目前还没有一个普遍可接受的解决方案。许可证管理技术基于计算中心的旧模型，其授权给予指定用户或某节点；这种为集中管理环境开发的授权技术不能适应云计算或网格计算这样的分布式服务基础设施。

直到最近 IBM 才达成了一项协议，允许它的一些软件产品在 EC2 上使用。MathWorks 开发了一个在网格环境中使用 MATLAB 的业务模型[85]。SaaS 的部署模型正在被接受，因为它允许用户只为他们使用的服务付费。

要改变传统的软件授权制度，寻找基于云计算的非硬件解决方案，面临着巨大的压力；用户谈判能力的增强，加上软件盗版的增加，重新激起了人们对其他替换方案的兴趣，比如 SmartLM 研究项目（http://www.smartlm.eu）提出的方案。SmartLM 许可证管理需要复杂的软件基础设施，包括服务水平协议、握手协议、认证和其他管理功能。

一个基于该研究项目思想的商业产品是 elasticLM，它提供基于 Web 的授权和计费服务[85]。elasticLM 许可证服务的体系结构包括若干层：共同分配、认证、管理、业务和持久性。认证层验证了许可证服务、账单服务以及单个的应用之间的通信；持久性层存储使用记录；业务层的主要职责是提供授权服务，确定许可证价格；管理层协调自动计费服务的不同组件。

当用户通过许可证服务请求许可证时，将协商许可证使用条款，并将其作为服务水平协议文档的一部分；协商基于应用专用模板，并且许可证费用将成为 SLA 的一部分。SLA 描述了资源使用的所有方面，包括应用程序的 ID、持续时间、处理器数量和保证，如最大开销和最后期限。当需要多个协商步骤时，使用 WS-Agreement 握手协议。

为了解与软件授权相关的问题的复杂性，我们指出了与授权相关的一些困难。要验证使用某个许可证的授权，应用程序必须具有来自某个机构的授权证书。该证书必须在应用程序本地可用，因为应用程序可能在网络访问受限的环境中执行，这样，管理员就有可能通过交换本地证书来劫持许可证机制。

2.13 云计算的能源消耗及其对生态的影响

如果不分析云计算所使用的能源及其对环境的影响，就不能结束关于云基础设施的讨论[278]。的确，不同类型的人类活动所需要的能源消耗是造成温室气体排放的部分原因。根据最近的一项研究[408]，数据中心的温室气体排放预计将从 2007 年的 116×10^6 吨 CO_2 增加到 2020 年的 257×10^6 吨，主要原因在于日益增长的消费者需求[506]。

现在，大规模数据中心的能源消耗及其用于计算、联网和冷却的能耗成本是显著的，并且预期在未来还将继续增加。2013年，美国的数据中心消耗了大约910亿千瓦时，相当于每年34座发电厂、每座年发电量500兆瓦的输出。预计到2020年，中国的用电量每年将增加约1 400亿千瓦时，相当于50座发电厂的年发电量，每年的电费将达130亿美元。根据国家资源保护委员会的数据，每年将产生1亿吨的碳，参见https://www.nrdc.org/resources/americas-data-centers-consuming-and-wasting-growing-amounts-energy。

根据2010年的能效水平，预计到2030年，数据中心和网络基础设施的能耗将达到10 300TWh/年[注]。尽管计算活动所需的能耗大大减少，但能耗总量预计仍会增加；在过去30年里，芯片上每一个晶体管的能量效率提高了6个数量级。

与云数据中心的通信也是能耗的重要组成部分。对以网络为中心的内容的支持消耗了网络带宽的很大一部分；根据CISCO VNI的预测，消费者流量在2009年占带宽使用的80%，并且预计其增长速度将比商业流量的增长更快。不同活动的数据强度从HDTV流媒体20MB/分钟到标准电视流媒体10MB/分钟、音乐流媒体1.3MB/分钟、互联网广播0.96MB/分钟、互联网浏览0.35MB/分钟和电子书阅读0.002 5MB/分钟[408]。

同样的研究报告声称，如果带宽的能量需求是4Wh/MB[注]，网络带宽的需求是3.2GB/天/人，或对整个世界人口而言的2570EB/年，那么这项活动所需的能量将是1175GW。这些估计不包括未来可能出现的高带宽应用，如3D-TV和个性化沉浸式娱乐（如Second Life或大型多人在线游戏）。

如今，大型数据中心（包括云计算数据中心）的大部分电力来自燃烧煤和天然气等化石燃料的发电厂。近年来，太阳能、风能、地热和其他可再生能源的贡献稳步增加。环境机会计算是一种利用现代计算机处理物理时空移动特性的宏观尺度计算思想。文献[527]描述了一个名为"绿色云"的原型。

目前，信息和通信技术（ICT）生态系统所使用的电能的保守估计为1500TWh，占整个世界产生的电能的10%。这包括制造电子元器件、制造计算和通信系统、为IT系统供电、加热和冷却以及回收和处理过时IT设备的能源。ICT能耗相当于1985年的照明用电总量，也是日本和德国的总发电量。

因此，减少能源消耗、减少云相关活动的碳足迹对社会越来越重要。实际上，越来越多的应用程序运行在云上，云计算比其他人类活动消耗的能源更多。减少碳足迹需要一整套的技术手段来实现，例如，云基础设施的硬件必须定期更新，必须采用新的、更节能的技术，资源管理软件必须更加重视能源的优化。

2.14 云计算面临的主要挑战

云计算面临着并行和分布式计算（详见第4章）方面的挑战，同时也面临来自自身的重大挑战。三种云交付模型带来的挑战各不相同，但在所有情况下，困难都由效用（utility）计算的深刻本质造成，该本质特性来自资源共享和资源虚拟化，这需要一个不同的信任模型，而不是我们已经习惯了很长时间的以用户为中心的模型。

最大的挑战来自安全，获得庞大用户群的信任对于云计算的未来至关重要。期望公共云为所有应用程序提供合适的环境是不现实的。与关键基础设施、医疗保健和其他应用相

[注] 1TWh等于10^{12}Wh。
[注] 在2006年的美国，从数据中心跨越互联网下载数据消耗的能量大概在9~16Wh/MB。

关的高度敏感应用很可能托管于专有云上。许多实时应用程序可能仍然受限于专有云。一些应用程序可能最好基于混合云，此类应用可以将敏感数据保存在专有云上，并使用公共云进行某些处理。

SaaS模型面临的挑战与其他需要保护金融或医疗服务等私有信息的在线服务类似。在这种情况下，用户通过定义良好的接口与云服务进行交互，因此，原则上说，提供关闭一些攻击通道的服务不算大的挑战。尽管如此，此类服务容易遭到拒绝服务攻击，用户也害怕恶意的内部人士。存储中的数据最容易受到攻击，因此应该特别注意保护存储服务器。在存储系统故障时，为了确保服务连续性所必需的数据复制增加了系统脆弱性。数据加密可以保护存储中的数据，但最终数据必须被解密才能处理，这时会受到攻击。

到目前为止，抵御针对IaaS的攻击最具挑战性，因为IaaS用户的实际自由度比其他两个云交付模型所允许的自由度大得多。另一个值得关注的问题是，大量的云资源可以作为主机发起对网络和计算基础设施的攻击。

虚拟化是这个模式的关键，但是它将系统暴露给新的攻击源。虚拟环境的可信计算基（TCB）不仅包括硬件和虚拟机管理程序，还包括管理操作系统。正如我们将在11.9节中看到的，VM的整个状态可以保存到一个文件中，允许迁移和恢复，这两个操作都是高度必需的；然而，这一可能性对属于某组织的服务器的策略提出了挑战，该策略要求服务器处于必需和稳定的状态。实际上，当系统清理病毒时，被感染的虚拟机可能是不活跃的，而被感染的虚拟机可能稍后醒来并传染其他系统。这是虚拟化（云计算技术的一个确定属性）带来的另一个必须和不必深度交织的例子。

下一个主要挑战与云上的资源管理有关。任何系统的（而不是特定的）资源管理策略都要求控制器的存在，其任务是执行若干类政策：准入控制、容量分配、负载均衡、能量优化，以及最后但并非最不重要的提供服务质量（QoS）保证。

为了实现这些政策，控制器需要系统全局状态的准确信息。在一个大的地理区域内，确定具有10^6或更多服务的复杂系统的状态是不可行的。实际上，外部负载以及各个资源状态变化得非常迅速。因此，控制器必须能够在不完全或近似地了解系统状态的情况下工作。

期望如此复杂的系统只能基于自管理原则来运行，似乎是合理的。但是自管理和自组织提高了实现日志记录和审计过程的门槛，这对于云计算服务供应商的安全性和信任至关重要。在自管理下，几乎不可能找出导致安全漏洞的某种行为。

我们想要解决的最后一个主要挑战与互操作性和标准化有关。供应商锁定，即用户与特定的云服务供应商绑定，是云用户主要关注的问题，参见2.7节。标准化将支持互操作性，从而减少了一些担忧，这些担忧包括对大型组织至关重要的服务可能在较长时间内不可用。但是，在一项技术仍在发展的时候强加标准不仅会带来挑战，而且可能会适得其反，因为它可能会带来不确定性。

通过以上这个简短的讨论，读者应该认识到云计算所带来的问题的复杂性，并理解云计算所带来的广泛的技术和社会问题。如果成功，将许多政府机构的IT活动迁移到公共和专有云的努力将对云计算产生长久的影响。云计算可以对教育产生重大影响，但我们在这方面只看到很少的尝试。

2.15 扩展阅读

理解云计算主要问题的一个很好的起点是2009年发表的论文《云之上：云计算的伯克利视角》[37]。

文献[511]中讨论了内容分发系统。文献[32]提出了 BOINC 平台。

云计算中的伦理问题在文献[485]中讨论。最近的一本书涵盖了分布式系统领域的主题，包括网格、对等系统和云[244]。Web 站点 http://collaborate.nist.gov 上的大量文档[361-369]描述了 NIST 的标准化工作。

有关亚马逊、谷歌、微软、惠普和甲骨文的云计算资料，请浏览以下网站：
- 亚马逊：http://aws.amazon.com/ec2/
- 谷歌：http://code.google.com/appengine/
- 微软：http://www.microsoft.com/windowsazure/
- 惠普：http://www.hp.com/go/cloud
- 甲骨文：http://cloud.oracle.com.

文献[520]和[525]提供了关于谷歌云的见解。文献[458]和[459]涵盖了云服务供应商之间的比较。关于 SLA 规范的白皮书可以在 http://www.itsm.info/SLA*.pdf 找到，http://www.service-level-agreement.net 包含了工具包，http://www.research.ibm.com/wsla/WSLASpecV1-20030128.pdf 是 Web 服务水平协议(WSLA)。

在文献[7]、[225]、[408]、[497]、[506]和[336]中讨论了能源利用和生态影响。关于开放源码云操作系统 OpenStack 的信息可以从项目站点 http://www.openstack.org/获得。

互联云在包括[62-64]在内的几篇论文中讨论。Google Docker 出现在文献[199]中。企业迁移到 IaaS 的情况在文献[268]中分析。云计算的可持续性在文献[389]中讨论。云计算软件测试中的数据可移植性和 2010 年云的状态分别在文献[413]、[423]和[431]中进行分析。

文献[427]展示了开源云计算工具，文献[461]讨论了软件调试器。云工作负载迁移是文献[510]的主题。AWS 竞价实例的成本在文献[537]中分析，云容错中间件在文献[549]中给出。

2.16 练习和问题

问题 1　大规模分布式系统所必需的属性包括访问、定位、并发、复制、失败、迁移、性能和伸缩的透明性。分析每个属性如何应用于 AWS。

问题 2　从应用程序开发人员和用户的角度比较三种云计算交付模型 SaaS、PaaS 和 IaaS。讨论它们的安全性和可靠性。分析 PaaS 和 IaaS 之间的差异。

问题 3　将甲骨文云服务(参见 https://cloud.oracle.com)与亚马逊、谷歌和微软提供的云服务做比较分析。

问题 4　阅读 IBM 报告[246]并讨论专有云和公共云的工作负载偏好和偏好原因。

问题 5　许多组织操作一个或多个计算机集群并考虑迁移到专有云。支持和反对这种努力的理由是什么？

问题 6　在 http://www.service-level-agreement.net/上评估 SLA 工具包。互动指南有用吗？它遗漏了什么？SLA 模板是否包含你的视图中所有重要条款，缺少什么？其中的例子有用吗？

问题 7　软件授权是云计算中的一个重大问题。讨论一些防止管理员劫持软件许可证的方法。

问题 8　标注方案被很多服务广泛使用，如支持照片标注的 Flickr 照片共享服务。概述共享医学 X 射线、断层扫描、CAT 扫描和其他医学图像的云服务组织，并讨论这些实现面临的主要挑战。

问题 9　有一个正在讨论是安装专有云还是使用公共云(如 AWS)来满足计算和存储要求的组织，他们想征询你的建议。你需要什么资料作为基础？你将如何使用以下的每一项：(a)算法描述和组织将运行的应用类型；(b)这些应用程序使用的系统软件；(c)每个应用所需的资源；(d)用户规模；(e)用户群体的相对经验；(f)成本？

问题 10　一所大学正在讨论问题 9 中的问题。你的建议是什么？为什么？软件授权是否应该是决策的重要一环？

第一部分

Cloud Computing: Theory and Practice, Second Edition

- 第 3 章 云的并发性
- 第 4 章 并行与分布式系统

第 3 章

Cloud Computing: Theory and Practice, Second Edition

云的并发性

在 2013 年献给 Edsger Dijkstra[293] 的"图灵讲座"上，Leslie Lamport 谈及并发性："我不知道并发性是否是一门科学，但它是计算机科学的一个研究领域。并发性的称呼有很多，比如并行计算、并发编程和多道程序设计。我认为分布式计算是更通用的并发主题的一部分。"

并发性和并行处理之间有区别吗？某些例子中，并发性描述了多个活动同时发生的必要性，而并行处理意味着一种解决方案，多个处理器能够同时执行这些活动所需的计算，即同时进行。并发性强调活动之间的合作和干扰，而并行处理旨在缩短活动集的完成时间，同时受到合作和活动干扰的制约。

并行地执行多个活动，既可以准独立地进行，也可以与显式通信模式紧密协调。在任何一种情况下，某些形式的通信对于协调并发活动是必要的。协调使复杂活动的描述变得复杂，因为它必须描述协同工作的各个实体所做的工作以及它们之间的交互。

通信会影响并发活动的整体效率，并且可能会显著增加复杂任务的完成时间，甚至会阻碍任务的完成。此外，通信需要事先就通信协议描述的通信规程达成一致。我们需要采取措施来保证完成整体任务所需要的协调不受通信问题的影响。

将工作负载分布到多个系统并更快地获得结果是计算机并发执行应用的实际动机。并发性是云计算的核心，许多应用程序产生的大量工作负载在多个云实例上并发运行，这些实例仅利用计算机云上的资源。

3.2 节首先概述通信进程的并发执行，3.3 节介绍包括 BSP 在内的计算模型———一种用于避免并行处理中对数效率损失的桥接硬件模型，它的多核计算模型版本在 3.4 节中介绍。3.5 节讨论 Petri 网——能够直观描述并发和冲突的模型。

进程状态的概念对于理解并发性至关重要，这将在 3.6 节中介绍。计算机云的许多功能均需要有关进程状态的信息，例如第 9 章中讨论的用于云资源管理的控制程序需要准确的状态信息。3.7 节分析进程协调，而 3.8 节介绍逻辑时钟和消息交付规则，试图弥合用于分析并发和物理系统的抽象之间的差异。

一致性裁剪和分布式快照的概念是检查点重新启动过程的核心，用于长期计算。当一个或多个系统发生故障时，需要定期检查检查点，以便重新启动软件进程；当发生故障时，计算从最后一个检查点重新开始，而不是从头开始。3.9 和 3.10 节讨论这些概念。原子操作、共识协议和负载均衡分别在 3.11、3.12 和 3.13 节介绍。最后，3.14 节介绍 Java 和 FlumeJava 中的多线程和并发性。

本章回顾了在系统和应用软件中处于核心地位的重要算法的理论基础。后面各节介绍的概念有助于我们更好地了解云资源管理策略以及实施这些策略的机制。为了更深入地理解与并发相关的许多概念，读者可以参考本章末尾提供的经典参考文献。

3.1 持久挑战：并发与云计算

并发是一个非常广泛的主题，在本节中，我们将仅讨论与云计算密切相关的主题。首先，我们简要介绍并发和协调带来的持久挑战。协调始于执行独立任务的实体之间的资源和工作量分配。在初始阶段之后执行任务之间的通信，最后，综合各个任务的完成情况，得出相应的结果。如图 3.1 所示，缺乏协调以及忽视有关共享资源管理的规则会导致通信死锁，这是我们经常遇到的一种错误现象。

同步是并发的另一种定义。著名的哲学家就餐问题可以很好地说明同步的重要性。如图 3.2 所示，坐在桌旁的五位哲学家交替思考和吃饭。一个哲学家吃饭时，需要盘子左右两侧的筷子。吃完后，哲学家必须将筷子放回左右两侧，以便其左右的哲学家可以吃饭。这个问题非常重要，一种很自然的方案是：当每个哲学家拿起各自左手边的筷子，同时等待右手边的筷子变得可以使用时，会导致没有一个哲学家能完成就餐，反之亦然。该方案使得系统进入死锁状态，导致整个进程毫无进展。死锁会导致哲学家无法进餐，所以必须避免这种情况的发生。

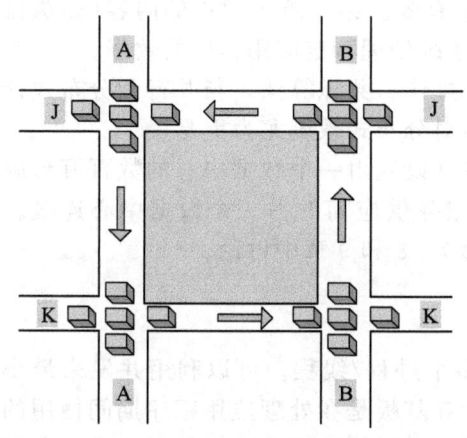

图 3.1 缺乏协调的后果。交叉路口没有交通信号灯或标志会导致交通堵塞。被堵塞的交叉路口是南北和东西交通流量的共享资源，造成了死锁

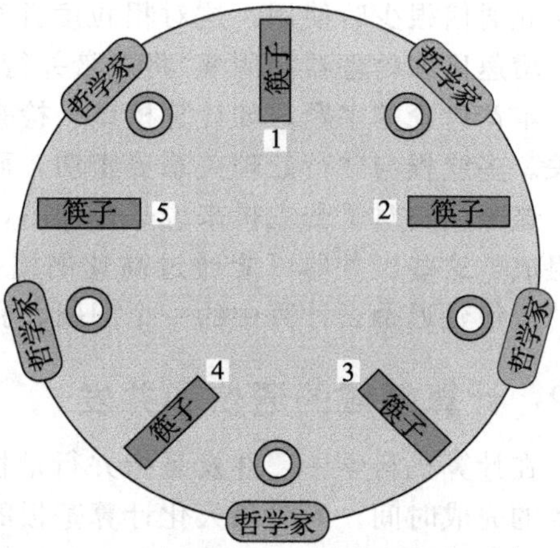

图 3.2 哲学家就餐问题。为了避免死锁，Dijkstra 的解决方案需要对筷子编号并需要另外两条规则

此问题触动了并发的关键点，例如本章要讨论的互斥和资源不足。Edsger Dijkstra 提出了以下通用的解决方案：

- 给资源分配序号。
- 强制规定必须按顺序请求资源。
- 强制规定任何两个与顺序无关的资源，都不会在同一时间被单个工作单元使用。

在哲学家就餐问题中，资源是筷子，编号为 1 到 5，每个工作单元即哲学家。哲学家总是先拿起编号较低的筷子，然后才拿旁边编号较高的筷子。每个哲学家放下筷子的顺序并不重要。

这种解决方案避免了死锁导致的无法就餐问题。如果五位哲学家中有四位同时拿起编号较低的筷子，则只有编号最高的筷子会留在桌子上。因此，第五位哲学家将无法拿起筷子。只有一位哲学家可以使用编号最高的筷子，所以他可以用一双筷子吃东西。参考文献 [306] 提出了基于 Petri 网模型的哲学家就餐问题的解决方案。

当一项复杂任务的某些活动需要特别的能力，并且只能分配给具有特定资格的实体时，工作分工就自然产生了。在某些情况下，所有实体都具有相同的能力，这时应根据各自的工作效率来分配工作。在任何情况下平衡工作负载都是很困难的，因为有些活动可能

比其他活动强度更大。

虽然并发缩短了任务完成时间，但它可能会对所涉及的各个实体的效率产生负面影响。有时，复杂的任务由多个阶段组成，并且只有当一个阶段中的所有并发活动完成其分配的工作时，才会发生从一个阶段到下一个阶段的转换。在这种情况下，早期完成的实体必须等待其他实体完成，这种效果称为同步障碍。

通过讨论，我们了解了并发所特有的众多挑战。许多计算问题相当复杂，并发有可能极大地影响我们更有效地进行计算的能力。这激发了我们对并发及其在云计算中的应用的兴趣。

自20世纪60年代中期以来，并行和分布式计算一直在利用和研究并发。并行处理是指在具有大量处理器的系统上并发执行，而分布式计算意味着在多个系统上并发执行，系统通常位于不同的站点。在第一种情况下，通信延迟相当低，而分布式计算只能在并发活动彼此通信很少时使用，这对粗粒度并行应用程序有效。第4章中讨论的内容（如执行时间、增速比和处理器利用率）将度量并行或分布式系统处理特定应用程序的效率。

本章讨论的主题，如计算模型、检查点、原子操作、共识算法，与并行和分布式计算相关。多线程与并行处理关系更密切，而负载均衡对分布式系统尤为重要。

这种区别对于云主机来说是模糊的，因为其基础设施由一个数据中心的数百万台服务器组成，这些服务器可能通过高速网络与同一云服务供应商的另一个数据中心连接。然而，通信延迟是云计算中的一个问题，我们将在第7、8和9章中讨论。

3.2 计算领域的通信和并发

在计算机科学中，并发是指并行地协同执行多个进程/线程。可以利用并发来最小化任务的完成时间，同时最大化计算基板的效率。计算基板是在处理应用程序期间使用的物理系统的通用术语。为了分析并发的好处，我们考虑将计算分解为虚拟任务，并将它们与计算基板的物理处理元件相关联。

虚拟任务集的基数越大，潜在增速比的并发度就越高。然后，并行算法可以由能够在具有多个执行单元的系统上运行的并行程序来实现。进程是执行中的程序，需要一块地址空间去管理代码和应用程序数据。线程是在进程的地址空间中运行的轻量级执行单元。

并发执行应用程序的增速比（speedup）是对并发执行效果的量化，它被定义为任务顺序执行的完成时间与并发执行的完成时间的比率。例如，图3.3说明了应用程序的并发执行，其中工作负载被分片并被分配给同时运行的五个不同的处理器或内核。该应用程序是将5×10^6幅图像从一种格式转换为另一种格式。这是一个理想并行应用程序，因为在五个内核上运行的五个线程（每个处理10^6幅图像）不会彼此通信。图3.3中示例的增速比S是

$$S = \frac{t_8 - t_0}{t_3 - t_0} \approx 5 \tag{3.1}$$

并发性有两个方面，一方面是本章讨论的算法或逻辑并发性，另一方面是软件和计算基板的硬件所发现和利用的物理并发性。例如，编译器可以展开循环并优化顺序程序执行，处理器内核可以同时执行多个程序指令，如第4章所述。

并发本质上是与通信捆绑的，并发实体必须相互通信才能完成共同任务。这种说法的必然结果是通信和计算密切相关。显式通信被内置到并发活动的蓝图中，由于缺乏更好的术语，我们称其为算法通信。有时，计算由多个阶段组成，此时并发运行的线程必须直到

所有线程都完成才能进入下一阶段。这会导致效率低下，如图 3.4 所示。

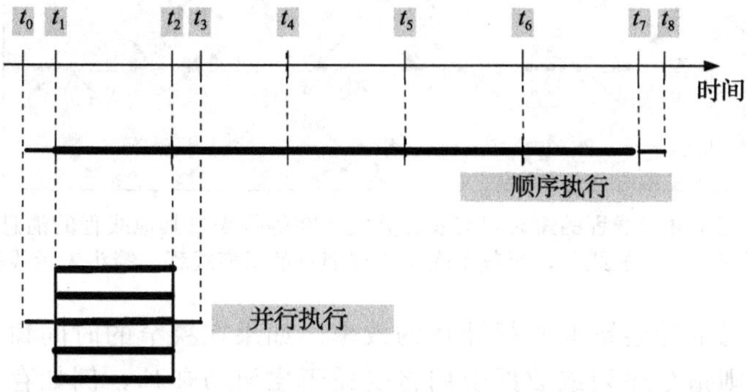

图 3.3 应用程序的顺序执行与并行执行。顺序执行在时刻 t_0 开始，经过短暂的初始化阶段到时刻 t_1，然后开始实际的图像处理。当所有图像都处理完毕之后，在时刻 t_7 进入短暂终止阶段，并在时刻 t_8 结束。并发执行具有自己的简短初始化和终止阶段，实际图像处理在时刻 t_1 开始并在时刻 t_2 结束，在时刻 $t_3 \ll t_8$ 可获得相应的结果。其增速比接近最大值

与在计算机上严格按照其自身指令表的一系列指令执行计算步骤相比，通信是一个更为复杂的过程。除了发送者和接收者之外，通信涉及第三方，第三方是可靠性未知的通信信道。因此，两个或更多个通信实体必须对由多个消息组成的通信协议达成一致。通信复杂性反映了通信系统的参与者为了执行某些任务而需要交换的通信量[533]。

通信速度比计算速度慢得多。在发送或接收几字节的时间内，处理器可以执行数十亿条指令。密集的通信可以很大程度上降低应用程序的并发线程组的效率。图 3.5 说明了一种密集通信的情况，即当一个线程等待来自其他线程的消息（即所谓的细粒度并行）时，短时间突发计算与相对较长的通信等待交替的情况。与之相反的是粗粒度并行，即并发线程之间很少或没有通信发生，如图 3.3 中的示例所示。

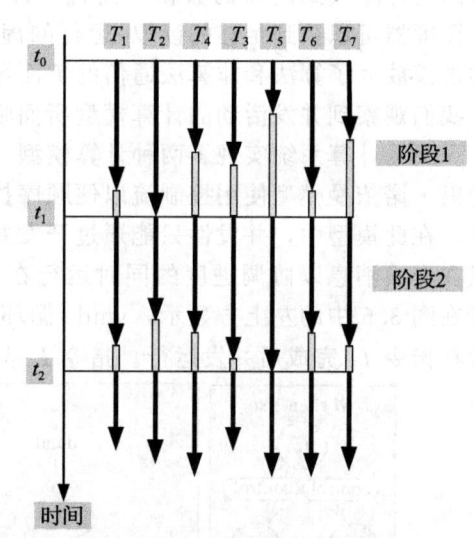

图 3.4 同步障碍。7 个线程在时刻 t_0 开始执行阶段 1。线程 T_1、T_3、T_4、T_5、T_6 和 T_7 提前完成，并且必须等待线程 T_2，然后在时刻 t_1 进入阶段 2。类似地，任务 T_1、T_2、T_3、T_4、T_6 和 T_7 必须等待任务 T_5，然后在时刻 t_2 进入下一阶段。灰条代表被阻塞的任务，等待进入下一阶段

消息这个词应该从信息论的意义上理解，而不是计算机网络环境中的简单含义。理想并行活动当然可以在没有消息交换的情况下进行，同时享受线性甚至超线性增速比；而在所有其他情况下，通信活动的完成时间增加，因为通信带宽明显低于处理器带宽。

计算基板的组织需要非算法通信，计算基板由需要协同动作以执行所需任务的不同组件组成。例如，在由多个处理器和内存组成的系统中，一个处理器上运行的线程可能需要另一个处理器内存中的数据。在分布式系统中，非算法通信不可避免，它是线程调度和数据分发策略的副作用，这在很大程度上会降低并发的好处。

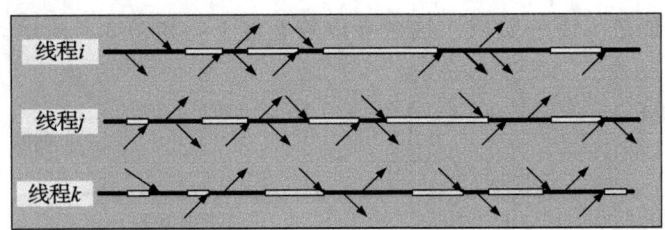

图 3.5 细粒度并行。三个并发线程的短时间突发计算发生在等待来自其他线程的消息时（阻塞周期的间隙）。实心黑条表示正在运行的线程，而灰条表示等待消息的阻塞线程。箭头表示线程发送或接收的消息

空间和时间的局部性会影响并行计算的效率。如果在狭窄的时间窗口内引用的条目在空间中位置接近，则指令序列或数据引用将受益于空间局部性，例如存储在附近的内存地址或磁盘上的附近扇区中。如果对同一条目的访问在时间上密集，则一系列条目将受益于时间局部性。

由于局部性，非算法通信的复杂性可能会降低，虚拟任务更有可能在运行它的物理处理器的内存中找到所需的数据。而且，计算基板的效率可能会提高，因为在任何给定时间，调度器可以找到足够的读取-运行的虚拟任务以保持物理处理元件处于工作状态。系统的规模放大了算法和非算法通信的负面影响。并发的虚拟和物理方面之间的相互作用可以让我们观察到并发活动的计算模型所面临的挑战。

今天的计算系统实现了两种计算模型，一种基于控制流，另一种基于数据流。广泛使用的冯·诺依曼模型使用控制流以便顺序执行，在每个步骤中，算法指定接下来要执行的步骤。在此模型中，并发性只能通过开发并行算法来利用，该算法将计算任务分解，以便可以在交换消息以协调进度的同时运行在进程/线程中。在控制流的情况下，if then else 构造在图 3.6 中的左上方显示，while 循环在左下方显示。if then else 构造的指令 I_2 和 I_3 只能在指令 I_1 完成后并发运行。指令 I_4 只能在 I_2 和 I_3 完成时执行。

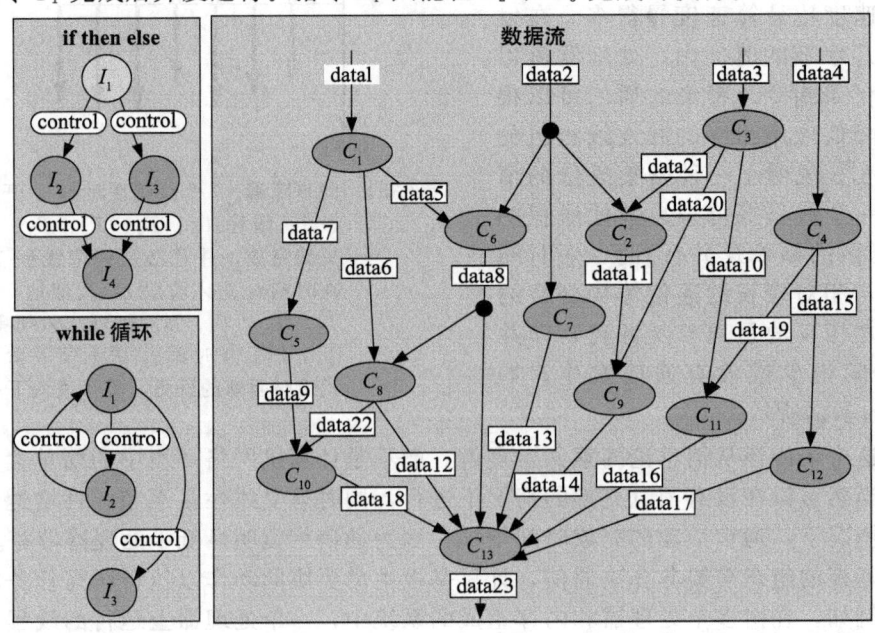

图 3.6 控制流与数据流模型。左图显示了从一个指令 $I_i(1 \leqslant i \leqslant 4)$ 到其他指令的控制流，分别为 if then else 和 while 循环构造。I_2 或 I_3 将在 if then else 构造中运行。数据流触发右侧计算 $C_i(1 \leqslant i \leqslant 13)$ 的执行

数据流执行模型基于隐式通信模型，一旦输入数据变得可用，线程就开始执行。这种执行模型的优点不言而喻，它可以毫不费力地从任何计算中实现并行的最大化。图 3.6 中的数据流模型示例显示了具有复杂依赖的计算 C_1，…，C_{13}。

数据流模型允许所有计算在输入可用的数据时立即运行。例如，C_1、C_3 和 C_4 在输入 data1、data3 和 data4 后同时开始并发执行，而 C_2 和 C_6 分别等待 C_3 和 C_1 的完成。最后，C_{13} 只能在 data18、data12、data8、data13、data14、data16 和 data17 分别由 C_{10}、C_8、C_6、C_7、C_9、C_{11} 和 C_{12} 产生后开始。

计算 $C_i (1 \leqslant i \leqslant 13)$ 以完成执行操作，并将数据传递给下一个等待该数据的计算，其所需的时间取决于输入数据的大小，这是未知的。为了获取计算任务的动态，除了发送数据之外，控制流模型还需要单独的计算来发送和接收消息。

如今，只出现了少数数据流计算机系统，但不排除以后可能会看到将一些数据流计算机系统添加到云计算基础设施。此外，第 7 章和第 8 章中讨论的一些数据处理框架试图模仿数据流执行模型以优化性能。

有趣的是，3.5 节讨论的 Petri 网模型足以表达控制流或数据流。在二分图中，一种称为库所的顶点建模系统状态，而另一种称为变迁的顶点则建模行为。从库所流出的令牌触发变迁并最终在其他库所指示系统状态的变化。令牌可以表示控制或数据。

几十年来，并发主要用于系统编程以及科学与工程中的高性能计算。大多数其他应用开发人员满足于顺序处理，并且期望更快的时钟速率带来的计算能力增强。由于多核处理器技术的巨大影响，并发现在已成为主流。多核处理器是针对时钟速率的限制而开发的，但是无法满足对微小且节能的计算设备中的计算能力的要求。编写和调试并发软件比开发顺序代码要困难得多，需要不同的思维框架和有效的开发工具。

接下来的三节讨论计算模型，这是深入了解计算和并发的基础。

3.3 计算模型和 BSP 模型

算法分析中使用了几种计算模型。总共有两大类计算模型——抽象机和决策树，它们都指定了模型允许的基本操作集。图灵机、电路模型、lambda 演算、有限状态机、元胞自动机、堆栈机、累加器机和随机访问机是用于可计算性证明和建立算法计算复杂性上限的抽象机器[443]。而决策树模型则用于计算复杂性下限的证明。

计算模型。图灵机是统一计算模型，相同的计算设备用于所有可能的输入长度。布尔电路是非统一计算模型，不同长度的输入由不同的电路处理。计算问题 $\mathcal{P}$ 与布尔电路族 $\mathcal{C} = \{C_1, C_2, …, C_n, …\}$ 相关，其中每个 C_n 是处理 n 比特输入的布尔电路。布尔电路族 $C_n (n \in \mathbb{N})$ 是符合多项式时间的，如果存在确定性图灵机(TM)，使得 TM 以多项式时间运行，同时 $\forall n \in \mathbb{N}$，当输入 1^n 时它输出 C_n 的相关描述。

有限状态机(FSM)由逻辑电路 $\mathcal{L}$ 和存储器 $\mathcal{M}$ 组成。在一个具有外部输入 $L^{in} \in \Sigma$ 的执行步骤中，采用当前状态 $S \in \mathcal{S}$ 并且使用逻辑电路 $\mathcal{L}$ 来产生后继状态 S^{new} 和来自同一字母表 Σ 的输出字母 L^{out}，其中 $S^{new} \in \mathcal{S}, L^{out} \in \Sigma$。FSM 用于实现复杂的处理方案，例如 7.4 节中讨论的 ZooKeeper 协调模型，或第 5 章中讨论的由 Internet 协议栈使用的 TCP（传输控制协议）。

使用两个同步互连的 FSM、具有少量寄存器的中央处理单元(CPU)和随机存取存储器对串行计算机的操作是通过随机存取机(RAM)进行建模的。CPU 对存储在其寄存器中的数据进行操作。并行随机访问机器(PRAM)是一种抽象编程模型，由一组有限的 RAM

处理器和一个可能无限大小的公共存储器组成。每个 RAM 都有自己的程序、程序计数器以及唯一的 ID。在 PRAM 执行期间，RAM 同步执行三个操作：从公共存储器读取、执行本地计算以及写入公共存储器。

冯·诺依曼模型一直是串行计算的持久模型，并基于冯·诺依曼机器架构。它始终允许"多样化和杂乱的软件在多样化和杂乱的硬件环境中高效运行"[492]。自 1947 年 ENIAC 为曼哈顿计划进行首次蒙特卡罗模拟以来，该模型经历了多次技术变革而快速发展[216]。冯·诺依曼模型的一个显著特征是它的预见能力，在面对后来的概念（如记忆层次结构，当然在 20 世纪 40 年代中期还没有这个概念）时，能够保持一致的理解。半个多世纪以来，这个模型一直代表着计算时代的精神（Zeitgeist ⊖）。

整体同步并行(BSP)模型。在 20 世纪 90 年代早期，Leslie Valiant 开发了一种桥接硬件-软件模型，旨在避免并行处理中效率的对数损失[492]。Valiant 认为并行和分布式计算应基于强调可移植性的模型，算法应为参数感知的，并且设计为可在具有各种参数的广泛系统上有效运行。算法必须用可在实现 BSP 模型的计算机上有效编译的语言编写。

BSP 是一种明确的计算模型，包括量化计算基板的物理约束的参数。它还包括一个非局部原语——同步障碍。BSP 模型旨在使程序员免于管理内存、通信和低级同步，前提是程序编写时具有足够的并行宽松度。并行宽松度意味着通过为每个处理器提供大量就绪的任务池来隐藏通信延迟，而其他任务或者正在等待消息或者正在完成另一个操作。

BSP 程序是为 v 个虚拟并行处理器编写的，同时物理处理器个数为 $p \leqslant v$。这个条件使得高级语言的编译器能创建共享虚拟地址空间的可执行文件，并有效地调度、流水化计算和通信。BSP 模型包括：

- 处理元素和存储组件。
- 涉及组件对之间的消息交换的路由器，路由器的吞吐量是 $\overline{g}$，启动成本是 s。
- 每 L 个时间单元起作用的同步机制。

计算涉及超级步和任务。超级步是分配了 L 个时间单元并由多个任务组成的执行单元。每个任务都是本地计算和消息交换的组合。计算过程如下：

- 在超级步开始时，为每个组件分配一个任务。
- 在分配给超级步的时间结束时，即自启动后的 L 个时间单元，全局检查确定超集是否已完成。
  - 如果完成，下一个超级步开始初始化。
  - 否则，在之后的 L 个时间单元内，超集继续执行。

本地操作不会自动降低其他处理器的速度。当同步关闭时，处理器可以继续执行而不必等待路由器或其他组件中的进程完成。该模型没有对通信延迟做出任何假设。周期性参数 L 的值可以被控制，其下限由硬件确定，硬件速度越快则 L 越小，而其上限由并行性的粒度控制，因此由软件控制。

BSP 计算引擎的路由器支持任意的 h-关系(h-relation)，当每个组件发送和接收最多 h 个消息时，这些 h-关系是持续时间为 $\overline{g} \times h + s$ 的超级步。假设 h 很大并且 $\overline{g} \times h$ 与 s 相当。当 $g = 2\overline{g}$ 且 $\overline{g} \times h \geqslant s$ 时，h-关系将需要最多 $g \times h$ 个时间单元。

模型使用哈希函数将内存访问分配给所有 BSP 组件的内存单元。逻辑或符号地址到物理地址的映射必须是有效的并且尽可能均匀地分配这些映射的引用，这可以通过伪随机

⊖ 德语"Zeitgeist"的字面意思是"时代精神"，意指在某一特定领域和特定时间内社会的主导思想和概念。

映射来完成。当超级步需要对 p 个组件进行 p 次随机访问时,某个组件将高概率地获得 $\log p/\log\log p$ 次访问。如果超级步需要 $p\log p$ 次内存访问,那么每个组件将获得不超过大约 $3\log p$ 次访问,并且这可以由某个路由器以优化的上界 $\mathcal{O}(\log p)$ 维持。

接下来讨论在具有 p 个组件的 BSP 计算机上对具有 $v \geqslant p\log p$ 个虚拟处理器的并行程序的仿真。每个 BSP 计算机组件由处理器和存储器组成。BSP 计算机的 p 个组件的每一个都分配有 v/p 个虚拟处理器。然后,BSP 将在一个超级步中模拟某个虚拟处理器的一个步骤,并且如果对存储器的引用是均匀的,则 p 个存储器模块中的每一个将获得 v/p 次引用。BSP 将以 $\mathcal{O}(v/p)$ 的优化时间执行超级步。

在具有 $p \leqslant n^2$ 个处理器的 BSP 机器上进行模拟的一个很好的例子,就是使用标准算法乘以两个 $n \times n$ 矩阵 $\boldsymbol{A}$ 和 $\boldsymbol{B}$。每个处理器分配一个 $(n/\sqrt{p}) \times (n/\sqrt{p})$ 子矩阵,并接收 $\boldsymbol{A}$ 的 $(n/\sqrt{p}) \times (n/\sqrt{p})$ 行和 $\boldsymbol{B}$ 的 $(n/\sqrt{p}) \times (n/\sqrt{p})$ 列。因此,每个处理器将执行 $2n^3/p$ 次加法和乘法,并发送 $2n^2/\sqrt{p} \leqslant 2n^3/p$ 个消息。如果每个处理器发送 $2n^2/\sqrt{p}$ 个消息,则运行时间仅受常数因子的影响。

当 h 很小时,通过复制数据可以有效地实现并发。在矩阵乘法示例中,矩阵 $\boldsymbol{A}$ 和 $\boldsymbol{B}$ 的 $2n^2/p$ 个元素可以分配给 p 个处理器中的每一个,每个处理器复制其每个元素 $\sqrt{p}$ 次,并将它们发送到需要输入的 $\sqrt{p}$ 个处理器。每个处理器发送的消息数为 $2n^2\sqrt{p}$。当 $g = \mathcal{O}(n\sqrt{p})$ 且 $L = \mathcal{O}(n^3/p)$ 时,我们得到 $\mathcal{O}(n^3/p)$ 的优化运行时间。除了矩阵乘法之外,也有研究表明可以在 BSP 计算机上有效地实现其他几种重要的算法。

Valiant 得出结论,即 BSP 模型有助于具有足够宽松度的计算的编程,因为实现虚拟共享内存所需的内存和通信管理只能通过处理器效用中的常数因子损失来实现[492]。此外,BSP 模型可以针对不同的通信技术和互连网络拓扑有效地实现,例如用于超立方体互连网络。

3.4 一种多核计算模型

优化多核处理器的性能非常具有挑战性。大多数挑战本质上与计算引擎的复杂性和多样性有关,因为在某个系统上的应用程序的性能可能不会因为换了一个系统就变成了高性能。对于许多应用,开发并行算法本身值得重视,应用程序的性能对于不同计算基板而言,可能无法随着问题规模的变化而变化。

Multi-BSP[493]是具有任意层数的分层多核计算模型,该模型的计算基板包括多级高速缓存以及存储器。depth-d 模型是深度为 d 的树,其中高速缓存和存储器作为树的内部节点,处理器作为叶子。

depth-d 模型需要 $4d$ 个参数。级别 $i(1 \leqslant i \leqslant d)$ 具有四个参数 (p_i, g_i, L_i, m_i),分别用于量化子组件的数量、通信带宽、同步成本和存储器/高速缓存大小。该模型捕获了由于延迟 L_i 和带宽 g_i 导致的不可避免的通信成本,如图 3.7 所示。对参数 i 的详细解释如下:

- p_i:第 i 级组件内的第 $i-1$ 级组件的数量。第 1 级组件由 p_1 个原始处理器组成。第 1 级存储器中一个字(word)上的计算步骤表示一个时间单元。
- g_i:通信带宽。这是一个比值,在一个时间单元内,其分子为一个处理器的操作数,分母为该处理器在第 i 级组件的存储器与第 $i+1$ 级父组件的存储器之间传输的字数。其中,字表示处理器操作的数据。第 1 级存储器可以跟上处理器的速度,

因此其数据速率 g_0 为 1。
- L_i：第 i 级超级步的同步障碍成本。同步障碍发生在组件的子组件之间，组件层次结构中的不同分支之间没有同步。
- m_i：不在任何第 $i-1$ 级组件内的第 i 级组件内的内存字数。

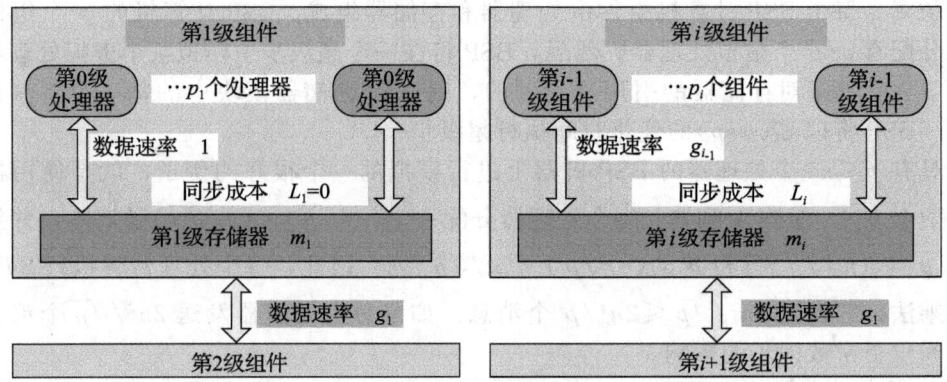

图 3.7 Multi-BSP 模型

第 i 级组件中的处理器数量为 $P_i = p_1 \cdot p_2 \cdots p_i$。第 j 级组件中第 i 级组件的数量是 $Q_{i,j} = p_{i+1} \cdot p_{i+2} \cdots p_j$，并且在整个深度为 d 的系统中组件数量是 $Q_{i,d} = Q_i = p_{i+1} \cdot p_{i+2} \cdots p_d$。第 i 级组件的总存储是 $M_i = m_i + p_i \cdot m_{i-1} + p_{i-1} \cdot p_i \cdot m_{i-2} + \cdots + (p_2 \cdots p_{i-1} \cdot p_i m_1)$。从第 1 级到第 i 级的通信成本是 $G_i = g_i + g_{i-1} + \cdots + g_1$。

第 i 级的超级步是第 i 级组件内的一个结构，使得 p_i 个第 $i-1$ 级组件中的每一个都能独立地执行，直到遇到障碍。只有在遇到障碍之后，才能以 g_i-1 的通信成本与第 i 级组件的 m_i 存储器交换信息。通信成本是 $m_{i-1} g_{i-1}$，其中 m_i 是第 i 级存储器与其第 $i-1$ 级子组件存储器之间通信的字数。该模型含常数因子 k_{comp}、k_{comm} 和 k_{synch}，但是对于每个深度 d，这些常数与 (p, g, L, m) 参数无关。

问题是具有如此大量参数的模型是否有用。结果表明，对于矩阵乘法、FFT（快速傅里叶变换）和比较排序等问题，Multi-BSP 算法可以无参数表达[493]。给定一个算法 A，与其相关的优化 Multi-BSP 算法的无参数版本在以下方面是最佳的：
- 并行计算步骤精确到可乘的常数因子内，在总的计算步骤中，精确到可加的低阶项内。
- 并行通信成本在 Multi-BSP 算法之间的常数可乘因子内。
- 同步成本在 Multi-BSP 算法之间的常数可乘因子内。

文献[493]中通信和同步的最优性证明基于之前的研究——关于分布式算法的通信步骤数量的下限。

3.5 用 Petri 网对并发建模

1962 年，Carl Adam Petri 推出了一系列图为并发系统建模，即 Petri 网（PN）[402]。PN 用于模拟动态而不是静态系统行为，例如检测同步异常。目前，PN 模型已经扩展到研究并发系统的性能。

PN 是一种基于令牌流向的二分图。二分图是具有两类顶点的图，弧总是将一个类中的顶点与另一个类中的一个或多个顶点连接起来。这两类 PN 顶点分别是库所和变迁，因此这类二分图也常被称为库所-变迁（P/T）网络。弧连接一个库所与一个或多个变迁，或具有一个或多个库所的变迁。

用 Petri 网建模系统的动态行为。 Petri 网的库所包含令牌，变迁的触发将令牌从变迁的输入库所移动并添加到其输出库所，参见图 3.8。Petri 网可以在分布式系统中对不同的活动进行建模。变迁可以模拟事件的发生、计算任务的执行、分组的传输和逻辑语句等。

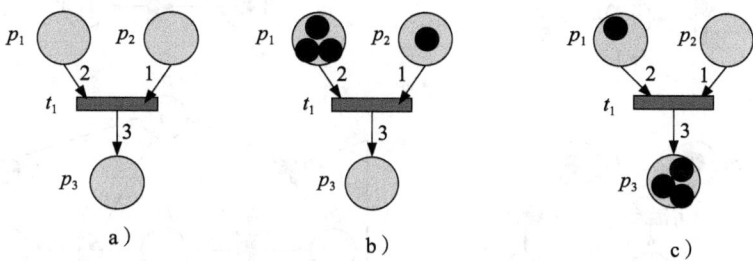

图 3.8 Petri 网触发规则。a)无标记网络，带有一个变迁 t_1，两个输入库所 p_1 和 p_2，以及一个输出库所 p_3。b)标记的网络，在触发变迁 t_1 之前，其上拥有令牌可流动的库所。c)标记的网络，在触发变迁 t_1 之后，库所 p_1 的两个令牌和库所 p_2 的一个令牌被移动到库所 p_3

变迁的输入库所模拟事件的前提条件，比如计算任务的输入数据、输入缓冲器中数据的存在和逻辑语句的前提条件。变迁的输出库所模拟事件的后置条件，比如计算任务的结果、输出缓冲器中数据的存在或者逻辑语句的结论。

在给定的时间，令牌在 PN 位置上的分布称为网络标记，它反映了正在建模的系统的状态。PN 是非常强大的抽象化概念，可以表达并发和选择，如图 3.9 所示。

Petri 网可以对并发活动进行建模。例如，图 3.9a 中的网络建模冲突或选择，变迁 t_1 和 t_2 只有一个可以触发，不能同时触发。如果它们是因果独立的，则认为两个库所是并发的。并发变迁可以在彼此之前、之后或并行地发生，并发变迁的例子是图 3.9b 和 c 中的 t_1 和 t_3。

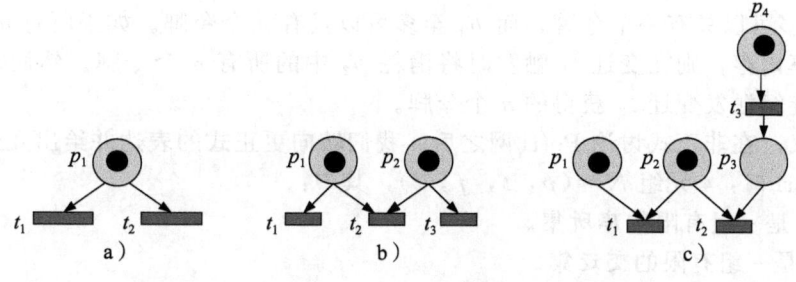

图 3.9 Petri 网建模

当选择和并发混在一起时，最终会出现一种叫作混淆(confusion)的情况。对称混淆意味着两个或多个变迁并发，同时它们与另一个变迁冲突。例如，图 3.9b 中的变迁 t_1 和 t_3 是并发的，同时它们与 t_2 冲突。如果 t_2 触发，则 t_1 和 t_3 中的一个或者都将无效。当变迁 t_1 与另一个变迁 t_3 同时发生时，出现非对称混淆，如果 t_3 在 t_1 之前触发，则 t_1 与 t_2 冲突，如图 3.9c 所示。

图 3.10a 中的状态机可以选择触发 t_1 或 t_2，在任何给定时间只有一个变迁可以被触发，无法实现并发。标记图可以建模并发但不能建模选择；图 3.10b 中的变迁 t_2 和 t_3 是并发的，它们之间没有因果关系。变迁 t_4 及其输入库所 p_3 和 p_4 在图 3.10b 中建模同步，只有满足与 p_3 和 p_4 相关的条件时，才能触发 t_4。

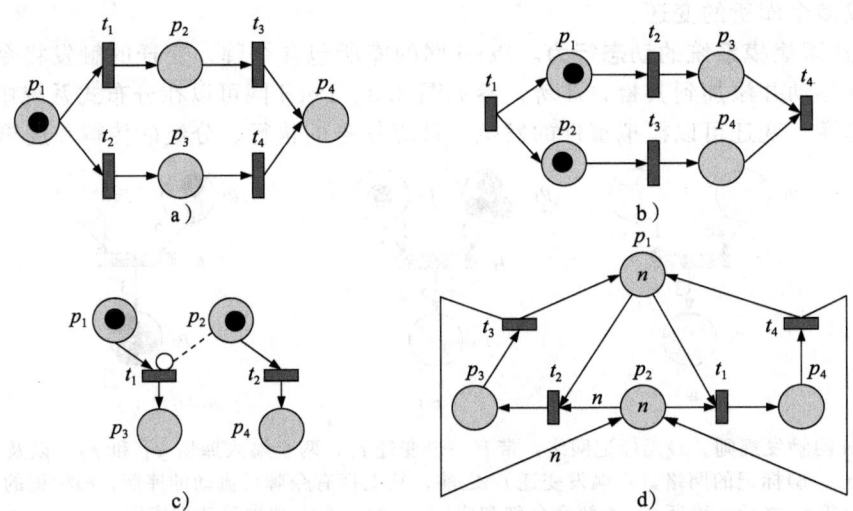

图 3.10　图 a～d 分别建模选择、并发、优先级和排斥

PN 可用于建模优先级。图 3.10c 中的网络建模一个具有两个进程的系统，从 p_2 到 t_1 的弧是抑制弧。这两个进程分别为变迁 t_1 和 t_2，t_2 具有比由 t_1 更高的优先级。当两个进程都准备好运行时，库所 p_1 和 p_2 保有令牌。当两个进程准备就绪时，变迁 t_2 将首先触发，即第二个进程被激活。仅在 t_2 被激活后，变迁 t_1 才会触发，即第一个进程被激活。

Petri 网还可用于建模排斥。例如，图 3.10d 中的网络建模共享内存环境中的一组 n 个并发进程。在任何给定时间，只有一个进程可以写入，但是如果没有进程写入，则 n 个进程的任何子集可以同时读取。库所 p_3 为允许写入的进程，p_4 为允许读取的进程，p_2 为准备访问共享内存的进程，p_1 为正在运行的任务。变迁 t_2 为允许写入的进程的初始化/选择，t_1 为允许读取的进程的初始化/选择，t_3 和 t_4 分别为写入的完成和读取的完成。实际上，p_3 至多可以具有一个令牌，而 p_4 至多可以具有 n 个令牌。如果所有 n 个进程都准备好访问共享内存，则在变迁 t_1 触发时将消耗 p_2 中的所有 n 个令牌。然而，库所 p_4 可以包含通过连续触发变迁 t_2 获得的 n 个令牌。

正式定义。在非正式讨论 Petri 网之后，我们转向更正式的表达并给出几个定义。

标签 Petri 网：4 元组 $N=(p, t, f, l)$，其中：
- $p \subseteq U$ 是一组有限的库所集。
- $t \subseteq U$ 是一组有限的变迁集。
- $f \subseteq (p \times t) \cup (t \times p)$ 是一组有向弧，称为流关系。
- $l: t \rightarrow L$ 称为标签或权重函数。

U 是一个标识符集，L 是一组标签。权重函数描述了启用变迁所需的令牌数。标签 PN 描述静态结构，库所可能包含令牌，并且库所上的令牌确定了 PN 的状态或标记。PN 的动态行为由结构与网的标记一起描述。

标记 Petri 网：一对 (N, s)，其中 $N=(p, t, f, l)$ 是标签 PN，s 是 p 上的一个包⊖，代表网络的标记。

⊖ 包 $B(A)$ 是来自字母表 A 的符号的多重集，是从 A 到自然数集合的函数。例如，$[x^3, y^4, z^5, w^6 \mid P(x, y, z, w)]$ 是由三个元素 x、四个元素 y、五个元素 z、六个元素 w 组成的包，使得 $P(x, y, z, w)$ 成立。P 是来自字母表的符号谓词。x 是包 A 中的一个元素，记为 $x \in A$，如果 $x \in A$ 且 $A(x) > 0$。

变迁和库所的前置集合和后置集合：变迁 t_i 的前置集合表示为 $\bullet t_i$，是 t_i 的输入库所的集合；$t_i \bullet$ 表示其后置集合，是 t_i 的输出库所的集合。库所 p_j 的前置集合表示为 $\bullet p_j$，是 p_j 的输入变迁的集合；$p_j \bullet$ 表示其后置集合，是 p_j 的输出变迁的集合。

图 3.8a 显示了具有三个库所 p_1、p_2、p_3 以及一个变迁 t_1 的 PN。从 p_1 和 p_2 到 t_1 的弧的权重分别为 2 和 1，从 t_1 到 p_3 的弧的权重是 3。图 3.8a 中的变迁 t_1 的前置集合由两个库所组成，即 $\bullet t_1 = \{p_1, p_2\}$，其后置集合只包含一个库所，即 $t_1 \bullet = \{p_3\}$。库所 p_4 的前置集合由变迁 t_3 和 t_4 组成，即 $\bullet p_4 = \{t_3, t_4\}$，$p_1$ 的后置集合为 $p_1 \bullet = \{t_1, t_2\}$。

普通网：如果所有弧的权重为 1，则 PN 是普通的。图 3.10a～c 中的网是普通网，所有弧的权重是 1。

变迁使能：当且仅当每个输入库所包含一个令牌时普通 PN(N, s) 的变迁 $t_i \in t$（其中 s 是 N 的初始标记）才被使能，$(N, s)[t_i> \Leftrightarrow \bullet t_i \in s$。符号 $(N, s)[t_i>$ 表示 t_i 使能。由于变迁触发，PN 的标记发生变化，变迁必须使能才能触发。

触发规则：触发普通网 (N, s) 的变迁 t_i 意味着从每个输入库所移除一个令牌，而且其每个输出库所添加一个令牌，它的标记改变为 $s \mapsto (s - \bullet t_i + t_i \bullet)$。因此，变迁 t_i 的触发将标记的网 (N, s) 改变为另一个标记的网 $(N, s - \bullet t_i + t_i \bullet)$。

触发序列：当且仅当存在标记 $s_1, s_2, \cdots, s_n \in \mathcal{B}(p)$ 和变迁 $t_1, t_2, \cdots, t_n \in t$，使得非空变迁序列 $\sigma = t_1, t_2, \cdots, t_n$，并且对于 $i \in (0, n)$，$(N, s_i)[t_i+1>$ 且 $s_{i+1} = s_i - \bullet t_i + t_i \bullet$，称标记网络 (N, s_0)，$N = (p, t, f, l)$ 的非空变迁序列 $\sigma \in t^*$ 为触发序列。从标记 s_0 开始的所有触发序列表示为 $\sigma(s_0)$。

可达性：关于标记 s_n 是否可从初始标记 s_0 到达的问题，其中 $s_n \in \sigma(s_0)$。可达性是动态系统的一个根本性问题。可达性问题是可判定的，可达性算法需要指数时间和空间。

活性：如果可以从初始标记 s_0 开始无限地激发任何变迁，则称标记 Petri 网 (N, s_0) 是活的。网络模型的活性保证了系统中没有死锁。

关联矩阵：给定具有 n 个变迁和 m 个库所的 Petri 网，关联矩阵 $\boldsymbol{F} = [f_{i,j}]$ 是满足 $f_{i,j} = w(i, j) - w(j, k)$ 的整数矩阵。这里 $w(i, j)$ 是从变迁 t_i 到其输出库所 p_j 的流关系（弧）的权重，并且 $w(j, k)$ 是从输入库所 p_j 到变迁 t_k 的弧的权重。在该表达式中，$w(i, j)$ 表示添加到输出库所 p_j 的令牌的数量，$w(j, k)$ 表示当变迁 t_i 触发时从输入库所 p_j 移除的令牌的数量。$\boldsymbol{F}^\mathrm{T}$ 是关联矩阵的转置。

标记 s_k 可以被写为 $m \times 1$ 的列向量，其第 j 项表示在一些变迁触发之后库所 j 中的令牌数量。在标记 s 处启用变迁 t_k 的充分必要条件是 $w(j, k) \leqslant s(j)$，$\forall s_j \in \bullet t_i$，变迁的每个输入库所的弧的权重小于等于相应输入库所的令牌数。

扩展网：具有抑制弧的 PN，抑制弧阻止变迁使能。例如，图 3.10a 的网络中从 p_2 到 t_1 的弧是一个抑制弧——只有在变迁 t_2 建模的过程被触发后，才能触发由变迁 t_1 建模的过程。

修改的针对扩展网的变迁使能规则：如果前置集合中的某个库所与具有抑制弧的变迁相关联，并且该库所包含令牌，则不会启用变迁。例如，当库所 p_2 持有一个令牌时，图 3.10c 的网络中的变迁 t_1 未启用。

有几类 Petri 网，根据结构特性分类如下：

- 状态机：用于建模有限状态机，不能建模并发和同步。
- 标记图：无法建模选择和冲突。
- 自由选择网：无法建模混淆。
- 扩展的自由选择网：不能建模混淆但允许抑制弧。

- 非对称选择网：可以建模非对称混淆但不能建模对称混淆。

此分类基于变迁或库所的输入和输出流关系的数量以及变迁共享输入库所的方式，如图 3.11 所示。

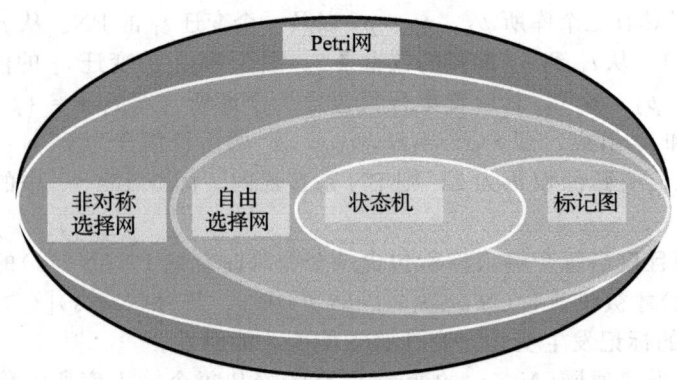

图 3.11 Petri 网的分类

状态机：Petri 网是一种状态机，当且仅当

$$| \cdot t_i | = 1 \wedge | t_i \cdot | = 1, \forall t_i \in t \tag{3.2}$$

状态机的所有变迁都只有一个输入弧和一个输出弧。这种拓扑约束限制了状态机的表现力，使其不能描述并发性。例如，图 3.10a 中状态机的变迁 t_1、t_2、t_3 和 t_4 只有一个输入弧和一个输出弧，它们的前置集合和后置集合的基数是 1，不可能并发。一旦通过触发 t_1 或 t_2 做出选择，系统的演变就完全确定了。该状态机有四个库所 p_1、p_2、p_3 和 p_4，标记是 4 元组 (p_1, p_2, p_3, p_4)。这个网络的可能标记是 (1, 0, 0, 0)、(0, 1, 0, 0)、(0, 0, 1, 0) 和 (0, 0, 0, 1)，在 p_1、p_2、p_3 或 p_4 处有一个令牌。

标记图：Petri 网是一个标记图，当且仅当

$$| \cdot p_i | = 1 \wedge | p_i \cdot | = 1, \forall p_i \in p \tag{3.3}$$

在标记图中，每个库所只有一个输入流和一个输出流关系，因此，标记图不能建模选择。

自由选择、扩展的自由选择和非对称的选择 Petri 网：标记网 (N, s_0)，$N = (p, t, f, l)$ 是一个自由选择的网络当且仅当

$$(\cdot t_i) \cap (\cdot t_j) = \emptyset \Rightarrow | \cdot ti | = | \cdot tj |, \forall t_i, t_j \in t \tag{3.4}$$

N 是一个扩展的自由选择网络，若 $(\cdot t_i) \cap (\cdot t_j) = \emptyset \Rightarrow \cdot t_i = \cdot t_j, \forall t_i, t_j \in t$。

N 是一个非对称的选择网络，当且仅当 $(\cdot t_i) \cap (\cdot t_j) = \emptyset \Rightarrow (\cdot t_i \subseteq \cdot t_j)$ 或 $(\cdot t_i \supseteq \cdot t_j)$，$\forall t_i, t_j \in t$。

在扩展的自由选择网络中，如果两个变迁共享输入库所，则它们必须共享其前置集合中的所有库所。在非对称选择网络中，两个变迁可以仅共享其输入库所的子集。

已经提出了几种 Petri 网的扩展。例如，着色 Petri 网（CPN）可以使用不同颜色的令牌，因此增加了 PN 的表达性，但不会简化其分析能力。有几种扩展的 Petri 网通过将随机时间与每个变迁相关联来支持性能分析。在随机 Petri 网（SPN）的案例中，在启用变迁的时刻和触发变迁的时刻之间会经过一段随机时间。该随机时间允许模型捕获与变迁模拟活动相关联的服务时间。

随机 Petri 网在复杂系统性能分析中的应用通常受到模型状态空间爆炸的限制。1988 年引入了随机高级 Petri 网（SHLPN）[308]，即使马尔可夫域中相应的状态聚合不明显，SHLPN 也很容易识别等效标记的类别。对于不同的模拟系统，该聚合可以将状态空间的

大小减小一个或多个数量级。

云应用程序通常需要同时运行大量任务。这些任务之间的相互依赖性非常复杂，Petri 网对于直观地呈现任务交互的高级模型非常有用。前面提到的五类系统，包括有限状态机以及控制流和数据流系统，都可以由 Petri 网建模。7.2 节中讨论的许多云应用程序使用的通用工作流模式很容易转换为 PN 模型。不幸的是，复杂系统的详细 PN 模型的状态空间大小增长得非常快，限制了这些模型的效果。

3.6 进程状态：一个进程或线程组的全局状态

为了理解分布式系统的重要属性，我们使用基于两个关键组件（进程/线程和通信通道）的抽象模型。进程是执行中的程序，线程是轻量级进程。可执行线程是由操作系统调度的最小处理单元。

进程或线程的特征在于其状态。状态是我们在暂停后重新启动进程或线程所需的信息集合。事件是进程或线程状态的一次变化。影响进程 p_i 的状态的事件按顺序编号为 e_i^1，e_i^2，e_i^3，…，如图 3.12a 中的时空图所示。进程 p_i 在事件 e_i^j 发生之后立即处于状态 σ_i^j 并且保持在该状态直到下一个事件 e_i^{j+1} 发生。

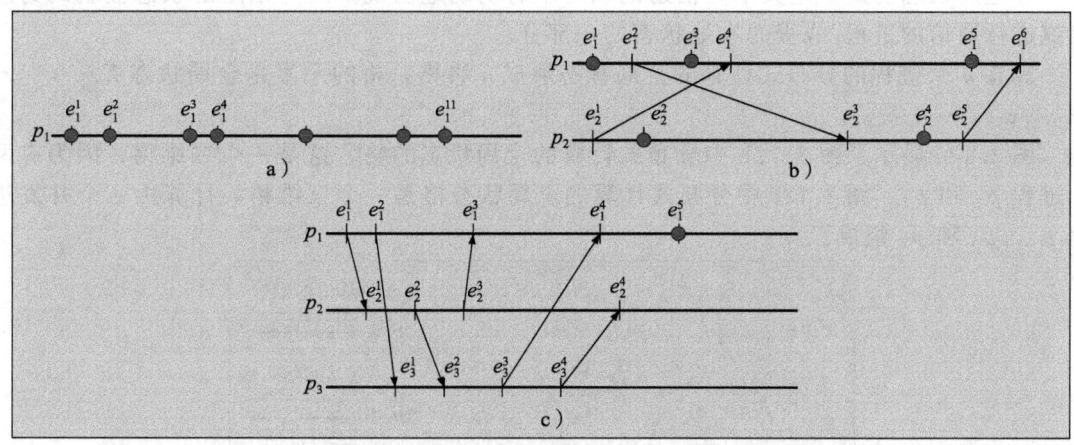

图 3.12 时空图，在进程生命周期中显示本地和通信事件。本地事件表示为小黑圈。不同进程/线程中的通信事件由始于发送事件的线连接，并在接收事件处以箭头终止。a) 单个进程 p_1 的所有事件都是本地的，在事件 e_1^1 发生之后，该进程立即处于状态 σ_1，并且保持该状态直到事件 e_1^2 发生。b) 两个进程/线程 p_1 和 p_2：事件 e_2^2 是通信事件，p_1 向 p_2 发送消息；事件 e_2^3 是通信事件，进程或线程 p_2 接收 p_1 发送的消息。c) 三个进程或线程通过通信事件进行交互

进程或线程组是互操作的进程和线程集合，为了达到共同目标，这些进程协同工作并相互通信。例如，用于求解域 D 上的偏微分方程（PDE）组的并行算法可以将数据划分为若干段，并将每个段分配给该组的一个成员。组中的进程或线程必须彼此协作并迭代，直到由一个进程计算的公共边界值与由另一个进程计算的公共边界值一致。

通信信道为进程/线程提供了相互通信的手段，并通过交换消息来协调它们的动作。一般情况下，我们假设进程之间的通信仅通过 send(m) 和 receive(m) 通信事件来完成，其中 m 是消息。我们对结构化信息单元使用术语"消息"，发送者和接收者只能在语义上下文中解释。通信信道的状态定义如下：给定两个进程 p_i 和 p_j，从 p_i 到 p_j 的信道状态 $\xi_{i,j}$ 由 p_i 发送但尚未由 p_j 接收的消息组成。

这两个抽象概念可以让我们注意到分布式系统的关键属性，而无须讨论所涉及实体的

详细物理属性。提出的模型基于以下假设：信道是无限带宽和零延迟的单向比特管道，但不可靠；通过信道发送的消息可能会丢失、失真或者信道可能会发生故障，从而失去传递消息的能力。我们还假设进程需要遍历一组状态，从而花费一些无关紧要的时间，并且进程可能会失败或被中止。

协议是在进程和线程之间交换的有限消息集，以帮助它们协调操作。图 3.12c 说明了通信事件在本地进程（p_1、p_2 和 p_3）历史中占主导地位的情况。在这种情况下，只有 e_1^5 是本地事件，所有其他事件都是通信事件。图 3.12c 中所示的特定协议要求进程 p_2 和 p_3 响应来自进程 p_1 的消息，将消息发送到其他进程。

单个进程或线程的状态的非正式定义可以扩展到通信进程/线程的集合。由多个进程和通信信道组成的分布式系统的全局状态是各个进程和信道状态的结合[45]。

称 h_i^j 为进程 p_i 的历史，直到包含第 j 次事件 e_i^j，称 σ_i^j 为在事件 e_i^j 下的进程 p_i 的本地状态。考虑一个由 n 个进程 p_1，p_2，$\cdots$，p_i，$\cdots$，p_n 组成的系统，同时用 $\sigma_i^{j_i}$ 表示进程 p_i 的本地状态，那么，系统的全局状态就是一个 n 元组的本地状态

$$\Sigma^{(j_1,j_2,\cdots,j_n)} = (\sigma_1^{j_1},\ \sigma_2^{j_2},\ \cdots,\ \sigma_i^{j_i},\ \cdots,\ \sigma_n^{j_n}) \tag{3.5}$$

在全局状态的这个定义中，信道的状态没有明确地出现，因为信道的状态被编码为经信道进行通信的进程/线程的本地状态的一部分。

具有 n 个进程的分布式计算的全局状态形成 n 维格，格的元素是全局状态 $\Sigma^{(j_1,j_2,\cdots,j_n)}$ ($\sigma_1^{j_1}$，$\sigma_2^{j_2}$，$\cdots$，$\sigma_n^{j_n}$)。

图 3.13a 显示了图 3.12b 中分布式计算的全局状态的格。这是一个二维格，因为有两个进程 p_1 和 p_2。图 3.12c 中分布式计算的全局状态格是一个三维格，计算由三个并发进程 p_1、p_2 和 p_3 组成。

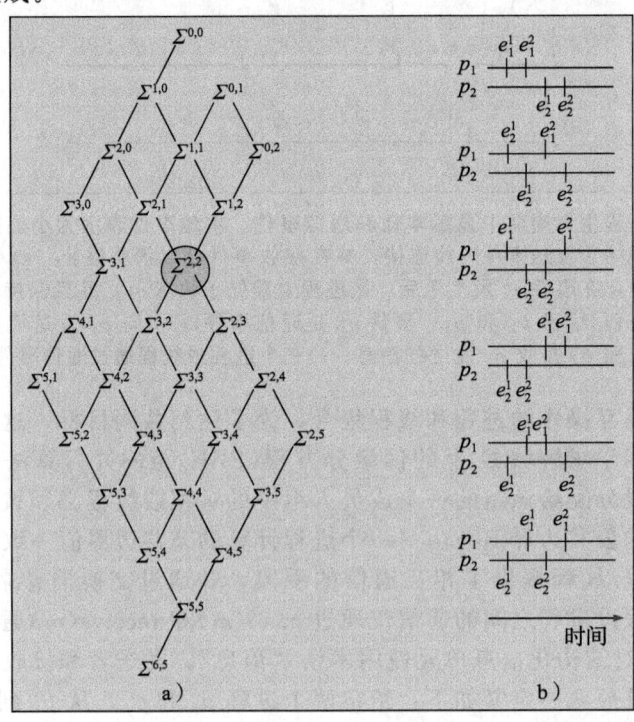

图 3.13 a) 两个进程/线程的全局状态格，具有图 3.12b 中的时空图。b) 导致状态 $\Sigma^{(2,2)}$ 的六种可能的事件序列

图 3.13b 中系统的初始状态是任何事件发生之前的状态，用 $\Sigma^{(0,0)}$ 表示从 $\Sigma^{(0,0)}$ 可到达的全局状态是 $\Sigma^{(1,0)}$ 和 $\Sigma^{(0,1)}$。通信事件限制了系统可能到达的全局状态。在该示例中，系统不能到达状态 $\Sigma^{(4,0)}$，因为进程 p_1 仅在进程 p_2 进入状态 σ_1 之后进入状态 σ_4。图 3.13b 显示了到达全局状态 $\Sigma^{(2,2)}$ 的六种可能的事件序列：

$$(e_1^1, e_1^2, e_2^1, e_2^2), (e_1^1, e_2^1, e_1^2, e_2^2), (e_1^1, e_2^1, e_2^2, e_1^2),$$
$$(e_2^1, e_2^2, e_1^1, e_1^2), (e_2^1, e_1^1, e_1^2, e_2^2), (e_2^1, e_1^1, e_2^2, e_1^2) \tag{3.6}$$

一个有趣的问题是：到达全局状态的路径有多少？当我们观察到系统的不正常行为时，存在的路径越多，识别出导致某个状态的事件就越困难。大量的路径增加了系统调试的难度。

我们猜想在图 3.13a 中的两个线程的情况下，从全局状态 $\Sigma^{(0,0)}$ 到 $\Sigma^{(m,n)}$ 的路径数是

$$N_p^{(m,n)} = \frac{(m+n)!}{m!\ n!} \tag{3.7}$$

我们已经看到有六条通向状态 $\Sigma^{(2,2)}$ 的路径，其中

$$N_p^{(2,2)} = \frac{(2+2)!}{2!\ 2!} = \frac{24}{4} = 6 \tag{3.8}$$

为了证明公式(3.7)，我们使用类似归纳的方法；首先注意到全局状态 $\Sigma^{(1,1)}$ 只能从状态 $\Sigma^{(1,0)}$ 和 $\Sigma^{(0,1)}$ 到达，而 $N_p^{(1,1)} = (2)!\ /(1!\ 1!) = 2$。因此，对于 $m=n=1$，公式为真。然后我们证明如果公式对于 $(m-1, n-1)$ 情况为真，则对于 (m, n) 情况也是如此。如果我们的猜想是真的，那么

$$N_p^{[(m-1),n]} = \frac{[(m-1)+n]!}{(m-1)!\ n!} \tag{3.9}$$

同时

$$N_p^{[m,(n-1)]} = \frac{[m+(n-1)]!}{m!\ (n-1)!} \tag{3.10}$$

我们观察到全局状态 $\Sigma^{(m,n)}$（$\forall (m, n) \geqslant 1$）只能从两个状态 $\Sigma^{(m-1,n)}$ 和 $\Sigma^{(m,n-1)}$ 到达，见图 3.14，因此

$$N_p^{(m,n)} = N_p^{(m-1,n)} + N_p^{(m,n-1)} \tag{3.11}$$

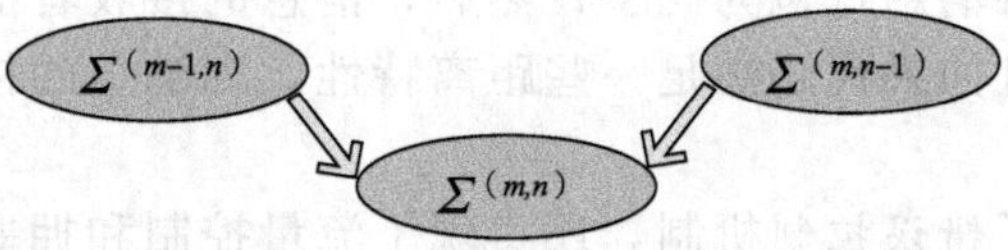

图 3.14 在二维情况下，全局状态 $\Sigma^{(m,n)}$（$\forall (m, n) \geqslant 1$）只能从两个状态 $\Sigma^{(m-1,n)}$ 和 $\Sigma^{(m,n-1)}$ 到达

确实很容易看到

$$\frac{[(m-1)+n]!}{(m-1)!\ n!} + \frac{[m+(n-1)]!}{m!\ (n-1)!} = (m+n-1)!\left[\frac{1}{(m-1)!\ n!} + \frac{1}{m!\ (n-1)!}\right]$$
$$= \frac{(m+n)!}{m!\ n!} \tag{3.12}$$

这表明猜想是正确的，因此，公式(3.7)给出在两个线程的情况下从 $\Sigma^{(0,0)}$ 到达全局状态 $\Sigma^{(m,n)}$ 的路径数。对于 q 个线程的情况，可以泛化该表达式。使用相同的方法很容易看出从状态 $\Sigma^{(0,0,\cdots,0)}$ 到全局状态 $\Sigma^{(n_1,n_2,\cdots,n_q)}$ 的路径数是

$$N_p^{(n_1,n_2,\cdots,n_q)} = \frac{(n_1+n_2+\cdots+n_q)!}{n_1!\ n_2!\ \cdots n_q!} \tag{3.13}$$

确实容易看出

$$N_p^{(n_1,n_2,\cdots,n_q)} = N_p^{(n_1-1,n_2,\cdots,n_q)} + N_p^{(n_1,n_2-1,\cdots,n_q)} + \cdots + N_p^{(n_1,n_2,\cdots,n_q-1)} \quad (3.14)$$

公式(3.13)指出调试有大量并发线程的系统有多么困难。

分布式系统中的许多问题是全局谓词评估问题(GPE)的实例,其目标是评估布尔表达式,其元素是系统的全局状态的函数。

3.7 通信协议和进程协调

任何并行和分布式系统中的主要问题是存在信道故障时的通信。信道发生故障的原因、方式有很多,有些原因、方式会导致消息丢失。在一般情况下,不可能保证两个进程在信道故障的情况下达成协议,见图3.15。

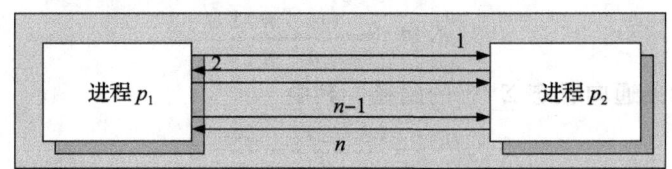

图3.15 错误发生时的进程协调,每个消息可能以概率 ε 丢失。如果存在由 n 个消息组成的协议,则该协议应该能够正常运行,其中 n−1 个消息到达目的地,1 个消息丢失

> **声明。** 已知有两个通过通信信道连接的进程 p_1 和 p_2,通信信道以概率 ε>0 丢失消息,无论 ε 的概率有多小,都不存在能够保证两个进程一定达成一致的协议。

该声明的证明采用反证法。假设存在这样的协议并且它由 n 个消息组成。回想一下,协议由有限数量的消息组成。由于任何消息都可能以概率 ε 丢失,因此当只有 n−1 个消息到达目的地时,协议应该能够运行,最后一条消息丢失。对消息数量的归纳证明确实没有这样的协议存在,实际上,同样的推理使我们得出结论,协议应该能够正确地使用 n−2 个消息,依此类推。

实际上,错误检测和纠错码允许进程通过复杂的数字信道可靠地通信。消息的冗余增加了更多的比特,同时将消息打包为码字;然后,消息的接收者能够确定接收的比特序列是否是有效的码字,并且如果代码满足一些距离特性,则消息的接收者能够从错误的比特串中提取原始消息。

通信协议不仅实现了错误控制机制,还实现了流量控制和拥塞控制。流量控制提供来自接收方的反馈,它强制发送方仅传输接收方能够缓存然后处理的数据量。拥塞控制可确保产生的网络负载不超过网络吞吐量。在存储转发网络中,当网络拥塞并且发送方被迫重新传输时,各个路由器可能丢弃数据包。基于RTT(往返时间)的估计,发送方可以检测拥塞并降低传输速率。

这些机制的实施需要测量时间间隔,即两个事件之间间隔的时间;我们还需要一个由彼此合作的所有实体共享的全局时间概念。例如,计算机芯片具有内部时钟,预定义的一组动作在每个时钟节拍处发生。每个芯片都有一个间隔定时器,有助于增强系统的容错能力;若在预定间隔之后未感测到动作的效果,则重复该动作。

当彼此通信的实体是联网计算机时,时钟同步的精度是至关重要的[290]。事件发生率非常高,每个系统都以非常快的速度历经状态变化;现代处理器以 2~4GHz 的时钟频率运行。这就解释了为什么我们需要非常准确地测量时间,事实上,我们拥有原子钟,每年

精度约为 10^{-6} 秒。

一个独立系统的历史事件序列为其系统的特征,每个事件对应于系统状态的变化。本地定时器提供相对的时间测量。其实,将系统的历史记录添加到本地定时器所测量的每个事件发生的时间点才是更准确的描述。

进程发送的消息可能在传输过程中丢失或失真。没有关于消息延迟和错误的额外限制,就没有办法确保本地时钟的完美同步,并且没有明显的方法来确保在不同进程中发生的事件的全局排序。确定大规模分布式系统的全局状态是一个非常具有挑战性的问题。

当我们处理协作实体的问题时,上述机制就显得不充分。为了协调两个实体的动作,它们需要有共同的时间观念。定时器是不够的,时钟提供了测量分布式持续动作的唯一方法,这些动作始于一个进程,并在另一个进程中终止。

全局准时协议对于触发需要同时发生的动作是有必要的。例如,在发电厂的实时控制系统中,必须同时接通多个电路。关于事件发生的时间约定,对于事件的分布式记录也是有必要的,例如,通过事件的时间排序来确定优先关系。为了确保系统正常运行,我们需要确定导致状态改变的事件发生在状态改变之前,例如,触发警报的传感器必须在处理事件的紧急程序激活之前改变其值。需要就事件发生时间达成一致的另一个例子是复制行为。在这种情况下,进程的多个副本必须以一致的方式记录事件的时间。

在本地虚拟时钟上通常用时间戳来构建全局时基并对事件进行排序。△协议[121]使用全局时基实现总时间顺序。假设本地虚拟时钟读数即全局时基的精度的差异不超过 π。设物理时钟的粒度为 g。首先,观察到粒度不应该小于精度。给定两个事件 a 和 b 在不同的进程中发生,如果 $t_b - t_a \leqslant \pi + g$,我们无法分辨出 a 和 b 中的哪一个先发生[500]。基于这些观察结果,遵循时钟驱动协议的顺序区分不优于时钟粒度的两倍。

系统规格、设计和分析需要清晰地了解因果关系。在系统规格阶段,我们将系统视为状态机,并将动作定义为从一种状态转换到另一种状态。在系统分析阶段,我们需要确定使系统进入某种状态的原因。

任何进程的活动都被建模为一系列事件,因此,二元因果关系应该用事件来表达,并且应该符合我们的直觉,即原因须先于结果。同样,我们需要区分本地事件和通信事件。后者影响不止一个进程,对于构建整个进程集的全局历史至关重要。令 h_i 表示进程 p_i 的局部历史,e_i^k 表示该历史中的第 k 个事件。

两个事件之间的二元因果关系具有以下属性:
- 本地事件的因果关系可以从进程历史中获得。给定两个事件 e_i^k 和 e_i^l 为进程 p_i 的本地事件:

$$\text{如果 } e_i^k, e_i^l \in h_i \text{ 且 } k < l, \text{则 } e_i^k \to e_i^l \tag{3.15}$$

- 通信事件的因果关系。给定两个进程 p_i 和 p_j 以及两个事件 e_i^k 和 e_j^l:

$$\text{如果 } e_i^k = \text{send}(m) \text{ 且 } e_j^l = \text{receive}(m), \text{则 } e_i^k \to e_j^l \tag{3.16}$$

- 因果关系的可传递性。给定三个进程 p_i、p_j 和 p_m 以及事件 e_i^k、e_j^l 和 e_m^n:

$$\text{如果 } e_i^k \to e_j^l \text{ 且 } e_j^l \to e_m^n, \text{则 } e_i^k \to e_m^n \tag{3.17}$$

全局历史上的两个事件可能是无关的,即两个事件无因果关系,称此类事件是并发事件。

3.8 通信、逻辑时钟和消息交付规则

本节讨论搭建物理系统和用于描述交互进程的抽象之间的桥梁的方法。通信进程通常在远程系统上运行,这些系统的物理时钟由于通信延迟而无法完美同步。在这类系统上运

行的通信进程中,事件使用逻辑时钟而不是全局排序。消息也以不同的速度通过物理信道传播,并遵循不同的路径。因此,将消息传递到进程的顺序可能与它们的发送顺序不同。

逻辑时钟。 逻辑时钟(LC)是在没有全局时钟的情况下确保由等式(3.24)和(3.25)给出的时钟条件所必需的抽象概念。每个进程 p_i 将事件映射成正整数。将 $LC(e)$ 称为与事件 e 相关的局部变量。每个进程在每个发送消息 m 上打上时间戳,该时间戳是在发送 m 时逻辑时钟的值,$TS(m) = LC(send(m))$。更新逻辑时钟的规则由以下关系指定:

$$LC(e) := \begin{cases} LC+1 & \text{如果 } e \text{ 为本地事件或 send}(m) \text{ 事件} \\ \max(LC, TS(m)+1) & \text{如果 } e = \text{receive}(m) \end{cases} \quad (3.18)$$

逻辑时钟的概念如图 3.16 所示,它使用修改的时空图,其中事件用逻辑时钟值标记。图中从发送方到接收方的横线为进程之间交换的消息,并标记了与发送和接收消息相对应的通信事件。

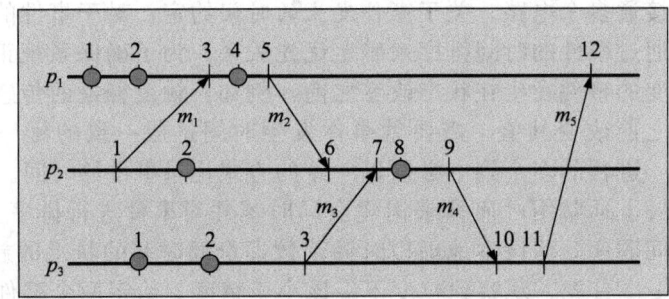

图 3.16 三个进程及其逻辑时钟。省略了事件标记 $e_i^1, e_i^2, e_i^3, \cdots$ 以避免图形过于复杂,仅标记本地和通信事件的逻辑时钟值。事件与逻辑时钟值之间的对应关系是显而易见的:$e_1^1, e_2^1, e_3^1 \to 1$,$e_1^5 \to 5$,$e_2^4 \to 7$,$e_3^4 \to 10$,$e_1^6 \to 12$,依此类推。无法对所有事件进行全局排序,也无法确定事件 e_1^1、e_2^1 和 e_3^1 的排序

每个进程标记本地事件并按顺序发送事件,直到收到标记有逻辑时钟值大于下一个本地逻辑时钟值的消息,如公式(3.18)所示。因此,逻辑时钟不允许所有事件都是全局排序。例如,无法确定图 3.16 中事件 e_1^1、e_2^1 和 e_3^1 的排序。然而,通信事件允许不同的进程协调其逻辑时钟,例如,进程 p_2 将事件 e_2^3 标记为 6,因为消息 m_2 在被发送时携带的有关逻辑时钟值的信息为 5。回想一下,e_i^j 是进程 p_i 中的第 j 个事件。

逻辑时钟缺乏的一个重要属性是间隙检测。给定两个事件 e 和 e' 及其逻辑时钟值 $LC(e)$ 和 $LC(e')$,不可能确定事件 e'' 是否存在使得

$$LC(e) < LC(e'') < LC(e') \quad (3.19)$$

例如,对于进程 p_1,在图 3.16 中的事件 e_1^3 和 e_1^5 之间存在事件 e_1^4。实际上,$LC(e_1^3) = 3$,$LC(e_1^5) = 5$,$LC(e_1^4) = 4$,$LC(e_1^3) < LC(e_1^4) < LC(e_1^5)$。然而,对于进程 p_3,事件 e_3^3 和 e_3^4 是连续的,$LC(e_3^3) = 3$ 且 $LC(e_3^4) = 10$。

消息交付规则。 通信信道抽象化不会对消息的顺序做出假设,而现实生活中的网络可能会重新排序消息。这一事实对分布式应用程序有深远的影响。例如,考虑一个机器人从监控设施获得导航指令,其中有两个消息——"向左转"和"向右转",按顺序交付。

消息接收和消息交付是两个不同的操作,交付规则是关于信道和进程之间接口的附加假设。此规则确定收到的消息何时实际交付到目标进程。接收消息 m 及其交付是两个不同的事件,彼此之间存在因果关系,消息只能在接收后交付(见图 3.17):

$$\text{receive}(m) \to \text{deliver}(m) \quad (3.20)$$

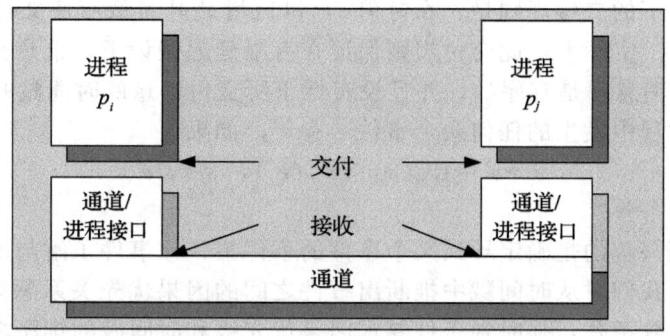

图 3.17 消息接收和消息交付是两个不同的操作。信道和进程之间的接口实现交付规则,例如 FIFO 交付

先进先出(FIFO)交付意味着消息的传递顺序与发送顺序相同。对于每对源-目标进程 (p_i, p_j),FIFO 交付要求满足以下关系:

$$\text{send}_i(m) \to \text{send}_i(m') \Rightarrow \text{deliver}_j(m) \to \text{deliver}_j(m') \tag{3.21}$$

即使通信信道不保证 FIFO 交付,也可以通过将序号附加到发送的每个消息来强制执行 FIFO 交付。序号还用于从各自独立的数据包中重新组合消息。

因果信息交付。当进程从不同来源接收消息时,因果交付是 FIFO 交付的扩展。假设有一组三个进程 (p_i, p_j, p_k) 以及两个消息 m 和 m'。因果交付需要这样做:

$$\text{send}_i(m) \to \text{send}_j(m') \Rightarrow \text{deliver}_k(m) \to \text{deliver}_k(m') \tag{3.22}$$

当消息交换涉及两个以上的进程时,消息交付可能是 FIFO,但不是因果关系(如图 3.18 所示),我们看到:

- $\text{deliver}(m_3) \to \text{deliver}(m_1)$,根据进程 p_2 的局部历史。
- $\text{deliver}(m_2) \to \text{send}(m_3)$,根据进程 p_1 的局部历史。
- $\text{send}(m_1) \to \text{send}(m_2)$,根据进程 p_3 的局部历史。
- $\text{send}(m_2) \to \text{deliver}(m_2)$。
- $\text{send}(m_3) \to \text{deliver}(m_3)$。

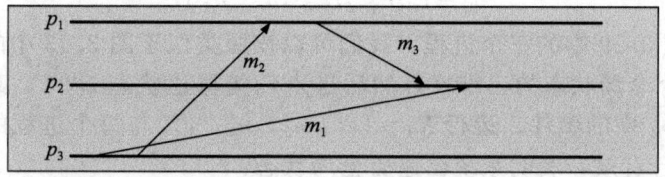

图 3.18 涉及两个以上进程违反因果交付的情况。消息 m_1 在消息 m_3 之后被传递到进程 p_2,尽管消息 m_1 是在 m_3 之前发送的。实际上,消息 m_3 在接收 m_2 之后由进程 p_1 发送,而 m_2 又在发送消息 m_1 之后由进程 p_3 发送

上述传递性和因果关系意味着

$$\text{send}(m_1) \to \text{deliver}(m_3) \tag{3.23}$$

称消息 m 携带的时间戳为 $\text{TS}(m)$。如果进程 p_i 不能接收到小于 $\text{TS}(m)$ 的时间戳的后续消息,则进程 p_i 接收的消息是稳定的。当使用逻辑时钟时,如果进程 p_i 实现以下交付规则,则它可以构建对系统的一致性观察:以递增的时间戳顺序交付所有稳定的消息。

现在,在几组假设下,我们研究一致的消息交付问题。首先,假设在分布式环境中相互协作的进程可以访问全局实时时钟,消息延迟受 δ 限制,并且没有时钟漂移。称 $\text{RC}(e)$ 为事件 e 发生的时间。进程在每个消息中包括它发送该消息的 $\text{RC}(e)$,其中 e 是发送消息

事件。在这种情况下的交付规则是：在时间 t，以递增的时间戳顺序交付时间戳直到 $t-\delta$ 的所有接收的消息。实际上，此交付规则保证在有限延迟假设下，消息交付是一致的。在时间 t 传递的所有消息都是有序的，并且没有低于所交付消息的时间戳的任何消息到达。

对于在不同过程中发生的任何两个事件 e 和 e'，如果

$$e \to e' \Rightarrow RC(e) < RC(e'), \forall e, e' \tag{3.24}$$

则满足所谓的时钟条件。

通常，我们感兴趣的是确定导致某个事件的事件集，该事件了解与所有事件关联的时间戳。换句话说，我们对从时间戳中推断出事件之间的因果优先关系感兴趣。为此，我们定义了所谓的强时钟条件，强时钟条件要求因果优先级和时间戳的排序之间等价：

$$\forall e, e', e \to e' \equiv TS(e) < TS(e') \tag{3.25}$$

因果交付非常重要，因为它允许进程仅使用本地信息来推断整个系统。这仅适用于所有通信信道都已知的封闭系统，有时系统存在隐藏信道，基于因果分析的推理可能导致错误的结论。

3.9 运行、裁剪和因果历史

通常了解分布式系统中的几个（可能是所有）进程的状态是必要的。例如，超级监督进程必须能够检测进程子集何时死锁，一个进程可能会从一个位置迁移到另一个位置，或者只有在与其他位置达成协议后才能复制。在所有这些示例中，进程需要评估系统的全局状态的判定函数。

负责构建系统的全局状态的进程称为监视器。监视器负责发送消息、请求有关每个进程的本地状态信息、收集响应消息以构建全局状态。直观地说，全局状态的构建等同于获取单个进程的快照，然后将这些快照组合到全局视图中。然而，当且仅当所有进程都可以访问全局时钟并且同时获得快照时，组合快照才是明确的，因此，快照之间彼此一致。

一次运行是指分布式计算的全局历史中的所有事件的总排序 R，与每个参与进程的局部历史一致。一次运行包括一系列事件以及一系列全局状态：

$$R = (e_1^{j_1}, e_2^{j_2}, \cdots, e_n^{j_n}) \tag{3.26}$$

例如，考虑图 3.19 中的三个进程。我们可以按照类似于图 3.13 中的进程从初始状态 $\Sigma^{(000)}$ 开始构造一个全局状态的三维格，然后进入任何可达状态 $\Sigma^{(ijk)}$，其中 i、j、k 分别是进程 p_1、p_2、p_3 中的事件。运行 $R_1 = (e_1^1, e_2^1, e_3^1, e_1^2)$ 与每个进程的局部历史和全局历史一致，R_1 运行有效，表明系统已遍历全局状态：

$$\Sigma^{000}, \Sigma^{100}, \Sigma^{110}, \Sigma^{111}, \Sigma^{211} \tag{3.27}$$

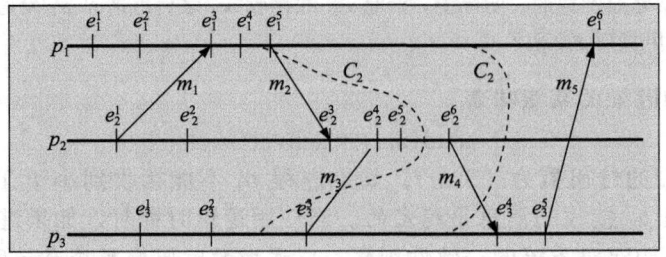

图 3.19 不一致和一致的裁剪：裁剪 $C_1 = (e_1^4, e_2^5, e_3^2)$ 是不一致的，因为它包括 e_2^5，即进程 p_2 中由消息 m_3 的到达触发的事件，但不包括 e_3^3，即由进程 p_3 发送 m_3 触发的事件。因此，裁剪 C_1 违反了因果关系。$C_2 = (e_1^5, e_2^6, e_3^3)$ 则是一致的裁剪，没有因果不一致，它包括事件 e_2^6，即消息 m_4 的发送，若没有它的影响，则事件 e_3^4 通过进程 p_3 接收消息

另外，运行 $R_2 = (e_1^1, e_1^2, e_3^1, e_1^3, e_2^3)$ 无效，因为它与全局历史不一致。系统无法到达 Σ^{301} 状态，消息 m_1 必须在接收之前发送，因此事件 e_2^1 必须在事件 e_1^3 之前的任何运行中出现。

裁剪是所有进程的局部历史的子集。如果 h_i^j 表示进程 p_i 的历史，包括其第 j 个事件 e_i^j，则裁剪 C 是 n 元组

$$C = \{h_i^j\}，其中 i \in \{1, n\} 且 j \in \{1, n_i\} \tag{3.28}$$

裁剪的边界是一个 n 元组，由裁剪中包含的每个进程的最后一个事件组成。图 3.19 显示了一组三个进程 p_1、p_2、p_3 的时空图，还显示了两个裁剪 C_1 和 C_2。C_1 具有边界 $(4, 5, 2)$，在进程 p_1 的第四个事件、进程 p_2 的第五个事件和进程 p_3 的第二个事件之后被冻结。C_2 具有边界 $(5, 6, 3)$。

在根据监视器和一组进程之间的消息交换来生成全局状态时，裁剪具有重要的直觉性。裁剪表示组成员收到个别状态的报告请求的实例。显然，并非所有裁剪都是有意义的。例如，图 3.19 中带有边界 $(4, 5, 2)$ 的裁剪 C_1 违反了我们关于因果关系的直觉，它包括 e_2^4，该事件由进程 p_2 处消息 m_3 的到达触发，但不包括 e_3^3，即由进程 p_3 发送 m_3 触发的事件。在这个快照中，p_3 在第二个事件 e_3^2 之后被冻结，然后才有机会发送消息 m_3。因果关系被违反，系统无法到达这种状态。

接下来，我们介绍一致和不一致的裁剪和运行的概念。在因果优先关系下，封闭的裁剪称为一致的裁剪，当且仅当所有事件都满足以下条件，C 是一致的裁剪：

$$\forall e, e', (e \in C) \land (e' \to e) \Rightarrow e' \in C \tag{3.29}$$

一致的裁剪建立了分布式计算的"实例"，给定一致的裁剪，我们可以确定裁剪前是否发生了事件。

如果运行所施加的事件的总排序与因果关系所施加的部分顺序一致，则认为运行 R 是一致的，对于所有事件，$e \to e'$ 表示 e 出现在 R 中的 e' 之前。

考虑由一组通信进程 $G = \{p_1, p_2, \cdots, p_n\}$ 组成的分布式计算。事件 e 的因果历史 $\gamma(e)$ 是 G 的最小的一致的裁剪，包括事件 e：

$$\gamma(e) = \{e' \in G | e' \to e\} \cup \{e\} \tag{3.30}$$

图 3.20 中事件 e_2^5 的因果历史是

$$\gamma(e_2^5) = \{e_1^1, e_1^2, e_1^3, e_1^4, e_1^5, e_2^1, e_2^2, e_2^3, e_2^4, e_2^5, e_3^1, e_3^2, e_3^3\} \tag{3.31}$$

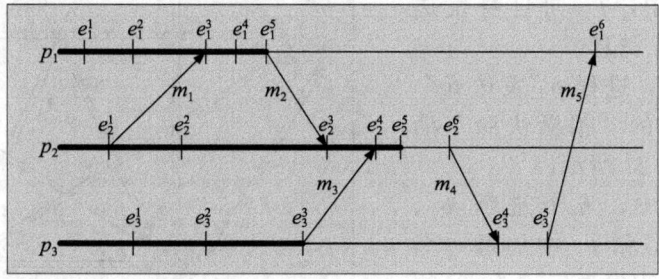

图 3.20 事件 e_2^5 的因果历史 $\gamma(e_2^5) = \{e_1^1, e_1^2, e_1^3, e_1^4, e_1^5, e_2^1, e_2^2, e_2^3, e_2^4, e_2^5, e_3^1, e_3^2, e_3^3\}$ 是最小的一致的裁剪，包括 e_2^5

这是包括 e_2^5 在内的最小的一致的裁剪。实际上，如果我们省略 e_3^3，那么裁剪 $(5, 5, 2)$ 将是不一致的，它将包括 e_2^4 ——用于接收 m_3 的通信事件，而不是 e_3^3 ——发送 m_3 引起的事件。如果我们省略 e_1^5，那么裁剪 $(4, 5, 3)$ 也会不一致，它将包括 e_2^3 但不包括 e_1^5。

假设我们将时钟比较与集合包含等同起来，则因果历史能够用作时钟值并满足强时钟条件。可见，

$$e \rightarrow e' \equiv \gamma(e) \subset \gamma(e') \qquad (3.32)$$

以下算法可用于构建因果历史：
- $p_i \in G$，且以 $\theta = \emptyset$ 开始。
- 每当 p_i 从 p_j 收到 m 个消息时，就构造出

$$\gamma(e_i) = \gamma(e_j) \cup \gamma(e_k) \qquad (3.33)$$

e_i 是接收事件，e_j 是 p_i 的上一个本地事件，e_k 是进程 p_j 的发送事件。不幸的是，这种历史的连接是不切实际的，因为因果历史增长得非常快。

现在我们提出一个协议，根据本节讨论的监控概念构建一致的全局状态。假设有一个完全连接的网络。回想一下，给定两个进程 p_i 和 p_j，从 p_i 到 p_j 的信道的状态 $\xi_{i,j}$ 由 p_i 发送但尚未被 p_j 接收的消息组成。Chandy 和 Lamport 的快照协议包括三个步骤[95]：

1. 进程 p_0 向自己发送"拍摄快照"消息。
2. 设 p_f 是 p_i 第一次收到"拍摄快照"消息的进程。在接收到消息时，进程 p_i 记录其本地状态 σ_i，并沿所有传出信道转发"拍摄快照"，而不代表其基础计算执行任何事件；信道状态 $\xi_{f,i}$ 设置为空并且进程 p_i 开始记录通过每个传入信道接收的消息。
3. 设 p_s 是 p_i 第一次收到"拍摄快照"消息后的进程。进程 p_i 停止从 p_s 沿传入信道记录消息，并声明信道状态 $\xi_{s,i}$ 为已记录的消息的状态。

每个"拍摄快照"消息恰好穿过每个信道一次，每个进程 p_i 都对全局状态有所贡献。进程在第一次收到"拍摄快照"消息时记录其状态，然后停止执行基础计算一段时间。因此，在具有 n 个进程的完全连接的网络中，协议需要 $n \times (n-1)$ 个消息，其中每个信道一个消息。

例如，考虑六个进程的集合，每对进程通过两个单向信道连接，如图 3.21 所示。在进程 p_0 发出"拍摄快照"消息时，假设所有信道都是空的，即 $\xi_{i,j} = 0$，$i \in \{0, 5\}$，$j \in \{0, 5\}$。实际的消息流是：

- 在步骤 0 中，p_0 向自身发送"拍摄快照"消息。
- 在步骤 1 中，进程 p_0 发送五个标记为（1）的"拍摄快照"消息，如图 3.21 所示。
- 在步骤 2 中，五个进程 p_1、p_2、p_3、p_4 和 p_5 中的每一个都向其他进程发送标记为（2）的"拍摄快照"消息。

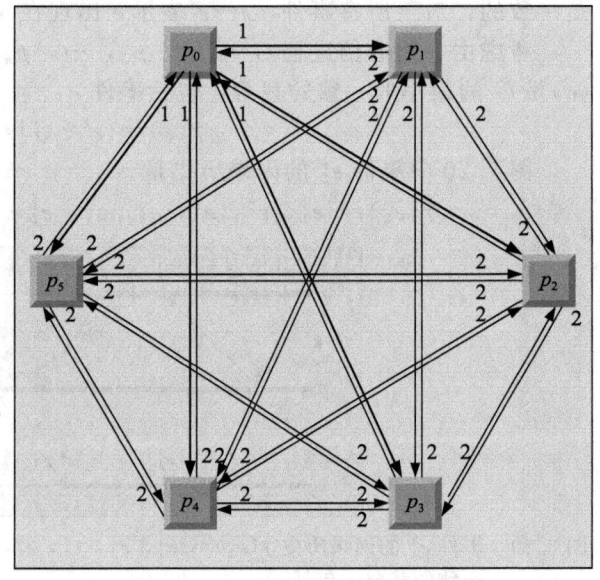

图 3.21 执行快照协议的六个进程

"拍摄快照"消息从进程 p_i 到 p_j（$i, j \in \{0, 5\}$）恰好穿过每个信道一次，并且交换 $6 \times 5 = 30$ 个消息。

3.10 线程和活动协调

在计算早期阶段，虽然主要是在系统软件的上下文中分析并发性，但现在，并发性是当今应用程序的普遍特征。许多应用程序是数据密集型的，并且一台服务器的资源也是不够的。此类应用需要将工作负载谨慎地分配给大量服务器上并发运行的多个实例。这是云计算的主要吸引力之一。毫无疑问，有效使用现代处理器核心的需求促使许多应用开发人员实现并行算法并使用多线程。

嵌入式系统领域存在许多并发应用程序。其实，嵌入式系统是一类反应系统，计算由外部事件触发。这些系统被添加在物联网(IoT)中，并由关键基础设施使用。这些应用同时运行多个线程来控制汽车点火、炼油厂中油的加工、智能电表、家庭供暖和制冷系统或咖啡机。用于反应式实时应用的嵌入式控制器被实现为混合软硬件系统[407]。

深入理解线程。 线程是通过分配线程操作执行指令流而显式创建的对象，它可以处于多种状态，如图 3.22 所示。许多线程共享处理器的核，而且系统的调度程序决定线程何时获得对核的控制并进入运行状态。

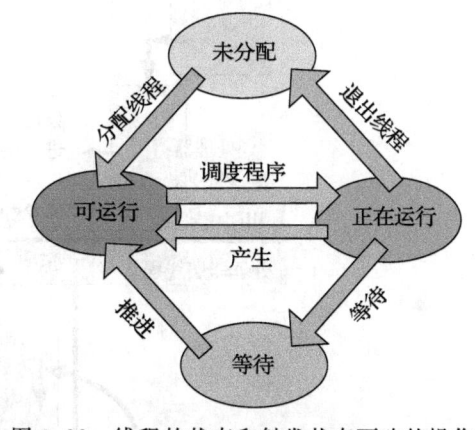

图 3.22　线程的状态和触发状态更改的操作

调度程序从可运行线程池中选择唯一有资格运行的线程，所以正在运行的线程在耗尽分配给它的时隙时产生对核的控制，或者在等待 I/O 操作完成并转换到等待状态时通过执行等待动作来阻塞。当调度程序决定推进它，例如当 I/O 操作已经完成时，线程可以再次变为可运行。

虽然人们可能只想到应用程序线程，但实际情况是，为了执行其功能，操作系统的内核会运行相当多的线程。图 3.23 提供了线程族群的快照，包括应用程序和操作系统线程。多线程应用程序使线程能够共享分配给应用程序的资源，而操作系统线程则支持各种资源管理功能。

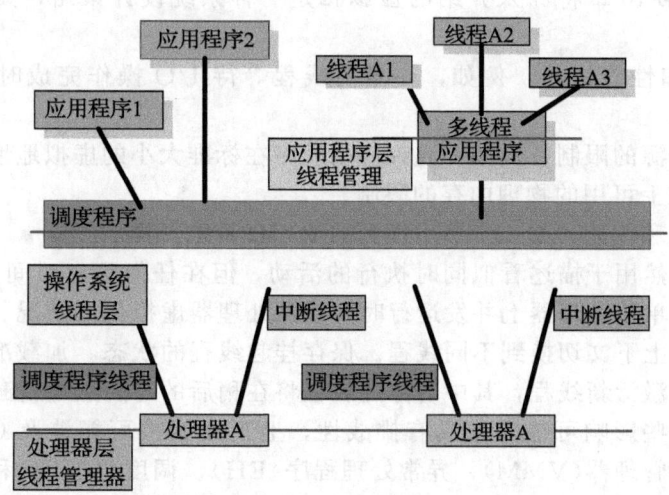

图 3.23　线程族群的快照。多个应用程序线程在调度程序的控制下共享一个核，多个操作系统线程在后台工作以执行资源管理功能

虽然调度程序的操作对应用程序开发人员完全透明，但相当复杂，多线程需要多个上下文切换，如图 3.24 所示。应用程序线程的上下文切换涉及保存线程状态，包括寄存器和挂起线程再次可运行时使用的地址。而且，线程是轻量级实体，不同于进程，与地址空间相关的信息（包括指向页表和进程控制块的指针）是进程状态的一部分，并且还必须保存。

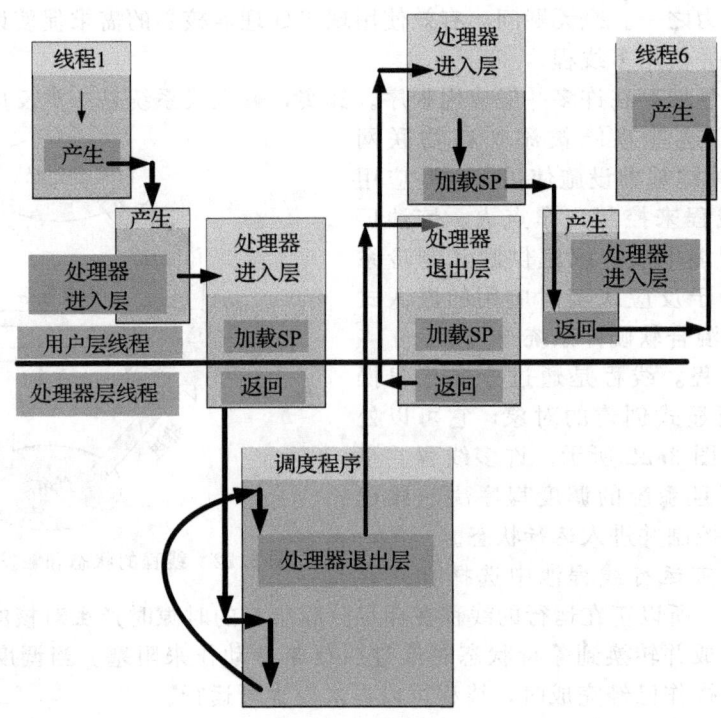

图 3.24　应用程序线程调度涉及多个上下文切换，上下文切换将当前线程状态保存在系统堆栈上。SP 是堆栈指针

并发——系统软件方面。操作系统的内核利用并发性来实现系统资源（例如处理器和内存）的虚拟化。第 10 章将深入介绍的虚拟化是一种系统设计策略，具有广泛的设计目标，包括：

- 隐藏延迟和性能增强，例如，在当前线程等待 I/O 操作完成时安排就绪队列的线程。
- 避免物理资源的限制，例如，允许应用程序在标准大小的虚拟地址空间中运行，而不是受系统上可用的物理内存的限制。
- 增强可靠性和性能，如 2.7 节中提到的 RAID 系统一样。

有时，并发虽然用于描述看似同时执行的活动，但在任何给定时间只能有一个活动。当多个线程似乎在单核处理器上并发运行时，就是处理器虚拟化的情况。由于外部事件会导致线程被挂起，上下文切换到不同线程。保存挂起线程的状态，加载准备就绪的另一个线程的状态，然后激活新线程，其中暂停的线程将在稍后的时间点重新激活。

处理并发的一些影响可能非常具有挑战性，上下文切换可能涉及 OS 内核的多个组件，包括虚拟内存管理器（VMM）、异常处理程序（EH）、调度程序（S）和多级内存管理器（MLMM）。在获取下一条指令期间发生页面错误时，需要进行多次上下文切换，如图 3.25 所示，遇到故障的线程被挂起，调度程序调度另一个就绪状态的线程，同时异常处理程序调用 MLMM。

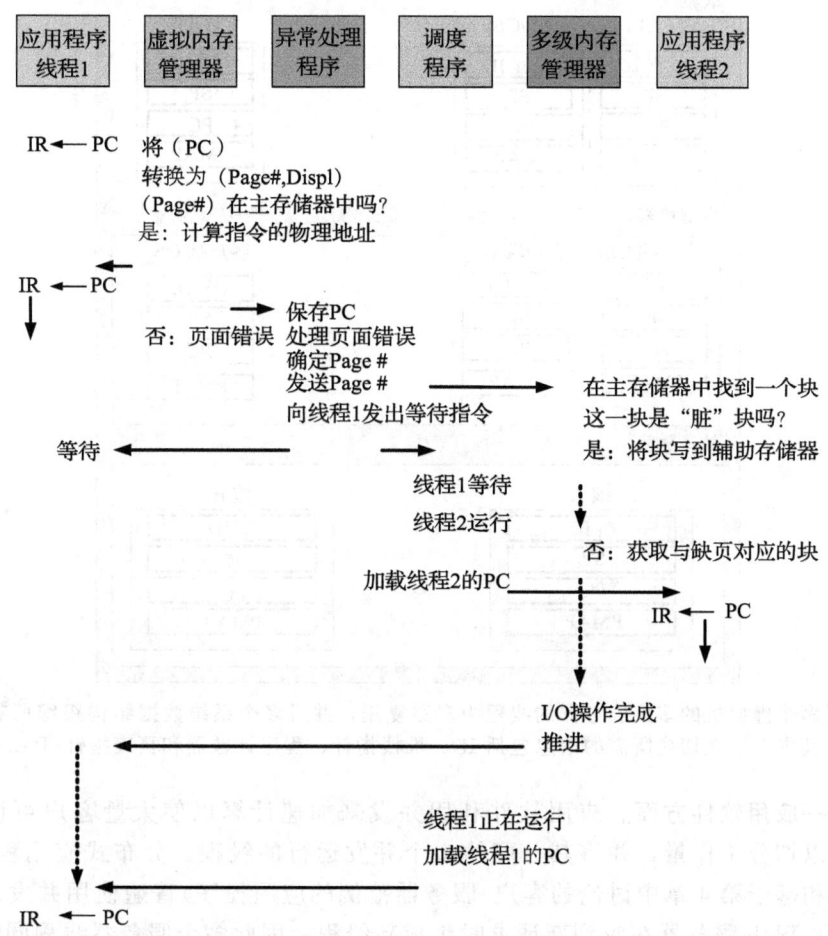

图 3.25 在指令获取阶段发生页面错误时的上下文切换。IR 是包含当前指令的指令寄存器，PC 是指向要执行的下一条指令的程序计数器。VMM 尝试转换线程 1 的下一条指令的虚拟地址时遇到了页面错误，然后线程 1 被挂起，等待页面从磁盘进入物理内存时发生的事件。调度程序分派线程 2。异常处理程序调用 MLMM 来处理这个页面错误

处理器/核共享似乎很复杂，但对于在不同操作系统下运行的应用程序而言，运行多个虚拟机的多核处理器操作要复杂得多。在这种情况下，对于在某 OS 下运行的一个应用程序的线程而言，资源共享发生在操作系统级别；对于图 3.26 所示的不同虚拟机的线程而言，资源共享发生在虚拟机管理程序级别。

并发的动机通常是为了提高系统性能，例如，在流水线计算机体系结构中，任意给定的多个指令都处于不同的执行阶段。当填满后，每个流水线周期都会产生一个结果；而且，n 级流水线可能会导致 n 倍的加速。为提高性能总是要付出代价的，在本例中，需要考虑设计复杂性和成本。当 n 级流水线需要 n 个执行单元时（每级一个单元）以及一个协调单元。还需要仔细的时序分析才能实现全速加速。

这个示例表明并发活动的管理和协调增加了系统的复杂性，流水线和虚拟内存之间的交互进一步使内核的功能复杂化。实际上，流水线中的一条指令可能由于页面错误而中断，并且处理这种情况需要特殊的预防措施，因为处理器的状态很难定义。

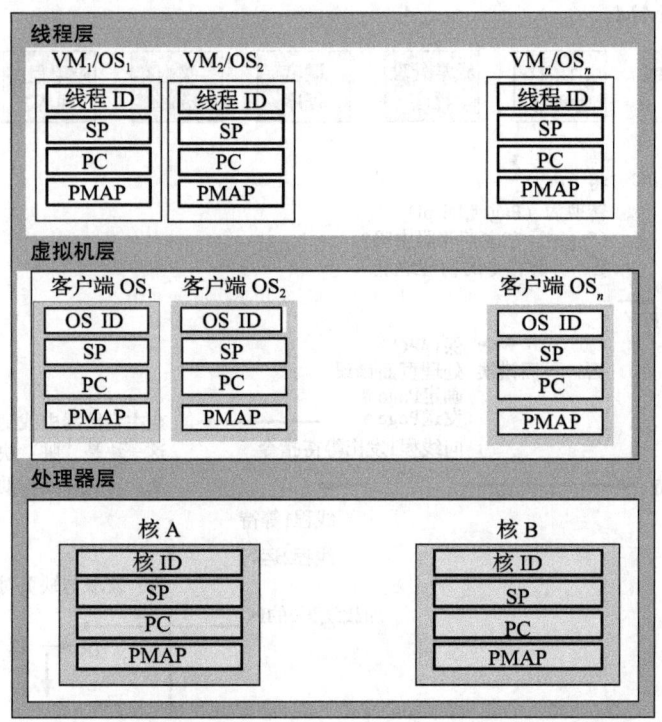

图 3.26 运行多个虚拟机的多核服务器的线程为多路复用,并且多个系统数据结构跟踪所有线程的上下文。其中上下文切换所需的信息包括 ID、堆栈指针、程序计数器和页表指针(PMAP)

并发——应用软件方面。 应用软件利用并发来加速计算以使大量客户可访问某个服务,而且可以切分工作量,并将其分配给多个并发运行的线程。分布式应用程序(包括事务管理系统和基于第 4 章中讨论的客户-服务器范例的应用程序)普遍使用并发来改善响应时间。例如,Web 服务器在收到新请求时生成新线程,因此多个服务器线程同时运行。对于 Web 应用,云的弹性成为选择托管的主要吸引力,即在某个云上运行的服务能够按需获取资源并根据资源消耗付费。

通信信道使得并发活动协调一致地工作,而且通信协议使得我们能够将嘈杂和不可靠的信道转换为可靠的信道,以便按顺序传送消息。如前所述,并发活动通过共享内存或消息传递相互通信。一个云应用程序的多个实例、一个服务程序及其提供服务的多个客户端,以及许多其他应用程序通过消息传递进行通信。消息传递接口(MPI)支持同步和异步通信,并且通常由并行和分布式应用程序使用。消息传递强制模块化并阻止通信活动进行命运共享。服务器可能发生故障,但不影响服务器不可用期间未使用该服务的客户。

并行应用中的通信模式更加结构化,分布式应用的并发活动的通信模式更加动态和非结构化。同步障碍要求并发运行的线程等待所有线程完成当前任务,然后再继续执行。有时,其中一个活动(协调器)调解并发活动之间的通信,而在其他情况下,各个线程直接相互通信。

并发计算的协调可能非常具有挑战性,而且会涉及开销,这最终会降低并行计算的速度。并发执行也非常具有挑战性。例如,它可能导致竞争条件,当并发执行的结果取决于事件序列时会产生不必要的负面影响。图 3.27 说明了两个线程使用共享数据缓冲区(buffer)进行通信时的竞争条件,两个线程都可以写入由 in 指向的缓冲区位置,并且可以从 out 指向的缓冲区位置读取,当两个线程几乎同时尝试写入时,第二个线程写入的数据项将覆盖第一个线程写入的数据项。

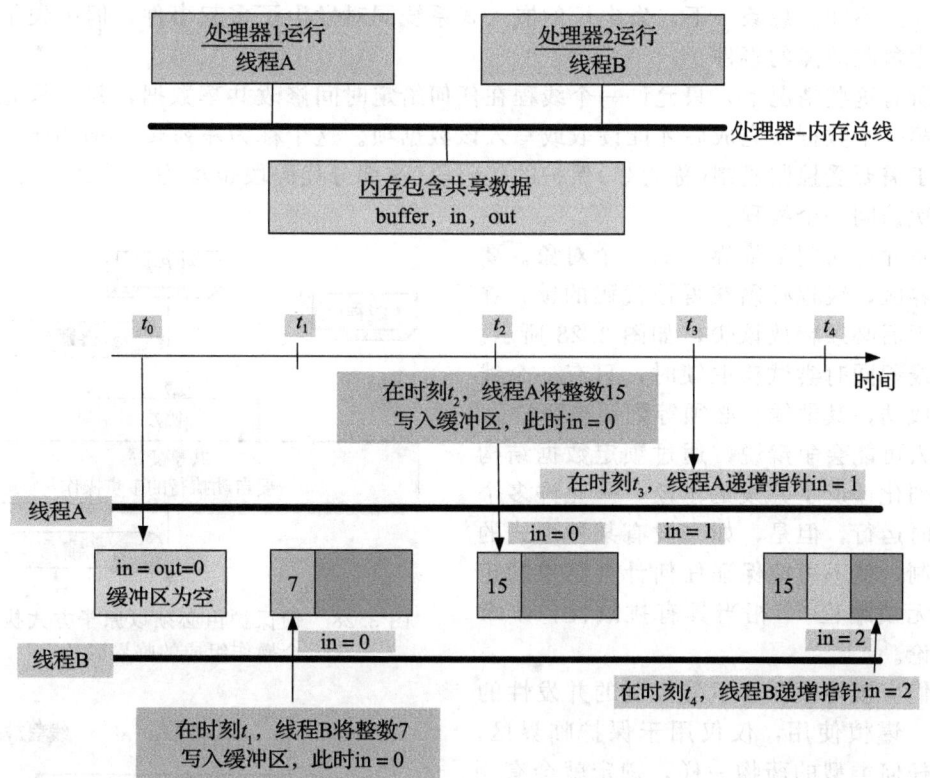

图 3.27 竞争条件。最初，在时刻 t_0，缓冲区为空，且 in＝0。在时刻 t_1，线程 B 将整数 7 写入缓冲区。线程 B 很慢，递增指针 in 需要时间并且在时刻 t_4 发生。与此同时，在时刻 $t_2 < t_4$，更快的线程 A 将整数 15 写入缓冲区，覆盖缓冲区中第一个位置的内容，并在时刻 t_3 递增指针 in＝1。最后，在时刻 t_4，线程 B 递增指针 in＝2

3.11 临界区、锁、死锁和原子操作

并行和分布式应用必须采取特殊措施来处理共享资源。例如，考虑一个财务应用，其共享资源是某用户账户。代表某交易运行的线程首先访问该用户账户以读取当前余额，然后更新余额，最后写回新余额。如果线程被中断并允许在同一账户上运行另一线程，则在第一个线程能够完成更新账户的三个步骤之前，该金融交易的结果是不正确的。

另一个挑战是处理涉及从一个账户转移到另一个账户的交易。在第一个账户上完成操作后系统崩溃将导致不一致，所以从第一个账户扣除的金额不会记入第二个账户。

在这些情况下，与许多类似的其他情况一样，应该允许多步操作在没有任何中断的情况下完成，该操作应是原子的(atomic)。一个重要的观察是，在动作完成之前，这种原子动作不应暴露系统状态，隐藏原子动作的内部状态可以减少系统的状态数，从而简化了系统的设计和维护。

原子动作由几个步骤组成，每个步骤都可能发生故障。当发生这种故障时，系统状态应恢复到原子动作之前的状态。

锁和死锁。当线程访问共享资源时，并发需要严格的规则。共享数据项的并发读取不受限制，而写入共享数据项应受并发控制。3.10 节讨论的竞争条件说明了对共享资源的

危险访问所产生的问题，共享资源是两个线程都尝试写入的缓冲区。缺乏并发控制所带来的危险无处不在。想象一下，发电厂的嵌入式系统同时发生了多起事件，但丢失了一个子系统发生危险故障的事件。

在所有这些情况下，只允许一个线程在任何给定时间修改共享数据，并且只允许其他线程在第一个数据项完成后才能读取或写入该数据项。这个称为序列化（serialization）的过程适用于需要受控制机制（称为锁）保护的代码段（这部分代码段也称为临界区），这些锁只允许一次访问一个线程。

锁是允许访问某临界区的一个对象。要进入临界区，线程必须获得该代码的锁，在完成线程后必须释放该锁，如图 3.28 所示。当多个线程同时尝试获取锁时，只有一个线程应该成功，其他线程必须等到锁被释放。

有人可能会争辩说，通过锁定数据结构进行序列化违反了并发的本质——允许多个计算同时运行，但是，如果没有某种形式的并发控制，就不可能保证任何计算结果的正确性。无锁编程[229]相当具有挑战性，本章不再讨论。

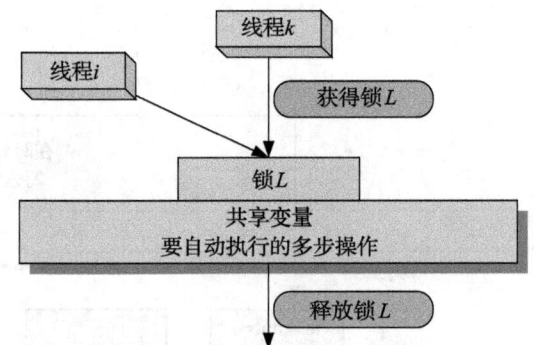

图 3.28　锁保护由必须以原子方式执行的多个操作组成的临界区

我们应该将锁看作不受控制的并发性的解毒剂，谨慎使用，仅仅用于保护临界区。这就像任何类型的药物一样，锁定就会有副作用，它不仅会增加执行时间，还会导致死锁。实际上，并发执行多个进程/线程的另一个潜在问题是存在死锁。当为了资源而彼此竞争的进程/线程被迫等待其他进程/线程持有的额外资源，而没有任何进程/线程可以完成时，就会发生死锁，见图 3.29。

当发生死锁时，四个 Coffman 条件[114]必须同时满足：

- 互斥，至少一个资源必须是不可共享的，在任何给定时刻，只有一个进程或一个线程可以使用该资源。
- 持有并等待，至少一个进程或一个线程必须持有一个或多个资源并等待其他资源。
- 非抢占，调度程序或监视器不应强制进程或持有资源的线程放弃它。
- 循环等待，给定一组 n 个进程或线程 $\{P_1, P_2, P_3, \cdots, P_n\}$，$P_1$ 应该等待 P_2 持有的资源，P_2 应该等待 P_3 持有的资源，依此类推，P_n 应该等待 P_1 持有的资源。

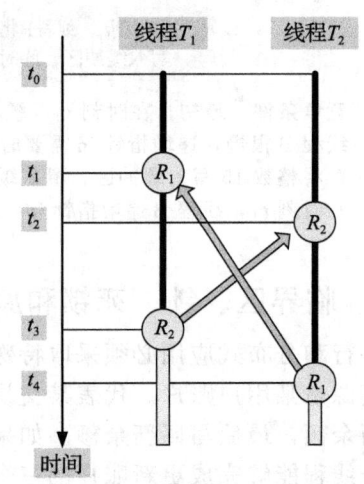

图 3.29　线程死锁。线程 T_1 和 T_2 在时刻 t_0 开始并发执行。两者都需要资源 R_1 和 R_2 完整地执行。T_1 在 t_1 时刻得到 R_1，T_2 在 t_2 时刻得到 R_2。在时刻 $t_3 > t_2$，线程 T_1 尝试获取线程 T_2 持有的资源 R_2 并等待释放的块。在时间 $t_4 > t_3$，线程 T_2 试图获取线程 T_1 持有的资源 R_1，并阻塞等待它被释放。没有线程能进入下一步

还有其他与并发相关的潜在问题。当两个或多个进程/线程不断更改状态以响应其他进程的更改时，我们会有一个活锁（livelock）条件，结果是没有任何进程可以完成其执行的任务。通常，并发运行的进程/线程被分配优先级并根据这些优先级进行调度。当较高优先级的进程/任务被较低优先级的进程/任务间接抢占时，发生优先级倒置（priority inversion）。

原子性。从对事务系统的讨论中可知，对原子性的分析应特别注意更新存储中对象值的基本操作。所以必须执行几个机器指令来修改存储器位置的内容：将当前值加载到寄存器中；修改寄存器的内容；存储结果。

没有硬件支持就无法实现原子性。实际上大多数处理器的指令集支持 Test-and-Set 指令，该指令写入存储器位置并将该存储器单元的旧内容作为不可中断操作返回。其他体系结构支持 Compare-and-Swap，这是一种将内存位置的内容与给定值进行比较的原子指令，并且只有当这两个值相同时，才会以原子方式更新该内存位置的内容。

有两种原子性：全有或全无（all-or-nothing），之前或之后（before-or-after）。全有或全无意味着或者整个原子操作完成，或者系统处于原子操作尝试之前的状态。在我们之前的示例中，事务要么成功执行，要么事务所针对的记录返回到其原始状态。全有或全无动作的状态如图 3.30 所示。

事实上，为了保证操作的全有或全无的属性，我们必须区分可以撤销的准备操作和不可逆的准备操作，例如改变对象的唯一副本。这些准备操作是：分配资源、从辅助存储器获取页面和在堆栈上分配存储器等。数据管理的黄金法则之一是永远不要改变唯一的副本。维护对象更改的历史记录和所有活动的日志使我们能够处理系统故障并确保一致性。

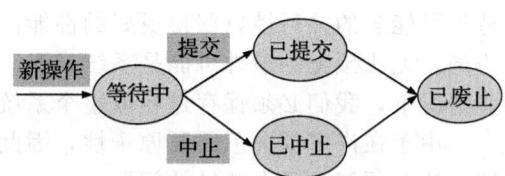

图 3.30 全有或全无行为的状态

全有或全无操作包括预提交和提交后阶段。在前者期间，应该可以从中备份而不留下任何痕迹，而在后者阶段应该能运行至结束。从第一阶段到第二阶段的转换称为提交点。在预提交阶段，必须准备提交后阶段所需的所有步骤，例如检查权限、在主存储器中交换可能需要的所有页面、安装可移动介质和分配堆栈空间。在此阶段，不应暴露任何结果，也不应采取任何不可逆转的动作。在提交期间分配的共享资源直到提交点之后才能释放。提交步骤应该是全有或全无动作的最后一步。

存储模型显示了对全有或全无原子性的支持，见图 3.31。硬件实现的公共存储模型是所谓的单元存储，即许多单元的集合，每个单元拥有一个对象，例如计算机的主存，其每个单元都是可寻址的。单元存储不支持全有或全无操作，一旦某单元的内容被某一操作变更，没有办法中止该操作并恢复单元的原始数据。

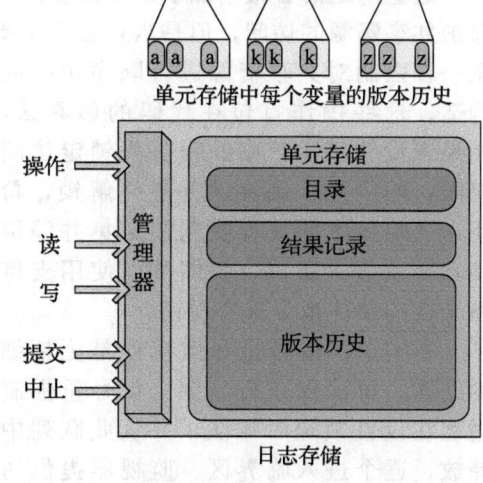

图 3.31 存储模型。单元存储不支持全有或全无操作。在维护版本历史记录时，可以恢复原始内容，但我们需要封装数据访问并提供实现原子全有或全无操作的两个阶段的机制。日志存储正是这样做的

为了恢复以前的值，我们必须为单元存储中的每个变量维护一份版本历史。支持全有或全无操作的存储模型称为日志存储。现在，单元存储不再被操作访问，而是由一个存储管理器代理访问。除了基本原语——读单元存储中一个存在的值和写一个新值以外，存储管理器仅仅识别一种改变单元存储中值的操作，当该操作被中断时，存储管理器能够得到该操作前变量的版本以进行恢复。当该操作被提交时，新的值应该写入单元中。

图 3.31 显示了对于日志存储，除了受操作影响的所有变量的版本历史记录之外，我们还必须实现一个变量目录，并维护一条标识每个新操作的记录。新操作首先调用操作原语，此时将创建唯一标识该操作的结果记录。然后，每次操作访问变量时，都会修改版本历史记录，最后，操作要么调用提交，要么调用中止原语。在日志存储模型中操作是原子的，遵循图 3.30 中的状态转换图。

之前或之后原子性是指，从外部观察者的角度来看，多个动作的效果就好像这些动作以某种顺序相继发生；一个更强的条件是在转换之间强制执行顺序。在我们的示例中，作用于两个账户的事务应该或者借记第一个账户，然后贷记第二个账户，或者保持两个账户不变。顺序很重要，因为第一个账户不能留下负余额。

原子性是一个关键的概念，特别是对于从不可靠的组件构建可靠的系统，以及同时支持尽可能多的并行性以获得更好的性能。它允许我们处理未预见的事件并支持并发活动的协调。无法预见的事件可能是系统崩溃、请求共享控制结构、需要暂停活动等；在所有这些情况下，我们必须保存过程或整个系统的状态，以便能够在以后重新启动它。

由于在许多情况下需要原子性，因此需要采用系统方法而不是临时方法。原子性的系统方法必须解决几个微妙的问题：

- 如何保证在任何给定时间只有一个原子操作可以访问共享资源。
- 当原子操作无法完成时，如何返回系统的原始状态。
- 如何确保几个原子动作的顺序会导致一致的结果。

这些问题的答案增加了系统的复杂性，而且经常会产生其他问题。例如，可以通过锁保护共享资源的访问，但是当存在多个受锁保护的共享资源时，并发活动可能会死锁。锁是一种强制对共享资源进行顺序访问的构造。这些操作打包在代码的临界区，如果未设置锁定，则线程首先锁定访问权限，然后进入临界区并最终解锁，希望进入临界区的线程找到锁定集并等待锁定被重置。所以，我们可以使用支持原子性的硬件指令来实现锁。

事实上，信号量和监视器是更精细的结构，可确保串行访问。信号量强制进程在设置锁定时排队，并从此队列中释放，逐个进入临界区。监视器提供访问共享数据的特殊过程，参见图 3.32。我们描述的过程协调机制需要所有活动的合作——只要司机遵守规则，交通信号灯就可以防止事故发生。

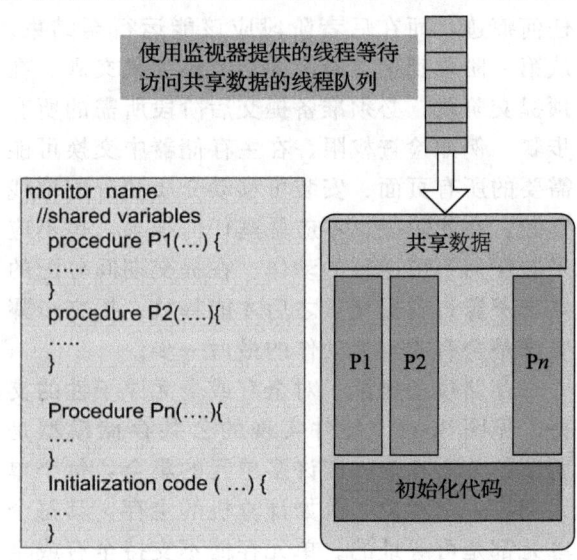

图 3.32 监视器提供特殊的程序来访问临界区中的数据

3.12 共识协议

共识是人类在许多领域中普遍遭遇的问题；在达成共识的过程中，代理会就一些提出的备选方案中的一个达成一致。当代理是一组期望达成共识的预测进程时，我们将讨论局限于分布式系统的情况。

没有一种容错共识协议能保证进度[174]，但是一些能保证一致性（安全）的协议已经被开发出来了。基于有限状态机方法达成一致的协议族称为 Paxos ⊖。

文献中讨论了 Paxos 协议族的许多贡献。Leslie Lamport 提出了几个版本的协议，包括磁盘 Paxos、廉价 Paxos、快速 Paxos、垂直 Paxos、可停止 Paxos、通过细化的拜占庭 Paxos、泛化共识和 Paxos 以及无领导的拜占庭 Paxos。Lamport 还发表了一篇论文，讨论 Paxos 的虚构兼职议会[291]和一个外行对协议的看法[292]。

共识服务由 n 个进程的集合组成。客户先向进程组发送请求并提出一个值，然后等待响应，目标是让进程组就单个提议值达成一致意见。基本 Paxos 协议基于几个关于处理器和网络的假设：

- 进程在处理器上运行，并通过网络进行通信。处理器和网络可能会出现故障，但不会出现拜占庭式的故障。拜占庭式故障对不同观察者呈现不同的故障症状。在分布式系统中，拜占庭式故障可能是：不作为故障，如崩溃、接收请求或发送响应失败；委托故障，如错误地处理请求、损坏本地状态或发送对请求的不正确或不一致的响应。
- 处理器：任意速度运行；存储稳定，故障后可以重新加入协议；可以向任何其他处理器发送消息。
- 网络：可能丢失、重新排序或复制消息；消息是异步发送的，可能需要任意长的时间才能到达目的地。

基本 Paxos 考虑了几种类型的实体：客户，发出请求并等待响应的一种代理；提议者，一种代理，任务是拥护客户的请求，说服接受者就客户提出的值达成一致，并担任协调员，以便在有冲突时推动协议的拟定；接受者，作为协议的容错"记忆"的一种代理；学习者，作为协议复制因素的一种代理，一旦商定了请求，就采取行动；领导者，一位杰出的提议者。

一次仲裁（quorum）是所有接受者的一个子集。一个提案有一个提案编号 pn，并包含一个值 v。系统中有几种类型的请求流，如预备（prepare）和接受（accept）。

在算法的典型部署中，实体可扮演三个角色：提议者、接受者和学习者。消息流可以描述如下[292]："客户向某领导者发送消息；在正常操作期间，领导者接收客户的命令，为其分配新的命令编号 i，然后通过向一组接受者进程发送消息来开始第 i 个共识算法实例。"通过合并角色，协议"塌陷"成一个有效的客户-主-复制（client-master-replica）样式协议。

提案由一对唯一的提案编号和建议值组成（pn，v），多个提案可以提出相同的值 v。如果大多数接受者接受了它，则值被选中。我们需要保证最多只能选择一个值，否则就没有达成共识。算法的两个阶段如下。

第一阶段

1. 提案预备（proposal preparation）：某提议者（领导者）发送一个提案（pn＝k，v）。

⊖ Paxos 是爱奥尼亚海中的一个希腊小岛，虚构的共识程序便来源于一个古老的 Paxos 立法机构。岛上的议会是兼职的，因为岛上的居民对其他活动比市政工作更感兴趣。正如 Leslie Lamport[291]所说："兼职议会带来的问题与今天容错分布式系统所面临的问题有着显著的关联，在分布式系统中，立法者对应进程，而离开议院则对应失败。"（更多论文参见 http://research.microsoft.com/en-us/um/people/lamport/pubs/pubs.html。）

提议者选择提案号 pn=k 并向大多数接受者发送一条预备消息，请求：
- 不应接受 pn<k 的提案；
- 满足 pn<k 的最高提案号的提案已经被每个接受者接受。

2. 提案承诺(proposal promise)：接受者必须记住它所接受过的最高提案号的提案号以及它曾经回复的最高提案号。当且仅当它没有响应 pn>k 的预备请求时，接受者才能接受 pn=k 的提议；如果它已经回复了 pn>k 提案的预备请求，那么不应该响应 pn=k。丢失的消息被视为选择不响应的接受者。

第二阶段

1. 接受请求(accept request)：如果大多数接受者做出回应，则提议者按如下方式选择提案值 v：
- 从所有回复中选出的最高提案号的值 v；
- 如果没有提议者提出任何提案，则为任意值。

提议者向包括(pn=k, v)的仲裁接受者发送接受请求消息。

2. 接受：如果接受者收到提案号为 pn=k 的提案的接受消息，则当且仅当它尚未承诺考虑具有 pn>k 的提案时，就必须接受它。如果它接受提案，应该注册值 v 并向提议者和每个学习者发送接受消息；如果它不接受提案，应该忽略该请求。

算法的以下属性对于显示其正确性非常重要：提案编号是唯一的；任何两组接受者至少有一个公共的接受者；算法第二阶段发出的值是第一阶段所有响应中编号最高的提案的值。

图3.33 说明了共识协议的消息流，可以在文献[292]中找到针对不同故障情形和协议

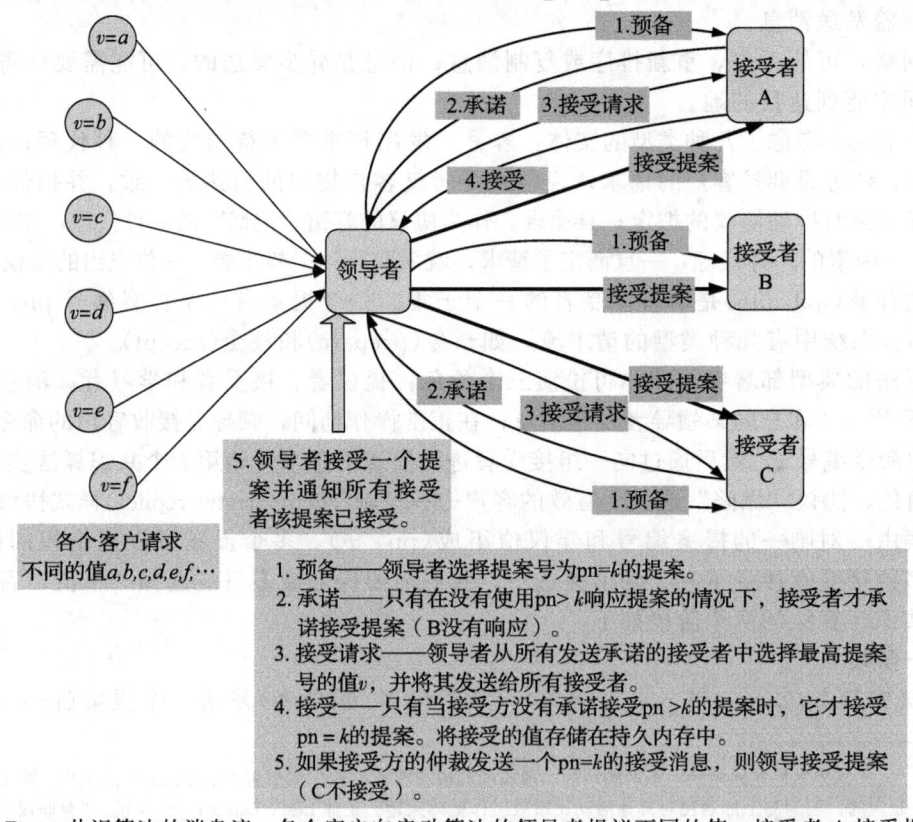

图 3.33 Paxos 共识算法的消息流。各个客户向启动算法的领导者提议不同的值。接受者 A 接受提案编号为 pn=k 的消息中的值；接受者 B 没有回应承诺，而接受者 C 回应承诺，但最终不接受该提案

属性的消息流的详细分析。我们只提到协议定义了三个安全属性：非平凡性，可以学习的唯一值都是建议值；一致性，最多可以学习一个值；活性，如果提出了值 v，最终每个学习者都会学到一些值，前提是有足够的处理器保持无故障。图 3.34 显示了涉及三个参与者时的消息交换。

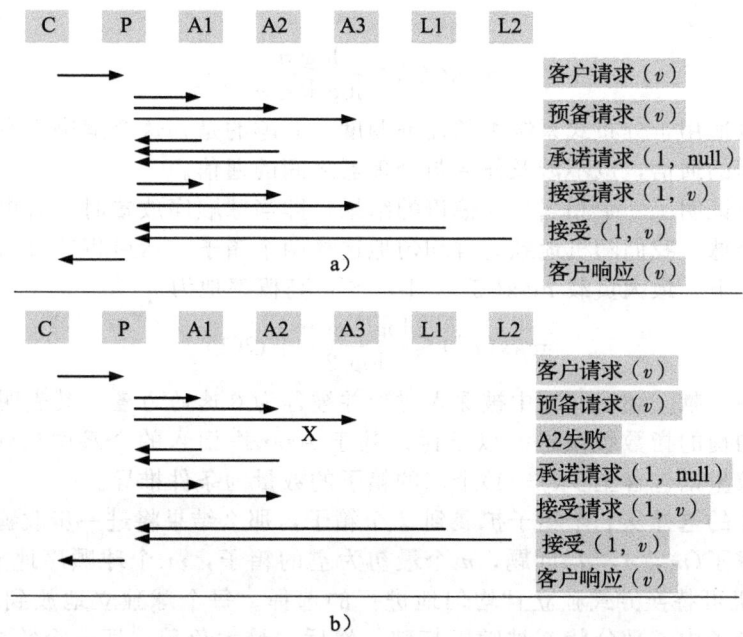

图 3.34　基本 Paxos 有三个角色：提议者(P)、三个接受者(A1，A2，A3)和两个学习者(L1，L2)。客户(C)向扮演提议者角色的一个角色发送请求。涉及的实体是没有失败时成功的第一轮(a)，以及当接受者失败时 Paxos 成功的第一轮(b)

7.4 节讨论的分布式协调系统 ZooKeeper 从 Paxos 算法中借鉴了几个思想：
- 领导者向追随者提出某些值；
- 在考虑提交的建议（学习）之前，领导者等待法定数量的追随者的确认；
- 提案包括迭代数，类似于 Paxos 中的选票数。

在 6.6 节中，我们讨论了 Chubby，一种基于 Paxos 算法的锁定服务。

3.13　负载均衡

负载均衡问题的一般形式是将 $\mathcal{N}$ 个对象均匀地分配到 $\mathcal{P}$ 个位置。负载均衡的另一种形式是独立地、随机地和均匀地选择将 m 个球放入 $n < m$ 个箱子中。在这种情况下的问题，关键是找到任何箱中的最大球数。负载均衡也可表达为哈希问题：将 m 项东西顺序放置在 $n < m$ 个桶中，并且确定找到某一项的最大时间。

分布式系统中的负载均衡问题形式化如下：给定一组任务 $\mathcal{T}$，将它们分配给一组以相同速率计算的处理器 $\mathcal{P}$，这样在一个处理器上，任何给定时间只能运行一个任务；没有抢占，每项任务都会完成。已知每个任务的执行时间，问题是如何分配使得它们以最小时间完成。不幸的是，负载均衡以及调度问题都是 NP 完全的[183]。

负载均衡的重要性是不可否认的，克服算法复杂性的实用解决方案得到了广泛的应用。例如，随机化建议将任务分配给独立且均匀地随机选择的处理器。如果任务足够多，并且任务执行时间的分布相当窄，那么这种随机分布策略应该会导致处理器的负载几乎相等。在实践中还使用了其他几种启发式方法。

球箱模型。负载均衡问题经常使用球箱模型进行讨论。在这个模型中,我们将容器的负载定义为容器中的球的数量。问题是:在任何箱中,一旦所有的 n 个球随机独立和均匀地选择一个箱子,最大负载 $\max(\mathcal{L}_i)$,$1 \leqslant i \leqslant n$ 的值是多少?答案是:高概率地,即以概率 $p \geqslant 1 - \mathcal{O}(1/n)$ 为[197]

$$\max(\mathcal{L}_i) \approx \frac{\log n}{\log \log n} \tag{3.34}$$

这个结果也适用于分布式系统中的任务调度。有趣的是,这个解决方案不涉及任务之间、处理器之间的通信,也不涉及任务与处理器之间的通信。

文献[44]中证明了一个相当令人惊讶的结果,即当球顺序放置时,有更好的负载均衡方案:对于每个球,我们随机地独立且均匀地选择两个箱子,然后将球放入不太满的箱子中。在这种情况下,最大负载 $\max(\mathcal{L}_i^2)$,$1 \leqslant i \leqslant n$ 高概率地为

$$\max(\mathcal{L}_i^2) \leqslant \frac{\log \log n}{\log 2} + \mathcal{O}(1) \tag{3.35}$$

这个结果在文献[348,350]中被深入讨论并被称为双选的力量,其表明一双或多双的选择导致负载均衡的指数级改进。以下讨论基于 Azar[44] 引入的分层归纳法:包含至少 j 个球的箱子的数量以包含至少 $(j-1)$ 个球的箱子的数量为条件推导。

如果每个球的选择从 2 个箱子扩展到 d 个箱子,那么结果将进一步改善。文献[44]中的贪婪算法考虑了 (m, n, d) 问题,n 个最初为空的箱子,m 个球顺序地放置到箱子中,以及 d 项以随机可替换方式独立且均匀地进行的选择。每个球独立地放到 d 个箱子中负载最小的一个箱子中,平分状态被随机打破。然后,最大负载,即一个箱中的最大球数,大概率地具有上限

$$\max(\mathcal{L}_i^d) \leqslant \frac{\log \log n}{\log d} + \mathcal{O}(1) \tag{3.36}$$

接下来讨论对该结果的直观判断。定义 β_k 为这类箱子的数目,箱中至少 k 个球以一个堆在另一个上面的方式堆叠在一起。有 k 个球的箱子中的顶球的高度是 k。

我们希望确定 β_{k+1},这是装有至少 $k+1$ 球的箱子的基数的高概率上界。如果在前一轮中它具有至少 k 个球,则箱子将包含至少 $k+1$ 球。回想一下,至少存在 β_k 个这样的箱子,从 n 个箱子中选择一个具有 k 个或更多个球的箱子的概率是 β_k/n。但对于 $d > 2$ 的选择,某个球落在一个已经包含 k 个或更多个球的箱子中的概率,每步至少是平方倍地下降为

$$p_{n,k,d} = \left(\frac{\beta_k}{n}\right)^d \tag{3.37}$$

高度至少为 $(k+1)$ 的球的数量由一个伯努利随机变量支配,成功概率等于 $p_{n,k,d}$。这意味着

$$\beta_{k+1} \leqslant c \times \left[n \times \left(\frac{\beta_k}{n}\right)^d \right] \tag{3.38}$$

其中 c 为常数。由此得出,在 $j = \mathcal{O}(\log \log n)$ 步之后,分式 β_k/n 下降到 $1/n$ 以下,因此 $\beta_j < 1$。

在本节讨论的算法中,所要求的顺序放置球以及选择两个或 d 个箱子中的一个的决定值得进一步考虑。它意味着代理做出选择的集中式系统,或者球之间的某种形式的通信,允许它们就放置策略达成一致。但是通信很昂贵,例如在短消息交换期间,现代处理器可以执行数十亿次浮点操作。

负载均衡和通信之间的权衡是不可避免的，我们只能通过协调来减少最大负载，因此而付出的代价是增加通信。在分布式系统中，服务器不了解它没有与之通信的任务，而任务也不了解其他任务的操作，并且可能只知道服务器的负载。任务之间的全面协调非常昂贵。

随机负载均衡的并行化。 文献[348，350]中研究的问题之一就是如何并行化随机负载均衡。为了最小化最大负载和通信复杂性，我们再次使用扩展的球箱模型。而且，m 个球中的每一个都是从 n 个箱子中选择 d 个作为预期箱子开始的。

在此过程中，可以独立和均匀地随机选择球的替换，而且 r 轮通信最终决定目标箱子，其中，每轮分为两个阶段。在每个阶段，使用包括某 ID 或索引的短消息并行地完成通信。在第一阶段，每个球向所有预期箱子发送消息；在第二阶段，每个箱子向其收到消息的所有球发送消息。在最后一轮中，球会投入某个箱子中。

我们所分析的策略是对称的，而且，所有的球和箱子都使用相同的算法，所有可能的目标箱子都是随机且均匀地选择的。假如实体、球或箱子不必等待一轮完成，则算法是异步的，只需要等待发送给它的消息，而不是等待发往另一个实体的消息。如果在一些轮对之间需要同步障碍，则轮是同步的。

对于文献[44]中那样具有 r 轮通信的算法的负载下限，在文献[350]中得到

$$\Omega\left(\sqrt[r]{\frac{\log n}{\log \log n}}\right) \tag{3.39}$$

上式具有至少恒定的概率。因此，没有算法能够以恒定数量的通信轮、高概率地达到最大负载 $O(\log \log n)$。

随机图 $G(v, e)$ 可用于表示模型并做推理。每个箱子是该图中的某个顶点 v，每个球是无向边 e。当 $d=2$ 时，一个球的两条边的顶点对应于两个预期的箱子。图中没有自循环，其中 S 为边的集合。多条边对应于选择了同样一对箱子的两个球。当球选择了一个箱子时，便将代表该球的无向边转换为朝向顶点或者箱子（球选择其作为其目标箱子）的有向边。目标是最小化图的所有顶点的最大入度，换句话说，以避免冲突。

边 $e \in S$ 的邻域 $\mathcal{N}(e)$ 是入射到端点 e 的所有边的集合，并且有

$$\mathcal{N}(S) = \bigcup_{e \in S} \mathcal{N}(e) \tag{3.40}$$

类似地，$\mathcal{N}(v)$ 是顶点 v 的邻域。边 $e \in S$ 的 l-邻域 $\mathcal{N}_l(e)$ 以递归法定义为

$$\mathcal{N}_1(e) = \mathcal{N}(e), \quad \mathcal{N}_l(e) = \mathcal{N}(\mathcal{N}_{l-1}(e)) \tag{3.41}$$

边 $e(x, y)$ 的 (l, x)-邻域 $\mathcal{N}_{l,x}(e)$ 定义为

$$\mathcal{N}_{1,x}(e) = \mathcal{N}(x) - \{e\} \quad \mathcal{N}_{l,x}(e) = \mathcal{N}(\mathcal{N}_{l-1,x}(e)) - \{e\} \tag{3.42}$$

在 r 轮协议中，球在最后一轮中做出选择，因此每个球只知道其 $(r-1)$ 邻域中的球的所有信息。

球 $e = (x; y)$ 可以从每个箱子中学习它的 l-邻域，该邻域由对应于 $\mathcal{N}_{l,x}(e)$ 和 $\mathcal{N}_{l,y}(e)$ 的两个子图组成。当球的 l-邻域的两个子图是同构根树时，其中 x 和 y 是根，我们说球有一个对称的 l-领域，或者球被混淆，然后球用公平的硬币投币法选择目标箱子。

对于深度为 r 的树，其中根具有度数 T 且每个内部节点具有 $T-1$ 个子节点，称为 (T, r)-根平衡树。如果图 G 中的 (T, r) 树是 G 的连通分量，而且没有大于 1 的多重边，则它是孤立的。具有 n 个顶点和 n 条边的随机图包含一个孤立的 $(T, 2)$，同时

$$T = (\sqrt{2} - \mathcal{O}(1))\sqrt{\frac{\log n}{\log \log n}} \tag{3.43}$$

上式具有文献[350]所示的固定概率。这个陈述的一个必然结果，对于具有 n 个球和 n 个

箱子，$d=2$ 且 $r=2$ 的球箱问题，任何非适应性的、对称的负载分布策略，其最终负载将以至少固定的概率为

$$\left(\frac{\sqrt{2}}{2}-\mathcal{O}(1)\right)\sqrt{\frac{\log n}{\log \log n}} \tag{3.44}$$

实际上，在与根相邻的孤立$(T,2)$树中，一半混淆的球（边）将朝向根，因为我们假设球抛出无偏向的硬币以选择箱子。该结果可以扩展到更广泛的 r 和 d。

球箱模型适用于哈希算法。文献[275]中讨论的哈希实现使用单个哈希函数将键映射到表中的项，并且在发生冲突时，即当两个或多个键映射到同一个表项时，所有冲突的键都存储在一个名为链（chain）的链表中。表项是链的头，最长链的搜索时间最长。最长链的长度高概率地为 $\mathcal{O}(\log n/\log \log n)$，这时 n 个键被插入包含 n 项的表中，并且每个键被独立且均匀地映射到表中的一项，这个过程称为完全随机哈希。

通过使用两个哈希函数并将某个物品放置在两个链中较短的一个中，可以大大减少搜索时间[263]。要搜索某个元素，我们必须搜索链接到两个哈希函数给出的两个项的链。如果 n 个键被顺序地插入具有 n 项（最长链）的表中，则找到某个物品的最大时间高概率地为 $\mathcal{O}(\log \log n)$。

双选范型可以有效地应用于具有低拥塞的互连网络中路由虚电路。该范型还可用于优化一个分布式内存多处理器系统（DMM）上的共享内存多处理器（SMM）系统的仿真。仿真算法应该最小化 DMM 模拟 SMM 的一个步骤所需的时间。

分层归纳法也用于动态场景中，例如，当在系统中插入一个新球时[349]。另一种基于球箱模型分析负载均衡的技术是见证树。为了计算"负载很重"的系统事件概率的界限，我们必须识别事件的见证树，然后估计见证树发生的概率。这个概率可以通过枚举所有可能的见证树并对它们各自的发生概率求和来限制。

3.14 Java 的多线程和并发以及 FlumeJava

Java 是一种通用计算机编程语言，Sun Microsystems 公司在进行设计时便已考虑了可移植性[⊖]。Java 应用通常编译为字节码，无论计算机体系结构如何，都可以在 Java 虚拟机（JVM）上运行。Java 是一种基于类的、面向对象的语言，支持并发。它是最流行的编程语言之一，广泛用于运行在移动设备和计算机云上的各种应用程序。

Java 线程。 Java 支持进程和线程。其中，进程有一个独立的执行环境，有自己的私有地址空间和运行时资源。线程是进程中的轻量级实体。Java 应用程序以一个线程开始，主线程可以创建其他线程。

当不同的线程具有相同数据的不一致视图时，会发生内存一致性错误。同步方法和同步语句是同步的两种语法。通过在类或方法的定义中指定 synchronized 属性来保护临界区的序列化。这保证了只有一个线程可以执行临界区，并且进入该区的每个线程都可以看到修改完成。同步语句必须指定提供内部锁的对象。

Java 的当前版本使用 getAndDecrement()、getAndIncrement() 和 getAndSet() 等方法支持几种数据类型的原子操作。控制线程之间数据共享的有效方法是在线程之间仅共享不

⊖ Java 最初是 1991 年由 James Gosling、Mike Sheridan 和 Patrick Naughton 用 C/C++ 风格的语法设计的。它的设计有五个原则：简单、面向对象、为使用者所熟悉；与体系结构无关且可移植；稳健安全；可解释的、线程化的、动态的；高性能。Java 1.0 于 1995 年发布。Java 8 是 Oracle 目前唯一免费支持的版本，该公司在 2010 年收购了 Sun Microsystems 公司。

可变数据。通过将其所有域标记为 final 并将该类声明为 final，使类成为不可变的。

java.lang.Thread 类中的 Thread 执行 java.lang.Runnable 类型的对象。与 Thread 类相比，java.util.concurrent 包提供了更好的并发支持。此程序包减少了线程创建的开销，并防止过多的线程使 CPU 过载并耗尽可用存储空间。线程池是 Runnable 对象的集合，包含就绪任务队列。

线程之间通过中断相互通信。某线程通过调用 Thread 对象上的一个中断来发送中断给要中断的线程。预计要中断的线程会支持自己的中断程序。Thread.sleep 导致当前线程挂起并暂停执行一段指定的时间段。

然而，执行程序框架与 Runnable 对象一起使用，这些对象可能无法将结果返回给调用者。另一种方法是使用 java.util.concurrent.Callable。Callable 对象返回 java.util.concurrent.Future 类型的对象。Future 对象可用于检查 Callable 对象的状态并从中检索结果。然而，Future 接口对异步执行有限制，CompletableFuture 扩展了 Future 接口的功能以进行异步执行。

Java 5.0 及更高版本支持基于低级原子硬件原语（如 Compare-And-Swap(CAS)）的非阻塞算法。Java 7 中引入的 fork-join 框架支持将任务分配给多个工作者（worker），然后等待它们完成。join 方法允许一个线程等待另一个线程的完成。

FlumeJava。一种 Java 库，可用于开发、测试和运行高效数据并行流水线，其描述见文献[92]。FlumeJava 用于开发数据并行应用，例如 7.5 节中讨论的 MapReduce。

在系统中，系统的核心是并行集合（parallel collection）的概念，它抽象出数据表示的细节。并行集合中的数据可以是内存中的数据结构、一个或多个文件、6.9 节中讨论的 BigTable 或一个 MySQL 数据库。通过并行集合的若干操作的组合来实现数据并行计算。

反过来，并行操作使用延迟评估（deferred evaluation）来实现。并行操作的调用将操作及其参数记录在表示执行计划的内部图形结构中。一旦完成，会优化执行计划。

FlumeJava 库最重要的类是 Pcollection<T>和 PTable<K, V>。Pcollection<T>用于指定 T 类型的不变元素包，PTable<K, V>表示具有类型 K 的键和类型 V 的值的一个不变的多重映射。PCollection 对象的内部状态要么是延迟的（deferred），要么是具化的（materialized），即尚未计算完成或计算完成。PObject<T>类是 T 类型的单个 Java 对象的一个容器，可以是延迟的也可以是具化的。

parallelDo()支持在输入 PCollection<T>上进行逐元素计算，以产生新的输出 PCollection<S>。该原语将 DoFn<T, S>作为主要参数，这是一个类似函数的对象，定义如何将输入中的每个值映射到输出中的零个或多个值。在以下来自文献[92]的示例中，collectionOf(strings())指定 parallelDo()操作应生成无序 PCollection，其 String 元素应使用 UTF-8[⊖] 编码。

```
Pcollection<String> words =
    lines.parallelDo(new DoFn<String, String> ( ){
        void  process (String line, EmitFn<String> emitFn {
            for (String word : splitIntoWords(line) ) {
                emitFn.emit(word);
            }
        }
    }, collectionOf(strings( ) ));
```

⊖ UTF-8 是 Unicode 定义的字符编码标准，能够对所有可能的字符进行编码。编码是可变长度的，使用 8 位的代码单位。

其他原语操作是 groupByKey()、combineValues() 和 flatten()。
- groupByKey() 转换 PTable<K，V>类型的多重映射。多个键/值对可以将相同的键共享到 PTable<K，Collection<V>>的单一映射中，其中每个键映射到具有该键的所有值的无序的普通 Java 集合中。
- combineValues() 获取输入 PTable<K，Collection<V>>和在 V 上的关联组合函数，并返回 PTable<K，V>，其中每个输入值集合已合并为单个输出值。
- flatten() 获取 PCollection<T>的一个列表并返回单个 PCollection<T>，其包含输入 PCollections 的所有元素。

流水线操作通过函数串联实现。例如，如果函数 f 的输出作为在 ParallelDo 操作中函数 g 的输入，则两次 ParallelDo 计算 f 和 $f \otimes g$。优化器仅关注执行计划的结构，而不关注用户定义函数的优化。

FlumeJava 以正向拓扑顺序遍历某一批处理应用计划中的操作，并依次执行每个操作，其中独立的操作同时执行。FlumeJava 不仅利用任务并行性，还利用操作中的数据并行性。

3.15 历史笔记和扩展阅读

1965 年，Edsger Dijkstra 提出了同步 N 个进程的问题，每个进程都有一段称为临界区的代码，并具有两个属性：互斥，没有两个临界区同时执行；活锁释放，如果某些进程正在等待执行临界区，那么这些进程最终将执行其临界区[147]。Lamport 评论道："Dijkstra 从一开始就意识到并发算法有多么精妙，多么容易犯错。他仔细地证明了自己的算法。在他的推理中隐含的计算模型是执行被表示为一段状态序列，一个状态由对算法变量的值的赋值以及其他必要的信息（如每个进程（它将接着执行的代码）的控制状态）组成。"

生产者-消费者同步是 Dijkstra 确定的第二个基本并发编程问题。该问题的等效公式是：给定一个有界 FIFO(First-In-First-Out)，生产者将数据存储到 N-元素缓冲区中，消费者检索数据。该算法使用三个变量：N 为缓冲区大小，in 为未读取输入的无限序列，out 为到目前为止的输出值序列。在对生产者-消费者同步算法的讨论中，Lamport 指出"一个关于算法证明的最重要的属性类是不变性属性。如果每个执行的每个状态都是真的，则状态谓词是不变的"。

Lamport 指出，"Petri 网是一种并发计算模型，特别适合表达仲裁的需要。虽然简单而优雅，但 Petri 网的表达力不足以形式化描述最有趣的并发算法"。他还提到，第一次对容错的科学解释是 Dijkstra 1974 年关于自我稳定的开创性论文[148]，该工作超越了那个时代。可以说，最有影响力的并发模型研究是 Milner 的通信系统微积分(Calculus of Communicating Systems, CCS)[343]。为了描述和推理并发算法，引入了许多基于标准模型的形式化方法，包括 Amir Pnueli 在 1977 年引入的时间逻辑[404]。

扩展阅读。相当多的教科书讨论了并发的理论和实践方面。例如，文献[517]致力于事务处理系统中的并发，文献[401]分析并发性和一致性。文献[297]涵盖 Java 中的并发编程，而文献[521]展现了 C++中的多线程。

冯·诺依曼(von Neumann)架构在文献[81]中介绍。Valiant 分别在文献[492]和[493]中介绍了 BSP 和 Multi-BSP 模型。计算模型在文献[443]中讨论。

Carl Adam Petri 在文献[402]中介绍了 Petri 网，文献[403]深入讨论使用 PN 的并发理论的系统建模。然而，对分布式系统的讨论，导致对通信进程的分析需要更形式化的框架。Tony Hoare 意识到，基于执行痕迹的语言不足以抽象通信进程的行为，他开发了通信顺序进程(CSP)[238]。

Milner 提出了一种称为通信系统微积分的公理理论[344]。在代数框架内，进程代数研究并发通信进程，该进程行为最终被建模为一组等式公理和一组算子。这种方法有其自身的局限性，进程的实时行为、真正的并发性仍然跳脱在这种公理化之外。

分布式系统方面的突破性论文包括 Mani Chandy 和 Leslie Lamport 的文献[95]，Leslie Lamport 的文

献[290]、[291]、[292]，Tony Hoare 的文献[238]，以及 Robin Milner 的文献[344]。由 Sape Mullender 编辑的"分布式系统"合集中包括其中一些论文。

文献[349]中介绍了与随机双选的强大能力相关的技术和结果的综述。关于该主题的突破性结果来自 Azar 的文献[44]，Karp 的文献[263]、[197]，以及 Mitzenmacher 的文献[348，350]等。

3.16 练习和问题

问题1 非线性算法不遵守可缩放的加速规则。例如，当一个 $\mathcal{O}(N^3)$ 算法的并发性加倍时，问题规模仅增加略多于 25%。阅读文献[456]并解释这个结果。

问题2 给定四个并发线程 t_1、t_2、t_3 和 t_4 的系统，分别在每个线程的 3 个、2 个、4 个和 3 个事件之后拍摄系统的状态快照，每个线程中的第二个事件都是局部事件。线程 t_1 中唯一的通信事件是向 t_4 发送消息，线程 t_3 中唯一的通信事件是向 t_2 发送消息。绘制一个显示一致性裁剪的时空图；将线程 t_i 上的单个事件标记为 e_i^j。

在这种情况下，交换了多少消息来获取快照？快照协议允许应用开发人员创建检查点。对检查点数据的检查表明发生了错误，并决定跟踪执行情况。必须检查多少潜在的执行路径来调试系统？

问题3 即使在功能强大的超级计算机上，数据密集型应用的运行时间也可能是数天甚至数周。对长时间运行的计算定期设置检查点，当发生崩溃时，计算从最新检查点重新开始。该策略对编程和模型调试也很有用，当观察到错误的部分结果时，可以从部分结果似乎是正确的检查点重新开始计算。由检查点引起的减速表示为 η，用于表示在持续 T 个单位运行时间之后获取检查点的计算，并且每个检查点需要 K 个单位时间。讨论 T 和 K 的最佳选择，检查点数据可以本地存储在每个处理器的二级存储器上，也可以存储在可通过高速网络访问的专用存储服务器上。哪种解决方案最佳，为什么？

问题4 你认为在制定全有或全无原子性系统性方案时的关键步骤是什么？系统性方案意味着什么？系统性与临时的原子性方案各自的优点是什么？对原子性的支持会影响系统的复杂性。解释对原子性的支持如何需要新的功能/机制以及这些新功能如何增加系统复杂性。同时，原子性可以简化系统的描述，讨论它是如何实现这一目标的。

对原子性的支持是系统提高性能和增强功能的关键，如虚拟内存、处理器虚拟化、系统调用和用户提供的异常处理程序等系统功能。分析在每种案例中如何使用原子性。

问题5 图 3.10d 中的 Petri 网在共享内存环境中为一组 n 个并发进程建模。在任何给定时间，只有一个进程可以执行写操作，但是 n 个进程的任何子集可以同时执行读操作，这时没有进程写。识别触发序列、网络标记、所有变迁的后置集合以及所有库所的前置集合。你能构建一个状态机来模拟同样的过程吗？

*__问题6__ 考虑由 n 个阶段组成的某个计算，在每个阶段结束时 N 个线程之间具有同步障碍。假设你知道每个阶段的每个线程的随机执行时间的分布，该分布显示了如何使用排序统计[129]来估计计算的完成时间。

问题7 考虑图 3.6 中计算 C 的数据流图，数据输入 data1、data2、data3 和 data4 变为可用时的时间分别称为 t_1、t_2、t_3 和 t_4。计算 C_i ($1 \leq i \leq 13$) 所需的完成时间称为 T_i ($1 \leq i \leq 13$)。计算 C 完成 t_i 和 T_i 功能所需的总时间 T。

问题8 讨论影响并行宽松度的因素，包括并行计算的特性，如细粒度和粗粒度，以及工作负载和计算基板的特性。

*__问题9__ 在 3.13 节中，我们讨论了具有 n 个箱子的球箱问题的双选力量，我们不是将每个球放在一个随机选择的箱子中，而是为每个球选择两个随机的箱子，将其放到两个箱子中当前球更少的箱子中，并按顺序对每个球做同样的处理。证明方程式(3.35)。

提示——证明思路：称 B_i 为最后数量超过 i 个球的箱子数，我们希望找到 B_i 的上限 β_i，球被放到箱子 q（至少有 $i+1$ 个球）中的概率为

$$\Pr(N_q \geqslant i+1) \leqslant \left(\frac{\beta_1}{n}\right)^2 \tag{3.45}$$

实际上，放置这个球的两种选择都必须放在至少有 i 个球的箱子里。箱子 B_{i+1} 的分布服从二项式分布 $\text{Bin}\left(n, \left(\frac{\beta_1}{n}\right)^2\right)$。这种分布的均值是 $\left(\frac{\beta_1}{n}\right)^2$。根据切尔诺夫边界

$$\beta_{i+1} = c\left(\frac{\beta_1}{n}\right)^2 \tag{3.46}$$

其中 c 是常数。因此，β_1/n 平方地减小，下式成立：

$$i \approx \frac{\ln\ln n}{\ln 2} \Rightarrow \beta_1 < 1 \tag{3.47}$$

因此，一个箱子的最大球数大概率是 $\frac{\ln\ln n}{\ln 2}$。

问题 10 等待图和资源分配图之间有什么区别？

第 4 章

并行与分布式系统

在计算纪元的早期，计算科学和工程社区就对并行处理及高性能计算机系统产生了浓厚的兴趣，最终出现了超级计算机。许多科学应用发现并行性的提升很困难，但问题越难，开发并执行并行算法、期待更高时钟频率的下一代处理器以及令人印象深刻的增速比就越令人感到满意。但企业计算领域似乎对此有些质疑，很少涉及并参与并行处理。

计算纪元已经过去了将近半个世纪，高性能的多核技术使社区意识到理解和利用并发的必要性。现在我们不必期待更快的时钟频率，而应该更好地设计算法和应用来充分利用现代处理器的多核技术。

当云计算证明新应用程序可以毫不费力地利用并行性，并在此过程中产生巨大的收入时，情况又发生了变化。随着并行和分布式时代开始，隐藏了大量有用信息并需要大量计算机资源的大数据时代也随之开启，在大数据时代，"粗粒度"被认为是好的，"细粒度"是不好的，至少就并行性的粒度而言是这样。通过有效利用数百万多核处理器的能力来更快地获得结果成为一个新的挑战。

云计算与并行、分布式处理紧密相连。而且，云应用是一种相对简单、基于客户-服务器模式的软件，当计算密集型任务在云端执行时，用户在移动设备上的运行经常遇到资源受限的情况。包括基于网站服务的事务处理系统，代表了由计算云支撑的一大类应用。这样的应用运行服务的多个实例，需要可靠且有序地传递消息。

科学家和工程师很早就知道并行处理需要专门的硬件和系统软件。显然，互连结构对并行处理系统的性能至关重要，建造高性能的计算系统是一个重要挑战。

支持并行处理是很多公司的目标，最终这种长时间的努力出现了很多牺牲品，这类产品包括 Ardent、Convex、Encore、Floating Point Systems、Inmos、Kendall、Square Research、MasPar、nCube、Sequent、Tandem、Thinking Machines，以及其他一些现在已经被遗忘的名字。开发新编程模型的困难及为并行应用设计编程环境所需的努力增加了这些公司需要面临的挑战。

计算机云融合了自治系统和异构系统，是一种大规模的分布式系统。自从第一台电子计算机被用于解决具有计算挑战性的问题后，云的组织就积累了大量思想和经验。在本章中，我们简述了并行和分布式系统中的概念，这些概念对于理解计算机云的设计和使用中的基本挑战非常重要。数据级和线程级并行性、并行计算机架构、SIMD 架构和 GPU 分别在 4.1、4.2、4.3 和 4.4 节中讨论。应用增速比和 Amdahl 定律，包括多核处理器的公式，将在 4.5 和 4.6 节中进行分析。

在 4.7、4.8、4.10 节中介绍的模块化、分层和虚拟化等分布式系统的组织原则分别应用于 4.11 和 4.12 节中讨论的对等系统和大型系统的设计中。最后，4.13 节介绍了可组合性边界和可伸缩性，这是 13.4 节讨论云自组织的序曲。

4.1 数据级、线程级和任务级并行

正如人们所熟知的那样，能够作为一个群体工作并同时执行许多任务的能力，是实现

共同目标的一种非常有效的方式。因此，我们不应该对计算纪元初期人们所提出的个人计算机应该并行工作来处理复杂应用程序的想法而感到惊讶。

并行处理使得我们能够将大问题分割成多个小问题来解决。多年来，在许多科学、工程和企业计算领域，并行处理已成为解决所遇到的数据密集型问题的重要方式。

并行处理需要在算法、编程语言和环境、性能监控、计算机架构、互连网络，以及同样重要的固态技术等多个领域取得重大突破。在许多情况下，人们发现并行是相当具有挑战性的，并行算法的开发需要付出相当大的努力。

细粒度和粗粒度的并行。3.2 节讨论的主题将细粒度并行与粗粒度并行区分开来。在前一种情况下，只有相对较小的代码块可以并行执行，并且这种情况不需要与其他线程或进程进行通信或同步，而在后一种情况下，可以同时执行大块代码。

涉及线性代数运算的数值计算具有细粒度的并行性。例如，许多数值分析问题，如求解大型线性方程组或求解偏微分方程组（PDE），需要基于区域分解算法。显然，细粒度并行应用的增速比要比粗粒度的低得多。事实上，即使在具有快速互连的系统中，处理器速度也比通信速度高几个数量级。

并发进程或线程使用共享内存或消息传递机制进行通信。多核处理器使用共享内存，其中每个核都有私有的 L1 指令和数据缓存以及 L2 缓存，而所有核都共享 L3 缓存。共享内存是不可伸缩的，因此很少在超级计算机和大型集群中使用。消息传递在大型分布式系统中使用。本章的讨论仅限于这种交流模式。

共享内存被系统软件广泛使用。系统堆栈就是共享内存的一个例子，它在上下文切换时用于保存进程或线程的状态。操作系统的内核使用控制结构，如用于多处理器和多核系统管理的处理器和内核表、用于进程和线程管理的进程和线程表以及用于虚拟内存管理的页表等。多核处理器上运行的多个应用程序线程，通常通过系统的共享内存进行通信。调试消息传递类应用程序比调试共享内存类应用程序容易得多。

数据级并行。这是粗粒度并行的一种极端形式。它基于将数据分割成大块、块或段，并同时运行多个程序或同一程序的副本，每个程序都在不同的数据块上运行。在后面的例子中，这个模式被称为同一程序多数据（SPMD）。然而存在所谓的理想并行问题，在这种问题中，几乎不需要付出任何努力来提取并行性以及运行大量并发任务，而且这些任务之间几乎没有交互。

假设我们希望在一组 N 个图像中搜索一个对象，或者在 N 个记录中搜索字符串。这样的搜索可以并行执行。在所有这些实例中，使用 N 个服务器执行计算任务所需的时间为原来的 $1/N$，所使用的服务器数量的增速比几乎是线性的。这种类型的数据并行应用程序是计算机云计算的核心，这些将在第 7 章中深入讨论。MapReduce 编程模型将在 7.5 节中给出，然后在 7.7 节中讨论 Hadoop 和 Yarn。

将一个大问题分解成一组可以同时解决的小问题有时是微不足道的，这可以在硬件中实现，这是 4.2 节讨论的主题。例如，假设我们希望操纵一个表示为 $n \times n \times n$ 个点的 3D 晶格的三维物体的图像。要旋转图像，我们对 n^3 个点进行相同的变换。这样的转换可以由几何引擎来完成，几何引擎被设计作为同时进行 n^3 个点的子集变换的处理器。4.4 节中讨论的图形处理单元（GPU）最初设计为图形引擎，现在则广泛用于数据密集型应用。

线程级和任务级并行。线程级并行这个术语已经被广泛使用。在计算机架构文献中，它被用于使用 GPU 的数据并行执行。在此情况下，线程是多线程处理器的一个通道处理的向量元素的子集，参见 4.4 节。超线程用于描述多个执行线程可能同时运行于同一个核心的情况，参见4.2节。在多核处理器中，线程也用于并发多进程的运行。数据库应用程序是内存密集型和I/O密集型的，多线程常用于隐藏内存和I/O访问的延迟。

任务级并行的概念也被广泛使用。在调度上下文中，作业由多个任务组成，需要相互通信时，它们可以是独立调度的，也可以是合作调度的。任务通常是细粒度的执行单元，每个执行单元在相对较短的时间内对资源进行控制，以保证低延迟响应时间。

云计算对于那些试图找到最匹配实验数据的最优参数模型的应用程序来说，是非常有吸引力的。这些应用程序涉及计算密集型任务。同时运行的多个实例可测试不同参数集的适用性，然后对结果进行比较，确定最优模型参数集。

也有需要物理系统优化设计的数值模拟复杂系统。它对多种设计方案进行了比较，根据几种优化准则选择最优方案。例如，考虑使用现场可编程门阵列（FPGA）设计电路。FPGA是一种集成电路，由客户用硬件描述语言进行配置，类似于应用特定的集成电路（ASIC）。

由于组件的放置和互连有多种选择，设计人员可以同时运行 N 个设计选择版本，并选择性能最好的一个，例如选择功耗最小的版本。另一种优化目标可以是减少导线间的串扰，或者最小化总体噪声。每个可选设计版本配置都需要数小时，或者可能需要数天的计算时间，因此同时运行它们可以大大减少设计时间。

4.2 并行架构

有大量关于并行架构的文献。在本节，我们将回顾一些基本概念和思想，这些概念和思想现在在计算机云的发展中扮演着重要的角色，并将在未来继续扮演重要的角色。

控制流与数据流处理器架构。占主导地位的处理器架构是由约翰·冯·诺依曼[81]所提出的控制流架构。处理器控制流的实现很简单，程序计数器确定下一条将要加载到指令寄存器中执行的指令，执行是严格按顺序进行的，直到遇到分支为止。

但是还有一种替代方法，即在操作的输入变得可用时执行数据流架构。尽管目前只有少数几种通用的数据流系统可用，但这种可供替代的计算机架构被网络路由器、数字信号处理器和其他专用系统广泛使用⊖。缺乏局部性、低效的缓存使用和无效的流水线操作，很可能是使数据流通用处理器不像控制流处理器那样受欢迎的原因。

数据流是根据冯·诺依曼处理器模拟的。实际上，于1967年在IBM开发的Tomasulo的动态指令调度算法[228]，使用保留站来保存指令，等待它们的输入变得可用，并重新命名寄存器以执行无序指令。第7、8和9章中讨论的一些系统将数据流模型应用于大型集群上的任务调度，这并不奇怪。这个模型支持最优并行执行的能力是毋庸置疑的。我们可能很快就会在云基础设施中添加通用数据流系统。

比特和指令级并行。冯·诺依曼处理器可以使用不同级别的并行。这些级别是：

- **比特级并行**。计算机字是由指令集或处理器的硬件作为单元处理的固定大小的数据块。一个字的比特数逐渐从4比特处理器增加到8、16和32比特处理器，这减少了处理较大操作数所需的指令数量，并让性能得到了显著改进。在这一进化过程中，地址位的数量也从2004年的32比特增加到64比特，这使得指令可以引用更大的地址空间，从 2^{32}（大约4GB）增加到 2^{64}（17 179 869 184GB）。

- **指令级并行（ILP）**。计算机使用多级流水线来加速执行已经有一段时间了。一旦 n

⊖ Maxeler Technologies（www.Maxeler.com）是一家生产通用数据流系统的公司，他们的理念是"追求极致的性能"。

级流水线被填满，每一个时钟周期都会完成一条指令，除非流水线停止运行。

指令级并行性(ILP)。 仔细研究 ILP 可以让我们对现代处理器架构的复杂性有一些了解。流水线、多发、动态指令调度、分支预测、推测性执行和多线程是这类架构的一些特性，它们的设计目的是最大化 IPC(每个时钟周期的指令)，或者等效地最小化它的倒数 CPI(每个指令的周期)。

流水线操作意味着将一条指令分割成一系列的步骤，这些步骤可以由芯片上的不同电路同时执行。RISC(精简指令集计算)架构的基本流水线由五个阶段组成⊖。超标量处理器在每个时钟周期中执行不止一条指令，见表 4.1[228]。一个复杂的指令集计算机(CISC)架构可以有大量的流水线，例如，英特尔奔腾 4 处理器有 35 级流水线。

表 4.1 超标量处理器的基本流水线。每个时钟周期执行两个指令，指令 i、$i+2$、$i+4$、$i+6$ 和 $i+8$ 由单元 1 执行，指令 $i+1$、$i+3$、$i+5$、$i+7$ 和 $i+9$ 由单元 2 执行。流水线有五个阶段：指令获取(IF)、指令译码(ID)、指令执行(EX)、内存访问(MEM)和回写(WB)。一旦流水线满负荷，每个时钟周期要完成两条指令的执行

	1	2	3	4	5	6	7	8	9
i	IF	ID	EX	MEM	WB				
$i+1$	IF	ID	EX	MEM	WB				
$i+2$		IF	ID	EX	MEM	WB			
$i+3$		IF	ID	EX	MEM	WB			
$i+4$			IF	ID	EX	MEM	WB		
$i+5$			IF	ID	EX	MEM	WB		
$i+6$				IF	ID	EX	MEM	WB	
$i+7$				IF	ID	EX	MEM	WB	
$i+8$					IF	ID	EX	MEM	WB
$i+9$					IF	ID	EX	MEM	WB

存在几种类型的冒险，如果不检查流水线会产生错误的结果。数据、结构和控制冒险必须谨慎处理。当流水线中的指令相互依赖时，就会发生数据冒险。例如，当一条指令与寄存器中的数据一起操作时，会发生写后读(RAW)的冒险。当一条指令修改前一条指令所使用的寄存器中的数据时，会发生读后写(WAR)的冒险；当序列中的两条指令试图修改同一寄存器中的数据并违反顺序执行顺序时，会发生写后写(WAW)的冒险。

当实现不同硬件功能的电路同时需要两个或多个指令时，就会出现结构冒险。例如，在内存检索指令的指令获取阶段访问单个内存单元，在将数据写到内存的内存阶段访问该指令。结构冒险通常可以通过将组件分离成正交单元(例如单独的缓存)或冒泡流水线来解决。控制冒险是由条件分支造成的。在许多指令流水线的微架构中，当需要在流水线中插入新指令时，通常在获取阶段处理器无法知道分支的结果。

架构应该保留异常行为，任何指令顺序的改变都不能改变异常的顺序，以确保程序的正确性。正确性的另一个必要条件是维护指令流之间的数据流指令所产生的结果并使用它们。

流水线停顿是指为了解决冒险而在指令流水线中执行指令的延迟。这种停顿可能会严重影响性能。流水线调度通过源指令的流水线延迟将依赖指令与源指令分开，作用是减少停顿的次数。

动态指令调度减少了流水线停顿的次数，但增加了电路的复杂性。寄存器重命名有时

⊖ 不同 RISC 处理器中的流水线级数不同。例如，ARM7 和早期的 ARM 处理器实现有三级流水线，即取指、译码和执行。更高性能的设计(如 ARM9)实现有更深的流水线，例如，Cortex-A8 的流水线共 13 级。

是由保留站支持的。保留站一旦可用，就会获取并缓冲操作数。一个挂起的指令指定了它的输出将发送到的保留站。保留站存储以下信息：指令；缓冲操作数值（可用时）；提供操作数值的保留站号的 ID。

Tomasulo 算法使用寄存器重命名来正确地操作序外执行。保留站寄存器保存一个实际值或一个占位符值。如果在发射阶段，目标寄存器的实际值不可用，则首先使用占位符值。占位符值是一个标记，标记哪个保留站将产生实际值。当单元在公共数据总线（CDB）上完成并广播结果时，占位符将被替换为真实值[228]。

弗林的计算机架构分类。 1966 年，迈克尔·弗林（Michael Flynn）基于并发指令的数量和数据流的数量提出了计算机架构的分类：

- SISD（单指令单数据架构）；
- SIMD（单指令多数据架构）；
- MIMD（多指令多数据架构）；
- MISD（多指令单数据架构）是第四种可能的架构，但很少使用，主要用于容错。

SISD 架构。SISD 处理器自 ENIAC 以来就一直存在，该系统由 J. Presper Eckert 和 John Mauchly 于 1943 年至 1946 年间在宾夕法尼亚大学摩尔电气工程学院建造。现代多核处理器的各个核都是 SISD，支持在任何给定时间执行单个线程或进程。超标量处理器在每个时钟周期中执行不止一条指令。单核超标量仍然是 SISD 处理器。

SIMD 架构。该架构支持向量处理。当发出 SIMD 指令时，同时执行对单个向量组件的操作。例如，要添加两个向量 $(a_0, a_1, \cdots, a_{63})$ 和 $(b_0, b_1, \cdots, b_{63})$，64 对向量元素都是同时添加的，$(a_i+b_i)$ 的和都可以同时使用，其中 $0 \leqslant i \leqslant 63$。

SIMD 指令的首次使用是在向量超级计算机上，如 CDC Star-100 和 20 世纪 70 年代早期的德州仪器 ASC。通过附加的向量处理器（如 FPS（浮点系统））和超级计算机（如 Thinking Machines CM-1 和 CM-2），向量处理在 20 世纪 70 年代和 80 年代特别受到 Cray 的喜爱和推广。

Sun Microsystems 公司在 1995 年为 UltraSPARC I 微处理器在其"VIS"指令集扩展中引入了 SIMD 整数指令。用于游戏的 SIMD 指令集第一次广泛部署在 Intel 对 x86 架构的 MMX 扩展上。IBM 和摩托罗拉随后将 AltiVec 添加到 POWER 架构中。对于这两个架构，SIMD 指令集已经有了一些扩展，我们将在 4.3 节中进行讨论。

MIMD 架构。MIMD 架构具有多个处理器系统，这些处理器可以异步和独立地运行；任何时候，不同的处理器可能对不同的数据执行不同的指令。几个处理器可以共享一个公共内存，我们分别区分几种类型的多处理器系统：UMA、NUMA、COMA、统一型、不均匀型以及仅高速缓存存储器访问等。

MIMD 系统可以有一个分布式内存。处理器和内存模块通过超立方体、二维环面、三维环面或其他网络拓扑等互连网络相互通信，详情参见 5.6 节。今天，大多数超级计算机都是 MIMD 机器，有些使用 GPU 而不是传统的处理器。拥有多个处理单元的多核处理器现在随处可见。

由于需要更强大的处理器，因此提出了超线程的概念，2002 年英特尔相继引入了 Xeon 和 Pentium 4 处理器。超线程利用了未使用的处理器资源，并将自己作为双核处理器呈现给操作系统。

多核处理器支持真正的 MIMD 执行。每个核都有自己的寄存器文件、ALU 和浮点执行单元。如前所述，每个核都有其专用 L1 指令和数据缓存以及 L2 缓存，处理器的所有核共享 L3 缓存。

从超级计算机到分布式系统。 现代超级计算机的力量来自架构和并行，而不是以更高的时钟频率运行的更快的处理器。当今的超级计算机由大量的处理器和核组成，它们通过非常快速的自定义互连进行通信。

在 2012 年年中，最强大的超级计算机是基于 IBM Sequoia-BlueGene/Q linux 的系统，该系统由 1.6GHz 的 Power BQC 16 核处理器驱动。该系统安装在劳伦斯利弗莫尔国家实验室（Lawrence Livermore National Laboratory），名为"美洲虎"（Jaguar），拥有 1 572 864 个核和 1 572.864TB 的内存。2012 年晚些时候，在橡树岭国家实验室（ORNL）安装的 Cray XK7 系统"泰坦"被加冕为世界上最强大的超级计算机。该系统有 560 640 个处理器，包括 261 632 个 Nvidia K20x 加速器核，它在 Linpack 基准测试中达到了 17.59PFlops。

2016 年，最强大的超级计算机是位于中国无锡的国家超级计算中心的神威·太湖之光，其峰值带宽为 125.436PFlops，拥有 10 649 600 个核。该系统需要 15.371MW 的电力。它的 Linpack 性能为 93.014 6PFlops，具有 1 310.720TB 的内存。文献[486]中列出的几个最强大的系统是由 Nvidia 2050GPU 驱动的。前十位超级计算机中的一些使用了 5.8 节中讨论的无限带宽（InfiniBand）互连。

下一步自然是由通信网络的发展引起的，当时的低延迟和高带宽广域网（WAN）允许独立系统（其中许多是多处理器）在地理上分离。大规模分布式系统最初用于科学和工程应用，并利用了系统软件、编程模型、工具和并行处理算法的发展优势。

4.3 SIMD 架构、向量处理和多媒体扩展

与菲林的分类方案描述的其他系统相比，SIMD 架构具有显著的优势。这些优点包括：

- 充分利用数据并行性。在数据挖掘和多媒体应用，以及在计算科学和工程应用中，企业应用普遍受益于线性代数的应用。
- 允许移动设备使用传统指令集架构（ISA）的 SIMD 扩展来开发面向媒体的图像和声音处理的并行性。
- 比 MIMD 架构更节能。对于多个数据操作，只获取一条指令，而不是每次获取一条指令。
- 具有比 MIMD 架构更高潜能的加速。SIMD 的潜在增速比可以是 MIMD 的两倍。
- 允许开发人员继续沿用顺序思维。

现代处理器设计中会遇到三种 SIMD 架构：向量架构，移动系统和多媒体应用的 SIMD 扩展，图形处理单元。

向量架构。 向量计算机使用包含 64 或 128 个向量元素的向量寄存器进行操作。向量功能单元利用向量寄存器的数据进行算术和逻辑运算，将结果返回内存中。向量负载存储单元是流水线的，隐藏内存延迟，并利用内存带宽。内存系统将访问扩展到多个可以独立处理的内存库。

链允许向量操作在向量源操作数的单个元素可用时立即开始，并对可能一起执行的向量指令集进行操作。多个通道在每个时钟周期中处理多个向量元素。每个通道包含向量寄存器文件的一个子集和来自每个功能单元的一个执行流水线。

向量长度寄存器支持向量的长度不是物理向量寄存器长度的倍数，例如，当向量寄存器只能包含 64 个向量元素时，向量长度可为 100。向量掩码寄存器禁用/选择向量元素并

被条件语句使用。多维数组中的非相邻向量元素可以通过指定跨步(在一个寄存器中收集的元素之间的距离)加载到向量寄存器中。分散-收集操作支持稀疏向量的处理。收集操作获取一个索引向量,并通过在索引向量给出的偏移量中添加一个基地址来获取给定地址的向量元素;因此,稠密的向量被装入向量寄存器中。分散操作执行逆操作,它将向量寄存器的元素分散到由索引向量和基地址给出的地址。

多媒体应用的 SIMD 扩展。 这类 SIMD 架构的名称反映了基本的架构哲学——用一组向量指令来扩充标量处理器的现有指令集。SIMD 扩展比向量架构有明显的优势:

- 为现有的 ALU 增加电路是低成本的。
- 只添加了少量额外状态,扩展对上下文切换几乎没有影响。
- 没有给处理跨页访问和页面错误的虚拟内存管理带来额外的麻烦。
- 几乎不需要额外的内存带宽。

多媒体应用通常在移动设备上运行,并且在比本地字大小更窄的数据类型上操作。例如,图形应用程序使用 3×8 比特处理颜色,使用 8 比特处理透明度,音频应用程序使用 8、16、24 比特样本。为了适应更窄的数据类型,必须断开传输链。例如,可以对 256 比特加法器进行分区,以便在 8、16、32 或 64 比特上同时执行 32、16、8 或 4 个加法器。指令操作码现在对数据类型进行编码,既不支持向量架构支持的复杂寻址模式(如基于跨步的寻址或分散-收集寻址),也不支持掩码寄存器。

英特尔拓展了其 x86-64 指令架构。1996 年,英特尔引入了 MMX(多媒体拓展),它支持 8 个 8 比特或 4 个 16 比特整数运算。MMX 之后是 1999 年的多代流式 SIMD 扩展(SSE),最后是 2007 年的 SSE4。SSE 对 8 个 8 比特整数、4 个 32 或 2 个 64 比特整数或浮点运算进行操作。

由英特尔在 2010 年引入的 AVX(高级向量扩展)操作 4 个 64 比特的整数或浮点运算。英特尔处理器 AVX 家族的几个成员是 Sandy Bridge、Ivy Bridge、Haswell、Broadwell、Skylake 及其下一代,以及 2016 年 8 月发布的 Baby Lake。AMD 提供了包括 Streamroller 在内的多个系列的多媒体处理器。

SIMD 架构的浮点性能模型。 处理器和内存速度之间的差距虽然被不同级别的缓存所弥补,但仍然是影响许多应用程序性能的主要因素。低空间和时间局部性的应用程序受到这一差距的影响尤其大。这种差距对 SIMD 架构和浮点操作的影响也最为明显。我们把运算强度的概念定义为每字节数据读取的浮点操作数,用于描述应用程序的可伸缩性并量化 SIMD 系统的性能。

涉及稠密矩阵的应用运算强度较高,这意味着稠密矩阵运算的规模与问题规模有关,而稀疏矩阵应用的运算强度较低,因此不能很好地与问题规模相关。涉及光谱方法和快速傅里叶变换的应用具有平均运算强度。

roofline 模型描述了一个事实,即应用程序的性能受其运算强度和内存带宽的限制。图 4.1 显示了浮点运算性能函数的图形。在低

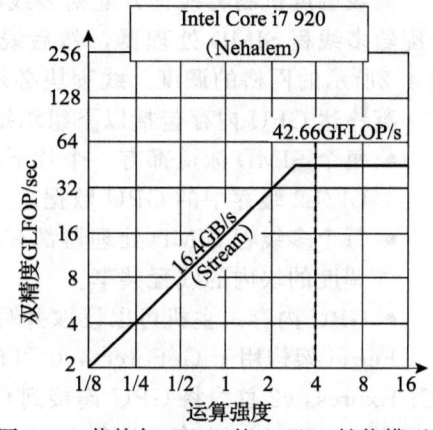

图 4.1 英特尔 i7 920 的 roofline 性能模型。当运算强度小于 3 时,16.4GB/s 的内存带宽是瓶颈。处理器提供了 42.66Gflops,这限制了运算强度大于 3 的应用程序的性能

强度运算情况下，内存带宽限制了应用程序的性能，这种影响可由图中的斜线描述。随着运算强度的增加，处理器的浮点运算性能是应用程序性能的限制因素，可由图形的直线部分描述。

4.4 图形处理单元

为了支持具有 2、3 或 4 个维度向量的实时图形，开发了图形处理单元（GPU）。GPU 在处理计算机图形方面非常高效。英特尔、英伟达和 AMD 公司生产的 GPU 也用于嵌入式系统、移动电话、个人电脑、工作站和游戏机。GPU 处理基于异构执行模型，CPU 充当与 GPU（称为设备）连接的主机。

GPU 的高度并行结构基于 SIMD 执行，支持大型数据块的并行处理。一个 GPU 有多个多线程的 SIMD 处理器。当前的 GPU，例如来自英伟达的 Fermi，有 7 到 15 个多线程的 SIMD 处理器。与向量处理器相比，每个多线程 SIMD 处理器都有几个宽的和窄的 SISD 通道。例如，英伟达 GPU 有 32 768 个寄存器，分布在 16 个物理 SIMD 通道中，每个通道有 2 048 个寄存器。

一个典型的处理执行包括以下步骤：
- CPU 将输入数据从主存储器复制到 GPU 存储器。
- CPU 指示 GPU 在 GPU 内存中使用可执行文件开始处理。
- GPU 使用多个核来执行并行代码。
- 完成后，GPU 将结果复制回主存。

GPU 编程模型是单指令多线程（SIMT）的。GPU 通常用 CUDA 编程，这是一种类似 C 语言的编程语言，由英伟达公司开发，是 GPU 加速计算的先驱。所有形式的 GPU 并行性都统一为 CUDA 线程。在 SIMT 模型中，线程与每个数据元素相关联。数千个 CUDA 线程可以同时运行。

线程被组织成块——由 512 个向量元素组成的组，多个块组成一个网格。图 4.2 所示的网格表示包含 8 192 个元素的向量 A，其中有 16 个块，每个块有 16 个 SIMD 线程，每个线程对向量的 32 个元素进行操作。

两级调度机制将线程分配给多线程 SIMD 处理器的多条泳道。线程块调度器将线程块分配给多线程 SIMD 处理器，然后线程调度器将线程分配给 SIMD 泳道。图 4.3 展示了图 4.2 所示的网格的调度。线程块必须能够独立运行。

英伟达 GPU 内存包括以下组织结构：
- 每个 SIMD 泳道都有一个片下私有内存，用于堆栈帧、溢出寄存器、私有变量和在 L1/L2 缓存中的 GPU 数据。
- 每个多线程 SIMD 处理器都有其所有泳道共享的片上本地内存，也就是由处理器上调度的块内的线程共享。
- GPU 内存。主机可以读取并写入这个片下内存。

Fermi 架构用于 GeForce 400 和 500 英伟达 GPU 处理器系列。Fermi 的主机接口通过 PCI-Express v2 总线将 GPU 连接到 CPU，最高传输速率为 8GB/s。DRAM 支持高达 6GB 的 GDDR5 DRAM 内存，这得益于 64 比特寻址能力，并且具有 192GB/sec 带宽。时钟以 1.5GHz 运行，峰值性能 1.5Flops。云服务供应商现在提供 GPU 实例，这并不奇怪，因为我们已经在第 2.4 节中看到了。

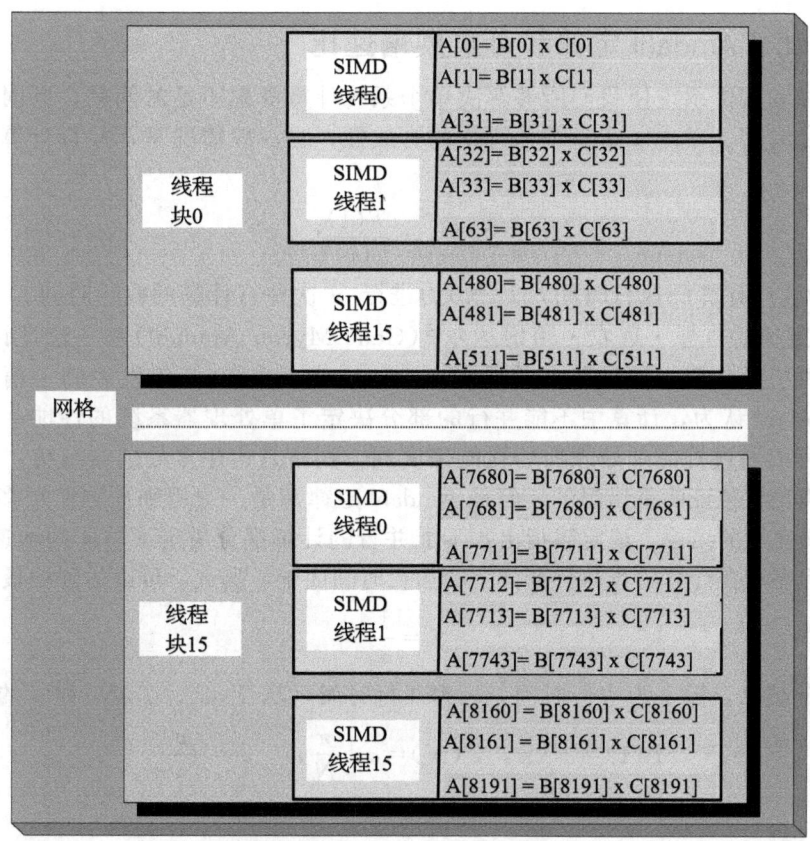

图 4.2 网格、块和线程

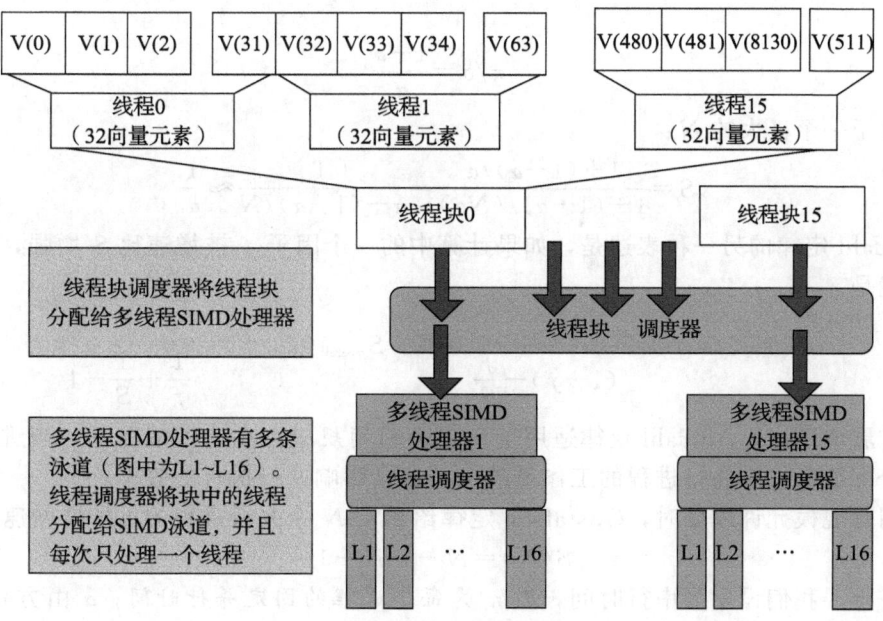

图 4.3 图 4.2 中网格的执行

4.5 增速比、Amdahl 定律和可扩展增速比

并行硬件和软件系统使我们能够解决单个系统计算资源不足的问题,同时减少获得解决方案所需的时间。增速比衡量了并行化的有效性,在一般情况下,并行计算的增速比定义为:

$$S(N) = \frac{T(1)}{T(N)} \tag{4.1}$$

其中 $T(1)$ 为顺序计算的执行时间,$T(N)$ 为进行 N 次并行计算的执行时间。

Amdahl 定律。 吉恩·迈农·阿姆达尔[⊖](Gene Myron Amdahl)是一位理论物理学家,后来成为计算机科学家,其最著名的是 Amdahl 定律。在 1967 年发表的一篇影响深远的论文中,Amdahl 认为,计算中不能并行的部分决定了单处理器系统的性能。他认为大规模计算能力可以通过提高单处理器的性能来实现,而不是构建多处理器系统。

虽然这篇论文被证明是错误的,但是 Amdahl 定律却是一个用来预测使用多处理器程序的理论最大增速比的结论。该定律指出,不能并行的计算部分决定了整体的增速比。如果 α 是一个串行程序花在计算的非并行部分上的运行时间因子,那么,可以达到的最大增速比为

$$S = \frac{1}{\alpha} \tag{4.2}$$

为了证明这个结果,设 σ 为串行时间,π 为并行时间,从 $T(1)$、$T(N)$ 和 α 的定义开始:

$$T(1) = \sigma + \pi, \quad T(N) = \sigma + \frac{\pi}{N}, \quad \alpha = \frac{\sigma}{\pi + \sigma} \tag{4.3}$$

那么:

$$S = \frac{T(1)}{T(N)} = \frac{\sigma + \pi}{\sigma + \pi/N} = \frac{1 + \pi/\sigma}{1 + (\pi/\sigma) \times (1/N)} \tag{4.4}$$

但是:

$$\pi/\sigma = \frac{1 - \alpha}{\alpha} \tag{4.5}$$

所以,对于一个极大的 N:

$$S = \frac{1 + (1-\alpha)/\alpha}{1 + (1-\alpha)/(N\alpha)} = \frac{1}{\alpha + (1-\alpha)/N} \approx \frac{1}{\alpha} \tag{4.6}$$

Amdahl 定律的另一种表述是,如果计算中的一个因子 f 被增速比 S 增强,那么整个增速比就是:

$$S_{\text{overall}}(f, S) = \frac{f}{(1-f) + \frac{f}{S}} \quad \text{或} \quad S_{\text{overall}}(f, S) = \frac{1}{\frac{1}{f} + \frac{1}{S} - 1} \tag{4.7}$$

可扩展增速比。 Amdahl 定律适用于固定的问题规模;在这种情况下,当进程数量增加时,分配给每一个并行进程的工作量减少,这会影响并行执行的效率。

当问题规模允许改变时,Gustafson 定律给出了 N 个并行进程的可扩展增速比:

$$S(N) = N - \alpha(N-1) \tag{4.8}$$

与之前一样,我们设 σ 为串行时间,设 π 为每个进程的固定并行时间;α 由方程(4.3)给

⊖ Amdhal 对 IBM 系统(包括 System/360)的开发做出了重大贡献,之后创立了自己的公司 Amdahl 公司,这家公司在 20 世纪 70 年代致力于制造高性能产品。

出。串行执行时间 $T(1)$ 和 N 个并行进程 $T(N)$ 的并行执行时间为：
$$T(1)=\sigma+N\pi, \quad T(N)=\sigma+\pi \quad (4.9)$$
所以增速比为：
$$S(N)=\frac{T(1)}{T(N)}=\frac{\sigma+N\pi}{\sigma+\pi}=\frac{\sigma}{\sigma+\pi}+\frac{N\pi}{\sigma+\pi}=\alpha+N(1-\alpha)=N-\alpha(N-1) \quad (4.10)$$

由式(4.2)表示的 Amdahl 定律和式(4.8)给出的可扩展增速比，假设所有进程都分配了相同的工作量。可扩展增速比假设不管问题规模如何，分配给每个进程的工作量是相同的。然后，为了保持相同的执行时间，并行进程的数量必须随着问题的大小而增加。可扩展增速比抓住了效率的本质，即可以通过增加问题规模来平衡代码串行部分的限制。

4.6 多核处理器的增速比

我们现在生活在多核处理器时代，是由物理定律对固态设备施加的限制所带来的。由于时钟频率的加快而导致的功率增加，使得散热变得更加困难，这意味着可预见的未来我们只能看到时钟频率的适量增加。

摩尔定律指出，芯片上的晶体管数量大约每 1.5 年增加一倍，这一定律还会持续数年。多核处理器利用芯片上的数十亿个晶体管来实现更高的计算能力，每秒处理更多的数据。然而，从芯片中获取数据的能力受到引脚数量的限制。增加芯片上的核数量面临自身的物理限制。

多核处理器也有其他的设计，下一个问题是研究对于表现出有限并行性的应用来说最有效的芯片配置。核可以相同，也可以不同，可以有几个强大的核，也可以有更多的不那么强大的核。理论上，核可以配置为不可变或自动的。

更多的核将导致高并行应用程序的高增速比，一个强大的核将支持高串行的应用。灵活多变的系统将适应实际的并行级别，但是，如果可行，更改核配置将会产生一些开销，并将对应用程序开发人员造成挑战。即使考虑到重新配置的开销，自动核配置的增速比也优于对称或非对称核心设计。

多核处理器的设计空间应该考虑到性价比。如果实现的增速比超过多核处理器成本除以单核处理器成本所定义的成本，那么设计将具有成本效益。多核处理器的成本取决于核心的数量和复杂性，因此也取决于单核的能力。

引入了基本核当量(BCE)概念来量化单核的资源。一个对称的核处理器可能有 n 个 BCE，每个 BCE 有 r 个资源。或者，$n \times r$ 个资源可能不均匀地分布在某个非对称核处理器上。

在文献[235]中给出了基于 Amdahl 定律扩展到多核处理器设计的定量分析。我们期望这一分析能够证明一个显而易见的事实：应用程序的可并行因子 f 越大，增速比就越大。这种分析基于一些简化的假设：

- 有很多因素，比如芯片区域、耗散功率或者其他因素和这两种因素的组合限制了核的数量为 n 个 BCE。这些限制只考虑到片上资源。片下资源，如共享缓存、内存控制器或互连网络，被假定为与可选设计几乎相同。
- 每个 BCE 核的表现能力相同。当芯片被限制为 n 个 BCE 时，所有的核都是相同的，并且每个核的性能是 r，那么一块芯片上的核总数就是 $\lceil n/r \rceil$。图 4.4 显示了一个对称的 16-BCE 芯片。
- r 个 BCE 的串行性能记为 $\text{perf}(r)$，当 $\text{perf}(r)>r$ 时，串行执行和并行执行的增速比都增加，因此设计者应该尽可能多地增加核资源，并隐含地增加单个核性能。另一方面，当 $\text{perf}(r)<r$ 时，增加单核心性能提高了串行执行的性能，但降低了并

行执行的性能。因此，以下分析关注的是性能 perf(r)＜r 的情况。一个好的模型性能为 perf(r)=$\sqrt{r}$，当核数分别为 4、9、16 时，性能翻 2、3、4 倍。

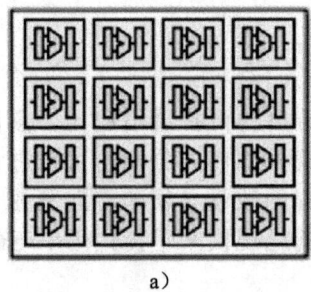 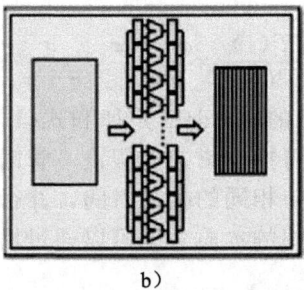

图 4.4　16-BCE 芯片。具有两种不同配置的对称核处理器；16 个 1-BCE 核和 1 个 16-BCE 核

对于第一种情况分析，假设为对称多核芯片，芯片上有 n/r 个核，例如，当 $n=32$ 时，芯片可以有 16 个 2-BCE 核、8 个 4-BCE 核等。称 f 为计算的并行因子。一个核将运行计算的串行部分$(1-f)$，n/r 个核将以性能 perf(r) 运行计算的并行部分 f。

根据方程式(4.7)，增速比将是：

$$\text{Speedup}_{\text{symcore}}(f, n, r) = \frac{1}{\frac{1-f}{\text{perf}(r)} + \frac{f \cdot r}{n \cdot \text{perf}(r)}} \tag{4.11}$$

在非对称多核处理器中，功能更强大的核与功能更弱的核并存。图 4.5 说明了对称和非对称核之间的区别。由于更强大的处理器串行执行时性能表现出 4 倍的优势，虽然并行性能 perf(r) 是从 4-BCE 核和剩余的$(n-r)$个 1-BCE 核得到，但在本情况下，由 12 个 1-BCE 核组成。用一个强大的核和$(n-r)$个 1-BCE 核的增速比为：

$$\text{Speedup}_{\text{asymcore}}(f, n, r) = \frac{1}{\frac{1-f}{\text{perf}(r)} + \frac{f}{\text{perf}(r) + n - r}} \tag{4.12}$$

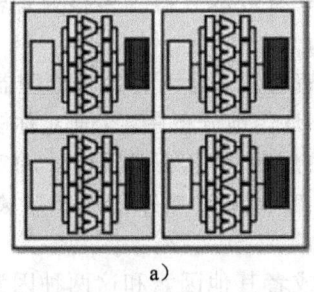 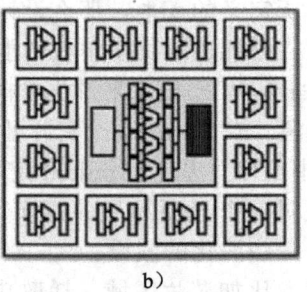

图 4.5　16-BCE 芯片。a)具有 4 个 4-BCE 核的对称核处理器。b)具有 1 个 4-BCE 核和 12 个 1-BCE 核的非对称核处理器

动态多核芯片可以根据特定应用的因子 f 来配置其 n 个 BCE。如果应用程序的串行部分$(1-f)$增大，则将芯片配置为一个 r-BCE 核，而在并行模式下并行使用所有基核。在这种情况下：

$$\text{Speedup}_{\text{dyncore}}(f, n, r) = \frac{1}{\frac{1-f}{\text{perf}(r)} + \frac{f}{n}} \tag{4.13}$$

从以上分析中可以得出什么不太明显的结论？首先，非对称多核处理器的增速比总是要大一些，在某些情况下，可能比对称核处理器的增速比大得多。例如，当 $f=0.975$ 和 $n=1\,024$ 时，最大的增速比是通过一个 345-BCE 核和 679 个 1-BCE 核来实现的。其次，即使对于对称的核处理器，增加单核的功耗也是有益的。例如，当 $f=0.975$ 和 $n=256$ 时，7 个 1-BCE 核就能拥有最大增速比。

非对称和动态多核处理器上的任务调度是相当困难的，这一点不容忽视。同时，文献[235]中讨论的简单模型还忽略了其他影响性能的因素。

4.7 分布式系统和系统模块化

分布式系统是能够有效地相互通信的自治和异构系统的集合。问题是如何组织这样的集合来有效地合作和计算？尽管多年来进行了大量的研究工作，我们仍未能找到一个大型系统的最佳组织。

不能构想出一个最优的通用系统，这反映了一个系统不能被孤立地看待，而是应该在预期的环境下进行分析。这个环境越复杂和多样化，就越不可能为所有应用程序或几乎所有应用程序提供接近最优的性能。对于一类应用程序，组织和系统管理可能是最优的，但对于其他应用程序，则会导致性能的次优。

分布式系统已经存在几十年了。例如，分布式文件系统和网络文件系统多年来一直用于方便用户及提高文件系统的可靠性和功能，参见 6.3 节。现代操作系统允许用户挂载远程文件系统并以与访问本地文件系统相同的方式访问它，但由于通信成本较高，性能会受到影响。远程过程调用（RPC）支持进程间通信，允许系统上的进程调用在不同地址空间（可能在远程系统上）运行的另一个进程。

分布式系统是计算机的集合，通过网络和称为中间件的分布式软件进行连接，使计算机能够协调它们的活动并共享系统的资源；用户将系统视为一个独立的、集成的计算工具。以下是中间件应该支持的分布式系统的一组理想属性：

- 访问透明性——应该使用相同的操作访问本地和远程信息对象。
- 位置透明性——信息对象应该在不知道其物理位置的情况下被访问。
- 并发透明度——同时运行的进程应该共享信息对象而不受它们的干扰。
- 复制透明性——在不了解用户或应用程序的情况下，应该使用多个信息对象实例来提高可靠性。
- 失败透明性——错误应该被隐藏起来。
- 迁移透明性——系统中的信息对象移动的时候应该不会影响对它们执行的操作。
- 性能透明性——系统应该根据服务需求的负载和质量进行重新配置。
- 弹性透明性——系统和应用程序应该在不改变系统结构和不影响应用程序的情况下弹性伸缩。

分布式系统有几个特点：它的组件是自治的，调度和其他资源管理以及安全策略由每个系统自己实现。在分布式系统中有多个控制点和多个故障点，有些源可能在任何时候都无法访问。可以通过增加额外的资源来扩展分布式系统，并且可以设计为即使在硬件/软件/网络可靠性较低的水平上也能保持可用性。可用性是一种系统的特性，它的目标是在一段较长的时间内确保一致的操作性能。

模块化。模块化是人造系统设计的一个基本概念，系统是由具有良好定义的功能组件或模块组成的。模块化支持关注点的分离，鼓励专业化、提高可维护性、降低成本和减少系统的开发时间。

自从工业革命以来，模块化已经被广泛应用，从纺织机到蒸汽机，从手表到汽车，从电子设备到飞机。各个模块通常由子程序集组成。模块化可以降低制造商和消费者的成本。同一模块可被制造商在多个产品中使用，要修理有缺陷的产品，消费者只需更换导致故障的模块，而不是更换整个产品。模块化鼓励专业化，因为单个模块可以由对特定领域中有深入理解的专家开发。它还支持创新，允许用更好的模块替换现有模块，而不影响系统的其他部分。

毫不奇怪，硬件和软件系统都是由模块组成的，这些模块通过良好定义的接口相互作用。与串行系统相比，分布式系统的软件开发更具挑战性，而这些挑战由于系统的规模和应用程序的多样性而被放大。

模块化、分层和层次结构是处理分布式应用软件复杂性的一些方法。软件模块化将一个功能分离成独立的、可互换的模块，这需要良好定义的接口，这些接口要指定输入/输出元素[392]。模块化软件设计由文献[140]中概述的几个原则驱动：

- 信息隐藏——模块的用户不需要了解模块的内部机制，从而有效地使用模块。
- 不变行为——模块的功能行为必须独立于调用它的节点或上下文。
- 数据通用性——模块的接口必须能够传递应用程序可能需要的任何数据对象。
- 安全参数——模块的接口不允许对提供给接口的参数产生副作用。
- 递归结构——由模块构建的程序必须作为构建大型程序或模块的组件使用。
- 系统资源管理——程序模块的资源管理必须由计算机系统执行，而不是由单个的程序模块执行。

强模块化隐式支持其中的一些原则。系统应该防止模块做出私有资源分配决策，并且应该支持全局地址空间。

第 7 章和第 8 章讨论了大型分布式系统、计算机云的应用和系统软件。下一节将剖析模块化概念及其应用。

4.8 软模块化和强模块化

在系统设计方面取得的进展令人瞩目，这不仅仅是由于指导并行和分布式系统设计的一些原则。其中一个原则是专业化，这意味着要标识许多函数，并配置足够数量的系统组件来提供这些函数。例如，数据存储是一个内在的功能，而存储服务器在大多数系统中无处不在。这就引出了模块化的概念。

模块化允许我们利用一组独立构建和测试的组件来构建复杂的软件系统。模块化要求清楚地定义模块之间的接口，并使模块能协同工作。在调用方和被调用方之间转移控制流的步骤如下：

1. 调用方保存它的状态，包括寄存器、参数和堆栈上的返回地址。
2. 被调用方从堆栈加载参数，执行计算，然后将控制传回调用方。
3. 调用方调整堆栈，重新存储寄存器，并继续处理。

软模块化。我们将软模块化与强模块化区分开来。前者意味着将程序划分为模块，这些模块相互调用并使用共享内存进行通信，或者遵循过程调用约定。

软模块化隐藏了模块实现的细节，具有很多优点：一旦定义了模块的接口，就可以独立开发模块；只要不改变与其他模块的接口，就可以用更精细的模块或更高效的模块替换模块。这些模块可以使用不同的编程语言编写，并且可以独立测试。

软模块化带来了许多挑战：增加了调试的难度，例如，对具有无限循环的模块的调用将永远不会返回；可能存在命名冲突和错误的上下文规范；调用方和被调用方位于相同的地址空间中，可能会误用堆栈，例如，被调用方可能使用调用方没有保存在堆栈上的寄存器；等等。

强类型语言可以通过确保编译时或运行时的类型安全来加强软模块化，它可以剔除忽略数据类型的相关操作或函数类，或者不允许类实例更改它们的类。软模块化可能受到运行时系统中的错误、编译器中的错误或者不同的模块是用不同的编程语言编写的等事实的影响。

强模块化。 普遍存在的客户-服务器模式是基于强模块化的，这意味着模块只能通过发送和接收消息进行交互。这种模式需要更健壮的设计，客户和服务器是独立的模块，可能会独自出故障。

此外，服务器是无状态的，它们不需要维护状态信息。服务器可能会出现故障，然后返回，而客户端不会受到影响，甚至不会注意到服务器的故障。该系统更加健壮，因为它不允许错误传播。强模块化降低了攻击的可能性，因为当消息被 TCP 传输时，入侵者很难猜测消息的格式或段的序号。

同样重要的是，这种模式可以更有效地管理资源。例如，服务器通常由一组系统组成，前端系统将请求发送到多个后端系统，后者处理请求。这种架构利用了计算机云基础设施的弹性，请求率越大，后端系统激活的数量就越大。

客户-服务器模式。 这种模式允许具有不同处理器架构（例如 32 或 64 比特）的系统与不同的操作系统（例如操作系统的多个版本，如 Linux、Mac OS 或 Microsoft Windows、库和其他系统软件）进行协作。客户-服务器模式增加了灵活性和选择，同样的服务可以从多个供应商获得，服务器可以使用其他服务器提供的服务，客户可以使用多个服务器，等等。

基于客户-服务器模式的系统的异构性不是什么好事，它带来的问题超过了它的吸引力。异构性增加了客户和服务器之间交互的复杂性，因为它可能需要从一种数据格式转换为另一种数据格式，例如，从低位优先到高位优先（或者反过来），或者转换为规范数据表示。在响应时间方面也存在不确定性，因为有些服务器可能比其他服务器性能更好，或者工作负载更低。

网格和云计算的基本模型之间存在一个主要区别：前者没有对计算平台的异构性施加任何限制，而同质性曾是计算机云基础设施的基本原则。最初，计算机云是同质系统的集合，系统具有相同的架构，并在相同或非常相似的系统软件下运行。我们已经在 2.4 节中看到，现在计算机云显示出某种程度的异质性。

客户和服务器通过可能出现拥塞的网络进行通信。通过网络传输大量数据可能非常耗时，这是云计算中数据密集型应用程序的主要关注点。通过网络进行通信会增加响应时间的延迟。当客户和服务器之间的通信被拦截时，安全性就成为一个主要问题。

远程过程调用（RPC）。 20 世纪 70 年代早期，Bruce Nelson 引进了 RPC，并首次在帕洛阿尔托研究中心（PARC）使用。PARC 在分布式系统中有许多创新思想，包括以太网的开发、GUI 接口、位图显示和 Alto 系统。

RPC 通常用于实现客户-服务器系统交互。例如，1984 年引入的网络文件系统（NFS）基于的是 Sun 的 RPC。许多编程语言支持 RPC。例如，Java 远程方法调用（Java RMI）提供了与 UNIX RPC 方法类似的功能，XML-RPC 使用 XML 对基于 HTML 的调用进行编码。RFC 1831 中描述了 RPC 标准。

要使用 RPC，进程可以使用端口 111 可用的特殊服务 PORTMAP 或特殊绑定 RPCBIND 来注册和进行服务查找。RPC 消息必须结构良好，它们标识 RPC，并被发送到在 RPC 端口侦听的 RPC 样例。XDP 是 RPC 的独立于机器的表示标准。

RPC 减少了调用方和被调用方之间的命运共享。由于通信延迟，RPC 要比本地调用花费更长的时间。一些 RPC 语义用于克服潜在的通信问题：

- 至少一次：一条消息被重发几次，并期望得到一个答案。服务器可能会多次执行请求，但可能永远不会收到答复。这种语义适用于无副作用的操作。
- 最多一次：信息最多被执行一次。发送方设置接收响应的超时。若发生超时，错误代码被传递给调用方。这一语义要求发送方保存所有消息的时间戳历史，因为消息可能会以无序状态到达。此语义可用于有副作用的操作。
- 只有一次：它实现了最多一次的语义，并请求来自服务器的确认。

客户-服务器模式的应用。 大量的应用证明了客户-服务器模式在现代计算环境中所扮演的角色。基于客户-服务器模式的流行应用有很多，包括万维网、域名系统（DNS）、X-windows、电子邮件（参见图 4.6a）、事件服务（参见图 4.6b）等。

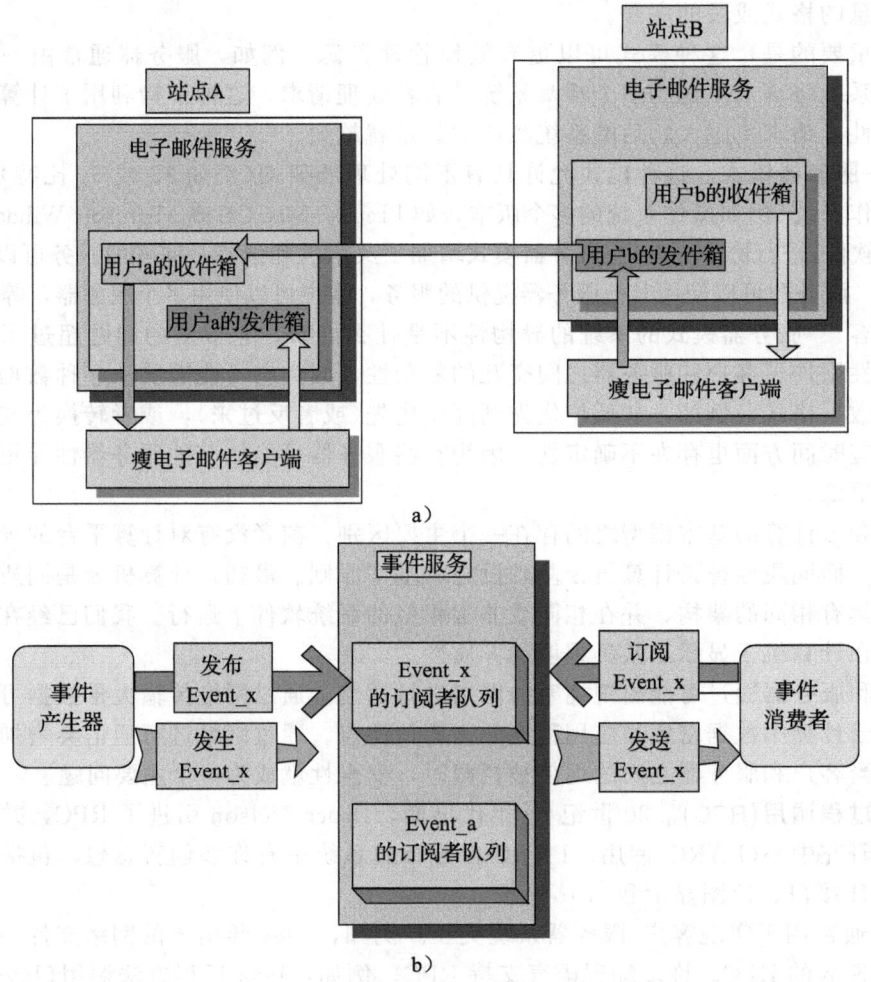

图 4.6 a) 电子邮件服务。发送方和接收方使用收件箱和发件箱进行异步通信，每个站点运行一个邮件守护进程。b) 事件服务支持分布式系统环境中的协调工作。该服务基于发布-订阅模式，事件产生器发布事件，事件消费者订阅事件。服务器维护每个事件的队列，并在事件发生时向客户发送通知

万维网展示了客户-服务器模式的力量及其对社会的影响。截至 2011 年 6 月，中国有近 3.5 亿个网站，而在 2017 年，中国有大约 10 亿个网站。Web 允许用户访问诸如文本、图像、数字音乐和已存储在数字格式中的任何可想象的资源。我们使用一种称为 HTML（超文本描述语言）的描述语言创建 Web 页面。每个 Web 页面中的信息都是按照某些标准进行编码和格式化的，例如，GIF、JPEG（图像）、MPEG（视频）、MP3 或 MP4（音频）等。

网络是基于"拉"模式的：资源存储在服务器的站点上，客户将它们从服务器中取出。有些网页是"动态"创建的，有些则是从磁盘获取的。客户称为 Web 浏览器，服务器使用构建在 TCP 传输协议之上的应用级协议 HTTP（超文本传输协议）进行通信。

Web 服务器也称为 HTTP 服务器，它在一个众所周知的端口 80 侦听来自客户的连接。图 4.7 显示了当客户浏览器向服务器发送 HTTP 请求以获取一些信息，服务器动态构建页面，然后浏览器为存储在磁盘上的图像发送另一个 HTTP 请求时的事件序列。首先，客户和服务器之间的 TCP 连接是通过一个称为三次握手的过程建立的。客户在带有 SYN 控件的特殊段中提供任意的初始序列号，然后服务器确认段添加自己任意选择的初始序列号，最后客户发送自己的确认 ACK 以及 HTTP 请求并建立连接。从最初请求到服务器确认到达客户的时间称为 RTT（往返时间）。

响应时间定义为从实例的第一个请求发送到最后收到响应，包含几个部分：RTT、服务器驻留时间、服务器构建响应和数据传输时间。RTT 取决于网络延迟，即数据包从发送方到接收方跨越网络所需的时间。数据传

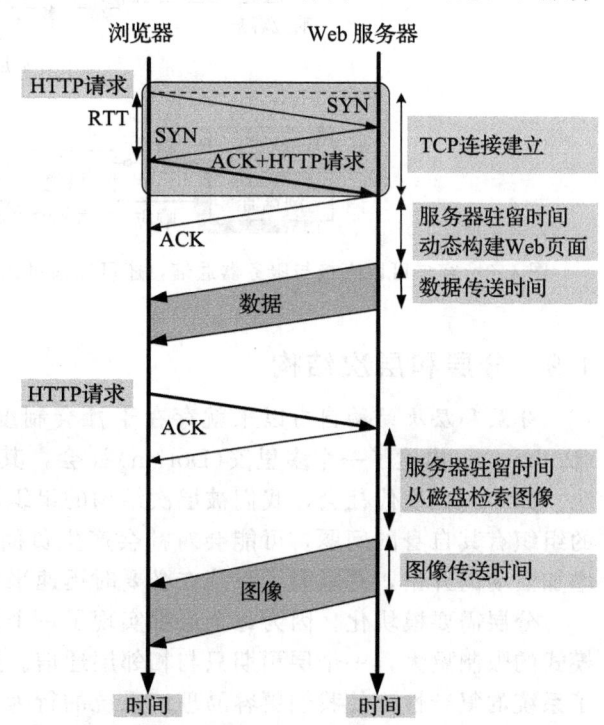

图 4.7 客户-服务器通信与万维网。三次握手包括客户浏览器和服务器之间交换的前三个消息。一旦 TCP 连接被建立，HTTP 服务器就会花时间构建页面以响应第一个请求；为了满足第二个请求，HTTP 服务器必须从磁盘检索图像。响应时间包括 RTT、服务器驻留时间和数据传输时间

输时间由网络带宽决定。反过来，服务器驻留时间取决于服务器负载。

通常，客户和服务器不直接通信，而是通过代理服务器进行通信，如图 4.8 所示。代理服务器可以提供多种功能，例如过滤客户请求并根据某些过滤规则决定是否转发请求。代理服务器可以将请求重定向到靠近客户或加载较少的服务器。代理还可以作为缓存提供资源的本地副本，而不是将请求转发给服务器。

另一种类型的客户-服务器通信是 HTTP 隧道（HTTP-tunneling），它通常作为一种屏蔽网络位置的通信工具，具有有限的连接。隧道表示网络协议的封装，在我们的示例中，HTTP 充当客户和服务器之间通信通道的包装器，参见图 4.8。

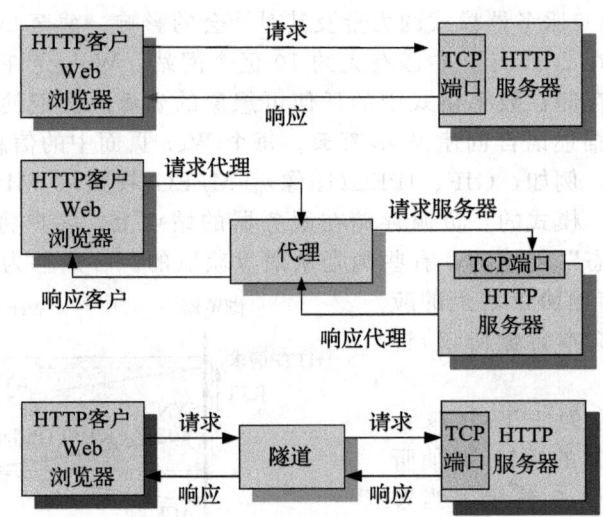

图 4.8　客户可以直接与服务器通信，还可以通过代理进行通信，也可以使用网络隧道进行通信

4.9　分层和层次结构

分层和层次结构自古以来就存在于社会制度中。例如，《斯巴达政制》，即政治制度（Politeia），描述了一个多里安（Dorian）社会，其基础是严格的分层社会制度和强大的军队。如今，在现代社会，我们被层次结构的组织所包围。我们必须认识到层次化和层次化的组织有其自身的问题，可能会对社会产生负面影响，造成僵化的结构，影响社会互动，增加活动的开销，并阻碍了系统在必要时迅速采取行动。

分层需要模块化，因为每个层都实现了一个良好定义的功能。在分层的情况下，通信模式的限制更大，一个层预期只与相邻层通信。这种限制，即通信模式的限制，明显降低了系统的复杂性，使我们更容易理解系统的行为。

毫无疑问，模块化、层次化和层次结构对于计算机和通信系统至关重要。从早期计算开始，大型程序就被划分为模块，每个模块都具有良好定义的功能。具有相关功能的模块随后被分组到数字、图形、统计和许多其他类型的库中。

当我们不得不分离那些阻止我们做出最优设计决策的关注点时，分层帮助我们处理复杂的问题。为了做到这一点，我们定义了处理每个关注点的层，并在层之间设计了清晰的接口。

最好的例子可能是通信协议的分层。在早期，人们认识到需要容纳携带电磁、光学或声学信号的各种物理通信通道，因此需要一个物理层。下一个问题是如何传输位元，而不是通过通信通道在两个系统之间直接连接的信号，因此需要数据链路层。

通信需要具有多个中间节点的网络。当比特必须从源节点遍历中间节点链接到目标节点时，它关心的是如何将比特从一个中间节点转发到下一个中间节点，因此引入了网络层。然后，人们认识到，信息的来源和接收方实际上是在网络之外的，发送方只想让数据不受影响地到达目的地。因此，传输层也是必要的。最后，发送和接收的数据只有在应用程序的上下文中才有意义，因此需要应用层。

严格的强分层可能不是最优的方案。例如，网络中的跨层通信被提议允许无线应用利用数据链路层的媒体访问控制（MAC）子层中可用的信息。这个例子表明，分层让我们理解了在何处放置网络协议栈的错误控制、流控和拥塞控制等基本机制。

一个有趣的问题是,是否可以设计一个对云计算的未来发展具有实际意义的分层云架构。有人可能会说,这样的尝试可能还为时过早,我们需要时间来充分理解如何更好地组织云基础设施,并且我们需要数据来证明一种方法优于另一种方法。

另一方面,由于各个模块之间交互的复杂性,在其他系统中很难想象分层组织。例如,考虑一个操作系统,它具有一组良好定义的功能组件:

- 处理器管理子系统,负责处理器虚拟化、调度、中断处理、特权操作和系统调用的执行。
- 虚拟内存管理子系统,负责将虚拟地址转换为物理地址。
- 多层内存管理子系统,负责在不同的内存级别之间传输存储块,最常见的是主存和辅存之间。
- I/O 子系统,负责在主存和 I/O 设备之间传输数据。
- 网络子系统,负责网络通信。

处理器管理与所有其他子系统交互,其他子系统之间也有多个交互,因此,在这种情况下,分层组织似乎不太可能行得通。

4.10 虚拟化和分层

虚拟化抽象了计算机或通信系统的底层物理资源并简化了它们的使用,将用户彼此隔离,并支持复制,从而增加了系统的灵活性。自 20 世纪 50 年代末以来,虚拟化得到了成功的应用。1959 年,英国曼彻斯特大学的 Atlas 计算机首次实现了基于分页的虚拟内存。

虚拟化通过以下四种方法中的任何一种来模拟物理对象的界面[434]:

- 多路复用:从一个物理对象的实例创建多个虚拟对象。例如,处理器对于许多进程或线程而言是多路复用的。
- 聚合:从多个物理对象创建一个虚拟对象。例如,许多物理磁盘被聚合到 RAID 磁盘中。
- 仿真:从一个不同类型的物理对象构造出一个虚拟对象。例如,物理磁盘仿真随机访问内存。
- 多路复用和仿真。示例:具有分页能力的虚拟内存多路复用实际内存和磁盘,虚拟地址仿真物理地址;TCP 协议仿真一个可靠的比特管道,并对物理通道和处理器进行多路复用。

虚拟化是云计算至关重要的一个方面,这对云服务的供应商和消费者同样重要,并且在以下方面发挥着重要作用:

- 系统安全性,因为它允许隔离在相同硬件上运行的服务。
- 性能和可靠性,因为它允许应用从一个平台迁移到另一个平台。
- 供应商提供开发和管理服务。
- 性能隔离。

在云计算环境中,虚拟机管理程序(hypervisor)或虚拟机监视器运行在物理硬件上,并将硬件抽象导出到一个或多个客户操作系统中。客户操作系统与虚拟硬件交互的方式与物理硬件交互的方式相同,但在虚拟机管理程序的监视下,它会捕获所有特权操作,并协调客户操作系统与硬件的交互。例如,虚拟机管理程序可以将 I/O 操作控制到两个虚拟磁盘上,这些虚拟磁盘可实现为一个物理磁盘上的两组不同的磁道。无须修改其中一个操作系统即可添加新服务。

用户便利性是效用计算模式成功的必要条件，用户便利性的特点之一是能够远程运行使用应用程序所需的系统软件和库。与传统的操作系统相比，用户便利性是虚拟机（VM）架构的一个主要优势。例如，AWS 用户可以提交一个包含应用程序、库、数据和相关配置设置的亚马逊机镜像（Amazon Machine Image，AMI）；用户可以为应用程序选择操作系统，然后使用 AWS 提供的 Web 服务 API、性能监视和管理工具，按需启动、终止和监视 AMI 的所有实例。

虚拟化有一些副作用，尤其是性能损失和硬件开销。虚拟机的所有特权操作都必须被虚拟机管理程序捕获并验证，而虚拟机管理程序最终控制系统行为。管理程序所增加开销会对性能产生负面影响。

运行多个 VM 的系统成本要高于运行传统 OS 的系统成本。在前一种情况下，物理硬件在一组客户操作系统之间共享，与运行传统操作系统的系统相比，它通常配置有更快的处理器或多核处理器、更多内存、更大的磁盘和额外的网络接口。

层与层之间的界面。管理系统复杂性的一种常见方法是分层，层之间具有良好定义的界面。界面将不同的抽象级分开。分层使子系统之间的交互最小化，并简化了子系统的描述。每个子系统是通过与其他子系统的界面进行抽象，使得我们能够独立设计、实现和修改各个子系统。

ISA（指令集架构）定义处理器的指令集，例如，英特尔架构由支持 32 比特寻址的 x86-32 和支持 64 比特寻址的 x86-64 指令集表示。硬件支持两种执行模式：特权模式或内核模式，用户模式。

指令集由两组指令组成，特权指令只能在内核模式下执行，而非特权指令可以在用户模式下执行。还有一些敏感的指令可以在内核和用户模式中执行，但是行为不同，参见 10.3 节。

计算机系统相当复杂，当我们考虑与图 4.9 相似的模型时，它们的操作是最容易理解的，该模型显示了软件组件和硬件之间的界面[455]。硬件由一个或多个多核处理器、一个系统互连（例如，一个或多个总线）、一个内存翻译单元、主存和 I/O 设备组成，包括一个或多个网络接口。

大多数用高级语言（HLL）编写的应用程序经常调用库模块并编译成目标代码。特权操作不能在用户模式下执行，例如 I/O 请求；相反，由应用程序和库模块发出系统调用，操作系统确定应用程序所需的特权操作是否违反系统安全性或完整性，如果没有违反，则代表用户执行它们。由 HLL 程序翻译产生的二进制文件针对的是特定的硬件架构。

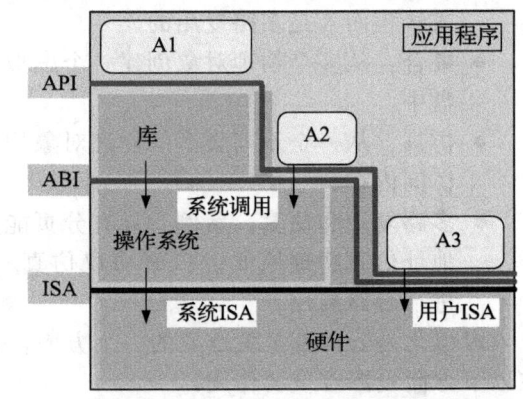

图 4.9 计算机系统中的分层和层之间的界面。包括应用程序、库和操作系统的软件组件通过几个接口与硬件交互，包括应用程序接口（API）、应用程序二进制接口（ABI）和指令集架构（ISA）。应用程序使用库函数（A1），进行系统调用（A2），执行机器指令（A3）

在硬件和软件边界处的第一个接口是指令集架构。下一个接口是应用程序二进制接口，它允许由应用程序和库模块组成的集成组件访问硬件。ABI 不包含特权系统指令，而是调用系统调用。

最后,应用程序接口定义了硬件用于执行的指令集,并为应用程序提供对 ISA 的访问。API 包括经常调用系统调用的 HLL 库调用。回想一下,进程是执行时应用程序代码的抽象,线程是一个轻量级的进程。对于进程而言,ABI 是计算机系统的投影;而对于 HLL 程序而言,API 是系统的投影。

编译器为特定的 ISA 和特定的操作系统创建的二进制文件是不可移植的。这样的代码不能在使用不同 ISA 的计算机上运行,也不能在使用相同 ISA 但是不同操作系统的计算机上运行。可以为 VM 环境编译 HLL 程序,如图 4.10 所示。在这种情况下,可移植代码被生成并分发,然后由二进制转换程序转换为主机系统的 ISA。动态二进制转换将客户指令块从可移植代码转换为主机指令,这将显著提高性能,因为这些块将被缓存和重用。

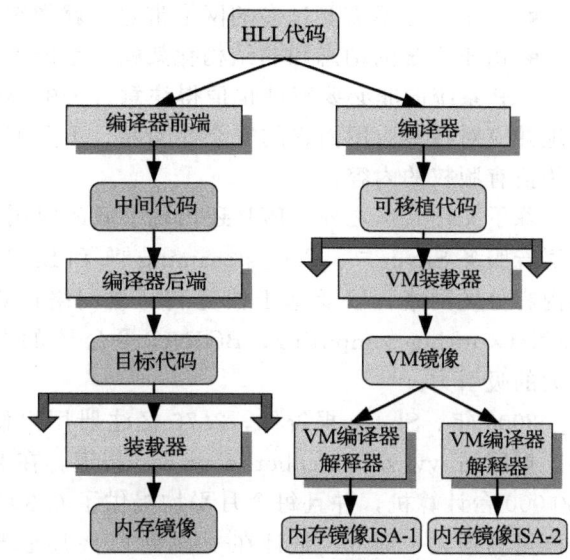

图 4.10 HLL 代码可以翻译给特定的架构和操作系统来使用。HLL 代码也可以被编译成可移植代码,然后可针对不同 ISA 的系统翻译可移植代码。共享/分布式结果代码是第一种情况下的目标代码,第二种情况下是可移植代码

4.11 P2P 系统

本章讨论的分布式系统允许在严格控制的环境下访问资源。系统管理员执行安全规则并控制物理资源(而不是虚拟资源)的分配。在效用计算之前的所有网络中心计算模型中,用户对软件和驻留在远程系统中的数据进行直接控制。

这种以用户为中心的模式自 20 世纪 60 年代初开始实施,在 20 世纪 90 年代终于受到了 P2P 模式的挑战。P2P 系统与计算机云有共通的方面。新的分布式计算模型促进了对参与系统提供的存储和 CPU 周期的低成本访问。在这种情况下,资源位于不同的管理域中。P2P 系统是自组织的、分散的,而云中的服务器位于一个管理域中并集中管理。

P2P 系统利用网络基础设施来提供对分布式计算资源的访问。20 世纪 80 年代开发的去中心化应用程序,如用于电子邮件分发的 SMTP(简单邮件传输协议)和用于传播新闻文章的 NNTP(网络新闻传输协议),都是 P2P 系统的早期示例。

20 世纪 90 年代末开发的系统,如音乐共享系统 Napster,使参与者能够访问网络上分布的存储。SETI@home 是第一个基于志愿者的科学计算,使用参与系统的自由循环来执行计算密集型任务。

P2P 模型与客户-服务器模型有很大的不同,后者是几十年来分布式应用的基石。P2P 系统有几个可取的特性[426]:

- 对专用基础设施要求最少,因为资源是由参与系统提供的。
- 高度去中心化。
- 可伸缩,每个节点不需要知道全局状态。

- 对错误和攻击具有弹性，因为绝大部分参与方对服务的提供并没有那么重要，而丰富的参与资源可以支持高度的复制。
- 单个节点不需要过多的网络带宽，就像客户-服务器模型中使用的服务器一样。
- 由于系统的动态和非结构化架构，系统不受审查。

P2P 系统的非必要特性也值得注意。去中心化带来的问题是，P2P 系统能否得到有效管理并应对各种应用面临的安全性问题。不受审查的事实使它们成为非法活动的沃土，包括传播有版权的内容。

除了文件共享之外，P2P 还出现了新的应用模式。自 1999 年以来，无所不在的 IP 电话语音服务 Skype[⊖]、Cool streaming[546] 和 BBC 在线视频服务等数据流应用、CoDeeN[511] 等内容分发网络，以及基于伯克利开放网络计算基础设施（Berkeley Open Infrastructure for Networking computing，BOINC）平台[32]的志愿计算应用，都证明了 P2P 对用户有着极大的吸引力。

2008 年，Skype 报告称，2.76 亿注册用户使用了超过 1 000 亿分钟的语音和视频通话。据网站 www.boinc.berkeley.edu 报道，在 2012 年 6 月底志愿计算涉及 275 000 人和 430 000 台计算机，并且每个月平均提供了 6.3×10^9 MFlops。据报道，P2P 的流量占互联网流量的很大一部分，估计在 40% 到 70% 甚至更高。

许多来自工业界和学术界的团体利用 P2P 应用不需要专门的基础设施这一事实，争相开发和测试新的想法。诸如 Chord[466] 和 Credence[509] 的应用解决了去中心化系统有效操作的关键问题。

Chord 是一种分布式查找协议，用来识别存储特定数据项的节点。路由表是分布式的，而其他用于查找对象的算法要求存储节点注意到网络中的大多数节点。Chord 将一个与对象相关的键（key）映射到网络节点上，仅使用一些节点的路由信息。

Credence 是一种面向大规模 P2P 文件共享系统的对象信誉和排名方案。信誉对于经常包含许多不可靠和恶意节点的系统来说至关重要。在 Credence 使用的去中心化算法中，每个客户使用本地信息来评估其他节点的信誉，并与其邻居共享自己的评估。节点的可信度只取决于它所投的选票。

每个节点仅基于与其自身得票数相匹配的程度来计算另一节点的信誉，并且依赖于有同类意识的节点。Overcite[470] 是一个基于三层设计的聚合文档的 P2P 应用程序。Web 前端接受查询并显示结果，而服务器在 Web 上爬行、生成索引并执行关键字搜索；Web 后端存储参与系统上的文档、元数据和协调状态。

新模式的迅速发展带来了新通信协议的开发，该协议允许网络外围的主机在有限网络带宽下也能处理。BitTorrent 是一种点对点文件共享协议，允许一个节点同时从多个主机下载/上传大文件。

不同 P2P 系统架构也有所不同。有些没有任何集中的基础设施，而有些有专用的控制器，但是这个控制器不涉及资源密集型的操作。例如，Skype 有一个维护用户账户的中心站点，用户在本网站注册并支付特定活动的费用。BOINC 平台的控制器维护成员关系，并参与到系统的任务分发中。在没有任何集中基础设施的系统中，资源丰富的节点通常充当超级节点，并维护对提高系统效率有用的信息，例如可用内容的索引。

⊖ Skype 允许全球许多国家的近 7 亿注册用户使用专有的 IP 语音协议进行通信。该系统由 Niklas Zennstrom 和 Julius Friis 在 2003 年开发，2011 年被微软收购，现在是一个混合的 P2P 和客户-服务器系统。

不管架构如何，P2P 系统都是围绕一个覆盖网络构建的，这是一个叠加在真实网络之上的虚拟网络。每个节点维护一个覆盖链接表，将其与这个虚拟网络的其他节点连接起来，每个节点由其 IP 地址标识。P2P 系统使用两种类型的覆盖网络，非结构化的覆盖网络和结构化的覆盖网络。从几个引导节点开始的随机游动通常用于希望加入非结构化覆盖的系统。

结构覆盖层的每个节点都有唯一的键，它决定了节点在结构中的位置；选择键是为了保证在非常大的命名空间中具有统一的分布。结构化覆盖网络采用基于键的路由(KBR)，给定一个起始节点 v_0 和一个键 k，函数 KBR(v_0, k) 返回图中从 v_0 到具有键 k 的顶点的路径。

4.12 大规模系统

在 20 世纪的最后几十年里，计算机结构、存储技术、网络和软件的发展，再加上对获取和处理信息的需要，几个大规模的分布式系统纷纷问世：

- Web 和语义网希望支持 Web 上可用的服务组合(不一定是计算服务)。Web 以非结构化或半结构化数据为主，而语义网主张将语义内容包含在 Web 页面中。
- 网格，20 世纪 90 年代初由国家实验室和大学发起，主要用于科学和工程应用。

Tim Berners-Lee 爵士于 20 世纪 80 年代末在日内瓦的欧洲核子研究中心(CERN)工作，为了分享高能物理实验的数据，他将万维网的两个主要组成部分整合在一起：用于数据描述的 HTML(超文本标记语言)和用于数据传输的 HTTP(超文本传输协议)。该网络开启了数据共享的新纪元，并最终催生了以网络为中心的内容概念。

语义网是一种努力使普通人能够更容易地查找、共享和组合 Web 上可用信息的网络类型。这个名字是由 Berners-Lee 创造的，用来描述"一个可以被机器直接和间接处理的数据网络"。它是一个基于资源描述框架(RDF)在应用程序之间共享数据的框架。在这个愿景中，信息可以很容易地被机器解释，因此机器可以更多地执行在 Web 上查找、组合和处理信息所涉及的烦琐工作。

根据 Berners-Lee 的说法，语义网"远远没有实现"。为了在给定的知识领域内提供概念、术语和关系的正式描述，有必要使用几种技术，包括资源描述框架(RDF)、各种数据交换格式以及诸如 RDF Schema(RDFS)和 Web 本体语言(OWL)等符号。

计算逐渐变得更加便宜，将用户从系统和软件维护中解放出来，将计算资源集中在数据中心的想法逐渐加强。最初，这些中心都是专业化的，每一个正在运行的软件系统都有限，还有一些系统用户开发的应用程序。在 20 世纪 80 年代早期，主要的研究机构(例如国家实验室和大型公司)拥有强大的计算中心，支持分散在广泛地理区域的大量用户。然后，在类似电网的基础设施中连接这些中心的想法诞生了，被称为以网络为中心的计算模型正在成形。

计算网格是由大量松散耦合、异构和地理上分散的系统在不同的管理域所组成的分布式系统。"计算网格"这个术语是一个隐喻，指以类似访问电网提供的电力的方式访问计算能力。自 20 世纪 90 年代初以来，为方便访问网格服务，人们疯狂地开发了称为中间件的软件库。

网格运动给了用户拥有一个巨大的虚拟超级计算机的错觉。系统具有自主性，这些系统通过广域网连接，其延迟也高于超级计算机的互连网络的延迟，这对这一设想的实现提出了挑战。然而，在一些"重大挑战"问题上，如蛋白质折叠、金融建模、地震模拟和气候/天气建模等，在专门的网格上都可以成功运行。Escience 项目的 Enabling 网格可以说是最大的计算网格。Escience 项目与大型强子对撞机(LHC)计算网格(LCG)一起，旨在支持在欧洲核子研究中心使用 LHC 进行的实验，该强子对撞机每秒产生数 GB 的数据，或者说每年产生 10PB 的数据。

回顾过去，关于基础设施的两个基本假设限制了网格运动的影响力。第一是网格连接的各个系统的异构性，第二是不同管理域的系统有望实现无缝协作。的确，硬件和系统软件的异构性对应用程序开发和应用程序的移动性都提出了重大的挑战。

与此同时，在异构系统中，系统管理的关键领域，包括调度、资源分配优化、负载均衡和容错都是很难实现的。资源位于不同的管理域的事实，让安全和资源管理相关的许多困难问题变得更复杂。尽管网格运动在科学界和工程界非常流行，但它并没有解决企业计算的主要问题，也没有对 IT 行业产生明显的影响。

云计算经常被看作开发和部署分布式应用程序的一个重要步骤。推动云计算的公司似乎从网格运动中吸取了最重要的教训。计算机云通常是同构的。整个云共享相同的安全性、资源管理、成本和其他策略，最后，云计算是以企业计算为目标的。这些原因促使美国政府的几个机构(包括卫生公共服务、美国疾病控制中心(CDC)、美国国家航空航天局(NASA)、海军下一代企业网络(NGEN)和国防信息系统局(DISA))都推出了云计算项目，开展实际系统的开发，以解决信息处理需求的高效性和有效性。

4.13 可组合边界和可伸缩性

自然界通过简单的组件构建复杂的系统。例如，大量的蛋白质是由 21 种氨基酸组成的线性链，而这些氨基酸是构建蛋白质的砖块。20 种氨基酸自然地参与多肽合成，并被遗传代码编码。

效仿自然界，人造系统也是由子组件组装而成；子组件依次由几个模块组成，每个模块可以由子模块组成，依此类推。正如我们在讨论固态设备散热时所看到的，可组合性是由物理定律所决定的。随着组件数量的增加，系统的复杂性也会增加。

新的物理现象对系统的影响和单个组件的物理大小的变化都会使可组合性到达极限。最近一篇题为《对每个原子计数》的文章[345]讨论了这样一个事实：即使是最现代的固态制造设备也不能生产性能一致的芯片。随着部件变得越来越小，有缺陷或不合格芯片的百分比会不断增加。

固态器件制造过程中缺乏一致性归因于芯片物理元件的尺寸越来越小。这一问题被国际半导体技术路线图视为"红砖墙"，这是一个没有明确解决方案的问题，这堵墙阻碍了技术的进一步发展。芯片一致性不再是可行的，因为芯片上的晶体管和"线宽"如此之小，以至于一个原子位置的随机变化可以产生毁灭性的影响，例如，可能增加一个数量级的功耗和降低芯片多达 30% 的性能。

随着阈值电压的范围越来越小，开关晶体管所需的电压一直在增大，许多晶体管的阈值电压接近或甚至是零，因此它们不能作为开关来工作。28 纳米技术的范围大约是 +0.01 到 +0.4，20 纳米技术的范围大约 -0.05 到 +0.45V，而更大的范围为 -0.18 到 +0.55 的 14 纳米技术。

模拟系统的构成是有物理边界的，噪声积累、热量消耗、交叉通信和多个通信通道的信号干扰，还有其他一些因素限制了模拟系统的组件数量。数字系统有更宽的边界，但可组合性仍然受到物理定律的限制。

在软件控制下的数字计算和通信系统的组合几乎没有边界。互联网是一个由网络组成的网络，它是一个可以跨界组合的典型例子。计算机云是另一个例子，云由大量的服务器互连组成，每个服务器由多个处理器组成，每个处理器又拥有多个核。软件是突破可组合性边界，使计算机和通信系统摆脱物理规律限制的要素。

在物理世界中，在某个尺度上有效的定律会在另一个尺度上失效，例如，经典力学定律在原子尺度和亚原子尺度上被量子力学所取代。因此，我们不应惊讶于规模在计算和通信系统设计中的重要性。实际上，对于只有少量组件的系统来说，能够很好地工作的架构、算法和策略很少会扩展。

例如，许多计算机集群都有前端作为系统的神经中枢，管理与外界的通信，监视整个系统，并支持系统管理和软件维护。计算机云有多个这样的神经中枢，必须开发新的算法来支持这些中枢之间的协作。当每个系统管理本地资源时，在单个系统范围内工作良好的调度算法不能扩展到自治系统的集合上；在这种情况下，与前面的示例一样，实体必须相互协作，这就需要通信和协商的一致性。

这种现象的另一个表现形式是大规模分布式系统的脆弱性。谷歌 BigTable 的实现表明，许多设计用于保护网络分区和故障停止的分布式协议，经常由于规模过大而无法处理故障[96]。存在如内存和网络的损坏、扩展和不对称的网络分区、无法响应的系统，以及大型系统中出现的大量时钟摇摆等问题。它们之间的交互方式极大地影响了整个系统的可用性。

伸缩（scaling）不仅仅应用在组件的数量上，还有其他维度。空间扮演着重要的角色，当组件系统在一个小范围内聚集在一起时，通信延迟最小，并且允许我们为全局决策实现高效的算法，例如共识算法。由于 1.6 节中所讨论的原因，当云供应商的数据中心分布在很大的地理区域时，事务数据库系统对大多数面向在线事务的系统几乎没有用处，并且必须在计算生态系统中引入一种新的数据存储。

社会规模化意味着服务被大部分人使用，或是基础设施的关键元素。没有更好的例子来说明社会尺度如何影响系统的复杂性，而不是互联网所支持的通信影响系统的复杂性。支持服务的基础设施必须高度可用。冗余和维护一致性的措施带来了系统复杂性的增加。

同时，服务的流行程度要求以简单和直观的方式来访问基础设施。同样，系统复杂性的增加是由于需要向非专业人士隐藏复杂的机制。无线系统的脆弱性也在增加，这是由于人们希望设计满足如下要求的无线设备：高能效比地运行；向用户提供简单的界面和很少的选择；满足许多其他常用函数。当这种情况发生的时候，并没有多少智能手机和平板电脑用户了解无线通信的安全风险。

4.14　历史笔记和扩展阅读

20 世纪 30 年代的两个理论发展对现代计算机的发展至关重要。第一个是艾伦·图灵 1936 年发表的论文[489]。这篇论文给出了通用计算机的定义，称为图灵机，它执行存储在磁带上的程序；同时还证明了其存在停机问题等问题，任何串行过程都无法解决这些问题。第二个重大进展是克劳德·香农在麻省理工学院（MIT）发表的硕士论文《继电器和开关电路的符号分析》(A symbol Analysis of Relay and switch circuit)。

第一个图灵完备计算设备是 Z3 ⊖，是德国的 Konrad Zuse 在 1941 年 5 月制造的一种机电设备。Z3 使用数的二进制浮点表示法，并由一种胶片材料（film-stock）编程控制。第一台可编程电子计算机 ENIAC，由 John Presper Eckert 和 John Mauchly 领导的宾夕法尼亚大学摩尔电气工程学院于 1946 年 7 月投入使用[337]。与 Z3 不同，ENIAC 使用的是十进制数字系统，由插线电缆和开关控制。

⊖　图灵完备的计算机相当于一个通用图灵机，除了内存限制。

著名数学家、理论物理学家约翰·冯·诺依曼为现代计算机提供了基本思想[81,504,505]。他拥有 20 世纪最聪明的头脑，具有将模糊、混乱的想法转化为清晰、科学、合理的概念的神奇能力。冯·诺依曼从图灵⊖的工作以及他在宾夕法尼亚大学的访问中获得了关于可存储程序计算机的洞见。

冯·诺依曼认为 ENIAC 是一个工程奇迹，但对用手工连接电缆和设置开关来"编程"的笨拙方式不那么感兴趣。他在 20 世纪 40 年代发表的一份报告中介绍了所谓的"冯·诺依曼体系"。直到今天，他还是被一些人指责，因为他在报告中没有提到他的洞察力的来源。

冯·诺依曼领导了普林斯顿高级研究所关于 MANIAC 的研发工作，MANIAC 是"数学和数字积分器与计算机"的缩写。MANIAC 比以往任何一台计算机都更接近现代计算机。1952 年 11 月 1 日，绰号"常春藤麦克"的氢弹在南太平洋一个不再存在的岛屿上空被秘密引爆。科学历史学家乔治·戴森在最近的一本书[158]中写道："数字计算的历史可以分为：旧约，由莱布尼茨领导的先知提供了逻辑；新约，由冯·诺依曼领导的先知构建了机器。艾伦·图灵来到了他们中间。"

1951 年，莫里斯·文森特·威尔克斯爵士提出了最初在 EDSAC 2 计算机中实现的微编程概念。威尔克斯还提出了符号标签、宏和子例库的思想。

第三代计算机在 1964~1971 年间建造，其中广泛使用集成电路，并在操作系统的控制下运行。MULTICS(Multiplexed Information and Computing Service)是 GE 645 主机的早期分时操作系统，由 MIT、GE 和贝尔实验室共同开发。Multics(通常称为 Multix)有许多新颖的特性，并实现了许多有趣的概念，例如层次文件系统、文件信息共享访问控制列表、动态链接和在线重配。

MIT 教授杰克·丹尼斯在他的演讲"计算机系统架构的职业生涯"中说道："1960 年，斯坦福大学的约翰·麦卡锡教授以对人工智能的贡献而闻名，他领导的远程计算机研究小组(LRCSG)提出了 MIT 未来计算机系统的目标。我有幸参与了 LRCSG 的工作，在罗贝特·法诺教授的组织领导和费尔南多·科巴托教授的技术指导下，促成了 MAC 项目、Multics 计算机和操作系统。那时法诺教授提出了一个计算机应用的愿景(即把计算机系统当作一个社区知识仓库的概念，社区是以容易共享的方式存在的数据和小程序)，仓库可用于建立更强大的程序、服务和本已存在的活知识。科巴托教授的目标是提供一种中央计算机安装和操作系统，使这一设想成为现实。在美国国防高级研究计划局(DARPA)的资助下，结果诞生了 Multics 系统……20 世纪 70 年代，我发现获得政府资助很容易。这些机构愿意为非常疯狂的想法提供资金支持，我得到了 NSF 的支持，后来又得到了 DOE 的支持"(http://csg.csail.mit.edu/Users/dennis/essay.htm)。

UNIX 系统的开发是贝尔实验室在 1968 年退出 Multics 项目的结果。UNIX 是 1969 年开发的，用于由肯尼斯·汤普森和丹尼斯·里奇领导的一个小组开发的 DEC PDP 微型计算机[422]。根据文献[421]，UNIX 最重要的工作是提供文件系统。该文献还讨论了系统引入的另一个概念："对于大多数用户来说，与 UNIX 的通信是在一个名为 Shell 的程序的帮助下进行的。Shell 是一个命令行解释器，它读取用户输入的行，并将它们解释为执行其他程序的请求。"

第一个微处理器是 1971 年发布的英特尔 4004 处理器，使用 4 比特执行二进制编码的十进制(BCD)算术；1971 年发布的英特尔 8080 是第一个 8 比特微处理器，还有它的竞争对手，在 1974 年发布的摩托罗拉 6800。第一个 16 比特的多芯片微处理器是 1973 年由国家半导体公司发布 IMP-16。第一个 32 比特微处理器是 1979 年发布的摩托罗拉 MC68000，具有 32 比特寄存器并支持 24 比特寻址。英特尔的 80286 于 1982 年推出。64 比特处理器时代由 AMD64 开创，AMD64 是一种称为 x86-64 的架构，与英特尔 x86 架构向后兼容。双核处理器出现在 2005 年，多核处理器在当今的服务器、个人电脑、平板电脑甚至智能手机中随处可见。

只有在通信技术取得重大进展之后，分布式系统的发展才有可能。ARPA 创建于 1958 年，资助了多所大学和商业网站的研究，ARPANET 项目将它们全部连接到一个网络中。

互联网是基于互联网协议簇(TCP/IP)的全球网络，它的起源可以追溯到 1965 年，当时 ARPA 信息处理技术办公室(IPTO)的负责人伊凡·萨瑟兰鼓励劳伦斯·罗伯茨成为 IPTO 的首席科学家，并发起了

⊖ 艾伦·图灵 1936 年来到普林斯顿大学高等研究院，1938 年获得博士学位。冯·诺依曼给了他一个职位，但是，当预示着战争即将来临的乌云笼罩欧洲的时候，图灵决定回到英国。

一个基于分组交换而不是电路交换的网络项目。

加州大学洛杉矶分校的伦纳德·克兰罗克为20世纪60年代初的分组交换网络和70年代早期分组交换网络的分层路由建立了理论基础。克兰罗克在1961年发表了第一篇论文,并在1964年出版了关于分组交换理论的第一本书。

1968年8月,DARPA发布了一份引用请求(RFQ),要求开发一种称为接口消息处理器(IMP)的分组交换。博尔特·贝拉内克和纽曼的团队赢得了合同。包括BBN的罗伯特·卡恩、DARPA的劳伦斯·罗伯茨、网络分析公司的霍华德·弗兰克以及加州大学洛杉矶分校的伦纳德·克莱因罗克以及他们的团队在整个ARPANET架构设计中发挥了重要作用。开放网络架构的概念最早是卡恩在1972年提出的,他与斯坦福大学的文顿·瑟夫的合作导致了TCP/IP的设计。三个小组——一个在斯坦福、一个在BBN、一个在加州大学洛杉矶分校——赢得了DARPA的合同来实现TCP/IP。

1969年BBN在UCLA安装了第一个IMP。ARPANET的前两个互连节点是加州大学洛杉矶分校工程与应用科学学院的网络测量中心和位于加州门洛帕克的斯坦福国际研究所。加州大学圣巴巴拉分校和犹他州大学又增加了两个节点。到1971年底,有15个站点被ARPANET连接起来。

以太网技术(由施乐帕洛阿尔托研究中心的鲍勃·梅特卡夫在1973年开发)以及其他本地网络技术(如令牌环)使得个人计算机和工作站在20世纪80年代能够连接到互联网上。随着互联网主机数量的增加,拥有一个所有主机及其地址的单个表不再可行。域名系统(DNS)由USC/ISI的保罗·莫卡派乔斯发明。DNS允许采用一种可伸缩的分布式机制来将分级主机名解析为互联网地址。

在DARPA的支持下,加州大学伯克利分校重写了BBN开发的TCP/IP代码,并将其集成到Unix BSD系统中。1985年,丹尼斯·詹宁斯在国家科学基金会(NSF)启动了NSFNET项目,以支持通用研究和学术团体。

第一个分布式计算程序是叫作爬行器和收割者的蠕虫程序对。在20世纪70年代,爬行者使用ARPANET处理器的空闲CPU周期将自己复制到下一个系统,然后从上一个系统中删除自己。后来它被修改为保留在所有以前的计算机上。收割者删除了爬行者的所有副本。

扩展阅读。强烈推荐几本教材。John Hennessy和David Patterson的《计算机体系结构:量化研究方法》[228]是关于计算机体系结构的权威参考资料。Jerome Saltzer和Frans Kaashoek[434]合著的《计算机系统设计原理》涵盖了计算机系统设计的基本概念。James Kurose和Keith Ross的《计算机网络:自顶向下的方法》对网络做了很好的介绍。

Amdahl的论文[26]是经典的,文献[421]和[422]是UNIX的参考。文献[235]涵盖了多核处理器。MULTICS系统[117,118]的发展对计算机系统的设计和实现产生了持久的影响。分布式系统的负载均衡分析见文献[159]。

对P2P系统的全面综述发表于2010年[426]。Chord的文献[466]和Credence的文献[509]是P2P系统领域的重要参考。

4.15 练习和问题

问题1 你认为大型分布式系统的同构性是一个优点吗?给出原因。在你看来,硬件同构与哪些方面最相关?为什么?你认为软件同构的哪些方面是最相关的?为什么?

问题2 P2P系统和云有一些共同的目标,但这不意味着它们已经实现。在架构、资源管理、范围和安全性方面比较这两类系统。

问题3 简要解释发布-订阅模式是如何工作的,并讨论它在诸如公告板、邮件列表等服务中的应用。根据这个模式简述事件服务的设计,见图4.6b。你能识别模拟事件服务的云服务吗?

问题4 可以将元组空间看作分布式共享内存的实现。已经为许多编程语言开发了元组空间,包括Java、Lisp、Python、Prolog、Smalltalk和Tcl(工具命令语言)。简要说明元组空间是如何工作的。你熟悉的元组空间(例如JavaSpaces)的安全性和可扩展性如何?

问题5 运算强度定义为浮点运算的次量除以运行程序所访问的主存中字节的数量。

　　1. 给出低、中、高运算强度的计算例子。

2. 导出一个与处理器峰值性能、峰值内存带宽和运算强度相关的公式。
3. 这个公式和 roofline 模型有什么关系?

问题 6 动态指令调度在文献[228]的 3.5 节中讨论。
1. Tomasulo 的动态指令调度方法使用的保留站的角色是什么?
2. 绘制带有两个保留站的系统图。
3. 动态指令调度的指令执行步骤是什么?

问题 7 有几种方法可以实现硬件多线程、细粒度、粗粒度和同步(SMT)。它们各自的优点和缺点是什么?如果使用,在哪里使用?

问题 8 亚马逊实现了具有 GPU 协处理器的 EC2 实例的优点,用于数据密集型应用,并且在 2016 年引入了 P2 实例。
1. 把 GPU 作为协处理器来连接是有益的还是有害的?
2. GPU 中的线程调度是由硬件完成的还是由应用程序控制的?
3. 将更多的 CUDA 线程添加到应用程序中是否有益?

问题 9 文献[56]分析了云数据中心中计算、存储和网络基础设施的功耗。找出 CPU、DRAM、磁盘、网络和其他用户消耗的总电量的百分比,然后提出减少功耗的最有效方法。

第二部分

Cloud Computing: Theory and Practice, Second Edition

第 5 章　云接入与云互连网络
第 6 章　云数据存储

第 5 章

Cloud Computing: Theory and Practice, Second Edition

云接入与云互连网络

微处理器和存储技术、计算机架构和软件系统、并行算法和分布式控制策略经过数十年的发展,为云计算铺平了道路。持续进化的互联网提供的互联性使得云计算成为可能。云通过高性能互连进行构建,云基础设施的服务器通过高带宽和低延迟网络进行通信。毫无疑问,通信技术将是云计算的核心。

在单个系统的规模下,要取得最优性能需要在带宽、单位时间内的操作数、三个主要子系统(CPU、内存和 I/O)之间取得平衡。现实情况是处理器带宽比 I/O 带宽高几个数量级,同时也远高于内存带宽。这种不平衡进一步被我们所熟知的经验定律——摩尔定律放大,处理器性能每 18 个月左右提高一倍,这远超内存和 I/O 的性能提升。

在大型系统中,这种不平衡的影响不可避免地会被放大,因为互连允许大量处理器在编排软件的控制下协同工作。云计算基础设施的设计者非常清楚,距离 CPU 数据传输越远,通信带宽就越低,通信延迟也越长。具有数百万服务器的云基础设施需要测试云互连网络的延迟和带宽的限制。

基于主要的资源需求,云工作负载分为四大类:CPU 密集型、内存密集型、I/O 密集型和存储密集型。虽然前两者能从高性能网络中受益,但不是必需的;后两者则要求高性能网络。网络性能会直接影响 I/O 和存储密集型工作负载的性能。

最近的一份报告[454]预测,到 2018 年,超过 10% 的超聚合集成系统⊖部署将遭遇可以避免的网络引发的性能问题,而当前系统的这一比例不足 1%。据预测,60% 的供应商将开始提供综合网络服务,以及计算和存储服务。

当云基础设施的其他组件的成本持续下降时,网络基础设施的成本反而不断提高。此外,许多云应用(包括科学和工程领域的分析和应用)都是数据密集型和网络密集型的,需要具有更高带宽和更低延迟的网络,这是非常昂贵的。在 CSP 的每月成本当中,网络设备约占 8%,服务器占 57%,功耗占 31%[232]。

本章主要讨论通信,首先概述用于访问云、互联网、分组交换网络的网络。5.1~5.3 节介绍万维网,然后,分别在 5.4 和 5.5 节介绍命名数据网络和软件定义网络。最后将重点转移到云基础设施内部使用的通信结构,以及互连网络架构和算法的分析上。

在 5.6 节概述互连网络之后,5.7~5.9 节将分别介绍多级网络、无限带宽技术 (InfiniBand) 和 Myrinet 以及存储区域网络。可伸缩的数据中心架构和网络资源管理分别是 5.10 和 5.11 节的主题。然后,5.12 和 5.13 节介绍内容分发网络和车载自组织网络。章末有扩展阅读以及一系列练习和问题。

5.1 分组交换网络和互联网

互联网是一种分组交换网络,可以访问计算机云。分组交换网络通过分组交换数据包

⊖ 超聚合是一种以软件为中心的体系结构,它将计算、存储、网络、虚拟化和其他技术紧密地集成在一个由单个供应商支持的商品化硬件箱中。

来传输数据单元,这些数据包排队通过复杂的交换机并被路由到它们的目的地。数据包会遭遇随机延迟、丢失,并且到达目的地时可能会失序。

接下来定义几个基本概念。数据报是分组交换网络中的传输单元,除了其有效负载之外,数据报还包含一个用于控制网络传输的头部。网络架构描述了用于通信的协议栈。协议定义一套关于如何通信的规则,它规定了数据单元的发送者和接收者所采取的行为。网络主机指位于网络边缘,能够发送和接收信息的系统,可以是计算机或移动设备(比如电话和传感器)。

网络架构和协议。众多路由器、控制系统以及终端用户系统所在的网络边界组成分组交换网络的网络核心,其中控制系统之间通过超高带宽的通信信道连接。

分组交换网络是一个复杂的系统,它由大量的自治组件组成,有时,这些自治组件受复杂且矛盾的需求影响。用于复杂系统的基本策略是分层和模块化。分层意味着将一个复杂功能分解为能通过明确定义的信道进行交互的多个元素(一层),每一层只能与其邻层进行通信。

基于 TCP/IP 网络架构的互联网协议栈如图 5.1 所示。在发送主机数据时,协议栈从应用层流向传输层,然后流向网络层,最后流向数据链路层。物理层通过一个物理通信链路(编码为电信号、光信号或电磁信号)推送比特流。五层架构对应的数据单元分别是报文、段、数据包、帧和编码比特。

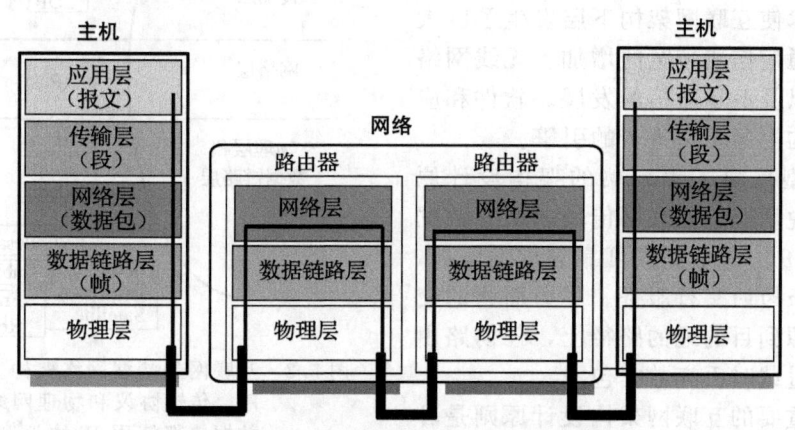

图 5.1 互联网协议栈。在网络边缘主机上运行的应用程序使用应用层协议进行通信。传输层处理端到端交付。网络层负责通过网络路由数据包。数据链路层确保网络的相邻节点之间的可靠通信,物理层传输编码为电信号、光信号或电磁信号的比特流(粗线表示这种比特管道)

传输层通常使用 TCP 或 UDP,为两台对等主机进程之间提供端对端通信。网络层决定数据包应该发送到哪里,比如发送到另一个路由器,或者发送到某局域网上与某路由器相连的目标主机。网络层的 IP 协议可以引导数据包穿越分组交换网络。数据链路层将网络层传下来的数据包封装成帧,并交给下一层。一旦数据包到达路由器,数据比特就会传递到数据链路层,然后传递给网络层。

系统上的某个协议只能与其对等实体通信。例如,发送方主机 A 上的传输协议与接收方主机 B 上的传输协议进行通信。在发送方 A,传输层协议封装来自应用层的数据,并添加本层的控制信息作为头部,该信息只能被它的对等实体,即主机 B 上的传输层协议所使用。当对等实体接收到数据单元时,它会进行解封装,解析控制,删除头部,然后将剩下的有效负载往上传递到下一层,即主机 B 的应用层。

发送主机的数据链路层的数据单元包括网络层的头部和有效负载。相应地,网络层的数据单元包括传输层头部和有效负载,传输层的有效负载又由应用层头部和有效负载所组成。

互联网。互联网是众网之网,由众多独立、自主且不同的网络所聚合。每个网络都遵循一个通用框架并使用全球唯一的 IP 地址、IP 路由协议和边界网关协议(BGP)。边界网关协议制定核心路由决策,是一种路径向量可达协议。边界网关协议维护一张指定自治系统间网络可达性的 IP 网络表。边界网关协议可根据路径、网络策略和规则集做出路由决策。

IP 地址是一个整数字符串,用于唯一标识连接到互联网上的每个主机。IP 地址允许网络首先识别目标网络,然后识别该网络中应该传递数据报的主机。一台主机可以有多个 IP 地址,因此可以连接到多个网络。主机可以是超级计算机、工作站、笔记本电脑、移动电话、网络打印机或任何具有网络接口的物理设备。

互联网基于沙漏网络架构,如图 5.2 所示。沙漏架构是导致互联网爆炸式增长的部分原因,它允许架构的较低层独立于上层发展。通信技术使互联网架构下层发生了巨大变化,包括通信信道带宽的增加、无线网络的广泛使用以及卫星通信的发展。软件和应用程序是架构上层不断进步的引擎。

沙漏模型反映了端到端的架构设计原则。该模型说明通过互联网传输的所有数据包都使用了 IP。IP 不提供可靠的传输服务,仅提供尽力而为的交付服务。尽力而为的交付意味着从源到目的地的路径上,任何路由器都可能在过载时丢弃数据包。

另一个重要的互联网架构设计原则是转发平面和路由平面分离。转发平面决定如何处理到达路由器入站接口的数据包。该平面

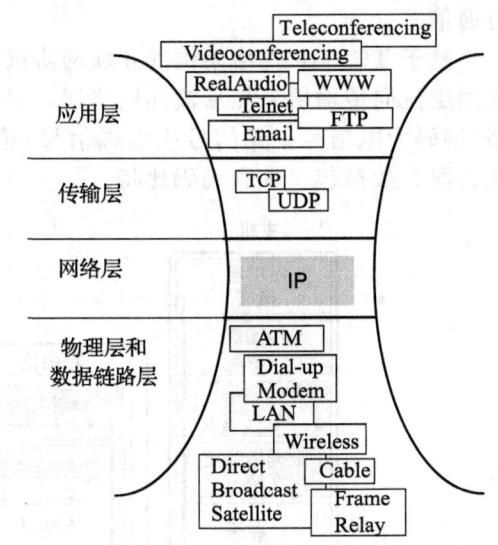

图 5.2 互联网的沙漏网络架构。无论应用程序、传输协议和物理网络如何,所有数据包都使用 IP 协议和目的地的 IP 地址从源路由到目的地

使用一张表来查找传入数据包的目标地址,然后检索信息以确定将接收数据通过路由器的内部转发结构传送到正确输出接口的路径。路由平面负责在每个路由器中构建路由表。两个平面分离使得路由表在更新时转发平面也能正常工作。

除了 IP 地址(或称为逻辑地址)之外,每个网络接口(将主机与网络连接的硬件)具有唯一的 MAC 地址(或称为物理地址)。MAC 地址是永久地分配给设备的网络接口的,而 IP 地址则是动态分配的。对于移动设备,其 IP 地址会根据设备的位置和连接网络的变化而变化。

动态主机配置协议(DHCP)是一种自动配置 IP 地址的协议。DHCP 为客户端系统分配 IP 地址。DHCP 服务器有三种分配 IP 地址的方法:

- 动态分配。网络管理员为 DHCP 分配一系列 IP 地址。在网络初始化期间,局域网上的每个主机都会从 DHCP 服务器请求分配一个 IP 地址。在请求和授权过程中,

有可控时间段（或称为租约）的概念，它允许 DHCP 服务器回收未续订的 IP 地址，并能将其重新分配。
- 自动分配。DHCP 服务器永久地从管理员规定的 IP 地址范围为客户端分配一个空闲的 IP 地址。
- 静态分配。DHCP 服务器根据手动填写的表（MAC 地址-IP 地址）分配 IP 地址。只有在此表中列出 MAC 地址的客户端才会分配 IP 地址。

一旦数据包到达目的主机，它就会被发送到相应的传输协议守护进程，后者又将其发送给应用程序，该应用程序监听某个端口——端口是对一个逻辑通信信道端点的抽象，如图 5.3 所示。运行应用程序的进程或线程使用称为套接字的抽象通过网络发送和接收数据。套接字管理一个传入消息队列和一个传出消息队列。

互联网传输协议。 互联网使用两种传输协议，即无连接的数据报协议 UDP（用户数据报协议）和面向连接的协议 TCP（传输控制协议）。数据报的报头包含从源到目的地足以通过网络进行路由的信息，但是不能保证数据报的到达时间和交付顺序。

为了确保有效通信，UDP 传输协议假设错误检查和错误纠正要么是没有必要

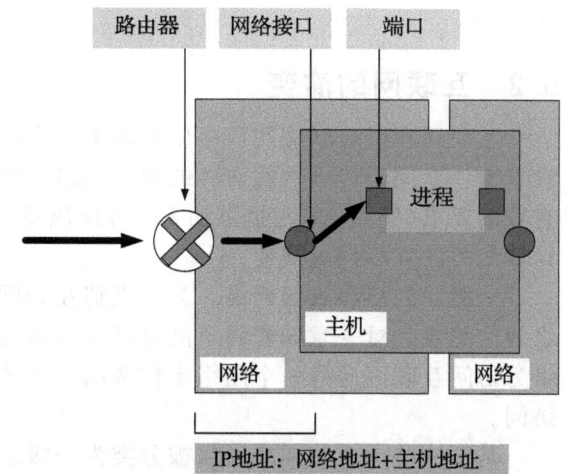

图 5.3 数据包发送到进程和线程。数据包由 IP 协议路由到目标网络，然后路由到 IP 地址指定的主机

的，要么是由应用程序执行的。数据报可能失序、重复到达，或者根本不会到达。使用 UDP 的应用程序包括 DNS（域名系统）、VoIP、TFTP（简单的文件传输协议）、流媒体应用程序（如 IPTV）和在线游戏。

TCP 为一个系统上的应用与其目标系统上的对等实体之间提供可靠、有序的字节流交付服务。应用程序向特定端口（逻辑通信链路的端点抽象）发送/接收称为段的数据单元。TCP 被用于万维网、电子邮件、文件传输、远程管理和许多其他重要应用。

TCP 使用了基于滑动窗口的端到端流量控制机制。滑动窗口指发送方在从接收方接收确认之前可以发送的数据包数，该机制允许接收方控制发送的报文段的速率并可靠地处理它们。

网络所具有的传输数据容量是有限的。当网络负载接近极限时，将会出现许多不良影响：一些数据包会被路由器丢弃、网络延迟和抖动增加。这就好像一条高速公路在拥堵的情况下，从 A 点到 B 点的时间会急剧增加。一个解决方案是引入交通信号灯，限制新的车辆进入高速公路，TCP 解决网络拥堵的方法与其相似。

TCP 使用了几种机制进行拥塞控制，详见 5.3 节。这些机制控制进入网络的数据速率，使得数据流保持在导致网络崩溃的速率之下，并提供多条流之间的公平分配。ACK 应答与定时器可用于推断发送方和接收方之间的网络状况。

TCP 的拥塞控制策略基于四种算法：慢启动（slow-start）、拥塞避免（congestion avoidance）、快速重传（fast retransmit）和快速恢复（fast recovery）。这些算法使用本机可获得的信息，例如基于发送方和接收方之间估计的 RTT（往返时间）的 RTO（超时重传），以

及往返时间的方差,以实现拥塞控制策略。而 UDP 是无连接协议,因此无法控制 UDP 流量。

本节对一些基本网络概念进行回顾,解释了为什么进程间的通信会产生很大的开销。虽然光纤信道的原始速度可以达到 Tbps 数量级⊖,但是互联网上的端到端通信的实际传输速率可能只有几十 Mbps 的数量级,并且网络延迟是毫秒级的。这对云计算的发展具有重要影响。术语"速率"用于非正式地描述最大数据传输速率或通信信道的容量,该容量由信道的物理带宽决定,这解释了为什么术语"带宽"也用于测量信道容量或最大数据速率。

5.2 互联网的演变

互联网在适应新应用程序以及越来越多的用户需求的压力下不断发展。互联网最初被设想为一个用于传输数据文件的数据网络,如今已经演变成可以支持数据流和对实时性具有较高要求(例如 AWS 提供的 Lambda 服务)的应用程序的网络。本节的讨论仅限于与云计算相关的互联网的演变。

一级、二级和三级网络。为了理解互联网演变后的架构变化,我们首先讨论两个网络之间的关系。对等意味着两个网络可以自由地在彼此的客户之间交换流量。转接要求某网络为访问互联网向另一个网络支付费用。客户一词意味着网络正在接收费用以授权互联网访问。

基于这些关系,网络通常被分类为一级、二级和三级网络。一级网络可以到达互联网上的所有其他网络,而无须购买 IP 转接或支付访问费用。一级网络供应商有 Verizon、ATT、NTT、Deutsche Telecom,如图 5.4 所示。

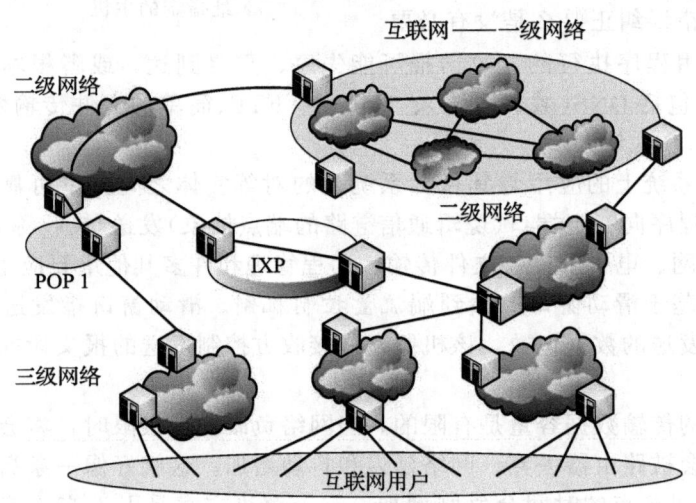

图 5.4 基于转接和支付费用的互联网网络关系

二级网络是一个互联网服务供应商,从事与其他网络对等的实践,但仍然购买 IP 转接以到达互联网的某些部分。二级供应商是互联网上最常见的供应商。三级网络从其他网络(通常是二级网络)购买转接以访问互联网。入网点(POP)是从此地到互联网其余部分的

⊖ 2010 年,日本电报电话公司(NTT)在 240 公里长的光纤上采用 432 个波长的波分复用技术,达到了 69.1Tbps 的速度。

接入点。

互联网交换中心(IXP)是互联网服务供应商(ISP)用来交换网络流量的物理基础设施。IXP通过交换机直接连接各个网络,而不是通过一个或多个第三方网络连接。直接连接有很多优点,但采用IXP的主要原因是成本、延迟和带宽。通过IXP交换所产生的流量通常不会由任何一方收取费用,而ISP的上游供应商的流量则会收取费用。

IXP减少了使用上游供应商提供的ISP流量部分,从而降低了其服务的单位流量成本。此外,IXP发现的路径数量增加能提高路由效率和容错性。典型的IXP由一个或多个网络交换机组成,每个参与的ISP都连接到这些交换机。

Web应用程序、云计算和内容分发网络等新技术正在重新定义网络,如图5.5所示[287]。互联网、游戏和娱乐正在融合,大量的计算机应用正在向云端迁移。随着高清电视价格的下降,需要消耗越来越多的带宽,而Netflix和Hulu等内容供应商为客户提供了高速带宽服务。

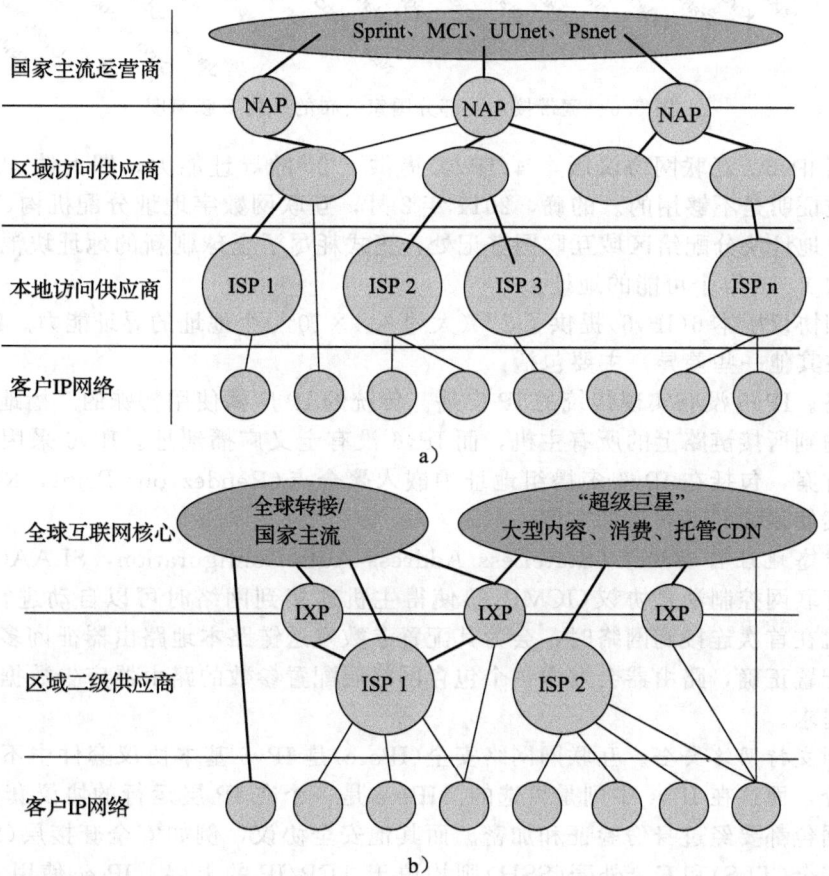

图5.5 互联网的演变。三级网络的流量由2007年的5.8%上升至2009年的9.4%,Google应用程序在2009年的流量中占5.2%[287]

网络基础设施能否充分满足当前的带宽需求?如图5.6所示,美国的互联网基础设施在网络带宽方面处于落后地位。一个重要的问题是:限制互联网宽带用户可用带宽的瓶颈究竟在哪里?答案是"最后一英里",即将家庭连接到ISP网络的链接。认识到宽带接入基础设施的完善能够推动经济的持续增长,并且人们在任何地方都能通过网络工作,谷歌公司启动了谷歌光纤项目,其目标是通过 FTTH[⊖]为家庭用户提供 1Gbps 的访问速度。

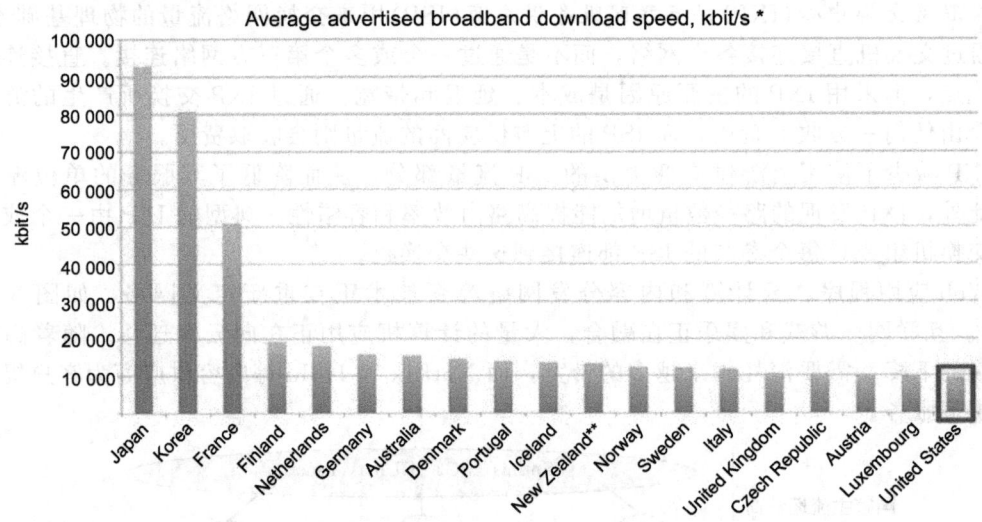

图 5.6 宽带接入:部分国家公布的平均下载速度

迁移到 IPv6。互联网协议版本 4(IPv4)提供了 2^{32} 的寻址能力,即大约 43 亿个地址,这个数量被证明是不够用的。的确,2011 年 2 月,互联网数字地址分配机构(IANA)将最后一批 5 个地址块分配给区域互联网登记处,正式耗尽了全球刷新的地址块池。每个地址块包含大约 1 670 万个可能的地址。

互联网协议版本 6(IPv6)提供了 2^{128}(大约 3.4×10^{38})个地址的寻址能力。IPv4 和 IPv6 之间还存在其他一些差异,主要包括:

- 多播。IPv6 没有实现传统的 IP 广播。传统的 IP 广播使用特殊的广播地址将数据包传输到所接链路上的所有主机,而 IPv6 没有定义广播地址。IPv6 采用新的多播解决方案,包括在 IPv6 多播组地址中嵌入聚合点(Rendezvous Point,RP)地址。该方案使得域间部署更加方便。
- 无状态地址自动配置(StateLess Address Auto-Configuration,SLAAC)。IPv6 中的互联网控制消息协议(ICMPv6)使得主机连接到网络时可以自动进行地址分配。主机在首次连接到网络时,会为其配置参数发送链路本地路由器征询多播请求。如果配置正确,路由器会发送一个包含网络层配置参数的路由器广告数据包来响应此类请求。
- 强制支持网络安全。互联网网络安全(IPsec)是 IPv6 基本协议套件中不可缺少的一部分,而这在 IPv4 中则是可选的。IPsec 是一个在 IP 层运行的协议套件,每个 IP 数据包都要经过身份验证和加密。而其他安全协议,例如安全套接层(SSL)、传输层安全(TLS)和安全外壳(SSH)则均位于 TCP/IP 的上层。IPsec 使用了多种协议:认证头(Authentication Header,AH),支持 IP 数据报的无连接完整性和数据源鉴别,并能防止重放攻击(replay attack);封装安全有效负载(Encapsulating Security Payload,ESP),支持机密性、数据源鉴别、无连接完整性、反重放服务和有限的流量保密;安全关联(Security Association,SA),提供操作 AH 和 ESP 所需的参数。

⊖ 光纤到户(Fiber-To-The-Home,FTTH)是一种宽带网络架构,它使用光纤来取代基于铜的本地环路,后者用于"最后一英里"的入户网络接入。

不幸的是，从 IPv4 迁移到 IPv6 是非常困难的，且成本巨大[115]。一个简单的比喻可解释其中的困难：北美的电话号码由 10 位数字组成，因此该方案可提供多达 100 亿个电话号码，然而我们实际使用的电话号码数量较少。实际上，我们使用基于地理邻近度的区域代码而浪费了一些电话号码，因为我们并未分配给定区域中的所有可用号码。

为了克服该方案的电话号码数量限制，一些大型组织通常会使用 3~5 位数字的私人电话分机。因此，对于使用了 3 位扩展号码的大型组织，单个公共电话号码可以转换为 1 000 个电话。类似地，网络地址转换（Network Address Translation，NAT）技术允许单个公共 IP 地址支持上百甚至上千个私有 IP 地址。过去，NAT 技术与 IP 语音（VoIP）和虚拟专用网络（VPN）等应用程序不兼容。如今，Skype 和 STUN VoIP 应用程序可以很好地支持 NAT，NAT-T 和 SSLVPN 也支持 VPN NAT。

如果电话公司决定推广 40 位数字电话号码的新系统，我们将需要新的电话，同时也需要新的电话簿，因为每个电话号码是 40 个字符而不是 10 个，所以每个人都需要一个新的个人地址簿，几乎所有的通信、交换设备和软件都需要更新。同样，IPv6 迁移涉及升级所有应用程序、主机、路由器和 DNS 基础设施。此外，迁移到 IPv6 需保证向后兼容性，任何迁移到 IPv6 的组织都应该维护完整的 IPv4 基础设施。

5.3 Web 访问和 TCP 拥塞控制窗口

Web 支持访问存储在云上的内容。实际上，所有云计算基础设施都允许用户使用基于 Web 的系统与云上的计算机进行交互。应该注意的是，与 Web 访问相关的指标对于设计和调整网络非常重要。网站 http://code.google.com/speed/articles/web-metrics.html 提供了有关指标的统计信息，例如资源的大小和数量，表 5.1 总结了这些指标。统计数据是从 Google 爬网和索引管道中检测到的数十亿页的样本中收集的。

表 5.1 在 Google 的爬网和索引管道中检测到的数十亿个页面样本中的 Web 统计信息

度量类型	值
分析的页面样本数	4.2×10^9
每个页面平均资源数量	44
平均每个页面获得的次数	44.5
每个页面遇到的唯一主机名的平均数量	7
通过网络传输的每个页面的平均大小，包括 HTTP 头文件	320KB
每个页面的平均图像数	29
每个页面的图像的平均大小	206KB
每个页面的外部脚本的平均数量	7
分析的示例 SSL（HTTPS）页面的数量	17×10^6

此类统计信息有助于调整传输协议以使其在延迟和吞吐量方面具有最佳性能。网页平均大小、GET 操作数量等信息可用于解释在现有系统上执行的性能测量的结果，并提出改进以优化性能，如下所述。网页浏览器使用的 HTTP 协议使用了 TCP 协议，并使用了其拥塞控制机制。

TCP 流量控制和拥塞控制。为了提高信道利用率，避免网络拥塞，同时确保网络带宽的公平分配，TCP 协议使用了两种机制，分别为流量控制和拥塞控制。流量控制机制能限制发送方的发送速率，发送方在接收到接收方的反馈后，会限制发送数据大小，以确保接收方能够缓冲并处理。TCP 协议使用滑动窗口实现流量控制。如果 W 是窗口大小，则发送方的数据速率 S 为：

$$S = \frac{W \times \text{MSS}}{\text{RTT}} \text{bps} = \frac{W}{\text{RTT}} \text{数据包/秒} \tag{5.1}$$

MSS 和 RTT 分别表示最大数据段大小和往返时间，假设 MSS 就是一个数据包。如果发送速率 S 太小，则传输速率小于信道容量，而发送速率 S 过大则会导致网络拥塞。信道容量取决于网络负载，因为同一物理信道会被多个网络流共享。

实际窗口大小 W 受两个因素影响：接收方接受新数据的能力和发送方对网络可用容量的估计。接收方在每帧的接收窗口字段中指示它可以接受的数据量，接收方接收并确认新的数据段时，接收方的窗口向后移动。当接收方告知其可接收数据量为零时，发送方将停止发送数据并启动一个固定定时器（persist timer）。当随后的接收方窗口更新丢失时，此定时器可用于避免死锁。

当固定定时器到期时，发送方会发送一个小数据包，接收方通过发送包含新窗口大小的另一个 ACK 确认来响应。发送方除了通过接收方提供的信息进行流量控制，还会尝试推断当前网络可用容量从而避免网络过载。发送方通过丢包率和延迟来确定网络拥塞程度。如果用 awnd 表示接收方窗口，cwnd 表示发送方设置的拥塞窗口，则实际窗口应为：

$$W = \min(\text{cwnd}, \text{awnd}) \tag{5.2}$$

下面讨论几种用于拥塞控制的算法，包括由 Van Jacobson 在 1988 年和 1990 年提出的 Tahoe 和 Reno 算法。Tahoe 包括慢启动（SS）、拥塞避免（CA）和快速重传（FR）。发送方探测网络的可用容量，并根据丢包情况检测拥塞状况。SS 意味着发送方以两倍 MSS 的窗口大小启动，初始时 init_cwnd=1。对于每个 ACK 确认，拥塞窗口增加 1MSS 大小，即每经过一次 RTT 时间段拥塞窗口大小都能加倍。

当拥塞窗口超过阈值时，即 cwnd≥ssthresh，算法进入 CA 状态。在该状态下，对于每次成功接收 ACK 确认，cwnd←cwnd+1/cwnd，对于每个 RTT，cwnd←cwnd+1。之所以采用 FR 是因为是等待超时的过程太长，因此发送方在收到 3 次重复确认后应立即快速重传，而不是等到超时。在这种情况下应进行两项调整：

$$\text{flightsize} = \min(\text{awnd}, \text{cwnd}), \quad \text{ssthresh} \leftarrow \max\left(\frac{\text{flightsize}}{2}, 2\right) \tag{5.3}$$

并且系统会进入 SS 状态，此时 cwnd=1。描述 Tahoe 算法的伪代码如下：

```
for every ACK {
    if (W < ssthresh) then W++       (SS)
    else    W += 1/W                 (CA)
}
for every loss {
    ssthresh = W/2
        W = 1
}
```

互联网的使用模式已经改变。不同来源报告的测量结果[156]表明，2009 年互联网连接的平均带宽为 1.7Mbps。超过 50% 的流量对带宽的要求至少是 2Mbps，这样的带宽可以认为是宽带，而只有大约 5% 的流量对带宽的要求低于 256Kbps，这样的带宽可以认为是窄带。回想一下，当时的平均网页大小大约在 384KB 的范围内。

虽然大多数互联网流量是由大量长时间（long-lived）数据传输造成的，例如视频和音频流传输，但也有很多流量是短暂（short-lived）的，例如网络请求。因此，一项重大挑战是确保短暂网络流量的公平性。

为了克服 SS 的限制,已有许多应用策略被开发出来以减少通过互联网下载数据的时间。例如,Firefox 3 和 Google Chrome 这两个浏览器对于每个域最多可以打开六个 TCP 连接以提高并行性,并在加载网页时提高启动性能。而 Internet Explorer 8 则可以打开 180 个连接。显然,这些策略绕开了拥塞控制机制,并产生了相当大的网络开销。有人认为更好的解决方案是增加 TCP 的拥塞窗口的初始大小,一些论点如下[156]:

- TCP 延迟主要由 SS 阶段的 RTT 数量决定。增大 init_cwnd 参数可以在更少的 RTT 内完成数据传输。
- 考虑到平均网页大小为 384KB,单个 TCP 连接需要多个 RTT 才能下载整个页面。
- 该方案确保了大多数网络短期流量与长期流量之间的公平性。
- 通过快速重传,可以在损失后更快地恢复。

可以证明,在没有丢包的情况下 SS 的总传输延迟可由下式计算:

$$\left\lceil \log_\gamma \left(\frac{L(\gamma-1)}{\text{init}_{\text{cwnd}}} + 1 \right) \right\rceil \times \text{RTT} + \frac{L}{C} \tag{5.4}$$

其中 L 为传输数据大小,C 为瓶颈链接率,γ 为常数,通常取 1.5 或 2,具体取值取决于 ACK 是否有延迟;$L/\text{init\_cwnd} \geqslant 1$。在文献[156]的实验报告中,当 init_cwnd=3 时,TCP 网络延迟为 490 毫秒,而当 init_cwnd=16 时,延迟减少到 466 毫秒左右。

5.4 命名数据网络

互联网由众多通信网络聚合而成,其中通信单元(数据包)仅对通信端点命名。今天的互联网大部分被当作数字媒体、电子商务、大数据分析等领域应用的一种分布式网络。

在分布式网络中,通信以内容为中心,代理请求命名的对象,一旦找到持有该对象的站点,网络便将其传输到请求该对象的站点。分布式网络中的最终用户不知道数据的位置,只对内容感兴趣。当今通信网络中的数据绑定到特定的主机,这使得数据复制和迁移非常困难。

以内容为中心的网络的想法已经存在了一段时间。1999 年 Stanford 的 TRIAD ⊖ 项目[205,487]提出使用一个对象的名称来路由到它的副本。在这个方案中,互联网中继协议使用中继节点维护路由信息执行名称到地址的转换。基于名称的路由协议的功能类似于 BGP 协议,它支持一种更新中继节点路由信息的机制。

2006 年,加州大学伯克利分校的面向数据网络架构(Data Oriented Network Architecture,DONA)项目[150]扩展了 TRIAD,将安全性和持久性作为新的网络架构的原语。DONA 架构公开了两个原语:FIND,允许客户端通过其名称请求特定的数据片段并进行注册;REGISTER,允许内容供应商表明其服务特定数据对象的意图。2006 年,加州大学洛杉矶分校的 Van Jacobson 认为命名数据网络(NDN)应该是未来互联网的架构。

2012 年,互联网研究工作组(IRTF)建立了一个以信息为中心的网络(ICN)研究工作组,负责调查 NDN 的架构设计。2014 年的 ICN 研究调查和 NDN 的简要介绍分别见文献[532]和[548]。当前研究工作解决的 NDN 架构的重要特征包括命名空间、信任模型、网络内存储和数据同步,以及同样重要的聚合、发现和引导。

沙漏模型可以扩展,数据包可以命名对象而不是通信端点。NDN 沙漏模型将协议栈

⊖ TRIAD 是 Translating Relaying Internet Architecture Integrating Active Directories 的缩写。

的下层与上层分开，因此，数据命名可以独立于网络发展，见图5.7a。

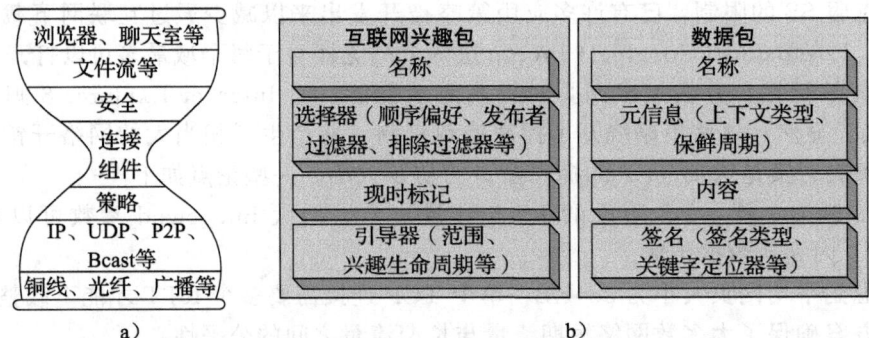

图 5.7 a) NDN 沙漏架构并行于互联网沙漏架构，它将协议栈的上下层分开，因此，数据的命名可以独立于网络而演化。b) NDN 网络服务的语义是获取按名称标识的数据块，而互联网语义通过由源和目标 IP 地址标识的端到端通道将数据包发送到指定的网络地址。有两种数据包类型，分别为兴趣包和数据包(参见 http://name-data.net/doc/ndntlv/)，用于 NDN 路由和转发

NDN 数据包传递由数据使用者驱动，通信由某个代理发起，该代理生成包含数据名称的兴趣包，请参见图 5.7b。一旦兴趣包到达具有数据包的数据项副本的网络主机，便会生成包含名称、数据内容和签名的数据包。签名由生产者的密钥生成。数据包遵循兴趣包跟踪的路由，并将其传递给数据消费者代理。NDN 路由器维护转发数据包所需的信息：

- 内容存储：先前通过路由器的数据包的本地缓存。当兴趣包到达时，搜索内容存储以确定是否存在匹配数据，如果有，则在接收兴趣包的相同路由器接口上转发数据。如果没有，则路由器使用一种数据结构(转发信息库)转发该包。最近，NDN 支持更持久和更大容量的网内存储，称为存储库，提供类似于内容分发网络的服务。
- 转发信息库：此数据结构的条目由基于名称前缀的过程填充。转发策略从兴趣包的转发信息库中检索最长前缀匹配条目。
- 待定兴趣表(PIT)：存储路由器已转发但尚未满足的所有兴趣包。PIT 条目记录互联网中携带的数据名称及其传入和传出路由器的接口。当数据包到达时，路由器找到匹配的 PIT 条目并将数据转发到该 PIT 条目中列出的所有下游接口，然后删除 PIT 条目，并将数据包缓存在内容存储库中。

名称在 NDN 中是必不可少的，尽管命名空间管理不是 NDN 架构的一部分。NDN 名称的范围和上下文是不同的。全局可访问的数据必须具有全局唯一的名称，而本地名称仅需要本地路由，并且只能是本地唯一的。NDN 中命名空间没有耗尽，而由于 IPv4 的 IP 地址限制，迁移到 IPv6 已成为必需。

NDN 和 TCP/IP 之间还存在其他重要差异。每个数据包都经过加密签名，因此系统支持以数据为中心的安全性，而 TCP/IP 安全性则留给通信端点。NDN 路由器宣布其愿意服务的数据的名称前缀，而 IP 路由器宣布 IP 前缀。

NDN 是一种通用覆盖⊖，它可以在任何数据报网络上运行，反之，任何数据报网络（包括 IP）都可以在 NDN 上运行。诸如开放最短路径优先(OSPF)之类的经典算法按兴趣

⊖ 覆盖网络是建立在另一个物理网络之上的网络，它的节点由虚拟链路连接，每个虚拟链路都对应于底层网络中的一个路径(可能通过许多物理链路)。

包名称元素与路由器 FIB 条目的最长前缀匹配来路由数据块。

广域应用可以在 IP 隧道上运行，并且 NDN 节点岛可以通过非 NDN 云上隧道互连。可扩展转发以及强大而有效的信任管理，是 NDN 网络未来的关键挑战。命名空间设计是 NDN 的核心，因为它涉及应用数据、通信、存储模型、路由和安全性。

NDN 可用于云数据中心，尤其适用于支持 IaaS 云交付模型的云数据中心。数据被复制，多个实例可以从最近的存储服务器并发访问数据。这对某些 MapReduce 应用很有用，但它需要对支持这种范例的框架进行重大更改。另一方面，许多应用程序将数据缓存在服务器内存中，它们从 NDN 支持中收益不大。

5.5 软件定义网络

软件定义网络(SDN)将资源虚拟化的基本原则扩展到网络，使得网络工程师可以对通信网络进行编程修改。SDN 引入了一个能将网络配置与物理通信资源分开的抽象层。准确地说，在控制层内运行的网络系统夹在应用层(又称业务层)和基础设施层(又称转发层)之间，应用程序可以动态地重新配置转发层以适应其安全性、可扩展性和可管理性等需求。

尽管 SDN 引起了网络供应商的极大兴趣，但目前还处于概念阶段，并且对于架构问题，API 或供应商之间的覆盖网络几乎没有统一。2012 年开放网络基金会(ONF)发布的白皮书(https://www.opennetworking.org/sdn-resources)推出了基于 OpenFlow 协议的 SDN。根据 ONF 的说法，采用新的网络架构很有必要，原因有很多，其中包括由于云服务的增加和大数据应用要求更多带宽等因素而导致的流量模式变化。ONF 架构包括几个组件：

- 应用层：根据不同的应用需求为控制层生成网络要求。
- 控制层：将应用层需求转换为 SDN 数据路径，并为应用层提供网络的抽象视图。
- 数据路径：将控制翻译给物理基层的逻辑网络设备；由代理和转发引擎组成。
- 控制到数据面(plane)接口：SDN 控制层和数据路径之间的接口。
- 北向接口：应用层和控制层之间的接口。
- 接口驱动程序和代理：驱动-代理对。
- 管理。

OpenFlow 是一个用于编程数据面交换机的 API。OpenFlow 交换机的数据路径和控制路径包括一个流表，其中包含与每项流条目相关联的操作和一个为流条目编写程序的控制器。控制器配置和管理交换机，并从交换机接收事件。

5.6 计算机云的互连网络

下一节将讨论用于多处理器系统、超级计算机和云计算的互连网络。正如我们在第 3 章和第 4 章中看到的那样，计算和通信是紧密交织在一起的，互连网络对于计算机云和超级计算机的性能至关重要。

接下来介绍几个对理解互连网络很重要的概念。网络由节点和链路或通信信道组成。节点的度指节点所连接的链接数。互连网络的节点可以是处理器、内存单元或服务器。节点的网络接口是将节点连接到网络的硬件。

交换机和通信信道是互连结构的组成部分。交换机接收数据包，查看每个数据包内部以确定目标 IP 地址，然后使用路由表将数据包转发到下一个跳转到其最终目的地的位置。

n 路开关有 n 个端口，可以连接到 n 个通信链路。如果可以随时连接源和目的地的任何排列，则互连网络可以是非阻塞的。如果不满足此要求，则互连网络将阻塞。

虽然处理器和内存技术的发展遵循摩尔定律，但互连网络的发展速度较慢，已成为决定系统整体性能和成本的主要因素。例如，从 1997 年到 2010 年，无处不在的以太网的速度从 1Gbps 增加到 100Gbps。这种增长略低于根据摩尔定律[354]所预计的到 2013 年以太网速度将达到 1Tbps。

互连网络的特点表现在拓扑结构、路由和流控。网络拓扑由节点互连的方式决定，路由决定消息如何从源到目的地，流控协商如何分配缓冲区空间。网络拓扑有两种基本类型：
- 服务器之间存在直接连接的静态网络；
- 使用交换机互连服务器的交换网络。

互连网络的拓扑结构决定了网络直径、所有节点对之间的平均距离、对分宽度、将网络划分为两半的最小链路数量、对分带宽以及成本和功率消耗[271]。当网络被划分为两个相同大小的网络时，对分带宽测量两网之间的通信带宽。

全对分带宽允许一半的网络节点与另一半的节点同时通信。假设一半的节点以 BMbps 的速率向网络中注入数据，当对分带宽为 B 时，网络具有全对分带宽。交换结构必须有足够的双向带宽来进行云计算。

一些常见的具有静态互连的拓扑结构如下：
- 总线型。一个简单且经济高效的网络，见图 5.8a。它不能扩展，但通过窥探分布式内存系统很容易实现缓存一致性。总线通常用于共享存储多处理器系统。
- n 阶超立方体。如图 5.8b 所示。超立方体具有良好的对分带宽，节点数量为 $N = 2n$，度数为 $n = \log N$，节点之间的平均距离为 $\mathcal{O}(N)$ 跳。实例为 SGI Origin 2000。
- 2D 网格。见图 5.8c。一个 $n \times n$ 二维网格有很多连接节点的路径，成本为 $\mathcal{O}(n)$，平均延迟 $\mathcal{O}(\sqrt{n})$。网格的边缘非对称，因此其性能对边缘的通信节点敏感，对中间位置的不敏感。实例为 20 世纪 90 年代的英特尔 Paragon 超级计算机。

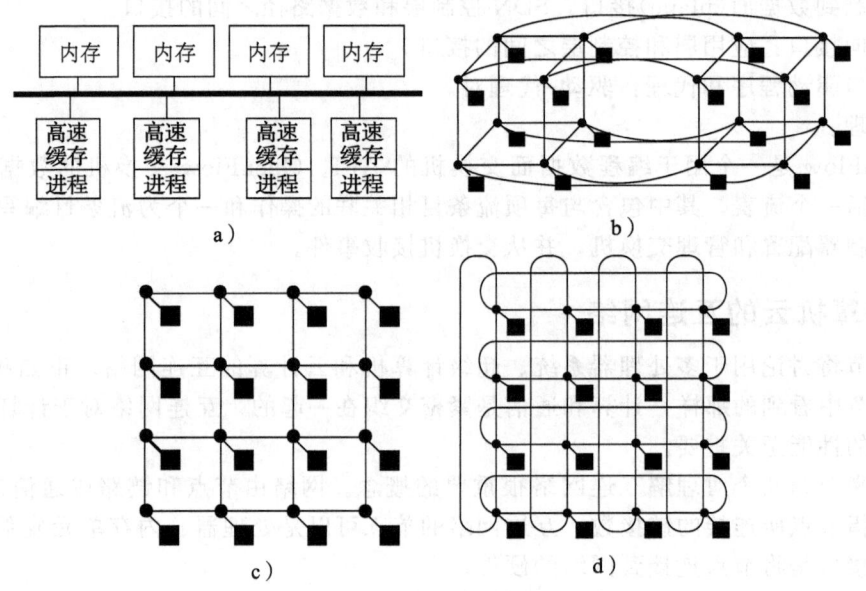

图 5.8 静态互连网络

- 环面。避免了网格的不对称，但在组件的数量上有较高的成本。环面对于使用最近邻通信的应用友好，参见图 5.8d。它普遍用于专属的互连。实例为富士通 K 超级计算机的 6 维网格/环面。

交换网络有多层连接节点的交换机，如图 5.9 所示。

- 纵横交换具有 N^2 个交叉点，如图 5.9a 所示。
- Omega(Butterfly、Benes、Banyan 等)具有 $(N \log N)/2$ 个交换机，见图 5.9b。成本为 $\mathcal{O}(N \log N)$，延迟为 $\mathcal{O}(\log N)$。Omega 网络为低直径网络。

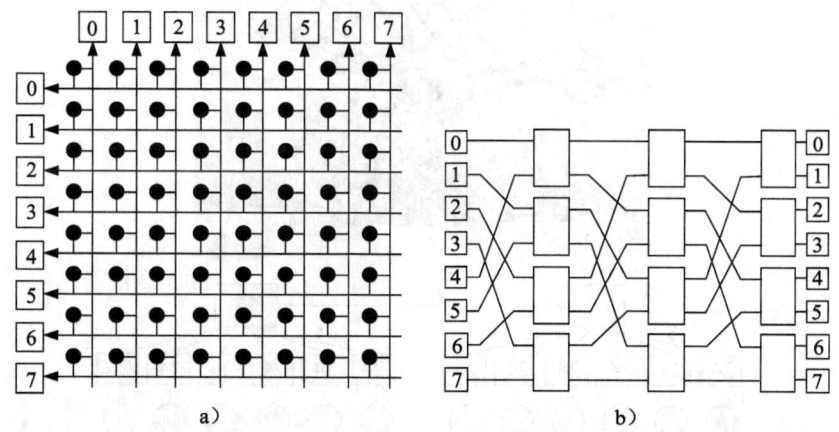

图 5.9 交换网络。a) 8×8 纵横交换，16 个节点通过标记为黑点的 49 个交换机互连。b) 8×8Omega 交换，16 个节点由 12 个标记为白色矩形的交换机互连

云互连网络。云基础设施由 8.2 节中讨论的一个或多个仓库级计算机（Warehouse Scale Computers，WSC）组成。WSC 具有层次架构，其中大量服务器通过高速网络互连。

云的网络基础设施必须满足几个要求，包括可扩展性、成本和性能。网络应允许低延迟和高速通信，同时在服务器之间提供位置透明通信。换句话说，每个服务器应该能够以相似的速度和延迟与每个其他服务器通信。此要求可确保应用程序无须识别位置，同时降低系统管理的复杂性。

通常，网络基础结构是分层组织的。WSC 的服务器被打包到机架中并通过机架路由器互连。然后，机架路由器连接到集群路由器，集群路由器又通过本地通信结构互连。最后，数据中心网络连接多个 WSC[277]。显然，在分层组织中，真正的位置透明性行不通。成本最终决定了通信结构的实际组织和性能。

超额认购对于大规模集群互连网络的适应性度量特别有用。超额认购被定义为服务器中最差可实现的聚合带宽与互连的总对分带宽之比。超额认购 1∶1 表示任何主机可以在互连的全带宽下与任意主机通信。超额认购 4∶1 意味着某些通信模式只能获得服务器可用带宽的 25%。典型的超额认购数字在 2.5∶1 和 8∶1 之间。

路由器的成本和互连路由器的电缆数量是互连网络总成本的主要组成部分。线路密度的增长速度比处理器速度慢，线路延迟随着时间的推移保持不变，因此只有创新的路由器架构才能实现更好的性能和更低的成本。这促使我们仔细研究路由器的实际设计。

胖树(fat-tree)。5.7 节讨论的 Clos 拓扑结构的一个特殊实例——胖树是大规模集群的最佳互连方式，并且对于 WSC 来说也是如此。使用胖树互连时，服务器设置在树的叶节点上，而交换机则位于树的根节点和内部节点。胖树有额外的链接来增加树根附近的带宽。胖树中的一些路径将使终端主机充分使用所有可用带宽，以实现主机间的任意通信模

式。胖树通信架构可以使用廉价的商品部件构建，因为胖树的所有交换元件都是相同的。

图 5.10 所示为一个含有 192 个节点的胖树，该结构由两个 96 路交换机和 12 个 24 路交换机构成。根部的两个 96 路交换机通过 48 个链路连接。每个 24 路交换机有 8 个上行链路连接到根节点，还有 16 个下行链路连接到 16 个服务器。另一个具有 192 个节点的胖树如图 5.11 所示，该结构有 2 个 96 路交换机和 12 个 24 路交换机。

图 5.10　胖树。上图为自然界中的一棵胖树。下图为一个有 192 个节点的胖树互连网络，在一个计算机云中有 2 个 96 路交换机和 12 个 24 路交换机

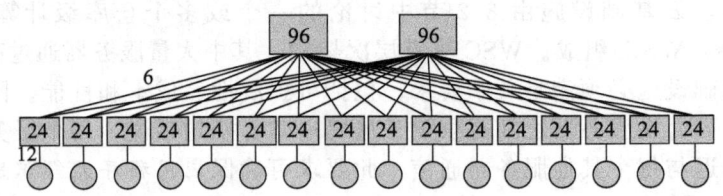

图 5.11　192 个节点的胖树，互连 2 个 96 路交换机和 12 个 24 路交换机

表 5.2（来源于文献[228]）总结了 2D 网格、2D 环面、7 阶超立方体、胖树以及全连接等拓扑结构的网络性能和成本。该表展示了互连网络性能（对分带宽、平均/最大跳数）以及影响成本的三要素（每个交换机的端口数量、交换机数量和总链路数）。胖树具有最大的对分带宽，每个交换机的 I/O 端口数量最少，而全连接的互连结构具有最多的链路。

表 5.2　比较 64 个节点的几种互连网络拓扑的性能和成本

属性	2D 网格	2D 环面	超立方体	胖树	全连接
链路数中的对分带宽	8	16	32	32	1024
最大/平均跳数	14/7	8/4	6/3	11/9	1/1
每个交换机的 I/O 端口	5	5	7	4	64
交换机数量	64	64	64	192	64
总链路数	176	192	256	384	2080

5.7　多级互连网络

路由器分为低基（low-radix）路由器和高基（high-radix）路由器。前者端口数较少，而

后者端口数较多。在高基网络中，中间路由器数量大大减少，这种网络具有更低的延迟和功耗。

在过去的 20 年中，每隔 5 年由于信令速率和信号数量的增加，用于交换的芯片引脚带宽大约增加了一个数量级。高基芯片将带宽划分为更多数量的窄端口，而低基芯片将带宽划分为更少数量的宽端口。

Clos 网络。Clos 网络由贝尔实验室的 Charles Clos 在 20 世纪 50 年代早期发明[112]。Clos 网络是一个具有奇数级的多级非阻塞网络，如图 5.12a 所示。该网络由两个蝶形网络组成，其中输入网络的最后一级与输出网络的第一级相融合。

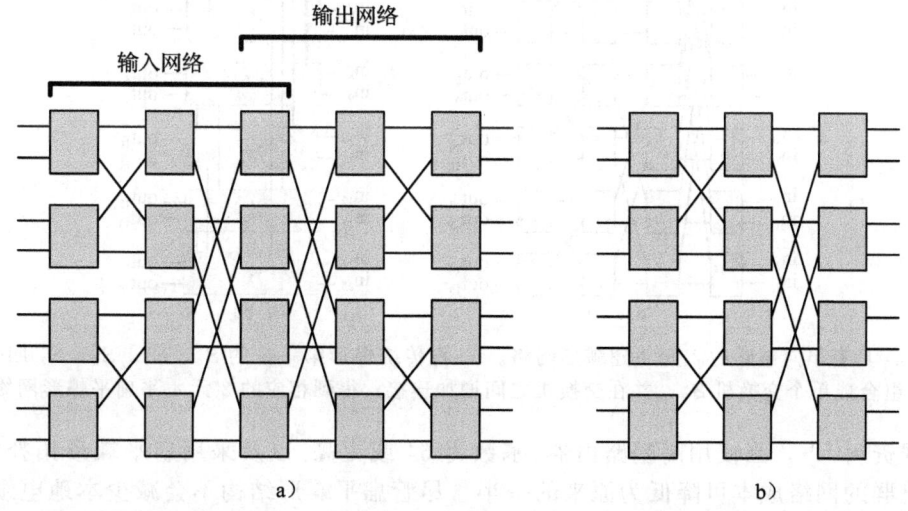

图 5.12　a) 具有 2-基路由器和单向通道的 5 级 Clos 网络，这个网络相当于两个背靠背的蝶形网络。b) 具有双向通道的折叠式 Clos 网络，输入和输出网络共享交换模块

蝶形网络这个名字的由来是因为网络互连产生的倒三角形图案看起来像蝴蝶翅膀。蝶形网络能使用最高效的路由方式来传输数据，但它是阻塞式的，无法处理试图同时到达同一端口的两个数据包之间的冲突。在 Clos 网络中，所有数据包都过冲(overshoot, 过多命中目标)，然后跳回。大多数情况下不需要这种过冲，且增加了延迟，数据包需要的跳数是实际需要的两倍。

在折叠的 Clos 拓扑网络中，输入和输出网络共享交换机模块，这种网络有时被称为胖树。许多商业高性能互连(如 Myrinet、无限带宽技术和 Quadrics)网络都采用胖树结构。一些折叠的 Clos 网络使用低基路由器(基数<64)，例如，Cray XD1 网络使用 24-基路由器。使用高基路由器可以降低网络的延迟和成本。

黑寡妇(black widow)拓扑结构扩展了折叠的 Clos 拓扑结构，具有更低的成本和延迟。该结构增加了侧链路，可以在对等子树之间对全局带宽进行静态划分[447]。Cray 计算机采用的就是黑寡妇拓扑。

扁平蝶形网络。扁平蝶形拓扑结构[270]类似于 20 世纪 80 年代早期提出的通用超立方体结构，但扁平蝶形拓扑结构的布线复杂性更低，并且能够利用高基路由器。在构造扁平蝶形结构时，我们从传统的蝶形结构开始，将每行中的交换机组合成一个更高基数的交换机。每个路由器都链接到更多的处理器，这使路由器到路由器的连接数量减半。

由于来自一个处理器的数据以更少的跳到达另一个处理器，因此延迟降低了，尽管物理路径可能更长。例如，在图 5.13a 中为 2-元 4-翅蝶形网络，将第一排的 S_0、S_1、S_2、

S_3 四个交换机组合成单个交换机 S'_0,如 5.13b 所示。扁平蝶形网络仅在需要时自适应地感知拥塞和过冲。在恶性业务模式中,扁平蝶形网络具有与折叠 Clos 网络类似的性能,但与传统蝶形网络相比,其性能提高了一个数量级。

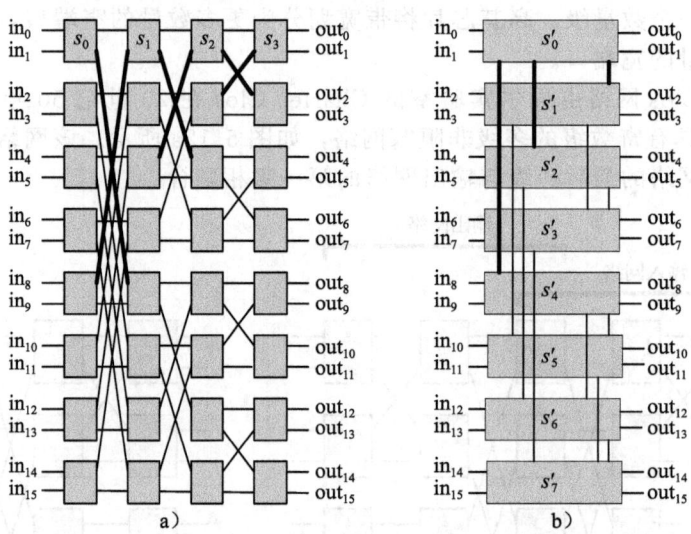

图 5.13 a) 具有单向链路的 2-元 4-翅蝶形网络。b) 将传统蝶形第一排的 S_0、S_1、S_2、S_3 四个交换机组合成单个交换机 S'_0,并在交换机之间增加连接,得到相应的 2-元 4-平扁平蝶形网络[270]

根据资料[271],当使用高基路由器(基数为 64 或更高)以及采用扁平蝶形拓扑结构时,计算机集群的网络成本可降低为原来的一半。尽管扁平蝶形结构不会减少本地电缆的数量(例如从处理器到路由器的背板线),但是能减少全局电缆的数量。网络总成本中电缆的成本可占 80%,例如对于 4K 系统,采用扁平蝶形结构节省的成本超过 50%。

5.8 无限带宽技术和 Myrinet

无限带宽技术(InfiniBand)是高性能计算系统和计算机云使用的互连网络。截至 2014 年,无限带宽技术是超级计算机中最常用的互连。无限带宽技术的体系结构基于交换结构而不是共享通信信道。在共享信道架构中,所有设备共享相同的带宽,连接到信道的设备数量越多,每个设备的可用带宽就越少。

无限带宽技术具有极高的吞吐量和极低的延迟,并得到业界顶级公司的支持,包括戴尔、惠普、IBM、英特尔和微软。英特尔生产无限带宽技术主机总线适配器和网络交换机。从 5.7 节我们知道,交换结构具有容错性和可扩展性。结构的每个链路只有一个设备连接在链路的每一端,因此,最坏的情况与典型情况相同。因此,无限带宽技术的性能可以远远高于以太网等共享通信信道的性能。

无限带宽技术架构实现了"带宽开箱即用"的概念,并通过互连结构使用传统上浪费在服务器内的带宽。无限带宽技术支持多种信令速率,能耗取决于吞吐量。链接可以绑定在一起以获得额外的吞吐量,如表 5.3 所示。无限带宽技术的架构规范定义了多种操作速率:单倍数据速率(SDR)、双倍数据速率(DDR)、4 倍数据速率(QDR)、14 倍数据速率(FDR)和增强数据速率(EDR)。

表 5.3 无限带宽技术的 SDR、DDR、QDR、FDR、EDR 等几种高速互联数据速率的演变情况

网络	年份	速度
千兆以太网(GE)	1995	1Gbps
10GE	2001	10Gbps
40GE	2010	40Gbps
Myrinet	1993	1Gbps
光纤通道	1994	1Gbps
无限带宽(IB)	2001	2Gbps(1X SDR)
	2003	8Gbps(4X SDR)
	2005	16Gbps(4X DDR)和 24Gbps(12X SDR)
	2007	32Gbps(4X QDR)
	2011	56Gbps(4X FDR)
	2012	100Gbps(4X EDR)

信令速率如下：SDR 连接的每个连接每个方向为 2.5Gbps；DDR 为 5Gbps；QDR 为 10Gbps；FDR 为 14.0625Gbps；EDR 的每个信道为 25.78125Gbps。SDR、DDR 和 QDR 链路编码为 8B/10B，每 10 比特发送一次，携带 8 比特数据。因此，单倍、双倍和四倍数据速率分别携带 2、4 或 8Gbit/s 有用数据，因为有效数据传输速率是原始速率的五分之四。

无限带宽技术允许以指定的速率和带宽配置链接，链路的重新激活时间可以从几纳秒到几微秒不等。Oracle 的 Exadata 和 Exalogic 系统使用 Sun 交换机实现了 40Gbit/s（32Gbit/s 有效）的无限带宽技术 QDR。无限带宽结构用于连接计算节点、存储服务器计算节点以及 Exadata 和 Exalogic 系统。

除了高吞吐量和低延迟之外，无限带宽技术还支持服务质量保证和故障回复——切换到冗余或备用系统的能力。它提供点对点双向串行链路，连接具有高速外围设备（如磁盘和多播操作）的处理器。

另请注意，无限带宽技术的部署冲击了个人计算机(PC)和其他个人设备中总线使用的局限性。作为标准 PC 架构在 20 世纪 90 年代早期推出的 PCI 总线已经从 32 位/33MHz 发展到 64 位/66MHz，而 PCH-X 将时钟提高了一倍，达到 133MHz。总线存在严重的电气、机械和能耗问题。并行总线的引脚数量非常大，每个连接所需的引脚数量也非常大，例如，64 位 PCI 总线需要 90 个引脚。

Myrinet 是先后在加州理工学院和一家名为 Myricom 的公司开发的面向大规模并行系统的一种互连。其主要特点如下[69]：

- 具有流控、打包成帧和错误控制的通信信道确保了稳健性。
- 自初始化、低延迟和直通式交换。
- 主机接口可以映射网络、选择路由、从网络地址转换为路由以及处理数据包流量。
- 简化的主机软件允许用户进程和网络之间的直接通信。

USC/ISI 建设高速局域网的经验有助于 Myrinet 的设计。连接主机和交换机的点对点全双工链路组成了 Myrinet，这种架构类似于南加州大学的 ATOMIC 项目。多端口交换机可以连接到其他交换机和任何拓扑中的单端口主机接口。传输在发送端同步，而接收器电路异步。接收器在链路的反向信道中注入控制符号以进行流控。Myrinet 交换机使用与 Intel Paragon 和 Cray T3D 类似的阻塞-直通路由。

Myrinet 支持高数据速率，Myrinet 链路由一对全双工 640Mbps 信道组成，并具有常规拓扑结构，每个节点都有基本路由电路。网络是可扩展的，其总容量随节点数量的增长而增长。简单的算法路由避免了死锁，并允许多个数据包同时通过网络流动。

存储和转发以及直通或虫洞网络之间存在显著差异。在前者中,整个数据包被缓冲,其校验和在从源到目标的路径上的每个节点中被验证。在虫洞网络中,一旦接收和解码报头,就将数据包转发到其下一跳。这减少了延迟,但是如果预期将传送到下一节点的传出信道正在使用中,则数据包仍然会遇到阻塞。在这种情况下,数据包必须等到信道空闲。

作为 MPI 库的通信基板的 Myrinet 和以太网性能的比较在文献[321]中给出。以太网的 MPI 库实现具有更高的消息延迟和更低的消息带宽,因为它们使用 OS 网络协议栈。在 NAS 基准测试⊖中,在 Myrinet 上的 MG 消息传递仅比以太网上的 TCP 消息传递高出 5%。

5.9　存储区域网络和光纤信道

存储区域网络(Storage Area Network,SAN)是用于数据块传输的专用高速网络。服务器与服务器之间、服务器与存储设备之间以及存储设备与存储设备之间都可通过 SAN 连接,如图 5.14 所示。SAN 由通信基础设施和管理层组成。光纤信道(Fibre Channel,FC)是 SAN 的主要架构。

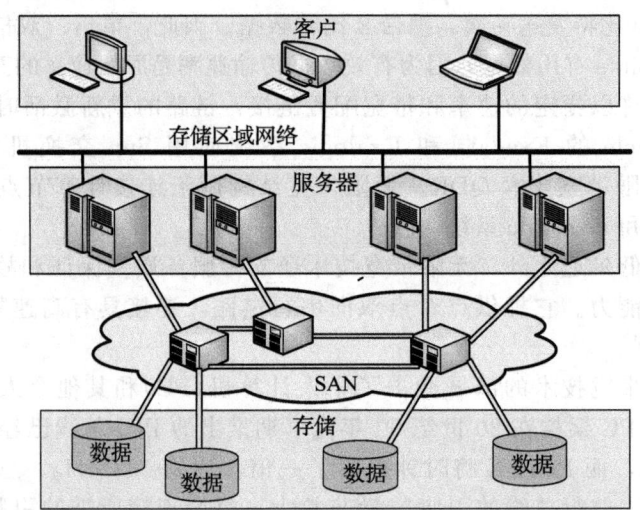

图 5.14　存储区域网络将服务器连接到服务器、服务器连接到存储设备、存储设备连接到存储设备。它通常使用光纤光学和 FC 协议

FC 是一个分层协议,如图 5.15 所示。

三个较低层协议:FC-0 层,物理接口;FC-1 层,负责编码/解码的传输协议;FC-2 层,负责框架和流量控制的信令协议。FC-0 层使用激光二极管作为光源,并负责点对点光纤连接。当光纤连接断开时,端口会发送一系列脉冲信号,直到物理连接重新建立,并完成必要的握手程序。

FC-1 层负责串行数据传输,并为传输数据附上时钟信息。它能确保数据编码不超过允许的最大长度,以维持 DC 平衡,并提供按字对齐。FC-

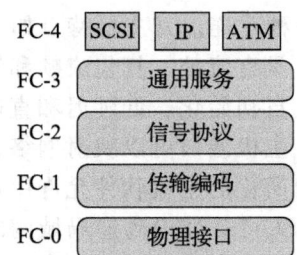

图 5.15　FC 协议层。FC-4 支持与小型计算机系统接口(SCSI)、IP 和异步传输模式(ATM)网络接口的通信

⊖　美国国家航空航天局的并行基准测试(NAS)被用来评估并行超级计算机的性能。最初的基准测试包括 5 个核心:整数排序(IS)、随机内存访问、理想并行(EP)、共轭梯度(CG)、在一系列网上的 MG(多网格)、长-短距离通信、内存密集型、离散三维快速傅里叶变换(FT)和全对全通信。

2 层能为包含数据和控制字符的 4 字节序列提供传输方法。它根据结构的存在与否、通信模型、结构和节点提供的服务类别、序号和交换标识符以及分片和重组来处理拓扑。

两个上层协议：FC-3 层，通用服务层；FC-4 层，协议映射层。FC-3 层使用以下能力来支持单节点或结构上的多个端口：

- 寻线组（hunt group）分配别名标识符的关联端口集，允许将包含该别名的任何帧路由到集合中的任何可用端口。
- 条带化倍增带宽，使用多个端口并行跨越多个链路传输单个信息单元。
- 多播和广播，可将单个信息单元传输到多个目标端口或所有端口。

为了满足不同的应用需求，FC 支持几类服务：

- 第 1 类：很少使用阻塞式面向连接的服务；通过 ACK 确保接收帧的顺序与发送帧的顺序相同，并为两个设备之间的连接保留全部带宽。
- 第 2 类：通过 ACK 确保发出的帧全部被接收到；允许该结构逐帧多路复用多个消息；由于每个帧可能有不同的路由方式，因此不能保证每一帧按顺序送达，只能依赖于上层协议来处理帧顺序。
- 第 3 类：数据报连接；没有 ACK。
- 第 4 类：面向连接的服务。在端口之间建立虚拟电路（Virtual Circuit，VC），保证按顺序交付并确认帧。该结构负责复用不同 VC 的帧。支持服务质量保证（Quality of Service，QoS），包括带宽和延迟。该层适用于多媒体应用程序。
- 第 5 类：需要立即交付的实时服务（isochronous service）应用程序，无须缓冲。
- 第 6 类：支持可靠多播的专用连接。
- 第 7 类：与第 2 类相似，但用于控制和管理该结构；不发送未送达通知的无连接服务。

虽然连接到局域网的每个设备都具有唯一的 MAC 地址，但每个 FC 设备都有一个名为 WWN（World Wide Name，全球名称）的唯一 ID，即 64 位地址。交换结构中的每个端口也有唯一的 24 位地址，该地址包括以下 3 部分：领域（domain）（23～16 位）、区域（area）（15～08 位）和端口物理地址（07～00 位）。

交换结构环境的交换机动态分配并维护端口地址。当具有 WWN 地址的设备登录到指定端口时，交换机使用名服务器（name server）记录该端口地址与设备 WWN 地址之间的关联。名服务器是网络操作系统的一个组件，它在交换机内部运行。

FC 帧的格式如图 5.16 所示。设置分区可以更精细地分割交换结构；只有同一区（zone）的成员才能在该区内进行通信。它能将不同的环境（例如 Microsoft Windows NT、UNIX 环境）分开。

Word 0 4字节 SOF （帧起始）	Word 1 3字节 目标 端口地址	Word 2 3字节 源端口 地址	Word 3~6 18字节 控制信息	（0~2112字节） 负载	CRC	EOF （帧结束）

图 5.16　FC 帧的格式。负载最多可达 2112 字节，更大的数据单元由多个帧承载

有几种协议用于 SAN。FCIP（Fibre Channel over IP）允许光纤信道信息穿过 IP 隧道。隧道技术是使用一种网络协议来传输另一种网络协议的技术，它允许一种网络协议在通过不兼容的传送网络时也能传送数据，或者在不安全的网络中提供一条安全的路径。

隧道技术允许一个未被防火墙阻止的协议携带一个被防火墙阻止的协议。例如，HTTP 隧道可以用于在具有受限网络连接的位置通信（例如，在 NAT、防火墙或代理服务器之后）。为了保护网络免受内部和外部威胁，采取受限连接措施是锁定网络的一种常用方法。

iFCP（Internet Fibre Channel Protocol，互联网光纤信道协议）是一种网关到网关协议，支持 SAN 中 FC 存储设备之间或使用 TCP/IP 协议的互联网通信；iFCP 用 TCP/IP 协议和千兆以太网取代了低层光纤信道传输。光纤信道设备连接到 iFCP 网关或交换机时，每个光纤信道会话将在本地网关终止，并通过 iFCP 协议转换为 TCP/IP 会话。

5.10 可伸缩数据中心通信架构

现在要解决的问题是：如何组织大型云数据中心的通信基础设施，能以最低的成本获得最佳的性能？数据中心网络（Data Center Network，DCN）的几种架构试图解决该问题，解决该问题的困难在于：

- 汇聚的集群总带宽随集群规模增大而减小。
- 许多云应用所需的带宽价格昂贵，而且互连的成本随着集群规模增大而显著增加。
- 由于通信模式的不同，DCN 的通信带宽可能会被一个重要因素过度占用。

我们只提到两种 DCN 架构风格，即三层网络架构和胖树架构。前者是一个多根树拓扑结构，具有三个层次——核心层、汇聚层和接入层。服务器直接连接到接入层树叶的交换机上。

树根处的企业级交换机构成了核心层，并将汇聚层上的交换机连接在一起，将数据中心连接到互联网。汇聚层交换机通过上行链路连接到核心层，通过下行链路连接到接入层。三层 DCN 架构并不适用于计算机云，因为其可扩展性不强，对分带宽不是最优的，并且核心层的交换机既昂贵又耗电。

正如 5.6 节所述，胖树拓扑对于计算机云来说是最佳选择，对于跨越多个交换机的报文，其带宽不会受到严重影响，并且互连网络可以使用商用交换机而不是企业交换机构建。本节讨论资料[17]中提出的胖树拓扑结构的实现。对于该网络的设计，有几条指导性原则如下：

- 网络应该扩展到大量节点。
- 胖树结构应该有多个核心交换机。
- 网络应支持多路径路由。应当使用在流之间执行静态负载分离的等价多路径（Equal-Cost Multi-Path，ECMP）路由算法[241]。
- 网络的构建模块应该是性价比最高的交换机。

表 5.4 展示了以 GigE [⊖] 表示的分层和胖树互连网络的性能和成本在 6 年时间内的变化。两种类型网络的每 GigE 成本降低了一个数量级，但用商品交换机构建的胖树的成本/性能指标几乎比分层网络低一个数量级。选择多根胖树拓扑结构和多路径路由是合理的，因为在 2008 年，具有 1：1 过载率的 128 个端口单根核心路由器可支持的最大集群为 1280 个节点。

⊖ IEEE 802.3-2008 标准将 GigE 定义为一种传输以太网帧的技术。1GigE 相当于每秒 1G 比特的速率，即 10^9 比特/秒。

表 5.4 对比 6 年时间内的对分层网络和胖树网络的性能和成本

年份	分层网络			胖树		
	10GigE	服务器	成本/GigE	10GigE	服务器	成本/GigE
2001	28 个端口	4 480	$25.3K	28 个端口	5 488	$4.5K
2004	32 个端口	7 680	$4.4K	48 个端口	27 688	$1.6K
2006	64 个端口	10 240	$2.1K	48 个端口	27 688	$1.2K
2008	128 个端口	20 480	$1.8K	48 个端口	27 688	$0.3K

可以将 WSC 组织为具有 k 端口($k=48$)交换机的胖树，但是任何 k 都可以支持相同的胖树组织。该网络由 k 个 pod[⊖] 组成，每个 pod 有两层，每层有 $k/2$ 个交换机。下层的每个交换机直接连接到 $k/2$ 台服务器。其他 $k/2$ 个端口连接到汇聚层中 k 个端口中的一半。交换机总数为 $k(k+1)$，连接到系统的服务器总数为 k^2。连接每对服务器的路径有 $(k/2)^2$ 条。

具有 16 384 台服务器的 WSC 可以使用 128 个端口的交换机构建，而一个拥有 262 144 台服务器的 WSC 则需要 512 个端口的交换机。图 5.17 显示了 $k=4$ 的胖树互连网络。核心、汇聚和边缘层都是 4 端口交换机。每个核心交换机与每个 pod 的汇聚层处的一个交换机连接。该网络有 4 个 pod，每个 pod 有 4 台交换机，两个在汇聚层，两个在边缘。每个 pod 连接 4 台服务器。

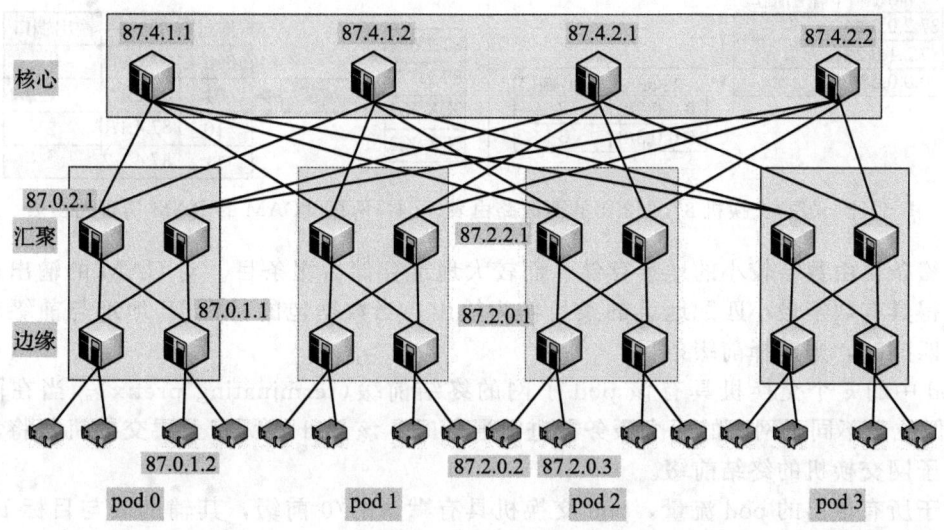

图 5.17 一个带有 $k=4$ 端口交换机的胖树网络。根节点有 4 个核心 4 路交换机，4 个 pod，每个 pod 在汇聚层有 2 台交换机，在边缘层也有 2 台交换机。pod 边缘层的每个交换机都连接到两台服务器

交换机的 IP 地址格式为 87.pod.switch.1，交换机从左到右、从下到上编号。核心交换机具有 10.k.j.i 形式的地址，其中 j 和 i 表示从左上角开始的 $(k/2)^2$ 个核心交换机网格中交换机的坐标。例如，pod 2 的 4 台交换机具有 IP 地址 87.2.0.1、87.2.1.1、87.2.2.1 和 87.2.3.1。

服务器的 IP 地址格式为 87.pod.switch.serverID，其中 serverID 是边缘路由器子网中

⊖ pod 是一种可重复的设计模式，以最大化数据中心网络的模块化、可伸缩性和可管理性。

从左到右的服务器位置。例如,连接到 IP 地址 87.2.0.1 的交换机的两台服务器的 IP 地址分别为 87.2.0.2 和 87.2.0.3。

我们可以看到任何服务器对之间有多条路径。例如,服务器使用 IP 地址 87.0.1.2 发送到 IP 地址为 87.2.0.3 的服务器的数据包可以遵循以下路由:

$$
\begin{aligned}
&87.0.1.1 \mapsto 87.0.2.1 \mapsto 87.4.1.1 \mapsto 87.2.2.1 \mapsto 87.2.0.1 \\
&87.0.1.1 \mapsto 87.0.2.1 \mapsto 87.4.1.2 \mapsto 87.2.2.1 \mapsto 87.2.0.1 \\
&87.0.1.1 \mapsto 87.0.1.1 \mapsto 87.4.2.1 \mapsto 87.2.2.1 \mapsto 87.2.0.1 \\
&87.0.1.1 \mapsto 87.0.1.1 \mapsto 87.4.2.2 \mapsto 87.2.2.2 \mapsto 87.2.0.1
\end{aligned}
\tag{5.5}
$$

数据包路由支持两级前缀查找,使用两级路由表实现。此策略可能会增加查找延迟,但前缀搜索可以并行完成,并可以抵消增加的延迟。主表条目的形式为(前缀,输出端口),并且可以具有指向辅助表的附加指针,或者如果其条目都不指向辅助表,则可以终止。辅助表由(后缀,输出端口)条目组成,并且可以由多个第一级条目指向。

图 5.18(左)显示了交换机 87.2.2.1 的两级路由表,以及目标 IP 地址为 87.2.1.2 和 87.3.0.3 的服务器的两个传入数据包的路由;传入的数据包分别在端口 1 和 3 上转发。搜索引擎使用三元内容可寻址内存(CAM),称为 TCAM。图 5.18(右)显示 TCAM 存储地址前缀和后缀,它们索引 RAM,RAM 存储了下一跳和输出端口的 IP 地址。

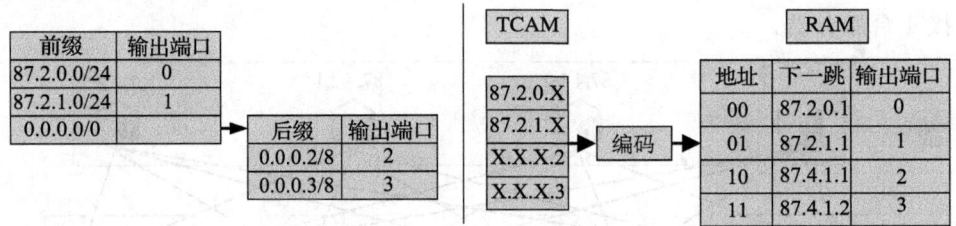

图 5.18 (左)交换机 87.2.2.1 的两级路由表。(右)两级 TCAM 的 RAM 实现路由表

前缀条目由数字较小的地址存储,而较大地址存储后缀条目。对 CAM 的输出进行编码,使得具有数字最小匹配地址的条目作为输出。当数据包的目标 IP 地址与前缀和后缀条目都匹配时,则选择前缀条目。

pod 中的 k 个交换机具有该 pod 子网的终结前缀(terminating prefix)。当在同一个 pod 中但位于不同子网上的两个服务器进行通信时,该 pod 的所有上层交换机都将具有指向目标子网交换机的终结前缀。

对于所有传出的 pod 流量,pod 交换机具有默认的/0 前缀,其辅助表与目标 IP 地址的最低有效字节(服务器 ID)相匹配。流量扩散仅发生在数据包旅程的前半部分。一旦数据包到达核心交换机,就存在一个指向其目标 pod 的链接,该交换机将包含该数据包 pod 的终结/16 前缀(87.pod.0.0/16,port)。一旦数据包到达其目标 pod,接收的上层 pod 交换机还将包含一个(10.pod.switch.0/24,port)前缀,以将数据包定向到其目标子网交换机,最终切换到目标服务器。

每个 pod 交换机为同一个 pod 中的子网分配终结前缀,并添加一个/0 前缀,其中一个辅助表与服务器 ID 匹配,用于 pod 间流量。使用算法 5.1 的伪代码生成上层 pod 交换机的路由表。对于下层 pod 交换机,第 3 行中的/24 子网前缀被省略,因为该子网自己能交换流量,并且 pod 间和 pod 内流量应该在上层交换机之间均匀分配。

算法 5.1　生成汇聚交换机路由表

```
1  foreach   pod  x  ∈ [0, k − 1]   do
2      foreach   switch  z  ∈ [k/2, k − 1]   do
3          foreach   subnet  i  ∈ [0, k/2 − 1]   do
4              addPrefix(10.x.z.1, 10.x.i.0/24, i);
5          end
6          addPrefix(10.x.z.1, 0.0.0.0/0, 0);
7          foreach   hostID  i  ∈ [2, (k/2) + 1]   do
8              addSuffix(10.x.z.1, 0.0.0.i/8, (i − 2 + z)  mod (k/2) + (k/2);
9          end
10     end
11 end
```

核心交换机只包含指向其目标 pod 的终结/16 前缀，如算法 5.2 所示。

算法 5.2　生成核心交换机路由表

```
1  foreach   j  ∈ [0, k − 1]   do
2      foreach   i  ∈ [1, k/2]   do
3          foreach   destination pod  ∈ [0, k/2 − 1]   do
4              addPrefix(10.k.j.i, 10.x.0.0/16, x);
5          end
6      end
7  end
```

第一级前缀和第二级后缀的最大数量分别为 k 和 $k/2$。

在 pod 交换机中使用动态端口重新分配的流分类策略克服了当两个流争用相同的输出端口时本地拥塞的情况，即使存在到目的地的成本一样的另一个端口未被充分使用。

云数据中心的主要问题是功耗和散热。数据中心中互连较高层的交换机功耗为几 kW，整个互连基础设施为数百至数千 kW。

5.11　网络资源管理算法

云计算中资源管理的一个关键方面是保证 SLA 规定的应用所需的通信带宽。此问题的解决方案基于互联网上用于支持数据流 QoS 要求的策略。

云互连由有限带宽的通信链路和有限容量的交换机组成。当负载超过其容量时，交换机开始丢包，因为它只有有限的面向交换结构和输出链路的输入缓冲区，以及有限的 CPU 周期。交换机必须处理多个流以及流上的源-目的端点对，因此，调度算法必须同时管理几个量化参数：带宽，即允许每个流传输的数据量；传输各个流数据包的时间；分配给每个流的缓冲空间。

通信和计算需要调度，因此，我们讨论的第一个算法可用于调度数据包传输以及线程就不足为奇了。避免网络拥塞的第一个策略是使用 FCFS 调度算法。FCFS 算法的优点是对三个量的简单管理：带宽、时间和缓冲空间。然而，FCFS 算法并不保证公平性；贪婪的流量源可以以更高的速率传输，并从更大的带宽份额中受益。

公平排队（Fair Queuing，FQ）。该算法确保高数据速率流不能使用超过其公平份额的链路容量。数据包首先由系统分类为流，然后分配给专用于流的队列。数据包队列按轮询（Round-Robin，RR）方式一次为一个数据包提供服务，如图 5.19 所示。FQ 的目标是最大–最小公平。这意味着首先最大化任何数据流的最小数据速率，然后最大化第二小数据速率。它使得成本高的流优先，但吞吐量很低。

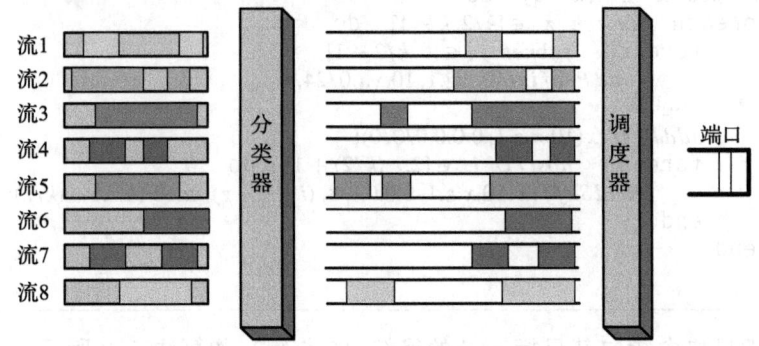

图 5.19　公平排队

FQ 算法虽然保证了缓冲区空间管理的公平性，但并不保证带宽分配的公平性；实际上，传输大数据包的流将受益于更大的带宽[355]。

文献[139]中的 FQ 算法对此问题提出了一种解决方案。首先介绍了一种逐位循环 (BR) 策略，顾名思义，在这种相当不切实际的方案中，从每个队列传输一个比特，并以循环方式访问队列。令 $R(t)$ 为时间 t 内的 BR 算法的轮询次数，$N_{\text{active}}(t)$ 为通过交换机的有效流的数量。称 t_i^a 为 P_i^a 比特大小的流 a 的数据包 i 到达的时间，S_i^a 和 F_i^a 分别表示流 a 的数据包 i 的第一个和最后一个比特传输时的 $R(t)$ 值。那么，

$$F_i^a = S_i^a + P_i^a, \quad S_i^a = \max[F_{i-1}^a, R(t_i^a)] \tag{5.6}$$

图 5.20 中的量化参数 $R(t)$、S_i^a 和 F_i^a 仅取决于数据包的到达时间 t_i^a，而不取决于它们的传输时间，流量 a 有效的前提是满足以下条件：

$$R(t) \leqslant F_i^a, \quad i = \max(j \mid t_j^a \leqslant t) \tag{5.7}$$

文献[139]的作者使用以下非抢占调度规则来模拟 BR 策略：下一个要传输的数据包是 F_i^a 最小的。该算法的抢占式版本要求当一个完成时间较短的数据包(F_i^a)到达时，当前数据包的传输将被中断。

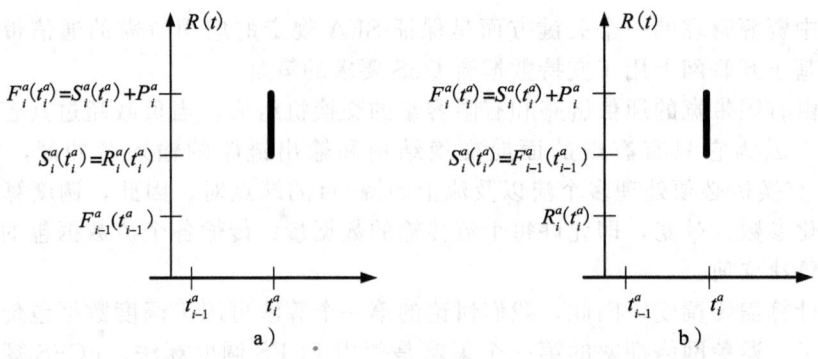

图 5.20　大小为 P_i^a 位的传输流 a 的数据包 i 的到达时间为 t_i^a。传输开始时刻为 $S_i^a = \max[F_{i-1}^a, R(t_i^a)]$，结束时刻为 $F_i^a = S_i^a + P_i^a$，其中 $R(t)$ 为算法的轮数。情况 a：$F_{i-1}^a < R(t_i^a)$。情况 b：$F_{i-1}^a \geqslant R(t_i^a)$

公平分配带宽不会影响传输的时间。一种可能的策略是使用少于其公平份额的带宽来减少流量的延迟。同一篇论文[139]提出引入一个称为竞价(bid) B_i^a 的参数，并根据其值

调度数据包传输。竞价定义为

$$B_i^a = P_i^a + \max[F_{i-1}^a, (R(t_i^a) - \delta)] \tag{5.8}$$

其中 δ 为非负参数。文献[139]中分析了 FQ 算法的属性以及算法的非抢占式版本的实现。

随机公平排队(SFQ)算法是 FQ 算法的一种简易实现，需要的计算量更小。SFQ 确保每个流都有机会传输相同数量的数据并考虑了数据包大小[338]。

分类排队(Class-Based Queuing，CBQ)。1995 年，Sally Floyd 和 Van Jacobson 提出了一种广泛使用的链路共享策略算法[176]。CBQ 的目标是支持灵活的链路共享，以满足需要带宽保证的应用，如 VoIP、视频流和音频流。同时，CBQ 支持短时网络流(如网络搜索)和长时网络流(如视频流或文件传输)之间的某种平衡。

CBQ 聚合连接并构造具有不同优先级和吞吐量分配的分类层次结构。为了完成链路共享，CBQ 使用几个功能单元：分类器，使用数据包头中的信息将到达的数据包分类；估算器，估计该类短时带宽；选择器或调度程序，用于识别下一个要发送的最高优先级，如果多个类具有相同的优先级，则在循环基础上安排它们；延迟器，用于计算下一次超过其链路分配的类被允许发送的时间。

这些类以树状层次结构组织。例如，在图 5.21 中，我们看到两种类型的流量，A 组对应于短时流量，B 组对应于长时流量。树的叶节点被认为是 1 级，在该示例中包括六类流量：实时、Web、交互、视频流、音频流和文件传输协议。在 2 级有两类流量，A 和 B。根级别即 3 级的根节点是链路本身。

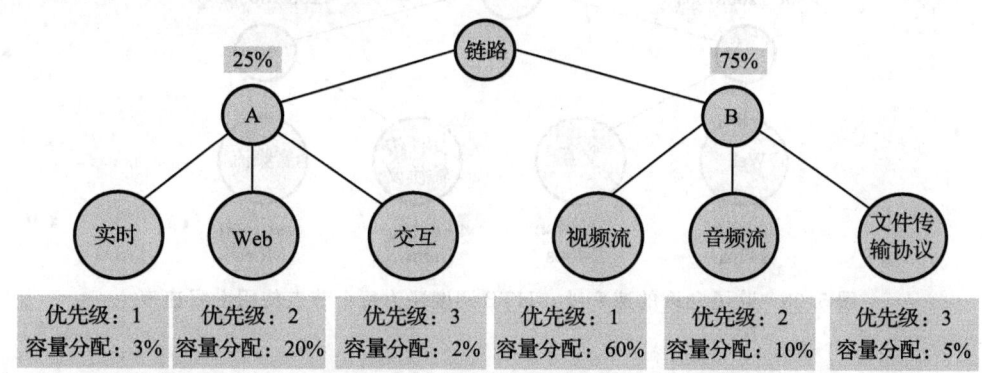

图 5.21 对应于短时流量的 A 组和对应于长时流量的 B 组，CBQ 链路共享分别为它们分配了 25% 和 75% 的链路容量。有 6 类具有优先级 1、2 和 3 的流量。实时和视频流的优先级为 1，分别分配了 3% 和 60% 的链路容量。Web 和音频流的优先级为 2，分别分配了 20% 和 10% 的链路容量。交互和文件传输协议的优先级为 3，分别分配了 2% 和 5% 的链路容量

链路共享策略旨在确保如果存在足够的需求，则在一段时间间隔之后，每个内部或叶类都会达到其分配的带宽。"超额"带宽的分配遵循一系列指导原则，但不支持拥塞避免机制。

如果一个类在最近一段时间内使用的带宽超过了为其分配的带宽(以字节/秒为单位)，则称为超标(overlimit)；如果使用较少，则称为不达标(underlimit)；如果正好完全使用了其分配带宽，则为达标(atlimit)。如果一个叶子类长期记录不达标，那么它就是满意的(satisfied)，否则就是不满意的(unsatisfied)；如果非叶类不达标，并且有一些长期记录的派生类，则为不满意的。对术语"长期记录"的精确定义是本地策略的一部分。一个类如未达标或不存在不满意的类，则无须规范；如果这个类超标，并且其他的一些类不满意，那么这个规范应该一直持续到这个类不再超标或者不存在不满意的类为止，参见图 5.22。

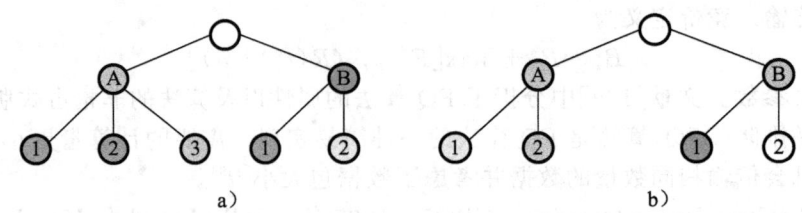

图 5.22 有两组 A 和 B，三种类型的流量，如 Web、实时和交互，记为 1、2 和 3。a) A 组和 A.3 类不达标，不满意；A.1、A.2、B.1 类超标、不满意、长期记录，必须予以规范；A.3 类不达标、不满意；B 组超标。b) A 组不达标；B 组超标，需要规范；A.1 类流量不达标；A.2 类超标，并且有长期记录；B.1 类流量超标，长期记录，需要规范

Linux 内核实现了一种名为层次令牌桶（Hierarchical Token Buckets，HTB）的链路共享算法，该算法受 CBQ 的启发。在 CBQ 中，每个类都有保证速率（Assured Rate，AR）；除了 AR 之外，HTB 中的每一类都有一个上限速率（Ceil Rate，CR），见图 5.23。HTB 优于 CBQ 的主要优点是允许调配。如果 C 类需要高于 AR 的速率，它会尝试从其父节点获取；然后父节点检查子节点，如果有一些类以低于 AR 的速率运行，则父节点可以从它们那里获取并将其重新分配给 C 类。

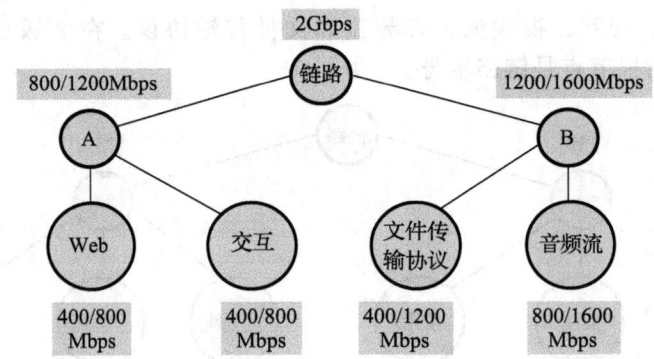

图 5.23 除了允许的速率外，HTB 调度还为每个节点使用上限速率

5.12 内容分发网络

计算机云不仅支持以网络为中心的计算，还支持以网络为中心的内容。例如，我们将在第 6 章中介绍，互联网视频预计将在 2013 年产生超过每月 18EB（Exabytes）的数据。到 2020 年，视频流量将占全球互联网流量的 79%。存储在云上的大量数据必须有效地传递给大量用户。

内容分发网络（CDN）可提供快速可靠的内容分发，并通过缓存和副本减少通信带宽的要求。CDN 从源服务器接收内容，然后将其复制到边缘缓存服务器；内容从"最近的"边缘服务器传递给最终用户。

CDN 旨在支持可扩展性，提高可靠性和性能，并提供更好的安全性。互联网传输的交易和数据量每年都在急剧增加，需要额外的资源来适应通信和存储系统上的额外负载，并改善最终用户的体验。CDN 放置额外的资源来应对闪崩⊖流量，一般为按需提供容量。

⊖ 闪崩（flash crowds）指在人口稠密地区发生的破坏人们生活的事件，如人口稠密区的地震，这将导致互联网流量的急剧增加。

额外的资源被战略性地放置在整个互联网上，以确保可伸缩性。CDN 提供的资源可被复制，当其中一个副本失败时，可以从另一个副本获得相同内容；副本与内容的消费者"接近"，这种放置减少了启动时间和通信带宽。CDN 使用两种类型的服务器：由内容供应商更新的源服务器；以及副本服务器，它们缓存内容并充当客户端请求的权威参考。安全性是 CDN 所提供服务的一个重要方面，应保护副本内容免受网络欺诈和未经授权的风险访问。

CDN 可以提供静态内容或实时/点播流媒体。静态内容指可以使用传统缓存技术维护媒体，因为其更改并不频繁，如 HTML 页面、图像、文档、软件补丁以及音频和视频文件。实时媒体指内容从编码器实时传递到媒体服务器的实时事件。提供给终端用户的音频或视频流、电影文件和音乐剪辑的按需传送是内容编码的，然后存储在媒体服务器上。实际上，所有 CDN 供应商都支持静态内容交付，而提供实时或点播流媒体则更难。

CDN 供应商和协议。第一个 CDN 由 Akamai 设立，Akamai 是一家从麻省理工学院的项目演变而来以优化网络流量的公司。自成立以来，Akamai 已在 71 个国家的 1 000 个网络中部署了约 20 000 台服务器；在 2009 年，它控制了约 85% 的市场[394]。

Akamai 通过互联网镜像多个系统上的客户端内容。虽然域名（而非子域）相同，但用户请求资源的 IP 地址指向的是 Akamai 服务器而不是原本的服务器。然后根据内容类型和终端用户的网络位置自动选择合适的 Akamai 服务器。

还有其他一些活跃的商业 CDN，包括提供视频流的 EdgeStream 和提供视频、音乐和游戏的分布式点播和实时传送的 Limelight Networks。还有几个学术 CDN：Coral 是一个免费可用的网络，旨在镜像网络内容，托管在 PlanetLab 上；Globule 是阿姆斯特丹 Vrije 大学开发的开源协作 CDN。

不同 CDN 组件之间的通信基础设施使用了相当多的协议，包括在文献[394]中简要描述的网络元素控制协议（Network Element Control Protocol，NECP）、Web 缓存协调协议（Web Cache Coordination Protocol，WCCP）、SOCKS、缓存阵列路由协议（Cache Array Routing Protocol，CARP）、互联网缓存协议（Internet Cache Protocol，ICP）、超文本缓存协议（Hypertext Caching Protocol，HTCP）和缓存摘要（Cache Digest）。例如，缓存交换 ICP 查询和重放以找到检索对象的最佳站点；HTCP 用于发现 HTTP 缓存、缓存数据、管理 HTTP 缓存和监视缓存活动。

CDN 组织、设计决策和性能。CDN 组织有两种策略；在所谓的覆盖中，网络核心在内容传递中不起主要作用。另一方面，网络方法要求路由器和交换机使用专用软件来识别特定的应用类型，并基于预先制定的策略转发用户的请求。

第一种策略完全基于多个缓存上的副本内容，以及与终端用户的接近度的重定向。在第二种方法中，网络核心元素将内容请求重定向到本地缓存，或者将数据中心的传入流量重定向到针对特定内容类型访问而优化的服务器。包括 Akamai 在内的一些 CDN 使用这两种策略。CDN 的重要设计和政策决定包括边缘服务器的部署、内容选择和交付、内容管理、请求路由策略。

位置问题通常使用次优启发式方法解决，使用工作负载模式和网络拓扑作为输入。最简单但代价高昂的内容选择和交付方法是适合静态内容的全站复制，边缘服务器复制源服务器的整个内容。另一方面，部分站点选择和交付从源服务器检索基本 HTML 页面，并从边缘缓存检索此页面引用的对象。可以根据对象的流行程度或一些启发式方法来复制对象。

内容管理依赖于缓存技术、缓存维护和缓存更新策略。CDN 使用多种策略来管理副本上内容的一致性：定期更新、内容更改触发的更新以及按需更新。

CDN 中的请求路由会将用户引导到最适合的边缘服务器；在路由请求时，也会考虑网络邻近度、客户端感知延迟、距离和副本服务器负载等度量标准。轮询法是一种非自适应请求路由，用于负载均衡；它假设所有边缘服务器具有相似的特征并且可以提供内容。

自适应算法的性能要好得多，但更复杂，需要了解系统的当前状态。Akamai 使用的算法考虑了诸如边缘服务器的负载、副本服务器当前可用的带宽、客户端到边缘服务器连接的可靠性等指标。

CDN 路由可以采用这样一种组织：多个边缘服务器连接到一个服务节点，该服务节点知道负载和与之连接的每个边缘服务器的信息，并试图实现全局负载均衡策略。当域名具有与其关联的多个 IP 地址并且服务供应商的 DNS 服务器返回持有所请求对象的副本的边缘服务器的 IP 地址时，替代方案是基于 DNS 的路由，然后客户端的 DNS 服务器选择其中一个。

另一种选择是 HTTP 重定向，在这种情况下，Web 服务器在 HTTP 头中包括对客户端的响应，即另一个边缘服务器的地址。最后，IP 任播（IP anycasting）需要将相同的 IP 地址分配给多个主机，并且路由器的路由表包含最接近它的主机的地址。

CDN 性能的关键指标包括：
- 缓存命中率——缓存对象数与请求的对象总数之比。
- 原始服务器的预留带宽。
- 延迟——它基于终端用户的感知响应时间。
- 边缘服务器利用率。
- 可靠性——基于丢包测量。

由于数据流吸引力的增加以及智能手机和平板电脑等移动设备的激增，CDN 将在未来面临相当大的挑战。按需视频流需要巨大的带宽和存储空间，以及功能强大的服务器；移动网络的 CDN 必须能够动态地重新配置系统以响应空间和时间需求的变化。

以内容为中心的网络。以内容为中心的网络（CCN）与以信息为中心的网络架构相关，例如 5.4 节中讨论的命名数据网络（NDN），其中内容在整个网络中被命名和传输。在这样的网络中，对命名内容的请求被路由到生产者或可以传递预期内容对象的任何实体。

可以从任何路由器的高速缓存提供 CCN 内容。内容由其生产者签名，消费者能够在实际使用内容之前验证签名。CCN 支持机会性缓存。根据 http://chris-wood.github.io/2015/06/16/CCN-vs-CDN.html，CCN 具有许多优势：无须预先预测内容的热度，同时具有以下基于 IP 的 CDN 所不具备的优点，包括：
- 路由器的主动和智能转发策略。
- 通过 CCN 路由协议可以轻松支持发布者移动性。
- 可以在网络内实施拥塞控制。
- 现有（和有问题的）IP 栈可以完全替换为一组新的层集。
- 现有的 API 可以完全重新设计，以专注于内容而不是地址。
- 内容安全性与信道无关，而与内容本身有关。

内容服务网络（CSN）的概念在文献[318]中引入。CSN 围绕 CDN 构建覆盖网络，以提供用于处理和转码的基础设施服务。

5.13 车载自组织网络

车载自组织网络(Vehicular Ad hoc NETwork,VANET)由通过无线网络连接的移动或固定车辆组成。目前,VANET 的主要用途是为车辆环境中的驾驶员提高安全性和舒适性。这种观点正在发生变化,车载自组织网络现在被视为智能交通系统的基础设施(其中自动驾驶车辆的数量不断增加),以及智能城市中任何需要互联网连接的活动的基础设施。此外,VANET 允许大多数固定车辆的车载计算机(例如,机场停车处的车辆)在互联网基础设施的最小帮助下用作移动计算机云的资源。

车辆生产和消费的内容在时间、空间和涉及的代理商、生产者和消费者方面具有局部相关性。车辆生成的信息具有局部有效性、有限的空间范围、明确的生存期、有限的时间范围和局部兴趣,它与车辆周围的有限区域中的代理相关。例如,一辆汽车驶近高速公路拥挤区域的信息只与该路段、特定时间以及附近车辆相关。车辆内容属性如表 5.5 所示[299]。

表 5.5 VANET 应用程序、内容、本地兴趣、本地有效性和生存期

应用	内容	局部兴趣	局部有效性	生存期
安全警告	危险路段	所有	100m	10s
	交通事故	所有	500m	30s
	工作区域	所有	1km	建设中
公共设施	紧急车辆	所有	500m	10min
	高速公路信息	所有	5km	整天
驾驶中	道路拥堵	所有	5km	30min
	导航地图	用户	5km	30min

VANET 的一个显著特征是以内容为中心的分布,内容很重要,而来源则不然。这与代理需要来自特定来源的信息的互联网形成鲜明对比。例如,交通信息大量涌入特定区域,车辆在不关心其来源的情况下进行检索,而对公路交通信息的互联网请求被引导到特定站点。车辆应用程序收集传感器数据,车辆协作共享传感数据。车载仪器通过车载摄像机收集感官数据。例如,CarSpeak 允许车辆以与其自身相同的方式访问相邻车辆上的传感器[284]。Waze 是一个基于社区的交通和导航应用程序,可以为驾驶员提供实时交通和道路信息。

VANET 通信协议类似于有线网络使用的协议,每个主机都有一个 IP 地址。为移动的车辆分配 IP 地址远非微不足道,并且通常需要 DHCP 服务器,这是一种在没有任何基础设施的条件下使用自组织协议运行自组织网络的想法。车辆经常加入和离开网络,感兴趣的内容不能始终绑定到唯一的 IP 地址。路由器通常会中继然后删除内容。

5.14 扩展阅读

《互联网简史》[288]是由互联网先驱 Barry Leiner、Vinton Cerf、David Clark、Robert Kahn、Leonard Kleinrock、Daniel Lynch、Jon Postel、Larry Roberts 和 Stephen Wolff 撰写的。

Kurose 和 Ross[283]的拥有大批读者的书籍对基本网络概念做了精彩介绍。Bertsekas 和 Gallagher[65]的书提供了对计算机网络性能评估的见解。关于 Kleinrock 排队理论的经典文本[274]是那些对网络分析感兴趣的人的必读书。

文献[532]中给出了以信息为中心的网络研究的综述,而文献[548]是 NDN 的简洁展示。有关软件定义网络的一些书籍可在开放网络基金会的网站上获得,参见 https://www.opennetworking.org/sdn-resources。

有关交通的摩尔定律在文献[354]中讨论。分类排队算法由 Floyd 和 van Jacobson 在文献[176]中介绍。系统互连的黑寡妇拓扑结构在文献[447]中进行了分析。存储区域网络的广泛处理可以在文献[481]中找到。

一些文献讨论了另外一些网络组织。Barabási 和 Albert 在文献[14-16,51]中描述了无标度网络及其应用。小世界网络由 Watts 和 Strogatz 在文献[515]中介绍。用于传播拓扑信息的流行病算法见文献[210,255,256]。Erdös-Rény 随机图在文献[71,165]中进行了分析。文献[163]讨论了合作网络的节能协议。

文献[289]讨论了光纤网络的未来。车辆自组织网络及其在车载云计算中的应用在文献[191,299,518]中讨论。文献[192]报道了对等网络的分析。专有云、P2P 网络和虚拟网络的网络管理分别在文献[351]、[352]和[359]中介绍。

5.15 练习和问题

问题1 在《互联网简史》[288]中描述了开放式架构原则的四个基本规则。阅读该论文并分析每一规则的含义。

问题2 问题1中的论文还列出了网络设计中的几个关键性问题:(1)防止数据包在永久故障的网络中丢失,并使其能够从源主机成功重传的算法;(2)提供主机到主机的"流水线",以便在中间网络允许的情况下,可以由参与主机自行决定多个数据包从源路由到目的地;(3)需要端到端校验和,从片段重新组装数据包和检测重复项(如果有的话);(4)全球寻址的必要性;(5)主机到主机的流控技术。

讨论 TCP/IP 网络架构如何解决这些问题。

问题3 分析向 IPv6 过渡的挑战。你认为这种转变对云计算的影响是什么?

问题4 讨论用于计算 TCP 窗口大小的算法。

问题5 创建虚拟机最终会减少复制文件,因此无法阻止虚拟机数量的爆炸(参阅 11.9 节)。由于每个虚拟机都需要自己的 IP 地址,因此虚拟化可能会导致 IPv4 地址空间耗尽。分析 IaaS 云服务交付模型对于该潜在问题的解决方案。

问题6 阅读描述随机公平排队算法的论文[176]。分析该算法与 9.13 节中讨论的启动时间公平排队算法的相似性和不同点。

问题7 D. Watts 和 S. H. Strogatz 介绍了小世界网络。它们具有两个理想的特征——高聚类和小路径长度。阅读文献[515]并设计算法以构建小世界网络。

问题8 论文[14-16,51]讨论了无标度网络的特性。讨论无标度网络互连系统的重要特征。

*__问题9__ 考虑两个 192 节点的胖树互连,包含两个 96 路和 12 个 24 路交换机,其中一个如图 5.10 所示,另一个如图 5.11 所示。计算这两个互连的对分带宽。

第 6 章

Cloud Computing: Theory and Practice, Second Edition

云数据存储

人类活动所产生的数据的数量以每年 40% 的速度增长，如今，90% 的数据都是在最近两年才被收集起来的(https://e27.co/tag/aureus-analytics/)，计算机云提供了大量的数据存储，而这些存储的数据正是使用这些数据的应用程序所需要的。

几个数据源贡献了大量存储在云端的数据。各种传感器将数据流向了云应用程序或者简单地生成内容。越来越多基于云的服务开始收集服务的详细数据和服务的用户信息。

在第 12 章中，我们深入讨论的大数据反映的一个现象是：许多应用程序使用极大的数据集，以至于本地电脑甚至中小型数据中心都没有能力来存储和处理这些数据。大数据的增长可以被看作一个三维的现象，这种说法已经成为大家的共识：(1) 意味着不断增加的数据量；(2) 需要不断增加的处理速度以处理更多的数据和产生更多的结果；(3) 涉及数据源和数据类型的多样性。

以网络为中心的数据存储模型对能源有限和本地存储也有限的移动设备非常有用，现如今这些移动设备可以存储和访问大量存在计算机云上的音频和视频文件。数十亿的网络互联移动设备和固定设备均可访问存储在计算机云中的数据。根据预测可知：到 2016 年底，全球每年的 IP 流量将会突破 1ZB，即 1000EB 的门槛，到 2020 年将会达到每年 2.3ZB (http://www.cisco.com/c/en/us/solutions/collateral/service-provider/visual-networking-index-vni/vni-hyperconnectivity-wp.html)。

云上的存储和处理彼此紧密相连。数据分析学使用大量的数据(这些数据来自许多机构的收集结果)来优化它们的业务。深入的分析使这些机构能发现如何触达更大量的顾客、确定产品的优缺点、节约资源，最后就是保护环境。

许多科学领域的应用，包括基因学、结构生物学、高能源物理学、天文学、气象学和环境学的研究，经常对 TB 量级的数据集进行复杂的分析[⊖]。2010 年，大型强子对撞机(LHC)的四个主要检测器产生了 13PB 的数据，索隆数字天空观测仪每晚可收集大约 200GB 的数据。由于对文件系统需求的增长，Btrfs、XFS、ZFS、exFAT、NTFS、HFS Plus 和 ReFS 等文件系统的磁盘格式理论上均支持几 EB 卷的大小。

当我们强调资源集中的优势时，必须清醒地意识到，云是大规模的分布式系统，并拥有许多组件，各组件之间必须相互配合。大型存储系统集的管理带来了重大挑战，需要新的系统设计方法。有效的数据复制和存储管理策略对于在云上执行的计算至关重要。

为了满足数据流和内容交付的实时要求，使用先进的策略来减少访问的时间以及支持多媒体的访问是很有必要的。数据复制允许并发访问来自多个处理器的数据，并减少了数据丢失的可能性。保持多个数据记录副本的一致性会增加数据管理软件的复杂性，如果数据频繁更新，将对存储系统性能产生消极影响。

现如今大型系统都是由现成的组件构成的，而过去的分布式文件系统都是使用专门设计的可靠组件。存储系统设计理念发生了转变，已经从"不惜任何代价"转变成"最低成

⊖ 1TB=10^{12}字节，1PB=10^{15}字节，1EB=10^{18}字节，1ZB=10^{21}字节。

本的可靠性"。这种转变很明显来自 20 世纪 80 年代文件系统的进步思想，比如网络文件系统（NFS）、安德鲁文件系统（AFS）、精灵文件系统（SFS）、谷歌文件系统（GFS）、Megastore 文件系统、Colossus 文件系统[173]，都是在最近的 20 年期间成熟起来的。

我们对云存储的讨论从存储技术的历史回顾开始，紧接着在 6.1 和 6.2 节简述了存储模型。文件系统的发展史从分布式文件系统到并行文件系统，之后发展成可以处理大量数据的文件系统，其中包含了分布式文件系统、通用并行文件系统和谷歌文件系统，这些将在 6.3、6.4、6.5 节呈现。

Chubby 是一种基于 Paxos 算法的锁服务，将在 6.6 节介绍；NoSQL 数据库和交易处理系统将在 6.7、6.8 节介绍；6.9、6.10 节分别分析了 BigTable 和 Megastore 系统；大规模系统存储的可靠性、数据中心磁盘的位置、数据库的来源分别在 6.11、6.12、6.13 节进行讲解。

6.1 存储技术的发展史

在过去几十年中，存储技术的进步速度不断加快，每年的存储量也在不断上升。
- 1986，2.6EB：相当于每人的存储不超过 730MB 的 CD-ROM；
- 1993，15.8EB：相当于每人 4CD-ROM；
- 2000，54.5EB：相当于每人 12CD-ROM；
- 2007，295EB：相当于每人大约 61CD-ROM。

存储技术。 尽管它与处理器技术的发展相比相形见绌，但是其发展也是令人震惊的。2003 年的一项研究[354]显示：在 1980～2003 年期间，硬盘驱动器（HDD）的存储密度已经增加了 4 个数量级，从大约 $0.01Gb/in^2$ 增加到大约 $100Gb/in^2$。在同一时期，价格却下降了 5 个数量级，每 MB 降至 1 美分。2011 年，硬盘驱动器（HDD）的密度达到 $744Gb/in^2$，预计到 2016 年，将上升到 $1\,800Gb/in^2$。

动态随机存储器（DRAM）的密度从 1990 年的 $1Gb/in^2$ 增加到 2003 年的 $100Gb/in^2$；与此同时，DRAM 的成本从大约 80 美元/MB 降至不到 1 美元/MB。2010 年，三星发布了第一款使用 30nm 工艺的 4GB 低功耗双数据速率（LPDDR2）DRAM。

存储技术的最新进展对用于云计算的存储系统有着深远影响。基于 NAND 闪存设备的容量的增长速度已经超过了 DRAM，每 GB 存储空间的成本显著下降；存储设备的制造商正在投资具有竞争力的固态技术，比如相变存储器。

固态存储基于电子电荷，电子的其他基本属性（如电子的自旋）则用于存储信息。自旋电子学（spintronics）是自旋传输电子学的首字母缩写，它是一个新领域，基于对杂散场扰动不敏感且开关时间更短的反铁磁性材料来成为存储介质[528]。固态硬盘会支持每秒数以万计的 I/O 操作（IOPS）。

虽然存储设备的密度增加，并且成本大大降低，但访问时间却仅略有改善；I/O 子系统的性能无法与处理器的性能保持同步，性能的差异影响了多媒体、科学及工程和其他处理海量数据的现代应用程序。

在过去几十年里，生成的数据量呈指数级增长，这使存储系统面临着巨大的压力。在 20 世纪八九十年代，数据主要由人类来生成，而现如今，机器以一种前所未有的速度在生成数据：智能手机、智能手表等移动设备都能记录静态图像和电影，它们都遇到了本地存储空间的限制，从而依赖于将数据传输到云存储；传感器、监视摄像头和数字医疗成像设备以很高的速度生成数据，并通过网络的形式将其转储在存储系统中；在线数字图书馆、电子书、数字媒体及参考数据(reference data)都将增加对数据存储空间的需求。术语参考数据针对使用不频繁的数据，例如医疗或财务记录存档副本、客户账户对账单等。

随着数据量的增长，新的数据挖掘方法和算法被开发出来，这些方法和算法需要强大的计算系统。执行密集型计算以及访问大量数据时，只有集中的资源才能提供足够的CPU计算能力以及所需的巨大存储能力。

技术的飞速发展已经改变了存储设备上的初始投资和系统管理费用之间的平衡。目前，存储管理成本已经成为存储系统成本的主要因素，这有利于云支持的集中存储策略；实际上，集中式方法可以使复制和备份等存储管理功能自动化，从而大大降低存储管理成本。

磁盘技术。 硬盘驱动器(HDD)普遍用于通用计算机中的辅助存储。HDD是一种非易失性随机存取数据存储设备，由一个或多个涂有磁性材料的旋转磁盘片组成，磁头安装在磁盘臂上，将数据读写到磁盘表面。

典型的HDD有一个旋转磁盘的主轴电机和一个执行器，该执行器将读/写磁头组件放置在旋转磁盘上。当今的HDD磁盘旋转速度从节能便携设备的4 200转到高性能服务器的15 000转不等，台式和笔记本电脑的HDD则分别为3.5英寸和2.5英寸。

HDD的特点是高容量和高性能。容量以兆字节(MB)、太字节(TB)或千兆字节(GB)为单位来衡量。HDD最重要的性能指标是平均访问时间，访问时间包括查找时间(磁头臂到达柱体/磁道的时间)和搜索时间(在磁道上定位记录的时间)。自从1956年IBM首次引入磁盘以来，HDD技术已经得到了显著的改进，如表6.1所示。

表6.1 硬盘驱动器技术从1956年到2016年的发展史。改善幅度惊人，比如密度、价格、容量的比率分别为$650×10^6：1$、$300×10^6：1$和$2.7×10^6：1$，平均访问时间的比率是200：1，MTBF(平均无故障时间)的比率是11：1

参数	1956年	2016年	参数	1956年	2016年
容量	3.75MB	10TB	价格	$9200/MB	$0.032/GB
平均访问时间	≈600ms	2.5~10ms	重量	910kg	62g
密度	200bits/sq. inch	1.3TB/sq. inch	体积	$1.9m^3$	$34cm^3$
平均使用期限	≈2 000hours/MTBF	≈22 500hours/MTBF			

目前，在数据中心的典型服务器最多具有6个2TB的磁盘，机架上可用的物理空间则限制了这个数字。增加数据中心的磁盘空间成本变得很高。

固态硬盘(SSD)使用集成电路组件作为内存的持久性存储设备。SSD接口和HDD的块I/O具有很好的兼容性，因此可以替代传统的磁盘。SSD没有移动部件，通常比HDD更能抵抗物理冲击，运行时更安静，访问时间更短，延迟也更低。

较低价格的SSD使用三阶或多阶单元(MLC)闪存，比单阶单元(SLC)闪存慢且可靠性低。MLC与SLC的持久性、串行写入、串行读取和价格的比率分别为1：10、1：3、1：1和1：1.3。大多数SSD使用基于NAND的MLC闪存，这是一种非易失性内存，在断电时保存数据。

SLC NAND I/O操作的延迟时间为：$25\mu s$将一个4KB页面从磁盘阵列读入I/O缓冲区；$250\mu s$将一个4KB页面从I/O缓冲区写入磁盘阵列；或2ms擦除一个256KB的块。当多个NAND设备并行运行时，只要负载在NAND设备之间均匀分布，且设备有出色的操作，就可以掩盖SSD的带宽规模和高延迟。大多数SSD制造商使用非易失性NAND，因为其与DRAM相比成本更低，而且无须恒定的电源即可保存数据。

固态混合磁盘(SSHD)结合了 SSD 和 HDD 的特性，包括一个大的 HDD 和一个 SSD 缓存，以提高频繁访问数据的性能。SSD 的每字节成本每年减少约 50%，但是与 HDD 相比，它还应该减少多达 3 个数量级。

6.2 存储模型、文件系统和数据库

存储模型。存储模型描述了物理存储中数据结构的布局，而数据模型会掌控数据库中数据结构最重要的逻辑层面。物理存储则可以是本地磁盘、可移动介质或可通过网络访问的存储。

通常使用两种抽象的存储模型：单元存储和日志存储。单元存储假设存储由相同大小的单元和完全适合一个单元的对象组成。该模型反映了几种存储介质的物理组织。计算机的主存储器由一组存储器单元阵列和一个辅助存储设备组成，例如磁盘由扇区或块组成，该扇区或块以一个单元进行读写。读/写一致性和前后原子性是对任何存储模型尤其对单元存储模型而言两个要求较高的属性，如图 6.1 所示。

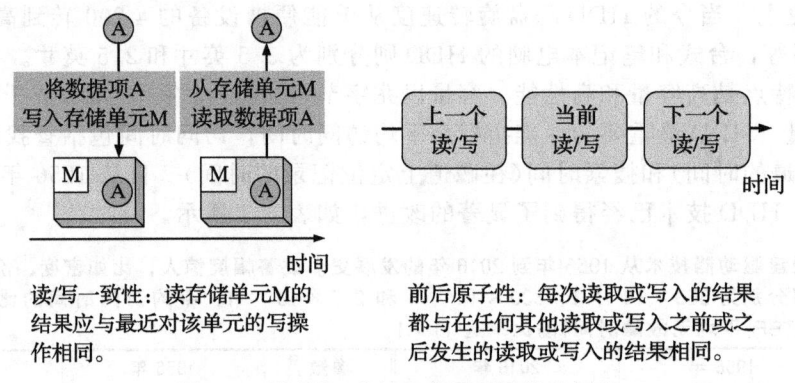

图 6.1 读/写一致性和前后原子性的语义

日志存储是一种相当复杂的组织，用于存储复合对象，比如由多个字段组成的记录。日志存储由一个管理器和一个单元存储组成，它维护了变量的整个历史记录，而不仅仅是当前值。用户没有直接访问单元存储的权限，而是需要请求日志管理器：启动一个新操作；读取单元的值；写出单元的值；提交一个操作；中止一个操作。日志管理器将用户请求转换成命令，将其传送到单元存储：读取单元；写入单元；分配一个单元；释放一个单元。

在存储系统环境中，日志包含了单元存储中所有变量的历史记录。每个数据项更新的信息形成了一个附加在日志结尾的记录。日志提供了有关单元存储操作结果的权威信息；我们只需要一个指向最后一条记录的指针，就可以使用可以方便访问的日志重构单元存储。

首先，一个全有或全无(all-or-nothing)的操作将操作记录在日志中，然后通过覆盖数据项的前一个版本来设置单元存储中的更改，参见图 6.2。日志总是保存在非易失性存储(如磁盘)中，相当大的单元存储通常驻留在非易失性内存中，日志也可以保存在内存中以进行实时访问或者使用直写(write-through)缓存。

文件系统。文件系统由一组目录组成，每个目录提供关于一组文件的信息。现今，高性能系统可以在三种文件系统中进行选择：网络文件系统(NFS)、存储区域网络(SAN)和并行文件系统(PFS)。NFS 非常流行，并且已经被使用了一段时间，但是扩展性较差，存

在可靠性问题，NFS 服务器可能出现单点故障。

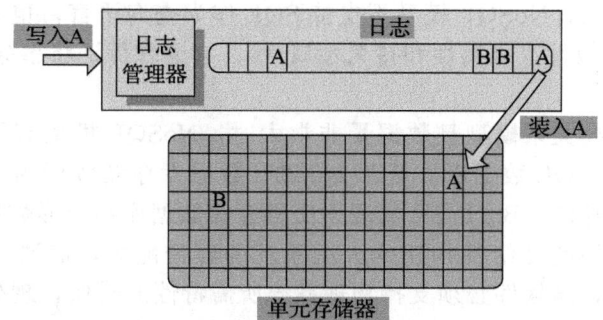

图 6.2　日志包含所有变量的完整历史记录，它存储在非易失性介质上。如果在将变量的新值存储到日志中之后系统发生故障，则可以从日志中恢复该值。如果系统在写入日志时失败，则单元内存不会更新。这保证了所有的操作都是全有或全无。图中显示了日志和单元存储器中的两个变量 A 和 B。首先将新值 A 写入日志，然后装入内存中，这个内存是分配给 A 的唯一地址

网络技术的进步使存储系统与计算服务器分离，两者可以通过 SAN 连接。SAN 提供了额外的灵活性，并允许云服务器处理存储配置中的非破坏性更改。此外，SAN 中的存储可以被合并，然后根据服务器的需求进行分配。合并需要额外的软件和硬件支持，这是集中式存储系统的另一个优点。基于 SAN 文件系统的实现可能很昂贵，因为每个节点必须有一个光纤适配器来连接到网络。

并行文件系统是可伸缩的，能够跨大量节点分发文件，并提供全局命名空间。在一个并行文件系统中，多个 I/O 节点向所有计算节点提供数据，还包括一个元数据服务器，该服务器包含存储在 I/O 节点上的数据信息。并行文件系统的互连网络可以是 SAN。

数据库和数据库管理系统。 大多数云应用不直接与文件系统交互，而是通过管理数据库的应用层进行交互。数据库是逻辑相关的记录的集合。控制数据库访问的软件称为数据库管理系统（DBMS）。DBMS 的主要功能是加强数据完整性、管理数据访问和并发控制，以及支持在故障后的恢复。

DBMS 支持查询语言———一种用于开发数据库应用程序的专用编程语言，以及一些数据库模型，包括 20 世纪 60 年代的导航模型、70 年代的关系模型、80 年代的面向对象模型和 21 世纪前十年的 NoSQL 模型，反映了当时可用硬件的局限性以及每个时期最流行的应用需求。

2015 年 10 月，Gartner(http://www.gartner.com)预测，到 2017 年单一的 DBMS 平台将包括多个数据模型，关系型、NoSQL 和不再使用 NoSQL 标签的模型。该研究基于公司的执行能力以及对未来前景规划的完整程度，将 DBMS 公司分为四类：

- 领导者：甲骨文、微软、AWS、IBM、MongoDB、SAP、DataStax、EnerpriseDB、InterSystems、MarkLogic 和 Redis Las。
- 空想家：Couchbase、Fujitsu、MemSQL 和 NuoDB。
- 挑战者：MariaDB 和 Percona。
- 缝隙厂商：FairCom、Cloudera、MapR、Atibase、VoltDB、NeoTechnology、TmaxSoft、Clustrix、Actian、Aerospike、Hortonworks、Orient Technologies 和 McObject。

云数据库。 大多数云应用都是数据密集型的，测试现有云存储基础设施的局限，要求数据库管理系统能够支持快速应用程序的开发并在短时间内适应市场。与此同时，云应用要求低延迟、可伸缩和高可用，并要求对数据视图的一致性。

现有的数据库模型不能同时满足这些需求，例如关系数据库易于应用程序开发，但是伸缩性不好。顾名思义，NoSQL 模型不支持 SQL 作为查询语言，也不能保证传统数据库的 ACID(原子性、一致性、隔离性和持久性属性)。它通常保证将事务的最终一致性(仅限于单个数据项)。

当数据结构不需要关系模型且数据量非常大时，NoSQL 模型有了用武之地。近几年出现了几种类型的 NoSQL 数据库。基于 NoSQL 数据库存储数据的方式，我们可以分辨出几种类型，如键值存储、BigTable 实现、文档存储数据库和图形数据库。

复制用于确保使用商品组件构建的大型系统的容错能力，需要有确保副本一致的机制。这再一次说明了，当软件必须支持物理系统所需特性的时候，现代计算机和通信系统的复杂性就要有所增加。6.6 节对实现一致算法的服务进行了深入的分析，以确保复制的对象是一致的。

许多云应用支持在线事务处理，并且必须保证事务的正确性。事务由多个操作组成，例如，将资金从一个账户转移到另一个账户，需要从一个账户提取资金，并将其转移到另一个账户。系统可能在每个操作步骤期间或之后发生故障，必须采取措施以确保操作步骤的正确性。事务的正确性意味着，无论顺序和操作过程如何，都应该保证相同的结果。有时必须遵守更严格的条件，例如，银行交易必须按照出现的顺序进行处理，即所谓的外部时间一致性。为了保证正确性，事务处理系统支持 3.11 节中讨论的"全有或全无"原子性。

6.3 分布式文件系统：先驱者

在 20 世纪 80 年代，第一个分布式文件系统由软件公司和大学共同研发。所涉及的系统包括：1984 年 Sun 微系统公司开发的 NFS、卡内基·梅隆大学(Carnegie Mellon University)开发的 AFS(作为 Andrew 项目的一部分)和加州大学伯克利分校(U.C. Berkeley) John Osterhout 团队开发的精灵文件系统(SFS)(作为类 UNIX 分布式操作系统 Sprite 的一个组件)。在此期间，研发出来的系统还有轨迹[507]、阿波罗[298]和远程文件系统(RFS)[46]。这些系统设计中的主要关注点是可伸缩性、性能和安全性，参见表 6.2。

在 20 世纪 80 年代，许多组织，包括研究中心、大学、金融机构和设计中心，都认为工作站网络是理想的运作环境。由于降低了硬件成本，也降低了维护和系统管理成本，无磁盘工作站变得很有吸引力。很快分布式文件系统对管理众多工作站变得非常有用，Sun 微系统公司是基于工作站的分布式系统的主要推动者之一，它在 20 世纪 80 年代初开始开发 NFS。

网络文件系统。NFS 是第一个广泛使用的分布式文件系统，此应用的开发基于客户-服务器模型，其动机来自由局域网互连的多个客户机需要共享一个文件系统。

大多数工作站在 UNIX 下运行，因此，NFS 的许多设计决策都受到 UNIX 文件系统(UFS)设计理念的影响。显然，NFS 设计者的目标如下：

- 提供与本地 UFS 相同的语义，以确保与现有应用程序的兼容。
- 易于集成到现有 UFS 中。
- 确保该系统得到广泛应用，因此，该系统需要支持运行在不同操作系统上的客户。
- 可以接受性能的适度下降，因为通过网络远程访问时的带宽仅有 Mbps。

UFS 有三个重要的特征，这些特征使其能够从本地文件管理扩展到远程文件管理：

- 分层设计文件系统提供了必要的灵活性，允许关注点分离以及最小化系统所需模块之间的交互。索引节点层的添加允许 UNIX 文件系统统一地处理本地和远程文件访问。
- 分层设计支持文件系统的可扩展性，允许将文件分组到被称为目录的特殊文件中，支持多级目录及目录和文件的集合，即所谓的文件系统。文件命名约定反映了层次文件结构。
- 元数据支持文件系统的系统设计理念，而不是临时设计理念。索引节点包含有关单个文件和目录的信息，并与数据一起保存在永久性介质上。元数据包括文件所有者、访问权限、创建时间和文件最后一次修改的时间、文件大小，以及关于文件结构和数据存储的持久存储设备单元的信息。元数据也支持设备独立性，这是一个非常重要的目标，因为存储技术的发展速度非常快。

文件的逻辑组织反映了数据模型，即从应用视角观察到的数据的视图。物理组织反映了存储模型，描述了文件存储在给定介质上的存储方式。分层设计使 UFS 将物理文件结构的关注点与逻辑文件结构的关注点分离。

回想一下，文件是存储在持久存储设备中的一个线性数组，数组项即单元；文件指针标识一个单元，用作读写操作的起点。线性数组被应用程序当作逻辑记录的集合，存储在物理设备上的文件被当作由物理介质决定大小的一组物理记录或块。

UFS 层次结构的下三层——块、文件和索引节点层反映了物理组织。块层允许系统查找物理设备上的单个块，文件层反映了块在文件中的组织，索引节点层为对象（文件和目录）提供元数据。上三层——路径名、绝对路径名和符号路径名层反映了逻辑组织。文件名层在面向机器的和面向用户的文件系统视图之间，请参见图 6.3。

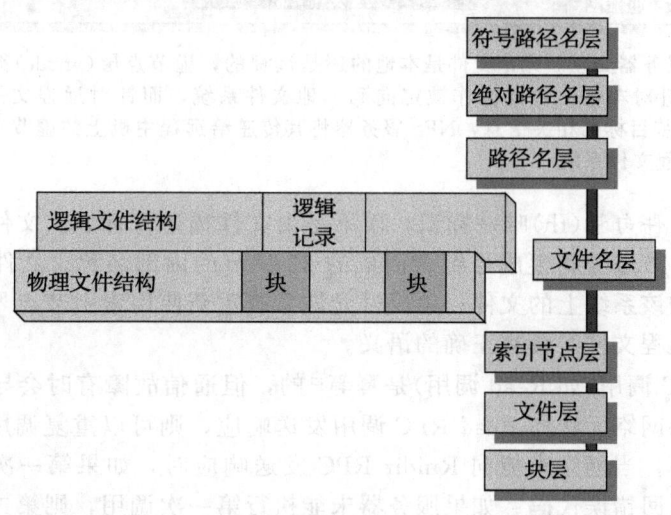

图 6.3　UFS 分层设计将物理文件结构与逻辑文件结构分开。较低的三层（块、文件和索引节点）与物理文件结构相关，而较高的三层（路径名、绝对路径名和符号路径名）则反映了逻辑组织。文件名层位于上下两组之间

由操作系统内核维护的几个控制结构支持运行进程的文件处理，这些结构是在进程地址空间的用户区域中维护的，只能在内核模式下访问。要访问文件，进程必须首先打开文件，与文件系统建立连接；此时，一个新的条目被添加到文件描述表中，元信息被引入另一个控制结构中，即打开文件表。

路径指定文件系统中文件或目录的位置。相对路径指定相对于进程的当前/工作目录

的文件位置,而完整路径(也称为绝对路径)则指定独立于当前目录(通常相对于根目录)的文件位置。本地文件由文件描述符(fd)唯一标识,通常是打开文件表中的索引。

NFS基于客户-服务器模式。客户在本地主机上运行,而服务器位于远程文件系统的位置。客户和服务器通过远程过程调用(RPC)进行交互,如图6.4所示。本地文件系统的API将本地文件上的文件操作与远程文件上的文件操作区分开来,后一种情况调用RPC客户。图6.5显示了UNIX文件系统API,用户程序发出对远程文件系统的API调用,该调用由RPC客户程序响应,然后NFS服务器来响应该RPC调用执行的一些操作,如图6.4所示。

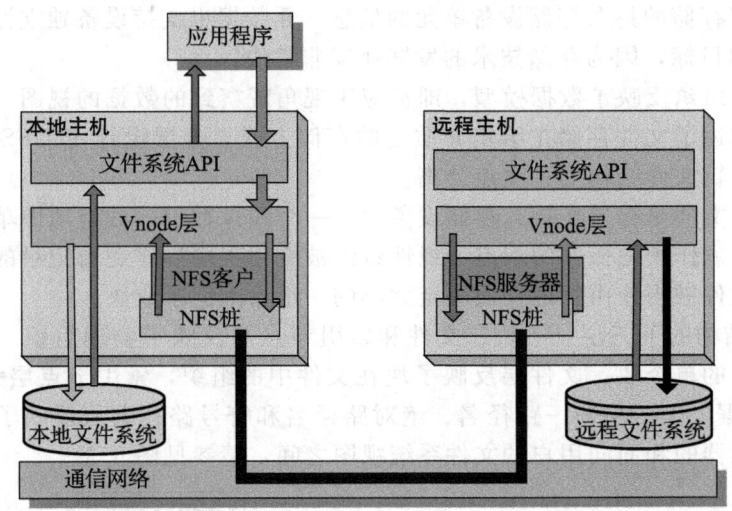

图6.4 NFS客户-服务器交互。无论文件是本地的还是远程的,虚节点层(vnode)都以统一的方式实现文件操作。针对本地文件的操作被定向到本地文件系统,而针对远程文件的操作涉及NFS;NFS客户封装目标的相关信息,NFS服务器将其传递给远程主机上的虚节点层,虚节点层又将其定向到远程文件系统

远程文件由文件句柄(fh)唯一标识,而不是由文件描述符标识。文件句柄是一个由文件系统标识、索引节点号和生成号组合而成的32字节的内部名称。文件句柄允许系统定位远程文件系统和该系统上的文件;生成号允许系统重新使用索引节点号,并确保在多个客户操作同一个远程文件时具有正确的语义。

虽然许多RPC调用(如Read调用)是幂等㊀的,但通信故障有时会导致意想不到的行为。实际上,如果网络无法向Read RPC调用发送响应,则可以重复调用,而不产生任何副作用。相比之下,当网络未能向Rmdir RPC发送响应时,如果第一次调用成功,第二次调用将向用户返回错误代码;如果服务器未能执行第一次调用,则第二次调用将正常返回。还要注意,没有Close RPC调用,因为此操作只更改进程的打开文件数据结构,并不影响远程文件。

这些年来,NFS经历了很多重大变化,其发展从本节讨论的版本2[437],到1994年的版本3[395],再到2000年的版本4[396],详见6.14节。

安德鲁文件系统(AFS)。AFS是20世纪80年代末卡内基·梅隆大学(CMU)与IBM合作开发的一种分布式文件系统[353]。系统的设计者设想存在大量的工作站,这些工作站

㊀ 如果一个动作重复多次与只执行一次的效果相同,那么这个动作就是幂等的。

通过相对较少的服务器相互连接；预计 CMU 的每个人都有一个安德鲁（Andrew）工作站，因此系统将连接多达 10 000 台工作站。

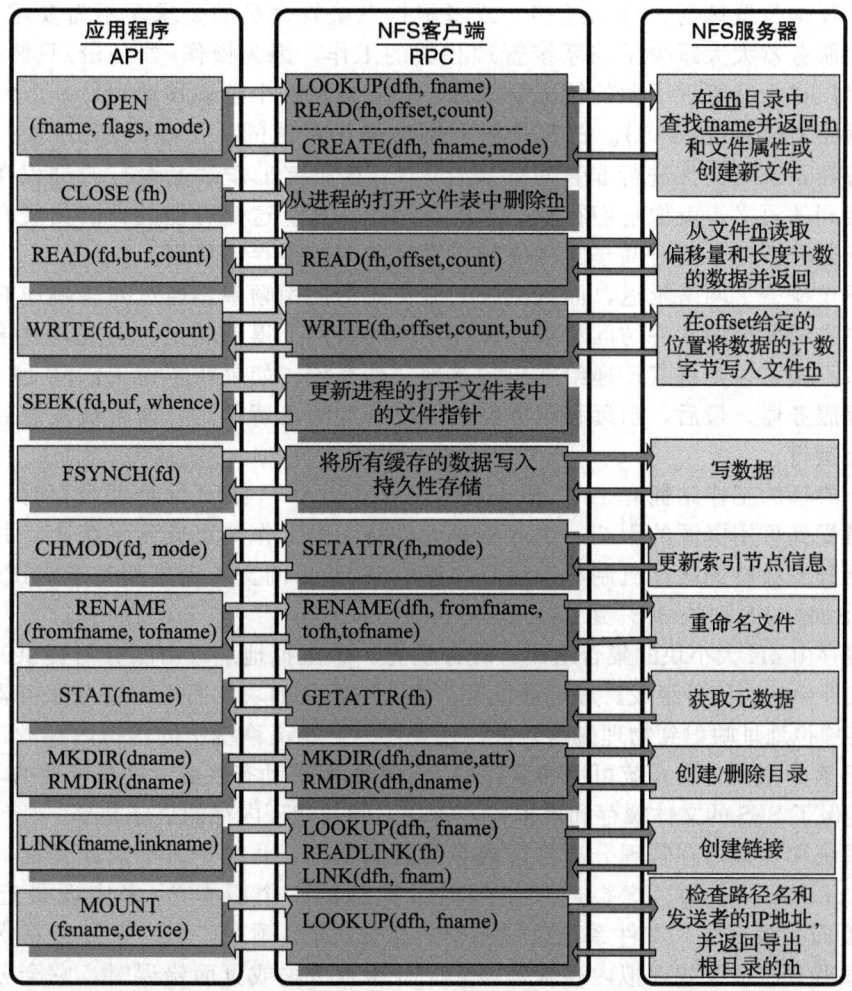

图 6.5　UFS 的 API 和 NFS 客户端向 NFS 服务器发出相应的 RPC。服务器响应 NFS 客户端发出的 RPC 操作过于复杂，以至于无法完全描述。fd 表示文件描述符，fh 表示文件句柄，fname 表示文件名，dname 表示目录名，dfh 表示目录是可以找到句柄的文件，count 表示要传输的字节数，buf 表示数据传到/来自的缓冲区，device 表示文件系统所在的设备

AFS 中的一组受信任的服务器组成了一个称为 Vice 的结构。工作站 OS 是 4.2BSD UNIX，它侦听文件系统调用，并将其转发到一个名为 Venus 的用户级进程，该进程缓存 Vice 的文件，并将修改后的文件副本存储回服务器。读写操作直接在文件的缓存副本上执行，并绕过 Venus。只有当一个文件被打开或关闭时，Venus 才会与 Vice 通信。

AFS 设计的重点在于文件系统的性能、安全性和简单管理[242]。工作站的本地磁盘充当持久缓存，确保可伸缩性并减少响应时间。只有在修改文件时，位于其中一个服务器上的文件的主副本才会更新。这种策略减少了服务器负载，提高了系统性能。

AFS 设计的另一个主要目标是提高安全性。客户和服务器之间的通信是加密的，所有文件操作都需要安全的网络连接。当用户登录到工作站时，密码用于从身份认证服务器获取安全令牌；然后，每当文件操作需要安全的网络连接时，就使用这些令牌。

AFS 使用访问控制列表（ACL）来控制共享数据。ACL 指定单个用户或一组用户的访问权限。许多工具支持 ACL 的管理。减少用户参与文件管理的另一特性是位置透明性。文件可以从任何位置访问、自动迁移，或者根据系统管理员的要求，不需要用户的参与。相对较少的服务器大大减少了与系统管理相关的工作，因为操作（如备份）只影响服务器，而工作站可以在没有管理干预的情况下添加、删除或从一个位置移动到另一个位置。

精灵网络文件系统（SFS）。 SFS 是精灵网络操作系统的一个组成部分[234]。SFS 支持客户和服务器系统对文件进行非直写式缓存[358]。在所有工作站上运行的进程在文件访问方面享有相同的语义，就像它们在单个系统上运行一样。这是可能的，因为缓存一致性机制可以刷新部分缓存，当对共享文件进行读写操作时，缓存将禁用。

缓存不仅掩盖了网络延迟，而且减少了服务器的使用频率，通过减少响应时间来提高性能。客户进程发出的文件访问请求可以在不同的级别上得到满足。首先，请求指向本地缓存；如果不满意，则将其传递给客户的本地文件系统。如果在本地无法满足，则将请求发送到远程服务器。最后，当远程服务器的缓存不能满足请求时，请求被发送到服务器的文件系统上运行。

当一个典型的工作站拥有 1~2 颗 MIPS 处理器和 4~14MB 的物理内存时，精灵系统的设计决策受到可用资源的影响。主存缓存允许将无盘工作站集成到系统中，并允许为客户和服务器开发独特的缓存机制和策略。文献[358]给出的文件密集型基准测试结果显示，SFS 比 NFS 或 AFS 要快 30% 到 35%。

文件缓存由 4K 大小块的集合组成，缓存块有一个虚拟地址，由服务器提供的唯一文件标识符和文件中的块编号组成。虚拟寻址允许客户创建新的块，而不需要与服务器通信。文件服务器将虚拟地址映射到物理磁盘地址。还要注意，精灵系统中的虚拟内存的页面大小也是 4K。SFS 客户或服务器系统可用的缓存的大小根据需求动态改变。这是可能的，因为精灵操作系统确保了 SFS 的文件缓存和虚拟内存管理之间的物理内存的最佳共享。

文件系统和虚拟内存管理分离物理内存为页面集合，并维护每个块或页面的最近访问时间（time-of-last-access）。虚拟内存使用时钟算法的一个版本[357]来实现最近最少使用（LRU）的页面替换算法，文件系统执行一个严格的 LRU 顺序，因为它知道每次读写操作的时间。每当文件系统或虚拟内存管理遇到文件缓存丢失或页面错误时，它会分别将其最老的缓存块或页面的时间与其他系统中最久的缓存块或页面的时间进行比较，最老的缓存块或页面被强制释放真实的物理内存资源。

SFS 的一个重要设计决策是延迟回写，这意味着首先将一个块写入缓存，然后延迟数十秒才对磁盘写入。这种策略加快了写入速度，也避免了在写入磁盘之前已经被丢弃的情况下写入数据。这个策略有明显的缺点：如果系统发生故障，数据可能会丢失。直写是延迟回写的替代方法。直写确保了可靠性，一旦块出现在缓存上时，就写入磁盘，但也增加了写操作的时间。

大多数网络文件系统保证，一旦一个文件被关闭，服务器将在持久性存储器上存储最新版本。就并发性而言，我们将串行写共享与并发写共享区分开来，串行写共享指一个文件不能同时打开供多个客户读写，而并发写共享指多个客户机可以同时修改该文件。精灵系统允许两种并发模式，并将缓存一致性委托给服务器。在并发写共享的情况下，客户缓存是被禁用的，所有的读写都由服务器执行。

表 6.2 给出了 NFS[437]、AFS[353]、精灵（Sprite）[234]、Locus[507]、Apollo[298] 和 RFS[46] 的缓存、写入策略和一致性的比较。

表 6.2 几种网络文件系统的比较[353]

文件系统	缓存大小及位置	写策略	一致性保证	缓存验证
NFS	固定大小，内存	close 或 30s 延迟	顺序	open，由服务器确认
AFS	固定大小，磁盘	close	顺序	发生修改时，服务器询问客户端
SFS	可变大小，内存	30s 延迟	顺序，并发	open，由服务器确认
Locus	固定大小，内存	close	顺序，并发	open，由服务器确认
Apollo	可变大小，内存	延迟或 unlock	顺序	open，由服务器确认
RFS	固定大小，内存	直写	顺序，并发	open，由服务器确认

6.4 通用并行文件系统

一旦分布式文件系统变得无处不在，文件系统演进的下一步自然就是支持并行访问。并行文件系统允许多个客户同时读写同一个文件。支持并行 I/O 操作对于许多应用程序是必不可少的[334]。早期的超级计算机（如英特尔 Paragon）利用了并行文件系统来支持数据密集型应用程序。

并发控制是并行文件系统的关键问题。可以使用几种方法来处理共享和并发文件访问。一个选择是设置一个共享文件指针。在这种情况下，不同客户发出的连续读操作将推进文件指针。另一种方法是允许每个客户拥有自己的文件指针。

通用并行文件系统（GPFS）[444] 是 IBM 在 21 世纪初开发的，它是 TigerShark 多媒体文件系统的继承者[226]。GPFS 是一个并行文件系统，它严格模拟在单个系统上运行的通用 POSIX 系统的行为。GPFS 是为大型集群的最佳性能所设计的。GPFS 可以支持最多 4 个 PB 级的文件系统，其中最多包含 4096 个磁盘，每个磁盘 1TB，参见图 6.6。最大文件大小是 $2^{63}-1$ 个字节。

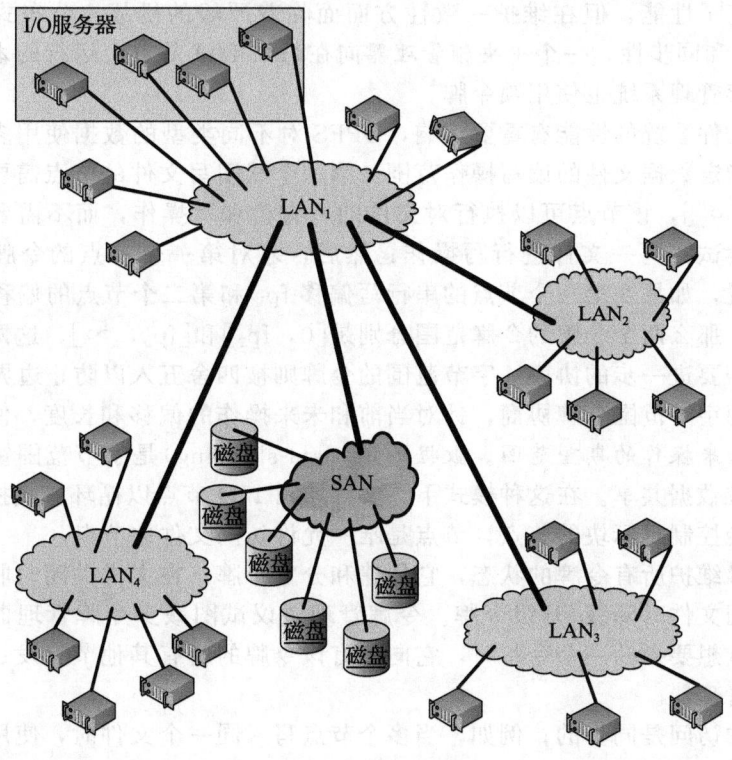

图 6.6 GPFS 配置图。磁盘是由 SAN 连接的，计算服务器分布在 $LAN_1 \sim LAN_4$ 中。I/O 节点/服务器连接到 LAN_1

一个文件由大小相等的块组成，块大小从 16KB 到 1MB 不等，块分布在多个磁盘上。系统不仅可以支持非常大的文件，还可以支持非常多的文件。GPFS 目录使用可扩展的哈希技术来访问文件。对文件的名称应用哈希函数，然后哈希值的 n 个低阶位给出了可以找到文件信息的目录块编号，而 n 是目录中文件数量的函数。可扩展哈希用于添加新的目录块。系统维护用户数据、文件元数据（比如最后一次修改的时间）和文件系统元数据（比如分配映射）。元数据（如文件属性和数据块地址）存储在索引节点和间接块中。

在具有许多物理组件的系统中，可靠性是一个主要问题。为了从系统故障中恢复，GPFS 记录将所有元数据更新在一个预写日志文件中。预写意味着只有在日志记录写完之后，才将更新写入持久存储中。例如，在创建新文件时，必须更新目录组，并创建文件的索引节点。在写入日志记录之后，这些记录从缓存转移到磁盘。当系统最终处于不一致状态时，将写入目录组，如果 I/O 节点在写入索引节点之前出故障，则日志文件允许系统重新创建索引节点记录。日志文件由安装它的每个文件系统的 I/O 节点维护，并且任何 I/O 节点都能够代表故障节点启动恢复。磁盘并行化用来减少访问时间，同时发出多个 I/O 读请求，并在缓冲池中预取数据。

数据条块化允许并发访问并提高性能，但可能产生令人不快的副作用。实际上，当一个磁盘出现故障时，会影响大量的文件。为了减少这些不良事件的影响，系统尝试掩盖单个磁盘故障或磁盘访问路径失败。系统使用条块大小等于块大小且双链接的 RAID 控制器。为了进一步提高系统 GPFS 数据文件和元数据的容错能力，需要在两个不同的物理磁盘上进行复制。

一致性和性能对于任何分布式文件系统来说都是至关重要的，并且难以平衡。对并发访问的支持提高了性能，但在维护一致性方面面临着严峻的挑战。分布式锁机制确保了 GPFS 的一致性和同步性。一个中央锁管理器向在每个 I/O 节点上运行的本地锁管理器授予锁令牌。缓存管理系统也使用锁令牌。

锁粒度对文件系统的性能有重要影响，GPFS 对不同类型的数据使用多种技术。字节范围令牌用于指定数据文件的读写操作范围：第一个试图写文件的节点需要一个覆盖整个文件的令牌 $[0, \infty]$，该节点可以执行对文件的所有读和写操作，而不需要任何权限，直到第二个节点尝试对同一文件进行写操作；然后，才对第一个节点的令牌的范围进行限制。更准确地说，如果在第一个节点的串行写偏移 fp_1 和第二个节点的偏移 $fp_2 > fp_1$ 的情况下串行写入，那么两个令牌的令牌范围分别是 $[0, fp_2]$ 和 $[fp_2, \infty]$，这两个节点可以并发操作，而不需要进一步的协商。字节范围的令牌则被四舍五入以防止边界问题。

节点之间的字节范围令牌协商，针对当前和未来操作的偏移和长度，使用了当前操作所需的范围和未来操作的期望范围。数据传送（data-shipping）是字节范围锁定的另一种选择，它允许细粒数据共享。在这种模式下，文件块由 I/O 节点以循环方式控制。节点将读或写操作转发给控制目标块的节点，节点是唯一允许访问文件的节点。

令牌管理器维护所有令牌的状态，它创建和分发令牌，在文件关闭时收集令牌，在其他节点请求访问文件时降级/升级令牌。令牌管理协议试图减少令牌管理器上的负载；例如，当一个节点想要撤销一个令牌时，它向持有该令牌的所有其他节点发送消息，并将应答转发给令牌管理器。

对元数据的访问是同步的；例如，当多个节点写入同一个文件时，使用共享的写锁来访问索引节点，从而更新文件大小和修改日期。其中一个节点承担元节点（metanode）的角色，所有更新都通过它进行传输；文件大小和最后的更新时间由元节点在合并各自的请求后确定。对间接块的更新也使用相同的策略。GPFS 全局数据，如 ACL（访问控制列表）、配额和配置数据，使用分布式锁机制进行更新。

GPFS 使用磁盘映射来管理磁盘空间。GPFS 块大小可达 1MB，典型的块大小为 256KB。块被划分为 32 个子块，以减少小文件的磁盘碎片。因此，块映射有 32 比特，以指示子块是空闲的还是使用的。系统磁盘映射被划分为 n 个区域，每个磁盘映射区域存储在不同的 I/O 节点上；这种策略减少了冲突，并允许多个节点同时分配磁盘空间。在一个 I/O 节点上运行的分配管理器负责涉及多个磁盘映射区域的操作。例如，它更新空闲空间统计数据，通过定期发送由各个节点所使用区域的提示来帮助释放分配。

关于系统实用程序的详细讨论，以及 2002 年在几个安装中部署文件系统的经验教训，可在文献[444]中找到；GPFS 的文档可以从文献[247]得到。

6.5 谷歌文件系统

谷歌文件系统（GFS）是在 20 世纪 90 年代末开发的，它使用了数千个存储系统，这些存储系统由廉价商品组件构成，为具有不同需求的大型用户社区提供 PB 级的存储空间[193]。因此，不足为奇的是，GFS 设计人员主要关注系统在发生硬件故障、系统软件错误、应用程序错误和人为错误时的可靠性。

该系统在对文件特征和访问模型进行了详细分析之后才设计。在 GFS 设计中反映出了一些最重要的分析方面：

- 系统的可伸缩性和可靠性是至关重要的特性，必须从一开始就考虑，而不是在以后的设计阶段考虑。
- 绝大多数的文件大小从几 GB 到数百 TB 不等。
- 大多数操作是附加到现有文件尾部，对文件的随机写操作非常少见。
- 串行读操作规范化。
- 用户批量处理数据，而不太关注响应时间。
- 为了简化系统的实现，应该放松一致性模型，而不是给应用程序开发人员增加额外的负担。

在此分析的结果下，做出了若干设计决策：

- 将文件分割成片（chunk）。
- 实现一个原子性的文件 append 操作，允许多个并发操作的应用程序附加到同一个文件。
- 围绕高带宽而非低延迟的互连网络构建集群。将控制流与数据流分离，通过在 TCP 连接上的数据传输流水线来调度高带宽数据流，以减少响应时间。利用网络拓扑结构，将数据发送到网络中最近的节点。
- 消除客户站点上的缓存；缓存增加了开销，这些开销是为了维持在多个客户站点的缓存副本，而且不太可能提高性能。
- 利用一个控制整个系统的主程序，缓解关键文件操作，确保一致性。
- 尽量减少主程序对文件访问操作的参与，以避免热点竞争，并确保可伸缩性。
- 支持高效的检查点和快速恢复机制。
- 支持高效的垃圾回收机制。

GFS 文件是大小固定的、称为片的段的集合；在创建文件时，每片被分配唯一的片句柄。片由 64KB 的块组成，每个块有 32 比特校验和。片存储在 Linux 文件系统上，并被复制到多个站点；用户可以将副本的数量从标准值 3 更改为任何期望的值。片大小为 64MB，这种选择的动机是希望优化大型文件的性能，并减少系统维护的元数据数量。

大尺寸片增加了多个操作指向同一片的可能性，因此会减少定位片的请求数量，同时允许应用程序与片所在服务器保持持久的网络连接。由于小文件的片和大文件的最后一片只被部分填充，所以很少出现空间碎片。

GFS 集群的架构如图 6.7 所示。主控制器控制大量的片服务器，它维护元数据，如文件名、访问控制信息、每个文件片的所有副本的位置以及各个片服务器的状态。一些元数据存储在持久存储中，例如，操作日志（operation log）记录文件名空间，以及文件到片的映射。

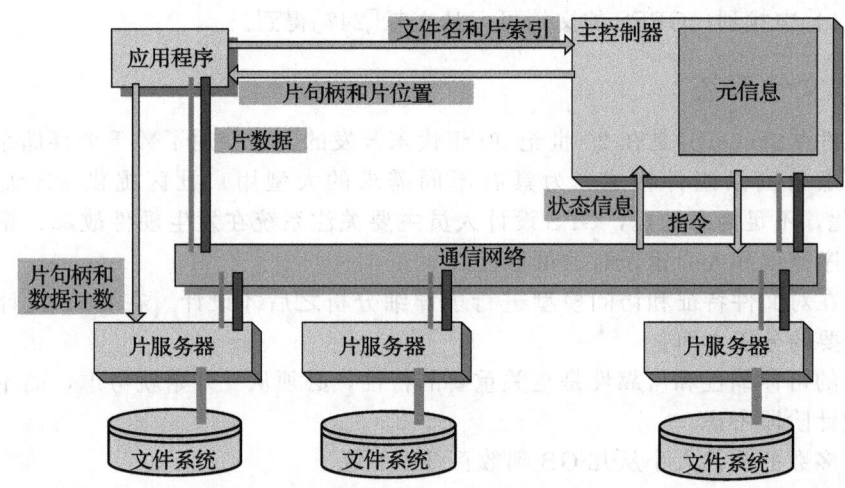

图 6.7　GFS 集群的架构，主控制器维护所有系统组件的状态信息。主控制器控制许多片服务器。片服务器在 Linux 下运行，使用主控制器提供的元数据直接与应用程序通信。数据流与控制流分离，分别显示数据和控制路径，粗线为数据路径，细线为控制路径。箭头显示应用程序、主控制器和片服务器之间的控制流

片的位置仅存储在主控制器内存的控制结构中，并在系统启动时或者当新的片服务器加入集群时更新。这个策略允许主控制器获得关于片位置的最新信息。

系统可靠性是一个主要关注点，操作日志记录了元数据更改的历史记录，以便在发生故障时能够恢复主控制器。因此，这些更改是原子性的，只有在持久存储的多个副本上进行记录之后，客户才能看到它们。若要从故障中恢复，主控制器将回放操作日志。为了减少恢复时间，主控制器周期性地对其状态记录检查点，恢复时只重放最近检查点之后的日志记录。

每个片服务器都是一个普通的 Linux 系统。片服务器从主控制器接收指令并使用状态信息进行响应。对于文件的读或写操作，应用程序发送文件名、片索引和文件中的偏移量给主控制器。主控制器使用片句柄和片位置进行响应，然后应用程序直接与片服务器通信，以执行所需的文件操作。

一致性模型是非常有效和可伸缩的。文件创建等操作是原子性的，由主控制器进行处理。为了确保可伸缩性，主控制器很少涉及频繁发生的文件更改、写或附加等操作。在这种情况下，主控制器将特定片的租约授予片服务器之一，称为主（primary）片服务器；然后，主片服务器为该片的更新创建一个串行顺序。

当写操作的数据跨越片边界时，将执行两个操作，每个片一个操作。写请求的以下步

骤说明了缓冲数据并将控制流与数据流解耦以提高效率的过程:

1. 客户联系主控制器,如果不存在该片的租约,则为该片的片服务器之一分配一个租约;然后,主控制器用主片服务器的 id 和持有该片副本的多个辅助片服务器 id 回应客户。客户缓存这些信息。

2. 客户将数据发送到持有片副本的所有片服务器,每个片服务器都将数据存储在一个内部 LRU 缓冲区中,然后向客户发送一个确认信息。

3. 客户一旦收到持有片副本的所有片服务器的确认信息,就向主片服务器发送写请求。主片服务器通过连续的序号来标识更新。

4. 主片服务器将写请求发送给所有的辅助片服务器。

5. 每个辅助片服务器都按照序号的顺序实施这些更新,然后向主片服务器发送一个确认信息。

6. 最后,在收到所有辅助片服务器的确认后,主片服务器通知客户。

该系统支持一种高效的检查点程序来构造系统快照,检查点程序基于写时复制机制。惰性垃圾收集策略用于在文件删除后回收空间。作为第一步,文件名被更改为一个隐藏名称,并且这个操作有时间戳。主控制器定期扫描名空间,移除隐藏名称大于几天的文件元数据。这种机制为误删文件的用户提供了一个机会窗口,以轻松地恢复文件。

片服务器定期与主控制器交换存储在之上的片列表。主控制器标识孤儿片,孤儿片的元数据已被删除,然后这些片也要被删除。甚至当控制消息丢失时,片服务器将在下一次与主控制器的心跳交换时进行内部清理。每个片服务器在其核心中维护本地存储的片的校验和,以确保数据的完整性。

CloudStore 是 GFS 的开源 C++ 实现。CloudStore 允许客户以 C++、Java 和 Python 访问。

6.6 锁和锁服务 Chubby

锁支持对松耦合分布式系统的可靠存储。锁允许对共享存储的受控访问,并确保读写操作的原子性。共识协议是设计可靠的分布式存储系统的关键。从一组数据服务器中选举出领导或主控制器需要一个有效的共识协议,因为主控制器在分布式存储系统的管理中扮演着重要角色。例如,在 GFS 中,主控制器维护所有系统组件的状态信息。

锁和主控制器的选举可以使用异步共识 Paxos 算法的某个版本来完成。该算法在没有任何时间假设的情况下保证了安全性,这是在大型系统中通信延迟不可预测的一个必要条件。然而,该算法必须使用时钟来确保其活跃性,并避免无法与单个故障的进程达成一致[174]。使用 Paxos 的协调和共识分别在 7.4 和 3.12 节中深入讨论。

分布式系统会遇到通信问题,如丢失的消息、无序的消息或损坏的消息。有解决这些不良现象的办法,例如,可以使用虚拟时间(即序列号)来确保处理消息的顺序与所有涉及的进程发送消息的时间一致,但这会使算法复杂化并增加处理时间。

咨询锁基于所有进程都按规则运行的假设,对绕过锁机制并直接访问共享对象的进程没有任何影响。强制锁阻止所有并不持有匹配锁的进程对锁定对象的访问,不管进程是否使用锁原语。

持有很短时间的锁称为细粒度锁,而持有粗粒度锁的时间更长。某些操作需要有关锁的元信息,例如锁的名称、锁是否共享或持有排他性以及锁的生成号。元信息有时会聚合成一个称为序列发生器的不透明字节串。如何最有效地支持大模分布式系统的锁和共识组件的问题需要几个设计决策。

第一个设计决策是锁应该是强制性的还是咨询性的。强制锁具有强制访问控制的明显优势；对比交通情境，强制锁就像一座牵引桥，一旦桥升起，所有的交通都将被强迫中止。咨询锁就像一个停车标志，遵守交通规则的人都会停车，但也有些人可能不会。强制锁的缺点是增加了开销和降低了灵活性。一旦数据项被锁定，即使是与维护或恢复相关的高优先级任务也无法访问数据，除非强制持有锁的应用程序终止。在大规模系统中，有可能出现部分系统故障，这是一个非常重要的问题。

第二个设计决策是系统应该基于细粒度的锁还是基于粗粒度的锁。细粒度锁允许更多的应用程序线程访问共享数据，但会为锁服务器生成更大的工作负担。此外，当锁服务器故障持续一段时间时，会影响大量应用程序。咨询锁和粗粒度锁似乎是一个更好的选择，因为这类系统期望扩展到数据中心分布的大量节点上，数据中心通过广域网相互连接，具有较高的通信延迟。

第三个设计决策是如何支持系统化锁方案。在此提出了两种选择：
- 将协商一致算法的实现委托给客户端，并提供此任务所需的函数库。
- 创建一个实现异步 Paxos 算法版本的锁服务，并提供一个与应用程序客户端链接的库，以支持服务调用。

强迫应用程序开发人员调用 Paxos 库比服务选项更麻烦，更容易犯错。当然，锁服务本身必须是可扩展的，以支持潜在的沉重负载。

在进行选择时，另一个要考虑的因素是灵活性，即系统支持各种应用程序的能力。当许多云应用读写小文件时，就会想到命名服务。为了允许原子文件操作，小文件的名称应该包含在服务的名称空间中。选择还应该考虑性能，可以优化服务，允许客户缓存控制信息。最后，应考虑达成协商一致意见的费用和资源。同样，服务可选择似乎更有优势，因为它需要较少的高可用副本。

21 世纪初，当谷歌开始开发名为 Chubby[83] 的锁服务时，它决定使用咨询锁和粗粒度锁。该服务已经被几个谷歌系统使用，包括 6.5 节讨论的 GFS 和 6.9 节介绍的 BigTable。

一个 Chubby 单元通常为一个数据中心服务。图 6.8 中的单元服务器包含几个副本，副本的标准数量是 5 个。为了减少相关故障发生的可能性，承载副本的服务器分布在一个数据中心的几个园区。

Chubby 副本使用分布式共识协议，在当前主控制器失败时另选一个新的主控制器。根据异步 Paxos 算法的要求，主控制器由多数选举产生，同时承诺在一段时间内不选举另一个主控制器，即主租约。会话是在一段时间内维护的客户和单元服务器之间的连接。客户缓存的数据、获取的锁以及客户锁定的所有文件的句柄，仅在会话期间有效。客户使用 RPC 向主控制器

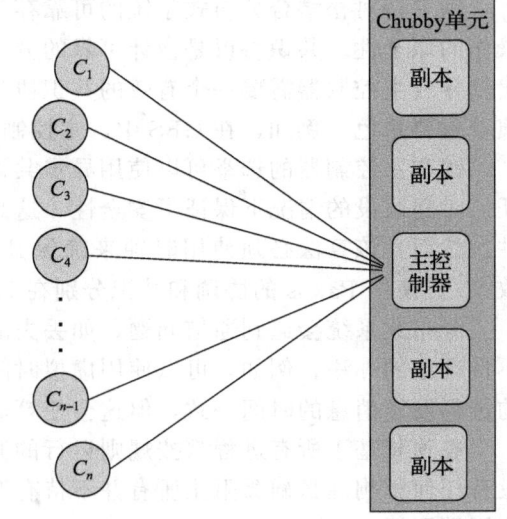

图 6.8　一个由 5 个复本组成的 Chubby 单元，其中一个被选为主控制器，用户 C_1，C_2，…，C_n 使用 RPC 与主控制器进行通信

请求服务。当它收到写请求时，主控制器将请求传播到所有副本，并在响应之前等待大多数副本的应答。在接收读请求时，主控制器无须查询副本即可进行响应。

系统的客户接口与 UNIX 文件系统支持的接口相似，但更简单。它包含与文件或系统状态相关的事件的通知。客户可以订阅以下事件：文件内容修改、子节点的更改或添加、主控制器故障、获得的锁、冲突的锁请求和无效的文件句柄。Chubby 服务的文件和目录组织成树形结构，并使用类似于 UNIX 的命名方案。每个文件都有一个类似于文件描述符的文件句柄。

单元的主控制器定期将数据库快照写入 GFS 文件服务器。每个文件或目录都可以充当锁。要写文件，客户必须是唯一的持有文件句柄的客户端，而对读操作，多个客户可以持有文件句柄。句柄通过调用 open() 函数创建，并通过调用 close() 销毁。支持该服务的其他调用是 GetContentsAndStat()，用于获取文件数据和元信息，以及 SetContents 和 Delete()。

有几种调用允许客户获取和释放锁。一些应用程序可能决定创建和操作一个序列发生器：SetSequencer()，用于将序列发生器与句柄关联；GetSequencer()，用于获得一个与句柄相关联的序列发生器；CheckSequencer()，用来检查序列发生器的有效性。

应用程序可以使用调用 SetContents()、Setsequencer()、GetContentsAndStat() 和 CheckSequencer() 的顺序来选出一个主控制器。在这个过程中，所有候选线程都试图以独占模式打开一个锁文件，该锁文件称为 lfile。需要获取 lfile 锁、成为主控制器、在 lfile 中写入标识、为 lfile 锁创建序列发生器、调用 lfseq 并将其传递到服务器。其他线程读取 lfile 并发现它们是副本。它们会定期检查序列发生器 lfseq，以确定锁是否仍然有效。本例描述了使用 Chubby 作为命名服务器，事实上，这也是该系统最常见的用途之一。

Chubby 锁和 Chubby 文件存储在一个多副本的数据库中。该副本的架构显示，堆由实现与客户通信的 Chubby 协议的 Chubby 组件组成，活动组件将日志条目和文件写入副本的本地存储中，参见图 6.9。

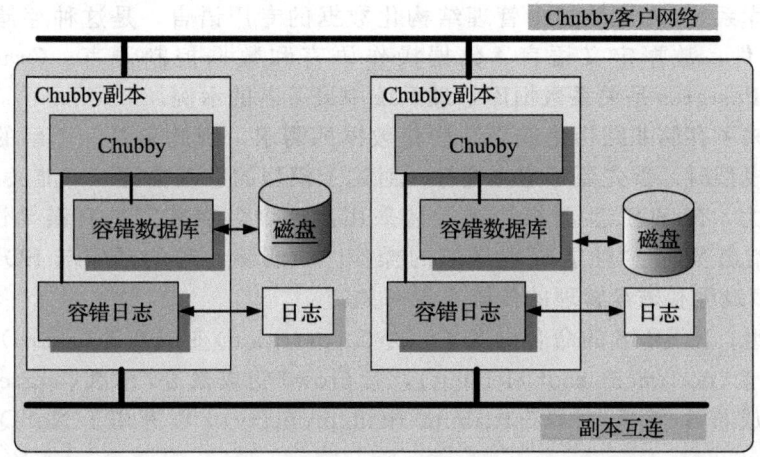

图 6.9　Chubby 副本的架构，Chubby 组件实现了与客户的通信协议。系统包括将文件传输到容错数据库的组件和写日志条目的容错日志组件。容错日志使用 Paxos 算法达到共识。每个副本都有自己的本地文件系统。副本之间使用专用的互连相互通信，并通过客户网络与客户通信

事务处理系统的原子性日志允许某个崩溃恢复过程撤销未完成的全有或全无操作，或完成了已提交但未记录其所有影响的全有或全无操作。每个副本维护自己的日志副本，将

一个新的日志条目添加到现有日志中，并重复执行 Paxos 算法，以确保所有副本具有相同的日志条目序列。

栈的下一个职责是维护容错数据库，换句话说，确保所有本地副本都是一致的。容错使系统在其组件出现一个或多个故障时能够继续正常工作。该数据库由实际数据、Chubby 语言中的本地快照和回放日志组成，以便在发生故障时进行恢复。系统的状态也记录在数据库中。

Paxos 算法用来达成一致的值，例如，复制日志中的条目序列。为了确保 Paxos 算法成功，尽管偶尔会出现副本失败的情况，算法会重复执行以下三个阶段：

1. 选举一个副本作为主控制器/协调器。当某个主控制器失败时，几个副本可以决定恢复一个主控制器的角色。为了确保选举的结果是唯一的，每个副本都生成一个序号，这个序号比它看到的任何序号都要大，序号的范围为 $(1, r)$，其中 r 是副本的数量。然后广播一个有这个序号的建议（propose）消息。没有看到更高序号的副本广播一个承诺（promise）应答，声明它们将拒绝其他候选人的建议。如果某个建议的应答者的数量占多数，则发送建议消息的副本被选为主控制器。

2. 主控制器向所有副本广播一个接受（accept）消息，其中包含它选出的值，并等待应答，应答或者是确认（acknowledge）或者是拒绝（reject）。

3. 当大多数副本发送确认消息时达成共识，然后主控制器广播提交（commit）消息。

Paxos 算法的实现绝非易事，虽然该算法可以表示为几十行伪代码，但它的实际实现可以是几千行 C++ 代码[94]。此外，该算法的实际应用不能忽视各种各样的故障模式，包括算法错误、实现中的 bug，测试数千行代码的软件系统充满挑战。

6.7 NoSQL 数据库

在云计算时代之前，有几种数据模型被广泛使用：用于严格层次关系的层次模型，用于多对多关系的网络模型，最普遍的是 Codd[113] 提出的关系模型。结构化查询语言（SQL）是在关系数据库系统（RDBMS）中管理结构化数据的专用语言，是这种存储技术的核心。SQL 有三个组件：数据定义语言、数据操作语言和数据控制语言。Oracle、MySQL、SQLServer 和 Postgres 是关系数据库管理系统中最著名的示例。

云计算带来了存储非结构化或半结构化数据的需求，因此需要一个新的数据库模型。在命名这个新模型时，首先要考虑方便性。对这个模型的准确描述——非关系数据库这个名字缺乏吸引力，NoSQL 反而很快被社区采用。这个名字其实是有误导性的。Michael Stonebreaker 指出[467]："性能表现最炫的操作——删除，它的开销与 SQL 无关，而与 ACID 事务、多线程和磁盘管理的传统实现有关。"

由于新模型，RDBMS 的命名也变了：分区（partition）变成碎片（shard）⊖，表（table）变成文档根元素（document root element），行（row）变成聚合/记录（aggregate/record），列（column）变成属性/字段/特性（attribute/field/property）。没有用于 NoSQL 数据库的独立查询语言。

需要说明的是，NoSQL 并不反映存储技术的进步，而是对实际需要的响应，以有效地访问存储在大型计算机集群中的非常大的数据集[77]。新数据库模型的四个优势如下：

- 键值模型数据作为索引关键字和值。

⊖ 碎片是数据库的水平分区，是表结构化数据中的一行。

- 聚合/文档与键值类似，但与键相关的值包含结构化或半结构化数据。
- 列-族(column-family)是大型的稀疏表，其中有很多行，但是只有几个列。
- 图数据库中，节点表示实体，边表示实体之间的关系。

云存储（如文档存储和 NoSQL 数据库）的设计具有良好的扩展性，不会出现单点故障，内置对基于共识决策的支持，并支持将分区和复制作为基本原语。2.3 节中讨论的系统，比如亚马逊的 SimpleDB、CouchDB（参见 http://couchdb.apache.org/）或甲骨文的 NoSQL 数据库[381]，都是非常流行的，尽管它们提供的功能比传统数据库少。键值数据模型非常受欢迎。文献[90]讨论了 Voldemort、Redis、Scalaris 和 Tokyo cabinet 等几个这样的系统。

NoSQL 设计中的软状态方法允许数据不一致，并将只实现特定应用所需的 ACID 属性子集的任务传递给应用程序开发人员。NoSQL 系统确保在将来某个时间点上数据最终会一致，而不是在事务"提交"时强制执行一致性。

建议将 NoSQL 数据库与缩写 BASE 相关联，BASE 反映了相关的属性——基本可用、软状态和最终的一致性，而传统数据库的特征是 ACID 属性，参见 6.2 节。多个存储服务器之间的数据分区和数据复制也是 NoSQL 的哲学，它们增加了可用性，减少了响应时间，并增强了可伸缩性。

6.8 用于在线事务处理的数据存储系统

许多云服务基于在线事务处理（OLTP），并在严格的延迟约束下运行。此外，OLTP 应用必须处理非常大的数据量，并期望为非常大的用户社区提供可靠的服务。不需要太长时间，严重依赖云计算的谷歌、亚马逊、电子商务公司（如 eBay）和社交媒体网络（如 Facebook、Twitter 或 LinkedIn）这样的组织，会发现传统的关系数据库不能处理超大规模数据，也不能很好地实时处理在线应用，以满足它们对商业模式的关键需求。

为了减少延迟，需要将经常使用的数据缓存在专用服务器的内存中，而不是重复地获取该数据，这是寻找替代模型来将数据存储在云上的动机。将数据分布到大量服务器以允许同时操作多个事务，并减少响应时间。关系模式对于 OLTP 应用程序用处不大，将其转换到键值数据库似乎是一种更好的方法。当然，这样的系统不会存储有意义的元数据信息，除非它们使用不能轻松导出的扩展。

减少响应时间是 OLTP 系统设计人员的主要关注点。内存缓存这个术语指一个通用的分布式内存系统，它将对象缓存在主存中。系统基于分布在许多服务器上的一个非常大的哈希表。内存缓存系统是基于客户-服务器架构的，并运行在多个操作系统（包括 Linux、UNIX、Mac OS X 和 Windows）上。服务器维护一个键值关联数组。API 允许客户向数组中添加条目并对其进行查询，键可以长达 250B，值不能超过 1MB。内存缓存系统使用 LRU 缓存替换策略。

可伸缩性是云 OLTP 应用程序的另一个主要关注点，对数据存储而言也是如此。垂直伸缩和水平伸缩是有区别的：在垂直伸缩中，数据和工作负载分布到共享资源的系统，比如内核/处理器、磁盘资源，可能还有 RAM 资源；在水平伸缩中，系统既不共享主存，也不共享辅存[90]。

OLTP 系统的开销是由 4 个分布相同的资源造成的：日志记录、锁、锁存（latching）和缓冲区管理。日志记录的代价是昂贵的，因为传统的数据库需要事务持久性，因此，对数据库的每次写入都必须在日志更新之后才能完成。而为了保证原子性，事务锁住每个记录，需要访问一个锁表。

许多操作需要多线程，而对共享数据结构（如锁表）的访问需要短期的锁存器⊖进行协调。现有 DBMS 中，这些操作的指令计数的分解为：34.6% 的缓冲区管理、14.2% 的锁、16.3% 的锁存、11.9% 的日志记录和 16.2% 的手敲代码优化[224]。

如今，OLTP 数据库可以利用现代计算和通信系统的大量资源，将数据存储在主存中，而不是依赖于驻留在磁盘上的 B 树和堆文件、基于锁的并发控制、对过去几十年计算机技术优化的多线程的支持[224]。对于某些云应用，无日志、单线程和事务少的数据库可以替代传统数据库。

数据复制不仅对系统的可靠性和可用性至关重要，而且对系统的性能也至关重要。为了避免由于停电、自然灾害或其他原因造成的灾难性故障（参见 1.6 节），许多公司在不同的地理区域建立了多个数据中心。因此，数据的复制必须在广域网上运行。由于通信延迟和通信故障的可能性增加，这对于日志数据、元数据和系统配置信息来说非常具有挑战性。有几种策略是可能的，一些基于主从配置，另一些基于同构副本组。

主从复制可以是异步的，也可以是同步的。在第一种情况下，主控制器将预写的日志条目复制到至少一个从设备，每个从设备一旦操作完成就立即添加日志记录。而在第二种情况下，主控制器必须等待所有从设备的确认后才能继续操作。同构副本组比主从设备具有更短的延迟和更高的可用性，组中的任何成员都可能引发异步传播的变化。

总而言之，传统存储系统设计中"放之四海而皆准"的方法被更加灵活的方法所取代，这种方法根据应用程序的特定需求进行调整。有时，云计算环境的数据管理集成了多个数据库，例如，甲骨文将其 NoSQL 数据库与 7.7 节中讨论的 HDFS、Oracle 数据库以及 Oracle Exadata 集成在一起。在 6.10 节中讨论的另一种方法是对数据进行分区，在分区中保证完整的 ACID 语义，同时支持分区之间的最终一致性。

6.9 BigTable

BigTable 是谷歌开发的一种分布式存储系统，用于存储海量数据，并可扩展到数千个存储服务器[96]。系统使用 6.5 节中讨论的 GFS 来存储用户数据以及系统信息。为了保证原子读写操作，BigTable 使用了 Chubby 的分布式锁服务，参见 6.6 节。在 Chubby 的名空间中的目录和文件被当成锁来使用。用 C++ 编写的客户应用可以添加/删除值、搜索数据子集以及查找一行中的数据。

BigTable 基于一个简单而灵活的数据模型，允许应用程序开发人员对数据格式和布局进行控制。它还向应用客户显示数据的位置信息。列键标识访问控制单元，称为列族，包括相同的数据类型。列键由一个定义族的字符串、一组可印字符和一个作为限定符的任意字符串组成。行键是一个最大为 64KB 的任意字符串，行范围被分割成表，作为负载均衡的单元。任何读或写行操作都是原子操作，即使它影响了多个列。用于索引单元中不同版本数据的时间戳是 64 比特整数。时间戳的解释可以由应用程序定义，而默认值是事件的时间（以微秒为单位）。图 6.10 显示了一个 BigTable 的示例，一个用于电子邮件应用的稀疏、分布式、多维映射。

⊖ 锁存器是一个计数器，当事件达到 0 时触发。例如，主线程使用工作线程的数量启动一个计数器，并等待所有工作线程都完成时得到通知。

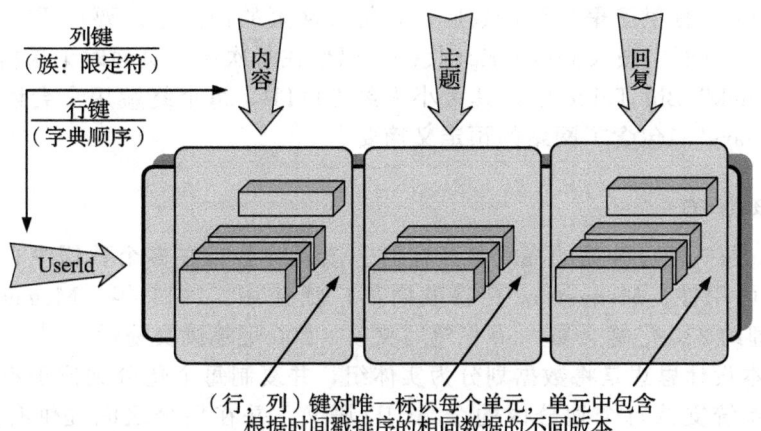

图 6.10 BigTable 示例：将电子邮件应用程序组织成稀疏的、分布式的、多维的映射。所显示的 BigTable 部分由一行 UserId 键和 3 族列组成；内容键标识接收电子邮件内容的单元，带有主题键的单元标识电子邮件主题，具有回复键的单元标识回复邮件；每个单元中的记录版本是根据它们的时间戳排序的。这个 BigTable 的行键按字典顺序排列，列键通过连接族和限定符字段获得。每个值都是最原始的字节数组

该系统由三个主要组件组成：一个连接到应用程序客户以访问系统的库，一个主服务器，以及大量的子表服务器。主服务器控制整个系统，它将子表分配给子表服务器并平衡它们之间的负载、管理垃圾收集、处理表和列族的创建和删除。

在内部，空间管理是由三级层次结构保证的：将位置存储在 Chubby 文件中的根子表指向第二元素中的数据项，元数据子表则指向用户子表，即用户子表的位置集合。应用程序客户端通过这个层次结构进行搜索，以确定其子表的位置，然后缓存地址以供进一步使用。

文献[96]中报告的系统性能总结见表 6.3；当服务器数量从 1 增加到 50，然后增加到 250，最后增加到 500 时，该表显示了对 1 000 字节的随机、串行读写和扫描操作的次数。锁阻止系统线性加速，但是由于数量优化，系统的性能仍然很出色。例如，在 500 台子表服务器上扫描的次数是 7 843×500，而不是 15 385×500。据报道，只有 12 种集群超过了 500 个子表服务器，而有大约 259 种集群使用了 1 到 19 个子表服务器。

表 6.3 BigTable 的性能：每个表服务器的操作数量

服务表数量	随机读取	顺序读取	随机写入	顺序写入	浏览
1	1 212	4 425	8 850	8 547	15 385
50	593	2 463	3 745	3 623	10 526
250	479	2 625	3 425	2 451	9 524
500	241	2 469	2 000	1 905	7 843

BigTable 被许多应用使用过，包括谷歌 Earth、谷歌 Analytics、谷歌 Finance 和网络爬虫。例如，谷歌 Earth 使用两个表，一个用于预处理，一个用于客户数据。预处理表存储原始图像，该表存储在磁盘上，因为它包含大约 70TB 的数据。每一行数据由一个图像组成，相邻的地理区域以行的形式存储，彼此相邻。列族非常稀疏，它包含每个原始图像的列。预处理阶段主要依赖于 MapReduce 进行清理，并巩固服务阶段的数据。服务表存储在 GFS 上，其大小"仅"为 500GB，分布在几百台表服务器上，这些服务器维护内存中的列族。该组织使谷歌 Earth 的服务阶段能够提供快速响应，达到每秒万级查询。

谷歌 Analytics 提供了聚合统计数据，如每天网页的访问量。要使用此服务，Web 服务器需在其 Web 页面中嵌入 JavaScript 代码，以便在每次访问页面时记录信息。数据收集在一个"raw click" Big Table 中，其大小大约 200TB，每个终端用户会话都有一行。约 20TB 的"summary"表包含了网站的预定义摘要。

6.10 Megastore

Megastore 是一种可伸缩的在线服务存储。该系统分布在多个数据中心上，具有非常大的容量和高可用性。Megastore 在谷歌内部广泛使用。2011 年，Megastore 的容量为 1PB，每天处理约 230 亿笔交易、30 亿笔写交易、200 亿笔读交易[48]。

系统的基本设计思想是将数据划分为实体组，并复制每个化分到位于不同地理区域的数据中心中。系统支持每个划分内的全 ACID 语义，并在划分之间提供有限的一致性保证，参见图 6.11。Megastore 只支持那些传统的数据库特性，这些特性使系统能够很好地扩展，并且不会显著影响响应时间。

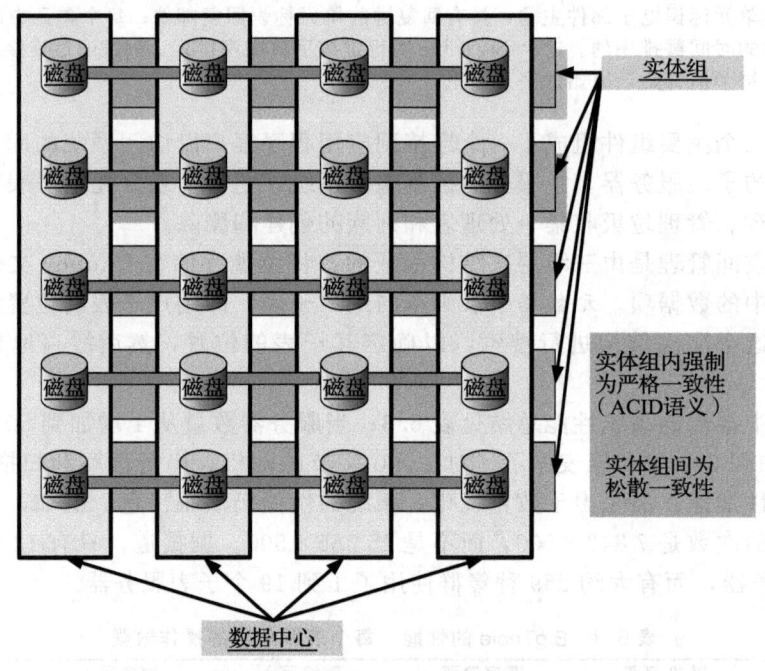

图 6.11 Megastore 组织架构

该系统的另一个显著特点是使用了 3.12 节中讨论的 Paxos 共识算法，用于跨数据中心复制主用户数据、元数据和系统配置信息并上锁。Megastore 所使用的 Paxos 算法的版本不需要主控制器，相反，任何节点都可以对一个预写日志发起读和写操作，该日志复制到一组对称的对等节点。

实体组是特定于应用程序的，并将逻辑相关的数据存储在一起，例如，电子邮件账户可以是电子邮件应用程序的实体组。数据应该仔细划分，以避免实体组之间的过度通信。有时，像 blog[48]那样形成多个实体组是令人期待的。

数据模型也反映了 Megastore 设计人员所采用的介于传统数据库和 NoSQL 数据库之间的中间立场。数据模型在一个 schema 中声明，该 schema 由一组表组成，这些表由数据项组成，每条数据项是命名(named)和类型化(typed)属性的集合。表中实体的唯一主键是作为数据项属性的组合创建的。Megastore 表可以是根表或子表，每条子项必须指向一个特殊的实体，在其根表中称为根实体。一个实体组由一个主实体和所有引用它的实体组成。

该系统广泛使用了 BigTable。来自不同 Megastore 表的实体可以映射到相同的 BigTable 行，而不会发生冲突。这是可能的，因为 BigTable 列名是 Megastore 表名和属性名的组合。根实体的 BigTable 行存储实体组的事务和所有元数据。不同时间戳的数据的多个版本可以存储在某个单元中，正如 6.9 节所示。

Megastore 利用这个特性实现多版本并发控制。当事务发生变化时，记录该变化和时间戳，而不是将旧数据标记为已过时并添加新版本。这种策略有几个优点：读和写操作可以并发进行，读操作总是返回最后一个完全更新的版本。

写事务包括以下几个步骤：获取最后提交事务的时间戳和日志位置；将写操作收集到日志条目中；使用共识算法添加日志条目，然后提交；更新 BigTable 条目；清理。

6.11 存储的规模可靠性

用不可靠的组件构建可靠的系统是系统设计中的一个主要挑战，约翰·冯·诺依曼[504]较早认识到并研究了这一问题。这一挑战一方面由于云计算基础设施的规模和使用现成的组件来降低基础设施成本而被极大地放大，另一方面由于许多云应用的延迟限制。

即使单个组件的平均故障时间可能是几个月或几年，但不可避免地会看到在任何给定时间都有少量但数量可观的服务器和网络组件发生故障。数据丢失不能容忍，因此，存储设备的故障是一个主要关注点。对软件的要求即屏蔽存储设备的故障，避免数据丢失。

Dynamo 和 DynamoDB。 亚马逊开发了两个数据库系统来支持大规模的可靠性。Dynamo 是一个高可用的键值存储系统，自 2007 年以来就被 AWS 核心服务单独用于内部应用[134]。2012 年，AWS 用户社区提供了 NoSQL 数据库服务 DynamoDB，用于满足延迟敏感的应用，该类应用需要任何规模的一致访问。Dynamo 和 DynamoDB 使用了类似的数据模型，但是 Dynamo 采用多主设计，要求客户端解决版本冲突，而 DynamoDB 则使用跨多个数据中心的同步复制，以实现高持久性和高可用性。

DynamoDB 是一个完全托管的数据库服务，旨在提供"始终在线"体验。它支持文档和键值存储模型，并已用于移动、Web、游戏、物联网、广告、实时分析和其他应用。DynamoDB 将数据存储在 SSD 上，以支持延迟敏感应用，典型的请求需要几毫秒才能完成。DynamoDB 允许开发人员使用预配吞吐量特性来指定数据库中特定表所需的吞吐量，以在任何规模上交付可预测的性能。该服务集成了其他 AWS 服务，例如，它通过弹性 MapReduce 提供与 Hadoop 的集成。

设计目标。 与 BigTable 不同的是，Dynamo 的关注点在高可用性，即使在网络分区或服务器出现故障时，也不会拒绝更新。除了可靠和可扩展之外，Dynamo 还必须提供预测性能。Dynamo 支持的服务具有严格的延迟约束，这就排除了对 ACID 属性的支持。实际上，提供 ACID 保证的数据存储的可用性往往很差。

一些最重要的设计考虑包括数据复制和在故障后增加可用性。不能同时实现数据的强一致性和高可用性。可用性可以通过乐观复制来提高，允许更改传播到后台的副本，同时允许断开连接的工作。

在传统的数据存储中，如果数据存储无法在给定时间到达所有或大部分副本，则写入操作可能被拒绝。许多 AWS 应用都不支持这种做法。因此，与其在写操作期间实现冲突解决，还不如使读取复杂性简单些，Dynamo 增加了读操作的冲突解决的复杂性。

Dynamo 支持对键唯一标识的数据项进行简单的读写操作。get(key)操作得到与存储系统中键关联的对象副本，并返回具有冲突和上下文的单个对象或对象列表。put(key，context，object)操作基于关联的键确定对象的副本应该放置的位置，并将副本写入辅存。

上下文(context)编码关于调用方半透明对象的系统元数据，包括对象的版本等信息。上下文信息与对象一起存储，以便系统能够验证 put 请求中提供的上下文对象的有效性。

用于实现 Dynamo 设计目标的主要技术如下：
- 增量可伸缩性，通过一致的哈希确保。
- 写高可用性，基于矢量时钟与调整。
- 处理临时故障，使用粗糙仲裁和数据回传(hinted handoff)。这在一些副本不可用时提供了高可用性和持久性保证。
- 永久性故障恢复，基于反熵树和 Merkle 树的方法。该技术在后台同步不同的副本。
- 基于 gossip 的成员协议和故障检测，用于成员和故障检测。这种技术的优点是保持了对称性，避免了使用集中的注册表来存储成员关系和节点活动信息。

下面将讨论这些技术。

扩展、负载均衡和复制。为了支持系统的增量扩展而设计的数据划分方案基于一致的哈希。哈希函数的输出被视为一个环，系统中的每个节点在这个空间中被分配一个随机值，表示其在环上的位置。

一致哈希减少了调整哈希表大小时要重新映射的键的数量。平均只有 K/n 个键需要重新映射，其中包括 K 个键和 n 个槽。在大多数传统的哈希表中，因为键和槽之间的映射是通过模块化操作定义的，所以槽数的变化几乎会导致所有键都被重新映射。

键标识的数据项分配给了某个存储服务器，该服务器通过哈希数据项键来生成其在环上的位置，然后顺时针遍历环以找到大于该项位置的第一个节点。每个存储服务器负责自己与其上一个服务器之间的环形区域，参见图 6.12a。在这个示例中，节点 B 在节点 C 和 D 中复制键 k，并将其存储在本地。节点 D 将存储落于(A，B]、(B，C]和(C，D]区间中的键。

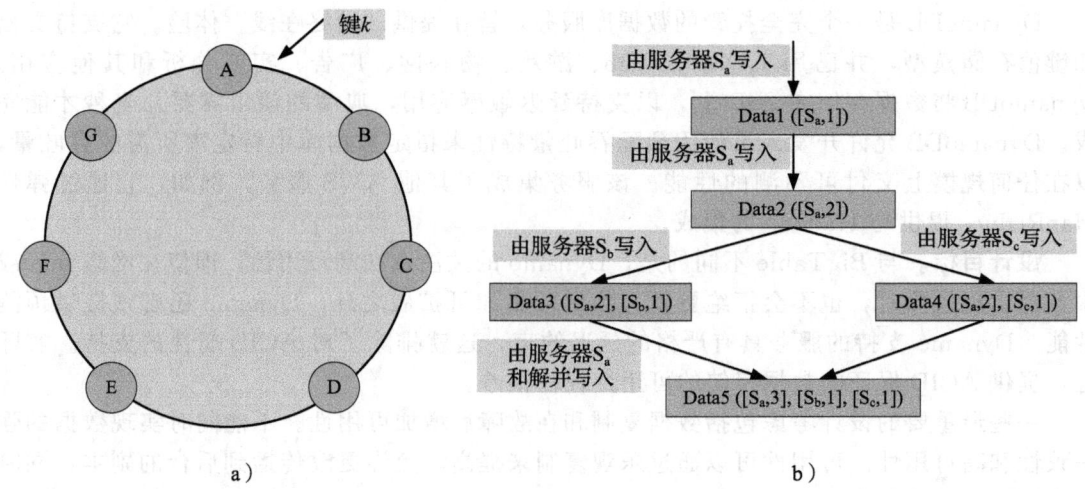

图 6.12 a) Dynamo 服务的服务器按环形组织，环节点 B、C 和 D 存储(A、B)范围内的键，包括键 k。
b) 使用矢量时钟计时的对象演化。

系统使用"虚拟节点"的概念，不是将存储服务器映射到环中的单个节点，而是将其映射到环的多个节点。一个物理服务器被映射到环的多个节点，这种形式的虚拟化支持如下：
- 负载均衡。当一个存储服务器不可用时，其负载分散在可用服务器中。当服务器再次可用时，它会被添加到系统中，并接受一个大致相当于其他服务器负载的负载。
- 系统的异构性。物理服务器映射到的虚拟节点数量取决于其容量。

在 N 台服务器上复制一个数据项。每个键 k 被分配给一个协调器，协调器掌管在其范围内数据项的复制。在其范围内除了在本地存储每个键，协调器还在环中顺时针 $N-1$ 个后继节点上复制这些键。以这种方式，每个节点都负责它和它的第 N 个前驱之间的环的区域。偏好列表是负责存储特定键的所有节点的列表。

最终一致性。此策略允许将更新异步传播到所有副本。版本控制系统允许数据对象的多个版本同时出现在数据存储中。每次修改的结果都是数据的一个新的不可变的版本。新版本通常包含旧版本，系统可以使用句法和解来确定权威版本。

该系统使用矢量时钟和（节点、计数器）对列表来捕获数据对象的每个版本的因果关系。当客户端更新一个对象时，它必须通过传递上下文来指定正在更新的版本，上下文从先前的读取操作中获得，该操作包含矢量时钟信息。系统故障加上并发更新会导致对象的版本冲突和版本分支。给定同一对象的两个版本，第一个是第二个对象的祖先，如果第一个对象的时钟上的计数器小于或等于第二个时钟中的所有节点，则可以忘记第一个对象；否则，这两种变化是冲突的，需要和解。

图 6.12b 说明了以下事件序列的版本控制机制。数据由服务器 S_a 写入，并创建具有关联时钟 $[S_a, 1]$ 的对象 Data1。相同的服务器 S_a 再次写入，并创建具有关联时钟 $[S_a, 2]$ 的对象 Data2。Data2 是 Data1 的派生并会覆盖它。在尚未见过 Data2 的服务器上可能有 Data1 的副本。然后相同的客户端更新对象，服务器 S_b 处理请求；创建一个新的对象数据 Data3 及其关联的时钟 $[(S_a, 2), (S_b, 1)]$。

另一个客户读取 Data2，然后尝试更新它，此时服务器 S_c 处理它的请求。创建一个新的对象 Data4——Data2 的派生，具有版本时钟为 $[(S_a, 2), (S_c, 1)]$。在接收到 Data4 和它的时钟时，了解 Data1 或 Data2 的某服务器确定两者都被新数据覆盖，并且可以进行垃圾收集。

一个了解 Data3 和 Data4 的节点会发现它们之间没有因果关系，因为它们之间没有相互反映的变化。数据的两个版本都必须保存，并显示给客户端以进行句法和解。如果客户端同时读取 Data3 和 Data4，那么它的上下文将是 $[(S_a, 2), (S_b, 1), (S_c, 1)]$，即两个数据对象的虚拟时钟的汇总。如果客户端执行和解，而写请求由服务器 S_a 处理，那么新数据 Data5 的矢量时钟将是 $[(S_a, 3), (S_b, 1), (S_c, 1)]$。矢量时钟的大小在增长，但实际上这种增长是有限的。

处理故障的粗糙仲裁。在服务器故障和网络分区期间，一种严格的仲裁成员资格是由传统制度强制执行的。这与持久性需求相冲突，在 Dynamo 中，所有读写操作都在偏好表的前 N 个健康节点上执行。在这个粗糙的仲裁中，健康的节点可能并不总是一致哈希环上的首选 N 个节点。

例如，当图 6.12a 中的节点 A 在写操作期间无法访问时，为了维护所需的可用性和持久性，一个通常会发送到 A 的副本会发给 D，该副本的元数据将包含一个提示，指示副本的预期接收者。

永久故障情况下的副本同步。可以更快地检测到副本的不一致性，并且使用 Merkle 树⊖传输的数据最少。这允许独立地检查树的每个分支，而不需要下载整个树。例如，如果两棵树根的哈希值相等，那么树中的叶节点的值也相等，节点不需要同步。

反熵是将所有副本的数据进行比较，并将每个副本更新到最新版本；Merkle 树用于反熵。键区间是虚拟节点所覆盖的键的集合。每个节点为每个键区间和两个节点交换维护一个单独的 Merkle 树，Merkle 树的根对应于它们要比较的共同宿主的键区间，以比较键区间内的键是否最新。

基于 gossip 向环中添加或从环中删除节点。接收请求的节点将写下更改及其对持久性存储的请求发出时间。基于 gossip 的协议传播成员变更并维护成员的最终一致视图。每个节点每秒钟都与随机选择的对等点连接，两个节点协调它们的持久成员更改历史。例如，考虑在图 6.12a 的环中，在节点 A 和 B 之间添加一个新的节点 Q。现在，节点 Q 将在区间(F, G]、(G, A]和(A, Q]中存储键，从而将节点 B、C 和 D 从这些区间中释放出来。在 Q 确认后，节点 B、C 和 D 会将适当的一组键传输给它。当一个节点被从系统中移除时，重新分配键将作为一个反向过程进行。

6.12 计算机云中的磁盘本地化和数据本地化

本地化是计算系统性能的关键。回想一下，如果在短时间内引用的条目在空间上很接近，例如位于邻近内存地址或一个磁盘上的邻近扇区，则这一系列引用被称具有空间本地化。如果对同一条目的访问在时间上是聚集的，则这一时间序列展示了时间本地化。

本地化对内存层次结构有重要影响。处理器的性能高度取决于访问缓存中的代码和数据的能力，而不是内存。只有当代码和数据具备空间和时间本地化时，虚拟内存才会有效，因此才可以减少页面故障的发生。

云计算中的本地化优化是一个具有挑战性的问题。我们将在第 7、8 和 9 章中看到，大量的工作已经投入到算法和系统中，这些算法和系统的设计是为了增加工作在本地的任务比例。本地化（任务所在服务器上的数据可用性）提高了云应用的性能，主要原因有两个：

- 磁盘的带宽大于网络带宽；此外，现有的通信带宽被过度使用，并影响现有的磁盘访问。
- 当数据存储在本地时，I/O 密集型应用程序的性能更好，这是因为本地磁盘的延迟更低，带宽更高，而远程磁盘的延迟更高，带宽更低。

云资源管理的一个重要问题是磁盘本地化是否重要。直觉上，我们希望，对于是否应该将任务分派到输入数据所在的集群节点，答案应该是一个响亮的"是"。而在一篇题为《数据中心计算中的磁盘本地化不合时代》的论文中，对磁盘本地化问题的看法略有不同[28]。

也许我们试图解决错误的问题，我们应该关注数据本地化而不是磁盘本地化。换句话说，我们应该将本地内存看作一个"数据缓存"，要确保数据存储在本地内存中，而不是存储在调度运行任务的处理器的本地磁盘中。当然，通过网络传输数据仍然是必要的，但是为什么要将其存储在磁盘上，然后将其加载到内存中呢？有几种观点支持这一论点：

- 网络技术比硬盘技术的进步更快。如今，汇聚交换机速率可达 40~100Gbps。服务

⊖ Merkle 树是一种哈希树，其中叶子是各个键值的哈希。树中较高的父节点是它们各自的子节点的哈希。

器网络接口将很快支持 10Gbps 和 25Gbps 的速率。
- 应用程序可用的带宽将会增加，因为数据中心为它们的互连采用了分段拓扑[56]。回想一下，对分带宽是将系统分成两部分时被砍掉的最小链路数的带宽之和。
- 对本地磁盘的读访问的延迟仅略低于在同一机架上的磁盘的读访问的延迟，本地磁盘访问速度约快 8%[56]。对不同机架上的磁盘的访问不会由于网络速度的加快而急剧增加。
- 尽管固态硬盘技术的成本正在以惊人的速度下降（每年 50%），但由于大量数据存储在计算机云上，固态硬盘不太可能很快取代硬盘驱动器。为了与 HDD 竞争，SSD 的每个字节的成本应该降低高达 3 个数量级。
- 访问本地内存中的数据要比从本地磁盘读取快两个数量级。越来越多的应用程序使用分布在大型集群节点上的处理器内存来缓存数据，而不是访问 HDD。
- 磁盘容量与当前集群的内存之间至少存在两个数量级的差异，因此，似乎有理由将处理器内存用在缓存上，该缓存作为存储在磁盘上的更大容量的数据的缓存。

当且仅当以下条件成立时，使用处理器内存作为应用程序输入的大数据集的缓存才有意义：应用程序的输入大小远大于内存大小；应用程序具有局部性，并且有一个中等大小的工作集，换句话说，如果它们经常访问的数据块只占相对较少的一部分。

文献[28]研究了在数据中心运行的 Hadoop 任务，该数据中心有 3 000 台机器，通过三层网络相互连接。Facebook 中心的大多数工作都是数据密集型的，并且大部分执行时间都用于读取输入数据。对工作轨迹的分析得出这样的结论：输入大小和内存大小之间存在一个数量级的差异，大约 75% 的数据块只被访问一次。

分析还显示，工作负载在块访问方面呈现重尾分布。此外，96% 的数据输入适合放入大部分工作的集群内存的一小部分。在所有被调查的工作中，大约有 64% 的工作在最少频繁使用（LFU）替换策略下表现良好。

任务进度报告 $\mathbb{T}$ 衡量了本地化对任务持续时间的影响，定义为比率

$$\mathbb{T}=\frac{\text{data\_read}+\text{data\_written}}{\text{task\_duration}} \tag{6.1}$$

测量结果比较了本地节点和本地机架任务，对于 85% 的任务，$0.9 \leqslant \mathbb{T} \leqslant 1.1$，仅仅对于 4% 的工作，$\mathbb{T} \leqslant 0.7$。因此，本地机架任务不太可能显著地影响性能。

数据压缩减小了数据中心磁盘空间的压力。任务在处理之前读取压缩数据并解压。尽管 Facebook 的网络订阅量超过 10 倍，但数据压缩导致了非常好的结果；与在机架上执行相比，在机架外运行一个任务耗时仅为原来的 1.2 到 1.4 倍。Hadoop 作业的日志分析表明，预取数据块可能是有益的，因为大部分数据块只访问一次。

6.13 数据库起源

数据源或世袭谱系描述了数据的起源和历史，并通过解释如何获得数据来增加数据的价值。查询结果中的元组 T 谱系是生成 T 的一组数据项。对于提取-变换-加载过程以及增量添加和更新数据库，谱系非常重要。

在互联网纪元之前，数据库中的信息是可信的，人们假定维护数据库的组织值得信赖，并尽一切努力确保数据的真实性。这一假设现在看来已不再正确，由于互联网允许不加区分地创建、复制、移动和组合数据，因此不存在对数据完整性的集中控制。记录数据源对于所有数据库都是必要的，对于云数据库也至关重要，因为数据所有者将数据的控制

权交给了内容供应商(CSP)。

早在互联网带来的数据民主化的破坏性影响之前,科学和工程界就已经对数据起源进行了一段时间的实践。科学实验收集的数据,包含关于每批数据的实验装置的信息和测量仪器的设置。确保实验能够被复制一直是科学完整性的一个重要方面。当测试数据(例如在测试新飞机时收集的数据)包含谱系信息时,同样的要求也适用于工程。

数据起源可以解释为什么输入会产生某种输出记录,详细描述记录是如何产生的,以及解释输出数据从哪里来。文献[107]对数据起源的原因、方式和来源进行了分析,本节将进行简要讨论。

数据库记录的证词(witness)是数据库记录的子集,这些记录是查询的输出。为什么起源(why-provenance)包含关于查询证词的信息。证词的数量可以呈指数增长。为了限制这一数量,我们引入了证词基础(witness basis)概念,这是将数据库 $\mathcal{D}$ 上的查询 $\mathcal{Q}$ 中的元组 $\mathcal{T}$ 定义为可以从 $\mathcal{Q}$ 和 $\mathcal{D}$ 有效计算出的特定证词集。

根据 $\mathcal{Q}$,输出元组 $\mathcal{T}$ 的为什么起源是 $\mathcal{I}$ 的证词基础,证词基础取决于查询的结构,其对查询公式很敏感。现在,让我们简单介绍一下 Datalog 连接查询符号,然后给出一个示例,说明为什么起源对查询重写很敏感。

Datalog 是一种声明性逻辑编程语言。Datalog 中的查询计算是基于一阶逻辑的,它是健全和完整的。数据记录程序包括事实和规则。规则由两个元素组成,分别为头和体,由":-"符号分开。如果就已知"体"而言,规则应该被理解为"头",例如:

- 下面左框中的事实意味着:(1) Y 与 X 具有关系 R;(2) Z 与 Y 具有关系 R。
- 右侧框中的规则表示:(1) 如果已知 Y 与 X 具有关系 R,则 Y 与 X 具有关系 P;(2) 如果已知 Z 与 X 具有关系 R,且 Y 与 Z 具有关系 P,则 Y 与 X 具有关系 P。

$$
\boxed{\begin{array}{l} R(X,Y) \\ R(Y,Z) \end{array}} \quad \boxed{\begin{array}{l} P(X,Y) :\text{-} R(X,Y) \\ P(X,Y) :\text{-} R(X,Z), P(Z,Y) \end{array}}
$$

现在考虑一个实例 I,定义关系 R 和三元组 t、t'、t'',两个查询 Q 和 Q',以及两个查询的输出 $Q(I)$ 和 $Q'(I)$。这两个查询如下

$$
\begin{aligned} &Q: \text{Ans}(x,y) :\text{-} R(x,y) \\ &Q': \text{Ans}(x,y) :\text{-} R(x,y), R(x,z) \end{aligned} \tag{6.2}
$$

表 6.4 显示查询 Q 和 Q' 是等价的,它们产生相同的结果。表 6.5 显示为什么起源对查询重写敏感。在等价查询下存在证词基础不变量的子集。这个子集称为最小证词基础,包括所有以此为基础的最小证词。如果在证词基础上不存在合适的子实例也是证词,那么该证词就是最小的。例如,$\{t\}$ 是表 6.5 中输出元组 (1,2) 的最小证词,但 $\{t, t'\}$ 不是最小证词,因为 $\{t\}$ 是它的子实例,而且它是 (1,2) 的证词。因此,在这种情况下,最小证词基础是 $\{t\}$。

表 6.4 查询 Q 和 Q' 在关系 R 下是等价的

	实例 I			$Q(I)$的输出	
R	A	B		A	B
t:	1	2		1	2
t':	1	3		1	3
t'':	4	2		4	2

表 6.5 对于三元组 t、t'、t''，两个等价的查询 Q 和 Q' 的为什么起源是不相同的

实例 I			$Q(I)$ 的输出			$Q'(I)$ 的输出		
R	A	B	A	B	为什么	A	B	为什么
t:	1	2	1	2	$\{\{t\}\}$	1	2	$\{\{t\}, \{t, t''\}\}$
t':	1	3	1	3	$\{\{t'\}\}$	1	3	$\{\{t'\}, \{t, t''\}\}$
$(t'')^2$:	4	2	4	2	$\{\{(t'')^2\}\}$	4	2	$\{\{(t'')^2\}\}$

为什么起源描述了源元组，源元组见证了查询结果中输出元组的存在，但是它没有显示输出元组是如何根据查询派生的。如何起源（how-provenance）比为什么起源更常见，因此，它对查询公式也很敏感，如表 6.6 所示。Q 的输出中元组（1，2）的如何起源是 t，但对于 Q' 则为 t^2+t*t'。

哪里起源（where-provenance）描述源和输出位置之间的关系，而为什么起源描述源和输出元组之间的关系。文献［107］中给出的示例说明了这样一个事实：哪里起源对查询公式也很敏感。

表 6.6 对于三元组 t、t'、t''，两个等价的查询 Q 和 Q' 的如何起源是不相同的

实例 I			$Q(I)$ 的输出			$Q'(I)$ 的输出		
R	A	B	A	B	如何	A	B	如何
t:	1	2	1	2	t	1	2	$t^2+t\cdot t'$
t':	1	3	1	3	t'	1	3	$(t')^2+t\cdot t'$
t'':	4	2	4	2	t''	4	2	$(t'')^2$

6.14 历史笔记和扩展阅读

1989 年对分布式文件系统的综述可以在文献［440］中找到。NFS 版本 2、3 和 4 分别在 RFCs 1094、1813 和 3010 中定义。NFS 版本 3 增加了许多特性，包括：支持 64 比特文件大小和偏移量，支持服务器上的异步写操作，在许多应答中增加文件属性，以及 READDIRPLUS 操作。这些扩展允许新版本处理大于 2GB 的文件，以提高性能，并在扫描目录时获得文件句柄和属性以及文件名。NFS 版本 4 借鉴了 AFS 的一些特性。WebNFS 是 NFS 版本 2 和 3 的扩展；它支持通过防火墙进行操作，而且更容易集成到 Web 浏览器中。

AFS 在 2000 年被 IBM 以 OpenAFS 的名义开源。Locus[507] 最初是在 20 世纪 80 年代早期由加州大学洛杉矶分校开发，后来由 Locus 计算机公司继续。阿波罗[298] 由阿波罗计算机公司开发，该公司成立于 1980 年，1989 年被惠普收购。远程文件系统（RFS）[46] 是 20 世纪 80 年代中期在贝尔实验室开发的。GPFS 当前版本的文档和缓存策略的分析分别在 GPFS[247] 和［444］中给出。

近年来，基于不同模型的数据库管理系统已经发展了好几代。1968 年，IBM 发布了 IBM 360 计算机的信息管理系统（IMS）。IMS 基于所谓的导航模型，该模型支持在一个链接的数据集中进行手动导航，其中数据是分层组织的。在 Codd 引入的 RDBMS 模型中，相关记录被链接在一起，可以使用唯一的键进行访问。Codd 还引入了元组计算作为 RDBMS 查询模型的基础，这推动了结构化查询语言的发展。

1973 年，加州大学伯克利分校的 Ingres 研究项目开发了一个关系型数据库管理系统。建立了 Sybase、Informix、NonStop SQL 和 Ingres 等公司，根据 Ingres 项目生成的思想创建 SQL RDBMS 商业产品。在 20 世纪 80 年代后期，IBM 的 DB2 和 SQL/DS 主导了 RDBMS 市场。成立于 1977 年的甲骨文公司也参与了 RDBMS 的开发。

数据库事务的 ACID 属性由 Jim Gray 在 1981 年定义[201]，ACID 一词在文献［223］中引入。20 世纪 80 年代的面向对象编程思想导致了面向对象的数据库管理系统（OODBMS）的开发，该系统将信息打包为对象。包括布朗大学的 Encore-Ob/Server、威斯康辛大学麦迪逊分校的 Exodus、惠普的 Iris、贝尔实验室的 ODE 和 MCC-Austin 的 Orion 项目在内的几个研究项目所提出的想法，帮助开发了一些 OODBMS 商业产品[269]。

NoSQL 数据库管理系统诞生于 21 世纪初。它们不遵循 RDBMS 模型，不使用 SQL 作为查询语言，可能不会提供 ACID 受让人，并且具有分布式的、容错的体系结构。

扩展阅读。 2011 年发表在《科学》杂志的一篇文章[233]讨论了通过网络存储、处理和传输的信息量。文献[354]是对存储技术的全面研究，时间节点直到 2003 年。存储技术的演变在文献[248]中进行了阐述。

网络文件系统版本 2、3 和 4 分别在文献[437]、[395]和[396]中讨论。文献[353]和[242]提供了大量关于 AFS 的信息，而文献[234]和[358]则详细讨论了 SFS。其他文件系统，如 Locus、Apollo 和远程文件系统（RFS）分别在文献[507]、[298]和[46]中讨论。Calypso 文件系统的恢复在文献[144]中进行了分析。光泽文件系统在文献[380]中进行了分析。

IBM 开发的通用并行文件系统（GPFS）及其前身 TigerShark 多媒体文件系统在文献[444]和[226]中都有介绍。关于谷歌文件系统的一个很好的信息来源是文献[193]。主存 OLTP 恢复包括在文献[322]中。Chubby 的发展被文献[83]所覆盖。NoSQL 数据库在包括文献[467]、[224]和[90]等多篇论文中进行了分析。谷歌开发的 BigTable 和 Megastore 在文献[96]和[48]中进行了讨论。对分布式数据存储的评估见文献[80]。

将云存储附加到校园网格是文献[151]的主题。在文献[412]和[464]中讨论了企业存储的成本分析，并对主存 OLTP 数据库进行了深入的讨论。文献[503]提出了 VMware 存储。

6.15 练习和问题

问题 1 分析存储区域网络（SAN）引入的原因及其优缺点。提示：阅读文献[354]。

问题 2 块虚拟化简化了 SAN 中的存储管理任务。请说出支持这个观点的有力论据。提示：阅读文献[354]。

问题 3 分析基于内存检查点的优点。提示：阅读文献[258]。

问题 4 讨论分布式文件系统的安全性，包括 SUN NFS、Apollo 域、Andrew、IBM AIX、RFS 和 Sprite。提示：阅读文献[440]。

问题 5 谷歌文件系统（GFS）的设计人员重新检查了文件系统的传统选择。讨论关于这些选择的四个观察结果，它们指导了 GFS 的设计。提示：阅读文献[193]。

问题 6 Jim Gray 在其开创性的论文《事务概念的优点和局限性》[201]中分析了日志记录和锁机制。讨论他的分析的主要结论。

问题 7 Michael Stonebreaker 认为"性能最炫的操作是删除"，讨论他关于 NoSQL 概念的论点。提示：阅读文献[467]。

问题 8 讨论 Megastore 数据模型。提示：阅读文献[48]。

问题 9 讨论在 BigTable 中锁的使用。提示：阅读文献[96]和[83]。

第三部分

Cloud Computing: Theory and Practice, Second Edition

第7章 云应用程序
第8章 云的软硬件
第9章 云资源管理与调度
第10章 云资源虚拟化

第 7 章

Cloud Computing: Theory and Practice, Second Edition

云应用程序

多年来，大型计算系统的用户发现，开发出高效的数据密集型和计算密集型应用非常困难。很难找到最适合运行这类应用的系统，同样也难以确定应用何时能够在这些系统上运行以及估计何时可以得到期望的结果。将应用程序从一个系统移植到另一个系统通常是一项具有挑战性的工作。通常，针对一个系统进行优化的应用程序在其他系统上表现不佳。

服务供应商也面临着巨大的挑战，因为系统资源无法得到有效管理，也无法提供 QoS 保证。由于系统的规模庞大，在系统范围的故障发生后，考虑动态负载、支持安全性和快速恢复是令人畏惧的任务。资源集中提供的任何经济优势都会被昂贵资源的相对低的利用率所抵消。

云计算在如何以更低成本实现更高效的计算这一问题上，改变了用户和服务供应商的观点。应用开发人员和服务供应商面临的大多数挑战要么消失，要么显著减少。云应用的开发人员享受着即时(just-in-time)基础设施的优点，他们可以自由地设计应用程序而不用担心应用程序在何处运行。

弹性云允许应用程序无缝地消化增加的工作量，云用户也得益于并行化所带来的加速。当工作负载可以分解为 n 段时，应用程序可以构建其自身的 n 个实例并发运行它们，从而实现显著的加速效果。这对于计算机辅助设计和复杂系统建模特别有效，这时，物理系统的多个设计方案和多个模型需要同时评估。

云计算专注于企业计算，这与网格计算明显不同，网格计算主要专注于科学和工程应用。与网格计算相比，云计算的一个重要优势是云服务供应商提供的资源位于一个管理域中。

云计算有益于依靠计算周期(computing cycle)的供应商，因为计算周期通常会带来更高效的资源利用率。显然，经典工作负荷中的很大一部分由 MapReduce 之类的框架控制，而且多个框架必须共享大型计算机集群，这样的集群组成了云基础设施。

云计算未来的成功依赖于公司促进效用计算的能力，让越来越多的用户相信以网络为中心的计算和以网络为中心的内容的优势，从而在安全性、可扩展性、可靠性、服务质量以及 SLA 中约定的需求等关键方面提供令人满意的解决方案。

7.1、7.2 和 7.3 节介绍了云应用的开发，并提供了对工作流管理的见解。7.4 节介绍了基于状态机模型的协调，然后深入讨论了 MapReduce 编程模型及其应用(7.5 和 7.6 节)。7.7 节介绍了 Hadoop、Yarn 和 Tez，7.8 节讨论了 Pig、Hive 和 Impala 等系统。

7.9 节简要介绍当前云应用和新应用的机会，然后分别在 7.10 和 7.11 节中讨论科学和工程以及生物学研究中的云应用。社交计算和软件故障隔离是 7.12 和 7.13 节的主题。

7.1 云应用开发和架构风格

Web 服务、数据库服务和基于事务的服务是云计算理想的应用。这些应用的性价比优势来自弹性环境，其中资源随时可用，并且云用户仅为其应用消耗的资源付款即可。

并非所有类型的应用程序都适用于云计算。无法对工作负载任意划分或需要在并发实例之间进行密集通信的应用程序很难在云上良好运行。对于具有复杂工作流和多个依赖关系的应用程序（通常是高性能计算中的情况），在云上可能需要更长的执行时间和更高的成本。7.10 节讨论的高性能计算基准测试表明，在具有低延迟和高带宽互连的超级计算机上运行时，通信密集型和内存密集型应用程序可能无法表现出应有的性能水平。

云应用开发的挑战。 高效的云应用开发面临着计算、I/O 和处理器通信带宽之间固有的不平衡所带来的挑战。由于云基础设施的规模，以及其分布式特性和数据密集型应用程序的本质，这些挑战变得愈发艰巨。虽然云计算基础设施试图自动分配和平衡工作负载，但应用程序开发人员同样负有责任，需要确定数据的最佳存储、利用空间和时间数据以及代码位置，并尽量减少运行步骤和实例之间的通信。

云计算的一个主要吸引力是能够使用尽可能多的服务器来优化应用程序的成本和时间约束。只有当工作负载可以划分成任意大小的段，并且可以由云中可用的服务器并行处理时，才可能如此。任意划分的负载共享模型描述了可以划分为任意巨量单元的工作负载，并且这些工作可以由多个云实例同时处理。满足这类模型的应用程序最适合云计算。

用于衡量云计算品质的共享基础设施会产生副作用。在实际情况下（尤其是在系统负载很重的情况下），10.1 节讨论的性能隔离几乎是不可能的。虚拟机的性能基于工作负载和环境而波动。安全隔离在多租户系统上是一个挑战。

云基础设施的可靠性也是一个重要问题，用现有的组件构建的服务器经常出现故障，这是服务器和通信系统数量众多的结果。从云基础设施提供的实例中选择最佳实例是另一个需要考虑的关键因素，实例在性能隔离、可靠性和安全性方面有所不同。此外，成本因素也会在实例类型的选择中发挥作用。

许多应用由多个阶段组成。每个阶段可能涉及多个实例，这些实例在云服务器上并行运行并相互通信。因此，应用程序开发者主要考虑的是效率、一致性和通信可伸缩性。云基础设施表现出的延迟和带宽波动，会影响所有应用程序的性能，尤其是数据密集型应用程序的性能。

数据存储在数据密集型应用程序的性能中起着至关重要的作用。必须仔细分析数据存储的组织、地理位置以及存储带宽，以确保最佳的应用性能。云支持多个存储选项来设置类似于 7.7 节中讨论的 Hadoop 文件系统，其中包括无实例（off-instance）云存储，如 S3、可挂载的无实例块存储（如 EBS），以及支持实例生存期的持久性存储。

许多数据密集型应用使用与单个数据记录关联的元数据。例如，MPEG 音频文件的元数据可能包括歌曲的标题、歌手的名字和录制信息等。存储元数据是为了便于访问，存储应具有可扩展性和可靠性。

应用开发人员需要考虑的另一个重要因素是日志记录。高频率的日志记录有助于避开意外的结果和错误，但对性能因素的考虑限制了日志记录的数量。日志记录通常使用实例存储来完成，实例存储仅在实例的生命周期内可用，因此，必须采取措施来保留用于事后分析的日志。需要解决的另一个难题是 2.12 节中讨论的软件授权（licensing）。

云应用架构风格。 云计算基于 4.8 节中讨论的客户-服务器模式。绝大多数云应用利用请求-响应方式在客户与无状态服务器之间通信。无状态服务器不需要客户先建立与服务器的连接，相反，它将客户请求视为独立事务并做出响应。

无状态服务器的优势显而易见。如果服务器维持着所有连接的状态，那么从服务器故障中恢复一个服务器将导致相当大的开销。但在无状态服务器的情况下，若服务器停机，则在两个连续请求之间重新启动时,客户不会受到影响。无状态系统更简单、更健壮且可扩展。客户不必关心服务器的状态,如果客户收到对请求的响应,则表示服务器已启动并正在运行,如果不是,则应稍后重新发送请求。基于连接的服务必须预留空间以维护与客户的每个连接的状态,因此这样的系统是不可扩展的,服务器在任何给定时间可以处理的客户数量受服务器可用存储空间的约束。

浏览器用于与 Web 服务器通信的超文本传输协议属于请求-响应应用协议。HTTP 使用一种面向连接的可靠传输协议 TCP,虽然 TCP 可确保大型对象的可靠传输,但它会将 Web 服务器暴露给拒绝服务攻击。在此类攻击中,恶意客户会尝试建立伪造的 TCP 连接,并迫使服务器为连接分配空间。基本的 Web 服务器是无状态的,它响应 HTTP 请求而不保留过去与客户端交互的历史记录。当它发送请求并等待响应时,客户(浏览器)也是无状态的。

网络应用开发的一个关键方面在于具有不同架构的系统上运行的进程和线程如何通过不同的编程语言编译,以及如何相互传递结构化信息。首先,两个站点的两个结构的内部表示可能不同,一个系统可以使用大端(big-endian)表示而另一个可以使用小端(little-endian)表示,字符表示也可以不同。通信信道发送比特/字节序列,因此数据结构必须在发送站点序列化并在接收站点重建。

在决定应用程序的架构风格之前,必须分析一些考虑因素,包括中立性、可扩展性和独立性。中立性指应用级协议能够使用不同的传输协议(如 TCP 和 UDP),一般来说运行在不同的协议栈上。例如,我们将看到 SOAP 可以作为交通车辆的 TCP,也可以作为 UDP、SMTP 和 Java 消息服务。可扩展性指包含安全性等额外功能的能力。独立性指适应不同编程风格的能力。

通常应用程序的客户和在云上运行的服务器会使用 4.8 节中讨论的 RPC,但其他通信方式也是可行的。基于 RPC 的应用使用存根(stub),目的是转换 RPC 调用中涉及的参数,存根有两个功能——编排数据结构和序列化。

一个更通用的概念是对象请求代理(ORB),它是一种中间件,便于网络应用的通信。发送站点的 ORB 转换内部使用的数据结构,并通过网络传输字节序列。接收站点的 ORB 将字节序列映射到接收进程内部使用的数据结构。

20 世纪 90 年代早期开发的 CORBA(公共对象请求代理架构)支持使用不同的编程语言开发网络应用,并在具有不同架构和相互协作的系统软件的系统上运行。系统的核心是接口定义语言(IDL),用于指定对象的接口。然后将 IDL 表示映射到一组编程语言,包括 C、C++、Java、Smalltalk、Ruby、Lisp 和 Python。网络化应用通过引用传递 CORBA,通过值传递数据。

SOAP(简单对象访问协议)于 1998 年为 Web 应用而开发。SOAP 消息格式基于可扩展标记语言(XML)。SOAP 使用 TCP、UDP 传输协议,但它也可以堆叠在其他应用层协议(如 HTTP、SMTP 或 JMS)之上。SOAP 的处理模型基于由发送者、接收者、中介者、消息发起者、最终接收者以及消息路径组成的网络。SOAP 是 Web 服务的一个基础层。

2001 年,WSDL(Web 服务描述语言)(参见 http://www.w3.org/TR/wsdl)作为基于 XML 的语法引入,用于描述网络应用两端之间的通信协议。所涉及元素的抽象定义包括:服务,通信端点的集合;类型,数据类型定义的容器;操作,服务支持的行为描述;端口类型,端点支持的操作;绑定,特定端口类型支持的协议和数据格式;端口,作为绑定和网络地址的组合的端点。这些抽象映射到具体的消息格式和网络协议，以定义端点和服务。

REST（可表示的状态转移）是一种用于分布式超媒体系统的软件架构。REST 支持客户与无状态服务器通信，它独立于平台和语言，支持数据缓存，并且可以在防火墙存在的情况下使用。REST 绝大多数情况下使用 HTTP 来支持所有四个 CRUD（创建/读/更新/删除）操作，使用 GET、PUT 和 DELETE 分别读、写和删除数据。

REST 是一种更容易使用的协议，以替代 RPC、CORBA 或 Web 服务（如 SOAP 或 WSDL）。例如，要从数据库检索个人的地址，REST 系统会发送一个 URL，指定数据库的网络地址、个人的名称以及记录中的特定属性（一般由客户应用的功能而定），随后 REST 服务器将个人的地址作为响应发送给客户。对于同样的示例，如果采用 SOAP 的版本则需要十行或更多 XML。这证实了 REST 是一种轻量级协议的说法。就可用性而言，REST 更容易从头开始构建和调试，但是可以使用自归档（self-documentation）工具支持 SOAP，例如，使用 WSDL 生成连接代码。

7.2 多活动协调

许多应用程序需要完成多个相互依赖的任务[538]，涉及这种任务的复杂活动被称为工作流。本节将讨论工作流模型、工作流的生命周期、用于工作流描述的合适的属性。7.3 节介绍工作流模式、工作流目标状态的可达性、动态工作流以及传统事务系统和云工作流之间的并行。

基本概念。 工作流模型是一个抽象概念，它揭示了参与工作流管理系统的实体的最重要的属性。任务是工作流建模的核心概念，它是在云上执行的工作单元，具有多个属性，例如：

- 名称——唯一标识任务的字符串。
- 描述——任务的自然语言描述。
- 动作——执行任务导致的环境变化。
- 前置条件——布尔表达式，在任务的操作发生之前必须为 true。
- 后置条件——布尔表达式，在任务的操作发生后必须为 true。
- 属性——为任务执行、任务参与者、安全需求、任务是否可逆以及其他任务特征提供所需的类型指示和资源数量。
- 异常——提供有关如何处理异常事件的信息。任务支持的异常情况由＜event，action＞对列表组成。任务异常列表中包含的异常称为预期异常，而不是意外异常。异常列表中不包含的事件触发重整规划（re-planning）。重整规划意味着过程的重构，各种任务之间关系的重新定义。

复合任务是描述任务子集及其执行顺序的结构。原子任务是无法分解为更简单任务的任务。复合任务从工作流中继承了一些属性，它由任务组成，包含一个开始符号，可能还有几个结束符号。同时，复合任务从任务继承了一些属性，它包含名称、前置条件和后置条件。

路由任务是连接工作流描述中的两个任务的专用任务。刚刚完成执行的任务称为前驱任务，接下来要启动的任务称为后继任务。路由任务可以按照顺序、并发或迭代方式执行。存在几种类型的路由任务：

- 分叉路由任务（fork routing task）会触发多个后继任务的执行。这种结构有几种语义：
- 启用所有后继任务。
- 每个后继任务都与一个条件相关联；评估所有任务的条件，并且仅启用具有正确条件的任务。
- 每个后继任务都与一个条件相关联；评估所有任务的条件，但条件是互斥的，只有一个条件可能是正确的，因此只启用一个任务。
- 非确定性，随机选择 n 个后继任务中的 k 个来启用（$n>k$）。

● 合并路由任务（join routing task）等待其前驱任务的完成。这种结构有几种语义：
- 所有前驱任务结束后启用后继任务。
- 在 n 个前驱任务中，k 个任务结束后，启用后继任务（$n>k$）。
- 迭代——反复执行分叉和合并之间的任务。

过程描述和案例。过程描述（也称为工作流模式）是一种结构，该结构描述要执行的任务或活动及其执行的顺序，包含一个开始符号和一个结束符号。可以在工作流定义语言（WFDL）中提供过程描述，支持选择结构、并发执行、经典分叉-合并结构和迭代执行。显然，工作流描述类似于流程图，这是我们在编程中熟悉的概念。

工作流生命周期中的阶段包括创建、定义、验证和定规（enactment）。工作流的生命周期与传统计算机程序的生命周期（即创建、编译和执行）之间有惊人的相似之处，参见图7.1。通过工作流描述语言实现的工作流规范类似于编写程序。规划相当于自动程序生成。工作流验证对应于程序的语法验证，工作流的定规对应于编译程序的执行。

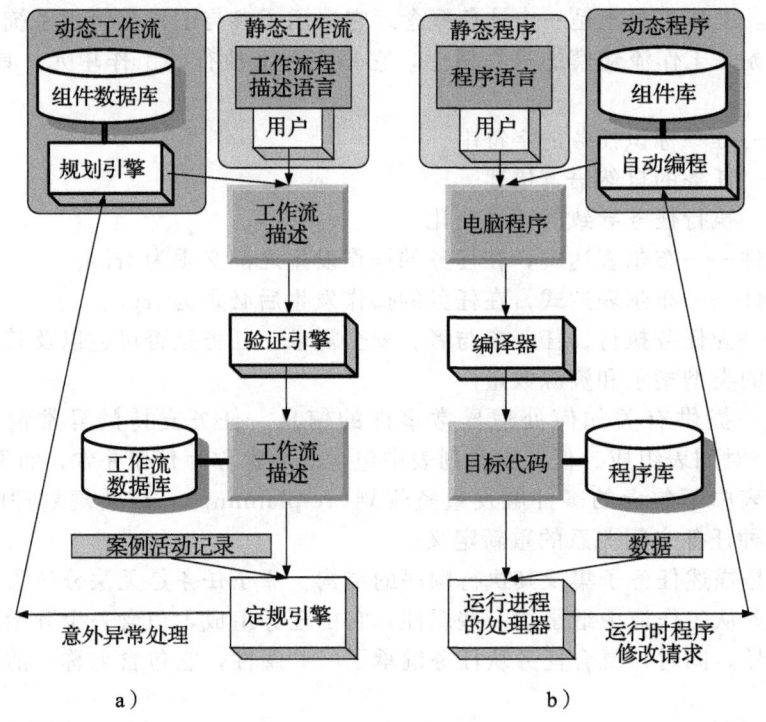

图 7.1　工作流和程序之间的对应关系。a) 工作流的生命周期。b) 计算机程序的生命周期。工作流定义类似于编写程序，静态工作流对应静态程序，动态工作流对应动态程序

案例是过程描述的一个实例。工作流描述中的开始和结束符号可以创建和终止案例。

定规模型(enactment model)描述了处理案例所采取的步骤。当工作流所需的所有任务都由计算机执行时，该定规可以被称为定规引擎的程序来执行。

在 t 时刻的案例状态根据当时已经完成的任务来定义。事件导致状态之间的转换。由并发活动组成的案例状态的识别，比按照顺序过程执行的状态识别要困难得多。实际上，当几项活动同时进行时，状态必须反映每项独立活动的进展情况。

工作流的另一种描述方式可以用转移(transition)系统表示，这个系统描述了从当前状态到目标状态的可能路径。有时，我们可能只指定目标状态，而不是提供过程描述，并且期望系统生成一个工作流描述，该描述可以通过一组动作达到这种状态。在这种情况下，新工作流描述是自动生成的，它知道一组任务以及每个任务的前提条件和后置条件。在人工智能中，此活动称为规划(planning)。

过程的状态空间包括一个初始状态和一个目标状态。转移系统识别从初始状态到目标状态的所有可能路径。一个案例对应转移系统中的一条特定路径。案例的状态追踪案例定规过程中的进展。

安全性和活性(liveness)是过程描述中最合适的属性。通俗地讲，对于某个定规过程的案例，安全性意味着没有任何"坏事"发生，而活性意味着最终会发生"好"的事情。但是，并非所有流程都是安全且活的。例如，图 7.2a 中的过程描述违反了活性要求。只要在完成 B 之后选择任务 C，该过程将会终止。但是，如果选择 D，则 F 将永远不会被实例化，因为它要求同时完成 C 和 E。另外，G 需要同时完成 D 和 F，因此，过程永远都不会被终止。

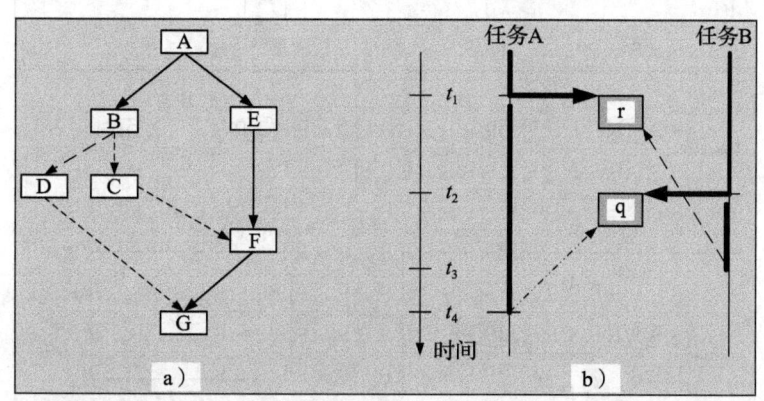

图 7.2　a)违反活性要求的过程描述。b)可能受到死锁影响的情况

过程描述语言应该是明确的，并且应该允许在案例实施之前验证过程描述。在某些情况下，完全有可能正确地实施过程描述，但对其他情况可能会失败。这种实施失败的代价可能非常昂贵，应该在过程定义时进行彻底的验证来防止。为了避免实施的错误，我们需要验证过程描述，并检查期望的属性，例如安全性和活性。一些过程描述方法比其他方法更适于验证。

需要注意的是：尽管过程的原始描述可能是活的，但由于资源分配，实际的案例实施可能会受到死锁的影响。为了说明这种情况，考虑同时运行的两个任务 A 和 B，每个任务都需要在一段时间内以独占方式访问资源 r 和 q。可能存在两种情况：

- A 或 B 获取两个资源，然后释放它们，并允许其他任务执行相同的操作。
- 如我们在图 7.2b 中遇到的不好的情况，在 t_1 时刻，任务 A 获得 r 并继续执行；然

后在 t_2 时刻,任务 B 获得 q 并继续运行。然后在 t_3 时刻,任务 B 尝试获取 r,由于 r 在 A 的控制下而导致阻塞。任务 A 继续运行并且在 t_4 时刻尝试获取 q,由于 q 在 B 的控制下而阻塞。

通过让每个任务同时获取所有资源,可以避免图 7.2b 中所示的死锁,但需要为未充分利用的资源支付开销。实际上,在这种方案下,每种资源的空闲时间都会增加。

7.3 工作流模式

术语工作流模式是指过程任务之间的时间关系。工作流描述语言和控制案例定规的机制必须有支持这些时间关系的准备。文献[1]、[323]和[540]对工作流模式进行了分析。这些模式分为以下几个类别:基本模式、高级分支和同步模式、结构化模式、基于状态模式、取消模式和多实例模式。图 7.3 所示的基本工作流模式为:

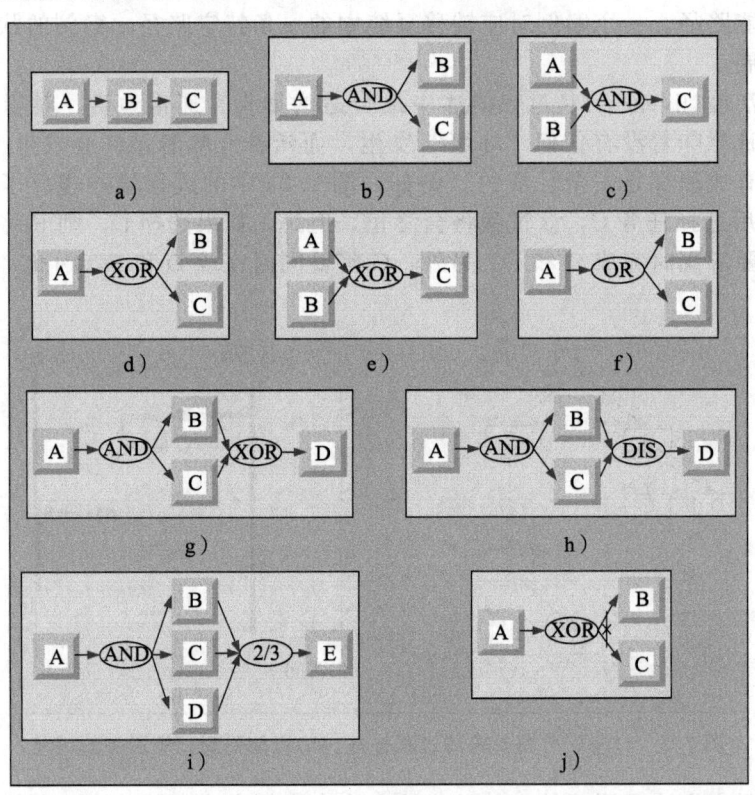

图 7.3 基本工作流模式。a)顺序;b)AND 拆分;c)同步;d)XOR 拆分;e)XOR 合并;f)OR 拆分;g)多融合;h)鉴别器;i)N/M 合并;j)延期选择

- 当多个任务必须在一个任务完成后进行调度时,就会出现顺序模式,如图 7.3a 所示。
- AND 拆分模式需要同时执行多个任务。当任务 A 终止时,任务 B 和 C 都被激活,如图 7.3b 所示。在显式 AND 拆分的情况下,活动图有路由节点,并且一旦控制流到达路由节点,就将激活连接到路由节点的所有活动。在隐式 AND 拆分的情况下,活动直接连接,条件可以与分支相关联,这些分支将每个活动与下一个活动相连接。只有当与分支关联的条件为真时,才会激活任务。
- 同步模式需要多个并发活动在下一个活动开始之前结束。在我们的示例中,任务 C

只有在任务 A 和 B 结束后才能启动，如图 7.3c 所示。
- XOR 拆分需要做出判断；任务 A 完成后，可以激活 B 或 C，如图 7.3d 所示。
- XOR 合并是指将几种选项合并为一种。在我们的示例中，当 A 或 B 结束时，任务 C 才被启用，如图 7.3e 所示。
- OR 拆分模式是一种从集合中选择多个选项的结构。在我们的示例中，在完成任务 A 之后，可以激活 B 和 C，也可以同时激活 B 和 C，如图 7.3f 所示。
- 多融合结构允许多次激活一个任务，并且在执行并发任务后不需要同步。一旦 A 终止，任务 B 和 C 同时执行，如图 7.3g 所示。当它们中的第一个（比如 B）结束时，任务 D 被激活；然后，当 C 结束时，D 再次被激活。
- 在激活后续活动之前，鉴别器模式等待多个传入分支完成，如图 7.3h 所示。然后不需任何动作，鉴别器等待传出分支完成，直到它们全部结束。接下来，它复位自己。
- N/M 合并提供了一个同步屏障。假设 $M>N$ 个任务同时运行，其中 N 个任务必须在启用下一个任务之前到达屏障；在我们的例子中，在启用 E 之前，三个任务 B、C 和 D 中的任意两个必须完成，如图 7.3i 所示。
- 延期选择模式类似于 XOR 拆分，但这次选择是随机的，运行时环境将决定采用哪个分支，如图 7.3j 所示。

接下来我们讨论目标状态的可达性，考虑以下因素：
- 假设有一个系统 Σ，系统的初始状态为 $\sigma_{initial}$，目标状态为 σ_{goal}。
- 过程组 $\mathcal{P}=\{p_1, p_2, \cdots, p_n\}$，过程组中的每个过程 p_i 由一组前置条件 $pre(p_i)$、后置条件 $post(p_i)$ 和属性 $atr(p_i)$ 表示。
- 由定向活动图 $\mathcal{A}$ 或程序 Π 所描述的工作流能够构造一个给定元组 $<\mathcal{P}, \sigma_{initial}, \sigma_{goal}>$。$\mathcal{A}$ 的节点是 $\mathcal{P}$ 中的过程，有向边定义了过程之间的优先关系。$P_i \rightarrow P_j$ 表示 $pre(p_j) \subseteq post(p_i)$。
- 一组约束 $\mathcal{C}=\{C_1, C_2, \cdots, C_m\}$。

系统 Σ 在状态 $\sigma_{initial}$ 时的协调问题是达到状态 σ_{goal}，由于某些过程 $P_{final} \in \mathcal{P}$ 的后置条件依赖于约束 $C_i \in \mathcal{C}$。这里 $\sigma_{initial}$ 使能某些过程 $P_{initial} \in P$ 的初始条件。通俗地讲，这意味着存在一系列过程，使得一个过程的后置条件是链中下一个过程的前置条件。

通常，过程的先决条件要么是触发过程执行的条件或事件，要么是过程期望作为输入的数据。后置条件是该过程产生的结果。过程的属性描述过程的特殊要求或属性。

有些工作流是静态的，活动图在案例定规的过程中不会改变。动态工作流允许在案例定规过程中修改活动图的工作流情况。在动态工作流管理中遇到的一些比较困难的问题是：如何整合工作流和资源管理，并保证独立案例的代价函数的最优性或接近最优性；如何保证工作流发生变化后的一致性；如何创建一个动态的工作流。静态工作流可以用 WFDL（工作流定义语言）来描述，但动态工作流需要更灵活的方法。

我们区分了工作流定规机制的两个基本模型：
- 强协调模型，过程组 $\mathcal{P}$ 在协调过程的监督下执行。协调过程充当定规引擎，并确保活动图中从一个过程到另一个过程的无缝过渡。
- 没有监督过程的弱协调模型。

在第一种情况下，我们可以部署具有多级协调器的分层协调方案。在具有 $i+1$ 层的分层方案中，第 i 层的监督者协调过程组中的一个过程子集。第 $i-1$ 层的监督者协调第 i

层的多个监督者，其中根监督者提供全局协调。这种分级协调方案可用于减少通信开销，协调器及其监督的过程可能位于同一位置。

这种协调模型的一个重要特征是它支持动态工作流。首先，协调器或全局协调器可以通过停止所有控制线程并处于一致状态来响应修改工作流的请求，然后检查所请求的更改的可行性，并最终实现可行的更改。

弱协调模型基于过程组中的过程之间的对等通信，方式是通过诸如元组空间的社会服务。一旦过程 $p_i \in \mathcal{P}$ 完成，它就会在元组空间中存储一个令牌，其中可能包含其后置条件的子集 post(p_i)。预期使用者过程 p_j 在某个时间点访问元组空间，检查其活动图中祖先留下的令牌，如果满足其前提条件 pre(p_j)，则开始执行。这种方法要求各个过程要么拥有活动图的副本，要么有一些访问元组空间的时间表。另一种方法是使用活动空间，即增强版的元组空间，能够生成唤醒令牌使用者的事件。

传统的面向事务的系统和云工作流之间在工作流方面存在一些异同。相似之处主要在建模层面，而不同之处则在于实现工作流管理系统的机制。它们之间的一些更微妙的差异如下：

- 事务模型的重点放在事务的合约方面。在工作流中，案例的定规有时基于"尽力而为"的模式，其中涉及的代理将尽最大努力到达目标状态，但不能保证成功。
- 数据库应用中事务模型的一个关键方面是维护数据库的一致状态。云是一个开放的系统，因此，它的状态更加难以定义。
- 数据库事务通常是短暂的，云工作流的任务可能是持久的。
- 数据库事务由一组定义明确的操作组成，这些操作在执行事务期间不太可能被更改。但是，云工作流的过程描述可能会在案例的生命周期中发生变化。
- 云工作流的单个任务可能不具有数据库事务的传统属性。例如持久性，在任何时候，在达到目标状态之前，工作流可能回滚到以前遇到的一些状态，并从那里继续完全不同的道路。工作流的任务可以是可逆的，也可以是不可逆的。有时候，从长远来看，为撤销某项行为付出代价比继续走在错误的道路上更有利。
- 在没有数据库事务直接对应的情况下，资源分配是云上工作流定规的一个重要方面。

接下来讨论的相对简单的协调模型通常用于云计算。

7.4 基于状态机模型的协调：ZooKeeper

弹性云计算需要能够跨多个系统分发计算和数据。在分布式计算环境中，这些系统之间的协调至关重要。协调模型取决于具体任务，例如，数据存储的协调、多个活动的编排、组织一个活动直到事件发生、为下一步行动达成共识、发生错误后的恢复等。

要协调的实体可以是运行在一组云服务器上的进程，也可以是在多个云上正在运行的进程。执行关键任务的服务器经常被复制，当一个主服务器出现故障时，备份将自动继续执行。这只有在备份处于热备模式时才有可能，换句话说，主服务器始终与备份共享其状态。

例如，在 2.7 节讨论的分布式数据存储模型中，代理可以减轻对数据的访问负担。由于代理属于单点故障，因此需要具有多个代理的架构。代理之间应该保持相同的状态，这样，当其中一个代理失败时，客户端就可以平滑地切换到另一个代理继续访问数据。

现在考虑一个涉及大量云服务器的广告服务。广告服务运行在许多专门用于以下任务的服务器上：数据库访问、监控、审计、事件日志、程序装配、顾客操控台[⊖]、广告宣传计划和场景测试等。

可以使用所有系统共享配置文件的方式来协调这些活动。当服务启动时或当系统发生故障后，所有服务器都使用配置文件来协调其操作。这种解决方案是静态的，任何更改都需要更新和重新分配配置文件。此外，在系统出现故障的情况下，配置文件不允许每个服务器恢复到系统崩溃前的状态。

协调问题的解决方案是将代理作为一个确定性的有限状态机实现，以响应客户命令从一个状态转移到下一个状态。当涉及 P 个代理时，所有代理都必须同步，并且在接收到客户命令时执行相同的状态转移序列。当所有代理都实现 3.12 节中描述的 Paxos 共识算法的某个版本时，可以确保这种方案可用。

ZooKeeper 是基于此模型的分布式协调服务，其高吞吐量和低延迟服务多用于协调大规模分布式系统。其开源软件用 Java 编写，并且有 Java 和 C 语言版本的客户端。有关该项目的信息可以在 http://zookeeper.apache.org/ 上找到。

必须先下载 ZooKeeper 软件并将其安装在多台服务器上。然后，客户端可以连接到任何服务器并访问协调服务。只要集群中的大多数服务器可用，该服务就可用。

集群中的服务器彼此通信并选举一个领导者。在每个服务器上复制数据库，并保持副本的一致性。图 7.4a 显示了该服务提供单个系统映像，客户端可以连接到该集群的任何服务器。客户端使用 TCP 连接到一个服务器，然后发送请求、接收响应并监视事件。客户端将其时钟与所连接的服务器同步。当服务器发生故障时，连接到它的所有客户端的 TCP 连接超时，客户端检测到故障后将连接到其他服务器。

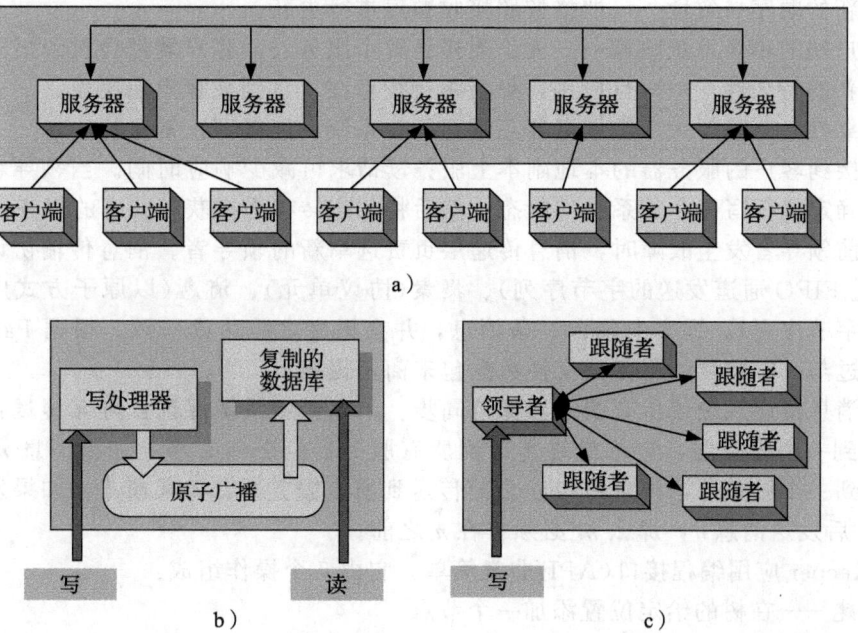

图 7.4　ZooKeeper 协调服务。a) 服务提供单个系统映像。b) ZooKeeper 服务的功能模型，副本数据库可通过读命令直接访问。c) 处理写命令

⊖　顾客操控台提供对关键顾客信息的访问，例如联系人姓名和账号。该操控台出现在屏幕中始终保持显示的某个区域中，为用户提供通过多个 Web 页面的导航。

图 7.4b 和 c 表明对集群中任何服务器的读操作都将返回相同的结果，而写操作的处理则更加复杂。服务器会选举一个领导者，所有跟随者服务器接收来自客户端的命令，将其转发给领导者。领导者使用原子广播达成共识。当领导者出现故障时，服务器会选出新的领导者。

系统组织为类似文件组织的共享分层命名空间系统。名称是由反斜杠分隔的路径元素组成的序列。ZooKeeper 命名空间中的每个名字都由唯一路径标识，参见图 7.5。

ZooKeeper 的 znode 相当于 UFS 的 inode，可能有与之关联的数据。该系统

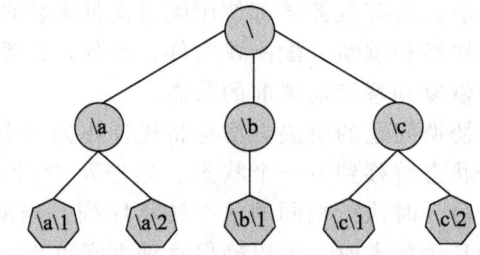

图 7.5　ZooKeeper 被组织为共享的分层命名空间

被设计用来存储状态信息，每个节点中的数据都包括数据的版本号、ACL⊖ 的更改和时间戳。客户端可以在 znode 上设置监视，并在 znode 发生变化时接收通知。该组织允许协调更新。客户端检索的数据也包含版本号。每次更新都打上一个数字时间戳，该数字反映转移的顺序。

存储在每个节点中的数据以原子的方式读和写，读返回存储在 znode 中的所有数据，而写替换 znode 中的所有数据。与文件系统不同，ZooKeeper 数据（状态映像）存储在服务器内存中。更新被记录到磁盘上，目的是可恢复，在数据被应用到包含整棵树结构的内存数据库之前，会被序列化写到磁盘上。ZooKeeper 服务保证：

- 原子性——事务要么完成，要么失败。
- 更新的顺序一致性——严格按照接收顺序进行更新。
- 客户端的单个系统映像——无论连接到哪个服务器，客户端都会收到相同的响应。
- 更新的持久性——一旦应用，更新将持续存在，直到被客户端覆盖。
- 可靠性——只要大多数服务器正常运行，系统就能保证正常运行。

从连接到客户的服务器的本地副本上服务读请求可减少响应时间。当领导者收到写请求时，它确定执行写命令的系统的状态，然后将状态转移为捕获新状态的事务。

在当前领导者发生故障时，消息传递层负责选举新的领导者。消息传输协议使用：数据包（通过 FIFO 通道发送的字节序列）、提案（协议单元）、消息（以原子方式广播到所有服务器的字节序列）。提案中包含一条消息，并在提交之前达成一致。根据 Paxos 算法的要求，通过与一定数量的服务器交换数据包来商定提案。

原子消息传递系统使所有服务器保持同步。消息传递系统保证：*可靠传送*：如果消息 m 被传送到一个服务器，它将最终传送到所有服务器；*全部有序*：如果消息 m 在消息 n 之前传送到一个服务器，则它将在 n 之前传送到所有服务器；*因果顺序*：如果发送者先发送消息 m 后发送消息 n，那么 m 必须排在 n 之前。

ZooKeeper 应用编程接口（API）非常简单，它由 7 个操作组成：

- 创建——在树的给定位置添加一个节点。
- 删除——删除一个节点。
- 获取数据——从节点读取数据。
- 设置数据——将数据写入节点。

⊖ 访问控制列表（ACL）是定义对象访问权限列表的列表对（subject，value），例如文件的读、写、执行权限。

- 获取子节点——检索节点的子节点列表。
- 同步——等待数据传播。

系统还支持创建临时节点，即会话启动时创建的节点以及会话结束时删除的节点。

以上简短描述表明 ZooKeeper 服务支持有限状态机协调模型，其中 znode 存储状态的位置。ZooKeeper 服务可用于实现更高级别的操作，例如组成员、同步等。Yahoo 的 Message Broker 和许多其他应用程序都使用了 ZooKeeper 服务。

7.5 MapReduce 编程模型

云计算的一个主要优势是弹性，能够根据需要使用尽可能多的服务器，以最佳方式响应应用成本和定时约束要求。在通常的事务处理系统的情况下，前端系统将传入的事务分发到多个后端系统，并尝试均衡工作负载。随着工作负载的增加，新的后端系统将添加到服务器池中。物理学、生物学以及计算科学和工程的其他领域中的许多实际应用遵循任意可分的负载共享模型，工作负载可以被划分为任意数量的较小工作负载，这些工作负载大小相同或者非常接近。然而，对数据密集型应用的工作负载进行划分并不总是那么简单。

MapReduce。 MapReduce 基于一种非常简单的思想来并行处理数据密集型应用，该应用支持任意可分割的负载共享，见图 7.6。首先，将数据分割成块，将每个块分配给一个实例/进程，然后并行运行这些实例。一旦所有实例都完成了分配给它们的计算，就开始第二阶段并合并各个实例生成的部分结果。早期并行计算使用的同一程序多数据（SPMD）范式基于相同的思想，但是假设主控制器实例对数据进行分区并收集部分结果。

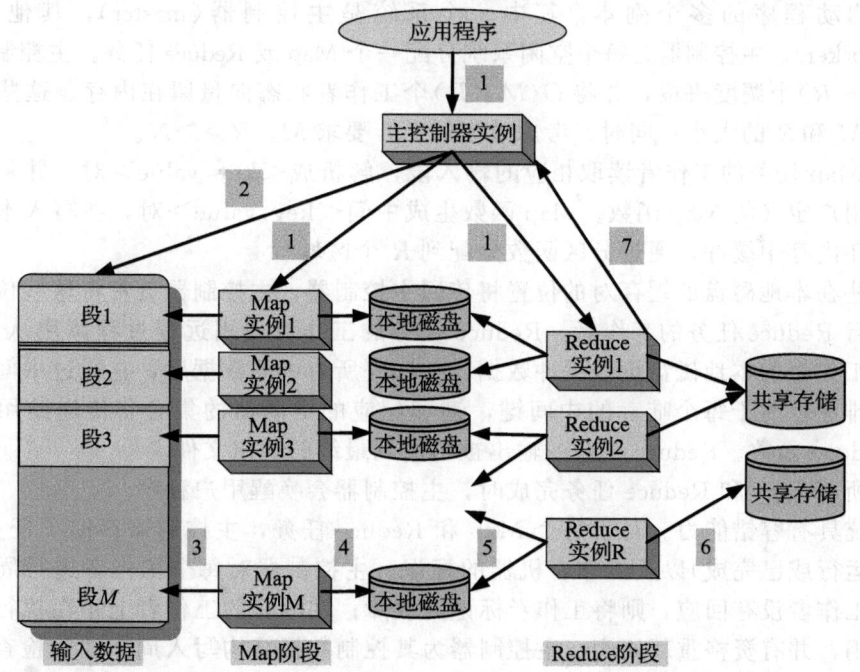

图 7.6 MapReduce 的工作原理。(1) 应用程序在 Map 阶段启动一个主控制器实例和 M 个 Map 阶段的工作者实例，然后启动 Reduce 阶段的 R 个工作者实例。(2) 主控制器将输入数据划分为 M 段。(3) 每个 Map 实例读取输入数据段并对数据进行处理。(4) 处理结果存储在运行 Map 实例的服务器的本地磁盘上。(5) 当所有 Map 实例完成数据处理后，R 个 Reduce 实例读取第一阶段的结果并合并部分结果。(6) 最终结果由 Reduce 实例写入共享存储服务器。(7) 主控制器实例监视 Reduce 实例，当所有实例报告任务都完成时，应用程序终止

MapReduce 是一种编程模型，灵感来源于 Lisp 编程语言的 map 和 reduce 原语。它为处理和生成计算集群上的大数据集而设计[130]。通过计算，将一组输入<key,value>对转换为一组输出<key,value>对。

使用这个模型可以很容易地实现许多应用。例如，可以处理网页请求的日志，并计算 URL 访问频率；Map 和 Reduce 函数分别生成<URL,1>和<URL,totalcount>对。另一个简单的例子是分布式排序，当 Map 函数从每个记录中提取键并生成一个<key,record>对时，Reduce 函数输出的这些对不变。以下示例[130]展示了某个应用的两个用户定义函数，该函数计算文档中每个单词的出现次数。

```
map(String key, String value):
  // key: document name;  value: document contents
  for each word w in value:
    EmitIntermediate(w, "1");

reduce(String key, Iterator values):
  // key: a word;   values: a list of counts
  int result = 0;
  for each v in values:
    result += ParseInt(v);
  Emit(AsString(result));
```

M 和 R 分别为 Map 和 Reduce 任务的数量，N 表示 MapReduce 使用的系统数量。当用户程序调用 MapReduce 函数时，所采取的一系列动作如下：

- 运行时库将输入文件分成 M 段，每个段为 16 到 64MB，确定要运行的 N 个系统，并启动程序的多个副本，其中一个系统是主控制器（master），其他是工作者（worker）。主控制器为每个空闲系统分配一个 Map 或 Reduce 任务。主控制器做出 $O(M+R)$ 个调度决策，并将 $O(M \times R)$ 个工作者状态向量留在内存。这些考虑限制了 M 和 R 的大小；同时，考虑效率的话，要求 $M, R \gg N$。
- 有 Map 任务的工作者读取相应的输入段，解析成<key,value>对，并将每对传递给用户定义的 Map 函数。Map 函数生成中间<key,value>对，在写入本地磁盘之前在内存中缓冲，通过分区函数分配到 R 个区域。
- 这些在本地磁盘的缓存对的位置将传回主控制器，主控制器负责将这些位置转发给执行 Reduce 任务的工作者。Reduce 任务的工作者使用远程过程调用从 Map 任务的工作者的本地磁盘读取缓冲数据，在读完所有中间数据后，它通过中间键对其进行排序。对于每个唯一的中间键，键和相应的中间值的集合将传递给用户定义的 Reduce 函数。Reduce 函数的输出被附加到最终的输出文件。
- 当所有 Map 和 Reduce 任务完成时，主控制器会唤醒用户程序。

该系统具有容错能力。对于每个 Map 和 Reduce 任务，主控制器存储了任务状态（空闲、正在运行或已完成）以及工作者机器的标识。主控制器对每个工作者进行周期性的检查，如果工作者没有回应，则将工作者标记为故障；在故障的工作者上正在执行的任务被重置为空闲，并有资格重新调度。主控制器为其控制数据结构写入周期性的检查点，如果任务失败，可以从最后一个检查点重新启动它。数据使用 GFS 存储，谷歌文件系统在 6.5 节中讨论。

文献[130]描述了运行 MapReduce 的环境：计算机是典型的双 x86 处理器，运行 Linux，每台机器有 2~4GB 内存，商用网络硬件通常为 100~1 000Mbps。一个集群由数百或数千台机器组成。数据存储在直接连接到各个计算机的 IDE⊖ 磁盘上。由于硬件不可靠,文件系统使用冗余备份来提供可用性和可靠性。为了减少网络带宽的使用,传入数据存储在每个系统的本地磁盘上。

使用 FlumeJava 实施 MapReduce。3.14 节中讨论的 Java 库支持一种名为 MapShuffle-CombineReduce 的新操作。此操作将 ParallelDo、GroupByKey、CombineValues 和 Flatten 操作组合到一个 MapReduce 中[92]。MapReduce 的这种泛化支持多个归约程序(reducer)和组合程序(combiner),并允许每个归约程序产生多个输出,而不是强制要求归约程序必须产生与其输入具有相同键的输出结果。该解决方案使 FlumeJava 优化器能够产生更好的结果。

每个 Map 操作有 M 个输入通道,并连接到 R 个输出通道,每个输出通道可选择洗牌、组合和 Reduce 操作。如果输入数据相对较小,FlumeJava 的执行程序将在本地执行操作。它将远程运行并行的 MapReduce,虽然启动远程执行的开销更大,但对于较大的输入数据,这具有明显的优势。所有操作输出的临时文件将自动创建和删除(当流水线上的后续操作不再需要时)。

当系统第一次尝试重用前一次运行的操作的结果时,如果操作保存在(内部或用户可见的)文件中,并且此后没有更改,则系统支持缓存(cached)执行模式。如果输入数据和操作的代码以及保存状态没有更改,则结果不会更改。这种执行模式对于调试可扩展的流水线非常有用。参考文献[92]中给出,最大的流水线有 820 个未优化阶段和 149 个优化阶段。

7.6 案例研究:GrepTheWeb 应用

许多应用程序使用 MapReduce 编程模型处理大规模数据。亚马逊的 GrepTheWeb 产品中展示了云计算的强大能力和吸引力。该应用允许用户定义正则表达式并在 Web 上搜索与其匹配的记录。GrepTheWeb 类似于 UNIX 的 grep 命令,用于搜索给定正则表达式的文件。

此应用搜索一个非常大的记录集,尝试找出满足正则表达式的记录。此搜索的来源是 Alexa Web 搜索生成的一组文档 URL 集合,这是一个每晚都在爬取 Web 资源的软件系统。应用程序的输入是 Web 爬虫系统生成的大数据集以及一条正则表达式,输出是一组满足正则表达式的记录。用户可以与应用交互并获取程序当前状态,参见图 7.7a。

应用使用消息传递来触发并激活多个控制器线程,这些线程将启动应用程序、初始化、关闭系统以及创建记录。GrepTheWeb 采用开源软件包 Hadoop MapReduce,可将大型数据集拆分为多个数据块,将它们分布在多个系统中,之后再处理数据,并在处理完成后将来自不同系统的输出聚合为最终结果。Apache Hadoop 是一个软件库,使用简单的编程模型,常用于在计算机集群中对大型数据集进行分布式处理。

GrepTheWeb 的工作流程如图 7.7b 所示,包括以下步骤[494]:

1. **启动阶段**:创建多个队列——启动、监控、计费和关闭队列;启动相应的控制线程。每个线程周期性地轮询其输入队列,当消息可用时,检索消息,解析消息,并采取所需的动作。

⊖ IDE(集成驱动电子)是连接磁盘驱动器的接口,驱动控制器被集成到驱动器中,而不是单独的控制器或连接到主板上。

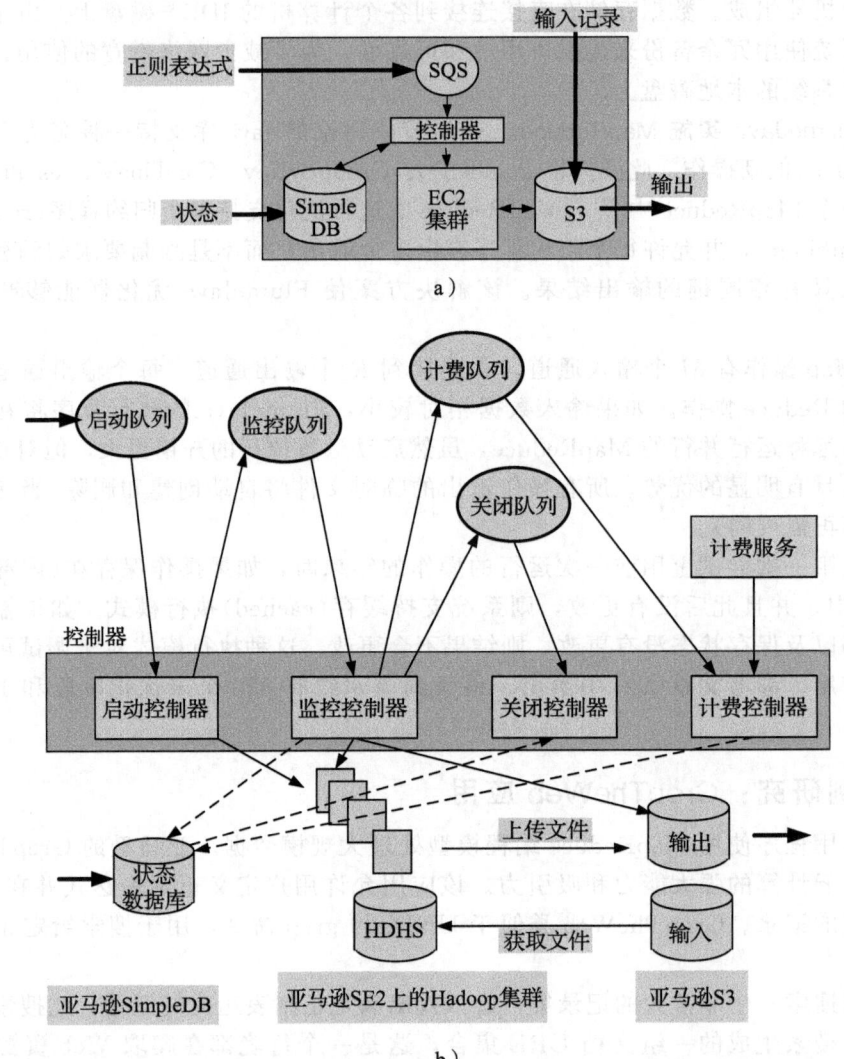

图 7.7 GrepTheWeb 应用的组织。该应用使用 Hadoop MapReduce 软件和四种亚马逊服务：EC2、SimpleDB、S3 和 SQS。a) 简化的工作流显示了两个输入——正则表达式和网络爬虫生成的输入记录；第三个输入是用户命令，用于报告当前状态和结束处理。b) 详细工作流。系统基于多个队列之间的消息传递，四个控制器线程定期轮询其关联的输入队列，检索消息并执行所需的动作

2. 处理阶段：由 StartGrep 用户请求触发，然后将一条启动消息加入启动队列中。启动控制器线程获取消息并执行启动任务，然后更新 Amazon SimpleDB 域中的状态和时间戳。最后，在监视器队列中对消息进行排队，并从启动队列中删除该消息。处理阶段包括以下步骤：

（a）启动任务开始亚马逊 EC2 实例：使用预先安装在亚马逊机器映像（Amazon Machine Image，AMI）中的 Java 运行时环境，部署所需的 Hadoop 库并启动 Hadoop 作业（运行 Map/Reduce 任务）。

（b）Hadoop 并行地在 EC2 从节点上执行 map 任务：map 任务从 S3 获取文件，运行正则表达式，并在本地写入匹配结果，匹配结果最多五个；然后，组合/归约任务组合和排序的结果，并合并输出。

(c) 最终结果存储在 Amazon S3 的输出桶中。

3. 监控阶段：监控控制器线程检索处理阶段开始时留下的消息，在 SimpleDB 中验证状态/错误，并执行监控任务；更新 SimpleDB 域中的状态，并将消息写入关闭队列和计费队列。监控任务会定期检查 Hadoop 状态，使用状态/错误和 S3 输出文件更新 SimpleDB 数据项。最后，在处理完成时从监控队列中删除该消息。

4. 关闭阶段：关闭控制器线程从关闭队列中检索消息队列并执行关闭任务，该任务更新 SimpleDB 域中的状态和时间戳。最后，在处理完成后从关闭队列中删除该消息。关闭阶段包括以下步骤：

(a) 关闭任务会终止 Hadoop 进程，在从 SimpleDB 获取 EC2 拓扑信息并处置基础设施后终止 EC2 实例。

(b) 计费任务获取 EC2 拓扑信息、SimpleDB 的使用量、S3 文件和查询输入，计算费用，并将信息传递给计费服务。

5. 清理阶段：使用用户信息归档 SimpleDB 的数据。

6. 用户与系统的交互：获取系统状态和输出结果。GetStatus 用于服务端，获取整个系统(所有控制器和 Hadoop)的状态，并在完成后从 S3 中下载过滤结果。

为了优化 S3 存储系统中的端到端传输速率，多个 S3 文件捆绑在一起并存储为 S3 对象。另一种性能优化是运行脚本并对键、URL 指针进行排序，并在 S3 中按排序顺序上传它们。启动多个获取线程以获取对象。此应用说明了创建按需基础设施并在大规模分布式系统上运行的方法，该方法支持并行运行，并可根据用户数量和问题大小进行调整。

7.7 Hadoop、Yarn 和 Tez

大量的数据密集型应用(如市场分析、图像处理、机器学习和 Web 爬虫)使用 Apache Hadoop，这是一种基于 Java 的开源软件系统⊖。Hadoop 支持处理巨量数据的分布式应用程序。开源社区的许多成员为 Hadoop 以及 Hive 和 HBase 等几个相关的 Apache 项目的开发和优化做出了贡献。

Hadoop 被许多来自行业、政府和研究机构的组织使用。Hadoop 的用户名单包括许多著名的 IT 公司，如苹果、IBM、HP、微软、雅虎和亚马逊，媒体公司如纽约时报和福克斯，社交网络如 Twitter、Facebook 和 LinkedIn，以及政府机构如美联储。2012 年，Facebook Hadoop 集群的容量为 100PB，并且以每天 0.5PB 的速度增长。2013 年，超过一半的财富 500 强企业使用了 Hadoop。Azure HDInsight 服务在 Microsoft Azure 上部署 Hadoop。

Hadoop。Apache Hadoop 是一个基于 MapReduce 编程模型的用于分布式存储和分布式处理框架的开源软件。回想一下，在 MapReduce 中，Map 阶段处理原始输入数据，每次处理一个数据项，并生成带有键的数据项流。接下来，本地排序阶段按键对 Map 阶段生成的数据进行排序。然后将本地排序的数据传递到(可选的)组合阶段，以便通过键进行部分聚合。然后，洗牌阶段在机器之间重新分配数据，以实现通过键值对数据进行全局组织。

Hadoop 系统有两个组件：一个 MapReduce 引擎和一个数据库，见图 7.8。数据库可以是 Hadoop 文件系统(HDFS)、亚马逊 S3 或 CloudStore，这些都是 6.5 节中讨论的 GFS 实现。HDFS 是一个用 Java 编写的高性能分布式文件系统。HDFS 是可移植的，但不能直接安装在现有的操作系统上，它不完全符合 POSIX 标准。

⊖ Hadoop 需要 JRE(Java 运行时环境)1.6 或更高版本。

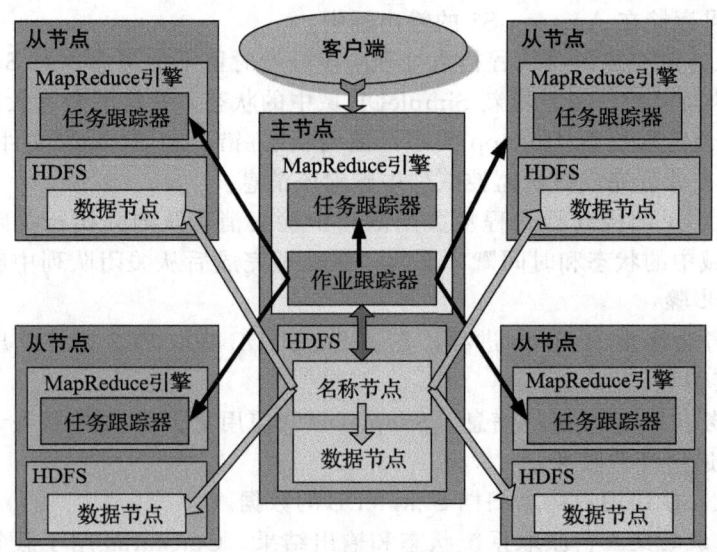

图 7.8 使用 HDFS 的 Hadoop 集群，包括一个主节点和四个从节点

多节点集群的主节点上的 Hadoop 引擎由作业跟踪器和任务跟踪器组成，而从节点的引擎只有一个任务跟踪器。作业跟踪器从客户端接收 MapReduce 作业，并将工作分派给运行在集群节点上的任务跟踪器。为了提高效率，作业跟踪器会尝试将任务分派到最靠近已存储任务数据的位置的从节点。任务跟踪器监督分配给节点的工作的执行情况。Hadoop 引擎上已经实现了多种调度算法，例如 Facebook 的公平调度和雅虎的容量调度。

HDFS 在多个节点上备份数据，默认有三个副本；一个大型数据集会分布在许多节点上。在主节点上运行的名称节点管理数据分布和数据复制，并在与作业跟踪器共享的所有集群节点上运行的数据节点通信。为了优化数据所在节点与需要数据的节点之间的通信，名称节点与作业跟踪器共享有关数据放置的信息。尽管不是基于 MapReduce 模型的应用也可以使用 HDFS，但此类应用的性能表现不如最初设计的样子。

Hadoop 将计算带到使用现成组件构建的集群上的数据。Spark 将数据存储在处理器内存中而不是磁盘中，从而进一步推动了这种计算模型的发展。数据本地化使 Hadoop 和 Spark 能够与运行在具有高带宽存储和更快互连网络的超级计算机上的传统高性能计算（HPC）竞争。

Apache Hadoop 框架具有以下模块：
- Common——包含所有 Hadoop 模块所需的库和实用程序。
- 分布式文件系统（HDFS）——一种分布式文件系统，用于在机器上存储数据，在整个集群中提供非常高的聚合带宽。
- Yarn——一个资源管理平台，负责管理集群中的计算资源，并使用它们来调度用户的应用程序。
- MapReduce——MapReduce 编程模型的一个实现。

还有一些可用的附加软件包，如 Apache Pig、Apache Hive、Apache Hbase、Apache Phoenix、Apache Spark、Apache ZooKeeper、Cloudera Impala、Apache Flume、Apache Sqoop、Apache Oozie 和 Apache Storm。

有几个 Hadoop 框架用于管理和运行深度分析。SQL 处理对于从大规模数据集中洞见本质尤为重要，而且 Hadoop 上 SQL（SQL-on-Hadoop）系统的数量也有所增加。在 Hadoop 上运行的许多 SQL 引擎包括 IBM 的 BigSQL、Cloudera 的 Impala 和 Pivotal 的

HAWQ，所有这些引擎都实现了标准语言规范，并在性能和扩展服务上展开竞争。用户不会受到影响，因为与这些引擎通信的应用程序是可移植的。

7.8节中讨论的诸如Pig、Hive和Impala之类的系统是基于Hadoop的本机系统或数据库-Hadoop混合系统。其他Hadoop相关系统，如Hadapt[4]利用Hadoop调度和容错，但使用关系数据库PostgreSQL来执行查询片段。

Yarn。Yarn是一个资源管理系统，提供单个作业或MapReduce应用程序的DAG所需的CPU周期、内存和其他资源。2.0之前的Hadoop版本中的资源分配和作业调度由MapReduce框架完成。新版本的Hadoop使用Yarn执行这些功能。这个新的系统组织允许Spark等框架共享集群资源。

包括Yarn在内的Hadoop的组织如图7.9所示，其中我们看到了所涉及的三元素：MapReduce框架；Yarn、HDFS和存储基板；运行应用程序的集群。图7.10显示了Yarn的组织架构，并展示了资源管理器和每个节点中运行的节点管理器。节点管理器管理容器，监视其资源使用情况（CPU、内存、磁盘、网络），并向资源管理器报告，负责仲裁所有应用程序之间的资源共享。每个应用程序都有一个应用

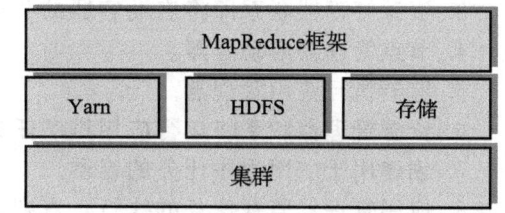

图7.9 MapReduce框架所需的资源由集群提供，由Yarn管理。HDFS提供持久、可靠和分布式的存储；支持存储系统的不同组织形式，例如，AWS的Hadoop实现提供S3服务

管理器，资源管理器访问应用程序所需的资源。分配资源后，应用管理器将与分配给应用的每个节点的节点管理器进行交互，以启动任务，然后监视其执行情况。

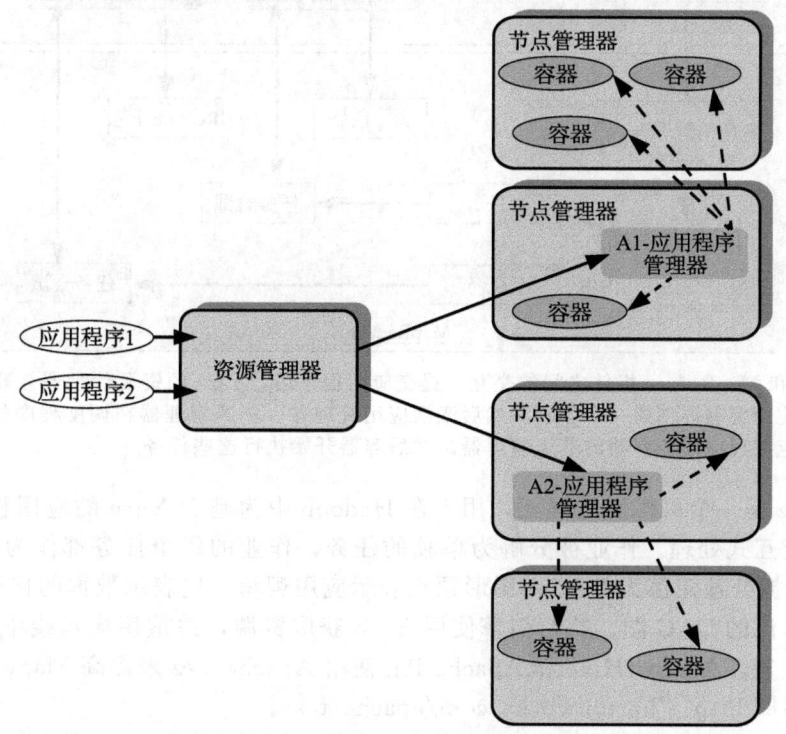

图7.10 Yarn的组织和应用程序处理。应用程序被提交给资源管理器，资源管理器与集群每个节点上运行的节点管理器进行通信，每个应用程序的任务都由应用管理器管理，每个任务都打包在一个容器中

资源管理器的调度程序组件使用包含内存、CPU、磁盘和网络的资源容器抽象来为应用程序做出资源分配决策。调度程序不执行监视或跟踪应用状态,也不提供任何关于重新启动失败任务的保证。可插入策略负责在应用程序之间共享集群资源。容量调度器和公平调度器是调度程序插件的两个示例。Hadoop-2.x 中的 MapReduce 与之前的稳定版本保持 API 兼容性,因此,重新编译后,MapReduce 作业仍应在 Yarn 之上保持不变。

启动应用程序的过程包括图 7.11 中所示的几个步骤:

1. 用户向资源管理器提交一个应用程序。
2. 资源管理器调用调度程序并为应用管理器分配容器。
3. 资源管理器联系即将启动容器的节点管理器。
4. 节点管理器启动容器。
5. 容器执行应用管理器。
6. 资源管理器联系将运行应用程序任务的节点管理器。
7. 创建用于应用程序任务的容器。
8. 应用管理器监视任务的执行,直到终止。

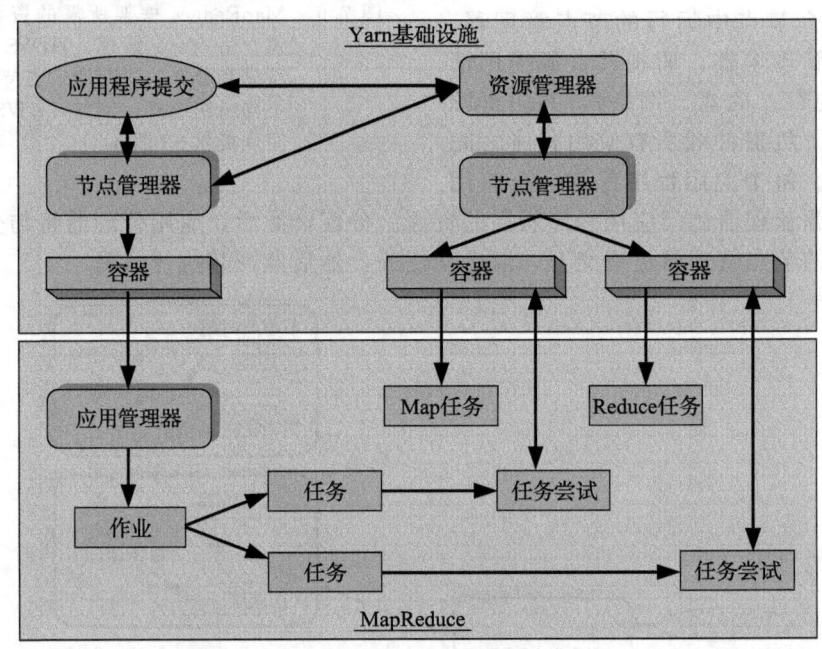

图 7.11 Yarn 和 MapReduce 组件之间的交互。提交应用程序后,Yarn 的资源管理器会联系节点管理器以为应用管理器创建一个容器。然后激活应用管理器。资源管理器在调度程序的帮助下,选择创建应用程序任务容器的节点管理器。然后容器开始执行这些任务

Tez。Tez 是一个可扩展的框架,用于在 Hadoop 中为基于 Yarn 的应用程序构建高性能批处理和交互式处理。作业被分解为单独的任务,作业的每个任务都作为 Yarn 进程运行。Tez 将数据处理建模为 DAG;图形顶点表示应用逻辑,边表示数据的移动,Java API 用于展示工作流的 DAG 图。执行引擎使用 Yarn 获取资源,并重用流水线中的每个组件,以避免操作重复。Apache Hive 和 Apache Pig 使用 Apache Tez 来提高 MapReduce 应用程序的速度,参阅 http://hortonworks.com/apache/tez/。

7.8 SQL 在 Hadoop 上的应用：Pig、Hive 和 Impala

2009 年之前并行 SQL 数据库供应商包括 IBM、甲骨文、微软、ParAccel、Greenplum、Teradata、Netezza、Vertica，但它们都没有能够支持 MapReduce 作业及 SQL 查询。从早期的业务开始，雅虎和 Facebook 广泛使用 MapReduce 平台来存储、处理和分析海量数据。两家公司都想要一个支持 SQL 查询的、更快速和更易于使用的平台。

MapReduce 是一个重负载、高延迟的处理框架，不支持工作流，用于联合处理多个数据集的合并(join)、过滤、聚合、top-k 阈值设置以及高级操作。为了应对这些挑战，雅虎在 2009 年创建了一个名为 Pig 的数据流系统，而 Facebook 在 MapReduce 上构建了 Hive，因为它是 Hadoop 上实现 SQL 的最佳途径。Pig 和 Hive 分别有自己的语言——Pig Latin 和 HiveQL。在这两个系统中，用户输入查询，然后解析器读取查询，计算出用户需要什么，并运行一系列 MapReduce 作业。考虑到时间因素，这是一个敏感的决定。

2012 年，Cloudera 开发了 Impala，并在 Apache 许可下发布。后来 Facebook 开发了 Presto，它是下一代查询处理引擎，可通过 SQL 实时访问数据。它像 Hive 一样，作为分布式查询处理引擎从头开始构建。

Pig。 文献[187]中展示的系统支持工作流、联合处理多个数据集的合并、过滤、聚合和高级操作。Pig 将用 Pig Latin 编写的程序编译成一组 Hadoop 作业，并协调它们的执行。它还支持多种用户交互模式：交互式——使用 shell 执行 Pig 命令；批处理——用户提交包含一系列 Pig 命令的脚本；嵌入式——命令通过 Java 程序的方法调用提交。作业处理阶段如下：

1. 解析——解析器执行句法验证、类型检查和模式推理，并生成称为逻辑规划的 DAG。在此规划中，操作符使用其输出数据的模式进行标注，用大括号表示一组元组。
2. DAG 的逻辑优化和描述数据分布的物理规划的创建。
3. 将优化的物理规划编译成一组 MapReduce 作业，之后再进行优化，例如偏好(partial)聚合，得到优化的 DAG。分布式和代数聚合函数，例如 AVERAGE，被分为三个步骤：初始(例如，生成[sum, count]对)、中间(例如，将 n 个[sum, count]对组合成单个对)、最终(例如，组合 n 个[sum, count]对并取商)。这些步骤分别分配给 map、combine 和 reduce 阶段。
4. DAG 在拓扑上排序，作业提交给 Hadoop 执行。流程控制利用具有单线程实现的拉(pull)模型和用户定义函数的简单 API 实现，该 API 用于移动元组通过流水线。当被要求生成一个元组时，操作符可以用三种方式之一进行响应：返回元组，声明它已经完成，或者返回一个暂停信号，指示它尚未完成或无法生成一个输出元组。

编译和执行由 STORE 命令触发。如果 Pig Latin 程序包含生成的物理规划和多个存储命令，则其中包含一个 SPLIT 的物理操作符。图 7.12 说明了如何将 Pig Latin 程序转换为逻辑规划，然后将逻辑规划转换为物理规划，最后将物理规划转换为 MapReduce 规划。

内存管理具有挑战性，因为 Pig 使用 Java 实现，程序控制内存分配和释放分配是不可行的。可以使用 MemoryPoolMXBean 这个 Java 类注册处理程序。只要达到可配置的内存阈值，就会通知处理程序；然后系统释放已注册的空间，直到释放足够的内存。

Pig Mix 是雅虎和其他公司使用的基准，用于评估系统性能，并运用各种系统功能。雅虎大约 60% 的临时 Hadoop 工作使用 Pig，雅虎之外使用该系统的人也越来越多。

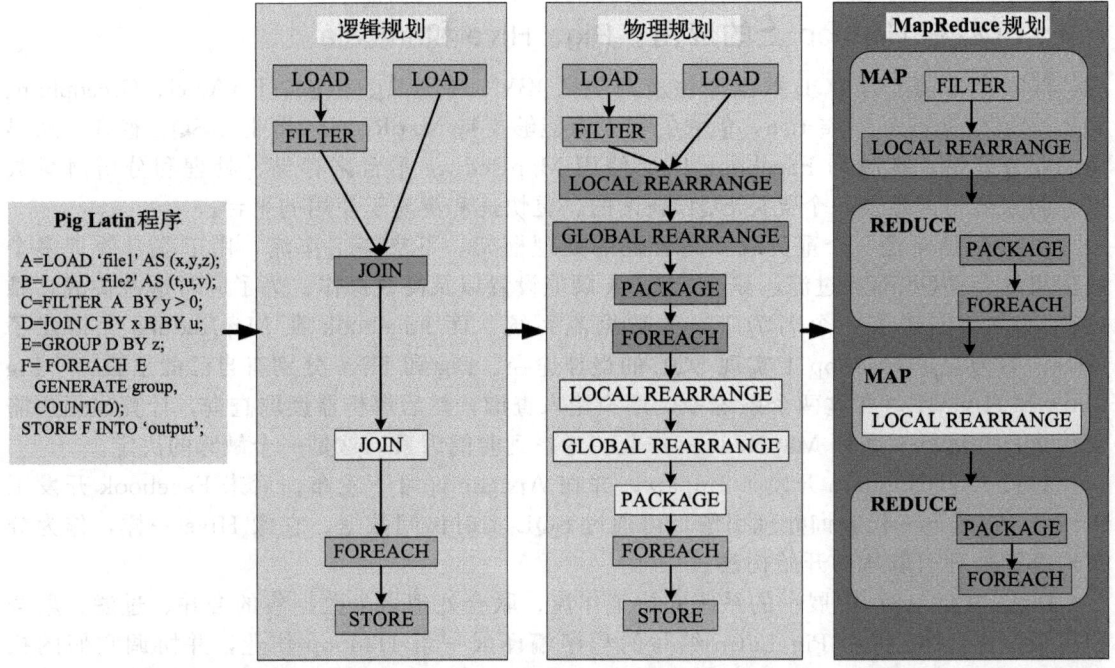

图 7.12 将 Pig Latin 程序转换为逻辑规划，然后将逻辑规划转换为物理规划，最后将物理规划转换为 MapReduce 规划。逻辑规划中的两个 JOIN 都生成 LOCAL REARRANGE、GLOBAL REARRANGE、PACKAGE 和 FOREACH 语句。然后在 MapReduce 规划中生成一对 MAP 和 REDUCE

Hive。Hive 是一个用于数据仓库的开源系统，支持以类 SQL 的声明式语言 HiveQL[484]来查询。然后将这些查询编译为 MapReduce 作业在 Hadoop 上执行。该系统包括 Metastore、目录模式和用于查询优化的统计。

Hive 支持将数据组织为表、分区和桶（bucket）。表继承自关系数据库，可以存储在 HDFS、NFS 或本地目录的内部或外部。表被序列化并存储在 HDFS 目录的文件中。每个序列化表的格式存储在系统目录中，并在查询编译和执行期间访问。

分区是表的组件，被描述为表目录的子目录。桶由存储在分区目录中的作为一个文件的分区数据组成，并且根据表中一列的哈希进行选择。查询语言支持数据定义语句，以创建具有特定序列化格式的表、分区和桶列，以及用 Java 实现的用户定义列变换和聚合函数。

HiveQL 接受作为输入的 DDL、DML，并允许用户定义的 MapReduce 脚本使用简单的基于行的流接口以任何语言编写。数据描述语言（DDL）具有用于定义类似于计算机编程语言的数据结构的句法，并且广泛用于数据库模式。数据操纵语言（DML）用于检索、存储、修改、删除、插入和更新数据库中的数据，SELECT、UPDATE、INSERT 语句或查询语句都是 DML 的示例。

该系统由以下几个部分组成：

- **外部接口**——包括命令行（CLI）、Web 用户界面（UI）和语言 API（如 JDBC 和 ODBC⊖）。

⊖ Java 数据库连接（JDBC）是一个 Java API，定义了客户如何访问数据库。开放数据库连接（ODBC）是用于访问数据库的开放标准 API。

- Thrift[⊖] Server——一个用于执行 HiveQL 语句的客户端 API，可以使用 Java 和 C++客户端分别构建 JDBC 或 ODBC 公共驱动程序。
- 元存储（metastore）——系统目录。它包含几个对象：数据库——表的命名空间；表——包含列和类型、所有者、存储、表数据的位置、数据格式和存储信息的列表；分区——每个分区都有自己的列和存储信息。
- 驱动程序——管理 HiveQL 语句的编译、优化和执行。
- 数据库——表的命名空间。
- 表——包含列和类型、所有者、存储和丰富的其他数据（如表数据的位置、数据格式和桶信息）的表的元数据；还包括 SerDe 元数据，这是关于序列发生器和反序列发生器的实现所需方法和信息的实现类。
- 分区——有关分区中列的信息，包括 SerDe 和存储信息。

HiveQL 编译器有几个组件：解析器将输入字符串转换为解析树，然后语义分析器将此树转换为内部表示，逻辑规划生成器将内部表示转换为逻辑规划，最后优化程序重写逻辑规划。

Facebook 的 Hive 仓库包含超过 700TB 的数据，每天支持超过 5 000 个常用查询。Hive 作为一个 Apache 项目，拥有活跃的用户和开发人员社区。

Impala。 Impala 由 Cloudera 开发，2012 年以 Apache 许可证发布，是一个利用 C++ 和 Java 编写的无共享并行数据库架构的查询引擎，旨在使用标准的 Hadoop 组件（HDFS、HBase、Metastore、Yarn、Sentry）[280]。它为在 Hadoop 上执行 SQL 查询而从头开始设计，而不是架在通用的分布式处理系统上。它提供了比 Hive 更好的性能，因为它不会像 Hive 那样将 SQL 查询转换为另一个处理框架。它支持大多数 SQL-92 选择语句语法和 SQL-2003 分析函数。它不支持 UPDATE 或 DELETE，但支持批量 INSERTINTO 和 SELECT。

Impala 代码安装在 Cloudera 集群的每个节点上，与 MapReduce、Apache HBase 以及包含 SAS 和 Apache Spark 的第三方引擎一起安装，客户可以选择部署，等待 SQL 查询执行。所有这些引擎都可以访问相同的数据，用户可以根据应用程序选择其中一个。Impala 在每个 HDFS 数据节点上使用长时间运行的守护进程运行查询，流水线在计算阶段之间产生中间结果。

Impala 的 I/O 层在每个节点上为每个磁盘生成一个 I/O 线程，以读取存储在 HDFS 中的数据，并通过将异步读请求与同步实际读数据进行解耦，来实现 CPU 和磁盘的高利用率。该系统利用 4.3 节中讨论的英特尔 SSE 指令来有效地解析和处理文本数据。Impala 需要一个查询的工作集来适应集群的总体物理内存。

系统由三个守护进程提供基本服务：
- impalad——接收、规划和协调查询执行。impalad 守护程序部署在每个服务器上，并运行查询规划程序、查询协调程序和查询执行程序。前端将 SQL 文本编译为后端可执行的查询规划。在此阶段，解析树将转换为单节点规划树，包括：HDFS/HBase 扫描、哈希合并、交叉合并、联合、哈希聚合、排序、top-n 和分析评估节点。第二阶段将单节点规划转换为分布式执行规划，此过程的目标是最小化数据移动和最大化扫描本地化。

⊖ Thrift 是一个跨语言服务的框架，参见 Apache Thrift，http://incubator.apache.org/thrift。

- statestored——提供元数据发布-订阅服务,并将集群范围的元数据传播到所有进程。它维护一组由应用程序定义的(键、值、版本)三元组。希望接收任何主题更新的过程,通过在启动时注册,并提供主题列表来表达感兴趣的内容。
- catalogd——目录存储库和元数据访问网关。它从第三方元数据存储中提取信息,并对其进行聚合。在启动时仅加载它发现的每个表的框架条目,然后从第三方存储后台加载表元数据。

最近的一篇论文[175]比较了 Impala 和 Hive 的性能。两个系统都从 Parquet 的列式存储和 ORC(Optimized Row Columnar,优化行和列)格式输入数据。无论选择何种数据处理框架、数据模型或编程语言,Apache 列式存储格式都由 Hadoop 生态系统中的软件共享。列式格式改进了关系数据库上下文中查询的性能。

Parquet 存储将数据存储在称为行组的逻辑水平分区中。每个行组为表中的每一列包含一个列块。列块由多个页组成,并保证在磁盘上连续存储。压缩和编码方案工作在页一级。层次结构中的所有级别,即文件、列块和页,都有元数据存储。ORC 文件将多行组数据存储为条带(stripe),并有一个页脚(footer),包含文件中的条带列表、每个条带中存储的行数、每列的数据类型以及列级聚合,例如 count、sum、min 和 max。

文献[175]中的实验在 Hadoop 2.0.0-cdh4.5.0 上使用 Hive 版本 0.12(Hive-MR)和 Impala 版本 1.2.2,以及在 Tez 0.3.0 和 Apache Hadoop 2.3.0.1 基础上的 Hive 0.13 版本(Hive-Tez)。Hadoop 配置为每个节点运行 12 个容器,每核运行 1 个容器。HDFS 备份因子设置为 3,并将每个任务的最大 JVM 堆大小设置为 7.5GB。Impala 使用 MySQL 作为元数据存储。在每个计算节点上运行一个 impalad 进程,并且可以访问 90GB 的内存空间。

在用于测试的 21 个节点组成的集群中,其中一个负责 HDFS 名称节点,剩余的 20 个节点负责计算。每个节点运行 64 比特 Ubuntu Linux 12.04 系统,并且拥有:一个 Intel Xeon CPU@2.20GHz 芯片(带有 6 个核心)、11 个 SATA 磁盘(2TB,7k RPM)、一个 10Gb 以太网卡和 96GB RAM。每个节点上的 11 个 SATA 磁盘中有一个用于操作系统,其余的 10 个用于 HDFS。

文献[175]讨论的实验运行了针对 Hive 和 Impala 的 22 个 TPC-H 查询,并报告了每个查询的执行时间。在所有计算机节点中,每次运行之前都会刷新文件缓存。结果表明,无论有没有压缩,Impala 的所有格式都优于 Hive-MR 和 Hive-Tez。性能提升从 1.5 倍到 13.5 倍不等。有几个因素促成了这种显著的性能提升:
- 一个比 Hive-MR 或 Hive-Tez 更高效的 I/O 子系统。
- 长时间运行的守护进程处理每个节点中的查询,从而消除了 Hive-MR 中的 Map-Reduce 导致的作业初始化和调度的开销。
- 查询执行流水线化,而 Hive-MR 数据在每个步骤结束时写出,并由后续步骤读入。

由于大型 switch 语句而导致的指令分支效率低下,以及使用代码生成的其他低效率资源,Impala 消除了虚函数调用的开销。在运行时启用此功能时,对于所有 21 个 TPC-H[⊖] 查询组合,查询效率提高 1.3 倍左右。TPC-H 查询 1 显示最大的改进达到 5.5 倍,而其余查询提高到 1.75 倍。

⊖ TPC 基准测试(TPC-H)是一种决策支持基准测试,它由一组面向业务的实际查询和并发数据修改组成,选择这些查询和修改具有广泛的行业相关性。此基准测试适用于检查巨量数据和执行高度复杂的查询的应用程序。

第二组实验涉及 TPC-DS 基准测试㊀。结果显示，Impala 平均比 Hive-MR 快 8.2 倍、比 Hive-Tez 快 4.3 倍，在第二个工作负载上比 Hive-MR 快 10 倍、比 Hive-Tez 快 4.4 倍。第一个工作负载包括 20 个访问单个事实表和六个维度表的查询，而第二个查询使用相同的工作负载，但删除了显式分区谓词并使用了正确的谓词值。

7.9 当前的云应用与新机遇

现有的云应用可分为几大类：处理流水线、批处理系统和 Web 应用[494]。

处理流水线是数据密集型的应用程序，有时也是计算密集型的应用程序，代表了当前相当大一部分在云上运行的应用程序。可以分为以下几种类型的数据处理类应用：

- 检索：处理流水线支持对 Web 爬虫程序引擎创建的大型数据集进行检索。
- 数据挖掘：处理流水线支持搜索非常大的记录集合以定位感兴趣的内容。
- 图像处理：许多公司允许用户将图像存储在云上，例如 Flicker（flickr.com）和 Picasa（http://picasa.google.com/）。图像处理流水线支持图像转换，例如放大图像或创建缩略图，也可用于压缩或加密图像。
- 视频转码：处理流水线可以从一种视频格式转换为另一种视频格式，例如从 AVI 转换成 MPEG。
- 文件处理：处理流水线将非常大的文档集合从一种格式转换为另一种格式，例如，从 Word 转换为 PDF 或将文件加密；也可以使用 OCR（光学字符识别）来处理文档的数字图像。

批处理系统同样涵盖了企业计算中的各种数据密集型应用。此类应用通常有截止期限，未能在期限之前完成任务可能会造成严重的经济损失；安全性也是许多批处理应用的关键方面。一个不完全统计的批量处理应用类型包括：

- 为零售业、制造业和其他经济部门的组织生成每日、每周、每月和每年的活动报告。
- 金融机构、保险公司和医疗机构组织的日常事务处理、汇总和摘要。
- 大型企业的库存管理。
- 处理账单和工资记录。
- 软件开发的管理，例如，软件存储库的夜间更新。
- 软件和硬件系统的自动测试和验证。

最后是 Web 访问领域的云应用，它的重要性日益增加。有几种类型的 Web 站点定期或临时存在。例如，会议或其他活动的网站，在特定季节（例如节假日）活跃或支持特定类型的活动，例如每年 4 月 15 日截止日期前提交的所得税报告；其他限时的网站用于促销活动，或在夜间"睡眠"并在白天自动启动的网站。

将数据存储在应用程序运行位置附近的云中具有经济意义；正如我们在 2.3 节中看到的那样，每 GB 的成本很低，当数据存储在计算服务器附近时，处理效率更高。这使我们相信，未来几年可能会出现几种新的云计算应用，例如，批处理用于决策支持系统和其他方面的业务分析。

另一类新应用可以是基于编程抽象的并行批处理系统，例如 7.5 节中讨论的 MapReduce。移动交互式应用处理来自不同类型传感器的巨量数据；合并多个数据源的服务

㊀ TPC-DS 实际上是评估决策支持系统性能的行业标准基准。

(例如 mashup○)显然是云计算的候选服务。

科学和工程可以从云计算中受益匪浅，因为这些领域的许多应用都是计算密集型和数据密集型的。同样，专注于教育的云将非常有用。数学软件，例如 MATLAB 和 Mathematica，也可以在云上运行。

7.10 科学与工程领域的云

两千多年来，科学都是经验性的。几百年前，基于模型和泛化的理论方法被引入，这使人类知识有了实质性的进步。在过去的几十年中，我们目睹了基于复杂现象模拟的计算科学的爆炸性增长。

吉姆·格雷(Jim Gray)在 2007 年 1 月失踪之前，发表了一次讲话，并贴在了他的网页上。他认为电子科学(eScience)是一种革命性的科学方法[231]。今天，eScience 将实验、理论和模拟相结合；从测量仪器中获取的数据或由模拟生成的数据由软件系统处理，数据和知识由计算机系统存储并用统计包进行分析。

几乎所有科学领域的普遍问题包括：实验数据的收集；管理大量数据；建模和执行模型；数据与文献的整合；实验记录；与他人共享数据；数据长期保存。所有这些活动都需要强大的计算系统。

机构和研究小组面临的一个典型问题是大型科学数据集中的数据发现。这种大型数据集的例子包括：NCBI○的生物医学和基因组数据、NASA○的天体物理学数据、NOAA○和 NCAR○的大气数据。可以将在线数据发现的过程看作几个阶段的集合：对信息问题的认识；使用一个或多个搜索引擎生成搜索查询；评估搜索结果；评估网络文件；比较来自不同地区的信息来源。网络搜索技术允许科学家发现与这些数据相关的文本文档，但是其中许多数据的二进制编码带来了严峻的挑战。

AWS 上的高性能计算。参考文献[254]描述了在 NERSC(国家能源研究科学计算中心)使用的一组应用程序，给出了 EC2 和三个超级计算机的比较基准测试结果。NERSC 位于劳伦斯伯克利国家实验室，服务于多元化的科学家社区；它有大约 3 000 名研究人员，涉及基于 600 个规范的 400 个项目。其使用的一些规范如下。

CAM(全球大气模式)是 CCSM(全球气候系统模型)的大气组件，用于天气和气候模拟○。NCAR 开发的代码使用两个二维域分解，一个用于动力学，另一个用于重新映射。第一个在水平和垂直方向上分解，第二个在经度-纬度上分解。该项目是通信密集型的，节点/处理器数据移动和相对较长的 MPI○消息强调点对点的互连带宽，用于在两个分解任务之间移动数据。

GAMESS(通用原子和分子电子结构系统)从一开始就用于量子化学计算。爱荷华州立大学能源部艾姆斯实验室的戈登研究小组开发的规范有自己的通信库，即分布式数据接口(DDI)，它基于 SPMD(同一程序多数据)执行模型。DDI 提供了全局共享内存的抽象，即

○ mashup 是一个应用程序，它使用并组合来自两个或多个数据源的数据、演示文稿或功能来创建一个服务。快速集成经常使用开放 API 和多个数据源，产生原始服务没有预想到的结果；组合、可视化和聚合是 mashup 的主要属性。
○ NCBI 是国家生物技术信息中心的缩写，参见 http://www.ncbi.nlm.nih.gov/。
○ NASA 是美国国家航空航天局的缩写。
○ NOAA 是国家海洋和大气管理局的缩写，参见 www.noaa.gov。
○ NCAR 是国家大气研究中心的缩写，参见 https://ncar.ucar.edu/。
○ 参见 http://www.nersc.gov/research-and-development/benchmarking-and-workload-characterization。
○ MPI 是一个基于可移植消息传递系统标准的通信库。

使在具有物理分布式内存的系统上，也可以进行单边(one-side)数据传输。在 NERSC 的集群系统上，程序使用 Socket 通信；在 Cray XT4 上，DDI 使用 MPI，只有一半处理器用于计算，而另一半是数据移动器。该项目是内存和通信密集型的。

GTC(Gyrokinetic[一])是聚变研究的代码[二]。它是一种自洽的陀螺动力学三维质点网格法(PIC[三])代码，采用非光谱泊松求解器。它使用跟随场线的网格，因为它们围绕代表磁约束环形聚变等离子体的环形几何扭曲。NERSC 使用的 GTC 版本使用固定的一维域分解，具有 64 个域和 64 个 MPI 任务。通信使用带宽受限的最近邻交换。GTC 计算密集程度最高的部分涉及网格上的电荷聚集/沉积以及粒子"推动"步骤。代码是内存密集型的，因为电荷沉积使用间接寻址。

IMPACT-T(集成地图和粒子加速器跟踪时间)是用于加速器的预测和性能增强的代码，它模拟来自光束线元素场的任意重叠，并使用并行的相对论 PIC 方法和光谱积分格林函数求解器。这种面向对象的 Fortran90 代码使用 y-z 方向的二维域分解和基于域的动态负载平衡。霍克尼的 FFT(快速傅里叶变换)算法用于求解具有开放边界条件的泊松方程。该规范对内存带宽和 MPI 综合性能很敏感。

MAESTRO 是一种用于模拟天体物理流的低马赫数流体动力学代码[四]。它的集成方案嵌入在自适应网格细化算法中，该算法基于具有不同分辨率的多个级别的矩形非重叠网格块的分层系统，使用多重网格解算器。并行化通过使用粗粒度分布策略的三维域分解实现，以平衡负载和最小化通信成本。通信拓扑倾向于强调简单的拓扑互连。该代码具有非常低的计算强度，它强调内存延迟，隐式求解器强调全局通信，消息大小范围从短到相对中等。

MILC(MIMD 格(Lattice)计算)是一种 QCD(量子色动力学)，用于研究将夸克结合成质子和中子并将它们连接在原子核中的"强"相互作用[五]。该算法对空间进行离散化，并在四维时空中评估常规超立方体网格的位点和链接上的字段变量。对数百或成千上万时间步长的运动方程的积分需要对大的稀疏矩阵求逆。CG(共轭梯度)方法用于解决稀疏的、几乎奇异的矩阵问题。收敛需要许多 CG 迭代步骤，求逆转化为三维复数矩阵-向量乘法。每次乘法需要三对三维复矢量的点积；点积由五个乘加运算和一个乘法组成。MIMD 计算模型基于四维域分解，每个任务与其 8 个最近邻居交换数据，并作为 CG 算法的一部分参与，具有非常小的有效载荷的 all-reduce 调用。该算法需要从内存中广泛分离的位置收集(gather)操作。代码是高度内存和计算密集型的，并且严重依赖于预取机制。

PARATEC(PARAllel Total Energy Code)是一种量子力学代码；它从头使用伪电势、平面波基组和全带(无约束)共轭梯度方法计算总能量。并行三维 FFT 在真实空间和傅里叶空间之间变换波函数。FFT 控制运行时，代码使用 MPI 并且是通信密集型的。该代码主要使用点对点短消息。代码在网格点上并行化，从而实现了细粒度的并行性。BLAS3 和一维 FFT 使用优化的库，例如英特尔的 MKL 或 AMD 的 ACML，这导致高缓存重用和高每处理器峰值性能。

文献[254]的作者使用 HPCC[六](高性能计算挑战)基准测试来比较 EC2 与 NERSC 的

[一] 带电粒子在磁场中的运动轨迹是绕着磁力线的螺旋线，可以分解为导向中心沿场线的相对慢速运动和称为回旋运动的快速圆周运动。陀螺动力学描述了没有考虑圆周运动的粒子的演化。

[二] 参见 http://www.scidacreview.org/0601/html/news4.html。

[三] PIC 是求解一类偏微分方程的技术，在连续相空间中跟踪拉格朗日坐标系中的单个粒子(或流体元素)，而在欧拉(静止)网格点上同时计算密度和电流等分布的矩。

[四] 参见 http://www.astro.sunysb.edu/mzingale/Maestro/。

[五] 参见 http://physics.indiana.edu/。

[六] 更多信息请参见 http://www.novellshareware.com/info/hpc-challenge.html。

三个大型系统的性能。HPCC 包含七个综合基准测试：三个有针对性的综合基准测试，可量化基本系统参数，分别表征计算和通信性能的参数；四个复杂的综合基准测试，结合了计算和通信，可以被认为是简单的代理应用程序。这些基准如下：

- DGEMM[⊖]——基准测量衡量处理器/核的浮点性能；内存带宽几乎不会影响结果，因为代码是缓存友好的。因此，基准测试的结果接近处理器的理论峰值性能。
- STREAM[⊖]——基准测试测量内存带宽。
- 网络延迟基准测试。
- 网络带宽基准测试。
- HPL[⊖]——在分布式内存计算机上以双精度算法解决（随机）密集线性系统的软件包；它是一个可移植、免费实现的高性能计算 Linpack 基准测试。
- FFTE——测量双精度复数一维 DFT（离散傅里叶变换）的浮点率。
- PTRANS——并行矩阵转置，实现了处理器对同时相互通信。它是对网络总通信能力的有效测试。
- RandomAccess——测量内存的整数随机更新率（GUPS）。

与云计算进行比较的系统如下。

Carver——一个 400 节点的 IBM iDataPlex 集群，四核 Intel Nehalem 处理器运行速度为 2.67GHz，内存为 24GB（3GB/核）。每个节点有两个套接字，单个四倍数据速率（QDR）IB 链路将每个节点连接到本地具有全局二维网格的胖树网络。代码使用 Portland Group 套件版本 10.0 和 Open MPI 版本 1.4.1 编译。

Franklin——一个 9660 节点的 Cray XT4，每个节点都有一个四核 2.3GHz AMD Opteron "Budapest" 处理器，带有 8GB RAM（2GB/核）。每个处理器以 6.4GB/s 双向超传输接口通过 Cray SeaStar-2 ASIC 实现互连。海星路由芯片以三维环面拓扑互连，其中每个节点都与其六个最近邻居有直接链接。代码使用 Pathscale 或 Portland Group 版本 9.0.4 编译。

Lawrencium——一个 198 节点（1584 核）的 Linux 集群，计算节点是戴尔 Poweredge 1950 服务器，带有两个 Intel Xeon 四核 64 比特、2.66GHz Harpertown 处理器、16GB 内存（2GB/核）。计算节点连接到双数据速率的无限带宽网络（InfiniBand），配置为具有 3:1 阻塞因子的胖树。代码使用 Intel 10.0.018 和 Open MPI 1.3.3 编译。

亚马逊的虚拟集群有四个 EC2 CU（计算单元），2 个虚拟核，每核有 2 个 CU，7.5GB 内存（亚马逊说法中的 m1.large 实例）；计算单元大约相当于 1.0~1.2GHz 2007 Opteron 或 2007 Xeon 处理器。节点与千兆以太网连接。二进制文件是在 Lawrencium 上编译的。文献[254]报告的结果总结在表 7.1 中。

表 7.1 文献[254]的测量结果报告

系统	DGEMM (Gflops)	STREAM (GB/s)	Latency (μs)	Bndw (GB/S)	HPL (Tflops)	FFTE (Gflops)	PTRANS (GB/s)	RandAcc (GUP/s)
Carver	10.2	4.4	2.1	3.4	0.56	21.99	9.35	0.044
Frankl	8.4	2.3	7.8	1.6	0.47	14.24	2.63	0.061
Lawren	9.6	0.7	4.1	1.2	0.46	9.12	1.34	0.013
EC2	4.6	1.7	145	0.06	0.07	1.09	0.29	0.004

⊖ 更多信息参见 https://computecanada.org/?pageId=138。
⊜ 更多信息参见 http://www.streambench.org/。
⊜ 更多信息参见 http://netlib.org/benchmark/hpl/。

表 7.1 中的结果为我们提供了一些关于在云中高效运行科学应用程序的想法。通信密集型应用将受到延迟增加（比 Carver 大 70 倍）和更低带宽（为 Carver 的 1/70）的影响。

7.11 生物学研究中的云计算

生物学是需要大量计算能力和数据存储的科学领域之一，也是最先利用云计算的领域之一。分子动力学计算是 CPU 密集型的，而蛋白质比对是数据密集型的。

微软研究小组进行的一项实验说明了云计算对生物学研究的重要性[315]。作者使用 Azure BLAST ⊖（在 Azure 平台上运行的 BLAST 程序）进行了"全面"比较，以确定 NCBI 非冗余蛋白质数据库中 1 000 万个蛋白质序列（4.2GB 大小）的相互关系。

Azure 根据核数量提供具有 4 级计算能力的 VM：小型（1 核）、中型（2 核）、大型（8 核）和超大型（超过 8 核）。该实验使用了 8 核 CPU、14GB RAM 和 2TB 本地磁盘。据估计，计算需要 6 到 7 年的 CPU 计算时长，因此，实验分配了来自三个数据中心的 3 700 个加权实例或 475 个超大型 VM。每个数据中心都托管了三个 Azure BLAST 部署，每个部署都有 62 个超大型实例。这 1 000 万个序列被分成多个片段，每个片段由一个 Azure BLAST 部署提交执行。有了这么多的资源分配，完成计算需要花费 14 天时间，计算产生了 260GB 的压缩数据，分布在 40 万个输出文件中。

实验后通过分析得出了一些结论，这些结论对于在 Azure 上运行的许多科学领域的应用非常有用。当任务运行超过 2 个小时后，队列中会自动重新出现一条消息，请求调度任务，从而导致重复计算。该问题的简单解决方案是在启动任务之前检查是否已生成任务的结果。

许多应用程序（包括 BLAST）允许设置一些参数，但是，人们发现最佳参数的计算工作是令人望而却步的。为了满足预算限制，每个用户都应该决定成本和实例数量之间的最佳平衡。

存在许多低效率情况：许多虚拟机长时间处于空闲状态。当任务完成执行时，所有工作实例都等待下一个任务。当所有作业都使用同一组实例时，资源要么利用率不足，要么利用率过高。负载不平衡是效率低下的另一个原因，工作所需的一些任务比其他任务花费的时间要长得多，并且延迟了工作的完成时间。

对日志的分析显示了不可恢复的实例故障，大约 50% 的活动实例丢失了与存储服务的连接，但是由 Fabric 控制器自动恢复。系统更新导致了几个实例故障。

另一个发现是计算科学实验需要执行几个步骤，因此，对许多领域的科学家来说，创建工作流是一项具有挑战性的任务。为了应对这一挑战，文献[302]的作者开发了一个在云上执行遗留 Windows 应用程序的通用平台。在 Cirrus 系统中，作业的描述包括初始化、命令集和参数集。初始化设置了运行环境，这些命令是 shell 脚本序列，包括与 Azure 存储相关的命令，用于在 Azure blob 存储和实例之间传输数据。

在 Windows Live ID 服务对用户进行身份验证后，通过 Web 角色提供的门户提交和跟踪作业（参见图 7.13），该作业将添加到作业注册表中。每个作业的执行由作业管理器实例控制，该实例首先根据作业配置缩放工作实例集的大小，然后，参数引擎开始检索参数空间；如果这是测试运行，则将参数扫描结果发送到采样过滤器。

⊖ 基本局部比对搜索工具（BLAST）查找序列之间的局部相似区域，将核苷酸或蛋白质序列与序列数据库进行比较，并计算匹配的统计意义，可以用来推断序列之间的功能和进化关系，并帮助识别基因家族成员。更多信息请访问 http://blast.ncbi.nlm.nih.gov/Blast.cgi。

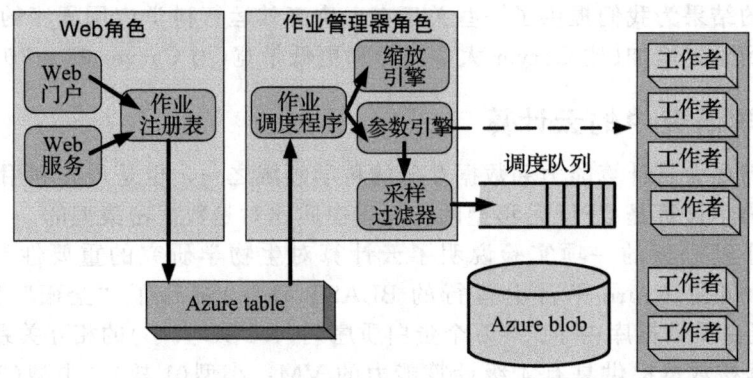

图 7.13 Cirrus——在云上执行传统 Windows 应用程序的通用平台

每个任务都与任务表中的记录相关联,并且通过运行任务的工作实例定期更新状态记录;任务的进度由管理器监控。调度队列提供给一组工作实例。工作实例定期更新任务表中的任务状态,并侦听来自管理器的所有控制信号。

文献[316]报告了在 Azure 云中进行基于集成仿真的松耦合工作负载。Azure 中的角色是应用程序的封装,如前所述,有两种角色:负责 Web 应用和前端代码的 Web 角色,以及负责后台处理的工作者角色。科学应用(例如 Azure BLAST)使用工作者角色来执行计算任务并实现其 API,该 API 提供运行方法和应用程序的入口点以及状态或配置更改通知。应用程序对大型原始数据集使用 blob 存储(ABS),对半结构化数据使用表存储(ATS),对消息队列使用队列存储(AQS);这些服务提供了强大的一致性保证,但复杂性转移到了应用程序空间。

图 7.14 说明了使用名为 BigJob 的软件系统,将资源分配与资源绑定分离开来,以便在 Azure 平台上执行松散耦合的工作负载[316]。该软件消除了应用程序管理单个 VM 的需求。测量结果显示了启动虚拟机和启动远程资源上程序任务执行的明显开销,增加虚拟机的计算能力会减少耗时任务的完成时间。

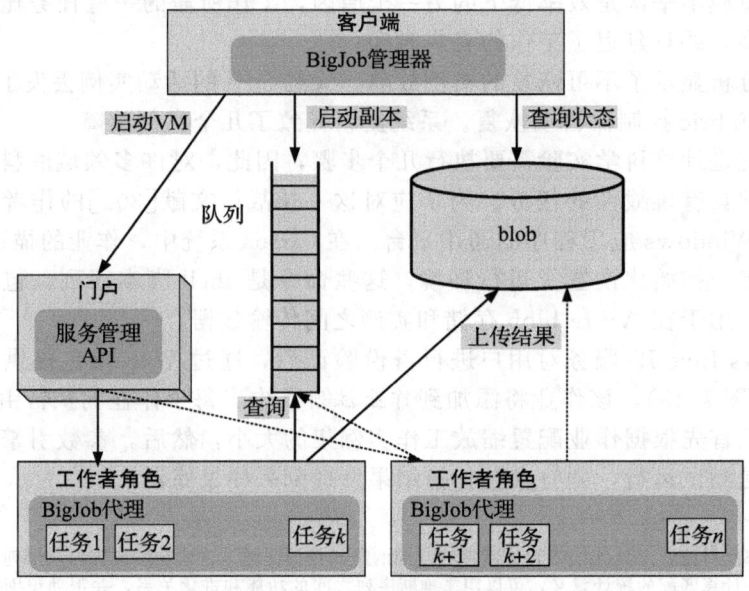

图 7.14 使用 Azure 平台执行松散耦合的工作负载

7.12 社交计算、数字内容和云计算

社交网络在人们的生活中扮演着越来越重要的角色：就所涉人口的规模和所执行的职能而言，它们已有所扩大。一个很有前途的分析大规模社交网络数据的解决方案是将计算工作量分布在大量云服务器上。传统上，网络中的节点或关系的重要性是通过采样和测量来实现的，但是在非常大的网络中，不能通过扩展来自小网络的结果来推断结构属性。社会亲密度的评估是计算密集型的。

社交智能是社交和云计算交叉的另一个领域。实际上，基于模式识别的知识发现和技术过程需要高性能的计算和云计算提供的资源。基于案例的推理（Case-Based Reasoning，CBR）是基于类似问题的解决方案来解决新问题的过程，用于上下文推荐系统，它需要基于相似性的检索。随着案例数量的增加，这样的应用必须处理大量的历史数据，这可以通过开发新的应用程序来实现运行在云上的推理平台。对于大规模社交智能应用，CBR 优于基于规则的推荐系统。实际上，规则可能难以概括或应用于某些领域，必须严格满足所有触发条件，可伸缩性是数据累积带来的挑战，并且这些系统很难维护，因为随着数据量的增加，必须添加新的规则。

BetterLife 2.0[243]是一个基于 CBR 的系统，由云层、基于案例的推理引擎和 API 组成。云层使用 Hadoop 集群来存储由案例表示的应用程序数据以及社交网络信息，例如关系拓扑结构和成对社交亲密度信息。CBR 引擎计算案例之间的相似度，以检索最相似的案例，并将新案例存储回云层。API 连接到主节点，主节点负责处理用户查询，将查询分发到服务器并接收结果。

案例由问题描述、解决方案和关于推导解决方案的路径的可选注释组成。CBR 使用 MapReduce，所有案例都按 userId 进行分组，然后将广度优先搜索（BFS）算法应用于图表，其中每个节点对应一个用户。MapReduce 用于根据成对关系权重计算接近程度。推理周期有四个步骤：从内存中检索最相关或最相似的案例，以解决案例；重复使用——将先前案例映射到新问题的解决方案；修改——在现实世界或模拟中测试新的解决方案，并在必要时进行修改；保留——如果解决方案适合目标问题，则将结果存储为新案例。

过去，社交网络已经建造了一个特定的应用程序，例如，分别用于生物学和纳米科学的 MyExperiment 和 nanoHub。这些网络使研究人员能够共享数据并提供支持远程执行工作流的虚拟环境。另一种形式的社交计算是当大量用户为特定项目捐赠资源时的志愿者计算，例如 CPU 周期和存储空间等。Mersenne Prime Search 始于 1996 年，开启了一个支持和分享科学研究的大量数据集的项目，随后于 20 世纪 90 年代后期又有 SETI@Home、Folding@home 以及 Storage@Home，都是志愿者计算的著名例子。有关这些项目的信息，可访问 www.myExperiment.org、www.nanoHub.org、www.mersenne.org、setiathome.berkeley.edu 和 folding.stanford.edu。

如果用户需要某种程度的问责制，那么志愿者计算就不能使用。PlanetLab 项目是一个基于信用的系统，用户通过提供资源获得信用，然后在使用其他资源时花费这些信用。伯克利网络计算开放基础设施（BOINC）的目的是为适用于不同应用的分布式基础设施开发中间件。

文献[100]提出了一种被设计为社交云的 Facebook 应用的架构。通过 Facebook API 可以获得包括朋友、事件、组、应用用户、专业信息和照片在内的一系列数据。Facebook 标记语言是具有专有扩展的 HTML 的子集，Facebook JavaScript 是 JavaScript 的一个版

本。该原型使用 Web 服务来创建分布式和去中心化的基础设施。其中有许多用于社交网络的云平台示例，也有商业云托管的可扩展的云应用程序。

云计算支持的新技术有利于数字内容的创建。数据混搭或组合服务将不同来源提取的数据组合在一起。事件驱动的混搭也称为 Svc，通过事件交互而不是请求-响应的传统方法。最近的一篇论文[462]认为"混搭（mashup）和云计算世界是紧密相关的，因为通常情况下，组合在一起创建新的混搭服务组合遵循 SaaS 模型，并且更多地依赖于云系统"。该论文还指出，混搭平台依赖于云计算系统，例如 IBM Mashup Center 和 JackBe Enterprise Mashup 服务器。

有许多基于 Svc 方法的监控、通知、状态、位置和地图服务的示例，包括监控邮件、监控 RSSFeed、发送短信、拨打电话、Gtalk、Fireeagle 和谷歌地图。例如，考虑一个服务在收到特定的电子邮件时拨打电话；邮件监视器 Svc 使用输入参数（例如用户 ID、发件人地址过滤器、电子邮件主题过滤器）以识别电子邮件并生成触发事件，该事件触发了 TTS 调用动作，从而将文本转化为语音电话。

文献[462]中的系统支持事件的创建、部署、激活、执行和管理驱动的混搭。它有一个用户界面，一个名为 Service Creation Environment 的图形工具——可以轻松创建新的混搭，以及一个名为混搭容器的平台——用于管理混搭的部署和执行。该系统由两个子系统组成，即混搭执行的服务执行平台和管理混搭和 Svc 安装的部署器模块。使用图形化开发工具创建一个新的混搭，并将其保存为 XML 文件；然后可以按照平台即服务（PaaS）方法将其部署到混搭容器中。混搭容器支持原始 SLA，可以提供不同级别的服务。

该原型使用支持异步通信的 Java 消息服务（JMS），每个组件发送/接收消息，发送方非阻塞等待接收方做出回应。系统的容错在基于 VMware vSphere 的系统上进行了测试。在这种环境中，VMM 透明地提供容错，虚拟机和应用程序都知道容错机制；两个虚拟机（一个主虚拟机和一个辅助虚拟机）在不同的主机上运行，并执行相同的指令集，以便在主服务器故障时，辅助服务器可以无缝的继续执行。

7.13 软件故障隔离

软件故障隔离（SFI）为存在问题的二进制代码提供了一种技术解决方案，这种二进制代码来源可疑，可能影响云计算的安全性。不安全和篡改的 VM 映像是安全威胁之一；当 Web 浏览器访问云服务时，Web 浏览器的本地插件中可疑来源的二进制代码可能会带来安全威胁。

最近的一篇论文[448]讨论了沙箱技术在两种现代 CPU 架构 ARM 和 x86-64 中的应用。ARM 是一种带有 32 比特指令和 16 比特通用寄存器的加载/存储架构。它倾向于避免多周期指令，并且共享许多 RISC 架构特性，但是也有一些问题：它支持具有 16 比特指令扩展的"thumb"模式；具有复杂的寻址模式和复杂的桶形移位器；条件代码可用于预测大多数指令。在 x86-64 架构中，通用寄存器扩展到 64 比特，用 r 代替 e 来识别 64 比特与 32 比特寄存器，例如用 rax 代替 eax；此外，有 8 个新的通用寄存器名为 r8～r15。为了允许早期指令使用这些额外的寄存器，x86-64 定义了一组用于选择寄存器的新前缀字节。

这个 SFI 的实现基于同一作者以前在谷歌 Native Client（NC）的工作。此实现假定了一个执行模型，其中受信任的运行时系统与不受信任的多线程插件共享进程。不受信任二进制代码生成插件的规则如下：

- 代码段只读，并且是静态链接的。

- 代码分为 32 字节的包，没有指令或伪指令穿过包边界。
- 从包边界开始的反汇编触达所有有效指令。
- 所有间接流控制指令都被伪指令取代，伪指令确保地址对齐包边界。

表 7.2 总结了 x86-32、x86-64 和 ARM 上 Native Client 的 SFI 特性[448]。ARM SFI 的控制流和存储沙箱的平均开销低于 5%，x86-64 SFI 的平均开销低于 7%。

表 7.2 x86-32、x86-64 和 ARM 上 Native Client 的 SFI 特性。ILP 表示指令级并行

特性/体系结构	x86-32	x86-64	ARM
可寻址存储器	1GB	4GB	1GB
虚拟基地址	任意	44GB	0
数据模型	ILP32	ILP32	ILP32
保留寄存器	0/8	1/16	0/16
数据地址掩码	无	隐式位于结果宽度	显式指令
控制地址掩码	显式指令	显式指令	显式指令
bundle 大小(字节)	32	32	16
文本段中的数据	禁止	禁止	允许
安全地址寄存器	所有	rsp, rbp	sp
沙箱外存数	trap	wraps mod 4GB	无影响
沙箱外跳转	trap	wraps mod 4GB	wraps mod 1GB

7.14 扩展阅读

文献[130]讨论了 MapReduce，文献[494]介绍了 GrepTheWeb 应用程序。在文献[315]和[316]中分析了生物学中的云应用，文献[100]、[243]和[462]中介绍了云计算的社交应用。在文献[108]、[254]和[186]中分析了云服务的基准测试。结构化数据的使用见文献[319]。有关可分负载理论的大量出版书清单见 http://www.ece.sunysb.edu/~tom/dlt.html。

有几种集群编程模型。MapReduce 和 Dryad[253]的数据流模型支持大量操作集合，并通过稳定的数据共享数据。诸如 DryadLINQ[539]和 FlumeJava[92]之类的高级编程语言，允许用户使用 map 和 join 之类的运算符来操纵一系列并行的数据集。有几种系统为特定应用提供了高级接口，例如 HaLoop[79]。还有一些缓存系统，包括 Spark[542]和 Tachyon[301]，以及在第 8 章中讨论的 Nectar[209]。

Hive[484]是 Hadoop 上的第一个 SQL，它使用另一个框架(如 MapReduce 或 Tez)来处理类似 SQL 的查询。Shark 使用另一个框架 Spark[531]作为其运行时。Cloudera Impala[175]、LinkedIn Tajo(http://tajo.incubator.apache.org/)、MapR Drill(http://www.mapr.com/resources/socialresources/apache-drill)和 Facebook Presto(http://prestodb.io/)类似于并行数据库，并使用长时运行的自定义进程，通过分布式的方式执行 SQL 查询。Hadapt[4]使用关系数据库(PostgreSQL)来执行查询片段。微软 PolyBase[145]和 Pivotal[99]使用数据库查询优化和规划来调度查询片段，并将 HDFS 数据读入数据库工作者程序处理。

文献[88]讨论了云计算的低成本和高性能的特性，以及与超级计算机的比较[486]。文献[526]讨论了云的科学计算。文献[101]分析了服务水平检查。

7.15 练习和问题

问题 1 从网站 http://zookeeper.apache.org/下载并安装 ZooKeeper。使用 API 创建图 7.3 中所示的基本工作流模式。

问题 2 使用 AWS 简单工作流服务创建图 7.3 中所示的基本工作流模式。

问题 3 使用 AWS CloudFormation 服务创建图 7.3 中所示的基本工作流模式。

问题 4 基于云安全这一主题定义一组关键字，并依据关键字与该主题的相关程度进行排序，然后使用这些关键字，在网上搜索 10～20 篇论文，并将论文存储在 S3 存储段中。创建一个 MapReduce 应用程序，该应用程序以 7.6 节中讨论的方式建模，根据相关关键字的发生概率对论文进行排

名。将你的排名与你用于识别论文的搜索引擎的排名进行比较。

问题5 使用 AWS MapReduce 服务对问题4中的论文进行排名。

问题6 文献[85]描述了 elasticLM,这是一个提供基于 Web 的许可和计费服务的商业产品。分析系统的优点和缺点。

问题7 在网上搜索有关云系统故障的报告,并讨论每个事件的原因。

问题8 确定一组你希望包含在 SLA 中的要求。尝试使用 Web 服务协议规范(WS-Agreement)[31]来表达它们,并确定它是否足够灵活地表达了你的选择。

问题9 考虑你最喜欢的云应用的工作流。使用 XML 来描述工作流,包括每个任务所需的实例和存储。将描述转换为可用于 Elastic Beanstalk AWS 的文件。

问题10 在7.10节中,我们分析了云计算基准测试,并将它们与在超级计算机上执行相同基准测试的结果进行了比较。讨论我们在云上进行细粒度并行计算可能得到糟糕性能的原因。

问题11 IT 公司决定提供专用于高等教育的公共云免费访问。应该优选三种云计算交付模型(SaaS、PaaS 或 IaaS)中的哪一种,为什么?哪些应用程序对学生最有益?这个解决方案会对远程学习产生影响吗?为什么?

第 8 章

云的软硬件

本章介绍云计算基础设施的计算硬件和软件栈。云服务供应商利用最新的计算、通信和软件技术来提供高可用性、易用性和高效的云计算基础设施，以便提供可靠、低成本的服务。

云基础设施使用廉价的现成组件构建，以交付廉价的计算周期。当今云数据中心运行的数百万台服务器，提供了解决问题所需的计算能力，而在过去，这些问题只能通过大型超级计算机来解决，而这些计算机是由昂贵的、独一无二专用组件组装而成的。

如果系统能够有效地适应各种工作负载，那么投资大型计算系统就是合理的。大型系统的管理带来了重大挑战，并促进了软件与硬件系统的一系列发展。例如，虚拟机（VM）和容器是云基础设施的关键组件，它们利用资源虚拟化的不同具象，这些将在第 10 章中深入讨论。

虚拟化抽象一个物理系统并对其进行访问。VM 抽象物理处理器并通过多路复用使用虚拟化。容器使用聚合来实现虚拟化，在集群基础设施和应用程序关于环境的假设之间架起桥梁，并隐藏系统的复杂性。

容器抽象一个操作系统，包含应用程序、任务及其所有依赖项。容器是可移植的、独立的对象，可以被管理大型虚拟计算机的软件层轻松操作。这个虚拟计算机向客户提供具有大量独立处理器的物理集群的众多资源。

云计算缺乏一个杀手级应用。现代集群管理系统除了可解决可扩展性挑战之外，还解决了混合工作负载带来的问题。典型的云工作负载不仅包括粗粒度的批处理应用程序，还包括细粒度和长时间运行的应用程序，这些应用程序具有严格的时间约束。只有严格的性能隔离和基于历史的调度才能消除长尾分布的不良影响，长尾分布来源于对时延敏感的作业的响应时间。

本章将分析集群结构发展中思想演变的几个里程碑，包括资源共享的算法和策略，以及这些策略机制的有效实现。除了对云软件栈的分析之外，我们还讨论了与第 7 章中介绍的应用程序密切相关的软件系统，以及与第 12 章中讨论的大数据应用程序相关的内容。

8.1 节深入探讨了虚拟化和容器化的挑战和优势。接下来的 8.2 和 8.3 节分析仓库级计算机（WSC）及其性能。然后，重点转向软件，主要关注 8.4 节中的虚拟机和虚拟机管理程序，然后分别在 8.5、8.6、8.7、8.8 和 8.9 节中介绍 Dryad、Mesos、Borg、Omega 和 Quasar 等框架。

Dryad 是粗粒度数据并行应用程序的执行引擎，Mesos 用于细粒度集群资源共享，Omega 基于状态共享，Quasar 支持服务质量（Quality of Service，QoS）感知的集群管理。在 8.10 节中讨论资源隔离之后，8.11 节使用 Spark 和 Tachyon 分析了内存集群计算。8.12 和 8.13 节讨论了 Docker 容器和 Kubernetes。

8.1 虚拟机和容器

计算系统已经从单处理器发展到多处理器、多核多处理器、集群处理器。拥有数十万个处理器的仓库级计算机（Warehouse-Scale Computer，WSC）不再是虚构的，而是已经服务于数百万用户，参见计算机架构相关教科书中的分析[56,228]。

仓库级计算机由越来越复杂的软件栈控制。软件有助于集成大量的系统组件，并有助于确保高效、可靠的操作。考虑到云基础设施的规模，加上用于组装仓库级计算机的现成组件的平均故障时间相对较短，使得确保可靠服务的任务非常具有挑战性。

然而，长期运行的云服务需要非常高的可用性。例如，99.99%的可用性意味着服务每年停机不到一小时。只有一定程度的硬件冗余，结合软件支持的故障检测和恢复，才能保证这样的可用性水平[228]。

虚拟化。 虚拟化的目标是支持可移植性、提高效率、增加可靠性，并保护用户免受系统复杂性的影响。例如，线程是虚拟处理器，使处理器能够在不同活动之间共享的抽象，以此提高了处理器的利用率和效率。磁盘冗余阵列（Redundant Array of Independent Disks，RAID）是存储设备的抽象，旨在提高可靠性和性能。

1970年初由IBM率先推出的处理器虚拟化，运行着一个或多个操作系统的多个独立实例，并因计算机云而得以复兴。云虚拟机在客户操作系统内运行应用程序，该操作系统在虚拟机管理程序控制下的虚拟硬件上运行。在同一服务器上运行多个虚拟机，使应用程序更好地共享服务器资源，并实现了更高的处理器利用率。并发运行的应用程序对资源的即时需求可能是不同的，并且相互补充，这也减少了服务器的空闲时间。

多路复用处理器虚拟化对用户和云服务供应商都是有益的。云用户非常欣赏虚拟化，因为与传统的进程共享模型相比，它可以更好地隔离应用程序。由于提供云服务的低成本，云服务供应商（Cloud Service Provider，CSP）享有更大的利润。

另一个优点是应用开发人员可以选择在熟悉的环境和操作系统下开发应用程序。因为虚拟机可以轻松迁移，所以虚拟化还为系统资源管理提供了更多的自由。虚拟机迁移过程如下：停止虚拟机，将其状态保存为文件，将文件传输到另一台服务器，然后重新启动虚拟机。

另一方面，虚拟化会增加系统软件的复杂性，并对应用程序性能和安全性产生不良的副作用。如今处理器共享由一种新的软件层控制，这种新的软件层就是虚拟机管理程序（hypervisor），也称为虚拟机监视器。人们常说，虚拟机管理程序是一种更紧凑的软件，只有几十万行代码，而典型的操作系统有上百万行代码，因此虚拟机管理程序出错的可能性较小。

不幸的是，尽管虚拟机管理程序占用的空间很小，但除了虚拟机管理程序之外，服务器还必须运行一个管理操作系统。例如，Xen是AWS和其他公司使用的虚拟机管理程序，最初调用Dom0——一个有特权的域，然后启动并管理名为DomU的非特权域。Dom0运行Xen管理工具toolstack，能够直接访问硬件，并为Xen提供虚拟磁盘和网络访问。

容器。 容器基于操作系统级的虚拟化，而不是硬件虚拟化。在容器中运行的应用与运行在另一个容器中的应用分离，而且两个应用都与它们运行的物理系统分离。容器是可移植的，其使用的资源也是有限的。因此，容器比虚拟机更透明，更便于监控和管理。容器还有其他一些优势，包括：

- 简化应用程序的创建和部署。
- 应用程序与基础设施分离。应用程序容器映像是在构建时创建的，而不是在部署时创建的。
- 可移植，容器独立于环境运行。

- 支持以应用程序为中心的管理。
- 优化了应用程序的部署。应用程序被分割成更小的、独立的、可以动态管理的部分。
- 支持更高的资源利用率。
- 可预测的应用程序性能。

容器最初设计用于支持分离根文件系统。这个概念可以追溯到 1979 年在 UNIX 中实现的 chroot 系统调用；更改发出调用的运行进程及其子进程的根目录；禁止访问目录树之外的文件。后来，BSD 和 Linux 采用了这个概念，在 2000 年，FreeBSD 对其进行了扩展，并引入了 jail 命令。使用 chroot 创建的环境用于创建和托管一个新的软件系统的虚拟副本。

对于不再需要了解集群组织和管理细节的应用程序开发人员来说，容器技术已经成为结合了分离与提高生产率的理想解决方案。容器技术现在无处不在，对云计算产生了深远的影响。Docker 的容器在易用性方面获得了广泛的认可，而谷歌的 Kubernetes 则以性能为导向。

集群管理系统已经发展起来了，每个系统都从上一代获得的经验中受益。Mesos 是加州大学伯克利分校开发的一种系统，目前已被 50 多个组织广泛使用，并且已经在各种系统中演变，例如 Twitter 使用的 Aurora、Mesospheres㊀提供的 Marathon、苹果使用的 Jarvis。Borg、Omega 和 Kubernetes 是本章讨论的谷歌集群管理开发工作中的里程碑。

8.2 云硬件和仓库级计算机

云计算对大规模系统架构产生了影响。仓库级计算机[56,228]构成了谷歌、亚马逊和其他云服务供应商的云基础设施的支柱。WSC 是分层组织的系统，具有 5~10 万个处理器，能够实现请求级和数据级的并行性。

WSC 的核心是一个网络层次结构，它将系统组件、服务器、机架和单元/阵列连接在一起，如图 8.1 所示。通常，一个机架由 48 台服务器组成，通过 48 个端口、10Gbps 以太网(GE)交换机互连。除了 48 个端口外，GE 交换机还有 2 到 8 个上行链路端口，用于连接机架和单元。因此，超额认购(oversubscription)率，即内部与外部端口的比，介于 48/8=6 和 48/2=24 之间。这对应用程序的性能有严重影响：在同一机架上运行的两个通信进程，具有比在不同机架上运行的相同进程大得多的带宽和更低的延迟。

下一个组件是单元，有时也称为阵列，由许多机架组成。单元中的机架通过阵列交换机连接。阵列交换机是一种相当昂贵的通信硬件，其成本比机架交换机成本高两个数量级。具有 n 个端口的交换机的带宽为 n^2 的事实证明了成本的合理性。为 10 倍的端口提供大 10 倍的带宽，成本增加了 10^2 倍。阵列交换机最多可以支持 30 个机架。

WSC 支持交互式和批处理工作负载。服务器、机架和单元内的通信延迟带宽是不同的，因此执行时间和运行应用程序的成本受数据量、数据放置以及实例接近度的影响。例如，表 8.1 中显示了具有 80 个服务器/机架和 30 个机架/单元的 WSC 内存层次结构的延迟、带宽和容量，这些都是基于文献[56]的数据。

㊀ Mesosphere 是一家销售基于 Apache Mesos 的数据中心操作系统(分布式 OS)的创业公司。

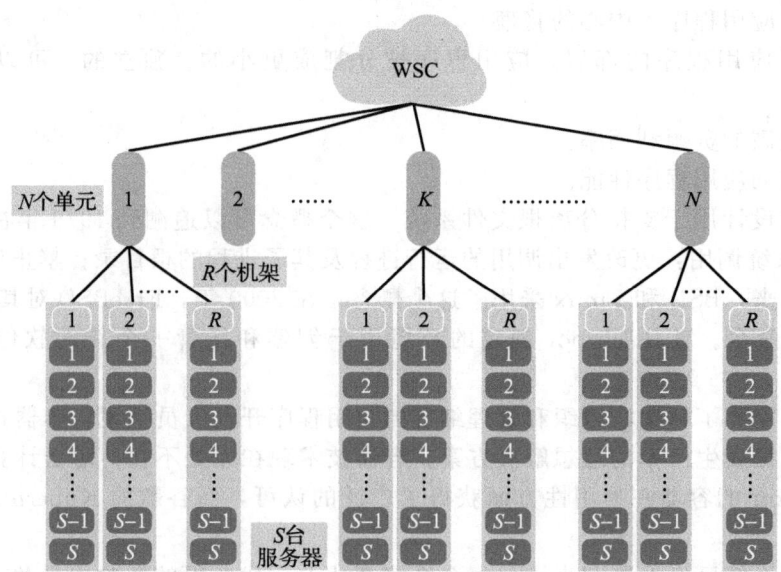

图 8.1 WSC 的组织，有 N 个单元、R 个机架，每个机架上有 S 台服务器

表 8.1 WSC 的内存层次结构

所在位置	DRAM			HDD		
	延迟(ms)	带宽(MB/s)	容量(GB)	延迟(ms)	带宽(MB/s)	容量(GB)
本地	0.1	20 000	16	10 000	200	2 000
机架	100	100	1 040	11 000	100	160 000
单元	3 000	10	31 200	12 000	10	4 800 000

DRAM 延迟增加了三个数量级以上，而带宽则减少了类似的量级。HDD 的延迟和带宽遵循相同的趋势，但是变化不大。从这个角度来看，1 000MB 的内存到内存的传输在服务器内需要 50 毫秒，在机架内需要 10 秒，在计算单元内需要 100 秒，而磁盘之间的传输分别需要 5 秒、10 秒和 100 秒。

虽然期望 WSC 提供廉价的计算周期，但实际上并不便宜。WSC 的成本约为 1.5 亿美元，但其性价比正是 WSC 吸引人的地方。WSC 的资金支出包括服务器、互连和设备的成本。在文献[228]中报告的一项案例研究显示，资金支出为 167 510 000 美元，其中 6 670 万美元用于 45 978 台服务器，12 810 000 美元用于与 1 150 台机架交换机、22 个单元交换机、2 台 3 层交换机和 2 台边界路由器进行互连。除了初始投资外，云基础设施的运营成本(包括能源成本)也相当可观，对于此案列，该设施的预计能耗为 8 兆瓦。

现在，我们应该更仔细地研究 WSC 服务器，并自问哪种类型的处理器最适合作为服务器组件。毫无疑问，多核处理器是 WSC 服务器的理想组件，因为它们不仅支持用于搜索和分析非常大的数据集的数据级并行，而且还支持每秒大量事务的系统的请求级并行。数据并行和请求并行应用程序是云服务供应商(如谷歌)工作负载中的两个主要组件。

多核处理器有两种基本类型，通常称为强(browny)核和弱(wimpy)核[239]。强核的单核性能令人印象深刻，功耗也高得惊人。另一方面，弱核的性能较弱，但耗电量也较低。正如我们将在 9.2 节中看到的，功耗是云计算的一个主要关注点。对于固态技术，功耗大约是 $O(f^2)$，而 f 是时钟频率。

使用弱核会带来以下几个问题。当在弱核而不是强核上运行时，任务需要产生更多的线程。这有两个主要的含义：首先，它使软件开发过程变得复杂，因为需要应用程序的显式并行化，从而增加了应用程序的开发成本；第二个同样重要的含义是，运行更多线程会增加响应时间。通常，所有线程都必须在算法的下一步之前完成，这是由同步屏障所提出的众所周知的问题。这意味着所有线程都必须等待最慢的线程执行完成。

使用弱核的系统的成本可能增加，例如，随着内核和系统进程消耗更多的聚合内存，DRAM 的成本将会增加。应用程序使用的数据结构可能需要加载到多个弱核机器内存中，而不是加载到单个强核机器内存中，这对性能有负面影响。最后，管理大量的线程会增加调度开销并降低性能。

Hölzle[239]的结论是："一旦芯片的单核性能不及当前高端商用处理器的一半或更差，那么转换到弱核系统的商业案例将变得越来越困难，因为应用程序员会将其看作重要的性能下降——他们的单线程请求处理程序的速度不足以满足延迟目标。"

8.3 WSC 的性能

本节讨论的核心问题是如何实现仓库级计算机的最大性能，WSC 低效率的主要来源是什么，以及如何避免这些低效率。甚至 WSC 性能的稍加提高，也可以为 CSP 节省大量成本，并为云用户提供明显更好的服务。

WSC 的工作负载是非常多样化的，没有典型的或"杀手级"的应用程序来驱动设计决策，同时保证此类工作负载的最佳性能。在这种规模的系统上进行实验，或在现实的工作负载下对系统进行有效的模拟是不可行的。

唯一的选择是分析实际的工作负载，并仔细分析生产运行期间收集的数据，但是，这只有在低开销的监控工具可用的情况下才可能实现，这些工具可以最小化对工作负载的干扰。监控工具通过随机抽样和维护相关事件的计数器（而不是详细的事件记录）来最小化干扰。

谷歌宽谱分析仪（Google-Wide-Profiling，GWP）是一种低开销的监控工具，它通过随机抽样收集数据。GWP 每天随机选择一组服务器进行配置，主要使用 Perf⊖ 在相对较短的时间内监控它们的活动，然后收集样本的调用栈⊖（callstack），聚合数据并将其存储在数据库中[418]。

谷歌用 GWP 收集了 36 个月的数据，参见文献[262]，本节将对此进行讨论。这里只分析了 C++ 代码的数据，因为 C++ 代码占 CPU 周期消耗的大部分，大多数代码是用 Java、Python 和 Go 编写的。这些数据是从使用英特尔 Ivy Bridge 处理器⊜构建的大约 20 000 台服务器上收集的。

该分析仅限于具有不同执行概况的 12 种应用二进制程序：批处理与时延敏感、低级与高级服务。应用程序包括：Gmail 和 Gmail-fe，后端和前端的 Gmail 应用程序；Big-Table，6.9 节讨论的存储系统；磁盘，低层分布式存储驱动程序；索引流水线的 indexing1 和 indexing2；search1，2，3 应用于搜索叶节点；广告，一种基于网页内容定向广告的应用程序；视频，转码和特征提取应用；航班搜索，用于搜索和定价航空公司航班的应用程序。

⊖ Perf 是用于 Linux 2.6+系统的分析工具，它抽象了 Linux 性能测量中的 CPU 硬件差异。

⊖ 调用栈是一种数据结构，它存储有关程序执行期间调用的活动子程序的信息，也称为执行栈、程序栈、控制栈或运行栈。

⊜ Ivy Bridge-E 系列有三种不同的版本，后缀为-E、-EN 和-EP，每个芯片各自最多可包含 6、10 和 12 个核。

尽管工作负载多样化,但在 WSC 上运行的绝大多数应用都使用了通用程序。数据密集型应用运行多个任务,这些任务分布在多个服务器上并相互通信。集群管理软件也是分布式的,守护进程运行在集群的每个节点上,并与一个或多个调度程序进行通信,该调度程序用于制定系统范围的决策。

因此,占据很大一部分 CPU 周期的通用程序专用于通信,这是意料之中的。远程过程调用(RPC)以及通信协议使用的缓冲区序列化、反序列化和压缩都属于这种情况。典型的通信模式包括以下步骤:将数据序列化到协议缓冲区;执行 RPC 并将缓冲区传递给被调用者;调用者对响应 RPC 的缓冲区进行反序列化。在 11 个月内收集的数据表明,这些常见程序转化为不可避免的"WSC 架构税",占 CPU 周期的 22%~27%。

集群管理软件使用大约 1/3 的 RPC 来平衡负载、加密数据和检测故障。RPC 的平衡用于在应用任务和系统过程之间移动数据。数据移动也可以使用带有描述名称的诸如 memmove 和 memcpy ⊖ 这样的库函数来完成,这些函数占"税"的 4%~5%。

压缩、解压、哈希、内存分配和再分配程序也很常见,占"税"的 1/4 以上。应用程序将大约 1/5 的 CPU 周期花费在调度程序和内核的其他组件上。集中于这些通用程序的优化工作无疑会提高 WSC 的利用率。

大多数云应用都会占用很大的内存,数百兆的二进制程序并不少见,有些应用程序既没有空间本地化,也无时间本地化。此外,应用的内存占用增长速度显著,大约每年增长 30%。此外,指令缓存占用空间以每年 2% 左右的速度增长。随着越来越多的大数据应用在计算机云上运行,这些应用程序的内存占用和存储位置都不太可能成为阻碍缓存和内存管理的压力。这些指标代表了性能优化工作的第二个重要目标。

内存延迟比起内存带宽更会影响处理器通过指令级并行(ILP)实现更高性能的能力。由于高速缓存缺失,这些处理器的性能受到停顿(stall)周期的显著影响。据报道,数据高速缓存缺失导致 50%~60% 的周期停顿,并且指令高速缓存缺失会导致更低的 IPC(每个时钟周期的指令)。

有些软件模式因为使用流水线、硬件线程化、无序执行和其他旨在提高 ILP 级别的结构特性而妨碍执行优化。例如,当没有其他指令准备执行时,链接数据结构会导致间接寻址,这会破坏硬件预取,并导致大量流水线空闲。

理解缓存缺失和停顿需要微体系结构级别分析。图 8.2 说明了当代核微架构的通用组织。核前端按顺序处理指令,而后端的指令调度程序负责动态指令调度,并将指令提供给多个执行单元,包括算术逻辑单元(Arithmetic and Logic Units,ALU)和加载/存储单元。

微架构级的分析基于自顶向下的方法[535]。根据 https://software.intel.com/en-us/top-down-microarchitecture-analysis-method:"自顶向下的特征是基于事件指标的层次组织,标识应用中的主要性能瓶颈。其目的是显示运行应用程序时 CPU 的流水线平均被利用的情况。"

这种方法作为微处理器核前端和后端组件之间的分隔符来识别微操作(μop)队列。μop 流水线槽被分类为退出(retiring)、前端约束、坏推测(bad speculation)和后端约束,只有第一个做的是有用的工作。前端约束包括与获取、指令高速缓存、解码和其他一些更短的代价相关的开销,后端约束包括由于数据高速缓存层次结构和缺少 ILP 而导致的开销。

⊖ 在 Linux 中,memmove 和 memcpy 将 n 个字节从一个存储区复制到另一个存储区,前者的区域可能重叠,但后者不重叠。

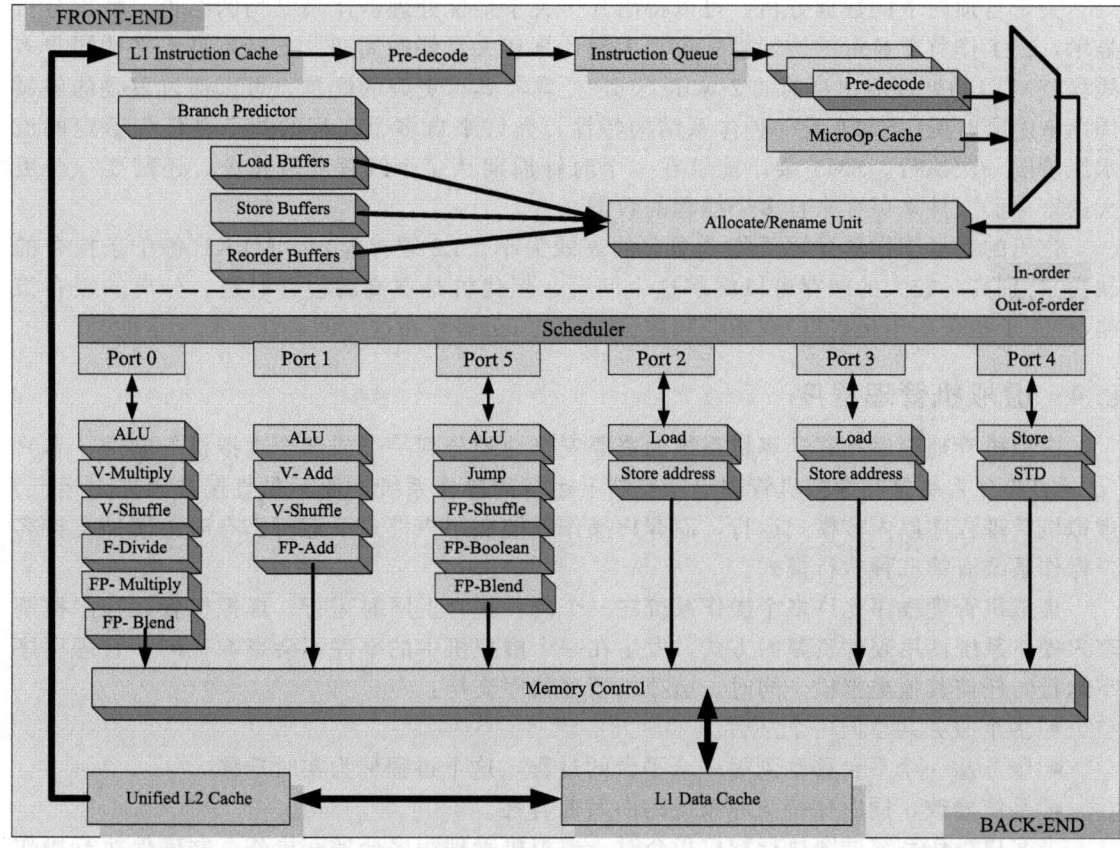

图 8.2 当代处理器核微架构示意图。图中包括前端和后端、L1 指令和数据缓存、统一的 L2 缓存和微操作缓存。分支预测单元、加载/存储和重新排序缓冲区是前端的组件。指令调度程序管理动态指令执行。指令调度程序的 5 个端口向 ALU 发送微指令,并加载和存储单元。向量(V)和浮点运算(FP)被分配给 ALU 单元

在典型的 SPEC CPU 2006 基准测试中,前端浪费的执行槽通常为谷歌工作负载报告的 1/3～1/2,谷歌工作负载占所有浪费槽的 15%～30%。造成这种行为的原因之一是,SPEC⊖应用程序不具备 WSC 应用的低退出率⊖和高前端约束。

数据表明,核后端控制了开销并限制了 ILP。后端和前端停顿限制了在执行周期中活动的核数量。更精确地说,在 72% 的执行周期中,6 核 Ivy Bridge 处理器中只有 1 或 2 个核处于活动状态,而在其余 28% 的周期中,只有 3 个核处于活动状态。

内存延迟比内存带宽更重要的原因是内存带宽利用率较低,平均为 31%,最大为 68%,且重尾分布。而内存利用率较低的部分原因是 CPU 利用率低。文献[262]中的一个令人惊讶的结果是 CPU 带宽利用率中值为 10%,而文献[56]中的 CPU 利用率中值要高得多,为 40%～70%。CloudSuite 的 CPU 利用率也很低[170]。

⊖ 使用 SPEC CPU 2006 套件中的以下应用程序:400.perlbench,具有较高的 IPC 和最大的指令缓存工作集;445.gobmk,具有难以预测的分支的应用程序;429.mcf 和 471.omnetpp 内存绑定应用,强调内存延迟;433.milc,内存受限的应用程序,强调内存带宽。

⊖ 在现代处理器中,完整的指令缓冲区保存预测将被执行的指令,缓冲区中的每条执行指令关联着重命名寄存器中的执行结果以及一些异常标志。在每个周期内,退出单元按照程序执行顺序最多从缓冲区中移除四个执行指令。

关于自顶向下的数据分析，可以得出几个关于最优处理器体系结构的结论。数据分析显示，云工作负载显示的访问模式包括大量计算和大量停顿周期。支持更高水平的同步多线程(SMT)的处理器比当前的 2-wide SMP 处理器具有更好的配备，可以通过重叠的停顿周期来隐藏时延。SMT 是一种体系结构特性，允许来自多个线程的指令在任何给定的流水线阶段一次执行。SMT 要求能够在一个时钟周期从多个线程获取指令，还需要一个更大的寄存器文件来保存来自多个线程的数据。

代码的大量工作集导致了指令缓存的高缺失率。L2 缓存显示，MPKI(每千条指令的缺失)特别高。较大的缓存可以缓解这个问题，但代价是更高的缓存时延。分离的缓存策略(优先于指令而不是数据)或指令和数据分离的 L2 缓存在这方面可能会有所帮助。

8.4 虚拟机管理程序

虚拟机管理程序是将计算机系统的资源安全地划分到一个或多个虚拟机的软件。客户(guest)操作系统是在虚拟机管理程序控制下运行的操作系统，而不是直接在硬件上运行。虚拟机管理程序以内核模式运行，而客户操作系统在用户模式下运行。有时，硬件支持客户操作系统有第三种执行模式。

虚拟机管理程序允许多个操作系统在一个硬件平台上同时运行。虚拟机管理程序控制客户操作系统使用硬件资源的方式，发生在一个虚拟机中的事件不会影响在同一管理程序下运行的任何其他虚拟机。同时，虚拟机管理程序支持：

- 多个服务共享同一个平台。
- 服务从一个平台移动到另一个平台的过程，这个过程称为实时迁移。
- 系统修改，同时保持与原系统的向后兼容性。

当客户操作系统试图执行特权指令时，虚拟机管理程序会捕获操作，并确保执行操作的正确性和安全性。虚拟机管理程序保证了各个虚拟机的隔离，从而确保了安全性和封装性，这是云计算中的一个主要关注点。同时，虚拟机管理程序监视系统性能，并采取纠正措施来避免性能下降。例如，为了避免内存抖动，虚拟机管理程序可能会将所有页面复制到磁盘，并释放物理内存，以便其他虚拟机进行分页。

虚拟机管理程序虚拟化 CPU 和内存。例如，虚拟机管理程序捕获中断并将其分派给各个客户操作系统。当客户操作系统禁用中断时，管理程序将缓冲它们，直到客户操作系统重新启用它们。虚拟机管理程序为每个客户操作系统维护一个影子页表，并在其自己的影子页表中复制客户操作系统所做的任何修改。这个影子页表指向实际的页面框架，它被称为内存管理单元(Memory Management Unit，MMU)的硬件组件，用于动态地址转换。

内存虚拟化对性能有重要的影响。管理程序使用一系列优化技术。例如，虚拟机系统避免了不同虚拟机之间的页面复制，它们只维护一个共享页面的一个副本，并使用写时复制策略，而 Xen 则完全隔离了虚拟机，不允许页面共享。虚拟机管理程序控制虚拟内存管理，并决定交换哪些页面。例如，当 ESX VMware 服务器想要交换出页面时，它使用某个客户操作系统中的气球(ballon)进程(重量轻而体积大的进程)，并请求它为自己分配更多的页面，从而交换出在该虚拟机下运行的一些进程的页面，然后迫使气球进程放弃对这些自由页框的控制。

8.5 粗粒度数据并行应用的引擎

什么时候讨论粗粒度并行？为什么它对云软件的设计很重要？第一个问题的答案是，应用程序开发人员使用同一程序多数据(Same Program Multiple Data，SPMD)范式已有几十年了。SPMD 这个名称完美地说明了这个概念背后的理念——使用相同的程序，将大型数据集分割成几个独立处理的片段，通常是并发处理的。

例如，将大量图像（如 10^9）从一种格式转换成另一种格式，可以将集合分割成 1 000 段，每段包含 10^6 幅图像，然后在 1 000 个处理器上并发地运行转换程序。现在第二个问题的答案显而易见：要完成计算，我们需要一个大型基础设施，在这种情况下需要 1 000 个处理器，因此，计算时间减少了近三个数量级。

很容易看出，这些应用程序非常适合云计算，它们需要一个大型的计算基础设施，并且可以让系统在相当长的时间内保持忙碌。令 CSP 高兴的是，这样的作业增加了系统的利用率，因为在耗时的作业完成之前，不需要做出调度决策。人们很早就注意到了这一点，在 2004 年，MapReduce 的想法诞生了[130]。

MapReduce 和 Apache Hadoop 是开源的软件框架，由存储部分、Hadoop 分布式文件系统（Hadoop Distributed File System，HDFS）和一个名为 MapReduce 的处理部分组成，MapReduce 在第 7 章中进行了讨论。MapReduce 主要分为两阶段。在 Map 阶段对数据段进行计算，然后在 Reduce 阶段合并部分结果。这扩展了 SPMD 的范围，使其可用于不完全独立的计算。

可以稍微修改前面的示例，使其受益于 MapReduce；现在，我们不再转换 10^9 幅图像，而是在 Map 阶段搜索可能出现在任何一个图像中的对象。在每个数据段的搜索后，我们结合 Reduce 阶段的部分结果，进一步处理从 Map 阶段选择的一组图像，从中提炼出关于对象的信息。

Dryad 是微软于 2007 年为粗粒度数据并行应用开发的通用分布式执行引擎。微软希望使用 Dryad 在其集群服务器环境中运行大数据应用程序，作为 Hadoop 这种广泛使用的粗粒度数据并行应用平台的一种专有替代方案。

Dryad 应用程序将计算顶点与通信链接相结合，形成数据流图[253]。然后，它通过在一组可用的计算机上执行该图的顶点来运行应用程序，通过文件、TCP 管道和共享内存进行通信。

系统由作业管理器（Job Manager，JM）集中控制，作业管理器运行在集群的一个节点上，或者运行在用户计算机的集群外部。JM 使用名称服务器（Name Server，NS）定位实际完成工作的集群节点，并使用特定于应用程序的描述构造应用程序的数据流图。每个集群节点上运行的守护进程与 JM 通信，并控制分配给该节点的图的顶点代码的执行。守护进程在没有 JM 的干预下直接进行通信，使用数据流图提供的信息执行计算。

在文献[253]中给出了关于 Dryad 数据流图的详细描述，使用一组更简单的图来构造更复杂的图。对图形节点进行注释，以显示输入和输出数据集。两个连接操作是按点组合和完整二分组合。

DryadLINQ（DLNQ）系统是微软相关项目的产物[539]。它利用语言集成查询（LINQ），这由一组 NET 构造，用于在数据集上执行任意无副作用的转换，从而自动将数据并行代码转换为分布式执行的工作流。然后在 Dryad 平台上分布式执行。并行数据库只实现 SQL 查询的声明性方面，不支持命令式编程。这一事实激发了 DryadLINQ 的开发。在 DryadLINQ 中执行 LINQ 表达式有以下几个步骤：

1. .NET 应用在客户机上运行，并创建 DLNQ 对象。
2. DLNQ 对象通过 ToDryadTable 调用传递给 DLNQ 系统。
3. DLNQ 将 LINQ 表达式编译为 Dryad 执行规划，并调用 Dryad JM，后者又创建了数据流，然后调度数据流的执行。

4. 每个 Dryad 节点守护进程都启动分配给它的顶点的执行。当顶点的执行完成时，DLNQ 创建了封装执行输出的本地 DryadTable 对象，这些输出可以用作用户程序中后续表达式的输入。

5. 控件返回给用户应用程序，用户可以通过.NET 访问 DryadTable 对象。

Dryad 不可扩展，这并不奇怪，在宣布计划发布基于 Windows Azure 和基于 Windows 服务器的开源 Apache Hadoop 实现后不久，微软便停止了这个项目。

8.6 细粒度的集群资源共享

Mesos 是一个轻量级框架，用于细粒度集群资源共享，于 20 世纪 10 年代末在加州大学伯克利分校开发。Mesos 仅仅由大约 10 000 行 C++代码组成[237]。该系统的一个新颖之处在于，它为大型集群提供了两级调度策略，工作负载由多种框架组成。

在本书中，术语"框架"指的是被广泛使用的 CPU 周期、软件系统（如第 7 章中讨论的 Hadoop），以及消息传递接口（Message Passing Interface，MPI）——这是自 20 世纪 90 年代以来被并行计算社区使用的可移植消息处理系统。另一个新的概念是资源供给（resource offer），即框架可以分配的资源包的抽象，以在集群节点上运行其任务。

因为集中式调度的复杂性，不可扩展的 Mesos 支持两级调度。对于细粒度资源的共享，集中式调度不会也不能很好地执行。由短任务组成的框架作业被映射到资源槽，细粒度匹配具有很高的开销，并且会妨碍跨框架共享。例如，Facebook 的公平调度程序分配了专用于 Hadoop 作业的 2 000 个节点集群的资源。用于广告定位的 MPI 和 MapReduceOnline（第 7 章讨论的 MapReduce 流）需要存储在 Hadoop 集群上的数据，但框架不能混合使用。Mesos 允许多个框架以细粒度的方式共享资源并实现数据本地化。它可以通过测试和实验的新版本将生产框架从实验中分离出来。

Mesos 运行在 Linux、Solaris 和 OS X 上，支持用 C++、Java 和 Python 编写的框架。Mesos 可以使用 Linux 容器来分离任务、CPU 内核和内存。Mesos 的组织方式如下：主进程管理运行在所有集群节点上的守护进程，而框架在集群节点上运行任务。主框架实现框架之间资源提供的公平共享，并允许每个框架管理其任务之间的资源共享。

每个框架都有一个调度程序，该调度程序接收来自主进程的资源供给。每台机器上的执行器启动一个框架的任务。调度程序运行：

- 回调[○]，如 resourceOffer、offerResated、statusUdate、slaveLost。
- 动作，如 replyToOffer、setNeedsOffers、setFilters、getGuarantee edshare、killTask。

执行程序函数也是回调函数，比如 launchTask、killTask 和动作（比如 sendStatus）。

框架请求将必需资源与首选的资源区分开来。如果框架在没有它的情况下无法运行，那么资源就是必需的，例如，图形处理器（Graphics Processing Unit，GPU）是使用统一计算设备架构[○]（Compute Unified Device Architecture，CUDA）的应用程序的必需资源。如果框架使用某个资源时性能更好，则该资源是首选资源，但也可以使用另一个资源运行。

两级调度策略保持了 Mesos 的简单性和可扩展性，同时为框架提供了优化集群管理的能

○ 回调：作为参数传递给其他代码的可执行代码；对于同步和异步回调，被调用方或立即执行或者稍等执行。
○ CUDA：一个并行计算平台，支持用于通用处理的 GPU。

力。该系统非常灵活，支持可插拔的隔离模块，以限制进程树的 CPU、内存、网络带宽和 I/O 使用。分配模块可以为资源管理选择特定于框架的策略。例如，一个贪婪的或有错误框架的任务被终止时，可以知道框架的任务是相互依赖的（如 MPI），或是相互独立的（如 MapReduce）。

系统是健壮的，且存在热备状态下的副本主进程。当活动主发程序发生故障时，将使用 ZooKeeper 服务器㊀来选择一个新的主进程。然后守护进程和调度程序重新连接到新选举的主进程。

文献[237]中讨论了 Mesos 实现的分布式调度的局限性。有时，框架集合不能优化 bin 包，也不能优化集中式调度程序。当框架的任务请求相对较少的资源时，会产生另一种类型的碎片，并且当完成时，任务释放的资源不足以满足来自不同框架的任务的需求，这些任务需要更多的资源。资源供应可能会增加框架调度的复杂性。集中调度也不能避免这个问题。

据报道，将 Hadoop 移植到 Mesos 上运行只需要相对较少的更改。实际上，Hadoop 的 JobTracker 和 TaskTrackers 组件分别自然地映射到 Mesos 框架调度程序和执行程序。Apache Mesos 是一个开源系统，被包括 Twitter、Airbnb 和 Apple 在内的大约 50 个组织采用（参见 http://mesos.apache.org/documentation/latest/poweredby-Mesos/）。

多年来，已经开发了几个基于 Mesos 的框架。Apache Aurora 于 2010 年由 Twitter 开发，现在开源。Chronos 是一个类似 cron㊁的系统，具有弹性，能够表达作业之间的依赖关系。苹果使用一个名为 Jarvis㊂的 Mesos 框架来支持 Siri。Jarvis 是一个内部 PaaS 云服务，可以回答 iOS 用户的语音查询。

通过对 Twitter 上运行生产作业的数千台服务器的生产集群的效用分析表明，平均 CPU 利用率低于 20%，平均内存利用率低于 50%[237]。预留可以将 CPU 利用率提高到 80%。约 70% 的预留将所需资源高估了一个数量级，20% 的预留将所需资源低估了 5 倍。

总之，可以将 Mesos 视为虚拟化的对立面。VM 基于一个抽象层，它将操作系统和应用程序封装在物理机器中。Mesos 将物理机器抽象为不可区分的服务器池，并允许对这些服务器进行受控和冗余的任务分配。

8.7 大规模集群管理系统 Borg

计算机集群可能由成千上万个处理器组成。例如，WSC 的单元实际上是由多个机架组成的集群，每个机架都有几十个处理器，如图 8.1 所示。集群管理有两个方面：一方面从应用开发人员的视角出发，他们需要简单的方法来定位应用程序的资源，然后控制资源的使用；另一方面从服务供应商的视角出发，他们更关注系统的可用性、可靠性和资源利用率。

这些视角推动了 Borg 的设计，Borg 是谷歌开发的一个集群管理软件[502]。Borg 的设计目标如下：

- 有效管理分配到大量机器上的工作负载，并且使其具有高度可靠性和可用性。
- 隐藏资源管理和故障处理的细节，从而使得用户专注于应用程序开发。这一点很重要，因为集群的计算机在处理器类型和性能、每个处理器的核数量、RAM、辅存、网络接口和其他功能方面都有所不同。
- 支持一系列长期运行、高度可靠的应用程序。第一组应用是长期运行的生产作业，第二组是非生产批量作业。

㊀ Zookeeper：分布式协调服务，这是一个实现了 Paxos 共识算法的版本，参阅第 7 章。
㊁ Cron：类 UNIX 系统的一种作业调度程序，用于定期作业调度，通常用于自动化系统维护与管理。
㊂ Jarvis：Just A Rather Very Intelligent Scheduler 的缩写，用于支持 Siri。

Borg 集群由成千上万台机器组成，通过数据中心规模的网络结构共同定位并相互连接。Borg 管理的集群称为单元（cell）。图 8.3 所示的系统架构由逻辑上集中的控制器、BorgMaster 和单元中每台机器上运行的一组小进程 Borglet 组成。所有 Borg 组件都用 C++ 编写。

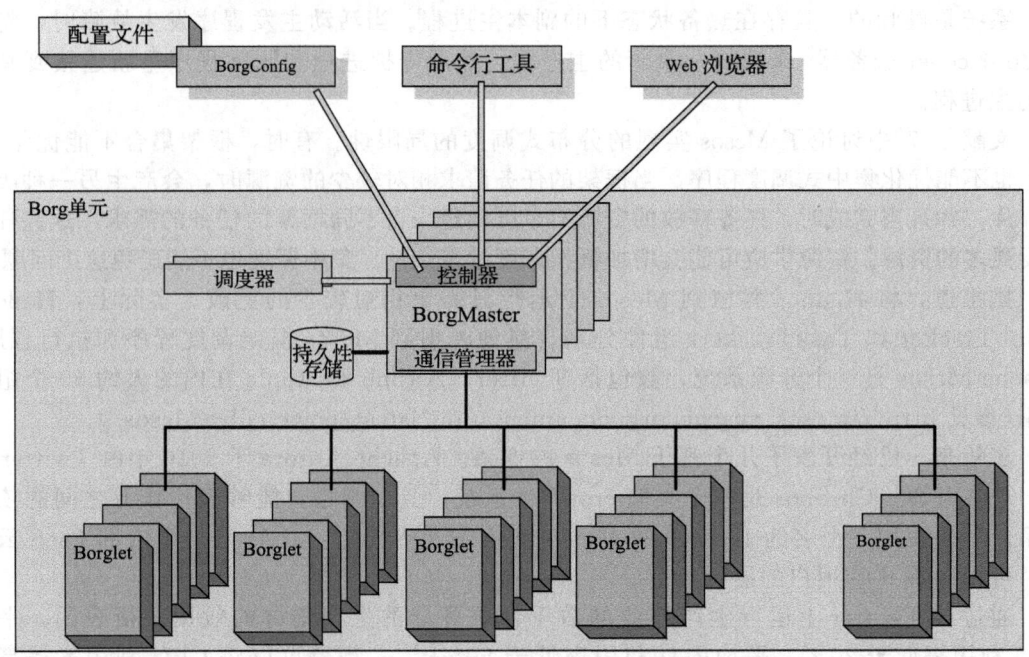

图 8.3　Borg 架构。副本 BorgMaster 与单元中每台机器上运行的 Borglet 交互

主 BorgMaster 有五个副本，每个副本维护一个单元状态的内存副本。单元的状态也记录在基于 Paxos 的存储中，位于每个副本的本地磁盘上。当选的主控制器充当 Paxos 领导者，处理更改单元状态的操作，例如提交作业或终止任务。主控制器进程执行以下几个操作：

- 处理更改状态或查找数据的客户 RPC。
- 管理机器、任务、分配器和其他系统对象的状态机。
- 与 Borglets 沟通。
- 为提交给基于 Web 的用户界面的请求提供响应。

Borglet 启动、停止和重新启动失败的任务，通过操纵操作系统内核设置来管理本地资源，并向 BorgMaster 报告本地状态。

用户通过向 BorgMaster 发送 RPC 与正在运行的进程交互，并触发任务状态转移。用户请求诸如提交、终止和更新等操作。系统操作也会更改任务状态，如拒绝、清除、丢失，参见图 8.4。

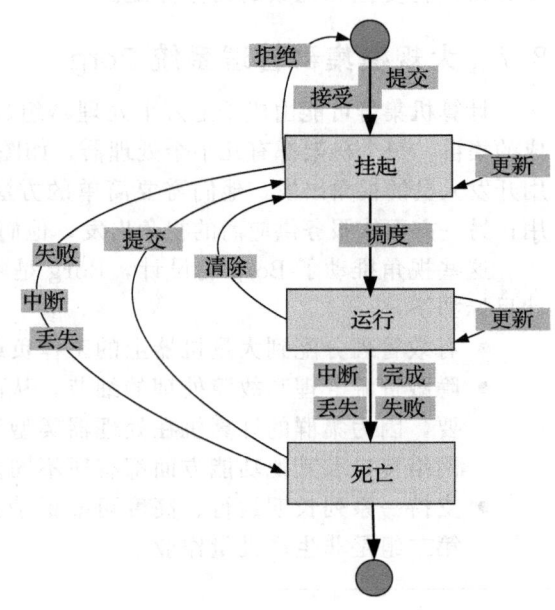

图 8.4　Borg 任务的状态。由于用户请求或系统操作而导致的任务状态变化

调度程序是 BorgMaster 的另一个主要组件。调度程序循环定期扫描挂起任务的优先级队列。调度算法的可行性（feasibility）组件试图确定系统运行任务的位置。评分（scoring）组件识别实际运行任务的机器。

alloc 和 alloc sets 分别在一台机器和多台机器上分配资源。任务区分优先级，为监视、生产、批处理和测试等活动定义了不同的优先级。作业调度配额系统使用一个向量，其中包括指定时间段内 CPU、RAM、磁盘等资源的数量。高优先级配额的成本高于低优先级配额的成本。为了简化资源管理和平衡负载，使用了一个类似于文献[27]中描述的系统，该系统为每个向量生成一个成本值，并将成本最小化，同时平衡工作负载并为需求高峰留出空间。

生产作业分配了大约 70% 的 CPU 资源和 55% 的总内存[502]。Borg 的工作可以有多个任务，并运行在一个单元中。大多数作业不在虚拟机中运行。任务映射到在容器中运行的 Linux 进程。

为了管理大型单元，调度程序生成几个并发进程来与 BorgMaster 和 Borglet 交互。这些进程在单元状态的缓存副本上运行。其他几个设计决策对于系统的可伸缩性非常重要。例如，为了避免频繁耗时的机器和任务评分，Borg 会缓存这些分数，直到机器或任务的属性发生显著变化。

为了避免在每台机器上确定每个挂起任务的可行性，Borg 计算可行性，并根据任务的等价类打分，这些任务都有相似的需求。此外，这种评估不是针对单元中的每台机器，而是随机选择机器进行的，直到找到足够合适的机器。

BorgMaster 的状态可以保存为检查点文件，以后用于研究系统性能和有效性，或者在早期恢复状态。模拟器 FauxMaster 旨在通过重放检查点文件来识别系统故障和性能问题，从而促进 Borg 系统的改进工作。

在谷歌上的 12 000 个服务器集群收集的结果显示，CPU 总利用率为 25%～35%，内存总利用率为 40%。预订（reservation）系统将这些数字分别提高到 75% 和 60%[416]。

8.8 共享状态集群管理

与单个或两级调度程序相比，多个独立的调度程序能否更好地完成集群管理工作？Omega系统的设计者认识到，由于系统的规模和工作负载的多样性，大型集群的高效调度是一个非常困难的问题，因此只能设想一种新的方法[446]。

Omega 针对的谷歌系统的工作负载是 8.7 节中讨论的生产/服务和批处理作业的混合。超过 80% 的工作负载是短批量作业，生成大量任务。较大份额的资源（55%～80%）分配给运行较长时间的生产作业，且任务少于批处理作业。调度要求是：批作业的周转时间短，生产作业的可用性和性能指标严格。

调度程序的工作负载随着集群大小和调度任务粒度的增加而增加。任务粒度越细，需要做出的调度决策就越多，因此空间和时间资源碎片化的可能性就越高，资源利用率也就越低。Omega 设计中采用的解决方案是允许多个独立的调度程序访问共享集群状态，使用无锁乐观并发控制算法。

在 Omega 中没有中央资源分配器，每个调度程序都可以访问所有集群资源。调度程序拥有自己的且经常更新的共享集群状态副本，即所有集群资源状态的弹性主副本。每当调度程序做出资源分配决策时，它都会以原子事务更新共享集群状态。

如果任务之间发生冲突，最多只有一个提交（commit）成功，资源分配给获胜者。然后,共享集群状态与所有调度程序的本地副本重新同步。失败者可以在稍后的时间重试,以获得对资源的访问权,并且可以在持有资源的任务释放该资源之后获得该资源。

多个调度程序可能会尝试同时分配相同的资源,因此存在冲突的可能性。这个问题的最佳解决方案取决于冲突的频率。乐观的方法增加了并行性,假设冲突很少发生,并且在检测到冲突时可以有效地解决。Mesos 使用的是一种悲观方法:确保资源一次只能用于一个框架调度程序。

作业通常会生成多个任务,随之而来的问题是,当作业开始执行时,是否应该同时为作业的所有任务分配所需的资源,这种策略称为联合调度或组调度。另一种方法是仅在任务需要时分配资源。在前一种情况下,资源在任务真正需要之前是空闲的,所以,资源的平均利用率很低。在后一种情况下,可能会出现死锁,因为一些任务需要分配给其他任务的资源,而持有这些资源的任务需要第一组任务所持有的资源。

有几个指标可用来比较大型集群调度程序的效率。当我们将调度视作服务,调度请求视为事务时,从作业实例提交到调度程序尝试调度作业的时间称为等待时间,而调度作业所需的时间是事务的服务时间。等待时间和服务时间是调度程序有效性的两个重要指标。对于像 Omega 这样的共享状态调度程序,冲突解决是调度程序服务时间的一个组成部分。冲突率是每个成功事务的平均冲突数。

服务时间由 t_{sch_job} 和 t_{sch_task} 两个部分组成,t_{sch_job} 是调度作业的开销,t_{sch_task} 是调度作业的一个任务的时间。因此,对于有 n 个任务的作业,进行调度决策的总时间为

$$t_{sch} = t_{wait} + t_{sch\_job} + n \times t_{sch\_task} \tag{8.1}$$

使用集中调度算法的单调度程序不能扩展。另一种解决方案是静态地将集群划分为分配给不同类型工作负载的子集群。因为不同类型的工作负载之间的平衡会及时发生变化,由于碎片化的存在,所以该策略并不是最优策略。正如我们在 8.6 节中看到的,两级调度程序有其自身的限制。表 8.2 提供了对单调度程序、静态分区集群的调度程序、两级调度程序和多个独立的共享状态调度程序的比较。

表 8.2 对 4 种类型的调度程序的比较。调度程序在以下方面有所不同:范围,即控制的资源集;冲突的可能性和解决冲突的方法;分配粒度,即组联合调度与逐个任务调度;调度策略

调度程序	资源	冲突	粒度	策略
整体调度(如 Borg)	所有可用资源	无	全局	优先级和抢占
静态分区(如 Dryad)	固定的资源子集	无	预分区策略	独立于调度程序
两级(如 Mesos)	动态的资源子集	悲观	组调度	严格公平性
共享状态(如 Omega)	所有可用资源	乐观	预调度策略	优先级和抢占

利用轻量模拟器对 Omega 和其他调度程序进行了比较研究。该模拟器的两级调度模型模拟了 Mesos,通过交替向不同的调度程序提供所有可用的集群资源来实现公平性。它假定任务的强度较低,因此可频繁获取资源,并且调度程序决策很快。因此,较长的调度程序决策时间意味着,在较长时间内其他调度程序无法使用集群资源的子集。模拟结果表明,Omega 是可伸缩的,在实际工作负载下,独立调度程序之间的干扰很小。该模拟器还用于研究对 MapReduce 应用程序有用的分组调度[39]。

可以使用更精确的跟踪驱动调度程序来进一步了解调度程序冲突。跟踪驱动模拟非常具有挑战性,此外,大量的简化假设限制了模拟器结果的准确性。为 Omega 设计的跟踪驱动模拟器既不能模拟机器故障,也不能模拟资源请求与这些资源在跟踪中的实际使用之间的差异。跟踪驱动模拟器产生的结果与轻量模拟器的结果基本一致。

8.9 QoS 感知集群管理

服务质量(QoS)保证对于云应用程序的设计者以及希望其云工作负载有定义明确范围的响应时间、执行时间或其他重要性能指标的计算机云用户而言非常重要。强制执行工作负载约束绝非易事,因此很少有集群管理系统能够合理地要求提供足够的 QoS 支持。

集群管理的两个方面——资源分配和资源安排,对支持 QoS 保证起着关键作用。资源分配是确定工作负载所需资源数量的过程,而资源安排则是识别满足分配的资源的位置。资源管理的两个方面都需要能够将给定工作负载分为几个不同类型之一。分类后,精确分配给工作负载该类的典型资源量,分配资源,监视工作负载执行情况,并在需要时调整此数量。

QoS 和工作负载分类。由于系统工作负载的范围广泛,工作负载分类是一个具有挑战性的问题。因此,需要一种有效的过滤机制来支持能够进行实时决策的分类算法。分类被推荐系统广泛使用,例如 Netflix 使用的推荐系统。推荐系统试图通过过滤来自多个用户的关于该物品的信息来预测用户对物品的偏好。这类系统用于推荐研究文章、书籍、电影、音乐、新闻和任何可以想象的物品。

关于 Netflix 挑战[60,136]的简短介绍有助于我们理解 QoS 感知集群管理的分类技术的基础。Netflix 挑战使用奇异值分解(SVD)和 PQ 重构[57,508]。SVD 的输入是秩为 r 的稀疏矩阵 A,描述了 n 个观察者和 m 个电影组成的系统,将这个系统分解为三个矩阵 U、Σ 和 V 的乘积:

$$A_{m,n} = \begin{pmatrix} a_{1,1} & a_{1,2} & \cdots & a_{1,n} \\ a_{2,1} & a_{2,2} & \cdots & a_{2,n} \\ \vdots & \vdots & & \vdots \\ a_{m,1} & a_{m,2} & \cdots & a_{m,n} \end{pmatrix} = U\Sigma V^{\mathrm{t}} \tag{8.2}$$

且

$$U_{m,r} = \begin{pmatrix} u_{1,1} & u_{1,2} & \cdots & u_{1,r} \\ u_{2,1} & u_{2,2} & \cdots & u_{2,r} \\ \vdots & \vdots & & \vdots \\ u_{m,1} & u_{m,2} & \cdots & u_{m,r} \end{pmatrix} \quad V_{r,n} = \begin{pmatrix} v_{1,1} & v_{1,2} & \cdots & v_{1,n} \\ v_{2,1} & v_{2,2} & \cdots & v_{2,n} \\ \vdots & \vdots & & \vdots \\ v_{r,1} & v_{r,2} & \cdots & v_{r,n} \end{pmatrix} \tag{8.3}$$

矩阵 A 的奇异值的对角矩阵是

$$\Sigma_{r,r} = \begin{pmatrix} \sigma_{1,1} & 0 & \cdots & 0 \\ 0 & \sigma_{2,2} & \cdots & 0 \\ \vdots & \vdots & & \vdots \\ 0 & 0 & \cdots & \sigma_{r,r} \end{pmatrix} \tag{8.4}$$

矩阵元素 $a_{ij} \in A$,$1 \leqslant i \leqslant m$,$1 \leqslant j \leqslant n$。SVD 将矩阵 A 分解为 $A = U \cdot \Sigma \cdot V^{\mathrm{t}}$,$U$ 为左奇异向量矩阵,表示矩阵 A 的行与相似值之间的相关关系,Σ 为相似值矩阵,V 为右奇异向量矩阵,表示 A 的列与相似值之间的相关关系。

利用随机梯度下降(SGD)[57]的 PQ 重构,使用矩阵 U 和 V 重建矩阵 A 中的缺失项。A 的初始重构使用 $P^{\mathrm{t}} = \Sigma \cdot V^{\mathrm{t}}$,$V = U$。SGD 在 $R = Q \cdot P^{\mathrm{t}}$ 的元素 $R = [r_{ui}]$ 上迭代直到收敛。迭代过程分别使用两个由经验确定的值 η 和 λ,即学习速率和 SGD 正则化因子。还使用两个参数 μ 和 b_u,即平均分(average rating)和用户偏见(user bias),用户偏见表示一些观看者与正常者的分歧。每次迭代时的误差 ε_{ui} 以及值 q_i 和 p_u 计算为:

$$\varepsilon_{ui} \leftarrow r_{ui} - \mu - b_u - q_i \cdot p_u^t$$
$$q_i \leftarrow q_i + \eta(\varepsilon_{ui} p_u - \lambda q_i) \quad (8.5)$$
$$p_u \leftarrow p_u + \eta(\varepsilon_{ui} q_i - \lambda p_u)$$

迭代继续进行，直到误差的 L2 范数变得任意小：

$$|\varepsilon|_{L2} = \sqrt{\sum_{u,i} |\varepsilon_{ui}|^2} \leqslant \varepsilon \quad (8.6)$$

随机梯度下降的收敛速度受真实梯度噪声逼近的约束。当增益衰减过慢时，参数估计的方差衰减同样缓慢。当增益下降过快时，参数估计的期望需要很长时间才能达到最优。SVD 的复杂度为 $\mathcal{O}(\min[n^2 m, m^2 n])$，SGD 的 PQ 重构的复杂度为 $\mathcal{O}(n \times m)$。

Quasar。斯坦福大学开发的两个系统（Quasar[137] 和它的前身 Paragon[135]）实现了一种以性能为中心的集群管理方法。Paragon 只处理资源安排，而 Quasar 则实现资源分配和资源安排。

Quasar 使用 C、C++ 和 Python 实现，运行在 Linux 和 OS X 上，支持用 C/C++、Java 和 Python 编写的应用程序。应用程序不必修改就能运行，没有必要为了在 Quasar 下运行而修改它们。

Quasar 的实现主要基于几个创新的想法。其中之一是关于预订系统和用户很少能够准确预测其应用程序的资源需求的实现。此外，性能隔离虽然非常必要，但很难实现。因此，应用程序使用的执行时间和资源可能会受到共享相同物理平台的其他应用程序的影响。这就是预订系统经常导致资源利用率不足和很少提供 QoS 保证的原因。

Quasar 提供了一个高级接口，允许用户以及广泛使用的框架中集成的调度来表达对它们管理的工作负载的约束。然后将这些约束转换为可操作的资源分配决策。最后，使用分类技术来评估这些决策对所有系统工作负载的影响。

不同类型的工作负载的性能约束是不同的。对于事务处理系统，它反映了用户所经历的响应时间，所以系统带宽（每秒查询数）表示非常有实际意义的约束。对于大型批处理工作负载，例如涉及 Hadoop 框架的工作负载，执行时间才是最终用户的期望。

为了有效地操作，分类算法基于四个参数：每个节点的资源、分配的节点数、服务器类型和安排的干扰程度。这四种独立分类的结果通过贪婪算法结合起来，该算法尽可能精确地确定满足性能约束所需的资源集合。该系统持续监控工作负载的性能，并在可行的情况下调整分配。

该分类系统并不完全依赖于用户对工作负载的描述，而是从预筛选中收集工作负载信息，并与从数据库中收集的关于过去工作负载的信息相结合。一旦在系统中被接受，工作负载将在几个服务器上的短时间执行期间，通过两个随机选择的垂直扩展（scale up）进行概要分析。

例如，Hadoop 工作负载针对少量映射任务和两个参数配置进行了概要分析，例如每个节点的映射器数量、Java AM 堆的大小、块大小、每个任务的内存量、复制因子和压缩因子。然后将配置数据上传到矩阵，其中工作负载为行，垂直扩展配置为列。为了限制列的数量，将向量量化为核、内存和存储块的整数倍。配置还包括工作负载的所有相关数据。

分类引擎和调度程序。分类引擎区分了为工作负载分配更多的服务器（称为资源水平扩展），以及从已分配给工作负载的服务器中获取额外的资源（称为资源垂直扩展）。Quasar 分类引擎对每个工作负载执行四种分类，分别是垂直扩展、水平扩展、异构性和干扰。有些工作负载可能需要两种类型的扩展，其他的则需要一种或另一种类型的扩展。例如，Quasar 可以监控每秒查询的数量和 Web 服务器的延迟，并应用这两种类型的扩展。最初，Quasar 专注于计算核、内存和存储容量，并且很快就会包含网络带宽参数。

除了纵向和水平扩展外，还有两种其他类型的分类：异质性和干扰。为了操作一个小尺寸矩阵，从而降低计算复杂度，这四种类型的分类是独立和并发的。贪婪调度程序结合了来自四种分类的数据。

水平扩展分类评估核数、高速缓存和内存大小如何影响性能。水平扩展分类仅适用于可以使用多个服务器的多种类型的工作负载，并且使用与垂直扩展分类相同的参数进行分析。异构性分类是在几个随机选择的服务器上分析工作负载的结果。最后，干扰分类反映了使用共享核、缓存、内存和通信带宽的其他工作负载的敏感性和容差。

贪婪调度程序的目标是在满足其服务水平目标⊖（Service Level Objectives，SLO）的前提下，为每个工作负载分配最少的资源。对于每个分配请求，调度程序根据资源质量对可用服务器进行排序，例如，可持续吞吐量与最小干扰相结合。首先，它尝试纵向垂直扩展，在每个节点上分配更多资源，然后，如果需要，切换到水平扩展，分配额外的节点，同时尽可能降低节点的总数。

资源以先来先服务（First Come First Serve，FCFS）算法分配给应用程序。这可能导致次优分配，但是这种分配很容易抽样监测一些工作负载。调度程序还实现了入口控制，防止过度订购。

总之，Quasar 提供了 QoS 保证，同时提高了资源利用率。这个过程从短期运行应用的初始分析开始。来自初始分析中的信息将使用关于四个因素的信息进行扩展，这四个因素可以影响性能：垂直扩展、水平扩展、异构性和干扰。然后，贪婪的调度程序使用分类输出来分配资源，从而使 SLO 合规性和资源利用率最大化。

8.10 资源隔离

本章中一个反复出现的主题是：集群管理系统必须为各种应用提供良好的性能，并为每个工作负载提供严格的 SLO 所承诺的性能。应用混合的主要组件是延迟关键（latency-critical，LC）工作（例如 Web 搜索）以及尽力而为（best-effort，BE）工作（例如 Hadoop）。这两种工作共享服务器并相互竞争资源。

到目前为止讨论的资源管理系统在集群级别上很有效，但在独立的多服务器或独立的多处理器级别上不是很有效。首先，由于处理器的状态变化很快，而通信延迟阻碍了对这些变化的及时响应，导致它们无法获得准确的信息。其次，用于细粒度服务器资源调优的集中式甚至分布式系统将不具有扩展性。

每个服务器都应该对不断变化的需求做出响应，并动态地调整位于同一位置的工作负载所使用的资源以达到平衡。这需要一个带反馈的系统来实现隔离延迟（iso-latency）策略，换句话说，提供足够的资源以满足 SLO。更直接地说，这意味着允许 LC 工作扩展其资源组合，而牺牲共存（co-located）的 BE 工作。

这是由斯坦福大学和谷歌开发的 Heracles 系统的基本理念[311]。在本节中，我们将讨论 Heracles 控制器用于隔离共存工作的实时机制。在这种情况下，术语"隔离"意味着防

⊖ SLO：服务水平目标是 SLA 的关键元素，SLO 被认为是一种度量 CSP 性能的方法，它同样是一种避免用户与 CSP 因为误解而发生争执的方法。

止尽力而为的工作干扰延迟关键工作的 SLO。

延迟关键工作。详细研究三个谷歌延迟关键工作 websearch、ml_cluster 和 memkeyval，可以帮助我们更好地理解为什么资源隔离对于共存工作是必要的。第一个是 Websearch，它是 Web 搜索服务的查询组件。每个查询都有大量输出接口(fan-out)连接到数千个叶子节点，每个叶子节点都处理存储在 DRAM 中的搜索索引碎片上的查询。每个叶子节点都有严格的 SLO，SLO 的时间为几十毫秒。这个任务是计算密集型的，因为它必须对搜索结果进行排序，并且具有一组很小的工作指令、较大的内存占用和适度的 DRAM 带宽。

第二个是 ml_cluster，它是一个独立的服务，使用机器学习将文本片段分配给集群。它的 SLO 也是几十毫秒。与 memkeyval 相比，它有较少的 CPU 占用，需要更大的内存带宽和更低的网络带宽。对该服务的每个请求占用的缓存空间都很小，但是高速率的挂起请求会对缓存和 DRAM 造成负担。

第三个是 memkeyval，是 Web 服务后端使用的内存中键值存储。它的 SLO 延迟是几百微秒。由于网络协议处理需要 CPU 周期，高频请求率使得该服务成为计算密集型的。

共享多个独立服务器的资源非常复杂，因为在任何给定时间 LC 工作的强度都是不可预测的，因此除非采取特殊的预防措施，否则它们的延迟约束不太可能在需求高峰时得到满足。首先考虑的可能是 LC 工作负载峰值需求所需的资源预留。但这种幼稚的解决方案是非常低效的，它导致低或极低的资源利用率，因此，需要更好的替代方案。

处理器资源。接下来将讨论受动态伸缩影响的处理器资源，以及对于每个资源的资源隔离机制。物理核、缓存、DRAM、处理器电源和网络带宽都是影响 LC 工作负载满足其 SLO 约束能力的资源。单独的资源隔离是不够的，而跨资源的交互需要仔细检查。例如，缓存争用影响 DRAM 带宽，因为通信协议会消耗大量 CPU 周期，分配给查询处理的大网络带宽会影响 CPU 利用率。

处理器核是提供 CPU 周期的引擎，也是动态分配(而不是静态分配)工作负载的明显目标。多核英特尔处理器中的超线程(HT)使这个问题变得复杂。HT 是 8.3 节中讨论的 SMT(同步多线程)的一种专有形式。HT 利用超标量体系结构，增加了流水线中独立指令的数量。操作系统的每个物理核使用两个虚拟核，并尽可能在它们之间共享工作负载。两个虚拟核之间的共享会干扰指令执行、共享缓存和转址旁路缓存⊖(Translation Look-aside Buffer，TLB)操作。

动态频率调节是一种调整共享一个插槽的核的时钟频率的技术。频率越高，每个核在单位时间内执行的指令越多，处理器的功耗就越大。时钟频率与处理器的工作电压有关。*动态电压调节*是一种经常与频率调节一起使用的功率守恒技术，因此被称为*动态电压和频率调节*(DVFS)。

基于 DVFS 的超频(overclocking)技术在工作负载增加时，会将处理器核的时钟频率提高到高于正常的水平。要允许英特尔处理器的核独立调整其时钟频率，应在基本输入/输出系统⊖(BIOS)中启用增强型 Intel SpeedStep 技术选项。为了降低尽力而为工作负载，Heracles 减少了分配给尽力而为任务的核数量。

⊖ TLB：可以视为动态地址转换的缓存，拥有虚拟内存中最近使用页面的物理地址。
⊖ BIOS：在计算机系统启动后加载操作系统，之后管理操作系统与设备(如键盘、鼠标、磁盘、视频适配器和打印机)之间的数据流。

周期停顿限制了各单核的有效 IPC(每个时钟周期的指令)。这意味着共享的末级缓存⊖(Last level cache，LLC)是 LC 和 BE 共存工作共享的另一个关键资源，应该动态分配。最后，DRAM 带宽会极大地影响内存占用较大的应用程序的性能。

关于如何实现允许 LC 工作垂直扩展的隔离机制的问题，可以将此任务委托给本地调度程序。为什么不使用现有的持续工作⊜(work-conserving)的实时调度程序，如 SCHED_FIFO 或 CFS(完全公平的调度程序)呢？大多数操作系统所使用的实时调度程序都有那么一瞬间会令我们确信，这些调度程序是为支持数据流而设计的，不能满足 LC 任务的 SLO 需求。

SCHED_FIFO 调度程序将 CPU 分配给高优先级进程，直到进程需要它为止，只满足高优先级实时进程的需要。它使用"实时带宽"(rt_bandwidth)概念来缓解多个进程之间的冲突；一旦进程超过了它所分配的 rt_bandwidth，它就会挂起。由于 LC 任务带宽的变化，SCHED_FIFO 调度程序不能满足 LC 任务的 SLO 要求。

CFS 使用红黑树(red-black tree)⊜，它的节点派生自通用 task_struct 进程描述符，并带有附加信息。CFS 基于"睡眠者公平"概念，强制执行这样一条规则：当交互任务需要时，花费大部分时间在等待用户输入或其他事件上的交互任务获得与其他进程相当的 CPU 时间份额。由于每个新的查询请求都会生成线程，所以我们发现这种方法并不令人满意。

服务器内部的通信带宽共享由操作系统控制。可以配置 Linux 以保证延迟关键工作的传出带宽。对于输入流量，在触发通信协议的流量控制机制之前，必须对核分配进行节流。服务器之间的通信由集群互连结构支持，并且可以通过通信协议来提供可靠性，通信协议优先考虑典型的延迟关键工作的短消息。

微体系结构级别的工作负载隔离需要架构支持。较新的英特尔处理器(如 Xeon E5-2600 v3 系列)提供了管理共享资源的硬件框架，例如基于缓存监控技术(CMT)和缓存分配技术(CAT)的末级缓存。CMT 允许操作系统或管理程序通过平台上运行的应用程序确定缓存的使用情况。它为计划在核上运行的每个应用程序或虚拟机分配一个资源监视 ID(RMID)，并根据每个 RMID 监视缓存占用情况。CAT 允许根据服务类(COS)访问缓存的一部分。

Heracles 的组织和运作。Heracles 在每台服务器上作为一个单独的实例运行，并管理延迟关键任务和尽力而为任务之间的本地交互。图 8.5 显示了用于核、缓存和 DRAM、电源管理以及通信带宽的延迟关键控制器和三个资源控制器。控制器使用松弛度(slack)，即 SLO 目标与被测性能指标尾部的差值。延迟松弛为负值意味着延迟关键工作负载的强度增加了，并且快要超过其 SLO 延迟，因此需要更多的资源。延迟关键控制器的操作由以下伪代码描述：

⊖ LLC：在访问内存之前调用的缓存。多核处理器具有多级缓存。每个核都有自己的 L1 I-cache(指令缓存)和 D-cache(数据缓存)。有时两个核共享同一个统一(指令＋数据)二级缓存，而所有核共享一个三级缓存。在这种情况下，最高的共享 LLC 是 L3。

⊜ 持续工作的调度程序会尝试使资源繁忙(如果有工作要做)，而非节省工作的调度程序，当有工作要做时，调度程序可能会使资源空闲。

⊜ 红黑树：一种自平衡二叉搜索树，其中每个节点都有一个"颜色"比特(红色或黑色)，以确保树在插入和删除期间保持近似平衡。

```
while True
    latency = Poll_Latency-critical -AppLatency
    load    = Poll_latency-critical -AppLoad
    slack = (target - latency)/target
    if slack < 0
        Disable Best-effort
        EnterCoolDown()
    elseif load > 0.85
        Disable best-effort
    elseif load < 0.80
        Enable Best-effort
    else if slack < 0.10
        Dissallow Best-effort Growth
        if slack < 0.05
        Best-effort_core.RemoveTwoCores
sleep{15}
```

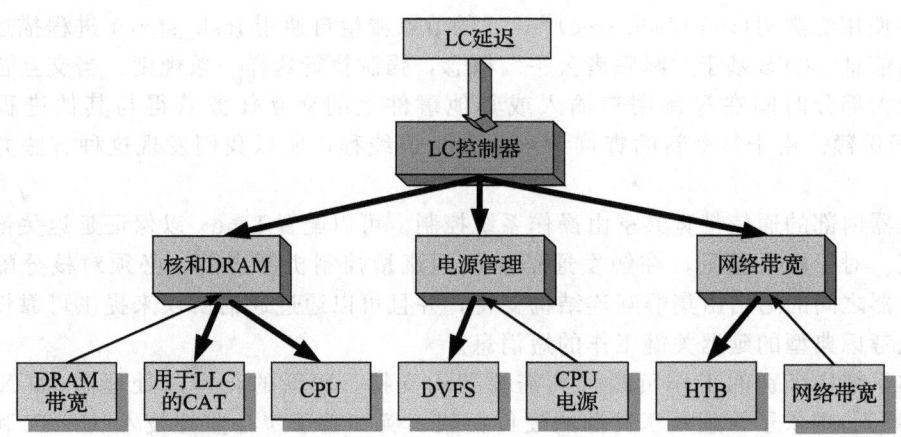

图 8.5 Heracles 的组织。系统在每个服务器上运行，控制单个 LC 工作负载和多个尽力而为任务的隔离。LC 控制器根据有关 LC 工作负载延迟约束的信息来工作，并管理三个资源控制器：核和 DRAM——使用 CAT 进行 LLC 管理，并根据 DRAM 带宽数据进行操作；电源管理——使用 CPU 功耗信息对 DVFS 进行操作；网络带宽——使用具有 HTB(令牌桶排队)规则的 qdisc 调度程序和网络带宽监视系统提供的信息，对来自尽力而为任务的传出流量实施带宽限制

延迟关键控制器每 15 个单位时间激活一次，并将延迟关键应用程序延迟及其负载用作输入。当松弛度为负或当延迟关键负载大于容量的 80% 时，尽力而为应用被禁用。如果松弛度小于 10%，则不允许尽力而为任务增长，并且当松弛度进一步减少到 5% 时，分配给尽力而为任务的两个核将被删除。当延迟关键负载低于 80% 时，将启用尽力而为。

分配给工作负载的核数量、LLC 缓存和 DRAM 需求之间存在很强的关系。这种强相关性解释了为什么一个专门的控制器专门用于核、LLC 和 DRAM 的管理。该控制器的主要目的是避免存储器带宽饱和。触发动作的高水位标记(high-water mark)是每个核内存流量的硬件计数器值所测量的峰值流 DRAM 带宽的 90%。当达到这个限制时，核将从尽力而为任务中删除。

当 DRAM 带宽不饱和时，梯度下降法是在满足延迟关键任务 SLO 的条件下，通过在增加核数和增加分配给尽力而为任务的缓存区数之间的交替，来寻找最大核数和缓存区数。功率控制器确定是否有足够的功率松弛度，以保证最低时钟频率的延迟关键 SLO。使用三种延迟关键工作负载对系统进行评估，结果显示平均 90% 的资源使用没有任何 SLO 冲突。

8.11 大数据的内存集群计算

在云计算中,系统和应用之间的区别是模糊的。软件栈包含了基于抽象的组件,抽象结合了应用和系统管理的各个方面。在加州大学伯克利分校开发的两个系统 Spark[542] 和 Tachyon[301] 就是云软件栈中这类元素的完美例子。

在可预见的将来,假设非常大的集群能够容纳 PB 级的内存存储是不现实的。即使存储成本会显著下降,服务器之间的密集通信也会限制性能。存在迭代和其他类别的大数据应用,它们会重复使用输入数据的稳定子集。在这种情况下,如果输入数据的工作集被发现,将其加载到内存中并保留以备将来使用,则可以预期性能会有显著提高。

此类应用的典型例子是那些涉及多个数据库和跨数据库的多个查询,以及涉及同一数据子集的多个查询的交互式数据挖掘。这种迭代算法的另一个著名例子是 PageRank 算法[75],其中的数据共享更为复杂。在每次迭代 i,具有排名 $r^{(i)}$ 和 n 个邻居的文档,向邻居中的每一个发送 $r^{(i)}/n$ 的贡献。然后将自己的排名更新为:

$$r^{i+1} = \frac{\alpha}{N} + (1-\alpha)\sum_{j=1}^{n} c_j \tag{8.7}$$

其中 α 是转储因子,N 是数据库中文档的数量,是它收到的所有贡献相加的总和。

分布式共享内存(Distributed Shared-Memory,DSM)是内存数据重用的解决方案。DSM 允许细粒度操作,但是各个数据元素的访问对本节讨论的应用程序类不是特别有用。DSM 不支持有效的故障恢复和数据分发,也不会显著提高性能。针对不同框架的内存数据重用的专门方案已经实现,例如,针对 MapReduce 的 HaLoop[79]。

问题在于是否可以开发适合广泛应用和用例的数据共享抽象,以支持基于粗粒度转换的受限共享内存形式。这种抽象应该提供一个简单但富有表现力的用户界面(允许最终用户描述数据转换)以及强大的后台机制,以符合系统配置和系统当前状态的方式执行数据操作。

数据共享抽象。弹性分布式数据集(Resilient Distributed Dataset,RDD)的概念引入了容错并行数据结构[541]。RDD 允许用户保留中间结果,并优化它们在大型集群内存中的位置信息。RDD 的用户接口公开:分区,数据集的原子片段;对父 RDD 的依赖;构建数据集的功能;关于数据位置的元数据。

Spark 提供了一组操作符,可以使用一组粗粒度操作(如 map、union、sample 和 join)有效地操作这些持久数据集。map 创建一个对象,该对象具有与其父对象相同的分区和首选位置,但是将功能应用于 iterator 方法的调用参数(该方法应用于父记录)。union 应用于两个 RDD,返回一个 RDD,其分区是两个父节点分区的并集。sample 类似于 map,但 RDD 为每个分区存储一个随机数生成器,以确定地采样父记录。join 创建一 RDD,具有两个窄、两个宽或混合的依赖项。

在运行时,用户创建的驱动程序启动多个工作程序,以便从分布式文件系统(如 HDFS)读取数据,并将其分布在多个 RDD 分区中。Spark 调度程序使用的延迟调度算法[541]保证了任务的本地化。如果任务失败而父节点仍然可用,系统将在另一个节点上重新启动它。太大而无法装入内存的分区将存储在辅存上,若固态盘可用,可能存储在固态盘上。

Spark[542] 和 RDD 仅限于执行批量编写的 I/O 密集型应用程序。本节稍后讨论的 Spark 和 Tachyon[301] 共享世袭(lineage)的概念,以支持错误恢复,而不需要复制数据。世袭意味着从共同的祖先追溯后代，在本节的语境中，它意味着通过再次执行创建丢失数据的任务来恢复丢失的输出。

Spark 驱动程序。假设一个应用程序想要将存储在 HDFS 中的大型日志文件作为文本行的集合进行访问。我们希望：创建一个称为行错误的持久数据集，以前缀"ERROR"开头，分布在集群的内存中；计算这个持久数据集中的行数；计算包含字符串"MySQL"的错误数；返回错误的时间，假设时间是名为 HDFS 的数组中制表符分隔格式下的第三个字段。下面的自解释 Spark 代码将完成这项工作。

```
lines = spark.textFile("hdfs://...")
errors = lines.filter(_.startsWith("ERROR"))
errors.persist()
errors.count
errors.filter(_.contains("MySQL")).count()
errors.filter(_.contains("HDFS")).map(_.split('\t')(3)).collect()
```

请注意，未存储 lines 数据集，只有小得多的 errors 数据集存储在内存中，并用于这三个操作。之后，Spark 调度程序会将一组承载最后两个转换的任务分派给缓存的 errors 分区所在的节点。

式(8.7)中 PageRank 算法的 Spark 代码为：

```
// Load graph as an RDD of (URL, outlinks) pairs
val links = spark.textFile(...).map(...).persist()
var ranks = // RDD of (URL, rank) pairs
for (i <- 1 to ITERATIONS) {
// Build RDD of (targetURL, float) pairs with contributions sent by each page
val contribs = links.join(ranks).flatMap {
    (url, (links, rank)) =>links.map(dest => (dest, rank/links.size))
  }
// Sum contributions by URL and get new ranks
ranks = contribs.reduceByKey((x,y) => x+y).mapValues(sum => a/N + (1-a)*sum)
}
```

PageRank 算法的多次迭代的 map、reduce、join 操作和世袭数据集如图 8.6 所示。

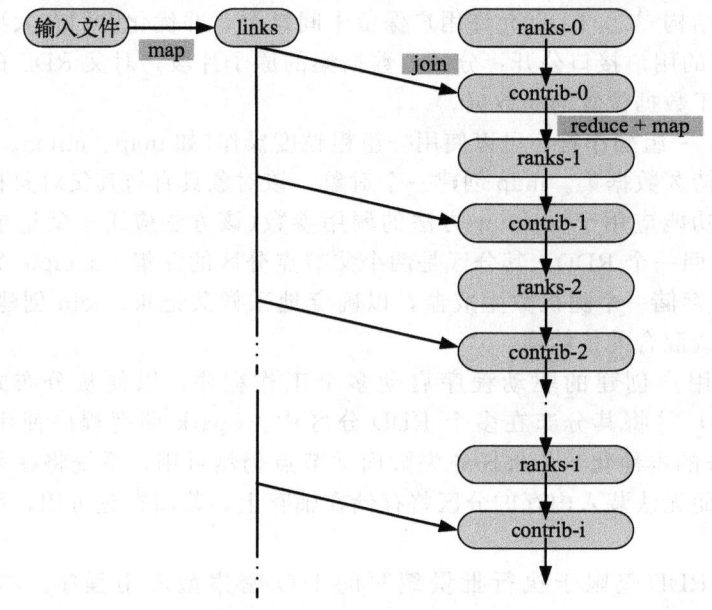

图 8.6　PageRank 算法示意图

每次迭代都会创建一个新的 ranks 数据集，明智的做法是调用 persist 操作，使用 RELIABLE 参数将数据集保存在辅存上，并在系统出现故障时减少恢复时间。可以按照与 links 相同的方式对 ranks 进行分区，以确保 join 操作不需要通信。

Spark 依赖。Spark 中一个重要的设计决策是区分窄依赖和宽依赖。前者只允许一个 RDD 分区使用父分区，允许在一个集群上进行流水线执行来计算所有父分区；例如，精华（marrow）分区允许 map 应用在逐元素的基础上跟着 filter 进行筛选。此外，对于窄依赖，节点故障后的恢复更有效，只需要重新计算丢失的父节点，这可以并行完成。

另一方面，宽依赖允许多个子元素依赖于一个父元素。来自所有父分区的数据必须可用，并跨节点洗牌，以便进行 MapReduce 操作。这也使节点故障后的恢复变得复杂。图 8.7 显示了 map、filter、union、join 和 group 操作对 RDD 分区上的依赖的影响。

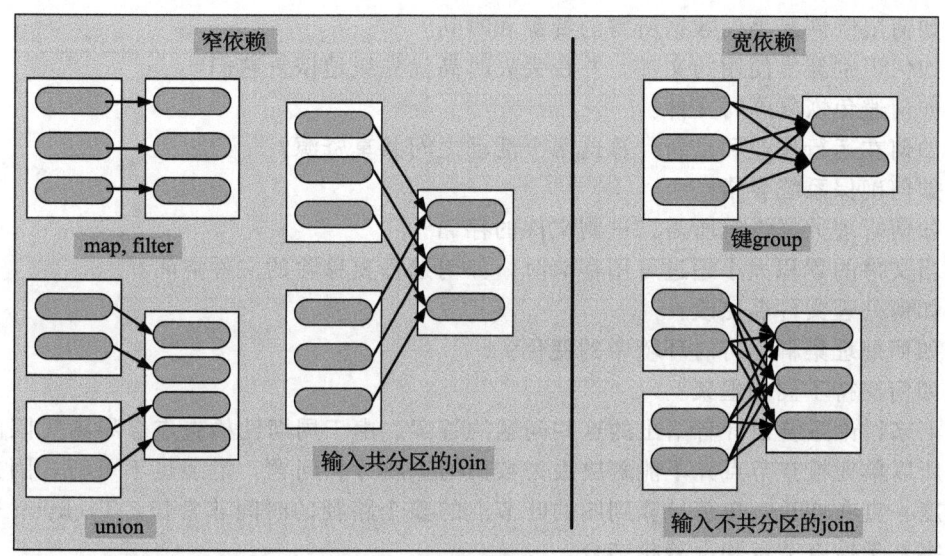

图 8.7　Spark 中的窄依赖和宽依赖。对于窄依赖，箭头显示的分区变换包括：1 个 RDD 的 map 和 filter，2 个 RDD 的 union，以及 2 个 RDD 的输入共分区的 join。此时仅允许 RDD 的一个分区使用父 RDD。对于宽依赖，当多个子节点依赖于单个父节点时，会呈现两种变换：1 个 RDD 的键 group，以及 2 个 RDD 的输入不共分区的 join

持久性 RDD 可以作为反序列化 Java 对象或序列化数据存储在内存中，也可以存储在磁盘上。在节点发生故障后，世袭是一种非常有效的恢复 RDD 的工具。Spark 还支持检查点，这对于大型世袭图特别有用。

根据文献[542]："对于迭代应用，Spark 的速度比 Hadoop 快 20 倍，数据分析报告的速度提高了 40 倍，并可交互地扫描 1TB 数据集，延迟为 5～7 秒。"Spark 非常强大，仅 200 行 Spark 代码便实现了 MapReduce 应用的 HaLoop 模型。HaLoop[79] 通过对迭代应用的编程支持扩展了 MapReduce，并通过添加各种缓存机制和使任务调度程序具有循环感知来提高效率。

这些结果表明，高速缓存显著提高了运行在仅支持 append 操作的 HDFS 等存储系统上的大数据应用的性能。丢失的数据可以通过世袭恢复，不需要复制不可变数据。另一方面，涉及写操作的应用程序的容错性更具挑战性。当在集群的多个节点上编写数据项时，基于数据复制的容错会导致显著的性能损失。

硬盘和固态盘的写带宽吞吐量都比内存带宽低三个数量级。只有固态盘的随机访问延迟远低于硬盘的延迟，它们的顺序 I/O 带宽并不大。网络带宽也比内存带宽低几个数量级。接下来讨论的系统精确地解决了内存数据集支持容错的问题，其中必须同时支持读和写操作。

Tachyon。该系统旨在为执行大量读写的应用程序提供高吞吐量的内存存储[301]。针对大数据工作负载（参见第 12 章）的系统名称"Tachyon"⊖，最有可能是为了反映系统的性能，在希腊语中"tachy"的意思是"快"。为了恢复丢失的数据，系统利用了 Spark 也使用的世袭概念，并避免了可能严重影响性能的数据复制。

为了支持读操作和写操作，数据集的容错、内存缓存需要回答几个具有挑战性的问题：

- 如何恢复由于服务器故障而丢失的数据？
- 如何限制恢复丢失数据所需的资源和时间？
- 如何识别经常使用的文件，并在丢失时高优先级地恢复它们？
- 如何避免恢复临时文件？
- 如何在运行作业和重新计算这两个活动之间共享资源？
- 如何确保系统容错？
- 如何管理数据恢复所需二进制文件的存储？
- 当文件的累积大小超过可用存储时，如何选择要移除的文件空间？
- 如何处理文件名更改？
- 如何处理集群运行时环境中的变化？
- 如何支持不同的框架？

接下来讨论系统设计者给出的这些问题的答案。由于周期性检查点会导致无限的恢复时间，所以单凭检查节点并不能解决丢失数据的重新计算问题。世袭也不可行，因为世袭图的深度一直在增长，重新计算到图的叶节点的整个路径的时间非常长。Tachyon 采用的解决方案基于检查节点和世袭相结合。

在边缘算法[301]检查点中，只引入世袭有向无环图（Directed Acyclic Graph，DAG）的叶节点。这种策略减少了有检查点的文件的数量，并限制了恢复所需的资源。这种方法的隐含假设是，数据在连续检查点之间是不可变的。如果在两个连续检查点之间修改数据，则应该对数据进行版本控制，来自相同父节点的不同文件应该具有不同的 ID。

与每个文件关联的读计数器被用作文件的优先级。频繁读取的文件具有高优先级，而读取计数较低的临时文件则被避免。使用世袭在后台异步地进行重新计算，从而减少了对集群上运行的作业的干扰，并保证了它们的 SLO。该系统由一个 Tachyon 主控制器控制，如果当前主程序失败，则由多个备用副本接管。如果主控制器失败，则使用 Paxos 算法来选择下一个主控制器。

计算文件的世袭需要重新运行从创建父项的实例执行的所有应用程序的二进制文件，直到丢失的数据被再次创建。工作流管理器（一个 Tachyon 主控制器上的组件）对每个文件使用 DAG，并对节点进行深度优先搜索（DFS），以触达目标文件；当它触达表示已经在存储中的文件的节点时就停止。因此，我们可以自问，对于所有可能在恢复过程中执行的作业的二进制文件，需要多少存储空间。微软收集的数据表明，一个典型的数据中心每天

⊖ Tachyon 也是一个假设粒子的名称，该粒子的运动速度快于光速。在现代物理学中，"tachyon"是指虚构的质量场，而不是比光速快的粒子。

运行大约 1 000 个作业,在一年的时间内,所有二进制文件的存储空间需要大约 1TB[209]。

数据清除策略基于 LRU(最近最少使用)。该策略根据访问频率和时间本地化进行验证。根据跨行业研究[105],大型数据中心的文件访问通常遵循类似 Zipf 的分布,75%的重访问发生在 6 小时内。通过世袭信息记录中的不可变 ID 唯一标识文件,以解决文件名变更。这可以确保按照世袭所描绘的顺序列表重新计算。

在集群运行时环境中,用于重新计算丢失数据的框架版本的更改和 OS 版本的更改是最频繁的。为解决此问题,系统将在任何此类更改之前以同步模式运行,此时检查所有未复制的文件并保存新数据。完成此操作后,将禁用此模式。最后,Tachyon 需要在框架中编写程序,以便在编写新文件之前提供信息。此信息用于决定该文件是否应该只在内存中,以及使用其世袭来恢复丢失的文件。

边缘算法。该算法由含有顶点和边的 DAG 文件表示父类到所有子类的转换。该算法检查图的叶子节点。例如,假设文件 A_0 的世袭链包括文件 $\{A_0, A_1, A_2, \cdots, A_i, \cdots, A_j, \cdots\}$。然后,如果存在 A_i 的检查点并且 A_j 丢失,则重新计算从最新的检查点开始,在这种情况下是 A_i,而不是 A_0。图 8.8 显示了两个文件 A_1 和 B_1 的世袭 DAG 以及在几个时间点实例处的叶子检查点;首先是 A_1 和 B_1,然后是 A_4、B_4、B_5 和 B_6。

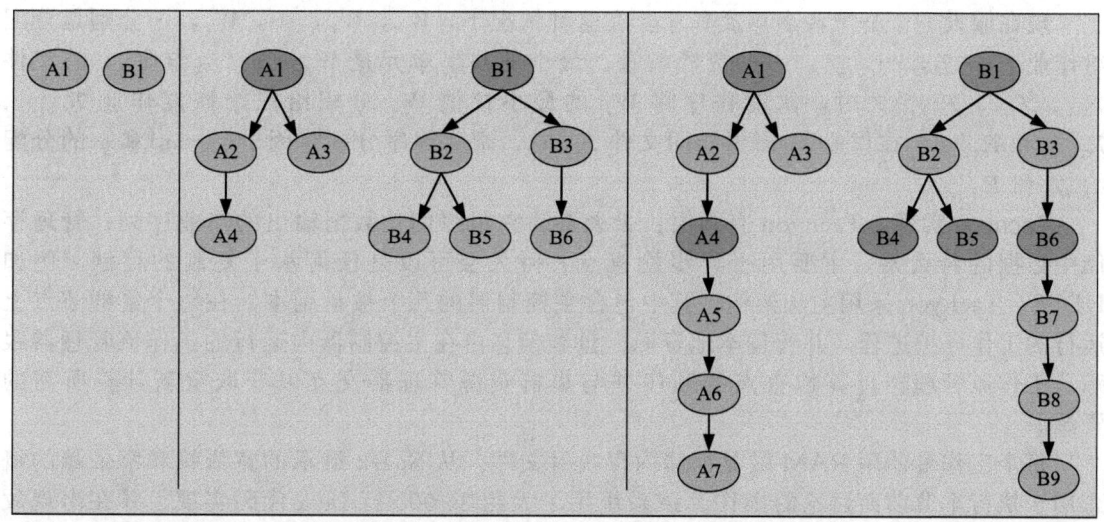

图 8.8 边缘算法说明。深灰色椭圆表示选中的文件,浅灰色椭圆表示未选中的文件。世袭由 DAG 表示,其中顶点表示文件,边表示父类到所有子类的转换。图中给出的是两个文件 A_1 和 B_1 的世袭 DAG。在每个阶段,只有世袭 DAG 的叶节点被选中。首先是 A_1 和 B_1,然后是 A_4、B_4、B_5 和 B_6。在下一个阶段(没有显示在图中),只有 A_7 和 B_9 将被选中

边缘算法没有考虑优先级。均衡算法用基于优先级的检查点替换边缘驱动检查点,并为前者分配百分比为 c 的时间,为后者分配百分比为 $(1-c)$ 的时间。为了保证应用的 SLO,必须限制任何文件的恢复时间。

称 W_i 为 DAG 边缘 i 的检查点时间, G_i 为从其祖先生成边缘 i 的时间。文献[301]中证明了任何文件的恢复时间的两个界限:(1) 仅边缘检查点导致恢复时间的以下界限

$$T^{\text{edge}} = 3 \times M, \text{ 其中}, M = \max_i \{T_i\} \text{ 且 } T_i = \max(W_i, G_i) \tag{8.8}$$

这表明,重计算时间与 DAG 深度无关。(2) 替换的边和优先级检查点恢复时间的界限为

$$T^{\text{edge, priority}} = \frac{3 \times M}{c}, \text{ 其中}, M = \max_i \{T_i\} \text{ 且 } T_i = \max(W_i, G_i) \tag{8.9}$$

资源管理。资源管理政策应解决几个问题。例如，当必须同时恢复多个文件时，系统应考虑数据依赖性，以避免递归任务启动。动态文件检查点的优先级也是必要的；当高优先级作业请求相同文件时，分配给低优先级作业请求的文件的低优先级应自动增加。检查点后应删除世袭记录以节省空间。

当不需要恢复时，所有资源应专用于正常工作。典型的平均服务器利用率很少超过30%，因此大多数时候有足够的资源可用于数据恢复。但当系统接近其容量时该怎么办呢？此时作业和恢复的优先级开始发挥作用，并由集群调度程序使用。

Tachyon有两种最常用的用于集群资源管理的调度策略：基于优先级和基于公平共享的调度。在基于优先级的调度的情况下，默认情况下所有重计算作业都被赋予最低优先级。除非采取预防措施，否则可能会发生死锁。

例如，假设作业J_i的优先级高于它要恢复的文件F的优先级，作业J_i被调度执行。当J_i需要访问F时，另一个作业R_F也需要恢复F，但不能运行，因为它继承了F的优先级。解决方案是优先级继承。在J_i的例子中，作业R_F应该隐式地继承需要F的J_i的优先级。因为它继承了F的较低优先级，如果另一个具有更高优先级的作业需要文件F，那么它的优先级也就是R_F的优先级，应该再次增加。

现在假设一个公平共享调度程序。在这种情况下，W_1，W_2，…，W_i，…分别是分配给作业J_1，J_2，…，J_i，…的资源权重。最小的共享单元是$W_g = 1$。当作业J_i的文件$F_{i,1}$，$F_{i,2}$，$F_{i,3}$丢失时，调度程序将W_i的最小权值W_g分配给三个恢复作业R_{J_i,F_1}、R_{J_i,F_2}和R_{J_i,F_3}。在作业J_i需要访问文件$F_{i,2}$时，调度程序分别将因子$(1-\alpha)$和α的分配给J_i和R_{J_i,F_2}。

Tachyon实现。Tachyon有两层：世袭层，它跟踪创建数据输出的作业序列；管理存储中数据的持久层，主要用于异步检查点。持久层可以是任何基于复制的存储，例如HDFS。Tachyon采用主从架构，其中包含主控制器的几个被动副本、在每个集群节点上运行的工作守护进程，并管理本地资源。世袭信息由在主控制器内运行的工作流管理器跟踪。工作流管理器计算检查点的顺序并与集群资源管理器交互以获取重新计算所需的资源。

每个工作者使用RAM磁盘存储内存映射文件。从Spark继承的宽依赖和窄依赖的概念用于执行本节前面讨论的操作。该系统用了大约36 000行Java代码实现，并在出现故障时使用ZooKeeper选择新的主控制器。

Tachyon世袭可以捕获MapReduce和SQL以及Hadoop的要求。Spark可以在Tachyon之上运行。根据文献[301]，与内存HDFS相比，Tachyon的写入吞吐量高出110倍，且实际工作负载的端到端延迟提高了4倍。它还可以将网络流量减少多达50%，因为在检查点之前会删除许多临时文件。来自Facebook和Bing的数据显示，它所使用的用于重新计算的集群资源不会超过1.65%。

8.12 容器和Docker容器

容器的概念从chroot支持的文件系统扩展到其他名空间，包括进程ID。最初命名的控制组（cgroup）的概念是在2006年谷歌的Linux内核中实现的。cgroup隔离、控制、限制、确定优先级并考虑可用于一组进程的资源，如CPU、内存、磁盘I/O和网络带宽。控制允许冻结进程组、管理检查点和重新启动。资源限制强制限定资源使用的目标集，而优先级允许一组进程获得更大的CPU周期份额或更高的磁盘I/O吞吐量。

Docker 使用标准 API 创建了一组工具，使得容器便于使用，并使相同的容器可以在所有环境中移植。根据 https://docs.docker.com/: "Docker 容器将软件封装在一个完整的文件系统中，该文件系统包含运行所需的一切：代码、运行时、系统工具、系统库——可以安装在服务器上的任何东西。这保证了软件总是能够运行，不管环境如何。"图 8.9 描述了基于虚拟机(VM)和基于容器的系统的组织。

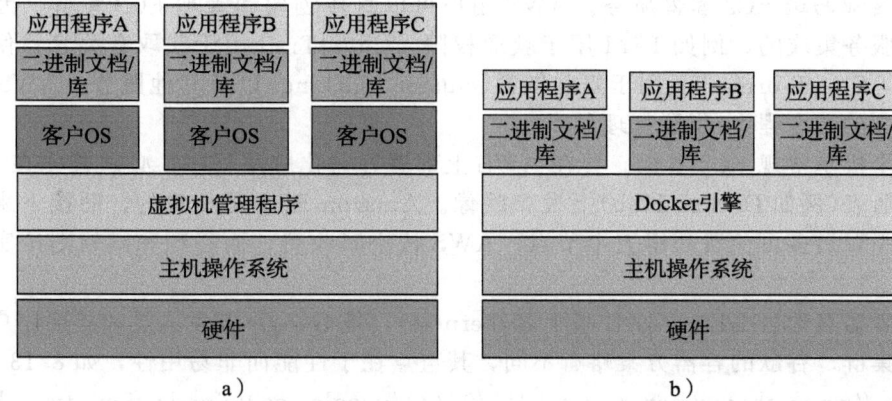

图 8.9 虚拟机和 Docker 容器组织。a) 虚拟机；b) 运行在同一台机器上的多个 Docker 容器共享 OS 内核，因此内存占用更小，启动时间比虚拟机更短

Docker 容器在公共云环境中属于轻量级，经济高效，能提供更好的性能，并且对专有云而言意味着更少的硬件资源。容器将应用程序与底层基础设施和其他应用程序隔离开来，并支持性能和安全隔离。因此，在同一台机器上运行的多个容器共享操作系统内核，具有比 VM 更小的内存和更短的启动时间。

Docker 容器的另一个主要优点是提高了生产效率。容器化允许开发人员选择最合适的编程语言和软件系统，并消除了复制生产代码和在不同环境中安装相同配置的需求。它还支持应用程序的高效纵向和水平扩展。

Docker 生态系统是围绕下面讨论的几个概念构建的。映像(image)是应用程序的蓝图。容器由一个或多个映像组成，并运行实际的应用。守护进程是在主机上运行的后台服务，用于管理构建、运行和分发 Docker 容器。守护进程是在客户与之通信的操作系统下运行的进程。客户是用户用来与守护进程交互的命令行工具。集线器(hub)是 Docker 映像的注册表，是所有可用 Docker 映像的目录。

有两种类型的映像：基本映像和子映像。基本映像没有父映像，通常是带有 Ubuntu 或 BusyBox⊖等操作系统的映像。子映像基于附加功能的基本映像构建。官方映像由 Docker 维护和支持，并有一个单词名称；例如，python、ubuntu 是基本的官方映像。用户映像由用户创建和共享。Dockerfile 是一种自动创建映像的工具，它是一个文本文件，包括客户调用的类 Linux 命令来自动创建映像。

Docker Swarm 公开了标准的 Docker API。Docker 工具包括 Docker CLI、Docker Compose、Dokku 和 Krane，可以在本地 Docker 集群中工作。它的分发被打包为 Docker 容器，并且被设置为只需要安装一个服务发现工具就能在所有节点上运行 swarm 容器，

⊖ BusyBox：在单个可执行文件中提供几个基本 UNIX 工具的一种软件，能在 Linux、Android、FreeBSD 或 Debian 等环境中运行。

而不管操作系统如何。

云计算已经接受了容器化思想。容器即服务（Container-as-a-Service，CaaS）旨在有效地运行单个应用程序。包括 Heroku、OpenShift、dotCloud 和 CloudFoundry 在内的多个 CSP 使用容器来支持 PaaS 交付模型。亚马逊、谷歌、微软、OpenStack、Cloudstack 和其他提供 IaaS 云交付模型的 CSP 都支持容器。接下来介绍亚马逊、谷歌和微软的容器支持。

ECS 是亚马逊 EC2 容器服务。AWS 用户可以直接创建和管理 ECS 集群，因为 ECS 是与现有服务集成的，例如 IAM 用于获取权限，CloudTrail 用于获取有关容器使用的资源的数据，CloudFormation 用于集群午餐（cluster lunching）以及其他服务。AWS 为容器使用自定义的调度程序/集群管理器。

容器主机是常规 EC2 实例。要在 AWS 上部署容器化应用程序，必须首先在 AWS 可访问的注册表（例如 Docker Hub）上发布映像。Amazon ECS 是免费的，而接下来讨论的谷歌容器引擎最多可免费获得五个节点。AWS 按小时收费，而谷歌和微软则按实际使用时间收费。

谷歌容器引擎（GKE）。GKE 基于 Kubernetes，是 Google 开发人员和外部用户社区可用的开源集群。谷歌的容器方案略有不同，其重点在于性能而非易用性，如 8.13 节所述。根据 http://www.theregister.co.uk/2014/05/23/google_containerization_two_billion/，Google 每周都会启动 20 亿个容器。

GKE 与其他服务集成，包括谷歌云日志记录。默认情况下，Google 用户可以访问私有 Docker 注册表和基于 JSON 的声明性语法以进行配置。可以使用相同的语法来定义主机发生的情况。GKE 可以在配置文件中定义的不同主机上启动和终止容器。

微软 Azur 容器服务。Azure 资源管理器 API 支持多个业务流程，包括 Docker 和 Apache Mesos。

近年来，开放容器倡议（Open Container Initiative，OCI）推动了在 Linux 基础下创建行业标准容器格式和运行时系统的工作。在 OCI 的 40 多名成员共同努力，使大型云用户社区更容易访问 Docker。OCI 的主要目标是将 Docker 分解成可重用的小组件。2016 年，OCI 发布了 Docker Engine 1.11，它使用守护进程 container 来控制 runC ⊖，或使用其他符合 OCI 标准的运行时系统来运行容器。用户通过一组命令和用户界面访问 Docker 引擎。

8.13 Kubernetes

首先，我们介绍 Kubernetes 这个词的起源。在古希腊语中，"kubernan"的意思是操纵，"kubernetes"的意思是舵手。在拉丁语中，"gubernare"的意思是指导或者治理，而"gubernator"的意思是管理者。Kubernetes 是一个开源软件系统，由谷歌开发和使用，用于管理集群环境中的容器化应用。

Kubernetes 在集群基础设施与应用程序对其环境所做假设之间架起了桥梁。Kubernetes 是容器的集群管理器。Mesos 正在添加几个关于 Kubernetes 的想法，并期望能够支持 Kubernetes API。Kubernetes 是用 Go ⊖编写的，它可以与提供轻量级虚拟计算节点的操作系统配合使用。该系统轻巧、模块化、可移植且可扩展。

Kubernetes 是一个开放式系统，其设计允许在 Kubernetes 上建立许多其他系统。其

⊖ runC：开放容器运行时规范的一种实现，与 Docker 引擎绑定的默认执行器。
⊖ Go 或 Golang：开源可编译的静态类型语言，类似于 Algol 和 C；具有垃圾收集、有限的结构类型、内存安全特性和 CSP 风格的并发编程。

控制平面使用的相同 API 也可供开发人员和用户使用，可以编写自己的控制程序、调度程序等。系统不限制应用程序的类型，不限制支持的语言运行时集，并允许用户选择日志、监视和警报系统。

Kubernetes 不提供内置服务，包括消息总线、数据处理框架、数据库（如 mysql）或集群存储系统，并且不需要全面的应用程序配置语言。它提供 PaaS Kubernetes 平台常用的部署、扩展、负载均衡、日志和监控等服务。Kubernetes 不是庞大而僵化的，默认的提供服务的方案是可选择的和可插拔的。

Kubernetes 组织。主服务器管理 Kubernetes 集群，并提供管理工作负载的服务，支持与执行实际工作的大量相对简单的下属（minion）服务器的通信。etcd 是一个轻量级的分布式键值存储，用于与集群节点共享配置数据。主服务器还提供 API 服务，HTTP/JSON API 用于服务发现。Kubernetes 调度程序跟踪可用资源，以及分配给每台主机的工作负载的资源。

下属使用 docker 服务来运行封装的应用容器。kuberlet 服务允许下属与主服务器和 etcd 存储进行通信，以获取配置详细信息并更新状态。下属的代理服务与容器交互，并提供原始负载均衡。

在 Kubernetes 中，pod 是安排在同一主机上的容器组，用作调度、部署、水平扩展和复制的单元。pod 共享命运并共享存储卷等资源。run 命令用于创建单个容器 pod，并监视该 pod 的部署。pod 中的所有应用共享网络名空间，包括 IP 地址和端口空间，因此可以使用本地主机相互通信。

pod 管理共存支持软件，包括内容管理系统、控制器、管理器、配置器、更新器、日志和监视适配器以及事件发布者。pod 还管理文件和数据加载器、本地缓存管理器、日志和检查点备份、压缩、轮换、快照、数据更改监视器、日志追踪器（trailer）、代理、网桥和适配器。

可以说，pod 比在单个 Docker 容器中运行多个应用更可取，原因如下：
- 效率——容器可以轻量化，因为基础设施承担了更多责任。
- 透明度和用户便利性——pod 内的容器对基础设施可见，并允许其提供进程管理、资源监视和其他服务。用户无须运行自己的进程管理器，也无须处理信号和退出码扩展。
- 解耦软件依赖关系——可以单独对各个容器进行版本控制、重建和重新部署。

Kubernetes 复制控制器（replication controller）处理容器的生命周期。复制控制器维护的 pod 如果失败、被删除或终止，将自动被替换。复制控制器监视多个节点上的多个 pod。标签（label）提供了查找和查询容器的方法，服务（service）标识执行常用功能的一组容器。

Kubernetes 具有与 Docker 不同的 CLI、API 和 YAML⊖定义，并且具有陡峭的学习曲线。Kubernetes 设置比 Docker Swarm 更复杂，并且它的安装因不同的操作系统和服务供应商而异。

8.14 扩展阅读

毫无疑问，亚马逊在云计算领域有着独特的地位。有大量关于如何使用 AWS 服务的信息[18-25]，但

⊖ （CLI）命令行接口提供用户与程序交互的方法。YAML 是一种人类可读的数据序列化语言。

是关于 AWS 使用的算法、资源分配机制和软件的信息却很少发表。保密的努力可能反映了维持亚马逊优于其竞争对手的优势的愿望。只有少数发表在领先的期刊或顶级会议上的论文描述了与微软的 Azur 云平台相关的研究成果，如文献[253, 539]。

与亚马逊和微软形成鲜明对比的是，谷歌的研究团队经常发表文章，并为理解大规模系统带来的挑战做出了重大贡献。在文献[132]中提出了云计算方面思想的演变和谷歌的观点。有关谷歌集群架构的早期讨论见文献[54]。当前的硬件基础设施和 WSC 在 2013 年的书[56]和经典计算机架构书籍[228]的章节中进行了分析。对 WSC 性能的非常有趣的分析出自一个包含了谷歌研究人员的团队[262]。关于最适合经典谷歌工作负载的多核的讨论见文献[239]。

关于集群管理和谷歌开发的系统有大量信息：Borg 的文献[502]、Omega 的文献[446]、Quasar 的文献[137]、Heracles 的文献[311]和 Kubernetes 的文献[82]。控制延迟在文献[131]中进行了讨论。文献[416]中报告了使用谷歌跟踪数据的大规模系统的性能分析。有关云计算的重要研究成果可参考加州大学伯克利分校的报告（他们还设计了 Mesos[237]）、斯坦福大学的报告[135,137,310,311]以及哈佛大学的报告[262]。许多出版物分析了云耗能，包括文献[7, 36, 50, 55, 56, 327, 501, 506]。

一个非常积极的发展方向是由开放软件主导的。Apache 和 Linux Foundation 等公司都提供开放软件。Docker 软件和教程可以分别从 https://www.docker.com/、https://www.digitalocean.com/community/tags/docker?type=tutorials 和 http://prakhar.me/docker-curriculum/中下载。

有关 Kubernetes 的详细信息请访问 http://kubernetes.io/和 https://www.digitalocean.com/community/tutorials/anintroduction-to-kubernetes。Linux 基金会的开放容器项目已经开发了基于容器的应用程序技术，请参阅 https://www.opencontainers.org/news/news/2016/04/docker-111-first-runtime-built-containerd-and-based-oci-technology。分布式主存处理系统在文献[259]中给出。

8.15 练习和问题

问题 1 平均 CPU 利用率是衡量云基础设施性能的重要指标。文献[56]报告的 CPU 中值使用率为 40%～70%，而文献[262]报告的中值利用率约为 10%，与 CloudSuite 报告的利用率一致[170]。阅读这三个参考文献，讨论文献[262]中的结果，并解释 CPU 利用率与内存带宽和延迟之间的关系。
1. 讨论周期停顿和 ILP（指令级并行）对处理器利用率的影响。分析文献[262]中报告的周期停顿和 ILP 的数据。
2. 确定文献[262]中报告的数据密集型 WSC 工作负载中，缓存缺失率高而 ILP 低的原因。
3. 为什么 WSC 工作负载表现出高缓存缺失率和低 ILP？
4. 从文献[262]的结果可以得出关于内存带宽和延迟的什么结论？证明你的答案。

问题 2 讨论文献[262]中给出的关于同步多线程（SMT）的结果。
1. SMT 最有效的工作负载类型是什么？解释你的答案。
2. 可以通过比较特定的每个超线程性能计数器与基于每个核聚合的计数器来估计 SMT 的功效。这与测量单个应用程序的 SMT 加速非常不同。为什么？
3. 为什么在云环境中测量 SMT 效率很困难？

问题 3 Mesos 是一个集群管理系统，旨在保持稳健并容忍故障。阅读文献[237]并回答以下问题：
1. 实现这些设计目标的具体方法是什么？
2. 使 Mesos 主控制器容错是至关重要的，因为所有框架都依赖于它。使主控制器容错的特殊预防措施是什么？

问题 4 Borg 系统是一个集群管理器，它可以运行数十万个不同应用中的数十万个作业，这些作业分布在多个集群中，每个集群最多有数万台计算机。阅读文献[502]并回答以下问题：
1. Borg 是否有入口管制策略？如果有，描述其机制。
2. 使 Borg 调度程序可扩展的元素是什么？
3. Borg 单元的工作组合如何影响 CPI（每指令的周期数）？

问题 5 Omega 是一个可扩展的集群管理系统，基于共享状态构建并行调度程序架构，使用无锁乐观并发控制。阅读文献[446]并回答以下问题：
1. Omega 使用了哪些调度程序性能指标？为什么每个指标都具有相关性？它是如何实际测量的？
2. 跟踪驱动仿真用于深入了解系统。跟踪驱动仿真有哪些好处？它是如何用于研究冲突的？
3. 其中一个模拟结果是指群组调度。什么是群组调度？为什么它对 MapReduce 应用有益？

问题 6　Quasar 是一种 QoS 感知的集群管理系统，它使用快速分类技术来确定不同资源分配和安排对工作负载性能的影响。
1. 阅读文献[136]以了解 Netflix 挑战与集群资源分配问题之间的关系。
2. Quasar[137] 将资源分配分类为垂直扩展、水平扩展、异构性和干扰。为什么分类标准很重要，它们是如何应用的？
3. 什么是落后者？Quasar 如何处理它们？

问题 7　集群管理系统必须为各种应用组合提供良好的运行，并为每个工作负载提供 SLO 承诺的性能。资源隔离对于实现严格的 SLO 至关重要。
1. Heracles[311] 用于减轻干扰的机制是什么？
2. 讨论 Heracles 实验中与延迟敏感工作负载（LS）延迟相关的结果。
3. 讨论 Heracles 实验中与有效机器利用率（EMU）相关的结果。

问题 8　有效的云资源管理需要了解工作负载与云基础设施之间的交互。对二者的分析使用了由谷歌提供的大量跟踪数据。该分析见文献[416]。
1. 从对集群管理的调度程序的跟踪数据中可得出什么结论？
2. 跟踪分析揭示了调度程序行为的原因是什么？
3. 谷歌工作负载的哪些特征最值得注意？

问题 9　Tachyon 是一个分布式文件系统，跨集群计算框架以内存速度实现可靠的数据共享。阅读文献[301]并回答以下问题：
1. 内存、存储和网络技术的发展，是否支持云存储系统应该在没有复制的情况下实现容错的论点？
2. 什么是文件流行度？大数据工作负载的文件流行度分布是什么？
3. 如何使用此分布？
4. 对于什么类型的事件，这种分布特别重要？

第 9 章

Cloud Computing: Theory and Practice, Second Edition

云资源管理与调度

资源管理是任何人工系统的核心功能，它影响系统评估的三个基本标准：性能、功能和成本。有效的资源管理对系统的性能和成本有直接影响，而对系统的功能也有间接影响，因为一些功能可能因为性能差或成本较低而不予考虑。

云是一个复杂的系统，它拥有大量的共享资源，这些资源受到不可预测的请求和无法控制的外部事件的影响。云资源管理需要复杂的策略和多目标优化决策。由于云基础设施的规模以及系统与大量用户之间不可预测的交互，有效的资源管理非常具有挑战性。规模导致无法获得准确的全局状态信息，而庞大的用户群体导致几乎不可能预测系统工作负载的类型和强度。

当资源被超额订购且用户不合作时，资源管理就变得更加复杂。除了外部因素外，资源管理还受内部因素的影响，如硬件和软件系统的异构性、系统规模、不同组件的故障率以及其他因素。

对于基本云交付模型 IaaS、PaaS、SaaS 和 DBaasS，相关的资源管理策略都是不同的。在所有情况下，云服务供应商都面临着巨大的负载波动，这对云弹性的主张带来了挑战。在某些情况下，当可以预测峰值时，可以提前提供资源，例如受季节性峰值影响的 Web 服务。对于预期外的峰值，情况稍微复杂一些。

自动调节（auto-scaling）可用于工作负载的非计划峰值，前提是存在一个可按需释放或分配的资源池，并且有一个监控系统，使资源管理系统能够实时重新分配资源。PaaS 服务支持自动伸缩，比如谷歌 AppEngine。由于缺乏标准，9.3 节中讨论的 IaaS 自动调节非常复杂。

当环境变化频繁且不可预测时，集中控制无法为管理策略提供足够的解决方案。由于分布式需要控制实体之间某种形式的协调，因此给分布式控制带来了挑战。由于系统的规模和负载的不可预测性（峰值与平均资源需求的比值可能非常大），自治策略非常受关注。

本章从广义上使用带宽这个术语，表示单位时间内传输的操作数量或数据量。例如，Mips（每秒百万指令）或 Mflops（每秒百万浮点指令）测量 CPU 速度，Mbps（每秒百万比特）测量通信信道的速度。延迟被定义为从实例开始执行操作到感知其效果的时间。延迟取决于环境。例如，通信信道的延迟时间指从源到目的地经过通信信道所花费的时间，内存延迟时间指从实例发出内存读指令到数据在内存寄存器变得可用的时间。对 CPU 周期、主存和辅存以及网络带宽等计算资源的需求，在很大程度上取决于应用程序处理的数据量。

本章介绍与云资源管理和调度相关的研究主题。9.1 节概述云资源管理的策略和机制，然后分别在 9.2 和 9.3 节介绍能效和云资源利用以及应用扩展对资源管理的影响。9.4、9.5 和 9.6 节讨论资源分配的控制论方法，9.7 节讨论用于协调专门的自主性能管理器的机器学习算法。

9.8 节介绍用于 Web 服务的资源分配的效用模型。9.9 节讨论计算机云的调度算法，

9.10和9.11节分析延迟调度和数据感知调度。Apache容量调度程序在9.12节中介绍。启动时间公平排队和借用虚拟时间调度算法分别在9.13和9.14节进行分析。

9.1 资源管理的策略和机制

策略是指导决策的原则,而机制则是实施策略的手段。策略与机制的分离是计算机科学的一个指导原则。Butler Lampson[294]和Per Brinch Hansen[221]在操作系统设计的背景下,为这种分离提供了坚实有力的论据,他们的论点可以扩展到计算机云。

云资源管理策略大致可以分为五类:准入控制、容量分配、负载均衡、能源优化和QoS保证。准入控制策略的明确目标是防止系统接受违反高级系统策略的工作负载。例如,系统可能不接受额外的工作负载,而这会阻止其完成正在进行或已签订的工作。

限制工作负载需要了解系统的整体状态,在一个动态系统中,这样的知识(如果可用的话)充其量是过时的。容量分配指为各个实例分配资源,其中的实例是激活的服务。当各个系统的状态快速变化时,定位受多个全局优化约束的资源需要搜索非常大的搜索空间。

负载均衡和能源优化可以在本地完成,但整体的负载均衡和能源优化策略遇到的问题与我们已经讨论过的相同。负载均衡和能源优化是相关的,并且影响着提供服务的成本[146]。

术语"负载均衡"的一般含义是在一组服务器之间平均分配工作量负载。例如,考虑四个相同能力的服务器A、B、C和D,它们的相关工作量分别为其能力的80%、60%、40%和20%。由于完美的负载均衡,所有服务器将承担相同的相关工作量,即每个服务器50%的能力。云资源管理的一个重要目标是最小化提供云服务的成本,特别是最小化云能源消耗。

这导致了术语"负载均衡"的不同含义,即我们不是在所有服务器之间均匀分配工作量,而是希望使用最少数量的服务器并将其集中,而其他服务器切换到待机模式,待机状态下服务器只使用非常少的能量。在我们的示例中,假设服务器具有相同的能力,来自D的工作将迁移到A,而来自C的工作将迁移到B,因此,A和B将满负荷工作,而C和D将切换到待机模式。实际上,超过系统能力80%的工作负载是不可取的。服务质量是资源管理中最难处理的方面,同时也是云计算未来最关键的方面。

我们将在本节中看到,资源管理策略通常针对性能和功耗两方面。动态电压和频率调节⊖(DVFS)技术(如英特尔的SpeedStep和AMD的PowerNow)可降低电压和频率,从而降低功耗⊜。这些技术最初的动机是节省移动设备的能耗,实际上它们几乎已经移植到所有处理器,包括用于高性能服务器的处理器。

处理器性能会下降,但由于电压和时钟频率较低,其下降速率远低于能耗[300]。表9.1显示了经典现代处理器的归一化性能和能耗与时钟速率的依赖关系。可以看到,在1.8GHz的情况下可以节省18%的能耗,同时性能仅比2.2GHz时的峰值性能低5%。这似乎是一个合理的能耗性能交换!

⊖ 动态电压和频率调节(Dynamic Voltage and Frequency Scaling, DVFS):提高或降低处理器的工作电压或时钟频率以提高指令执行率或降低产生的热量、节省功率的电源管理技术。

⊜ 基于CMOS的电路的功耗P为$P = \alpha \cdot C_{eff} \cdot V^2 \cdot f$,其中,$\alpha$为开关因子,$C_{eff}$为有效电容,$V$为工作电压,$f$为工作频率。

表 9.1　归一化性能和能耗与处理器速度的函数关系，性能下降的速度比能耗下降的速度慢

CPU 速度（GHz）	归一化能耗（%）	归一化性能（%）	CPU 速度（GHz）	归一化能耗（%）	归一化性能（%）
0.6	0.44	0.61	1.6	0.70	0.90
0.8	0.48	0.70	1.8	0.82	0.95
1.0	0.52	0.79	2.0	0.90	0.99
1.2	0.58	0.81	2.2	1.00	1.00
1.4	0.62	0.88			

实际上，这五类策略的所有最优或接近最优的机制不用纵向扩展，并且通常针对资源管理的单个方面，例如准入控制，但是忽略了节能。许多系统需要复杂的计算，而这些计算无法在可用的响应时间内有效完成。性能模型非常复杂，分析方案难以处理，用于收集这些模型的状态信息的监控系统可能过于复杂，无法提供准确的数据。

许多技术都集中在系统吞吐量和时间的系统性能方面，但它们很少包括能耗权衡或 QoS 保证。有些技术基于不切实际的假设。例如，容量分配被视为优化问题，但前提是服务器不会超载。

云资源分配技术必须基于系统方法，而非基于特定的方法。实施资源管理策略的四个基本机制如下：

- 控制论。控制论使用反馈机制来保证系统稳定性和预测瞬态行为[260,285]。反馈只能用于预测局部行为，而不是整体行为。卡尔曼滤波器已被用于不切实际的简化模型。
- 机器学习。机器学习技术不需要系统的性能模型[488]，这是一个主要的优势。该技术可用于协调若干自主系统管理器，如文献[265]中所述。
- 基于效用。基于效用的方案需要性能模型和一种机制来将用户级性能与成本相关联，如文献[9]中所述。
- 市场导向机制。这种机制不需要系统的模型，例如，文献[465]中讨论的资源束的组合拍卖。

应该区分交互式和非交互式工作量。交互式工作量（例如，Web 服务）的管理技术涉及流控和动态应用放置，而非交互式工作量的管理技术侧重于调度。文献中报告的大量工作专门用于交互式工作量的资源管理，一些用于非交互式工作量，而只有少数（例如文献[476]）用于交互和非交互工作量的组合。

9.2　云资源的效用和能效

根据摩尔定律，芯片上的晶体管数量即微处理器的计算能力大约每 1.5 年翻一番。最近的一项研究[279]指出，计算设备的耗电效率也大约每 1.5 年翻一番。因此，性能增长率和耗电效率的提高几乎抵消了。由此可见，用于计算的能耗与计算设备的数量成正比。计算设备的数量在持续增长，许多计算设备现在都被安置在大型云数据中心。

云数据中心的能耗在不断增长，并且对生态产生了重大影响。它还会影响云服务的成本。能源成本会传递给云服务的用户，并且在不同的国家和地区之间存在差异。例如，AWS 在美国东部和南美两个地区公布的费率是：一年的预付费率分别为 2604 美元和 5632 美元，每小时分别为 0.412 美元和 0.724 美元。在本例中，较高的能源和通信成本是造成显著差异的部分原因：两个地区的能源成本相差约 40%。

所有这些事实证明需要仔细研究云的能耗，这是文献[7, 36, 50, 55, 56, 327,

501，506]中广泛讨论的一个复杂主题。要讨论的主题是如何定义能效、处理器、存储设备、网络以及云基础设施的其他物理元素的能效，有什么约束以及这些资源应如何管理。

云弹性和过度配置。 效用计算的主要吸引力之一是弹性。弹性意味着保证在应用程序需要额外资源时分配这些资源，并且在不再需要时释放资源。用户最终仅为实际使用的资源付费。

过度配置（overprovisioning）意味着能力超过正常或平均需求。这意味着云服务供应商必须投资于比典型的云工作量保证更大的基础设施，导致云服务器的平均效用很低[7,68,327]。服务器效用低会对每瓦特功率的性能（一种常见的能源效率度量）产生负面影响，对云计算的生态也会产生负面影响。过度配置在经济上是不可持续的[97]。

弹性基于过度配置和存在有效的准入控制机制的假设。另一个假设是，所有运行的应用程序同时显著增加其资源消耗得可能性非常低。这种假设符合实际，尽管我们已经看到过由于大量人群并发访问而导致系统过载的情况，例如，发生灾难性事件（如地震）时的电话系统。一种可能的解决方案是要求云用户在其服务请求中指定工作负载的类型，并相应地为访问支付费用，例如，低速率用于缓慢变化，高速率用于突然达到峰值的工作负载。

能效和能耗正比系统。 能耗正比系统在空闲时不消耗能源，在轻负载下消耗得非常少，随着负载的增加，消耗逐渐增多。根据定义，理想的能耗正比系统始终以100%的效率运行。人类是理想能量比例系统的良好的近似：人体能量消耗在休息时约为70瓦，平均每天120瓦，而在短时间的艰苦工作中可高达1 000～2 000 瓦[551]。

在现实生活中，即使系统的能量需求是线性的，当系统空闲时，其消耗的能量也会超过满载时的一半。参见图 9.1。实际上，具有 2GB 随机存取存储器的 2.5GHz 英特尔 E5200 双核台式机处理器，空闲时消耗 70 瓦，满载时消耗 110 瓦；具有 4GB 随机存取存储器的 2.4GHz 英特尔 Q6600 处理器，空闲时消耗 110 瓦，满载时消耗 175 瓦[50]。

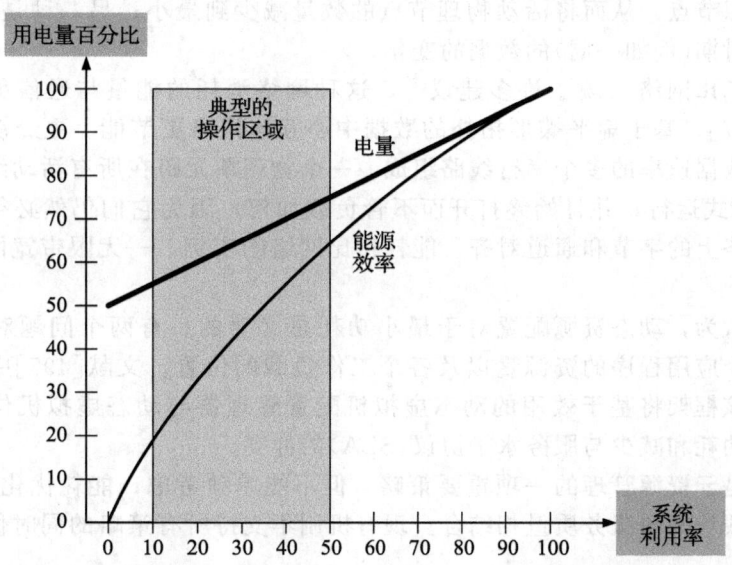

图 9.1　即使能量需求与负载呈线性关系，计算系统的能效也不是负载的线性函数。当系统处于空闲状态时，系统可能会使用满负荷 50% 的能耗。长期收集的数据表明，数据中心服务器的典型操作区域是系统效用的 10% 到 50%[55]。

计算系统的不同子系统在能效方面表现不同；虽然许多处理器具有相对良好的能耗正

比配置文件,但对内存和磁盘子系统进行显著改进是必要的。服务器中使用的处理器在极低负载下消耗的能量不到峰值的三分之一,并且动态范围超过峰值的70%;在这方面,移动或嵌入式应用中使用的处理器表现更好。

系统其他组件的动态功率范围⊖要窄得多[55]:DRAM 不到 50%,而磁盘驱动器则是 25%,15%用于网络交换机。这些设备的功耗为:604.8TB 的 HP 8100 EVA 存储服务器为 4.9KW,320Gbps 的思科 6509 交换机为 3.8KW,660Gbps 的 Juniper MX-960 网关路由器为 5.1KW[50]。

当服务器始终打开时,无论负载如何,替代资源管理策略的另一种方法是开发能耗感知负载均衡和扩展策略。这些策略将动态电源管理与负载均衡相结合,并尝试识别在其最优能耗状态之外运行的服务器,以决定是否以及何时应将其切换到睡眠状态,或者应采取哪些其他措施来优化能耗。

节能。减少能源消耗的工作主要集中在数据中心的计算、网络和存储活动上。2010年的一份报告显示,典型的谷歌集群大部分时间都在 10%~50% 的 CPU 利用率范围内。服务器工作负载配置文件与服务器能效之间存在不匹配[7]。在数据中心网络中也可以看到类似的行为。这些网络在非常窄的动态范围内运行,当网络空闲时消耗的能量与充分利用网络时消耗的相比差不了多少。

降低能耗的策略是将工作量集中在少量磁盘上,并允许其他磁盘以低功耗模式运行。实现这一点的技术之一是基于复制。文献[506]中给出了基于滑动窗口的复制策略。测量结果表明,针对不同的文件大小、文件可用性和客户节点数量,它的性能优于 LRU、MRU 和 LFU⊜策略,并且能量需求减少了 31%。

另一种技术基于数据迁移。文献[225]中的系统使用由分布式哈希表管理的虚拟节点中的数据存储。迁移由两种算法控制:一种是短期优化算法,用于根据工作量的日常变化收集或传播虚拟节点,从而将活动物理节点的数量减少到最小;另一种是长期优化算法,用于应对较长时期(例如一周)的数据的变化。

针对能耗正比网络出现了许多建议[8],这种网络消耗的能量与通信负载成正比。例如,根据文献[7],基于扁平蝶形拓扑的数据中心互连网络更节能、更经济。高速信道通常由具有相同数据速率的多个串行线路组成。一个物理单元跨在所有活动线路上。信道通常以准同步⊜方式运行,并且始终打开而不管负载如何,因为它们仍然必须发送空闲分组以维持多条线路上的字节和通道对齐。能耗正比网络的实例——无限带宽网络,在 5.7 节中讨论。

许多建议认为,动态资源配置对于最小功耗是必要的。有两个问题对于节能至关重要:分配给每个应用程序的资源量以及各个工作负载的位置。文献[497]中介绍了一种资源管理框架,该框架将基于效用的动态虚拟机配置管理器与动态虚拟机位置管理器相结合,以最小化功耗和减少与服务水平协议(SLA)的冲突。

能耗优化是云资源管理的一项重要策略,但不能单独考虑;能耗优化应与准入控制、容量分配、负载均衡和服务质量相结合。现有机制不支持所有策略的同时优化。基于控

⊖ 动态功率范围:设备功率上下限之间的间隔。较大的动态范围意味着更好的设备,当负载较低时,设备能够以较低功率运行。

⊜ 最近最少使用(Least Recently Used,LRU)、最近最常使用(Most Recently Used,MRU)和最不常用(Least Frequently Used,LFU):用于内存的缓存和分页的替换策略。

⊜ 准同步操作:当系统的不同部分几乎(但不是完全)同步时的操作。例如,当路由器的核心逻辑以与 I/O 信道不同的频率运行时。

论等坚实基础的机制太复杂并且不能很好地调节，基于机器学习的机制尚未完全开发，而其他的则需要一个在快速变化的环境中能够动态配置操作的系统模型。

9.3 资源管理和动态应用调节

可以将对资源的需求看作时间的函数，可以按时间单调地增加或减少，也会出现可预测或不可预测的高峰。例如，新的 Web 服务在开始时的请求率很低，如果服务成功，负载将成倍增加。比如所得税处理服务将在税收截止日期达到高峰，而自然灾害发生后，联邦紧急事务管理局(FEMA)提供的服务将大幅增加。

公共云的弹性意味着：它可以精确地提供应用程序所需的资源量；云用户只为消耗的资源支付费用，这从而成为迁移到公共云的重要动机。我们要解决的问题是，如何在拥有大量表现出不可预知行为的应用程序的云中实现扩展[84,331,496]。更糟糕的是，除了不可预测的外部工作量，云资源管理还必须处理由于服务器故障而重新定位正在运行的应用程序的问题。

我们区分两种调节策略，分别为垂直和水平。垂直调节保持应用程序的虚拟机数量不变，但增加了分配给它们中每一个的资源量。这可以通过将虚拟机迁移到更强大的服务器来实现，也可以通过将虚拟机保持在相同的服务器上来实现，但是要增加它们所占的中央处理器时间。第一种方法涉及额外的开销：停止虚拟机，获取它的快照，将文件传输到功能更强大的服务器，最后在新站点重新安装虚拟机。

水平调节是云上最常见的调节策略，它是通过在负载增加时增加虚拟机的数量，并在负载减少时减少这个数量来完成的。通常，这会导致应用程序消耗更多通信带宽。正在运行的虚拟机之间的负载均衡对于此操作模式至关重要。对于非常大的应用，多个负载均衡器可能需要彼此协作。在某些情况下，负载均衡由前端服务器完成，它将面向事务的系统的传入请求分发给后端服务器。

应用程序的设计应该支持调节策略。正如我们在 7.5 节中看到的那样，模块化分割的应用程序的工作量划分是静态的。静态工作量划分是事先确定的，因此不能更改，唯一的选择是垂直调节。可任意分割应用的工作量可以动态划分。随着负载的增加，系统可以分配额外的虚拟机来处理额外的工作量。大多数云应用属于此类，这证明了水平调节是最常见的调节策略的说法。

映射计算意味着将适当的物理服务器分配给应用程序。在应用程序处理中，非常重要的第一步是识别应用程序的类型并相应地进行映射。例如，应将通信密集型应用映射到功能强大的服务器，以最大限度地减少网络流量。这种映射可能会增加每单位中央处理器使用的成本，但它会减少计算时间，并可能降低用户整体成本。同时，它将减少网络流量，从云服务供应商的角度来看，这得到了一种非常理想的效果。

要垂直缩放调节计算密集型应用程序，一个好的策略是增加/减少虚拟机或实例的数量。由于负载相对稳定，启动或终止实例的开销不会显著增加计算时间或成本。

存在几种支持调节的策略。虚拟机自动调节使用预定义的指标——例如中央处理器利用率来做调节决策。自动调节需要传感器来监视虚拟机、服务器和控制器的状态，然后根据有关云状态的信息做出决策。

控制器通常使用状态机模型进行决策。亚马逊和 Rightscale(http://www.rightscale.com)提供自动调节功能。亚马逊网络服务系统 CloudWatch 服务支持应用程序监控，并允许用户设置自动迁移的条件。

不可调节或单负载均衡器也用于水平调节。AWS 弹性负载均衡自动将传入的应用流量分布到多个 EC2 实例中。另一个服务 Elastic Beanstalk 允许在用户指定的低和高数量实例之间进行动态调节,参阅 2.3 节。云用户通常需要为更高水平的调节服务付费,例如 Elastic Beanstalk。

9.4 控制论和最优资源管理

控制论已被用于为多类应用设计自适应资源管理,包括电源管理[265]、任务调度[314]、Web 服务器中的服务质量适配[3]和负载均衡[350,398]。在这些情况下都使用了经典反馈控制方法,通过对系统输出的测量来调节系统的关键操作参数。这些方法的反馈控制采用线性定时系统模型和闭环控制器。该控制器基于满足稳定性和灵敏度约束的开环系统传递函数。

文献[512]讨论了一种基于控制论概念的自管理系统设计技术。该技术允许将多个服务质量目标和操作约束表示为成本函数。该技术可应用于独立或分布式 Web 服务器、数据库服务器、高性能应用程序服务器和嵌入式系统。

以下讨论考虑了服务于输入请求流的单个处理器,其目标是最小化反映响应时间和功耗的成本函数。我们将说明基于控制论概念的最优资源管理方法。这些分析错综复杂,不能轻易扩展到服务器集合。

控制论原理。接下来概述用于最优资源配置的控制论原理。最优控制生成一系列预测范围内的控制输入序列,同时估计操作条件的变化。凸成本函数的参数包括步骤 k 的状态 $x(k)$ 和控制矢量 $u(k)$。根据系统动力学施加的约束,求最小成本函数。离散时间最优控制问题是确定控制变量 $u(i)$,$u(i+1)$,$\cdots$,$u(n-1)$ 使表达式最小化

$$J(i) = \Phi(n, x(n)) + \sum_{k=i}^{n-1} L^k(x(k), u(k)) \tag{9.1}$$

其中,$\Phi(n, x(n))$ 是最后一步 n 的成本函数,$L^k(x(k), u(k))$ 是在水平 $[i, n]$ 上的中间步骤 k 处的时变成本函数。最小化受制于约束

$$x(k+1) = f^k(x(k), u(k)) \tag{9.2}$$

其中,$x(k+1)$ 为 $k+1$ 时刻的系统状态,是 $x(k)$ 的函数——k 时刻的状态,也是 $u(k)$ 的函数——k 时刻的输入;一般来说,函数 f^k 的上标是时变的。

解决这一问题的一种技术是基于拉格朗日乘子法来求受约束函数的极值(极小或极大)。更确切地说,如果希望最大化函数 $g(x, y)$ 受约束 $h(x, y)=k$ 的影响,我们引入拉格朗日乘数 λ。然后研究函数

$$\Lambda(x, y, \lambda) = g(x, y) + \lambda \times [h(x, y) - k] \tag{9.3}$$

最优性的必要条件是 (x, y, λ) 是 $\Lambda(x, y, \lambda)$ 的固定点,换句话说

$$\nabla_{x,y,\lambda} \Lambda(x, y, \lambda) = 0 \quad \text{或} \quad \left(\frac{\partial \Lambda(x, y, \lambda)}{\partial x}, \frac{\partial \Lambda(x, y, \lambda)}{\partial y}, \frac{\partial \Lambda(x, y, \lambda)}{\partial \lambda}\right) = 0 \tag{9.4}$$

时间步长 k 的拉格朗日乘数是 $\lambda(k)$,我们将方程(9.4)作为无约束优化问题求解。我们定义伴随成本函数,其包括原始状态约束作为哈密顿函数 H,然后构造由原始状态方程和控制拉格朗日乘数的共态方程㊀组成的伴随系统。因此,我们定义了一个两点边界问题㊁;状态 x_k 在时间上向前发展,而共态在时间上向后发生。

㊀ 共态方程与在优化控制中的状态方程相关。
㊁ 边界值问题的条件在自变量的极限处指定,而初始值问题具有自变量为相同值时指定的所有条件。常见的情况是边界条件应该在两个点上得到满足——通常是积分的起始和终止值。

捕获单服务器系统的服务质量和能耗的模型。我们现在将注意力转向服务于输入请求流的单个处理器的情况。为了计算有限范围内的最优输入，图 9.2 中的控制器使用关于当前状态的反馈和对未来环境扰动的估计。控制任务按照一个状态管制问题求解，更新控制范围的初始状态和最终状态。

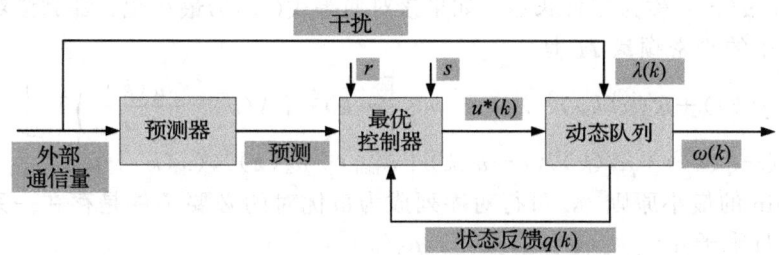

图 9.2　文献[512]中最优控制器的结构。该控制器利用当前状态的反馈以及对未来环境扰动的估计，在有限范围内计算最优输入。两个参数 r 和 s 是性能指标的权重因子

我们使用一个简单的排队模型来估计响应时间，处理器 P 上的服务请求是在先来先服务的基础上处理的。我们不假设到达过程和服务过程的先验分布，相反，我们使用在时间 k 的到达率 $\Lambda(k)$ 的估计 $\hat{\Lambda}(k)$。我们还假设处理器可以在范围 $u(k) \in [u_{\min}, u_{\max}]$ 的频率 $u(k)$ 下操作，并将处理器以该范围内的最高频率 $u_{\max}$ 处理请求的时刻记为 $\hat{c}(k)$。然后定义比例因子 $\alpha(k) = u(k)/u_{\max}$，我们将处理速率 $N(k)$ 的估计表示为 $\alpha(k)/\hat{c}(k)$。

单个处理器的行为被建模为非线性、时变、离散时间状态方程。如果 T_s 是采样周期，定义为系统的两个连续观测值之间的时间差，例如时刻 $(k+1)$ 和时刻 k，那么时刻 $(k+1)$ 队列的大小为

$$q(k+1) = \max\left\{\left[q(k) + \left(\hat{\Lambda}(k) - \frac{u(k)}{\hat{c}(k) \times u_{\max}}\right) \times T_s\right], 0\right\} \tag{9.5}$$

第一项 $q(k)$ 是在 k 时刻输入队列的大小，第二项是在采样期间 T_s 到达的请求数与在同一时间间隔内处理的请求数之间的差值。响应时间 $\omega(k)$ 是请求的等待时间和处理时间的总和

$$\omega(k) = (1+q(k)) \times \hat{c}(k) \tag{9.6}$$

实际上，系统中请求的总数是 $(1+q(k))$，离开率是 $1/\hat{c}(k)$。

我们希望同时获取服务质量和能耗，因为两者都会影响提供服务的成本。效用函数（如图 9.5 所示）获取服务水平协议为响应时间指定的奖励和惩罚。在排队模型中，效用是队列大小的函数，可以表示为响应时间的二次函数

$$S(q(k)) = 1/2(s \times (\omega(k) - \omega_0)^2) \tag{9.7}$$

对于 ω_0，响应时间设置点 $q(0) = q_0$，即队列长度的初始值。能耗是频率的二次函数

$$R(u(k)) = 1/2(r \times u(k)^2) \tag{9.8}$$

两个参数 s 和 r 分别是成本的两个分量的权重，分别由效用函数和能耗得出。我们必须为在控制范围结束时留在队列中的请求付出代价，这是队列长度的二次函数

$$\Phi(q(N)) = 1/2(v \times q(n)^2) \tag{9.9}$$

成本的性能度量表示为

$$J = \Phi(q(N)) + \sum_{k=1}^{N-1}[S(q(k)) + R(q(k))] \tag{9.10}$$

问题是找到最优控制 u^* 和有限时间范围 $[0, N]$，使受最优控制的系统的轨迹为 q^*，使式 (9.10) 中的成本 J 在以下约束下最小化

$$q(k+1) = \left[q(k) + \left(\hat{\Lambda}(k) - \frac{u(k)}{\hat{c}(k) \times u_{max}}\right) \times T_s\right], \ q(k) \geqslant 0 \ \text{且} \ u_{min} \leqslant u(k) \leqslant u_{max} \quad (9.11)$$

当对应于控制 $u(\cdot)$ 的状态轨迹 $q(\cdot)$ 满足约束

$$\Gamma 1: q(k) \geqslant 0, \ \Gamma 2: u(k) \geqslant u_{min}, \ \Gamma 3: u(k) \leqslant u_{max} \quad (9.12)$$

时，对 $[q(\cdot), u(\cdot)]$ 称为可行状态。如果该对使等式(9.10)最小化，那么该对是最优的。

我们例子中的哈密顿量 H 是

$$H = S(q(k)) + R(u(k)) + \lambda(k+1) \times \left[q(k) + \left(\Lambda(k) - \frac{u(k)}{c \times u_{max}}\right)T_s\right] + \mu_1(k)$$
$$\times (-q(k)) + \mu_2(k) \times (-u(k) + u_{min}) + \mu_3(k) \times (u(k) - u_{min}) \quad (9.13)$$

根据 Pontryagin 的最小原则[⊖]，可行对序列成为最优对的必要条件是存在一系列的共态序列 λ 和拉格朗日乘子 $\mu = [\mu_1(k), \mu_2(k), \mu_3(k)]$，

$$H(k, q^*, u^*, \lambda^*, \mu^*) \leqslant H(k, q, u^*, \lambda^*, \mu^*), \ \forall q \geqslant 0 \quad (9.14)$$

其中拉格朗日乘数 $\mu_1(k), \mu_2(k), \mu_3(k)$ 反映了成本函数对队列长度在 k 时刻的敏感性和边界约束，并满足几个条件

$$\mu_1(k) \geqslant 0, \ \mu_1(k)(-q(k)) = 0 \quad (9.15)$$
$$\mu_2(k) \geqslant 0, \ \mu_2(k)(-u(k) + u_{min}) = 0 \quad (9.16)$$
$$\mu_3(k) \geqslant 0, \ \mu_3(k)(u(k) - u_{max}) = 0 \quad (9.17)$$

关于解决这一问题的方法的详细分析和稳定性条件分析超出了我们的讨论范围，详见文献[512]。

将优化资源管理技术从单系统扩展到具有大量服务器的云是一个相当具有挑战性的研究领域。当云应用需要实现一个复杂的工作流而不是基于事务的处理时，问题就更加困难了。

9.5 两级资源分配架构的稳定性

9.4 节中的讨论表明，服务器可以被闭环控制系统同化，并且可以将理论控制原则应用于资源分配。我们现在讨论整个云的基于控制论概念的两级资源分配架构，见图 9.3。自动资源管理基于两级控制器，一个用于服务供应商，一个用于应用程序。

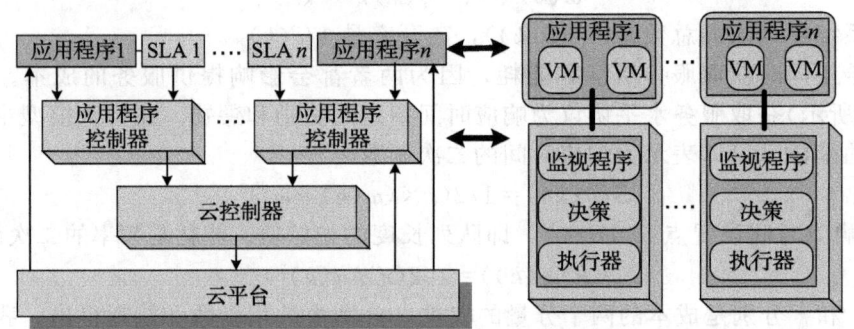

图 9.3 两级控制架构，协同工作的应用控制器和云控制器

控制系统的主要组成部分包括输入、控制系统组件和输出。这些模型中的输入包括提供的工作负载和准入控制策略、容量分配、负载均衡、能量优化以及云中的服务质量保

⊖ Pontryagin 原则是最优控制论中的一种方法，用于寻找使动态系统在一组约束条件下从一种状态转向另一种状态的最可能的控制。

证。系统组件是用于估计相关性能指标的传感器和实施各种策略的控制器。输出是分配给各个应用程序的资源。

控制器使用传感器提供的反馈来稳定系统，稳定性与输出的变化有关。如果变化太大，则系统可能变得不稳定。在系统上下文切换中，系统可能经历颠簸，用于应用程序的有效时间量变得越来越小，并且大多数系统资源被管理功能占用。

任何控制系统都有三个主要的不稳定因素：
- 控制动作后系统反应的延迟。
- 控制的粒度，控制器产生的小变化导致输出的变化非常大。
- 振荡，当输入的变化太大而控制太弱时，输入的变化直接传播到输出。

在自主系统中使用两种类型的策略：基于阈值的策略和基于马尔可夫决策模型的顺序决策策略。在第一种情况下，性能的上下限通过资源重新分配来适应；此类策略简单直观，但需要设置每个应用程序的阈值。

文献[157]中讨论了从两级控制器和两种策略的实验中得到的经验教训。第一个观察是控制系统的动作要有节奏，不能导致不稳定；只有在系统性能稳定后才能进行调整。控制器应测量应用程序稳定并适应受控系统的反应方式的时间。

如果设置了上阈值和下阈值，则当阈值彼此太接近，并且当工作负载的变化足够大，以及适应所需的时间不允许系统稳定时，就会发生不稳定现象。这些操作包括一个或多个虚拟机的分配/释放。有时，其中一个阈值所需的单个虚拟机的分配/释放可能会导致另一个阈值的交叉，这是另一个不稳定的来源。

9.6 基于动态阈值的反馈控制

控制系统中涉及的元件是传感器、监视程序和执行器。传感器测量感兴趣的参数，然后将测量值传输到监视程序，监视程序确定是否必须更改系统行为，如果必须更改，则请求执行器执行必要的操作。通常，准入控制策略使用的参数是当前系统负载，当达到阈值（例如80%）时，云将停止接受额外的负载。

这种策略的实施具有挑战性，或者在实践中是完全不可行的。首先，由于服务器数量非常大且工作负载变化很快，因此对当前系统工作负载的估计可能不准确。其次，服务水平协议中指定的各个用户的平均资源需求与最大资源需求的比率通常非常高。一旦达成协议，就必须满足用户的要求；用户对服务水平协议限制内的其他资源的请求不能被拒绝。

阈值。阈值是与触发系统行为发生变化的系统状态相关的一个参数值。在控制论中，阈值用于将系统的关键参数保持在预定范围内。阈值可以是静态的，可以一次性定义，也可以是动态的。动态阈值可以基于在一段时间间隔内执行的测量平均值，即所谓的积分控制；动态阈值也可以是给定时间的多个参数的值函数，或者是两者的混合。

通常定义一个高阈值和一个低阈值，以将系统参数维持在给定的范围内。两个阈值确定不同的动作；例如，高阈值可能迫使系统限制其活动，低阈值可能会鼓励其他活动。控制粒度指用于控制系统的信息的详细程度。细粒度控制意味着使用关于控制系统状态的参数的非常详细的信息，而粗粒度控制指用这些参数的准确性来换取实现的效率。

按比例设阈值。文献[305]中讨论了将这些想法应用于云计算，特别是IaaS交付模型，以及称为按比例设阈值的资源管理策略。要解决的问题如下：
- 拥有两种类型的控制器是否有益：(1) 应用控制器，确定是否需要额外资源；(2) 云控制器，仲裁资源请求和分配物理资源？

- 考虑细粒度控制是否可行？在云计算环境中，粗粒度控制是否更合适？
- 基于时间平均的动态阈值是否优于静态阈值？
- 具有高阈值和低阈值是否更好，或仅定义高阈值就足够了？

前两个问题是相关的。拥有两种控制器似乎更合适，一个具有应用程序知识，另一个知道云状态。在这种情况下，由于许多原因，粗粒度控制就足够了。如前所述，云控制器只能对全局云状态进行非常粗略的估计。此外，为了简化资源管理策略，云服务供应商可能希望隐藏一些可用的信息。例如。云服务供应商可能不允许虚拟机访问虚拟机管理程序级的传感器和执行器使用的信息。

要回答最后两个问题，我们必须定义一个衡量"好"的标准。文献[305]的实验中，测量的参数是平均 CPU 利用率，如果减少了应用控制器向应用程序可用池添加或删除 VM 的请求数量，则该策略优于另一个策略。

利用控制论方法来解决这些问题充满挑战。文献[305]的作者采用了一种实用的方法，并提供了定性的论据；他们还给出了使用面向事务的应用程序（Web 服务器）的综合工作负载的模拟结果。

按比例设阈值的本质由以下算法实现：
1. 计算高阈值和低阈值的积分值，作为过程历史记录中处理器利用率的最大值和最小值的平均值。
2. 当 CPU 利用率在当前时间片上的平均值超过高阈值时，请求额外的虚拟机。
3. 当目前时间片上 CPU 利用率的平均值低于低阈值时，释放虚拟机。

基于三个虚拟机的实验得出的结论是：动态阈值优于静态阈值；两个阈值优于一个阈值。在证实我们的直觉的同时，这些结果必须通过在现实环境中的实验来证明。此外，不能通过积分控制方程所需的某些参数的经验值而得到令人信服的结果。

9.7 自主性能管理器的协调

专业的自主性能管理器能否在优化功耗的同时满足服务水平协议的要求呢？这是 IBM Research 的一个团队在 2007 年的一篇论文中研究的问题[265]。该论文描述了在一套刀片式机箱上进行的实验。图 9.4 显示了实验的相关设置。如果将该文献中讨论的技术扩展到大规模的服务器群体，则会带来严重的问题；而计算的复杂性只是其中的问题之一。

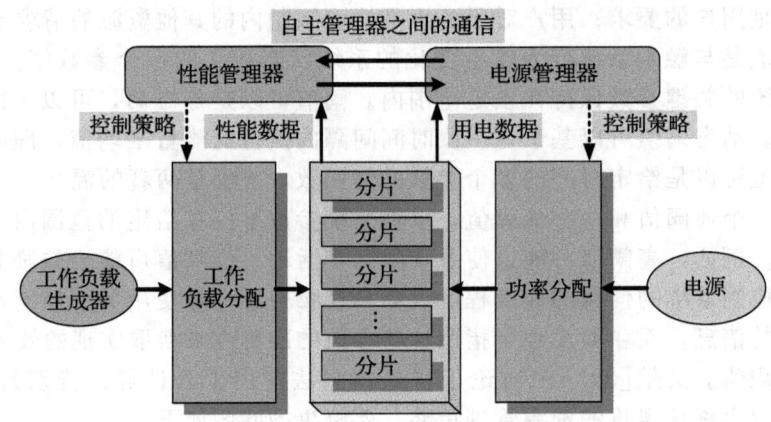

图 9.4　自主性能管理器和电源管理器协作，确保 SLA 规定的性能和能量优化。向它们提供性能和电源数据，并分别实现性能和电源管理策略

几乎所有现代处理器都支持动态电压调节作为节能机制；而事实上，能耗与电源电压的二次方成比例。因此，电源管理控制着 CPU 频率，即指令执行速率。对于某些计算密集型工作负载，性能会随着 CPU 时钟频率下降而线性下降，然而对于其他工作负载，较低时钟频率的影响则不太明显或者不存在。单个刀片服务器的时钟频率通常由在固件中实现的电源管理器控制，每秒会调整几次时钟频率。

文献[265]中协调功率和性能管理的方法基于以下几个想法：
- 使用联合效用函数来提高功率和性能。性能-功率的联合效用函数 $U_{pp}(R, P)$ 是响应时间 R 和功率 P 的函数，其形式如下：

$$U_{pp}(R, P) = U(R) - \varepsilon \times P \quad \text{或} \quad U_{pp}(R, P) = \frac{U(R)}{P} \qquad (9.18)$$

$U(R)$ 的效用函数仅仅基于响应时间，而参数 ε 为衡量响应时间和功率这两个因素的影响的参数。
- 确定两个管理器之间要交换的一组最小参数。
- 基于效用优化的电源管理策略，为各个系统建立功率上限。
- 使用经过修改的标准性能管理器，仅接受来自电源管理器的根据电源策略确定的频率输入。电源管理器由 TCL 和 C 程序组成，用来计算每服务器(每个刀片服务器)的电源上限，并通过 IPMI⊖将它们发送到控制刀片电源的固件。虽然电源管理器和性能管理器进行交互，但这不涉及两个管理器之间的协商。
- 使用标准的软件系统。例如，使用 WXD(WebSphere Extended Deployment)——一种中间件，支持为各个 Web 应用和监控响应时间设定性能目标，并定期再计算资源分配的参数来满足目标。使用来自 IBM Web 服务工具箱的宽谱强度工具作为工作负载生成器。

出于实际原因，效用函数由 n_c(客户端数量)和 p_K(功率上限)表示，如下式所示：

$$U'(p_K, n_c) = U_{pp}(R(p_K, n_c), P(p_K, n_c)) \qquad (9.19)$$

最优功率上限 p_K^{opt} 是由客户端数 n_c 表示的工作负载强度的函数：

$$p_K^{opt}(n_c) = \text{argmax}\, U'(p_K, n_c) \qquad (9.20)$$

这些实验使用的硬件是刀片服务器，刀片服务器使用英特尔 Xeon 处理器，运行速度为 3GHz，使用 1GB 的二级缓存和 2GB 的 DRAM，并启用了超线程。一个刀片服务器可以为 30 到 40 个客户端提供服务，并且响应时间限制为不高于 1 000 毫秒。当 P_K 低于 80 瓦时，处理器以 375MHz 的最低频率运行，而当 P_K 达到或超过 110 瓦的时候，处理器以最高频率 3GHz 运行。

这里进行了三种类型的实验：关闭电源管理；通过一系列详尽的实验确定功耗和响应时间的相关性；通过强化学习模型导出功率上限 p_K 对 n_c 的依赖性。

第二种类型的实验得出的结论是，响应时间和功耗都是功率上限 p_K 和客户端数 n_c 的非线性函数。更具体地说，这些实验的结论是：
- 在低负载时，响应时间远低于 1 000 毫秒的目标。
- 在中、高负载时，当 p_K 从 80 瓦增加到 110 瓦时，响应时间迅速减小。
- 对于给定的功率上限值，随着负载的增加，消耗的功率迅速增加。

用于第三类实验的机器学习的算法是基于文献[483]中描述的混合强化学习算法。在

⊖ 智能平台管理接口(IPMI)：由英特尔开发的计算机系统标准接口，供系统管理员管理计算机系统并监视其操作。

使用机器学习模型的实验中,对于给定数量的客户,实现低于 1 000 毫秒的响应时间所需的功率上限在 $\varepsilon = 0.05$ 时最低,并且使用了由等式(9.18)给出的第一效用函数;例如,在 $n_c = 50$ 时,若 $\varepsilon = 0.05$,则 $p_K = 109$ 瓦,而若 $\varepsilon = 0.01$,则 $p_K = 120$ 瓦。

9.8 基于云 Web 服务的效用模型

效用函数将一次活动或服务的"收益"与提供该服务的"成本"相关联。例如,收益可能是营收,而成本则可能是功耗。

服务水平协议通常规定了与特定性能指标相关的奖惩。有时,服务质量转化为平均响应时间;通常当服务水平协议明确指定要求时,这种情况就是基于云的 Web 服务。例如,图 9.5 显示了性能指标为响应时间 R 的情况。当 $R \leqslant R_0$ 时,可以获得最大的奖励;当 $R_0 < R \leqslant R_1$ 时,获得的奖励略低;当 $R_1 < R \leqslant R_2$ 时,服务的供应商不仅不会获得奖励,反而会支付一小笔罚款;当 $R > R_2$ 时,罚款则会增加。效用函数 $U(R)$ 是一系列阶跃函数,有时,效用函数也以二次曲线逼近,如 9.4 节所述。

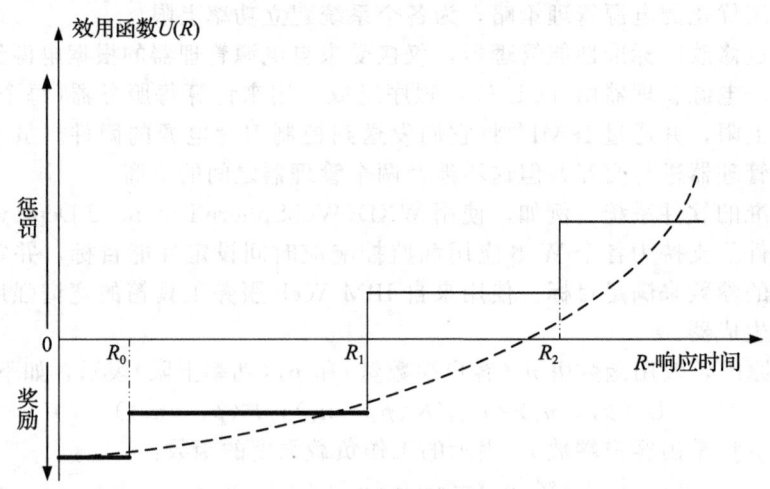

图 9.5　当奖励和惩罚水平根据 SLA 发生变化时,效用函数 $U(R)$ 是响应时间对应的一系列跳跃的阶跃函数,$R = R_0 | R_1 | R_2$。虚线表示效用函数的二次逼近

在这一节中,我们将讨论基于效用的自主管理方法。目标是最大化计算总利润,即 SLA 保证的收入与提供服务的总成本之间的差额。作为一个优化问题,文献[9]中讨论的解决方案提出了多种策略,其中就包括 QoS。该优化云模型十分复杂,并且需要相当多的参数。

我们假设一个云提供 $|K|$ 种不同类别的服务,每个类 k 包含 N_k 种应用程序。对于类 $k \in K$,称 v_k 为响应时间 r_k 相关的营收(或惩罚),并假定该效用函数具有 $v_k = v_k^{\max}(1 - r_k/r_k^{\max})$ 的线性依赖性,参见图 9.6a;称 $m_k = -v_k^{\max}/r_k^{\max}$ 为效用函数的斜率。

系统被建模为一个排队网络,每个服务器都有多个队列,并且有一个延迟中心,该延迟中心对一个服务器上的服务完成和下一个服务器的处理开始后的用户思考时间进行建模。如图 9.6b 所示,一旦完成,类 k 的请求或者以概率 $1 - \sum_{k' \in K} \pi_{k, k'}$ 完成,或者返回系统一个具有转移概率 $\pi_{k,k'}$ 的请求 k'。称 λ_k 为 k 类请求的外部到达率,Λ_k 为 k 的总速率,$\Lambda_k = \lambda_k + \sum_{k' \in K} \Lambda_{k'} \pi_{k, k'}$。

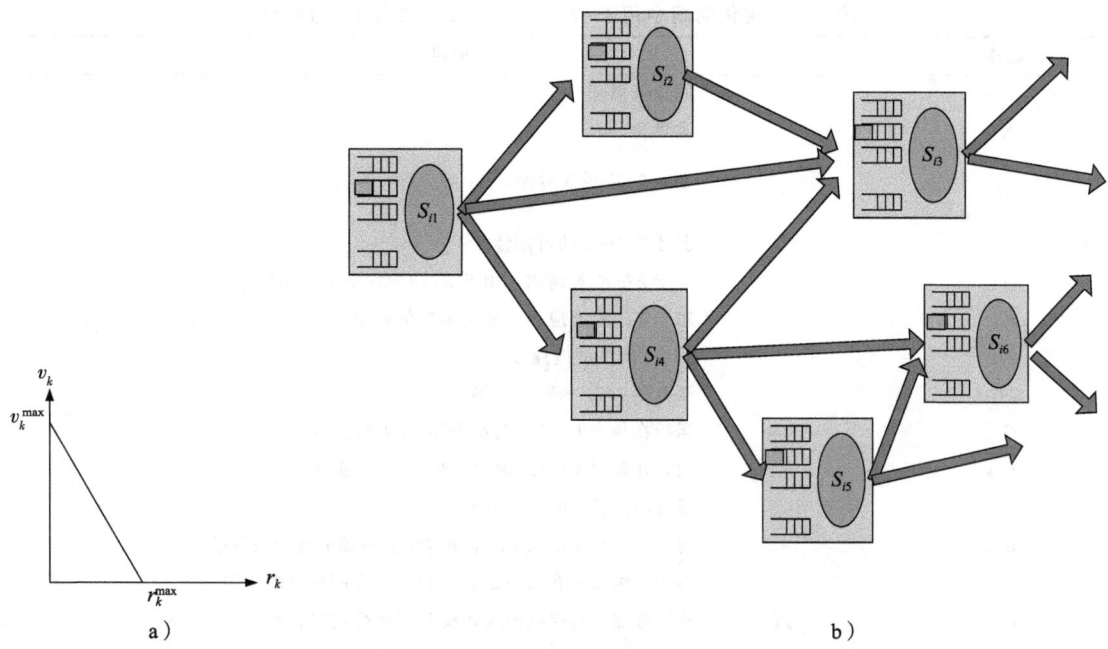

图 9.6 a) 效用函数，对于类 $k \in K$，收入（或惩罚）v_k 与请求的响应时间 r_k 的关系。b) 多队列网络。对于每个服务器 S_i，每类 $k \in K$ 请求有 $|k|$ 个队列。一层由所有服务器 S_{ij} 的类 $k \in K$ 的所有请求组成，$i \in I$，$1 \leqslant j \leqslant 6$

通常，CPU 和内存被视为资源分配的代表。为简单起见，我们假设一个 CPU 根据动态电压和频率调节模型，在一组离散时钟频率和一组离散电源电压下运行，服务器上的功耗是时钟频率的函数。服务器的调度采用持续工作调度策略[⊖]，并且被建模为通用处理器共享（GPS）调度[545]。文献[5]和[386]中的分析模型对于大型系统来说过于复杂。

文献[9]的优化问题制定涉及五个方面：A 和 B 反映营收，C 是一个低功率、备用模式服务器的成本，D 是给定工作频率活动服务器的成本，E 是低功耗待机模式下交换服务器的成本，F 是将虚拟机从一台服务器迁移到另一台服务器的成本。对于这个混合整数非线性规划问题，有 9 个约束条件 Γ_1，Γ_2，$\cdots$，Γ_9。这个优化问题的决策变量列在表 9.2 中，使用的参数列在表 9.3 中。

表 9.2 优化问题的决策变量

名称	描述
x_i	如果服务器 $i \in I$ 在运行，则 $x_i = 1$，否则 $x_i = 0$
$y_{i,h}$	如果服务器 i 以频率 h 在运行，则 $y_{i,h} = 1$，否则 $y_{i,h} = 0$
$z_{i,k,j}$	如果 k 类请求的应用层 j 在服务器 i 上运行，则 $z_{i,k,j} = 1$，否则 $z_{i,k,j} = 0$
$w_{i,k}$	如果至少一个 k 类请求被分配至服务器 i，则 $w_{i,k} = 1$，否则 $w_{i,k} = 0$
$\lambda_{i,k,j}$	k 类请求的应用层 j 在服务器 i 上的执行率
$\phi_{i,k,j}$	分配给 k 类请求的层 j 的服务器 i 的容量比例

⊖ 持续工作调度策略：当有工作要做时，服务器不能空闲的调度策略。

表 9.3 优化问题中用于 A、B、C、D、E 及 Γ_i 的参数

名称	描述
I	服务器集合
K	类集合
Λ_k	类 $k \in K$ 的聚合率，$\Lambda_k = \lambda_k + \sum_{k' \in K} \Lambda_{k'} \pi_{k,k'}$
a_i	服务器 $i \in I$ 的可用性
A_k	对于 $k \in K$ 类请求，由 SLA 指定的最低可用性等级
m_k	对于 $k \in K$ 类应用，效用函数的斜率
N_k	$k \in K$ 类中的应用数
H_i	服务器 $i \in I$ 的频率范围
$C_{i,h}$	运行在频率 $h \in H_i$ 时服务器 $i \in I$ 的容量
$c_{i,h}$	运行在频率 $h \in H_i$ 时服务器 $i \in I$ 的成本
$\bar{c}_i$	运行服务器 i 的平均成本
$\mu_{k,j}$	对于 k 类请求的层 j，单位容量服务器的最大服务率
cm	将虚拟机从一台服务器移动到另一台服务器的成本
cs_i	将服务器 i 从待机模式切换到活动模式的成本
$RAM_{k,j}$	k 类请求的层 j 的主存量
$\overline{RAM}_i$	服务器 i 上可用的内存量

要最大化的表达式为

$$(A+B)-(C+D+E+F) \tag{9.21}$$

以及

$$A = \max \sum_{k \in K} \left(-m_k \sum_{i \in I, j \in N_k} \frac{\lambda_{i,k,j}}{\sum_{h \in H_i}(C_{i,h} \times y_{i,h}) \mu_{k,j} \times \phi_{i,k,j} - \lambda_{i,k,j}} \right),$$

$$B = \sum_{k \in K} v_k \times \Lambda_k \tag{9.22}$$

$$C = \sum_{i \in I} \bar{c}_i, \quad D = \sum_{i \in I, h \in H_i} c_{i,h} \times y_{i,h}, \quad E = \sum_{i \in I} cs_i \max(0, x_i - \bar{x}_i) \tag{9.23}$$

和

$$F = \sum_{i \in I, k \in K, j \in N_j} cm \max(0, z_{i,j,k} - \bar{z}_{i,j,k}) \tag{9.24}$$

9 个约束条件如下：

- $(\Gamma_1) \sum_{i \in I} \lambda_{i,k,j} = \Lambda_k, \forall k \in K, j \in N_k$，$\Rightarrow$ 对于 k 类请求，分配给所有服务器的流量等于类的预期负载。
- $(\Gamma_2) \sum_{k \in K, j \in N_k} \phi_{i,k,j} \leqslant 1, \forall i \in I$，$\Rightarrow$ 服务器 i 不能分配超过其容量的工作负载。
- $(\Gamma_3) \sum_{h \in H_i} y_{i,h} = x_i, \forall i \in I$，$\Rightarrow$ 如果服务器 $i \in I$ 是活动的，并且在集合中以频率 H_i 运行，只有一个 $y_{i,h}$ 非 0。
- $(\Gamma_4) z_{i,k,j} \leqslant x_i, \forall i \in I, k \in K, j \in N_k \Rightarrow$ 请求只能被分配给活动服务器。
- $(\Gamma_5) \lambda_{i,k,j} \leqslant \Lambda_k \times z_{i,k,j}, \forall i \in I, k \in K, j \in N_k \Rightarrow$ 只有将相应的应用层分配给服务器 i，请求才能在服务器 $i \in I$ 上运行。

- $(\Gamma_6) \lambda_{i,k,j} \leqslant \left(\sum_{h \in H_i} C_{i,h} \times y_{i,h}\right) \mu_{k,j} \times \phi_{i,k,j}, \forall i \in I, k \in K, j \in N_k \Rightarrow$ 资源不能饱和。

- $(\Gamma_7) \text{RAM}_{k,j} \times z_{i,k,j} \leqslant \overline{\text{RAM}_i}, \forall i \in I, k \in K \Rightarrow$ 服务器 i 上的内存足以支持在其上运行的所有应用程序。

- $(\Gamma_8) \prod_{j=1}^{N_k} \left(1 - \prod_{i=1}^{M}(1 - a_i^{w_{i,k}})\right) \geqslant A_k, \forall k \in K \Rightarrow$ 分配给 k 类请求的所有服务器的可用性应该至少等于服务水平协议要求的最小值。

- $(\Gamma_9) \sum_{j=1}^{N_k} z_{i,k,j} \geqslant N_k \times w_{i,k}, \forall i \in I, k \in K; \lambda_{i,j,k}, \phi_{i,j,k} \geqslant 0, \forall i \in I, k \in K, j \in N_k; x_i, y_{i,h}, z_{i,k,j}, w_{i,k} \in \{0, 1\}, \forall i \in I, k \in K, j \in N_k \Rightarrow$ 约束和决策变量之间的关系。

显然，这种方法不能扩展到具有大量服务器的云。此外，模型中大量的决策变量和参数使得该方法无法用于实际的云计算资源管理策略。

9.9 计算机云的调度算法

调度是云资源管理的一个关键组件，负责在多个级别上进行资源共享/多路复用。一个服务器可以在多个虚拟机之间共享，每个虚拟机可以支持多个应用程序，每个应用程序可以由多个线程组成。CPU 调度支持处理器的虚拟化，各个线程充当虚拟处理器；通信链路可以在多个虚拟信道之间多路复用，每个通道对应一个虚拟通道。

除了满足其设计目标的需要之外，调度算法应该是高效、公平和无饥饿的。批处理系统调度程序的目标是最大化吞吐量（在一个单位时间内完成的作业数量，例如，在一个小时内），并最小化周转时间（从作业提交到完成的时间）。实时系统调度程序的目标是满足最后期限并具有可预测性。

支持各种任务的系统的调度（有些具有硬实时约束，有些具有软约束，或者没有时间约束）常常会遇到相互矛盾的需求。一些调度程序是抢占式的，允许高优先级任务中断低优先级任务的执行，其他的则是非抢占式的。

资源管理的两个不同方面必须由一个调度策略来处理：分配的资源数额/数量，授予访问资源的时间。图 9.7 列出了由这两个维度定义的空间中的几大类资源分配要求：尽力而为、软需求和硬需求。硬实时要求最具挑战性，因为它们需要严格的时间和精确的资源数量。

公平调度算法有多种定义。首先，我们讨论最大-最小公平准则[180]。考虑具有相同权限的 n 个用户共享带宽 B 的资源，每个用户请求一个数额 b_i 并接收

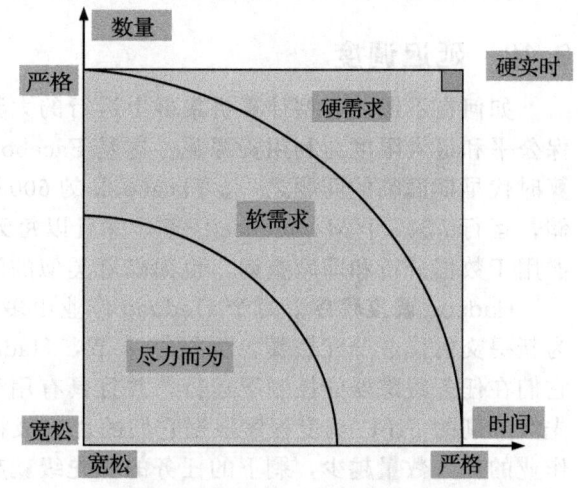

图 9.7 资源需求策略。尽力而为策略不强制要求分配给应用程序的资源数额或调度应用程序的时间。软需求策略需要统计上有保证的资源数额和时间限制。硬需求策略要求严格的时间安排和精确的资源数额

B_i。根据最大-最小准则,必须通过公平分配来满足以下条件:
- C_1——任何用户收到的数额不大于要求的数额,即 $B_i \leqslant b_i$。
- C_2——如果任何用户的最小分配是 B_{min},则满足条件 C_1 的分配没有比当前分配更高的 B_{min}。
- C_3——当我们删除接收最小分配 B_{min} 的用户,然后将可用资源的总量从 B 减少到 $(B-B_{min})$ 时,条件 C_2 仍然递归为真。

CPU 调度的公平性准则[200]要求两个可运行线程 a 和 b 在 t_1 到 t_2 的时间间隔内的工作量 $\Omega_a(t_1, t_2)$ 和 $\Omega_b(t_1, t_2)$ 使表达式

$$\left| \frac{\Omega_a(t_1, t_2)}{w_a} - \frac{\Omega_b(t_1, t_2)}{w_b} \right| \tag{9.25}$$

最小化,其中 w_a 和 w_b 分别是线程 a 和 b 的权重。

不同类别的云应用的 QoS 需求不同,因此需要不同的调度策略。尽力而为应用程序(如批处理应用和分析程序⊖)不需要 QoS 保证。音频和视频流等多媒体应用程序具有软实时约束,需要在统计上保证最大的延迟和吞吐量。具有硬实时约束的应用目前不使用公共云,但将来可能会使用。

轮询(RR)、先到先服务(FCFS)、最短作业优先(SJF)和优先级算法是最常见的调度算法,适用于尽力而为程序。在轮询调度的情况下,每个线程都以循环的方式对 CPU 进行一定时间的控制,称为时间片;算法是公平的,没有饥饿。在 FCFS 算法中,线程可以按照到达的顺序使用 CPU;在 SJF 算法中,线程可以按照运行时间的顺序使用 CPU。

实时应用采用了最早截止时间优先(EDF)和速率单调算法(RMA)。文献[74]中讨论了三种应用程序的调度集成,并提出了两种新的集成调度算法:资源分配/分派(RAD)和基于速率的最早期限(RBED)。

下面将讨论与计算机云相关的几种算法。这些算法说明了调度的公平性以及适应多目标调度的需求,特别是大数据和多媒体应用的调度。

9.10 延迟调度

如何在不影响大型计算机集群上运行的大数据应用的位置和吞吐量的情况下,同时确保公平和最大限度地利用资源呢?这是 Facebook、雅虎和其他大型 IT 服务供应商在云计算时代早期面临的问题之一。Facebook 的 600 个节点 Hadoop 集群每天使用 2PB 的数据存储,运行 7 500 个 Mapreduce 任务,并且以每天 15TB 的速度增长。雅虎的 3 000 个节点集群用于数据分析和即席查询,也面临着类似的问题。

Hadoop 调度程序。 每个 Hadoop 作业由多个 Map 和 Reduce 任务组成,问题在于如何为新提交的作业分配资源。回顾 7.7 节,Hadoop 主机的作业跟踪器管理许多从服务器,它们在任务跟踪器的控制下运行,并且具有用于 Map 和 Reduce 任务的时隙。具有五个优先级级别的 FIFO 调度程序根据它们的优先级将时隙分配给任务。在服务器上已经运行的作业的任务数量越少,剩下的任务的优先级就越高。

此策略有一个明显的问题,基于优先级的分配不考虑数据本地化,即需要将任务放置在其输入数据附近。大型集群中的网络带宽明显低于磁盘带宽,本地数据访问的延迟也远低于远程磁盘访问的延迟。本地化影响吞吐量,在时间和开销方面,从本地服务器获取的

⊖ 术语"分析"有时意味着发现数据中的模式,有时可能意味着对商业活动结果的统计处理。

数据明显优于从本地机架获取数据，即从同一机架中的不同服务器获取输入数据。

在稳定状态下，优先级调度会导致向同一作业的下一个任务重复分配相同的时隙。当作业的一个任务完成时，它的优先级降低，可用的时隙被分配给同一作业的下一个任务。每个作业的输入数据在整个集群中进行条块化处理，因此将任务分布到集群中可能会改善数据的本地化，但是优先级调度更倾向于固定时隙(sticky slot)的出现。

根据文献[541]的说法，在报告因为 Hadoop 对待运行任务的方式而出了 bug 的时候，Hadoop 中不会出现固定时隙。Hadoop 任务在完成它们的工作后进入提交挂起(commit pending)状态，它们请求权限将输出重命名为最终文件名。主控制器中的作业对象将处于这种状态的任务当作正在运行，而从对象不是这样。因此，该任务时隙可以分配给另一个任务。Facebook 上收集的数据显示，只有 5% 的序号较低(1～25)的 Map 作业达到了服务器本地化，而只有 59% 的任务达到机架本地化。

任务本地化和平均工作本地化。如果将输入任务数据存储在托管分配给任务时隙的服务器上，则任务安排满足本地化要求。假设服务器具有 L 个时隙，并且文件系统的每个块具有 R 个副本，则希望用集群的一小部分共享 $f_\mathcal{J}$，计算作业 $\mathcal{J}$ 期望的本地化水平。定义 $f_\mathcal{J}=n/N$，分配给作业 $\mathcal{J}$ 的时隙数为 n，集群中的服务器数为 N。

一个时隙不属于 $\mathcal{J}$ 的概率是 $(1-f_\mathcal{J})$，作业 $\mathcal{J}$ 的块 $\mathcal{B}_\mathcal{J}$ 有 R 个副本，并且每个副本在具有 L 个时隙的节点上。因此，作业 $\mathcal{J}$ 的任何时隙都没有块 $\mathcal{B}_\mathcal{J}$ 的副本的概率是 $(1-f_\mathcal{J})^{RL}$。因此，作业 $\mathcal{J}$ 的本地化水平 $\mathcal{L}_\mathcal{J}$ 最多可以为

$$\mathcal{L}_\mathcal{J}=1-(1-f_\mathcal{J})^{RL} \tag{9.26}$$

公平的调度程序应该如何在共享集群上运行？假设所有作业的任务平均需要 T 秒完成，调度程序应分配给作业的共享集群的时隙数 n 是多少？一个明智的答案是调度程序应该提供足够的时隙，使得共享集群上的响应时间等于 $R_{n,\mathcal{J}}$，这是作业 $\mathcal{J}$ 一到达虚拟专用集群上就开始经历的作业完成时间，集群为 $\mathcal{J}$ 的 n 个任务提供 n 个可用时隙。

作业完成时间可以近似为除了最后一个任务之外的所有任务的作业处理时间加上等待时间之和，直到该作业的最后一个任务的可用时隙为止。在具有 n 个时隙的专用集群上运行是没有等待时间的，而在共享集群上，在时隙可用之前，最后一个任务必须等待。

分配给共享集群的任务的时隙将在平均每 T/N 秒内被释放，因此，任务必须等待直到它的所有 n 个任务确认共享集群上的时隙将是 $n\times T/N$。这意味着公平的调度程序应该保证共享集群上作业 $\mathcal{J}$ 的等待时间远小于虚拟专用集群上的完成时间 $R_{n,\mathcal{J}}$：

$$R_{n,\mathcal{J}} \gg f_\mathcal{J} \times T \tag{9.27}$$

如果满足以下三个条件之一，则满足方程(9.27)：

1. $f_\mathcal{J}$ 很小——共享集群的作业很多，分配给每个作业的时隙比例很小。
2. T 很小——各个任务都不长。
3. $R_{n,\mathcal{J}} \gg T$——一个作业的完成时间远远大于平均任务的完成时间，大的任务支配着工作量。

Facebook 上 MapReduce 任务运行时间的累积分布函数类似于 sigmoid 函数⊖，作业持续时间的中间阶段大约从 10 秒开始，到 1 000 秒结束。Map 任务的中位数完成时间比作

⊖ sigmoid 函数 $S(t)$ 是 "S 形"的，定义为 $S(t)=\dfrac{1}{1-e^{-t}}$，它的导数 $S'(t)=S(t)(1-S(t))$，表示为它自身函数。$S(t)$ 可用于描述生物演化，初始段描述早期/儿童时期，中间阶段描述成熟时期，第三个阶段描述晚年时期。

业的中位数完成时间短得多,前者为 19 秒,后者为 84 秒。Reduce 任务更少,但平均持续时间较长,为 231 秒。83% 的作业在 10 秒内启动。文献[541]的结果表明,当大多数任务相对于任务持续时间要短一些,并且运行中的任务可以从多个位置读给定的数据块时,延迟调度有很好的表现。

延迟调度。 文献[541]中提出了一种有点违反直觉的调度策略——延迟调度。顾名思义,这个新策略会延迟一段相对短的时间再调度新作业的任务,以解决公平性和本地化之间的冲突。

如果输入数据在该时隙所在的服务器上是不可用的,则该新策略在优先级队列的头部跳过该作业的任务,并且将该过程重复 D 次,D 由延迟调度算法指定。在新策略下,吞吐量几乎翻了一番,同时确保了雅虎和 Facebook 的工作负载公平,这很好地展示了延迟调度策略的优点。

对新策略的分析假设一个集群具有 N 个服务器,每个服务器有 L 个时隙,因此时隙总数 $S=NL$。作业 $\mathcal{J}$ 更喜欢存储其数据的服务器上的时隙,称这组时隙为 $\mathcal{P}_{\mathcal{J}}$。作业 $\mathcal{J}$ 的任务有分配给其时隙的数据在服务器上的概率为

$$p_{\mathcal{J}}=\frac{|\mathcal{P}_{\mathcal{J}}|}{N} \tag{9.28}$$

很容易看出,被跳过 D 次的任务在分配给其时隙的服务器上没有输入数据的概率,随着 D 指数地降低。实际上,在被跳过 D 次之后,在分配给它的时隙上有数据的概率是 $(1-p_{\mathcal{J}})^D$。例如,如果 $p_{\mathcal{J}}=0.1$ 且 $D=40$,那么在分配给任务的时隙上有数据的概率是 $1-(1-P_{\mathcal{J}})^D=0.99$,概率为 99%。

延迟调度算法的伪代码实现如下:

```
Delay scheduling algorithm.
1  Initialize j.skipcount to 0 for all jobs j
2  when a heartbeat is received from node n
3        if n has a free slot then
4              sort jobs in increasing order of number of running tasks
5              for j in jobs do
6                    if j has unlaunched task t with data on n then
7                          launch t on n
8                          set j.skipcount = 0
9                    else if j has unlaunched task t then
10                         if j.skipcount > D+1 then
11                               launch t on n
12                         else
13                               set j.skipcount = j.skipcount + 1
14                         end if
15                   end if
16             end for
17       end if
```

如何通过 n 个任务实现作业 $\mathcal{J}$ 所需的本地化水平?文献[541]中的近似分析假设所有任务具有相同的时间长度,并且优选的位置集 $\mathcal{P}_{\mathcal{J}}$ 是不相关的。如果 $\mathcal{J}$ 有留下的任务 k 要启动,那么复制因子就像之前一样等于 R:

$$p_{\mathcal{J}}=1-\left(1-\frac{k}{N}\right)^R \tag{9.29}$$

在 D 次跳过后,$\mathcal{J}$ 的任务开始的概率为

$$p_{\mathcal{J},D}=1-(1-p_{\mathcal{J}})^D=1-\left(1-\frac{k}{N}\right)^{RD} \geqslant 1-e^{-RDk/N} \tag{9.30}$$

$p_{J,D}$ 的期望值为

$$\mathcal{L}_{J,D} = \frac{1}{N}\sum_{k=1}^{N}(1-\mathrm{e}^{-RDk/N}) = 1 - \frac{1}{N}\sum_{k=1}^{N}\mathrm{e}^{-RDk/N} \tag{9.31}$$

那么,

$$\mathcal{L}_{J,D} \geqslant 1 - \frac{1}{N}\sum_{k=1}^{\infty}\mathrm{e}^{-RDk/N} = 1 - \frac{\mathrm{e}^{-RD/N}}{N(1-\mathrm{e}^{-RD/N})} \tag{9.32}$$

因此,本地化水平 $\mathcal{L}_{J,D} \geqslant \lambda$ 要求作业 J 为新时隙放弃 D 次,D 满足

$$D \geqslant -\frac{N}{R}\ln\frac{n(1-\lambda)}{1+n(1-\lambda)} \quad 或 \quad D \leqslant \frac{N}{R}\ln\left[1+\frac{1}{n(1-\lambda)}\right] \tag{9.33}$$

Hadoop 公平调度程序(HFS)。文献[541]的下一个目标是开发一个更复杂的 Hadoop 调度程序,具有以下几个新的能力:

- 在用户级别而不是作业级别上进行公平共享。这需要两级调度,第一级使用公平共享策略将任务时隙分配给作业池;在第二级,每个池将其时隙分配给池中的作业。
- 用户控制的调度。第二级策略可以是池中时隙的 FIFO 或公平共享。
- 可预测的周转时间。每个池具有保证的最小时隙份额。为了实现这一目标,HFS 定义了一个最小的共享超时和一个公平的共享超时,当相应的超时发生时,它会杀死需要很长时间的错误作业或任务。使用等待时间而非最小跳数 D 来确定将一个时隙分配给它的下一个准备运行的任务时,作业需要等待多长时间。

HFS 根据其调度策略创建一个预订作业排序列表。然后向下扫描此列表,以标识允许调度下一个任务的作业,并在每个池中应用池的内部调度策略。缺少最小份额的池位于排序列表的最前面,其他池被排序以实现加权公平共享。当接收到来自节点 n 的心跳时,HFS 调度算法的伪代码为每个作业 j 维护三个变量,初始化为 j.level=0、j.wait=0 和 j.skipped=false:

```
HFS scheduling algorithm.
1  for each job j with j.skipped=true
2    increase j.wait by the time since the last heartbeat and set j.skipped=false
3    if n has a free slot then
4      sort jobs using hierarchical scheduling policy
5      for j in jobs do
6        if j has a node-local task t on n then
7          set j.wait=0 and j.level=0
8          return t to n
9        else
10         if j has a rack-local task t on n and j.level>2 or j.wait>W1+1 then
11           set j.wait=0 and j.level=1 return t to n
12         else
13           if j.level=2 and j.level=1 and j.wait>W2+1
14             or j.level=0 and j.wait>W1+W2+1 then
15             set j.wait=0 and j.level=2 return any unlaunched task t in j to n
16           else
17             set j.skipped=true
18         end if
19     end for
20   end if
```

作业从本地化级别 0 开始,只能启动本地节点任务。至少在 $W1$ 秒之后,作业进到级别 1,可以启动本地机架任务;然后在 $W2$ 秒之后,进入级别 2,可以启动机架外任务。如果作业启动的任务的本地化级别高于其所在的级别,那么它又回到了以前的级别。

综上所述,延迟调度可以推广到除本地之外的首选项,唯一的要求是根据某些准则对

作业进行排序。它还可以应用于非时隙的资源类型。文献[541]中的测量结果表明,通过放宽公平性可以实现近100%的本地化。

9.11 数据感知调度

延迟调度分析强调数据本地化对I/O密集型应用程序性能的重要作用。这是本节讨论的主题,并由一篇涉及I/O密集型应用程序的任务调度的论文来解决[499]。

有许多I/O密集型应用被转换为DAG(有向无环图)的作业。这些应用程序的例子包括MapReduce(用于探索性数据分析和交互式调试的近似查询处理)以及机器学习(用于垃圾邮件分类和机器翻译)。

运行此类应用的作业包括在每个阶段运行的多组任务,而后期任务使用早期任务生成的数据。这些应用中的一些可以单独调度不同的任务子集,以此来优化数据本地化,但是并不会影响结果的正确性。这是使用梯度下降算法的应用情况。

梯度下降是一阶迭代优化算法。为了求出局部最小值,算法在每次迭代时都采用与函数梯度负相关的步骤。图9.8显示这样的应用具有多个阶段,并且每个阶段的任务组可以独立调度。数据感知调度提高了本地化、响应时间和性能。

在这种情况下,后期绑定意味着根据集群的状态动态地将任务与数据关联起来。数据感知调度改善了早期任务的本地特性,并且尽可能地改善作业后期任务的本地特性。所有任务的本地化都很重要,因为任务完成时间是由最慢的任务决定的,因此,应该特别注意那些掉队⊖的任务。

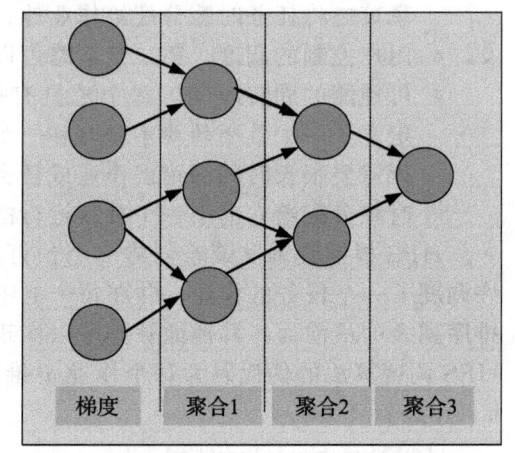

图 9.8 使用梯度下降法的某应用的各个阶段。计算后期的任务使用早期任务生成的数据。在梯度阶段的四个任务中,顶部的两个任务组可以独立于下面两个任务组进行调度

回顾一下第8章,随着运行任务的服务器和存储数据的服务器之间的"距离"增大,通信延迟增加,而通信带宽减少。当输入数据已经加载到本地内存时,I/O密集型任务可以高效运行,而当数据存储到本地磁盘时,效率则会降低。当数据驻留在同一机架的不同服务器上时,任务效率会进一步降低,当数据位于不同机架的服务器上时,任务效率会显著降低。

因此,许多机架通过单元交换机相互连接。调度程序的目标之一是平衡处理跨机架通信。作业的中间阶段通常涉及运行在不同机架上的服务器上的任务之间的组通信,例如一对多、多对一和多对多数据交换。数据感知调度的第二个重要目标是合理放置生产者和消费者任务来减少跨机架通信。

KMN(在文献[499]中讨论过的调度程序)在早期阶段启动了一些额外的任务,因此允许对后期任务进行选择。系统的名字来源于它的基本思想,从 N 块输入数据中选择 K 块,并在这些块所在的服务器上调度 $M>K$ 个第一阶段任务。$\binom{M}{K}$ 中"最好"的 K 个选项增

⊖ 根据 Merriam Webster 词典,"掉队"(straggling)是指"以缓慢而无序的方式行走或移动"或"与同类的其他人相隔很远"。

加了上游任务输出跨机架分布的可能性，并且用这些数据作为输入来调度下一阶段任务，使得跨机架流量得到平衡。这种启发式方法是合理的，因为根据早期任务的输出选择下一阶段任务的最优位置是 NP 完全问题。

KMN 用 Scala[⊖]实现，它构建在 Spark 之上，Spark 是 8.11 节中讨论的内存集群计算系统。KMN 调度程序的新思想之一是从 N 个输入数据块中选择 K 个来提高每个服务器具有 S 个时隙的集群的本地特性。如果 u 表示时隙的利用率，那么当其所有时隙都忙碌时，服务器的利用率是 u^S。在服务器上运行的 S 个任务之一在本地磁盘上有一个输入数据块的概率是 $p_t = 1 - u^S$。

当我们从 N 块中选择 K 块时，调度程序可以选择 $\binom{N}{K}$ 种输入块组合。N 项任务中 K 项本地化的概率 $p_{K|N}$，由假设成功概率为 p_t 的二项分布给出。

$$p_{K|N} = 1 - \sum_{i=0}^{K-1} \binom{N}{i} p_t^i (1-p_t)^{N-i} \tag{9.34}$$

或者

$$p_{K|N} = 1 - \sum_{i=0}^{K-1} \binom{N}{i} (1-u^S)^i u^{S(N-i)} \tag{9.35}$$

很容易看出，即使对服务器时隙的利用率非常高，达到本地化的概率也很高。例如，当 $u = 90\%$ 时，

$f = \binom{N}{K}$ 样本中所有 K 个块达到本地化的概率为 p_t^K，且由于样本独立，则至少一个样本达到本地化的概率为

$$p_{K|N}^{(1)} = (1 - p_t^K)^f \tag{9.36}$$

这个概率随着 f 的增加而增加。

使用循环策略从 M 个上游任务中选择最优 K 输出的伪代码如下所示[499]：

```
//Given: upstreamTasks - list with rack, index within rack for each task
//Given: K - number of tasks to pick
// Number of upstream tasks in each rack
upstreamRacksCount = map()
// Initialize
for task in upstreamTasks do
        upstreamRacksCount[task:rack] += 1
end for
// Sort the tasks in round-robin fashion
roundRobin = upstreamTasks.sort(CompareTasks)
chosenK = roundRobin[0 : K]
return chosenK
procedure COMPARETASKS(task1; task2)
        if task1:idx != task2:idx then
            // Sort first by index
            return task1:idx < task2:idx
        else
            // Then by number of outputs
            numRack1 = upstreamRacksCount[task1:rack]
            numRack2 = upstreamRacksCount[task2:rack]
            return numRack1 > numRack2
        end if
end procedure
```

⊖ Scala：一种通用编程语言，支持函数式编程和强静态类型系统。Scala 代码编译为 Java 字节码并运行在 JVM 上。KMN 由 1400 行 Scala 代码编写。

带有上游任务列表的哈希映射存储每个机架上应该运行多少个任务。然后，根据任务在机架上的索引和机架上的任务数量对任务进行排序。

在一个有 100 台服务器的 EC2 集群上进行的实验表明，当使用 KMN 调度程序而不是本机 Spark 调度程序时，平均任务完成时间减少了 81%。这种减少是由于 98% 的输入任务的本地化和 48% 的数据传输改进。KMN 调度程序的开销很小，它使用了 5% 的额外资源。

9.12 Apache 容量调度程序

Apache 容量调度程序[34]是一个用于 Hadoop 的可拔插 MapReduce 调度程序。它支持多个队列和作业优先级，并保证每个队列的容量只是集群容量的一小部分。调度程序的其他功能包括：

- 可以将空闲资源分配给任何超出其保证容量的队列。多余的分配资源可以被回收并用于另一个队列，以满足其保证的容量。
- 从队列中获取的多余资源将在需要实例的 N 分钟内恢复到队列中。
- 在优先级较低的作业具有访问权之前，队列中的高优先级作业具有对分配给队列的资源的访问权。
- 不支持抢占；一旦一个作业在运行，它就不会被优先级更高的作业抢占。
- 如果存在竞争，每个队列会在任何给定时间对分配给用户资源的比例施加限制。
- 支持内存密集型工作。一个作业可以指定比默认值更高的内存需求，并且作业的任务只会在有足够内存的任务跟踪器⊖上运行。

当任务跟踪器空闲时，调度程序会选择最早需要回收任何资源的队列，如果没有这样的队列退出，则会选择一个运行时隙数与保证容量的比率最低的队列。一旦选择了队列，调度程序就会在队列中选择一个作业。作业根据提交时间和优先级进行排序（如果支持的话）。一旦选择了作业，则调度程序选择要运行的任务。调度程序周期性地采取行动，允许队列回收容量的操作如下：

- 当队列至少有一个任务挂起且其保证容量的一部分被另一个队列使用时，它将回收容量；调度程序确定队列的回收时间内要回收的资源数量。
- 队列确实接收了它所允许回收的所有资源，并且它的回收时间即将到期；然后调度程序会终止最近开始的任务。

可以使用文件 conf/capacityscheduler.xml 为每个队列配置调度程序的多个属性。可以通过将字符串 mapred.capacity-scheduler.queue.〈queue-name〉与属性名称连接来定义队列属性。属性名称包括：

- 保证容量——在队列 i 中保证可用的时隙数的百分比。
- 回收时间限制——回收分配给其他队列的资源之前的时间量（以秒为单位）。
- 支持优先级——如果为真，那么在调度策略中将考虑工作的优先级。
- 用户限制百分比——如果存在资源竞争，则每个队列在任何给定时间对分配给用户的资源的百分比施加限制。如果两个用户向队列提交了作业，那么没有一个用户可以使用超过 50% 的队列资源。如果有第三个用户提交作业，则没有一个用户可以使用超过 33% 的队列资源。对于四个或更多用户，没有用户可以使用超过 25% 的

⊖ 在 Hadoop 中，作业跟踪器(JobTracker)和任务跟踪器(TaskTracker)守护进程处理 MapReduce 作业。

队列资源。当值为 100 时表示不施加用户限制。

9.13 启动时间公平排队

文献[200]中提出了用于多媒体操作系统的分层 CPU 调度程序。启动时间公平排队 (SFQ)算法的基本思想是将 CPU 带宽的消费者组织成树状结构。根节点是处理器，该树的叶子是每个应用程序的线程。

调度程序作用于层次结构的每一层。分配给中间节点 i 的处理器带宽 B 的比例为

$$\frac{B_i}{B} = \frac{w_i}{\sum_{j=1}^{n} w_j} \tag{9.37}$$

其中 w_j，$1 \leqslant j \leqslant n$ 表示节点 i 的 n 个子节点的权重，参见图 9.9 中的示例。

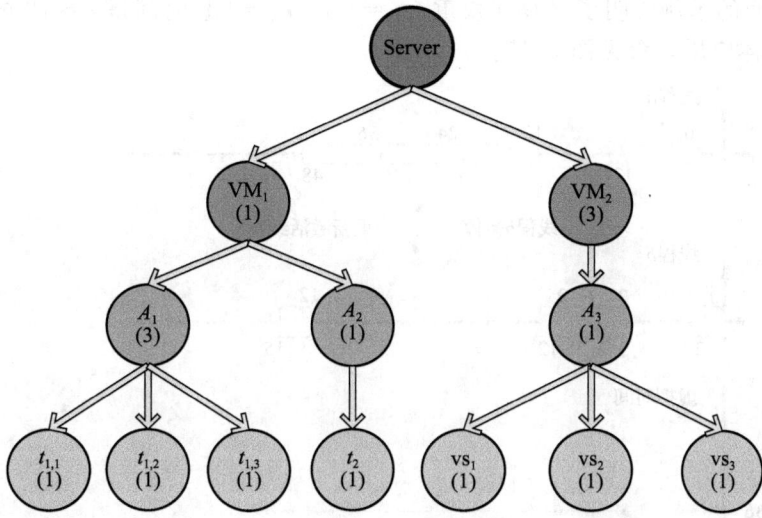

图 9.9 当两个虚拟机 VM_1 和 VM_2 在一个强大的服务器上运行时，用于调度的 SFQ 树。VM_1 运行两个尽力而为的应用 A_1（有三个线程 $t_{1,1}$、$t_{1,2}$、$t_{1,3}$）和 A_2（只有单线程 t_2），VM_2 使用三个线程 vs_1、vs_2 和 vs_3 运行视频流应用程序 A_3。VM、应用程序和各个线程的权重在括号中显示

当虚拟机未激活时，其带宽会被重新分配给当时活动的其他虚拟机。而当虚拟机的某个应用程序处于未激活状态时，带宽将会被分配到在同一虚拟机上运行的其他应用程序。类似地，如果应用的某个线程不可运行，则其带宽分配将传输到应用的其他线程。

在时刻 t，将 $v_a(t)$ 和 $v_b(t)$ 分别称为线程 a 和 b 的虚拟时间，调度程序在时刻 t 的虚拟时间由 $v(t)$ 表示。将调度程序的时间量称为 q，以毫秒为单位。线程 a 和 b 的时间量分别为 q_a 和 q_b，分别用 w_a 和 w_b 加权。因此，在我们的例子中，两个线程的时间量分别是 q/w_a 和 q/w_b。线程 a 的第 i 次激活在虚拟时间 S_a^i 开始，并在虚拟时间 F_a^i 结束。我们称 τ^j 为调度程序的第 j 次调用的实际时间。

SFQ 调度程序遵循以下几个规则：
- 线程按其虚拟启动时间的顺序进行服务；连接会被随意断开。
- 线程 x 的第 i 次激活的虚拟启动时间为

$$S_x^i(t) = \max\{v(\tau^j), F_x^{(i-1)}(t)\}, \quad S_x^0 = 0 \tag{9.38}$$

线程 i 的启动条件是线程 $(i-1)$ 已经完成，并且调度程序处于活动状态。
- 线程 x 的第 i 次激活的虚拟完成时间是

$$F_x^i(t) = S_x^i(t) + \frac{q}{w_x} \qquad (9.39)$$

当线程的时间量过期时，线程会停止；它的时间量是调度程序的时间量除以线程的权重。

- 所有线程的虚拟时间最初都为零，即 $v_x^0 = 0$。实际时间 t 的虚拟时间 $v(t)$ 计算如下：

$$v(t) = \begin{cases} \text{在时间 } t \text{ 时服务中线程的虚拟启动时间}, & \text{如果 CPU 忙碌} \\ \text{任意线程的最大虚拟完成时间}, & \text{如果 CPU 空闲} \end{cases} \qquad (9.40)$$

在算法的描述中，我们加入了实际时间 t，以此来强调虚拟时间中的所有事件对实际时间的依赖性。为了简化示例中的符号，我们将实际时间作为事件的索引，换句话说，S_a^6 表示线程 a 在实际时间 $t=6$ 处的启动时间。

示例。 下面的示例说明了当存在权重 $w_a = 1$ 和 $w_b = 4$ 且时间量 $q = 12$ 的两个线程时，SFQ算法的具体应用，参见图 9.10。

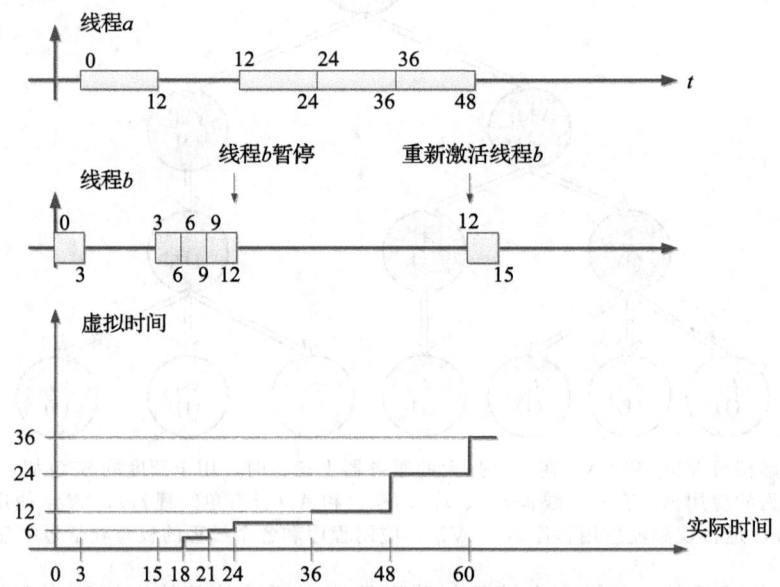

图 9.10 顶部的两幅图分别为线程 a 和线程 b 每次激活时的虚拟启动时间 $S_a(t)$ 和 $S_b(t)$，以及虚拟结束时间 $F_a(t)$ 和 $F_b(t)$，它们是实际时间 t 的函数，分别标记在表示正在运行的线程的框的顶部和底部。调度程序 $v(t)$ 的实际时间与虚拟时间的函数如底部的图所示

最初 $S_a^0 = 0$，$S_b^0 = 0$，$v_a(0) = 0$，$v_b(0) = 0$，线程 b 在时间 $t = 24$ 时阻塞并在时间 $t = 60$ 时唤醒。

调度决策如下：

1. $t = 0$：我们有一个连接(tie) $S_a^0 = S_b^0$，任意选择线程 b 先运行；则线程 b 的虚拟完成时间为

$$F_b^0 = S_b^0 + q/w_b = 0 + 12/4 = 3 \qquad (9.41)$$

2. $t = 3$：两个线程都是可运行的，而线程 b 正在运行中，因此，$v(3) = S_b^0 = 0$；所以，

$$S_b^1 = \max\{v(3), F_b^0\} = \max\{0, 3\} = 3 \qquad (9.42)$$

但 $S_a^0 < S_b^1$，因此选择线程 a 来运行，它的虚拟完成时间是

$$F_a^0 = S_a^0 + q/w_a = 0 + 12/1 = 12 \qquad (9.43)$$

3. $t=15$：两个线程都是可运行的，线程 a 此时正在运行，因此，
$$v(15)=S_a^0=0 \tag{9.44}$$
以及
$$S_a^1=\max\{v(15),\ F_a^0\}=\max\{0,\ 12\}=12 \tag{9.45}$$
当 $S_b^1=3<12$ 时，线程 b 被选择运行，现在线程 b 的虚拟完成时间为
$$F_b^1=S_b^1+q/w_b=3+12/4=6 \tag{9.46}$$
4. $t=18$：两个线程都是可运行的，线程 b 此时正在运行。因此，
$$v(18)=S_b^1=3 \tag{9.47}$$
以及
$$S_b^2=\max\{v(18),\ F_b^1\}=\max\{3,\ 6\}=6 \tag{9.48}$$
当 $S_b^2<S_a^1=12$ 时，线程 b 被选择再次运行，它的虚拟完成时间是
$$F_b^2=S_b^2+q/w_b=6+12/4=9 \tag{9.49}$$
5. $t=21$：两个线程都是可运行的，线程 b 此时正在运行。因此，
$$v(21)=S_b^2=6 \tag{9.50}$$
以及
$$S_b^3=\max\{v(21),\ F_b^2\}=\max\{6,\ 9\}=9 \tag{9.51}$$
当 $S_b^2<S_a^1=12$ 时，线程 b 被选择再次运行，它的虚拟完成时间是
$$F_b^3=S_b^3+q/w_b=9+12/4=12 \tag{9.52}$$
6. $t=24$：线程 b 此时正在运行，因此，
$$v(24)=S_b^3=9 \tag{9.53}$$
$$S_b^4=\max\{v(24),\ F_b^3\}=\max\{9,\ 12\}=12 \tag{9.54}$$
线程 b 被暂停到 $t=60$，因此，线程 a 被激活，它的虚拟完成时间是
$$F_a^1=S_a^1+q/w_a=12+12/1=24 \tag{9.55}$$
7. $t=36$：线程 a 此时正在运行，它是此时唯一可以运行的线程，因此，
$$v(36)=S_a^1=12 \tag{9.56}$$
以及
$$S_a^2=\max\{v(36),\ F_a^1\}=\max\{12,\ 24\}=24 \tag{9.57}$$
那么，
$$F_a^2=S_a^2+q/w_a=24+12/1=36 \tag{9.58}$$
8. $t=48$：线程 a 此时正在运行，它是此时唯一可以运行的线程，因此，
$$v(48)=S_a^2=24 \tag{9.59}$$
以及
$$S_a^3=\max\{v(48),\ F_a^2\}=\max\{24,\ 36\}=36 \tag{9.60}$$
那么，
$$F_a^3=S_a^3+q/w_a=36+12/1=48 \tag{9.61}$$
9. $t=60$：线程 a 此时正在运行，因此，
$$v(60)=S_a^3=36 \tag{9.62}$$
以及
$$S_a^4=\max\{v(60),\ F_a^3\}=\max\{36,\ 48\}=48 \tag{9.63}$$
但是现在，线程 b 是可运行的，且 $S_b^4=12$。因此，线程 b 被激活了，
$$F_b^4=S_b^4+q/w_b=12+12/4=15 \tag{9.64}$$

文献[200]中证明了 SFQ 算法的几个性质。当可用带宽随时间变化时,该算法公平地分配 CPU,并提供吞吐量和延迟保证。该算法根据线程的虚拟启动时间顺序来调度线程,首先调度的是最短的一个;调度线程时不需要时间量长度,只有在线程完成当前分配后才会需要。文献[200]报告称,SFQ 算法的开销与 Solaris 调度算法的开销相当。

9.14 借用虚拟时间

借用虚拟时间(BVT)算法的目标是支持实时应用程序的低延迟调度,同时在几类应用程序之间加权共享 CPU[155]。与 SFQ 一样,BVT 算法支持调度多种应用程序,一些具有硬实时约束,一些具有软实时约束,还有一些仅需要尽力而为的应用程序。

线程 i 具有有效虚拟时间 E_i、实际虚拟时间 A_i 以及虚拟时间隧道(warp)W_i。调度程序线程维护自己的调度程序虚拟时间(SVT),将该时间定义为任何线程的最小实际虚拟时间 A_j。线程按其有效虚拟时间 E_i 的顺序进行调度,其中 E_i 是一种被称为最早虚拟时间(EVT)的策略。

虚拟时间隧道允许线程提前获取有效虚拟时间,换句话说,从其未来的 CPU 分配中借用虚拟时间。设置变量 warpBack 时,将启用虚拟隧道时间;在这种情况下,延迟敏感线程获得的调度偏好如下:

$$E_i \leftarrow \begin{cases} A_i, & \text{warpBack}=\text{OFF} \\ A_i - W_i, & \text{warpBack}=\text{ON} \end{cases} \tag{9.65}$$

该算法以最小计费单位 mcu 测量时间,并使用被称为上下文切换限额(allowance)的时间量(C),该时间量以 mcu 的倍数度量线程在与其他线程竞争时允许运行的实际时间;这两个量的典型值为 mcu=100 微秒和 C=100 毫秒。一个线程要花费的时间为 mcu 的整数倍。

传统事件触发上下文切换,当等待事件发生时,正在运行的线程会被阻塞,时间量到期时会发生中断;当线程从休眠变为可运行状态时,也会发生上下文切换。当线程 τ_i 从睡眠状态变为可运行时,其实际虚拟时间更新如下

$$A_i \leftarrow \max\{A_i, \text{SVT}\} \tag{9.66}$$

此策略可防止长时间处于休眠状态的线程声称控制 CPU 的时间超过其应有的时间。

如果没有中断的话,则允许线程运行相同的虚拟时间量。单个线程拥有权重,具有较大权重的线程会更慢地消耗其虚拟时间。在实践中,每个线程 τ_i 维持一个常数 k_i,并且使用其权重 w_i 来计算用于提前运行完成的实际虚拟时间量 Δ:

$$A_i \leftarrow A_i + \Delta \tag{9.67}$$

给出两个线程 a 和 b,则

$$\Delta = \frac{k_a}{w_a} = \frac{k_b}{w_b} \tag{9.68}$$

如果

$$A_j \leq A_i - \frac{C}{w_i} \tag{9.69}$$

BVT 策略要求每次更新实际虚拟时间时,当前运行的线程 τ_i 会通过上下文切换到线程 τ_j。

示例 1。下面的例子说明了 BVT 算法在尽力而为调度两个线程 a 和 b 时的应用。第一个线程的权重是第二个线程的权重的两倍,即 $w_a = 2w_b$;当 $k_a = 180$ 和 $k_b = 90$ 时,$\Delta = 90$。我们考虑 $C = 9$mcu 的实时分配周期,两个线程 a 和 b 分别允许运行 $2C/3 = 6$mcu 和 $C/3 = 3$mcu。

线程 a 和 b 在以下时间被激活

$$a: 0, 5, 5+9=14, 14+9=23, 23+9=32, 32+9=41, \cdots$$
$$b: 2, 2+9=11, 11+9=20, 20+9=29, 29+9=38, \cdots \quad (9.70)$$

上下文切换实际发生在

$$2, 5, 11, 14, 20, 23, 29, 32, 38, 41, \cdots \quad (9.71)$$

时间以 mcu 为单位表示。初始运行时间较短,仅包含 3mcu;当先运行的 a 超过 b 2mcu 时,就会发生上下文切换。

表 9.4 显示了每次上下文切换时两个线程的有效虚拟时间。此时,如果允许线程运行其分配的时间,则其实际虚拟时间增量为 Δ。调度程序比较线程的有效虚拟时间,并且首先运行具有最小有效虚拟时间的线程。

表 9.4 上下文切换时的实际时间和有效虚拟时间 $E_a(t)$ 和 $E_b(t)$。没有时间隧道,因此有效虚拟时间与实际虚拟时间相等。在 $t=0$ 时,$E_a(0)=E_b(0)=0$,并且选择运行线程 a

上下文切换	实际时间	运行线程	运行线程的有效虚拟时间
1	$t=2$	a	$E_a(2)=A_a(2)=A_a(0)+\Delta/3=30$,$E_b(2)=0<E_a(2)=30$,接下来运行线程 b
2	$t=5$	b	$E_b(5)=A_b(5)=A_b(0)+\Delta=90$,$E_a(5)=30<E_b(5)=90$,接下来运行线程 a
3	$t=11$	a	$E_a(11)=A_a(11)=A_a(2)+\Delta=120$,$E_b(11)=90<E_a(11)=120$,接下来运行线程 b
4	$t=14$	b	$E_b(14)=A_b(14)=A_b(5)+\Delta=180$,$E_a(14)=120<E_b(14)=180$,接下来运行线程 a
5	$t=20$	a	$E_a(20)=A_a(20)=A_a(11)+\Delta=210$,$E_b(20)=180<E_a(20)=210$,接下来运行线程 b
6	$t=23$	b	$E_b(23)=A_b(23)=A_b(14)+\Delta=270$,$E_a(23)=210<E_b(23)=270$,接下来运行线程 a
7	$t=29$	a	$E_a(29)=A_a(29)=A_a(20)+\Delta=300$,$E_b(29)=270<E_a(29)=300$,接下来运行线程 b
8	$t=32$	b	$E_b(32)=A_b(32)=A_b(23)+\Delta=360$,$E_a(32)=300<E_b(32)=360$,接下来运行线程 a
9	$t=38$	a	$E_a(38)=A_a(38)=A_a(29)+\Delta=390$,$E_b(11)=360<E_a(11)=390$,接下来运行线程 b
10	$t=41$	b	$E_b(41)=A_b(41)=A_b(32)+\Delta=450$,$E_a(41)=390<E_b(41)=450$,接下来运行线程 a

图 9.11 显示了线程 a 和 b 的有效虚拟时间和实际时间。线程运行时,其有效虚拟时

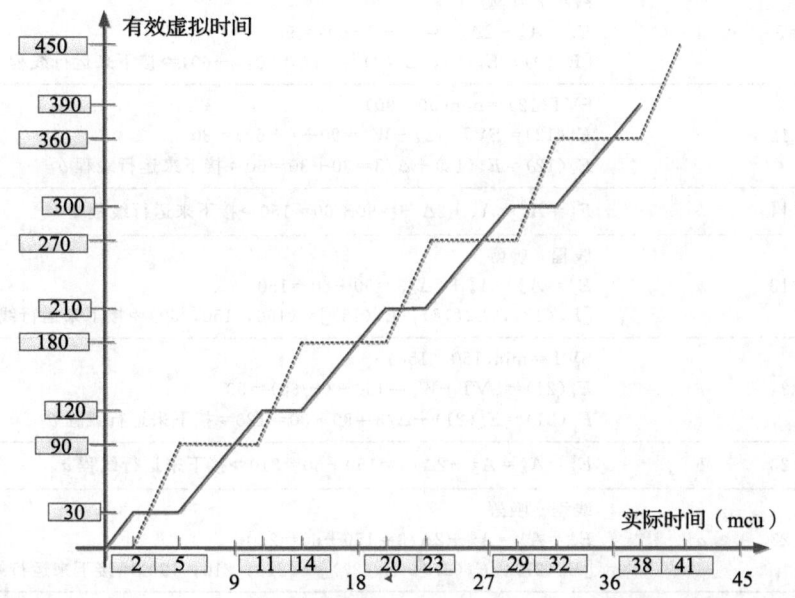

图 9.11 当实际虚拟时间以 $\Delta=90$mcu 的步长递增时,权重 $w_a=2w_b$ 的线程 a(实线)和 b(虚线)的有效虚拟时间和实时时间。允许两个线程实时使用 CPU 的时间与它们的权重成正比;虚拟时间是相等的,但是线程 a 使用它的速度更慢。不存在时间隧道,线程是根据它们的实际虚拟时间分配的

间随着实际时间的增加而增加；一个正在运行的线程显示为一条对角线。当线程可以运行但是还没有运行时，其有效虚拟时间是恒定的；可运行时间段显示为水平线。我们看到两个线程被分配了相等数量的虚拟时间，但是权重较大的线程 a 消耗其实际时间更慢。

示例 2。接下来我们考虑前面的示例，但是这次有一个额外的线程 c，它具有实时约束，在时间 $t=9$ 时唤醒，然后在 18，27，36，…这些以 3 为单位的时间点周期性地唤醒。

表 9.5 总结了当实时应用程序线程 c 与两个尽力而为的线程 a 和 b 竞争时系统的演变。此时上下文切换发生在实际时间

$$t=2,5,9,12,14,18,21,23,27,30,32,36,39,41,\cdots \quad (9.72)$$

发生在时间

$$t=9,18,27,36,\cdots \quad (9.73)$$

的上下文切换由线程 c 的唤醒触发，该线程抢占当前运行的线程。在 $t=9$，时间隧道 $W_c=-60$ 时，给予线程 c 优先权。实际上，

$$E_c(9)=A_c(9)-W_c=0-60=-60 \quad (9.74)$$

会与 $E_a(9)=90$ 和 $E_b(9)=90$ 相比较。每次实时线程唤醒时都会出现相同的条件。当实时应用程序线程完成并且调度程序选择首先调度 b 时，尽力而为的应用程序线程具有相同的有效虚拟时间。我们还应该注意到 a 和 b 使用的实际时间的比率是相同的，因为 $w_a=2w_b$。

表 9.5 时间隧道为 $W_c=-60$ 的实时线程在 $t=18,27,36,\cdots$ 这些以 3 为单位的时间点周期性地唤醒，它将与尽力而为的线程 a 和 b 相竞争。表中显示了 3 个线程的实际时间和有效虚拟时间

上下文切换	实际时间	运行线程	运行线程的有效虚拟时间
1	$t=2$	a	$E_a(2)=A_a(2)=A_a(0)+\Delta/3=0+90/3=30$
2	$t=5$	b	$E_b^1=A_b^1=A_b^0+\Delta=0+90=90\Rightarrow$ 接下来运行线程 a
3	$t=9$	a	线程 c 唤醒 $E_a^1=A_a^1+2\Delta/3=30+(-60)=90$ $[E_a(9),E_b(9),E_c(9)]=(90,90,-60)\Rightarrow$ 接下来运行线程 c
4	$t=12$	c	$\text{SVT}(12)=\min(90,90)$ $E_c^c(12)=\text{SVT}(12)+W_c=90+(-60)=30$ $E_c(12)=E_c^c(12)+\Delta/3=30+30=60\Rightarrow$ 接下来运行线程 b
5	$t=14$	b	$E_b^2=A_b^2=A_b^1+2\Delta/3=90+60=150\Rightarrow$ 接下来运行线程 a
6	$t=18$	a	线程 c 唤醒 $E_a^3=A_a^3=A_a^2+2\Delta/3=90+60=150$ $[E_a(18),E_b(18),E_c(18)]=(150,150,60)\Rightarrow$ 接下来运行线程 c
7	$t=21$	c	$\text{SVT}=\min(150,150)$ $E_c^c(21)=\text{SVT}+W_c=150+(-60)=90$ $E_c(21)=E_c^c(21)+\Delta/3=90+30=120\Rightarrow$ 接下来运行线程 b
8	$t=23$	b	$E_b^3=A_b^3=A_b^2+2\Delta/3=150+60=210\Rightarrow$ 接下来运行线程 a
9	$t=27$	a	线程 c 唤醒 $E_a^4=A_a^4=A_a^3+2\Delta/3=150+60=210$ $[E_a(27),E_b(27),E_c(27)]=(210,210,120)\Rightarrow$ 接下来运行线程 c
10	$t=30$	c	$\text{SVT}=\min(210,210)$ $E_c^c(30)=\text{SVT}+W_c=210+(-60)=150$ $E_c(30)=E_c^c(30)+\Delta/3=150+30=180\Rightarrow$ 接下来运行线程 b

(续)

上下文切换	实际时间	运行线程	运行线程的有效虚拟时间
11	$t=32$	b	$E_b^4 = A_b^4 = A_b^3 + 2\Delta/3 = 210 + 60 = 270 \Rightarrow$ 接下来运行线程 a
10	$t=36$	a	线程 c 唤醒 $E_a^5 = A_a^5 = A_a^4 + 2\Delta/3 = 210 + 60 = 270$ $[E_a(36), E_b(36), E_c(36)] = (270, 270, 180) \Rightarrow$ 接下来运行线程 c
12	$t=39$	c	$SVT = \min(270, 270)$ $E_c^s(39) = SVT + W_c = 270 + (-60) = 210$ $E_c(39) = E_c^s(39) + \Delta/3 = 210 + 30 = 240 \Rightarrow$ 接下来运行线程 b
13	$t=41$	b	$E_b^5 = A_b^5 = A_b^4 + 2\Delta/3 = 270 + 60 = 330 \Rightarrow$ 接下来运行线程 a

图 9.12 显示了三个线程 a、b 和 c 的有效虚拟时间。每次线程 c 唤醒时，它都会抢占当前运行的线程并立即安排运行。

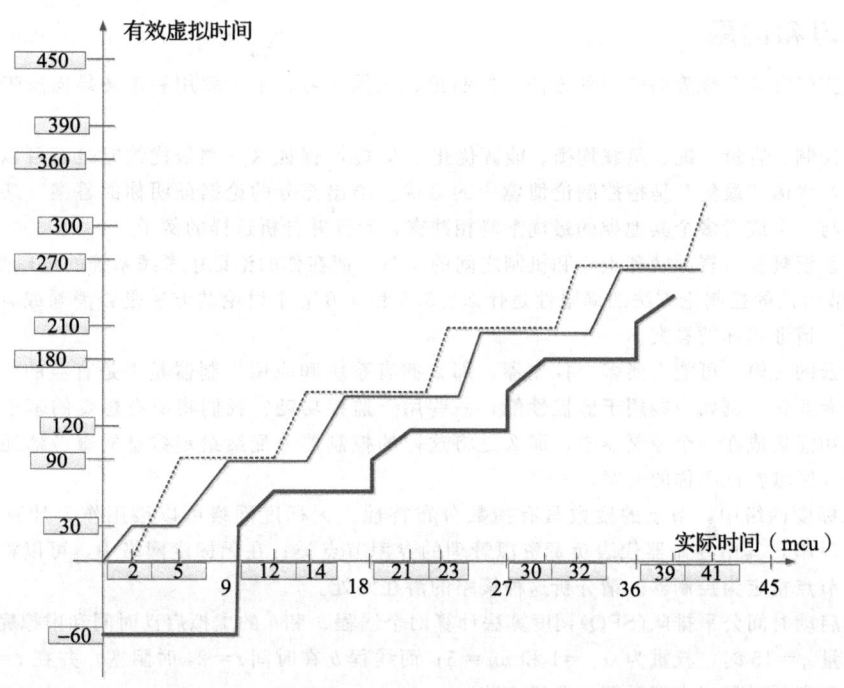

图 9.12 线程 a(实线)、b(虚线)和 c(实线粗线)的有效虚拟时间和实际时间。c 在 $t=9, 18, 27, 36, \cdots$ 这些以 3 为单位的时间点周期性地唤醒，时间隧道为 60mcu

9.15 扩展阅读

云资源管理带来了新的极具挑战性的问题，毫无疑问，这是一个非常活跃的研究领域。包括文献[98]、[436]和[33]在内的相当多的论文致力于不同的资源管理策略。一些论文涉及 QoS[171]和服务水平协议[194]。在文献[5]和[35]中分别讨论了 SLA 驱动的容量管理和基于 SLA 的资源分配策略。文献[169]分析了 SLA 的性能监控。文献[72]提出了受 SLA 要求约束的应用程序的动态请求调度，同时也分析了云中的 QoS。而文献[162]讨论了使用多代理系统的语义资源分配。

文献[182]中提及了自主计算时代，文献[36]中介绍了自主计算中的能量感知资源分配。文献[266]分析了基于效用函数的自主计算策略，文献[265]则剖析了多个自主管理者的协调和能量-性能之间的权衡。在保证可用性的前提下，云服务的自主管理在文献[9]中受到了质疑。在云计算中，使用自组织代理进行服务组合是文献[214]的主题。

关于容错的权威参考为文献[34]，文献[157]和[93]讨论的应用控制论的资源分配涵盖了数据中心的资源复用。准入控制策略在文献[211]中进行了讨论。文献[222]分析了最优控制问题，文献[227]讨论了系统测试。在云上验证性能的声明则是文献[276]的主题。

能量和性能管理是文献[285]的主题，基于集群的 Web 服务的性能管理在文献[386]中有所介绍。文献[476]讨论了异构工作负载的自主管理，而文献[479]的主题则是应用程序放置控制器。文献[89]讨论了利用模式匹配预测按需资源的应用。资源分配的经济模型见文献[324，326]和[435]。

许多论文也涵盖了调度和资源分配：文献[547]介绍了使用 Hadoop 和 HBase 的云上的批处理排队系统；文献[152]介绍了业务应用程序的数据流驱动的调度。文献[524]的主题是可伸缩的线程调度。基于预订的调度在文献[127]中讨论。数据库管理中的反缓存是文献[133]的主题。文献[309]介绍了云计算中的实时服务的调度。OGF(开放网格论坛)和 OCCI(开放云计算接口)参与了用于 IaaS 的虚拟化格式和 API 的定义。灵活的内存交换、任务包调度和分布式低延迟调度分别在文献[375]、[379]和[384]中有所介绍。最后，文献[428]分析了资源池的容量管理。

9.16 练习和问题

问题 1 分析实施资源管理策略的四种方法：控制论、机器学习、基于效用和市场导向所带来的好处和问题。

问题 2 准入控制、容量分配、负载均衡、能源优化以及 QoS 保证这 5 类最优策略是否可以真正在云中实施？术语"最优"是指控制论情境中的最优。给出充分的论据证明你的答案。某类最优策略可能与一个或者多个其他类的最优策略相冲突，验证并分析这样的例子。

问题 3 分析系统规模与资源管理策略和机制之间的关系。请在你的论证中考虑系统的地理范围。

问题 4 9.4 节讨论的控制论方法的局限性是什么？9.5 和 9.6 节中讨论的方法是否消除或者放宽了这些限制？请证明你的答案。

问题 5 由于云的规模，可能需要多个控制器。那么拥有系统和应用控制器是否是有益的？控制器是否应该专业化？例如一些用于监控性能，一些用于监控功耗？我们将所有想要的基于资源管理策略的功能集成在一个控制器中，那么是将这样的控制器分配给给定数量的服务器还是分配给一个地理区域？证明你的答案。

问题 6 在无标度网络中，节点的度数具有指数分布特性。无标度网络可以被用作云计算的虚拟网络基础设施，其中控制器代表负责资源管理的专用节点类；在无标度网络中，可以将具有高连接性的节点指定为控制器。请分析这种策略的潜在好处。

问题 7 使用启动时间公平排队(SFQ)调度算法计算两个线程 a 和 b 的虚拟启动时间和虚拟完成时间，当时间量 $q=15$ 时，权重为 $w_a=1$ 和 $w_b=5$；而线程 b 在时间 $t=24$ 时阻塞，并在 $t=60$ 时唤醒。请绘制实际时间与虚拟时间的调度函数。

问题 8 将借用虚拟时间(BVT)调度算法应用于 9.14 节示例 2 中的问题，但时间隧道改为 $W_c=-30$。

问题 9 9.2 节介绍了能量正比系统的概念，我们可以看到不同的系统组件具有不同的动态范围。描绘一个策略来降低轻负载云的功耗，并讨论将一台可计算服务器置于待机模式，然后将其恢复到激活模式的步骤。

问题 10 过度配置是指当平均峰值资源比非常高时，需要额外的容量能力来满足大量用户的需求。给出一个使用过度配置的大型系统的示例，并讨论在这种情况下过度配置是否可持续，以及基于过度配置的云弹性是否可持续。给出论据来支持你的答案。

| 第 10 章 |

云资源虚拟化

描述计算系统的操作需要三类基本抽象：解释器、存储器和通信信道[434]。它们各自的物理实现是：转换信息的处理器；用于存储信息的主存和辅存；以及允许不同系统相互交流的通信系统。处理器、存储器和通信系统具有不同的带宽、延迟、可靠性以及其他物理特性。软件系统管理这些资源，并且将这三种抽象的物理实现转换为能够处理应用程序的计算机系统。

数据中心的传统解决方案是在各个系统上安装一个标准操作系统（OS），并依靠传统的 OS 技术来确保资源共享、应用程序保护和性能隔离。云服务供应商和云用户在这样的设置中面临着多重挑战。

云服务供应商受到系统管理、计账、安全和系统资源管理的制约，用户承受着为一个系统开发和优化其应用程序性能的压力。并且，当应用程序被迁移到具有不同系统软件和库的另一个数据中心时，又需要重新开始。

本章分析的资源虚拟化技术是传统数据中心操作的普遍替代方法。虚拟化是云计算的基本原则，它简化了一些资源管理任务。例如，在虚拟机管理程序下运行的虚拟机状态可以保存，并被迁徙到另一个服务器以均衡负载。同时，虚拟化允许用户在他们熟悉的环境中进行操作，而不是强迫他们在怪异的环境中工作。

虚拟机环境中的资源共享不仅需要充足的硬件支持——特别是强大的处理器和快速的互连，而且当资源共享发生在多个层次时，还需要有多层控制的体系结构支持。CPU 周期、内存、辅存、I/O 和通信带宽等资源在几个虚拟机之间共享。一台虚拟机的资源在应用程序的多个进程或线程之间共享。

本章首先讨论虚拟化原则和虚拟化的目的。10.1 节主要关注性能和安全隔离。10.2 节分析实现虚拟化的备选方案。

10.3 节介绍处理器虚拟化的两种不同方法：全虚拟化和半虚拟化。当虚拟机管理程序提供的硬件抽象是物理硬件的精确副本时，全虚拟化可行。在这种情况下，在硬件上运行的任何 OS 都将在虚拟机管理程序下不加修改地运行。相反，半虚拟化需要修改访客 OS，因为虚拟机管理程序提供的硬件抽象并不支持硬件所支持的所有功能。

传统的处理器框架支持两种执行模式：内核模式和用户模式。在虚拟环境中，虚拟机管理程序控制了虚拟机之间的资源共享。访客 OS 管理分配给虚拟机运行的应用程序的资源。虽然共享 CPU 周期的两级调度很容易实现，但是共享其他资源（如缓存、内存和 I/O 带宽）则更加复杂。如 10.4 节所述，在 2005 年和 2006 年，x86 处理器体系结构被扩展到给虚拟化提供硬件支撑。嵌套虚拟化允许虚拟机管理程序在虚拟机中运行，这使虚拟环境更加复杂。

目前存在多种系统管理程序。其中，10.5 节对 Xen 进行了分析，10.6 节对其网络性能进行了优化。KVM 是 Linux 内核的一种虚拟化基础体系结构，将在 10.7 节讨论，嵌套虚拟化在 10.8 节进行分析，10.9 节介绍可信的内核虚拟化。

高性能处理器（例如 Itanium）⊖，具有多个功能单元，但不提供对虚拟化的显式支持，

⊖ 在 21 世纪前十年的后期，Itanium 是企业级系统中部署的第四多的微处理器体系构架，前三个是英特尔的 x86-64、IBM 的 Power Architecture 和 Sun 的 SPARC。

10.10 节将会对其进行讨论，包括 Itanium 的半虚拟化。对虚拟机环境性能至关重要的系统功能包括缓存和内存管理、特权指令的处理以及 I/O 处理。

我们将在 10.11 节了解到，缓存缺失是 VM 环境中性能下降的一个重要原因。10.12 节概述了用于虚拟化的开放源码软件平台。虚拟化的潜在风险是 10.13 节的主题，10.14 节将讨论虚拟化软件。

10.1 计算机云的性能和安全隔离

为了使性能具备可预测性，应用程序必须和其他共享资源的应用程序隔离。在系统资源共享的云计算中，性能隔离是保证 QoS 的关键条件。

如果应用程序运行时，行为受到并发运行的其他应用程序的影响，从而竞争 CPU 周期、缓存、主存、磁盘和网络访问，则很难预测它的完成时间。因此，优化应用程序的性能同样困难，有时甚至是不可能的。对于实时操作和嵌入式系统来说，性能的不可预测性是一个致命的错误。

包括 Linux/RK[374]、QLinux[475] 和 SILK[58] 在内的一些 OS 支持某种性能隔离。尽管努力支持性能隔离，但共享同一物理系统的应用程序之间的交互（通常称为 QoS 串扰）仍然存在[482]。为所有消耗的资源记账，将不同系统活动开销（包括上下文切换和分页）分配给各个用户，这些工作充满挑战。

处理器虚拟化表示同一处理器或多核系统上某个核的多个副本，并且应用程序代码由硬件直接执行。当用户系统的机器指令由主机系统上运行的软件模拟时，处理器虚拟化与处理器仿真不同。仿真比虚拟化慢得多。例如，微软的 VirtualPC 被设计成运行在 x86 处理器体系结构上。在苹果采用英特尔芯片之前，VirtualPC 一直运行在仿真的 x86 硬件上。

传统的 OS 可以复用多进程或线程，而虚拟机管理程序支持的虚拟化则可以复用整个 OS。虚拟机管理程序多路复用会导致性能损失。OS 是重量级的，由虚拟机管理程序执行的上下文切换开销更大。

虚拟机管理程序直接在硬件上执行应用程序生成的常用机器指令的子集，并模拟特权指令（包括设备 I/O 请求）。由硬件直接执行的指令子集包括算术指令、内存访问和分支指令。

OS 不仅将进程抽象用于资源共享，还用于支持隔离。不幸的是，从安全的角度来看，这还是不够，一旦进程被破坏，攻击者就很容易渗透到整个系统。

在虚拟机上运行的软件受其专用硬件的限制，只能访问软件模拟的虚拟设备。这一层软件提供了隔离级别的潜力，其隔离级别几乎等同于两个不同物理系统所提供的隔离级别。因此，虚拟化可以用来提高云计算环境中的安全性。

与传统的 OS 相比，虚拟机管理程序是一个更简单、更好的特定系统。例如，10.5 节讨论的 Xen 虚拟机管理程序大约有 60 000 行代码，而 Denali 虚拟机管理程序[522] 只有大约一半，即 30 000 行代码。由于系统公开的特权函数数量很少，所以虚拟机管理程序暴露的安全漏洞大大减少。

例如，Xen 可以通过 28 个超级调用进行访问，而一个标准的 LinuxOS 却允许数百个超级调用，例如，Linux 2.6.11 版本允许 289 个系统调用。传统的 OS 除了支持大量的系统调用外，还支持特殊设备（如/dev/kmem），以及许多有特权的第三方程序（如 sendmail 和 sshd）。

10.2 虚拟机

虚拟机是一个隔离的环境，可以访问计算机系统的物理资源子集。每个虚拟机几乎都在硬件裸机上运行，看起来像是同一台计算机的多个实例，尽管所有实例都由单个物理系统所支持。虚拟机的历史可以追溯到 20 世纪 60 年代早期㊀。在 20 世纪 70 年代早期，IBM 发布了其广泛使用的虚拟机 370 系统，随后在 1974 年发布了多虚拟存储（MVS）系统。

虚拟机有两种类型，即进程虚拟机和系统虚拟机（见图 10.1a）：
- 进程虚拟机是为了单个进程创建的虚拟平台，在进程结束后销毁。实际上，所有 OS 都为每个运行的应用程序提供了一个进程虚拟机，但更有趣的进程虚拟机是那些支持在不同指令集上编译的二进制文件。
- 系统虚拟机支持 OS 和许多用户进程。当虚拟机在一个普通 OS 的控制下运行，并为单个应用程序提供独立于平台的主机时，我们就得到了应用程序虚拟机，例如 Java 虚拟机（JVM）。

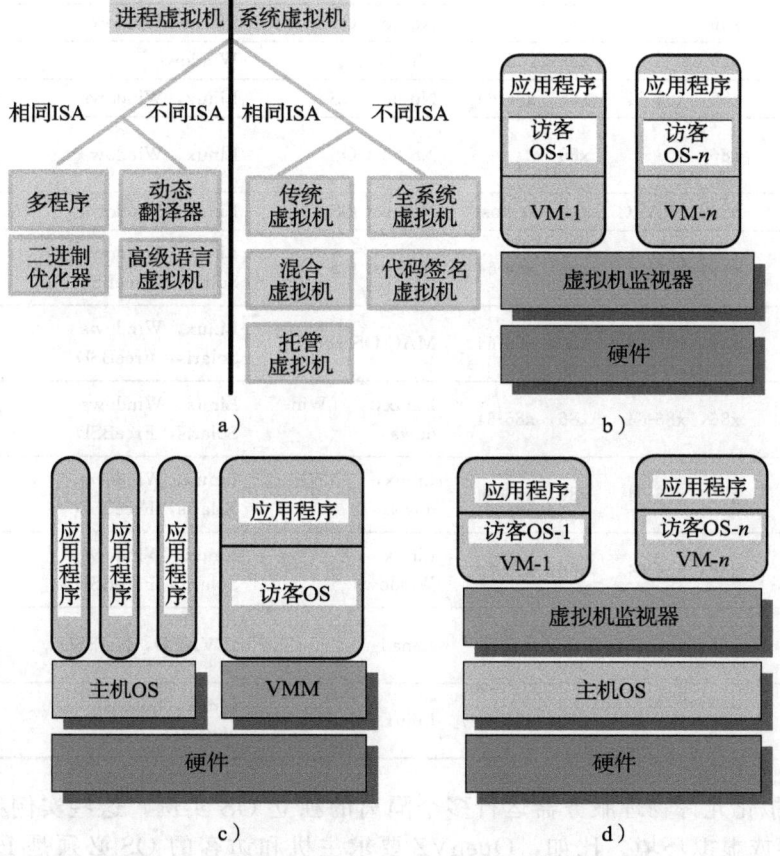

图 10.1 a) 对于相同和不同指令集体系结构（ISA）的进程和系统虚拟机的分类。传统、混合和托管是相同 ISA 系统的 3 类虚拟机。b) 传统虚拟机；虚拟机管理程序支持多个虚拟机，并在硬件上直接运行。c) 混合虚拟机；虚拟机管理程序与主机 OS 和多个虚拟机共享同样的硬件。d) 托管虚拟机；虚拟机管理程序运行在一个主机 OS 之上

一个系统虚拟机提供一个完整的系统；每个虚拟机都可以运行自己的 OS，而同时这个 OS 可以运行多个应用程序。如 Linux Vserver（http://linux-vserver.org）、OpenVZ

㊀ 1963 年 7 月，麻省理工学院宣布了 MAC（多址计算机）项目，并选择 GE-645 作为其 Multics 项目的主机。IBM 是通用电气的竞争对手，他们意识到这类系统的需求，于是设计了 CP-40 大型机和 CP-67 大型机，也称为 CP/CMS 大型机。CP 是大型机上运行的一个程序，用于创建运行称为 CMS 的单用户 OS 的虚拟机。

（Open VirtualiZation[378]、FreeBSD Jails[419] 以及基于 Linux、FreeBSD 和 Solaris 的 Solaris Zones[409]，这些系统分别实现 OS 级虚拟化技术。表 10.1 列出了系统虚拟机的子集。文献检索显示，大约有 60 种不同的虚拟机，其中许多是由大型软件公司创建的。

表 10.1 系统虚拟机的部分清单。主机 ISA 指硬件指令集，访客 ISA 指虚拟机支持的指令集。虚拟机可以在主机 OS 下运行或直接在硬件上运行，也可以在虚拟机管理程序下运行。访客 OS 是在虚拟机的控制下运行的 OS，而虚拟机又在虚拟机监视器的控制下运行

名称	主机 ISA	访客 ISA	主机 OS	访客 OS	公司
Integrity VM	x86-64	x86-64	HP-Unix	Linux，Windows HP Unix	HP
Power VM	Power	Power	No host OS	Linux，AIX	IBM
z/VM	z-ISA	z-ISA	No host OS	Linux on z-ISA	IBM
Lynx Secure	x86	x86	No host OS	Linux，Windows	LinuxWorks
Hyper-V Server	x86-64	x86-64	Windows	Windows	Microsoft
Oracle VM	x86，x86-64	x86，x86-64	No host OS	Linux，Windows	Oracle
RTS Hypervisor	x86	x86	No host OS	Linux，Windows	Real Time Systems
SUN xVM	x86，SPARC	same as host	No host OS	Linux，Windows	SUN
VMware EX Server	x86，x86-64	x86，x86-64	No host OS	Linux，Windows Solaris，FreeBSD	VMware
VMware Fusion	x86，x86-64	x86，x86-64	MAC OS x86	Linux，Windows Solaris，FreeBSD	VMware
VMware Server	x86，x86-64	x86，x86-64	Linux，Windows	Linux，Windows Solaris，FreeBSD	VMware
VMware Workstation	x86，x86-64	x86，x86-64	Linux，Windows	Linux，Windows Solaris，FreeBSD	VMware
VMware Player	x86，x86-64	x86，x86-64	Linux Windows	Linux，Windows Solaris，FreeBSD	VMware
Denali	x86	x86	Denali	ILVACO，NetBSD	University of Washington
Xen	x86，x86-64	x86，x86-64	Linux Solaris	Linux，Solaris NetBSD	University of Cambridge

OS 级虚拟化允许物理服务器运行多个隔离的独立 OS 实例，这些实例称为容器、虚拟专用服务器或虚拟环境。比如，OpenVZ 要求主机和访客的 OS 必须是 Linux 发行的。与诸如 Xen 或 VMware 这些基于虚拟机管理程序的系统相比，这些系统具有性能优势。根据文献[378]，与独立 Linux 服务器相比，OpenVZ 只有 1% 至 3% 的性能损失。OpenVZ 是在 GPL 版本 2 下授权的。

回想一下，虚拟机管理程序允许多个虚拟机共享一个系统。软件栈的一些组合如下：
- 传统型——虚拟机也被叫作"裸机"虚拟机管理程序，是直接在主机硬件上运行的瘦软件层，它的主要优势是性能，如图 10.1b 所示。比如 VMWare ESX、ESXi 服务器、Xen、OS370 和 Denali。
- 混合型——虚拟机管理程序与现有的 OS 共享硬件，如图 10.1c 所示。比如 VMWare Workstation。

- 托管型——虚拟机运行在现有 OS 之上，如图 10.1d 所示，这种方法的主要优点是虚拟机更容易构建和安装。该解决方案的另一个优点是，虚拟机管理程序可以使用主机 OS 的多个组件，比如调度程序、分页器和 I/O 驱动程序，而不是自己提供这些组件。这种简单性的代价是增加开销和相关的性能损失，实际上，来自访客 OS 的 I/O 操作、页面错误和调度请求并不是由虚拟机管理程序直接处理的，而是将它们传递给主机 OS。性能以及支持虚拟机完全隔离的挑战，使得该解决方案对云计算环境中的服务器的吸引力降低。用户模式下的 Linux 就是一个托管虚拟机的例子。

正如文献[102]所指出的，虚拟机提供的服务"操作在访客 OS 提供的抽象之下……在不了解磁盘结构的情况下，虚拟机很难提供检查文件系统完整性的服务"。8.4 节中讨论的虚拟机管理程序，管理运行在物理系统上的虚拟机之间的资源共享。

10.3 全虚拟化和半虚拟化

1974 年，Popek 和 Goldberg 为计算机体系结构给出了一系列充分的条件，来支持虚拟化并允许虚拟机管理程序有效地运行。他们在文献[406]中对这些情况的清晰描述是对该领域的一项重大贡献。

1. 在虚拟机管理程序下运行的程序应该与直接在等价计算机上运行时所体现的行为基本相同。
2. 虚拟机管理程序应完全控制虚拟化资源。
3. 机器指令中具有统计意义的部分必须在没有虚拟机管理程序的干预下执行。

识别适合于虚拟机的体系结构的一种方法是，将执行时需要特别注意的敏感机器指令与无须特别注意就可以执行的机器指令区分开来。相应地，敏感指令是指：

- 控制敏感，这些指令试图更改内存分配或在内核模式下操作。
- 模式敏感，指令的行为在内核模式中不相同。

高效虚拟化条件的等价公式可以基于机器指令的分类：如果敏感指令集是该机器的特权指令子集，则可以构建第三代或更晚一代计算机的虚拟机管理程序。要处理不可虚拟化的指令，可以采取两种策略：

- 二进制翻译。虚拟机管理程序监视访客 OS 的执行，由访客 OS 执行的非虚拟化指令被替换为其他指令。
- 半虚拟化。访客 OS 被修改为只使用可虚拟化的指令。

处理器虚拟化有两种基本方法(请参见图 10.2)：全虚拟化，虚拟机在实际硬件的精确副本上运行；半虚拟化，虚拟机在实际硬件的稍微修改过

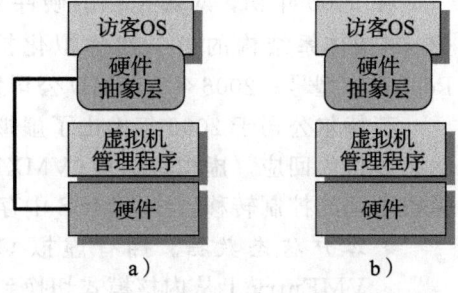

图 10.2 a) 全虚拟化要求访客 OS 的硬件抽象层具有一些关于处理器体系结构的基础。因此，访客 OS 运行不变，这种全虚拟化模式比半虚拟化更有效。b) 当处理器体系结构不易于虚拟化时，才使用半虚拟化。访客 OS 的硬件抽象层并不了解硬件。访客 OS 被修改为在虚拟机管理程序下运行，必须移植到各个硬件平台

的副本上运行。半虚拟化通常有以下几个原因：硬件的某些方面无法虚拟化；具有较好的性能；提供一个更简单的接口。

全虚拟化需要一个可虚拟化的体系结构。硬件完全暴露给不改变就能运行的访客 OS，必须确保这种执行模式是有效的。像 VMWare EX 服务器等系统，支持 x86 体系结构上的全虚拟化，必须解决包括内存管理单元（MMU）的虚拟化在内的几个问题。访客 OS 执行的特权 x86 指令不会提示失败，因此，只要访客 OS 发出特权指令，就必须插入陷入指令。系统还必须维护系统控件结构（如页表）的影子副本，并捕获影响这些控件结构状态的每个事件。因此，许多操作的开销巨大。

像 x86 这样的计算机体系结构不容易虚拟化，我们将在 10.4 节看到这一点。半虚拟化是另一种可选择的方案，尽管它有一些自身的问题。半虚拟化需要对访客 OS 进行修改，此外，访客 OS 的代码必须移植到各个硬件平台上。Xen[53] 和 Denali[522] 基于半虚拟化。

通常，虚拟化开销会对在虚拟机下运行的应用程序的性能产生负面影响。有时候，在虚拟机下运行应用程序可能比在传统 OS 下运行性能更好。当缓存被划分到多个虚拟机时，这就是缓存隔离的情况。在这种情况下，两种不同的虚拟机中运行竞争缓存的工作是有益的[453]。通常，在传统 OS 下运行的进程之间的缓存并不是同等划分，而且一个进程可能比其他进程使用更多的缓存空间。例如，对于两个进程（一个是写密集型进程，另一个是读密集型进程），第一个进程可能会更积极地填充缓存。

在虚拟机上运行的应用程序的 I/O 性能取决于以下因素：虚拟机使用的磁盘分区、CPU 利用率、竞争虚拟机的 I/O 性能和 I/O 块大小。Xen 平台上的最优选择和默认选择之间的差异在 8% 到 35% 之间[453]。

10.4 对虚拟化的硬件支持

在 2000 年初，对虚拟化的硬件支持显然是必要的，随后英特尔和 AMD 公司开始研究 x86⊖ 体系结构的第一代虚拟化扩展。2005 年英特尔公司发布了两款支持 VT-x 的 Pentiun4 型号；2006 年，AMD 公司发布了 Pacifica，随后又发布了几款 Athlon 64 型号。

英特尔公司于 2006 年推出了虚拟机扩展（VMX），而 AMD 以安全虚拟机（SVM）指令集扩展作为回应。虚拟机扩展（VMX）的虚拟机控制结构（VMCS）跟踪主机状态和访客虚拟机之间的控制转移。在 VMCS 中存储着以下三种类型的数据：

- 客户状态数据。拥有虚拟 CPU 寄存器（例如，控制寄存器或段寄存器），在 VMEntry 上从内核模式切换到访客模式时，由 CPU 自动加载。
- 主机状态数据。在 VMExit 上从访客模式切换回内核模式时，CPU 用来恢复寄存器值的数据。
- 控制数据。虚拟机管理程序使用这些数据将异常或中断等事件注入虚拟机，并表明哪些事件会导致 VMExit；这些数据也被 CPU 用来指定导致 VMExit 的原因。

为了克服 10.8 节讨论的嵌套虚拟机管理程序的性能缺陷，在硬件中隐藏了 VMCS，这允许访客虚拟机管理直接访问 VMCS，而不会中断嵌套虚拟化的根虚拟机管理程序。VMCS 影子访问几乎与非嵌套的虚拟机管理程序环境一样快。VMX 包含以下几条

⊖ x86-32、i386、x86 和 IA-32 指基于英特尔的复杂指令体系结构，现在被支持更大物理和虚拟地址空间的 x86-64 所取代。x86-64 规范不同于最初称为 IA-64 的 Itanium 体系结构。

指令[250]：
- VMXON——进入 VMX 操作；
- VMXOFF——离开 VMX 操作；
- VMREAD——从 VMCS 读取；
- VMWRITE——写入 VMCS；
- VMCLEAR——清除 VMCS；
- VMPTRLD——加载 VMCS 指针；
- VMPTRST——存储 VMCS 指针；
- VMLAUNCH/VMRESUME——启动或恢复 VM；
- VMCALL——呼叫虚拟机管理程序。

2006 年的一篇论文[356]分析了虚拟化英特尔体系结构所面临的挑战，然后分别介绍了 x86 体系结构和 Itanium 体系结构的 VT-x 和 VT-i 虚拟化体系结构。当时的软件解决方案解决了一些挑战，但是硬件解决方案不仅可以提高性能，还可以提高安全性，同时简化软件系统。x86 体系结构虚拟化面临的问题有：

- 环特权解除：这意味着虚拟机管理程序强制要求包括 OS 和应用程序在内的访客虚拟机在大于 0 的特权级别上运行。回想一下，x86 体系结构提供了 0～3 四个保护环。存在两种可行的解决方案：
  - (0/1/3)模式：当虚拟机管理程序、访客 OS 和应用程序分别以特权级别 0、1 和 3 运行时；这种模式对于 64 比特模式下的 x86 处理器行不通，稍后我们将看到这一点。
  - (0/3/3)模式：当虚拟机管理程序、访客 OS 和应用程序分别以特权级别 0、3 和 3 运行时。
- 环别名化：当访客 OS 被迫以特权级别（而不是最初设计时的权限级别）运行时，就会产生这样的问题。例如，当推送(PUSH)CS 寄存器⊖时，CR 中的当前特权级别也存储在栈中[356]。
- 地址空间压缩：虚拟机管理程序使用部分客户地址空间来存储一些系统数据结构，例如中断描述符表和全局描述符表。这些数据结构必须受到保护，但客户软件又必须能够访问它们。
- 非故障访问特权状态：加载寄存器 GDTR、IDTR、LDTR 和 TR 的一些指令(LGDT、SIDT、SLDT 和 LTR)只能由运行在特权级 0 的软件执行，因为这些指令指向控制 CPU 操作的数据结构。然而，当以非 0 的特权级别执行时，存储这些寄存器的指令将静默地失败。这意味着执行其中一条指令的访客 OS 没有意识到该指令已经失败。
- 访客系统调用。SYSENTER 和 SYSEXIT 两条指令支持低延迟系统调用。第一条指令导致向特权级别 0 的转移，而第二条指令导致从特权级别 0 的转移，并且如果在高于 0 的级别执行，则会执行失败。虚拟机管理程序必须模拟这些指令中的每个访客执行，这将对性能产生负面影响。
- 中断虚拟化：作为对物理中断的响应，虚拟机管理程序创建了"虚拟中断"，然后

⊖ x86 架构支持内存段分割，段大小为 64K。CR(代码段寄存器)指向代码段。MOV、POP 和 PUSH 指令用于加载和存储段寄存器，包括 CR。

将其交付给目标访客 OS。但是每个 OS 都有屏蔽中断㊀的能力，因此虚拟中断只有在中断未被屏蔽的情况下，才能被发送到访客 OS。跟踪所有试图屏蔽中断的访客 OS，会极大地增加虚拟机管理程序的复杂度和开销。

- 访问隐藏状态。系统状态的元素（例如段寄存器的描述符缓存）是被隐藏的；当环境从一个虚拟机切换到另一个虚拟机时，没有保存和恢复隐藏组件的机制。
- 环压缩。分页和分段是保护虚拟机管理程序代码不被访客 OS 和应用程序覆盖的两种机制。运行在 64 比特模式下的系统只能使用分页，但分页不区分权限级别 0、1 和 2，因此访客 OS 必须在特权级别 3 运行，即所谓的(0/3/3)模式。因此，不能使用特权级别 1 和 2，即称为环压缩。
- 频繁访问特权资源会增加虚拟机管理程序的开销。任务优先级寄存器（TPR）经常被访客 OS 使用；虚拟机管理程序必须保护对该寄存器的访问权限，并捕获所有访问它的尝试。这可能导致性能显著下降。

10.10 节中讨论的 Itanium 体系结构存在类似的问题。

VT-x 提供的主要体系结构增强功能是支持两种操作模式和一个新的数据结构 VMCS，包括主机状态和访客状态区域（见图 10.3）：

- VMX root：用于虚拟机管理程序操作，非常接近没有 VT-x 的 x86。
- VMX non-root：用于支持虚拟机。

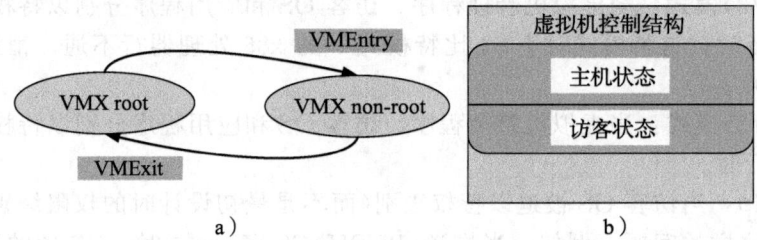

图 10.3　a) VT-x 的两种操作模式，以及从一种操作转移到另一种操作；b) VMCS 包括控制虚拟机进入和虚拟机退出转移的主机状态和访客状态区域

执行 VMEntry 操作时，处理器状态从计划运行虚拟机的客户状态加载；然后将控制从虚拟机管理程序转移到虚拟机。VMExit 将处理器状态保存在正在运行的虚拟机的客户状态区域；它从主机状态区域加载处理器状态，最后将控制权转移到虚拟机管理程序。所有 VMExit 操作都使用虚拟机管理程序的公共入口点。

每个 VMExit 操作都会在 VMCS 中保存退出的理由和一些限定条件。其中一些信息存储为位图。例如，异常位图指定 32 个可能的异常中的哪一个导致退出。在 16 比特 I/O 空间中，I/O 位图为每个端口设一个项。

VMCS 区域由物理地址引用，其布局不受体系结构的影响，但可以通过特定实现进行优化。VMCS 包含有助于实现虚拟中断的控制位。例如，当设置外部中断退出（external-interrupt-exiting）时，会导致虚拟机退出操作的执行；此外，不允许访客 OS 屏蔽这些中断。当设置中断窗口退出（interrupt window exiting）时，如果客户端准备接收中断，就会触发虚拟机退出（VM exit）操作。

㊀　中断标志（如果在 EFLAGS 寄存器中）用于控制中断屏蔽。

基于两种新的虚拟化体系结构 VT-d[⊖] 和 VT-c 的处理器已经开发出来。第一个支持 I/O 内存管理单元(I/O MMU)虚拟化,第二个支持网络虚拟化。

PCI 直通指 I/O MMU 虚拟化使得虚拟机可以直接访问外围设备。VT-d 支持:
- DMA 地址重映射:设备 DMA 传输的地址转换。
- 中断重映射:设备中断隔离和虚拟机路由。
- I/O 设备分配:管理员可以将设备分配给任何配置的虚拟机。
- 可靠性:报告并记录 DMA 和中断错误,否则可能会损害内存并影响虚拟机隔离。

10.5　Xen:一种基于半虚拟化的虚拟机管理程序

Xen 是英国剑桥大学计算机实验室在 2003 年开发的虚拟机管理程序。自 2010 年以来,Xen 一直是一个自由软件,由用户社区开发,并根据 GNU 通用公共许可证(GPLv2)授权。包括 Linux、Minix、NetBSD、FreeBSD、NetWare 和 OZONE 在内的多个 OS 可以作为半虚拟化的 Xen 访客 OS 运行在 x86、x86-64、Itanium 和 ARM 体系结构上。

Ian Pratt 领导的剑桥小组的目标是设计一个虚拟机管理程序,该虚拟机管理程序能够扩展到大约 100 个运行标准应用和服务的虚拟机,而不需要修改应用程序二进制接口。Xen 的设计者充分意识到 x86 体系结构不能有效地支持全虚拟化,因此选择了半虚拟化。

接下来,我们分析文献[53]中讨论的 x86 体系结构的 Xen 的原始实现。Xen 的创建者使用域(Dom)的概念,表示承载访客 OS 的地址空间和在访客 OS 下运行的应用程序的地址空间的集合。每个域都在虚拟 x86 CPU 上运行。Dom0 用于执行 Xen 控制函数和特权指令,DomU 是一个用户域,如图 10.4 所示。

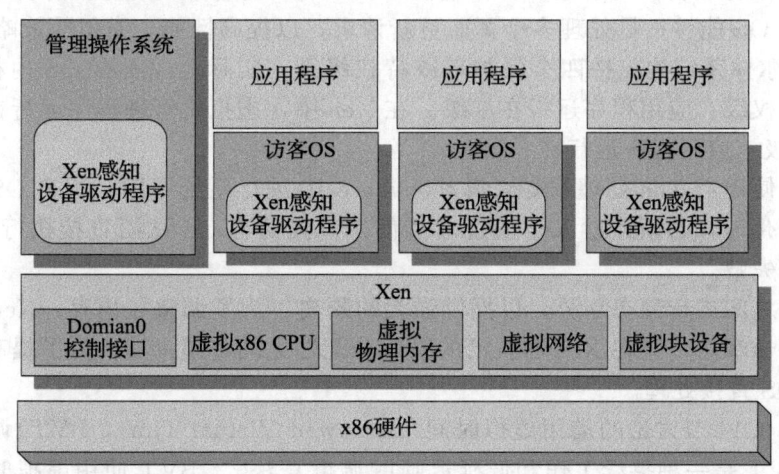

图 10.4　Xen 适用于 x86 体系结构。用于执行 Xen 控制函数和特权指令的管理 OS 驻留在 Dom0 中。访客 OS 和应用程序驻留在 DomU 中。在原始 Xen 实现中,访客 OS 可以是 XenoLinix、XenoBSD 或 XenoXP[53]。

表 10.2[53] 总结了 Xen 半虚拟化用于虚拟内存管理、CPU 多路复用和 I/O 设备管理最重要方面。旁路转换缓冲(TLB)是页表项的缓存,它的高效管理需要能够识别每项的 OS 和地址空间,或者允许对 TLB 进行软件管理。

⊖　相应的 AMD 体系结构称为 AMD-vi。

表 10.2　原始 x86 Xen 实现中用于虚拟内存管理、CPU 多路复用和 I/O 设备的半虚拟化策略

功能	策略
分页	可以为域分配不连续的页面。访客 OS 可以直接访问页表，并可以直接处理页错误以提高效率；分页表按批处理更新以提高性能，并由 Xen 进行安全性验证
内存	内存在域之间静态分区，以提供强大的隔离。XenoLinux 实现了气球驱动程序来调整域内存
保护	访客 OS 在环 1 中以较低的优先级运行，而 Xen 在环 0 中运行
异常	访客 OS 必须向 Xen 注册一个描述表，该表具有事先经过验证的异常处理程序的地址
系统	为了提高效率，访客 OS 必须安装"快速"处理程序
中断	轻量级的事件系统取代了硬件中断；从域到 Xen 的同步系统调用使用超级调用，并且使用异步事件系统传递通知
多路复用	访客 OS 可以运行多个应用程序
I/O 设备	使用异步 I/O 环传输数据
磁盘存取	只有 Dom0 可以直接访问 IDE 和 SCSI 磁盘，所有其他域通过虚拟块设备(VBD)抽象访问持久性存储

然而，x86 体系结构既不支持 TLB 项的标记，也不支持 TLB 的软件管理。因此，当虚拟机管理程序激活不同的 OS 时，地址空间切换需要完整的 TLB 刷新。刷新 TLB 会对性能产生负面影响。

所采用的解决方案是在每个地址空间顶部的一个 64MB 的段中加载 Xen，并将硬件页表的管理委托给访客 OS，而 Xen 的干预最小。每个地址空间顶部 Xen 占用的 64MB 区域是不可访问的，或者不能被访客 OS 重新映射。

创建新地址空间时，访客 OS 从自己的内存中分配和初始化一个页面，用 Xen 注册它，并将写操作的控制权交给虚拟机管理程序。因此，访客 OS 只能映射自己的页面。另一方面，访客 OS 能够批量处理多个页面更新请求，以提高性能。类似的策略用于分段。

x86 英特尔体系结构支持四个保护环或特权级别；实际上，所有 OS 内核都运行在 0 级，即最高特权级，应用程序运行在 3 级。在 Xen 中，虚拟机管理程序运行在 0 级，访客 OS 运行在 1 级，应用程序运行在 3 级。

应用程序使用由 Xen 处理的超级调用(hypercall)进行系统调用；访客 OS 发出的特权指令是半虚拟化的，必须经过 Xen 验证才能使用。当访客 OS 试图直接执行特权指令时，指令会静默地失败。

内存在域之间进行静态划分，以提供强大的隔离。为了调整域内存，XenoLinux 实现了一个气球驱动程序，它在 Xen 和自己的页面分配器之间传递页面。为了提高效率，页面错误由访客 OS 直接处理。

Xen 使用 9.14 节讨论的借用虚拟时间(Borrowed Virtual Time，BVT)调度算法来调度各个域。BVT 是一种持续工作和低延迟唤醒调度算法[⊖]。BVT 使用虚拟时间隧道机制来支持低延迟调度，以确保在需要时及时执行，例如及时传送 TCP 确认。

访客 OS 必须向 Xen 注册一个描述表，其中包含用于验证的异常处理程序的地址。异常处理程序与原生 x86 处理程序相同；唯一不遵循此规则的是页面错误处理程序，因为发现此地址的特权寄存器 CR2 对访客 OS 不可用，所以使用扩展堆栈帧来检索错误地址。

每个访客 OS 都可以验证然后注册"快速"异常处理程序，此程序由处理器直接执行，而不受 Xen 的干扰。轻量级事件系统代替了硬件中断，使用此异步事件系统提供通

⊖ 持续工作调度算法不允许处理器在有工作要做时处于空闲状态。

知。每个访客 OS 都有一个计时器接口,并且能分辨"真实"和"虚拟"时间。

XenStore 是一个 Dom0 进程,支持系统范围的注册和命名服务。它被实现为分层键值存储。进程的监视(watch)功能通知侦听器其所订阅的存储中的键值更改。XenStore 使用 Dom0 权限,通过共享内存(而不是授权表)与访客虚拟机进行通信。

Toolstack 是另一个 Dom0 组件,它负责创建、销毁和管理虚拟机的资源和特权。要创建新的虚拟机,用户提供描述内存和 CPU 分配以及配置设备的配置文件。然后 Toolstack 解析此文件并将此信息写入 XenStore。Toolstack 利用 Dom0 权限映射客户机内存,加载内核和虚拟 BIOS,并且在创建新虚拟机时与 XenStore 和虚拟控制台建立初始通信通道。

Xen 定义了网络和 I/O 设备的抽象。拆分驱动程序在 DomU 中有一个前端,在 Dom0 中有一个后端;两者通过共享内存中的一个环进行通信。Xen 对共享内存实施访问控制,并传递同步信号。访问控制表(ACL)以授权表的形式存储,其权限由内存所有者设置。

I/O 和网络操作的数据在系统中非常高效地使用一组 I/O 环垂直移动,如图 10.5 所示。环是由域分配的循环队列,它由在 Xen 中访问的描述符组成。描述符不包含数据,数据缓冲区由访客 OS 在带外分配。为 I/O 和网络操作提交的内存以一种旨在避免"串扰"的方式提供,并且通过防止相应页面帧的页面错误,来保护保存数据的 I/O 缓冲区。

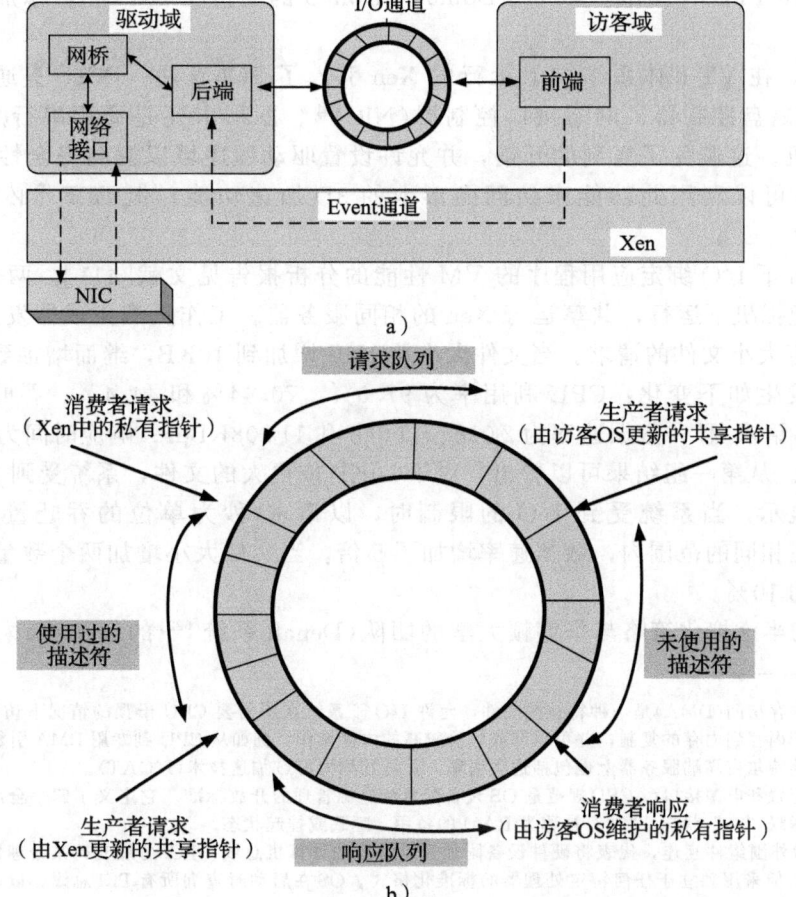

图 10.5 Xen 零拷贝语义,用于使用 I/O 环的数据传输。a)访客域和驱动域通过 I/O 和事件通道进行通信,NIC 是网络接口控制器。b)缓冲区环

每个域都有一个或多个虚拟网络接口(VNI),它们支持网络接口卡的功能。虚拟网络接口连接到虚拟防火墙-路由器(VFR)。支持两个缓冲区描述符环,一个用于分组发送,一个用于分组接收。为了传输分组,访客 OS 将缓冲区描述符送入传输环,然后 Xen 复制描述符并检查安全性,最后只复制分组头而不是有效负载,并执行匹配规则。

如果模式(pattern)与分组头中的信息匹配,则表单规则(⟨pattern⟩,⟨action⟩)要求执行该操作。可以通过 Dom0 添加或删除规则;它们确保了基于目标 IP 地址和端口对分组进行多路分解,同时防止源 IP 地址的欺骗。Dom0 是唯一被允许直接访问物理 IDE 或 SCSI 磁盘的域。除 Dom0 之外的域通过在 Dom0 的控制下创建和管理的虚拟块设备(VBD)抽象来访问持久存储。

Xen 包括一个设备仿真器 QEMU,用于支持未修改的商业 OS。QEMU 是一个机器模拟器,它运行未修改的 OS 映像,并模拟其运行的主机的 ISA。QEMU 已经为 x86 体系结构模拟了几个设备,包括芯片组、网卡和显示适配器。QEMU 模拟 DMA [一],并可以映射 DomU 内存的任何页面。每个 VM 都有自己的 QEMU 实例,并将其作为 Dom0 进程或虚拟机的进程运行。

Xen 最初于 2003 年发布,在 2005 年英特尔发布 VT-x 处理器时,Xen 经历了重大的变化。2006 年,Xen 被亚马逊用于 EC2 服务;2008 年,Xen 在英特尔的 VT-d 上运行,通过了 ACPI S3 [二]测试。Xen 对 Dom0 和 DomU 的支持在 2011 年被添加到 Linux 内核中。

2008 年,在 VT-d 体系结构上运行的 Xen 引入了 PCI 直通。PCI [三]直通允许将 PCI 设备(无论是磁盘控制器、网络接口控制器(NIC)[四]、图形卡还是通用串行总线(USB))分配给虚拟机。这避免了复制的开销,并允许设置驱动程序域以提高安全性和系统可靠性。访客 OS 可以利用此功能来访问图形卡的 3D 加速功能。但 BDF [五]必须已知是直通的。

关于 Xen 下 I/O 绑定应用程序的 VM 性能的分析报告见文献[411]。两个 Web 服务器在不同的虚拟机下运行,共享运行 Xen 的相同服务器。工作负载生成器发送从 1KB 到 100KB 的固定大小文件的请求。当文件大小从 1KB 增加到 10KB,继而增加到 100KB 时,性能指标会发生如下变化:CPU 利用率为 97.5%、70.44% 和 44.4%;吞吐量为 1 900、1 104 和 1 112 请求/秒;数据速率为 2 018、11 048 和 11 208KBps;响应时间为 1.52、2.36 和 2.08 毫秒。从第一组结果可以看出,对于 10KB 或更大的文件,系统受到 I/O 的限制。第二组结果显示,当系统受到 I/O 的限制时,以请求/秒为单位的吞吐量减少了不到 50%,但是在相同的范围内,数据速率增加了 5 倍。当文件大小增加两个数量级时,响应时间仅增加约 10%。

Xen 中的半虚拟化策略与华盛顿大学的团队(Denali 系统[522]的创建者)采用的策略不

  一　直接内存访问(DMA)是一种特殊的硬件,允许 I/O 子系统在不需要 CPU 干预的情况下访问主存。它还可以用于内存到内存的复制,并可以卸载代价较高的内存操作,例如从 CPU 到专用 DMA 引擎的分散-收集操作。英特尔在高端服务器上也包括这类引擎,并将其称为 I/O 加速技术(I/OAT)。
  二　高级配置和电源接口(ACPI)规范是 OS 设备配置和电源管理的开放标准。它定义了四个全局 "Gx" 状态和六个睡眠 "Sx" 状态,"S3" 被称为 RAM 的备用、睡眠或挂起状态。
  三　PCI 指外围组件互连,代将硬件设备附加到计算机的计算机总线。PCI 总线支持某处理器总线上发现的功能,但采用独立于任何特定处理器的标准化格式。OS 在启动时查询所有 PCI 总线,以确定连接到系统的设备以及每个设备所需的内存空间、I/O 空间和中断行等。
  四　网络接口控制器是连接计算机和局域网的硬件部件。
  五　BDF 代表总线、设备、功能,用于描述 PCI 设备。

同。Denali 的设计目标是支持运行网络服务的多个虚拟机，其规模比 Xen 大一个或多个数量级。Denali 的设计没有针对现有的应用程序二进制接口，也不支持潜在访客 OS 的某些功能，例如不支持分段。Denali 不支持应用程序多路复用，即在访客 OS 下运行多个应用程序，而 Xen 支持。

最后，简单介绍一下将商业 OS 移植到 Xen 的复杂性。据报道，总共大约 3 000 行，也就是 1.36% 的 Linux 代码需要修改。对于 Windows XP，这个数字是 4620 行，约占 Windows XP 代码的 0.04%[53]。

10.6 Xen 2.0 的网络虚拟化优化

虚拟机管理程序引入了大量的网络通信开销。例如，据报道，同时达到 100Mbps 网络饱和的情况下，运行 Linux 2.2.17 的 VMware Workstation 2.0 系统的 CPU 利用率是原生（native）系统（Linux 2.2.17）的 5 到 6 倍[471]。这意味着虚拟机管理程序要执行大量的指令来使网络饱和，才能达到与原生系统相同的通信量。

其他虚拟机管理程序也有类似的开销，特别是 Xen 2.0[340,341]。为了理解网络开销的来源，我们研究了 Xen 的基本网络体系结构，参见图 10.6a。回想一下，特权操作（包括 I/O）是由 Dom0 代表访客 OS 执行的。在本节中，我们将把 Dom0 称为驱动域。

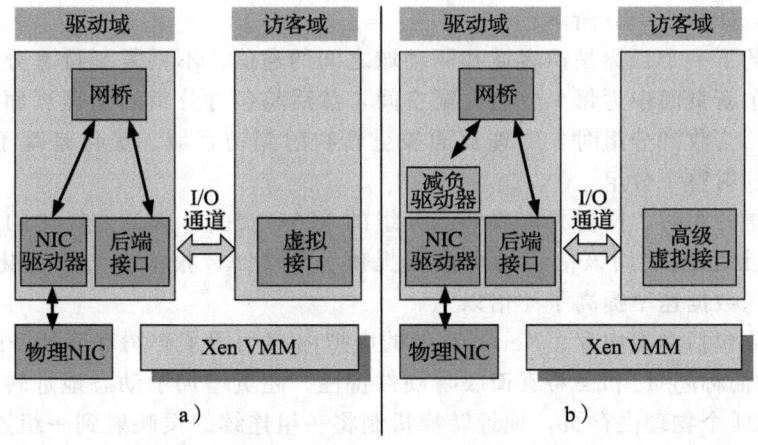

图 10.6 Xen 网络结构：早期体系结构（a）和优化后的体系结构（b）

调用驱动域来代表访客域执行网络操作。它使用原生 Linux 驱动程序作为网络接口控制器（NIC），而 NIC 又与物理 NIC（也称为网络适配器）通信。访客域通过 I/O 通道与驱动域通信，参见 10.5 节。更准确地说，访客域中的访客 OS 使用虚拟接口向驱动域中的后端接口发送和接收数据。

网桥使用广播通信来识别目标系统的 MAC 地址⊖。一旦确定，该地址就被添加到表中。网桥使用链路层协议将分组发送到适当的 MAC 地址，而不是在同一目的地的下一个分组到达时广播它。

驱动域中的网桥执行多路复用/解复用功能。从 NIC 接收的包被解复用，并发送到在虚拟机管理程序下运行的虚拟机。类似地，来自多个虚拟机的分组在传输到网络适配器之前，必须多路复用到单个流中。除桥接外，Xen 还支持基于网络地址转换的 IP 路由。

⊖ 媒体访问控制（MAC）地址是制造商永久分配给网络接口的唯一标识符。

表10.3显示了Xen虚拟机管理程序的较长处理链的最终效果,以及优化的效果[341]。访客域的接收速率和发送速率分别约为原生Linux应用程序速率的30%和20%。分组多路复用/解复用分别占输入流量和输出流量的通信开销的40%和30%左右。

文献[341]中讨论的Xen网络优化包括虚拟接口、I/O通道和虚拟内存。这些优化的效果对于来自优化的Xen访客域的发送数据速率的影响非常显著,可从750Mbps增加到3310Mbps,但对于接收数据速率的影响相当有限,仅从820Mbps增加到970Mbps。

表10.3 原生Linux系统、Xen驱动域、原始Xen访客域和优化的Xen访客域的发送和接收数据速率的比较

系统	接收数据速率(Mbps)	发送数据速率(Mbps)
Linux	2 508	3 760
Xen驱动域	1 728	3 760
Xen访客域	820	750
优化的Xen访客域	970	3 310

接下来,我们将考虑每个优化区域,并从虚拟接口开始在通用性和灵活性以及性能之间做出权衡。原始虚拟网络接口为访客域提供了一个简单的底层网络接口抽象,支持发送和接收原语。

该设计支持将广泛的物理设备附加到驱动域,但没有利用一些物理NIC的能力,如TSO⊖的校验和减负(offload),以及分散/收集DMA支持。这些特性由优化系统的高层虚拟接口支持,如图10.6b所示。

优化工作的下一个目标是访客域和驱动域之间的通信。不用复制持有分组的数据缓冲区,而是在一个新页面中为每个分组分配空间,然后将包含分组的物理页面重新映射到目标域中;例如,当收到分组时,物理页面被重新映射到访客域。优化是基于这样的观察,即不需要重新映射整个分组。

例如,发送分组时,网桥只需要知道分组的MAC报头。因此,优化的实现基于一个"带外"信道,访客域使用该信道为桥接器提供分组MAC报头。与未优化的版本相比,这种策略使发送数据速率提高了4倍以上。

第三个优化包括虚拟内存。Xen 2.0中的虚拟内存利用了奔腾和奔腾Pro处理器上可用的超级页面(简称超页)和全局页面映射硬件特性。超页增加了动态地址转换的粒度;超页条目包含1024个物理内存页,地址转换机制将一组连续的页映射到一组连续的物理页。这有助于减少TLB丢失的数量。

超页的所有页面都属于同一访客OS。创建新进程时,访客OS必须为访客OS下运行的地址空间的页表分配只读页面。这会强制系统使用传统的页面映射,而不是超页映射。网络虚拟化的优化版本使用特殊的内存分配器来避免这个问题。

10.7 基于内核的虚拟机

基于内核的虚拟机(Kernel-based Virtual Machine,KVM)[286]是Linux内核的虚拟化基础设施(参阅http://www.linux-kvm.org)。KVM于2006年开发,于2007年2月作为2.6.20 Linux内核的一部分发布。

在英特尔体系结构引入VMX和SVM扩展之前,在x86体系结构上运行多个访客OS非常困难。这些扩展允许虚拟机管理程序在1级特权环内运行,并允许KVM为虚拟机提

⊖ TSO代表TCP分段减负。此选项使网络适配器能够在发送和接收时计算TCP校验和,节省了主机CPU计算校验和的开销;越大的分组节省得越多。

供几乎与物理硬件相同的执行环境。KVM 直接在主机上执行访客虚拟机的指令。每个访客 OS 都是独立的，它们运行在不同的执行环境实例中。

KVM 在 Linux 中不作为普通程序运行，而是依赖于 Linux 内核基础设施来运行。其组织如图 10.7 所示。与在物理硬件上运行的 Xen 不同，KVM 在 Linux 内运行，作为处理硬件公开的新虚拟化指令的驱动程序。该模型的一个主要优点是 KVM 在调度、内存管理、电源管理等方面继承了 Linux 的所有新特性。KVM 包括以下几个组件：

- 通用的主机内核模块，公开了与体系结构无关的功能。
- 主机系统的特定于体系结构的内核模块。
- 访客 OS 运行的虚拟机硬件的用户空间仿真。
- 附加的访客 OS 性能优化。

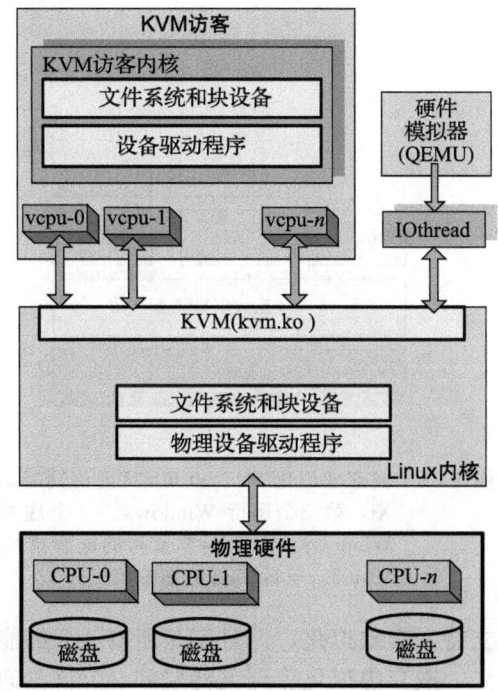

图 10.7　KVM 的组织框架。KVM 作为驱动程序运行在 Linux 内部，处理硬件公开的新虚拟化指令。IOthread 代表访客向主机生成请求，此外还要处理事件

KVM 用户空间（KVM-userspace）是 QEMU 项目的一个分支，它缩短了仿真代码，仅允许 x86-on-x86，并使用 KVM 的 API 在主机 CPU 上运行访客 OS。当访客 OS 执行特权操作时，CPU 退出并且让 KVM 接管。如果 KVM 自身能为请求提供服务，那么它会将控制权交还给访客 OS。

KVM 公开 /dev/kvm 接口，允许用户空间的主机设置访客 VM 地址空间、给访客 OS 提供模拟 I/O 以及映射主机的视频显示。主机提供一个固件映像，访客 OS 使用该映像引导到主机 OS。

10.8　嵌套虚拟化

嵌套虚拟化描述了访客虚拟机管理程序在虚拟机内部运行时的系统组织，该虚拟机自身也在主机虚拟机管理程序下运行。图 10.8a 说明了嵌套虚拟化的实例，其中 KVM 是支持三个虚拟机之间资源共享的主机虚拟机管理程序。三个虚拟机中的两个运行访客虚拟机管理程序 Xen 和 VMware 的 ESXi，第三个虚拟机运行 Windows。有两个虚拟机是在访客虚拟机管理程序下运行的，一个在 Xen 下运行 Linux，另一个在 ESXi 下运行 Windows。

嵌套虚拟化对于测试服务器设置或测试配置非常有用。嵌套虚拟化允许 IaaS 用户将自己的虚拟机管理程序作为虚拟机运行。嵌套虚拟化还可用于虚拟机管理程序与其访客虚拟机的动态迁移，以实现负载均衡、虚拟机管理程序级保护以及支持其他安全机制。嵌套虚拟化的另一个用途是尝试云互操作性替代方案。

x86 虚拟化基于陷入和仿真模型。这种模型要求由访客虚拟机管理程序或 OS 执行的每条敏感指令都由最高权限的虚拟机管理程序处理。除非优化了虚拟化栈级别之间的切换，否则嵌套虚拟化会产生巨大的性能代价。因此，这并不奇怪，许多虚拟机管理程序不

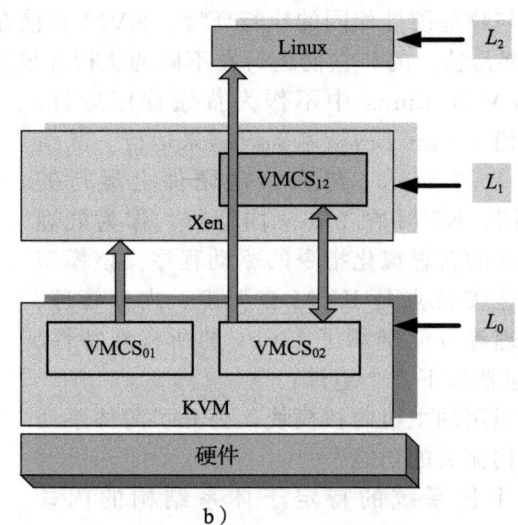

图 10.8 嵌套虚拟化[128]。a) KVM 允许同时运行三个 VM。两个虚拟机运行虚拟机管理程序 Xen 和 ESXi，第三个运行 Windows。一个虚拟机在 Xen 下运行 Linux，另一个虚拟机在 ESXi 下运行 Windows。b) 英特尔支持的嵌套虚拟化。KVM 在 L_0 级运行，Xen 在 L_1 级运行，KVM 使用 $VMCS_{01}$ 运行 Xen 的虚拟机

支持嵌套虚拟化，并且不是所有 OS 都能成功地与所有虚拟机管理程序嵌套。

嵌套虚拟化受到英特尔和 AMD 处理器的差异化支持。以文献[128]中讨论的英特尔版本为例，如图 10.8b 所示。在本例中，KVM 在 L_0 级运行，控制所有资源的分配。Xen 运行在 L_1 级，KVM 使用 $VMCS_{01}$ 运行 Xen 的虚拟机。

当 Xen 执行 vmlaunch 操作以启动新虚拟机时（参阅 10.4 节），将创建一个新的虚拟机控制结构 $VMCS_{12}$。然后 vmlaunch 陷入 L_0 级，并且在 L_0 级将 $VMCS_{01}$ 与 $VMCS_{12}$ 合并，并创建 $VMCS_{02}$ 来运行 L_2 级的 Linux。当在 L_2 级的 Linux 下运行的应用程序进行系统调用时，或者 Linux 自身执行特权指令时，L_2 陷入且 KVM 决定是自己处理陷入，还是将其转发到 L_1 级别的 Xen，最终 Xen 恢复执行。

嵌套虚拟化受到硬件支持的限制。当硬件支持多级嵌套虚拟化时，每个虚拟机管理程序都会处理由直接在其上运行的访客虚拟机管理程序的敏感指令所导致的所有陷入。IBM System z 体系结构支持多级嵌套虚拟化[383]。英特尔和 AMD 处理器仅支持单级嵌套虚拟化。这意味着主机虚拟机管理程序（直接在硬件上运行并管理所有系统资源的管理程序）处理所有陷入的指令，如图 10.9 所示。

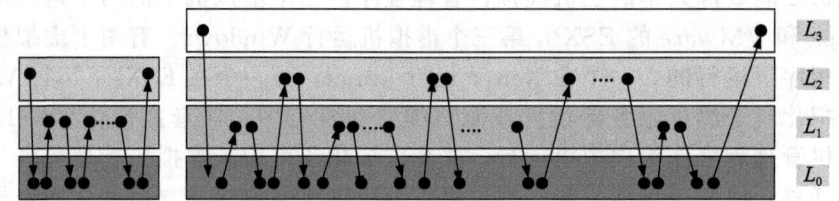

图 10.9 具有单级硬件虚拟化支持的嵌套虚拟化。不管陷入出现在哪个虚拟机管理程序中，都由 L_0 陷入处理程序处理。嵌套陷入：（左）两级，L_0、L_1 和 L_2 嵌套虚拟机管理程序；（右）三级，L_0、L_1、L_2 和 L_3 嵌套虚拟机管理程序

有关 x86 体系结构嵌套虚拟化的复杂性的深入讨论，可以在来自 IBM 的一位以色列

学者的描述 Turtle 项目的论文中找到[61]。访客虚拟机管理程序无法使用硬件虚拟化支持，因为 x86 仅提供了单级的硬件虚拟化支持。该项目的目标是证明对于"只执行重要工作负载的未经修改的二进制虚拟机管理程序"，6%~8%的开销是可行的。

回想一下，VMX 指令只能在内核模式下才能成功执行。级别 L_i 的访客虚拟机管理程序在访客模式下操作运行，每当执行 VMX 指令启动级别 L_{i+1} 访客时，该指令就会陷入并在级别 L_0 进行处理。陷入执行异常使位于 L_0 级的主机虚拟机管理程序能够以内核模式运行，从而模拟由级别位于 L_i 的访客虚拟机管理程序执行的 VMX 指令。这种机制支持提高嵌套虚拟化、多路复用多个虚拟机管理程序效率的关键思想，如图 10.10 所示。

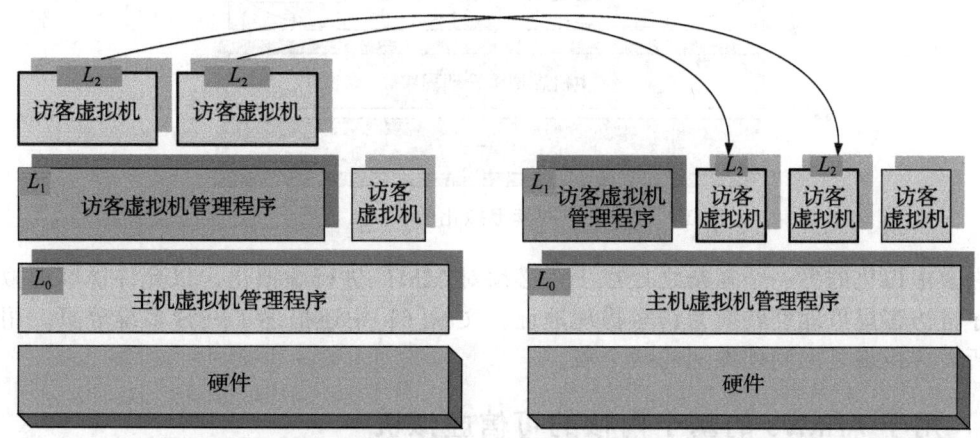

图 10.10　左侧的多个虚拟化级别被多路复用到右侧的单一硬件虚拟化级别，如文献[61]所述。在级别为 L_i 的访客模式下运行的访客虚拟机管理程序使用的 VMX 指令被在内核模式下运行的级别 L_0 的主机虚拟机管理程序捕获并转换为可用于级别 L_{i+1} 的虚拟机的 VMX 指令

只要级别为 L_0 的主机虚拟机管理程序严格按照规定模拟 VMX 指令集，级别为 L_1 的访客虚拟机管理程序就无法区分它是否直接在硬件上运行。因此，级别为 L_1 的虚拟机管理程序可以使用标准机制为虚拟机提供资源。级别为 L_1 的访客虚拟机管理程序不会在最高特权级别上运行，启动虚拟机的操作将被级别为 L_0 的陷入处理程序捕获和处理。然后，在内核模式下运行的 L_0 级主机虚拟机管理程序将新虚拟机的规范转换为可以直接在硬件上运行 L_2 的规范。这种转换包括将 L_1 物理地址转换为 L_0 的物理地址空间。

访客虚拟机管理程序可以使用相同的技术给另一个在 L_2 级别上的访客虚拟机管理程序相同的错觉，即它直接运行在硬件上。这个过程可以被扩展，在 L_i 级别的虚拟机管理程序会让人误以为 L_{i+1} 级别的虚拟机管理程序直接运行在硬件上。

处理器运行 L_1 和 L_2，其分别由 L_0 使用 $VMCS_{0\to 1}$ 和 $VMCS_{0\to 2}$ 环境规范维护。L_1 在其自己的虚拟化环境中创建 $VMCS_{1\to 2}$，处理器使用它为 L_1 模拟 VMX，如图 10.11 所示。模拟从一个级别切换到另一个级别。例如，当 L_2 运行时发生 VMExit 时，有两种可能的路径：

- 当外部中断、不可屏蔽中断或任何在 $VMCS_{0\to 2}$ 中指定且未在 $VMCS_{1\to 2}$ 中指定的陷入事件发生时，L_0 处理该事件，然后 L_2 继续执行。
- $VMCS_{1\to 2}$ 中指定的陷入事件由 L_1 处理。L_0 的主机虚拟机管理程序将事件转发到 L_1，方法是将处理器更新的 $VMCS_{0\to 2}$ 字段复制到 $VMCS_{1\to 2}$，然后恢复 L_1。这使得 L_1 虚拟机管理程序认为在 L_2 到 L_1 之间存在一个 VMExit，处理该事件，然后通过执行由 L_0 模拟的 VMLAUNCH 或 VMRESUME 来恢复 L_2。

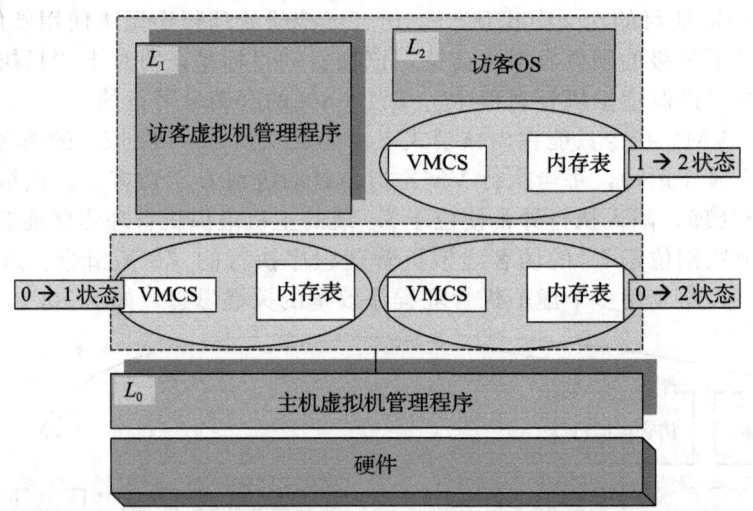

图 10.11 用于嵌套虚拟化的 VMX 扩展[61]

嵌套虚拟化的另一个复杂之处在于，必须对 MMU 进行虚拟化，以允许访客虚拟机管理程序将访客虚拟地址转换为访客物理地址。文献[61]中还描述了一种多维分页，用于将三个所需转换表复用到硬件上的两个表。

10.9 用于 ARMv8 的基于内核的可信虚拟机

先进的 RISC 机器（Advanced RISC Machine，ARM）处理器广泛用于智能手机、台式电脑和笔记本电脑等移动设备。ARM 处理器也用于连接到物联网的嵌入式系统。这样的系统需要更高的安全级别，因此，最新一代无处不在的 ARM 处理器支持可信执行环境（Trusted Execution Environment，TEE）也就不足为奇了。

TEE 功能在 http://www.globalplatform.org/中总结为："TEE 能够为授权安全软件（即可信应用程序）提供隔离安全执行环境，使其能够通过经过认证的代码、机密性、真实性、隐私、系统完整性和数据访问权限的受保护执行，提供端到端的安全。"在 TEE 中运行的可信应用程序，其资产和数据与标准 OS（如 Linux）运行的富执行环境隔离。TEE 由以下几个部分组成：

- 一个公共抽象层，可信核框架提供 OS 功能，如内存管理、可信应用程序入口点、紧急和中止处理，以及可信应用程序属性访问。
- 富执行环境应用程序用于从 TEE 请求服务的进程间通信。
- 用于访问服务的 API，如数据和密钥的可信存储、TEE 加密操作、时间和 TEE 算术等。

AArch64 是 64 比特 ARM 体系结构，与 32 比特 ARM 体系结构 AArch32 兼容。AArch64 系列的成员包括 ARMv8 Cortex-Axx(xx={35，53，57，72，73})处理器，它们共享许多特性：

- 支持新指令集 A64，其指令语义与 AArch32 相同，但条件指令较少。A64 包含主要功能的增强：
  - 有 32 个 128 比特宽的寄存器。
  - 高级 SIMD 支持双精度浮点执行。

- 高级 SIMD 支持完整的 IEEE 754 ⊖ 执行。
- 为密码学提供指令级支持。具有两个加密和两个解密指令，支持 AES、SHA-1 和 SHA-256。
- 有 31 个通用寄存器可随时访问。
- 提供 AArch64 状态下的修订异常处理。
- 支持虚拟化。
- 支持信任区和全局信任 TEE。

ARM 信任区（ARM Trust Zone，ATZ）将基于 ARM 的系统划分为两部分：安全环境（Secure World）和非安全环境（Non-Secure World，NSW），前者负责整个系统的引导和配置，后者用于托管 Linux 和 Android 等 OS 以及用户应用。CPU 为每个环境安排了寄存器。

特定的安全性配置只能在安全环境模式下执行，而对 AMBA 外围设备（指纹读取器、加密引擎等）的访问可以限制在安全环境中。安全环境切换过程根据配置将中断路由到安全环境或非安全环境，并允许这两个环境彼此通信。

ATZ 由一套硬件安全扩展支持，包括：
- 具有 ARM 安全扩展（Security Extensions，SE）的 CPU。
- 兼容的内存管理单元（Memory Management Unit，MMU）。
- AMBA 系统总线⊖。
- 中断和缓存控制器。

T-KVM 是一个基于 KVM 的 ARMv8 可信虚拟机管理程序，它将信任区与 GlobalPlatform TEE 和 SELinux 结合在一起[391]。T-KVM 用于实现：可信任的引导；在虚拟机内支持可信计算；零拷贝共享存储器机制，以便在两个信任环境之间、虚拟机和主机之间共享数据；在安全环境中运行的一个安全、理想的实时、可靠且无差错的 OS。

安全引导的挑战是在安全机制尚未准备好的情况下消除漏洞。在 T-KVM 中实现的解决方案是一个四阶段启动过程。存储在 ROM 片中的小程序，连同第二阶段加载器认证所需的公钥，在第一阶段被激活。

第二阶段将微内核加载到安全环境并激活它。第三阶段检查 Linux 内核的完整性，以及非安全环境二进制文件及其加载程序，第四阶段是运行它。在这一系列事件链中的任何检查失败都会使系统处于安全状态的停止状态。T-KVM 启动顺序如图 10.12a 所示。

在虚拟机中支持可信计算的主要挑战是 TEE API 的虚拟化。为了允许 TEE 客户 API 直接在访客 OS 中执行，特定的 QEMU 设备实现了 TEE 控制平面并设置了其数据平面，参见图 10.12b。初始化/关闭会话、命令调用和响应通知的服务请求等被发送到 TEE 设备，TEE 设备将它们交付给受信任的应用程序或访客 OS 上运行的客户应用程序。数据平面使用共享内存。TEE 设备在收到来自可信区安全环境（TZSW）的响应通知时，通知其驱动程序，并且驱动程序将该信息转发给访客-客户应用程序。

⊖ IEEE 浮点算术标准（IEEE 754）定义了浮点数的算术格式、交换格式、四舍五入规则、运算和异常处理，参见 IEEE 计算机学会 2008 年 8 月 29 日发布的《IEEE 浮点算术标准》，doi：10.1109/IEEESTD.2008.4610935。

⊖ 高级微控制器总线结构（AMBA）是一种开放标准的芯片内互连规范，用于连接和管理大量控制器和外围设备。

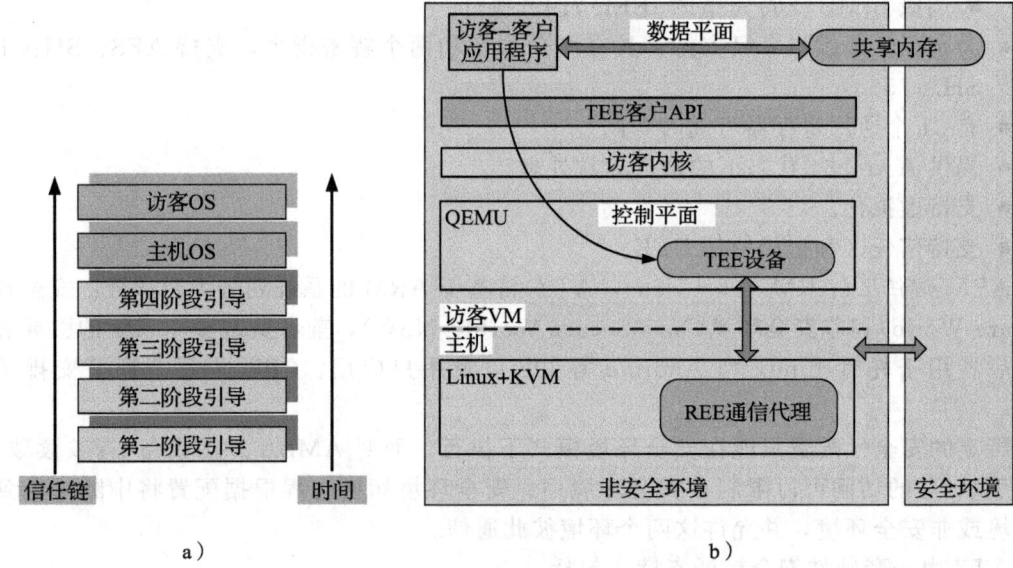

图 10.12　T-KVM。a）启动顺序；受信任的应用程序在第三阶段运行非安全加载程序，在第四阶段启动非安全 OS。在主机 OS 运行时强制执行 TEE 证明和 SELinux 权限。访客-客户应用程序在访客 OS 运行时使用安全的 TEE 服务。b）文献[391]中描述的非安全环境和安全环境之间的通信

零拷贝共享内存基于这样一个事实：受信任的应用程序可以读/写虚拟机共享内存，因为 TZSW 可以访问整个 NSW 工作空间。TEE 设备控制平面扩展了 T-KVM 共享内存机制，允许它将共享内存地址发送到安全环境应用程序。

10.10　Itanium 体系结构的半虚拟化

我们现在分析 HP 实验室 Xen 项目的一些研究成果[320]，这将帮助我们更好地了解计算机体系结构对给定的计算机体系结构高效虚拟化能力的影响。该项目的目标是为 Itanium 系列 IA64 英特尔处理器创建一个虚拟机管理程序。

Itanium 是由惠普和英特尔联合开发的处理器，基于一种新的体系结构——显式并行指令计算。这种体系结构允许处理器在每个时钟周期中执行多条指令，并实现了一种超长指令字（VLIW）体系结构。在 VLIW 中，一个指令字包含多个指令，参见 http://www.dig64.org/about/itanium2_white_paper_public.pdf。

该设计要求虚拟机管理程序支持在隔离的保护域中执行多个 OS，并由硬件保证安全性和私密性。虚拟机管理程序还应该支持最佳的服务器利用率，并允许对详细的性能分析进行全面的测量和监视。

IA64 体系结构虚拟化。10.2 节的讨论表明，要实现完全虚拟化，处理器的 ISA 必须符合一组要求。不过，IA64 体系结构不能满足这些要求，这使得 Xen 项目更具挑战性。

我们首先回顾一下对于虚拟化很重要的 Itanium 处理器的特性，并从硬件对四个特权环 PL0、PL1、PL2 和 PL3 的支持开始讨论。特权指令只能由运行在 PL0 级别的内核执行，而应用程序运行在 PL3 级别，只能执行非特权指令；一般不使用 PL1 和 PL2 环。

虚拟机管理程序使用环压缩并在 PL0 和 PL1 上运行自身，同时强制访客 OS 在 PL2 运行。第一个称为特权泄露的问题是，几个非特权指令允许应用程序确定当前特权级别

(Current Privilege Level，CPL)。因此，访客 OS 可能不接受启动或运行，或者自身尝试使用所有四个特权环。

选择 Itanium 是因为它具有多种功能单元和多线程支持。Itanium 处理器有 30 个功能单元：6 个通用 ALU、2 个整数单元、1 个移位单元、4 个数据高速缓存单元、6 个多媒体单元、2 个并行移位单元、1 个并行乘法、1 个总体计数、3 个分支单元、2 个 82 比特浮点乘法累加单元和 2 个 SIMD 浮点乘法累加单元。128 比特指令字包含三条指令，获取机制每个时钟最多可以从 L1 高速缓存中读取两个指令字到流水线中。每个单元可以执行指令集的一个特定子集。

硬件支持 64 比特寻址。处理器有 32 个编号为 R0 到 R31 的 64 比特通用寄存器和 96 个自动重编号寄存器(R32 到 R127)，用于过程调用。当进入一个过程时，alloc 指令通过设置控制寄存器使用的 7 比特字段的位元来指定过程可以访问的寄存器。从这样的寄存器中，非法读操作超出范围将返回零值，而非法写操作被捕获为非法指令。

Itanium 处理器支持使用八个特权域寄存器来隔离不同进程的地址空间，处理器抽象层固件允许调用者设置域寄存器中的值。虚拟机管理程序拦截访客 OS 向其处理器抽象层发出特权指令，并在访客 OS 之间划分地址空间以确保隔离。每位访客 OS 仅限 2^{18} 个地址空间。

硬件具有一个 IVA 寄存器，用于维护中断向量表的地址；该表中的条目控制中断传递和中断状态集合。如果没有禁用特定的中断，不同类型的中断将激活该表中指向的中断处理程序。每个访客 OS 维护自己的向量表版本，并有自己的 IVA 寄存器；当中断发生时，虚拟机管理程序使用访客 OS IVA 寄存器来控制访客中断处理程序。

CPU 虚拟化。当访客 OS 试图执行特权指令时，虚拟机管理程序会捕获并模拟指令。例如，当访客 OS 使用 rsm psr.i 指令关闭某种类型中断的传送时，虚拟机管理程序不会禁用该中断，但会记录不应将该类型的中断传送给访客 OS 这一事实，在这种情况下，中断应该被屏蔽。

由于 Itanium 没有指令寄存器(IR)，虚拟机管理程序必须使用状态信息才能确定指令是否具有特权，因此稍微复杂一些。另一个复杂性是由寄存器堆栈引擎引起的，该引擎与处理器并发运行，可能试图访问内存(加载或存储)并生成页面错误。通常，这可以通过设置一个比特来解决，该位元指示错误由寄存器堆栈引擎引起，同时禁用引擎操作。虚拟机管理程序对这个问题的处理更加复杂。

许多特权敏感指令的行为与特权级别的功能不同。在指令流的动态转换期间，虚拟机管理程序用特权指令替换它们中的每一个。这类指令包括：

- cover：将堆栈信息保存到特权寄存器中，虚拟机管理程序用 break.b 指令来替换它。
- thash 和 ttag：从特权虚拟内存控制结构访问数据，并有两个寄存器作为参数。虚拟机管理程序利用非法读取返回零的事实，并且捕获对 32 到 127 范围寄存器的非法写入，并将这些指令翻译为：thash Rx=Ry→tpa Rx=R(y+64)，ttag Rx=Ry→tak Rx=R(y+64)，$0 \leqslant y \leqslant 64$。
- PSR.sp：通过在处理器状态寄存器中设置一个比特来控制对性能数据寄存器中性能数据的访问。

内存虚拟化。虚拟化的指导思想是，不应该让虚拟机管理程序参与大多数内存读写操作，以防止性能显著下降。同时，虚拟机管理程序应该严格控制并防止访客 OS 的恶意操作。Xen 虚拟机管理程序不允许访客 OS 直接访问内存,它在虚拟寻址和实际寻址之间插入了一个额外的间接层,称为元物理寻址。

访客 OS 处于元物理寻址模式。如果地址是虚拟的,那么虚拟机管理程序首先检查是否允许访客 OS 访问该地址,如果允许,则虚拟机管理程序提供常规地址转换。当地址是物理地址时,虚拟机管理程序不参与。硬件使用处理器状态寄存器中的比特来区分虚拟地址和实际地址。

10.11 虚拟机的性能比较

有充分证据表明,虚拟机管理程序会对应用程序的性能产生负面影响[53,340,341]。本节的主题是虚拟机性能的定量分析,将两种虚拟化技术的性能与普通 Linux 的性能进行比较。两个虚拟机系统 Xen 和 OpenVZ 分别基于半虚拟化和全虚拟化[387]。

OpenVZ 是一个基于 OS 级虚拟化的系统,它使用独有的打过补丁的 Linux 内核。不同容器中的访客 OS 可能是不同的软件发行版,但主机使用的 Linux 内核版本必须相同。OpenVZ 容器模拟独立的物理服务器,它有自己的文件、用户、进程树、IP 地址、共享内存、信号量和消息。每个容器都可以拥有自己的磁盘配额。

OpenVZ 虚拟化缺乏灵活性,但可通过较低的开销得到弥补。OpenVZ 内存分配比基于半虚拟化的虚拟机管理程序更灵活。一个虚拟环境中未使用的内存可供其他虚拟环境使用。系统使用公共文件系统,每个虚拟环境是使用 chroot 隔离的文件目录。要启动新虚拟机,需要将文件从一个目录复制到另一个目录,为虚拟机创建配置文件,然后启动虚拟机。

OpenVZ 有一个两级调度器:在第一级,公平共享调度器根据 cpuunits 值将 CPU 时间片分配给容器。第二级调度器是一个标准的 Linux 调度器,它决定在该容器中运行什么进程。I/O 调度程序也是两级的;每个容器都有一个 I/O 优先级,调度程序根据优先级分配可用的 I/O 带宽。

文献[387]中的讨论集中在用户的角度,分析的性能指标是吞吐量和响应时间。通常问题是应用程序和服务器的整合是否是云计算的良好策略。要考虑的具体问题是:

- 性能如何随负载的垂直扩展而增加?
- 混合应用程序对性能的影响是什么?
- 在各个服务器上的负载分配意味着什么?

有大量的实质性实验证据表明,单个应用对系统资源施加的工作量在时间上有显著的变化。显示单个应用的 CPU 消耗的时间序列清楚地说明了这一事实,并证明了线程和进程之间的 CPU 多路复用是正确的。应用程序和服务器整合的概念是对某想法的扩展,该想法认为应创建由多个应用程序组成的聚合负载,并聚合一组服务器以容纳此负载。因此,各个应用的峰值资源需求不太可能同步,预计总体平均资源利用率将增加。

文献[387]中用于比较的应用是一个由 Apache Web 服务器和 MySQL 数据库服务器组成的两层系统。Web 应用客户在用户浏览数据库中的不同项、请求关于单个项的信息以及购买或出售项时启动会话。每个会话都需要创建一个新线程,因此,负载的增加意味着线程数量的增加。为了了解这三个系统之间可能潜在的性能差异,性能监测工具报告计数器,允许估计二进制程序使用的 CPU 时间、L2 缓存缺失的次数和二进制执行的指令数。

三个不同实验的设置如图 10.13 所示。在第一组实验中,应用程序的两层(Web 服务器和数据库)中的每一层都运行在某个 Linux、OpenVZ 和 Xen 系统服务器上。

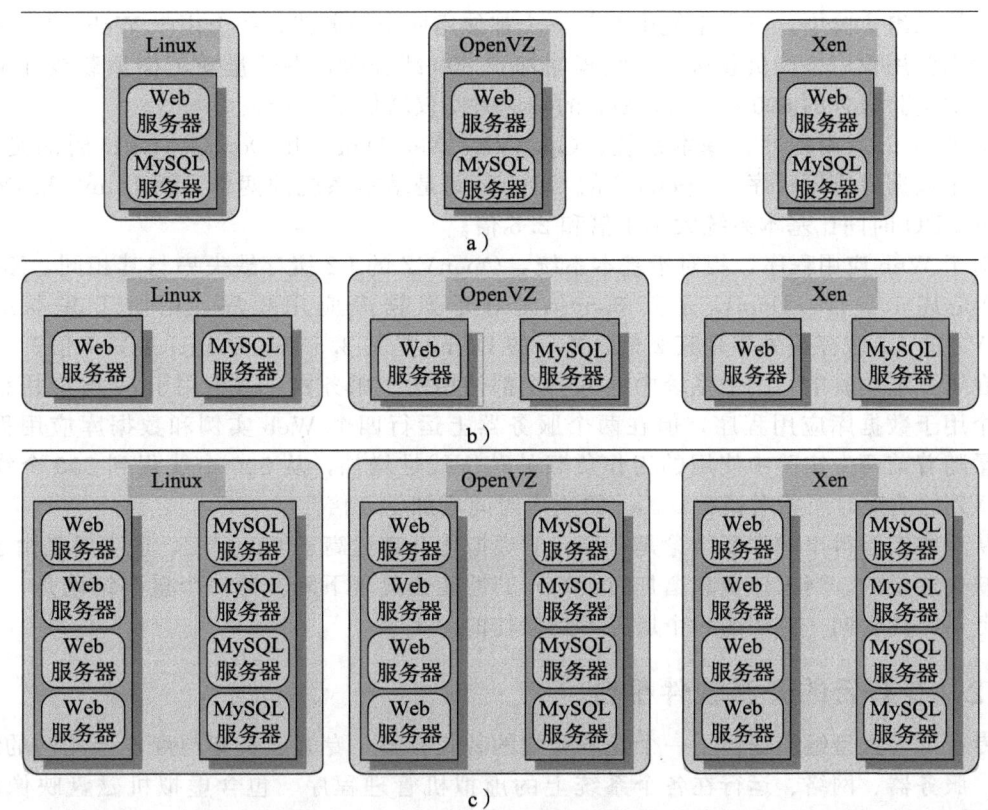

图 10.13 内在 Linux 系统与 OpenVZ 和 Xen 的性能比较。应用程序是 Web 服务器和 MySQL 数据库服务器。a) 第一个实验：Web 和数据库共享一个服务器。b) 第二个实验：Web 和数据库在两个不同的服务器上运行。c) 第三个实验：Web 和数据库在两个不同的服务器上运行，每个服务器有四个实例

当工作负载从 500 个线程增加到 800 个线程时，吞吐量随工作负载线性增加。基本系统和 OpenVZ 系统的响应时间仅略有增加，而 Xen 系统的响应时间增加了 600%。对于 800 个线程，Xen 系统的响应时间是 OpenVZ 响应时间的 4 倍。在这三个系统中，CPU 消耗随负载线性增长。DB 消耗仅占 CPU 消耗的 1%～4%。

对于给定的工作负载，OpenVZ 系统的 Web 层 CPU 消耗接近基本的 Linux 系统，大约是 Xen 系统的一半。性能分析工具显示，OpenVZ 执行的 L2 缓存缺失率比基本系统高两倍，而 Xen Dom0 比其高 2.5 倍，Xen 应用域比其高 9 倍甚至更多。

回想一下，基本系统和 OpenVZ 运行 LinuxOS，可以直接比较缓存缺失的来源，而 Xen 运行打过补丁的 Linux 内核。事件发生时调用的 hypervisor_callback 程序和处理事件的 evtchn_do_upcall 程序，分别占基于 Xen 的系统的 L2 缓存缺失率的 32% 和 44%。这两个过程调用指令的百分比分别为 40% 和 8%。

OpenVZ 和基本系统中的大部分 L2 缓存缺失发生在：
- 一个名为 do_anonimous_pages 的过程，用于为特定应用程序分配页面，其缓存的缺失率分别为 32% 和 25%。
- 两个过程 copy_to_user_ll 和 copy_from_user_ll，用于将数据从用户复制到系统缓冲区以及从系统缓冲区复制到用户。缓存缺失百分比分别为 (12+7)% 和 (10+1)%，第一个数字是从用户复制到系统缓冲区，第二个数字是从系统缓冲区复制到用户空间。

在第二组实验中，三个系统中的每一个都使用两个服务器，一个用于 Web，另一个用于数据库应用程序。当负载从 500 线程增加到 800 线程时，吞吐量随工作负载线性增加。与第一次实验报告的 600% 相比，Xen 的响应时间仅增加了 114%。

对于 Web 应用程序、基本系统、OpenVZ、Xen Dom0 和 DomU，CPU 时间是类似的。对于数据库应用程序，OpenVZ 的 CPU 时间是基本系统的两倍，而 Dom0 和 DomU 需要的 CPU 时间比基本系统大 1.1 倍和 2.5 倍。

对于 Web 应用程序，相对于基本系统，OpenVZ 的 L2 缓存缺失率与其相同，Xen 的 Dom0 是其 1.5 倍，DomU 是其 3.5 倍。对于数据库应用程序，相对于基本系统，OpenVZ 的 L2 缓存缺失率是其 2 倍，Xen 的 Dom0 是其 3.5 倍，DomU 是其 7 倍。

在第三组实验中，三个系统中的每一个都使用两个服务器，一个用于 Web 应用程序，另一个用于数据库应用程序，但在两个服务器上运行四个 Web 实例和数据库应用程序。吞吐量随着前两个实验中使用的工作负载的范围线性增加，从 500 个线程到 800 个线程。OpenVZ 的响应时间相对稳定，Xen 的响应时间增加了 5 倍。

从这些实验得出的主要结论是，Xen 的虚拟化开销远高于 OpenVZ，这主要是由于 L2 缓存缺失造成的。当工作负载增加时，Xen 的性能会显著下降。另一个重要结论是，在同一服务器上托管同一应用的多个层并不是最佳的。

10.12 专有云的开源软件平台

专有云为大型组织提供了一个经济有效的替代方案。专有云具有与商业云相同的结构组件：服务器、网络、运行在各个系统上的虚拟机管理程序、包含虚拟机磁盘映像的存档、与用户通信的前端以及云控制基础设施。开源云计算平台，如 Eucalyptus[373]、OpenNebula 和 Nimbus，可以用作专有云的控制基础设施。

从理论上讲，云基础设施执行以下步骤来运行应用程序：
- 从前端获取用户输入。
- 从存储库中获取虚拟机的磁盘映像。
- 定位系统并请求在该系统上运行的虚拟机管理程序来设置虚拟机。
- 调用 DHCP(参见 5.1 节)和 IP 桥接软件，为虚拟机设置 MAC 和 IP 地址。

下面简要介绍 Eucalyptus、OpenNebula 和 Nimbus 这三个开源软件系统。

Eucalyptus(http://www.eucalyptus.com/)可以被视为亚马逊 EC2 的开源版本，见图 10.14。该系统支持多种 OS，包括 CentOS 5 和 6、RHEL 5 和 6 以及 Ubuntu 10.04 LT 和 12.04 LTS。

该系统的组件包括：
- **虚拟机**：在多个虚拟机管理程序下运行，包括 Xen、KVM 和 VMware。
- **节点控制器**：运行在每个指定为承载虚拟机的服务器/节点上，并控制该节点的活动。向集群控制器报告。
- **集群控制器**：控制多个服务器。与每个服务器上的节点控制器交互以调度该节点上的请求。集群控制器由云控制器管理。
- **云控制器**：为最终用户、开发人员和管理员提供云访问。它可以通过与 EC2 兼容的命令行工具和基于 Web 的仪表盘访问。管理云资源、制定高层次的调度决策并与集群控制器交互。
- **存储控制器**：为应用程序提供持久性虚拟硬盘。它是 EBS 的通信者。用户可以从

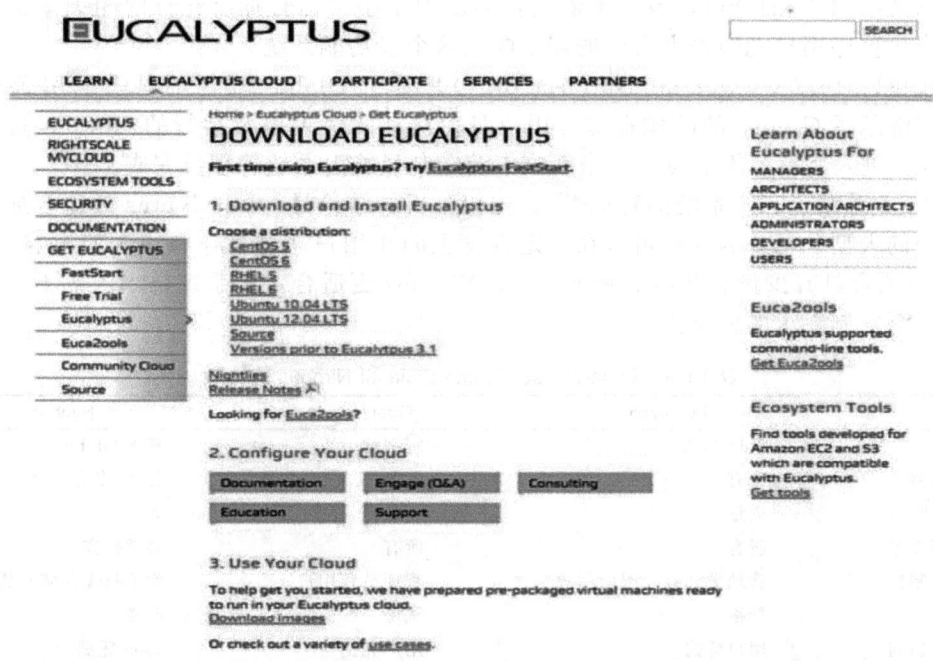

图 10.14 Eucalyptus 支持多个发行版，是一个针对专有云的良好文档化的软件

EBS 卷创建快照。快照存储在 Walrus 中，并在可用区之间共享。
- 存储服务（Walrus）：提供持久存储，与 S3 类似，允许用户将对象存储在桶（bucket）中。

系统支持用户空间和管理员空间之间的强分离：用户通过 Web 界面访问系统，而管理员需要 root 访问权限。系统支持多个集群的分散资源管理，具有多个集群控制器，但只有一个头节点来处理用户界面。它实现了一个名为 Walrus 的分布式存储系统，类似于亚马逊的 S3 系统。构建虚拟机的过程基于文献[449]中描述的通用过程：

- euca2ools 前端用于请求虚拟机。
- 虚拟机磁盘映像被传输到计算节点。
- 该磁盘映像经过修改以供计算机节点上的虚拟机管理程序使用。
- 计算节点设置网络桥接以提供带有虚拟 MAC 地址的虚拟 NIC。
- 头节点 DHCP 使用 MAC/IP 对进行设置。
- 虚拟机管理程序激活虚拟机。
- 用户现在可以直接通过 ssh 连接到虚拟机。

该系统可以支持公司企业环境中的大量用户。用户不受磁盘配置的复杂性影响，可以从系统管理员设置的可用处理器、内存和硬盘空间的五种配置中选择虚拟机。

Open-Nebula（http://www.opennebula.org/）是一种专有云，实际上，用户登录到头节点访问云功能。系统是集中式的，其默认配置使用 NFS 文件系统。构建虚拟机的过程包括几个步骤：用户使用 ssh 登录头节点；使用 onevm 命令请求虚拟机；转换虚拟机模板磁盘映像，使其适应头节点上 NFS 目录中的正确大小和配置；头节点上的 oned 守护进程使用 ssh 登录到计算节点；计算节点设置网络桥接，以向虚拟 NIC 提供虚拟 MAC；虚拟机管理程序所需的文件通过 NFS 传输到计算节点；计算节点上的虚拟机管理程序启动虚拟机；用户能够通过 ssh 直接连接到计算节点上的虚拟机。

根据文献[449]的分析，该系统最适合涉及中小型可信且拥有充分的相关知识的用户组的操作，这些用户能够根据自己的需要配置这个多功能系统。

Nimbus(http://www.nimbusproject.org/)是基于 Globus 软件的科学应用云解决方案。系统继承了 Globus 的映像存储、用户身份认证的凭据以及运行的 Nimbus 进程，可以通过 ssh 进入所有计算节点。这个系统中的定制只能由系统管理员完成。

表 10.4 总结了三个系统的特征[449]。比较分析的结论是：Eucalyptus 最适合拥有自己的专有云的大型公司，因为它可以在一定程度上防止用户恶意操作和错误的影响；OpenNebula 最适合具有少量服务器的测试环境；Nimbus 更适合对于系统技术内部不太感兴趣但具有广泛定制要求的科学界。

表 10.4 Eucalyptus、OpenNebula 和 Nimbus 的比较

	Eucalyptus	OpenNebula	Nimbus
设计	模拟 EC2	定制的	基于 Globus
云类型	专有	专有	公共/专有
用户数量	大量	少量	大量
应用程序	所有	所有	科学研究
可定制性	管理员和有权限的用户	管理员和用户	除了映像存储和凭据
内部安全性	严格	宽松	严格
用户访问	用户凭据	用户凭据	x509 凭据
网络访问	到集群控制器	—	到每个计算节点

OpenStack 是一个开源项目，是 2009 年由 NASA 与 Rackspace（http://www.rackspace.com）合作开发的一个可伸缩的云 OS，用于使用标准硬件的服务器群。尽管最近 NASA 已将其云基础体系结构迁移到 AWS，但除 Rackspace 外，其他几家公司（包括 HP、Cisco、IBM 和 Red Hat）也对 OpenStack 感兴趣。当前版本的系统支持多种功能，如：具有速率限制和身份认证的 API，运行、重新启动、挂起和终止实例的实时虚拟机管理，基于角色的访问控制，以及分配、跟踪和限制资源利用率的能力。管理员和用户使用名为仪表盘的可扩展 Web 应用程序控制其资源。

10.13 虚拟化的不足之处

虚拟化是否可以使恶意软件[⊖]的创建者在不受惩罚的情况下进行恶性活动，并将被发现的危险降至最低？实施这样一个系统有多难？有哪些方法可以防止此类恶意软件的实现？本节将讨论这些问题。

众所周知，在分层结构中，某些层的防御机制可能会被下面一层运行的恶意软件禁用。因此，在对计算机系统攻防之间的持续斗争中，谁控制了软件栈的最底层、硬件以及虚拟化云环境中的虚拟机管理程序，谁就是赢家。

回想一下，虚拟机管理程序允许访客 OS 在虚拟硬件上运行；虚拟机管理程序向访客 OS 提供一个硬件抽象，并协调其对物理硬件的访问。我们认为，虚拟机管理程序比传统 OS 更简单、更紧凑，因此更安全。如果虚拟机管理程序自身被迫运行在另一个软件层之上，从而无法对物理硬件进行直接控制，该怎么办？

2006 年的一篇论文[272]认为，在物理硬件和 OS 之间插入一个"流氓虚拟机管理程序"

⊖ 恶意软件（Malware）是专门为规避授权机制、获取计算机系统的访问权、收集隐私信息、阻止对系统的访问或扰乱系统正常运行而设计的软件。计算机病毒、蠕虫、间谍软件和特洛伊木马都是恶意软件的例子。

是可行的，如图 10.15a 所示。这样的流氓管理程序被称为基于虚拟机的 rootkit（Virtual-Machine Based Rootkit，VMBR）。术语 rootkit 指具有访问系统特权的恶意软件。这个名称来自 root（UNIX 系统中特权最大的账户）和 kit（一组软件组件）的组合。

在物理硬件和合法虚拟机管理程序之间插入 VMBR 也是可行的，如图 10.15b 所示。由于在合法虚拟机管理程序下运行的虚拟机可被看作虚拟硬件，因此访客 OS 不会注意到环境的任何变化。唯一的技巧是向合法的虚拟机管理程序提供硬件抽象，而不是允许它在物理硬件上运行。

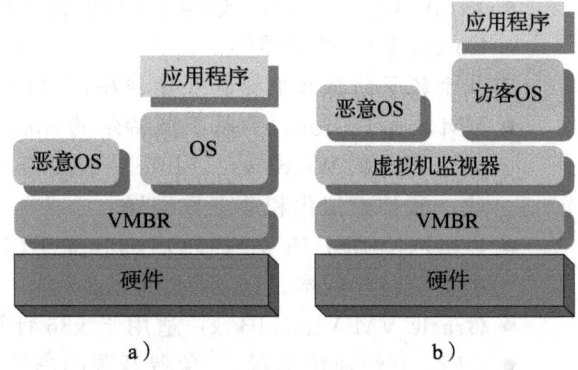

图 10.15 将 VMBR 插入运行在物理硬件上的软件栈的最底层。a) 在 OS 之下；b) 在合法的虚拟机管理程序之下。VMBR 允许恶意 OS 暗中运行，并使其对真正的 OS 或访客 OS 以及应用程序不可见

在讨论如何实现这种插入之前，我们应该指出，在这种方法中，恶意软件要么在虚拟机管理程序中运行，要么在虚拟机管理程序的支持下运行。虚拟机管理程序是一个非常强大的恶意软件引擎，它可以防止访客 OS 或应用软件检测恶意活动。VMBR 可以记录击键、系统状态、发送到网络或从网络接收到的数据缓冲区、写入磁盘或从磁盘读取的数据，并且不受惩罚；此外，它可以随意更改任何数据。

VMBR 控制系统的唯一方法是修改引导顺序，首先加载恶意软件，然后加载合法的虚拟机管理程序或 OS；只有这样攻击者才有可能拥有 root 权限。加载 VMBR 后，它还必须将其映像存储在持久存储器上。

VMBR 可以使独立的恶意 OS 秘密运行，并使该恶意 OS 对访客 OS 和在其下运行的应用程序透明。在 VMBR 的保护下，恶意 OS 可以观察目标系统的数据、事件或状态，运行垃圾邮件中继或分布式拒绝服务攻击等服务，还能干扰应用。

文献[272]描述了一个概念验证 VMBR，它颠覆了 Windows XP 和 Linux 以及基于这两个平台的一些服务。我们应该强调，修改引导顺序绝非易事，一旦攻击者拥有 root 特权，就完全控制了系统。

10.14 虚拟化软件

可以使用多种虚拟化软件包，包括虚拟机管理程序、OS 级虚拟化软件和桌面虚拟化软件。有两种类型的虚拟机管理程序：内在的和托管的。内在虚拟机管理程序集包括：

- 红帽虚拟化（Red Hat Virtualization，RHV）：基于 KVM 虚拟机管理程序的企业级虚拟化。
- Hyper-V 或以前的 Windows 服务器虚拟化：在运行 Windows 的 x86-64 系统上创建虚拟机。
- z/VM：IBM 虚拟机 OS 的当前版本。
- VMware ESXi：VMware 的企业级 1 类虚拟机管理程序。
- 用于 x86 的 Oracle VM Server：来自 Oracle 公司的服务器虚拟化。支持免费开源的 Xen。支持 Windows、Linux 和 Solaris 访客。

- Adeos：OS 的自适应域环境是一个超微内核硬件抽象层。
- XtratuM：用于嵌入式实时系统的裸机虚拟机管理程序。可用于指令集 x86、ARM Cortex-R4F 处理器等。

有几个托管的独立虚拟机管理程序，包括：

- VMware Fusion：为基于英特尔的 Mac 开发的软件虚拟机管理程序，用于在虚拟机上运行微软 Windows、Linux、NetWare 或 Solaris，以及 OS X OS。它基于半虚拟化、硬件虚拟化和动态重编译。
- PearPC：用于 PowerPC OS 的独立于体系结构的 PowerPC 平台仿真器，包括 OS X 的前英特尔版本、Darwin 和 Linux。
- Oracle VM VirtualBox：适用于 x86 计算机的免费开源虚拟机管理程序。
- QEMU（快速仿真器）：免费开源的虚拟机管理程序。

在托管的专用虚拟机管理程序中，我们可以关注：

- coLinux：协作 Linux，允许微软 Windows 和 Linux 内核同时运行。
- MoM：Mac-on-Mac 是用于 Mac OS X 的 Mac-on-Linux 的端口。
- Mac-on-Linux：用于在运行 Linux 的 PowerPC 计算机上运行经典 Mac OS 或 OS X 的开源 VM。
- bhyve：包含在 FreeBSD 中的 1 类虚拟机管理程序，运行 FreeBSD9＋、OpenBSD、NetBSD、Linux 和 Windows 桌面以及 Windows 服务器。
- L4Linux：一种 Lunix 内核变体，运行 L4 上的虚拟化。L4 是一个微内核，L4Linux 内核运行某个服务。

10.15 历史笔记和扩展阅读

虚拟内存是虚拟化概念在商用计算机上的首次应用。虚拟内存允许进行多道程序设计，无须用户根据各个系统上的可用物理内存裁剪应用程序。分页和分段是支持虚拟内存的两种机制。分页是为 1959 年在曼彻斯特大学建造的 Atlas 计算机开发的。Burroughs 公司独自开发了 B5000——第一台拥有虚拟内存的商用计算机，并于 1961 年发布；B5000 的虚拟内存使用分段而不是分页。

1967 年，IBM 推出了 360/67，这是第一个带有虚拟内存的 IBM 系统，预计将在名为 TSS 的新 OS 上运行。在 TSS 发布之前，创建了一个名为 CP-67 的 OS；CP-67 给人一种没有虚拟内存的标准 IBM 360 系统的错觉。第一个支持完全虚拟化的虚拟机管理程序是 CP-40 系统，运行在 IBM 剑桥科学中心修改的 S/360-40 上，以支持动态地址转换，这是一个允许虚拟化的关键功能。在 CP-40 中，硬件的管理员状态也被虚拟化，允许多个 OS 在分离的虚拟机环境中并发运行。

在早期的计算机时代，大量用户和应用程序需要共享非常昂贵的硬件，这推动了虚拟化的发展。20 世纪 70 年代早期为 IBM 大型机发布的 VM/370 系统非常成功，它是基于 CP/CMS 的重新实现。在 VM/370 中，为每个用户创建了一个新虚拟机，并且该虚拟机与应用程序交互。虚拟机管理程序管理硬件资源并强制执行资源多路复用。现代 IBM 的大型机，例如 zSeries 系列，与 20 世纪 60 年代的 IBM S/360 系列保持向后兼容。

微处理器的生产力和存储技术的进步，促进了硬件成本的迅速下降，并导致个人计算机以及大型主机和大规模并行系统的引入。20 世纪 80 年代和 90 年代的硬件和 OS 逐渐限制了虚拟化，转而专注于高效的多任务、用户界面以及对互联带来的网络和安全问题的支持。

计算机和通信硬件的进步以及互联网的爆炸式发展，部分原因在于 20 世纪 90 年代末万维网的成功，其重新燃起了人们对虚拟化的兴趣，以支持服务器安全和服务隔离。Rosenbloom 和 Grafinkel 在他们的综述中写道[429]："虚拟机管理程序为 OS 开发人员提供了另一种机会，来开发在当今复杂而僵硬的 OS 中不再实用的功能，因为在当今的 OS 中，创新的速度非常缓慢。"

嵌套虚拟化是 20 世纪 70 年代初由 Popek 和 Goldberg 首次提出的[196,406]。

扩展阅读。 Saltzer 和 Kaashoek 的文章[434]非常清楚地介绍了虚拟化原理。Smith 和 Nair 的文章[455]对虚拟机进行了剖析，并在文献[195, 196]中分析了虚拟计算机系统的体系结构原理。

Rosenblum 和 Garfinkel 的论文[429]对虚拟机管理程序进行了深入的讨论。有几篇论文[53,340,341]深入讨论了 Xen 虚拟机管理程序，并分析了它的性能，而文献[529]是 Xen 的代码库。Denali 系统见文献[522]。

诸如 Linux Vserver(http://linux-vserver.org/)、OpenVZ[378]、FreeBSD Jails[419]和 Solaris Zones[409]等现代系统实现了 OS 级虚拟化技术。参考文献[387]将两种虚拟化技术的性能与标准 OS 进行了比较。

2001 年的一篇论文[102]认为，虚拟化允许在不修改 OS 的情况下添加新服务。这些服务被添加到 OS 级别以下，但此过程会在虚拟机与这些服务之间创建语义差距。关于虚拟机管理程序设计的思考是文献[103]的主题，文献[110]中给出了关于 Xen 的讨论。嵌套虚拟化的现状和未来是文献[128]的主题。KVM 的嵌套虚拟化实现在文献[61]中进行了讨论。文献[549]综述了虚拟系统中的安全问题，文献[281]涵盖虚拟基础设施中的可靠性。HPC 中的虚拟化技术在文献[415]中进行了分析，文献[457]提供了关于虚拟化的一个重要观点。文献[516]是关于 IBM 虚拟化策略的报告。

10.16 练习和问题

问题 1 确定 1960 年至 2010 年这半个世纪中 OS 发展的里程碑，并对文献[429]的声明发表评论："虚拟机管理程序为 OS 开发人员提供了另一种机会，来开发在当今复杂而僵化的 OS 中已经不再实用的功能，因为在当今的 OS 中，创新的速度非常缓慢。"

问题 2 虚拟化简化了资源的使用，将用户彼此隔离，支持复制和移动性，但在性能和成本方面确实付出了代价。分析如下方面：存储器虚拟化，处理器虚拟化，通信信道的虚拟化。

问题 3 处理器虚拟化与虚拟内存管理相结合带来了多重挑战；分析中断处理和分页的交互。

问题 4 在 10.1 节中，我们指出了虚拟机管理程序是一个比传统 OS 更简单、更好的专用系统。由于系统公开的特权函数数量要少很多，因此虚拟机管理程序的安全漏洞大大减少。研究文献以收集支持以上观点的论据；比较包括 Linux、Solaris、FreeBSD、Unbuntu、AIX 和 Windows 在内的多个 OS 的代码行数和系统调用数，以及表 10.1 中几个系统虚拟机的相应参数。

问题 5 在 10.3 节中，我们指出，如果敏感指令集是特权指令的子集，则可以构造具有给定 ISA 的处理器的管理程序。识别 x86 体系结构的敏感指令集，并讨论这些指令所引起的问题。

问题 6 表 10.3 总结了文献[341]中报告的 Xen 网络性能优化的影响。访客域的发送数据速率提高了 4 倍以上，而接收数据速率的提高是非常有限的。找出造成这种差异的几种可能的原因。

问题 7 在 10.5 节中，包括 Linux、Minix、NetBSD、FreeBSD、NetWare 和 OZONE 在内的多个 OS 可以作为半虚拟化 Xen 访客 OS 运行在 x86、x86-64、Itanium 和 ARM 体系结构上，而 VMware EX Server 支持 x86 体系结构的全虚拟化。分析 VMware 如何为 Xen 提供表 10.2 中讨论的函数。

问题 8 2012 年，英特尔和 HP 宣布将停止使用 Itanium 体系结构。回顾 10.10 节中讨论的体系结构，并确定导致此决策的几个可能的原因。

问题 9 阅读文献[387]并分析 10.11 节中讨论的性能比较结果。

第四部分

Cloud Computing: Theory and Practice, Second Edition

第 11 章　云安全
第 12 章　大数据、数据流和移动云
第 13 章　进阶主题

第 11 章
Cloud Computing：Theory and Practice, Second Edition

云 安 全

在计算的早期,安全性就一直受到关注,那时我们将计算机隔离起来,威胁只能由进入机房的人造成。一旦计算机能够相互通信,威胁的潘多拉魔盒就打开了。在一个相互连接的世界中,各种形式的恶意软件很容易从一个系统迁移到另一个系统,跨越国界,并感染全世界的系统。

随着社会对信息基础设施的日益依赖,计算机和通信系统的安全问题变得越来越紧迫。即使是一个国家的关键基础设施,也可以利用计算机安全漏洞和人类的弱点来进行攻击。恶意软件(例如震网(Stuxnet)病毒)以利用软件控制工业系统为目标[104]。网络空间战(cyberwarfare)的概念是指"一个国家/州为造成损坏或破坏而渗入另一个国家的计算机或网络的行动"[111]。

计算机云对于恶意的个人和犯罪组织来说是一个目标丰富的环境。因此,对于现有用户和云计算服务的潜在新用户来说,安全是一个主要问题,这并不令人意外。计算机云与支持以网络为中心的计算和以网络为中心的内容的其他系统面临着相同的安全风险,这些系统包括面向服务的体系结构、网格和基于Web的服务。

云计算是一种基于新技术的全新计算方法。因此,我们有理由认为,应对某些安全威胁的新方法将会得到发展,而其他可能的威胁将被证明是夸大了的[30]。事实上,"在技术生命周期的早期,人们对如何使用这项技术有很多担忧……这代表着接受新技术的障碍……然而,随着时间的推移,这种担忧逐渐消失,特别是对价值追求的意向足够强大时。"[245]

信息科学技术的快速发展带来了许多负面影响。其中之一是支持新计算服务(尤其效用计算)的组织活动的标准、法规和法律尚未得到采用。因此,云计算中的许多隐私、安全和信任相关的问题还远没有得到解决。例如,没有关于数据安全和隐私的国际法规。存储在计算机云上的数据可以在 CSP 的数据中心之间自由地跨越国界。

11.1 节讨论云用户对安全的关注,11.2 节详细阐述 2.11 节已经提到的云用户感知到的安全威胁。隐私和信任分别在 11.3 和 11.4 节中讨论。加密保护云存储中的数据,但是必须对数据进行解密才能做进一步处理,如 11.5 节所述。在处理过程中,不能忽略 10.13 节中讨论的由虚拟机管理程序、流氓虚拟机或 VMBR 中的缺陷引起的威胁。

在 11.6 节分析数据库服务安全性之后,11.7~11.9 节分别介绍操作系统安全、虚拟机安全和虚拟化安全。11.10 和 11.11 节分别分析共享映像和管理操作系统带来的安全风险。11.12 节概述 Xoar 虚拟机管理程序,这是 Xen 的一个版本,它打破了 TCB 的整块设计。随后在 11.12 和 11.13 节介绍可信虚拟机管理程序,并在 11.14 节介绍移动设备安全。

11.1 安全性:云用户最关心的问题

一些人认为,迁移到计算机云可以使组织从与计算机安全相关的所有事务中解脱出来,并消除对数据完整性的各种威胁。他们认为云安全掌握在专家手中,因此云用户使用自己的计算资源时得到了更好的保护。我们将在本章中看到,这些观点并不完全正确。

将计算外包到云计算会产生新的安全和隐私问题。此外，服务水平协议并没有为云计算用户提供足够的法律保护，这些用户经常要处理超出他们控制范围的事件。

一些云用户习惯于在企业防火墙保护的安全范围内操作。现在，如果他们想从效用计算的经济优势中获益，就必须将信任扩展到云服务供应商。当用户完全控制存储和处理敏感信息的所有系统时，模型的过渡是一个困难的过程。事实上，几乎所有的调查报告都说，安全性是云用户最关心的问题。

用户主要关注未经授权访问机密信息和数据盗窃。数据在存储时比在处理时更容易受到攻击。数据被长时间保存在存储器中，而在处理过程中，数据受到威胁的时间相对较短。我们应密切关注存储服务器的安全性和传输中的数据。此外，CSP 的恶意员工也有导致未经授权访问和数据盗窃的风险。云用户担心内部攻击，因为 CSP 的聘用和安全筛选政策对外人来说是完全不透明的。

下一个关注点涉及用户对数据生命周期的控制。实际上，用户不可能确定应该删除的数据是否已被删除。即使删除，也不能保证介质被清除，从而下一个用户无法恢复机密数据。由于 CSP 依赖于无缝备份来防止意外的数据丢失，因此这个问题更加严重。这种备份是在用户不知情或未经用户同意的情况下进行的。在此期间，数据记录可能会丢失、意外删除或被攻击者访问。

缺乏标准化是下一个令人担忧的问题。目前没有 2.7 节中所述的互操作性标准。重要的问题没有令人满意的答案，例如：当 CSP 提供的服务中断时，该怎么办？停电时如何访问急需的数据？如果 CSP 大幅提高价格怎么办？转移到另一个 CSP 的成本是多少？不可否认，审计和合规性在云计算中构成了完全不同的挑战。这些挑战尚未解决。目前，在云上进行全面审计追踪是行不通的。

另一个较少被分析的用户关注点是，云计算基于一项期望在未来发展的新技术。例如，自主计算很可能会进入这一领域。当这种情况发生时，自组织、自优化、自修复和自治愈可能会产生额外的安全威胁。在自主系统中，要确定某个操作何时发生、操作的原因是什么以及它如何为攻击或数据丢失创造机会，将比现在更加困难。目前还不清楚自主计算如何与隐私和法律问题兼容。

毫无疑问，多租户是产生许多用户关注点的根本原因。不过，多租户可以提高服务器利用率，从而降低成本。用户必须学会使用多租户，这是效用计算的支柱之一。多租户造成的威胁因云交付模型的不同而不同。例如，SaaS 私有信息（如多个用户的姓名、地址、电话号码和信用卡号）存储在一台服务器上，当该服务器的安全性受到威胁时，大量用户将会受到影响。

用户也非常关注加强云计算安全的法律框架。云技术的发展速度比云安全和隐私立法要快得多，因此，用户对于保护自己权利的能力有所担忧是合理的。CSP 的数据中心可能位于多个国家，但不清楚适用哪些法律，如信息存储和处理所在国的法律、用户发送信息时所跨越的国家的法律或用户所在国的法律。

更复杂的是，CSP 可能会外包处理个人或敏感信息。现有法律规定 CSP 必须执行合理的安全措施，但在不同国家的公司之间存在外包链的情况下，这些法律可能难以实施。最后，法律可能要求 CSP 与执法机构共享私人数据。例如，微软可能收到一张传票，要求提供 Hotmail 用户的电子邮件交换信息。

问题是，云用户可以并且应该做些什么来最小化 CSP 数据处理的安全风险？首先，用户应该评估安全策略以及 CSP 实施这些策略的机制。然后，用户应该分析将在云中存储和处理的信息。最后,应明确规定合同中的义务。

用户与 CSP 之间的合同应明确规定[400]:
- CSP 处理敏感信息的义务及其遵守隐私法的义务。
- CSP 对敏感信息处理不当的责任,如数据丢失。
- 控制数据所有权的规则。
- 可以存储信息和备份的地理区域。

为了将安全风险降到最低,用户可能会尽量避免在云上处理敏感数据。来自谷歌的安全数据连接器对所涉及的数据结构进行分析,并允许访问受防火墙保护的数据。这种解决方案不适用于几种类型的应用,例如医疗或人事记录的处理。当云处理工作流要求云访问整个用户数据量时,此方案可能行不通。当敏感数据量或处理工作流要求将敏感数据存储在云上时,只要可行,就应该对数据进行加密[189,534]。

11.2 云安全风险

一些人认为,在不承诺遵守云计算的道德规则以及不正确理解云计算的安全风险的情况下,仍然很容易甚至可能太容易开始使用云服务。云可以用来对网络基础设施的其他组件发起大规模攻击。第一个问题是:如何防止恶意使用云资源?

下一个问题是:云用户面临哪些安全风险?看待云安全风险有多种方式。最近的一篇论文确定了三个大类[109]:传统的安全威胁,与系统可用性相关的威胁,以及与第三方数据控制相关的威胁。

传统威胁指任何连接到互联网的系统在一段时间内都会遇到威胁,但会出现一些特定于云的变化。由于存在大量的云资源和可能受到影响的大量用户,传统威胁的影响被放大了。云用户的一大担忧还包括:云服务供应商和用户之间的模糊责任界限,以及准确识别问题根源的困难。

传统威胁从用户站点开始。用户必须保护用于连接到云上并与云上应用进行交互的基础设施。这项任务更加困难,因为这个基础设施的一些组件位于保护用户的防火墙之外。

下一个威胁与身份认证和授权有关。针对个人的程序不会扩展到企业,组织成员的云访问必须细致入微。应该根据不同的个人在组织中的角色为他们分配不同级别的权限。将组织的内部策略和安全指标合并或调整也是一件很重要的事。

传统的攻击已经影响到了云服务供应商。最普遍的攻击方式是分布式拒绝服务攻击(DDOS),它阻止合法用户访问云服务,诸如网络钓鱼、SQL 注入或跨站点脚本。网络钓鱼的目的是通过伪装成一个值得信任的实体,从数据库中获取信息。这些信息可以是姓名和信用卡号码、社会安全号码、在线商户或其他服务供应商存储的个人信息。

SQL 注入通常用于 Web 站点。以 Web 表单输入的 SQL 命令会导致 Web 站点使用的数据库的内容被转储给攻击者或被修改。SQL 注入可用于其他事务处理系统,当用户输入不是强类型或经过严格筛选时,SQL 注入是成功的。跨站点脚本是针对 Web 站点的最流行的攻击形式,浏览器允许攻击者将客户脚本插入 Web 页面,从而绕过 Web 站点上的访问控制。

在云环境中,识别攻击者经过的路径更加困难。云服务器承载多个虚拟机,多个应用程序可以在一台虚拟机下运行。多租户与虚拟机管理程序漏洞一起,可以为恶意用户打开新的攻击通道。传统的基于数字取证的调查方法不能扩展到云计算中,在云计算中,大量用户共享资源,由于写操作的高速率,与安全事故相关的事件的痕迹被清除。

云服务的可用性是另一个主要问题。系统故障、断电和其他灾难性事件可能导致云服务长时间关闭。2.7节中讨论的数据锁可以帮助确保大型组织（其业务模型依赖于这些遇到访问故障的数据）在发生这类罕见事件时依然能正常工作。

云也会受到相变现象和其他复杂系统特有效应的影响。可用性的另一个关键方面是，不能确保托管在云上的应用程序返回正确的结果。

第三方控制由于缺乏透明度和有限的用户控制而产生了一系列问题。例如，云供应商可能将一些资源转包给第三方，而第三方的信任水平存在问题。有一些分包商未能维护顾客数据的例子。还有第三方不是分包商而是硬件供应商的例子，数据丢失是由于存储设备质量差造成的[109]。

将专属数据存储在云上是有风险的，因为云供应商间谍活动会带来真正的危险。合同义务条款通常将数据安全的所有责任都归结于用户。亚马逊Web服务客户协议声明："我们……对于任何直接的、间接的、偶然的……毁坏……也不……负责与以下方面有关的任何补偿：（A）你无法使用服务……（B）采购替代商品或服务的费用……（D）未经授权访问、更改、删除、销毁、损坏、丢失或未能存储你的任何内容或其他数据。"

云用户很难证明数据已被服务供应商删除。缺乏透明度使得审计对于云计算来说变得非常困难。美国政府机构必须遵守国家标准协会（National Institute of Standards，NIST）制定的审计准则，如联邦信息处理标准（Federal Information Processing Standard，FIPS）和联邦信息安全管理法（Federal Information Security Management Act，FISMA）。

2010年云安全联盟（Cloud Security Alliance，CSA）报告。报告指出了云计算面临的七大威胁：滥用云计算、不安全的API、恶意内部人员、共享技术、账户劫持、数据丢失或泄露以及未知风险概况[123]。根据这份报告，IaaS交付模型可能受到所有威胁的影响；PaaS也受所有威胁的影响，但共享技术除外；SaaS同样受所有威胁的影响，但滥用和共享技术除外。

滥用云计算指利用云计算进行不法活动。例如，使用IaaS支持的多个AWS实例或应用程序发起分布式拒绝服务攻击或分发垃圾邮件和恶意软件。共享技术考虑虚拟化支持的多租户访问带来的威胁。虚拟机管理程序可能存在一些缺陷，允许访客OS影响与其他VM共享平台的安全性。

不安全的API可能无法在从身份认证和访问控制开始到运行期间监视和控制应用程序的一系列活动中保护用户。云服务供应商不披露自己的雇用标准和政策，因此，恶意内部人员的风险不容忽视。这种特殊形式的攻击所造成的潜在危害巨大。

数据丢失或泄露是对使用云服务的个人或组织具有破坏性的两种风险。由于庞大的数据量，在云之外维护数据副本通常行不通。如果数据的唯一副本存储在云上，那么当云数据复制失败后，在存储介质发生故障时，敏感数据将永久丢失。由于一些数据经常包括专属或敏感数据，第三方访问这些信息可能会产生严重后果。

账户劫持属于重大威胁，云用户必须意识到并防范所有窃取凭证的方法。最后，未知风险概况指对云计算风险的无知或低估。

2011年CSA报告。《云计算关键焦点域的安全指南V3.0》报告对云计算风险进行了全面分析，并提出了将云计算风险最小化的建议[124]。

文献[207]讨论了在云计算环境中识别攻击并对其分类的尝试。模型中考虑的三个参与者是用户、服务和云基础设施，并且有六种可能的攻击类型，参见图11.1。用户可以从两个方向受到攻击：服务和云。安全套接字层（Secure Sockets Layer，SSL）证书欺骗、对浏览器缓存的攻击和钓鱼攻击都是源自该服务的攻击。用户还可能成为真正源自云基础设施的攻击或来自云基础设施的欺骗的受害者。

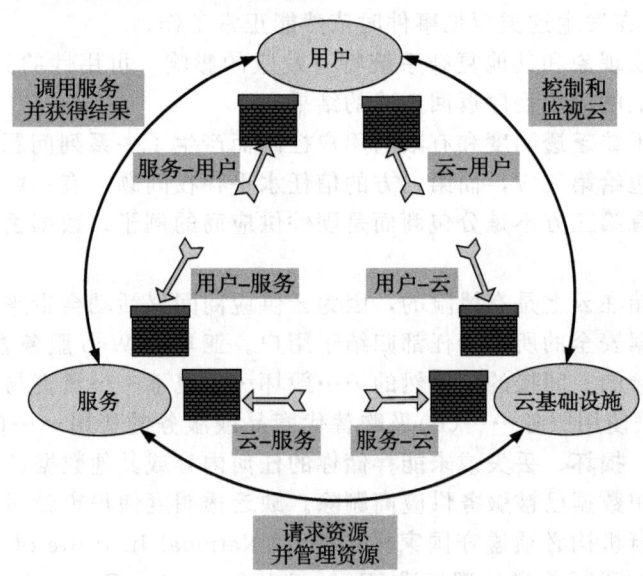

图 11.1 云计算环境中的攻击面

缓冲区溢出、SQL 注入和权限升级是来自服务的常见攻击类型。服务还可能受到云基础设施的攻击，这可能是最严重的攻击路线。限制对资源的访问、与特权相关的攻击、数据失真、注入额外操作，这些只是源自云的许多可能攻击中的一部分。

把云控制系统作为目标的用户可以攻击云基础设施。这些类型的攻击与用户指向任何其他云服务的攻击是相同的。云基础设施也可能成为超额资源请求目标，进而导致资源耗尽。

12 大云安全威胁。 2016 年 CSA 报告列出了最主要的安全威胁[414]：

1. 数据外泄。最具破坏性的外泄是针对敏感数据的，包括金融和健康信息、商业机密和知识产权。最终的责任在于在云中维护数据的组织，CSA 建议组织使用多因素身份认证和加密来防止数据外泄。多因素身份认证，如一次一密、基于电话的身份认证和智能卡保护，使得攻击者更难使用窃取的凭证。

2. 受损的凭据和中断的身份认证。这种攻击是由于身份认证松懈、弱密码以及密钥或证书管理不善造成的。

3. 入侵接口和 API。云安全和服务可用性可能会因弱 API 受损。当第三方依赖 API 时，就会泄露更多的服务和凭证。

4. 利用系统脆弱性。资源共享和多租户造成了新的攻击面，但是发现和修复漏洞的成本比潜在的损害要低。

5. 账户劫持。所有的账户都应该受到监视，以便每笔交易都可以追溯到请求它的个人。

6. 恶意的内部人员。这种威胁很难检测，系统管理员的错误有时可能被错误地诊断为威胁。较好的策略是职责分离并强制执行活动，例如日志记录、监视和审计管理员活动。

其他 6 个威胁是：高级持久威胁（Advanced Persistent Threat，APT）、永久性数据丢

失、不尽职调查、云服务滥用、DoS 攻击和共享技术。

根据 https://cloudsecurityalliance.org/download/cloud controls-matrix-v3-0-1/，"云控制矩阵"的更新报告详细说明了控制规范对云架构、云交付模型和云生态系统的其他方面的影响。

在过去四年中报告的云漏洞事故和 2014 年的数据外泄事故确定了其他几个威胁，包括：硬件故障、自然灾害、与云有关的恶意软件、基础设施设计和规划不足、销售点（Point-Of-Sale，POS）入侵和支付卡窃取器、犯罪软件和网络空间间谍、内幕和特权滥用、Web 应用攻击和物理失窃/损失[480]。

11.3 隐私和隐私影响评估

隐私一词指个人、一组个人或者一个组织防止个人性质的信息或者专属信息被披露的权利。许多国家将隐私权视为一项基本人权。《世界人权宣言》第十二条指出："任何人的私生活、家庭、住宅或通信不得受到任意干扰，其荣誉和名誉不得受到侵犯。每个人都有权利得到法律的保护，免受这种干扰或攻击。"

美国宪法没有明文规定隐私权，但《权利法案》反映了制定者对保护隐私的具体方面的关注⊖。在英国，隐私受到《数据保护法》的保障。欧洲人权法院制定了许多定义隐私权的文件。

同时，隐私权也受到法律的限制。例如，税法要求个人分享有关个人收入的信息。个人隐私可能与其他基本人权发生冲突，例如言论自由。各国隐私法各不相同，某个国家的法律可能要求公开披露在其他国家和文化中被视为私人的信息。

随着新威胁的出现，数字时代给立法者带来了与隐私相关的重大挑战。例如，个人信息自愿分享，但从授权访问或滥用的网站窃取的个人信息可能导致身份信息被盗。

一些国家在解决新的隐私问题上比其他国家更积极。例如，欧盟（European Union，EU）有非常严格的法律来管理数字时代的个人数据处理。"被遗忘权"（right to be forgotten）是一项全新的隐私权，它被编入了欧盟的一项拟议中的泛化数据保护新规。这项权利解决了这样一个问题：当每张照片、每次状态更新和每条推特都永远存在于某个网站上时，你很难逃离自己的过去。

我们的讨论主要针对公共云，其中隐私具有全新的维度，因为数据通常以未加密的形式驻留在 CSP 所拥有的服务器上。基于个人偏好、个人位置、社交网络成员资格或其他个人信息的服务存在特殊风险。数据所有者不能完全依赖云服务供应商来保护数据的隐私。

对三种云交付模型而言，隐私关注点不同，这也取决于实际的环境。例如，考虑广泛使用的 Gmail。Gmail 隐私政策内容如下（见 http://www.Google.com/policies/provisity/provision，2012 年 10 月 6 日访问）："我们通过两种方式收集信息：你提供给我们的信息……比如姓名、电子邮件地址、电话号码或者信用卡；从你使用我们的服务中获得的信息，例如设备信息、日志信息、位置信息、唯一的申请号、本地存储器、cookies 和匿名标识符；我们将与谷歌以外的公司、组织或个人分享个人信息，前提是我们有充分的理由相信信息

⊖ 第一修正案涵盖对信仰的保护；第三修正案保护家庭隐私；第四修正案保护人身和财产隐私免受不合理的搜查；第五修正案反对自证其罪的特权，因此是保护个人信息的隐私；根据一些法官的说法，第九修正案中的"宪法中列举的某些权利，不应被解释为否定或贬低其他人在使用的（没有在宪法中列出的）权利"可以被视为保护隐私，其方式不是权利法案前八条修正案所明确规定的。

的访问、使用、保留或暴露是合理且必要的，满足了任何适用的法律、法规、法律程序或可执行的政府要求；……根据法律要求或许可，保护谷歌、用户或公众的权利、财产或安全不受损害。我们可以公开并且与我们的合作伙伴（如出版商、广告商或互联网站）分享聚合的非个人身份信息，例如，我们可以公开分享信息以显示我们的服务的常用趋势。"

云隐私问题的主要方面是缺乏用户控制、潜在的未经授权的二次使用、数据扩散和动态配置[400]。缺乏用户控制指以用户为中心的数据控制与云用途不兼容。一旦数据存储在CSP服务器上，用户就会失去对其确切位置的控制，并且在某些情况下可能会失去对数据的访问。例如，在Gmail服务的情况下，账户所有者无法控制数据存储在何处，或在服务器的某些备份上存储多长时间的旧邮件。

CSP可以从未经授权信息的二次使用中获得收入，例如用于定向广告。没有技术手段可阻止这种使用。动态配置指外包带来的威胁。一系列问题非常模糊，例如，如何识别CSP的分包商，他们拥有数据的哪些权利，以及在破产或合并的情况下哪些数据的权利可以转让。

在数字时代，需要立法解决隐私的多个方面。美国联邦贸易委员会（Federal trade Commission）为美国国会起草的一份文件[172]指出："面向消费者的商业网站，如果从网上收集消费者的个人身份信息或关于消费者的信息，则必须遵守四项广泛接受的公平信息惯例：

1. 通知——应该要求网站清楚而显著地通知消费者他们的信息实践，包括：他们收集的信息，他们如何收集信息（例如，直接或通过非显而易见的方式，如cookies等）他们如何使用信息，他们如何向消费者提供选择、访问和安全性，他们是否向其他实体披露收集的信息，以及其他实体是否正在通过网站收集信息。

2. 选择——应该要求网站向消费者提供选择，说明如何在提供信息的用途之外使用他们的个人身份信息，例如完成一笔交易。这种选择既包括内部二次用途，如向消费者营销，也包括外部二次使用，如向其他实体披露数据。

3. 访问——应该要求网站为消费者提供合理的访问网站收集的有关他们的信息的方式，包括一个合理的机会来审查信息、纠正不准确的信息或删除信息。

4. 安全——应该要求网站采取合理的措施来保护他们从消费者那里收集的信息的安全。委员会认识到，这些做法的实施可能因所收集信息的性质、用途以及技术发展而异。为此，委员会建议，任何立法都应措辞笼统，并在技术上保持中立。因此，规约中对公平信息做法的定义应该足够广泛，以便执行机构在颁布其规则或条例时具有灵活性。"

需要一种工具来识别信息系统中的隐私问题，即所谓的隐私影响评估（Privacy Impact Assessment，PIA）。截至2017年年中，虽然不同国家和组织要求提供PIA报告，但这一进程还没有国际标准。分析的一个例子是评估英美安全港程序的法律影响，以使美国公司遵守关于保护个人数据的欧洲指令95/46/EC⊖。

这样的评估迫使人们对隐私采取主动的态度。在新系统中嵌入隐私规则的"从头开始法"，比影响现有系统功能的痛苦变化更可取。文献[478]提出了一种可部署为基于Web的服务的PIA工具。该工具的输入内容包括：项目信息、项目文档概要、隐私风险和利益相关者。该工具将生成一份PIA报告，其中包括调查结果摘要、风险摘要、安全性、透明度和跨境数据流。

⊖ 详见http://eur-lex.europa.eu/LexUriServ/LexUriServ.do?uri=CELEX:31995L0046:en:HTML。

PIA 工具的核心是由领域专家创建和维护的知识库(KB)。提供 PIA 工具访问的 SaaS 服务的用户必须填写问卷。系统使用模板生成填写 PIA 报告所需的其他问题。专家系统根据用户提供的数据库中的事实，推断哪些规则得到满足，并以最高优先级执行规则。

11.4 信任

在云计算环境中，信任与在线活动中的信任问题密切相关。在这一节中，我们首先讨论传统的信任概念，然后再讨论网络活动中的信任。

信任。根据《韦氏词典》，信任指"对某人或某事的性格、能力、强度或真相的确信的信赖"。信任是一种复杂的现象，它能够促进合作行为、促进自适应组织形式、减少有害冲突、降低交易成本、促进特设工作组的形成，并促进对危机的有效响应[430]。

信任发展必须具备两个条件。首先是风险，即感知到的损失概率。事实上，如果没有风险，信任也就没有必要了。二是相互依存，一个实体的利益如果不依赖其他实体就无法实现。

信任关系会经历三个阶段：
1. 建立阶段，当信任形成时；
2. 稳定阶段，当信任存在时；
3. 解散阶段，当信任度下降时。

信任有不同的原因和形式。功利主义的理由可能基于这样一种信念，即对违反信任行为的昂贵惩罚超过了任何机会主义行为的潜在好处。这是威慑型信任(deterrence-based trust)的本质。另一个原因是相信涉及另一方的行为符合该方的自身利益。这就是所谓的算计型信任(calculus-based trust)。经过长时间的交往，实体之间的关系型信任(relational trust)可以在相互依赖和依赖的经验积累的基础上发展起来。

众所周知，一个实体必须非常努力地建立信任，但很容易失去信任。一次违反信任就可能导致无法弥补的损失。持久信任(persistent trust)是基于一个实体的长期行为，而动态信任(dynamic trust)是基于特定的环境，例如系统状态或技术发展的影响。

互联网信任。互联网信任"模糊或完全缺失传统信任的品格、人格、关系本质、制度性等维度"[360]。缺失的身份、个人特征和角色定义是我们在联机信任环境中必须处理的因素。

互联网为个人提供了模糊或隐藏身份的能力。由此产生的匿名性减少了通常用于判断信任时使用的线索。身份对于发展信任关系至关重要，它使我们能够将信任建立在过去与实体互动的历史基础上。匿名会导致不信任，因为身份与责任联系在一起，没有身份，责任就无法实施。

这种不透明性立即从身份扩展到个人特征。当交易发生在时间和距离上分离的实体之间时，我们不可能推断出与我们交易的实体或个人是否是它声称的那个。最后，我们不能保证与我们进行交易的实体充分理解它们所承担的角色。

为了弥补线索的丢失，我们需要访问控制、身份透明和监视的安全机制。访问控制机制的目的是将入侵者和恶意代理拒之门外。身份透明度要求通过生物识别等方法仔细检查虚拟代理与自然人之间的关系。数字签名和数字证书用于识别。监视可以基于入侵检测，也可以基于日志记录和审计。第一种方法基于实时监控，第二种方法则依靠线下筛选审计记录。

当实体未知时使用凭据；凭据由可信机构颁发，并使用凭据描述实体的质量。挂在牙医办公室墙壁上的牙科外科医生(Doctor of Dental Surgery，DDS)文凭指个人在正规大学接受过培训，因此证明其有能力完成一系列手术。数字签名是许多分布式应用程序中使用的凭据。

策略和声誉决定信任的两种方式。策略揭示了获得信任的条件，以及满足某些条件时的行动。策略要求验证凭据。声誉是一种实体品质，基于相对较长的交互或可观察的历史。基于他人的信任决策，并通过评估信任的实体的角度进行筛选，然后做出推荐。

在计算机科学背景下，"A 方对 B 方提供服务 X 的信任，指 A 方对 B 方在特定背景下(与服务 X 有关)特定时期内的行为的可衡量的信念[376]"。对特定硬件或软件组件操作的保证会导致对该组件持久的基于社会的信任。

对语义 Web 中计算机服务信任的全面讨论可参见文献[38]。在 B.1 节中，我们讨论了认知无线电网络中的信任概念，在这个网络中，多个发射机争夺通信信道。在 B.3 节中，我们介绍了一种基于云的信任管理服务。

11.5 云数据加密

政府、大公司和个人用户需要考虑在公共云上存储敏感信息是否安全。加密显然是保护外包数据的解决方案，因此 CSP 被迫提供加密服务。例如，亚马逊提供 AWS 密钥管理服务(Key Management Service，KMS)来创建和控制客户用来加密数据的加密密钥。KMS 与其他 AWS 服务集成，包括 EBS、S3、RDS、RedShift、弹性代码转换器和工作邮件。AWS 还为开发人员提供加密 SDK。

开创性的 RSA 论文[424]和对现有公钥密码系统的综述[433]，是大量致力于密码系统的文献中的一些著名出版物。密码学的一些新研究成果对云计算中的数据安全具有重要意义。1999 年 Pascal Paillier 提出了一种基于复合剩余类的陷门机制，即因式分解一个难以分解的数 $n=pq$，其中 p 和 q 是两个较大的素数[388]。该方案利用复合剩余类的同态性质设计分布式密码协议。一个重大突破是斯坦福大学的 Craig Gentry 在 2009 年的开创性论文中提出的完全同态加密(Fully Homomorphic Encryption，FHE)算法[189,190]。近年来，可搜索对称加密协议在文献[86]和[168]中均有提及。

同态加密。敏感数据在存储时是安全的，前提是使用强加密进行加密。但加密数据必须解密后才能处理，这就打开了漏洞之窗。因此，本节研究的第一个问题是直接对加密数据进行操作是否可行。同态加密是安全专家长期以来的梦想，它反映了同态的概念，即同一类型的两个代数结构之间的结构保留映射 $f(\cdot)$，见图 11.2。

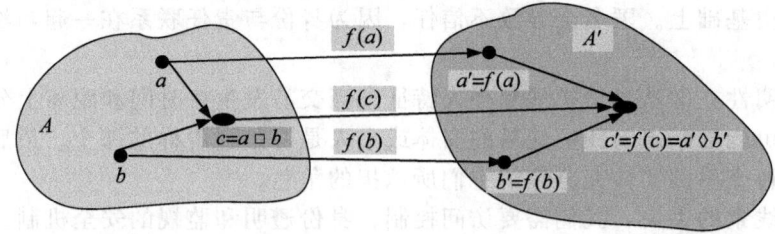

图 11.2 同态 $f: A \rightarrow A'$ 是集合 A 和 A' 之间分别具有合成运算 $\square$ 和 $\diamond$ 的结构保留映射。设 $a, b, c \in A$ 且 $c = a \square b$，a'，b'，$c' \in A'$ 且 $c' = a' \diamond b'$。令 $a' = f(a)$，$b' = f(b)$，$c' = f(c)$ 是映射 $f(\cdot)$ 的结果。如果 f 是同态，则目标域 A' 中的合成运算 $\diamond$ 产生的结果与映射应用于原始域 A 中两个元素的 $\square$ 运算结果相同，即 $f(a) \diamond f(b) = f(a \square b)$。

当 $f(\cdot)$ 是一对一映射时，函数 $f^{-1}: A' \rightarrow A$ 是 $f(\cdot)$ 的逆。那么 $a = f^{-1}(a')$，$b = $

$f^{-1}(b')$，$c=f^{-1}(c')$。在这种情况下，我们可以在目标域中执行复合操作◇，并应用逆映射来获得与原始域中的复合操作□相同的结果，即 $f^{-1}(a) ◇ f^{-1}(b) = f(a□b)$，如图 11.2 所示。

在同态加密的情况下，映射 $f(·)$ 是一对一的变换，$f(·)$ 是加密过程，它的逆 $f^{-1}(·)$ 是解密过程，复合操作可以是对加密数据执行的任何算术或逻辑操作。在这种情况下，我们可以对加密数据进行算术或逻辑操作，并且这些操作的结果的解密与对明文数据执行相同操作的结果相同。对数据进行解密处理时创建的漏洞窗口将消失。

使用 FHE 算法对加密数据进行一般计算在理论上可行。然而，同态加密目前还不是一个实用的解决方案。与纯文本数据处理相比，现有的同态加密算法将加密数据的处理时间提高了多个数量级。最近的 FHE[218] 每批次大约 6 分钟；在其他实验改进后，对加密数据进行简单操作的处理时间下降到近 1 秒[154]。

用户向云中存储的许多大型数据库发送各种查询。这些查询通常涉及逻辑和算术功能，因此一个重要的问题是搜索加密数据库是否可行和实用。将广泛使用的加密技术应用于数据库系统可能导致性能显著下降。例如，如果 NoSQL 数据库表的整个列包含敏感信息，并且已加密，则使用比较运算符的查询谓词需要扫描整个表来计算查询。这是由于现有的加密算法不能保持顺序，不能再使用 B 树等数据库索引。

保序加密（Order Preserving Encryption，OPE）。OPE 可用于数字数据的加密，它将一个数值范围映射到更大且稀疏的数值范围[70]。保序函数 $f: \{1, \cdots, M\} \to \{1, \cdots, N\}$，$N \gg M$ 由 N 个有序项中的 M 个组合唯一表示。假设盒子里有 N 个球，M 个黑色和 $N-M$ 个白色，我们每一步都随机抽取一个球，不需要替换。描述我们收集第 k 个黑球后，样本中球的总数的随机变量 X 服从负超几何分布（NHG）。可以证明给定点 $x \in \{1, \cdots, M\}$ 的保序 $f(x)$ 在 f 的随机选择上具有 NHG 分布。

为了加密明文 x，OPE 加密算法执行一次二分查找，直到 x 为止。给定密钥 K，算法首先安排加密 $(K, M/2)$，然后如果索引 $m<M/2$ 则加密 $(K, M/4)$，否则加密 $(K, 3M/4)$，以此类推，直到加密 (K, x)。根据负超几何采样算法的输出进行密文分配。通过对明文空间大小的强归纳，可以证明所得到的方案从明文到密文空间具有一个随机的保序函数。

为了允许对加密数据进行有效的范围查询，有一个保存顺序的哈希函数族 H 就足够了（不一定是可逆的）。OPE 算法将使用一个秘密密钥 $(K_{Encrypt}, K_H)$，其中 $K_{Encrypt}$ 是正常（随机）加密方案的密钥，K_H 是 H 的密钥，因此 $Encrypt(K_{Encrypt}, x) \| H(K_H, x)$ 将是 x 的加密[70]。

搜索加密的数据库尤其值得关注[11]。常见的搜索类型有单关键字、多关键字、模糊关键字、排序、授权和可验证的搜索。可搜索对称加密（Searchable Symmetric Encryption，SSE）用于加密数据库 ε 被外包给云或其他组织的情况。SSE 隐藏关于数据库和查询的信息。

客户只存储密码学密钥。要搜索数据库，客户端需要对查询进行加密，将其发送到数据库服务器，接收查询的加密结果，并使用密码学密钥对其进行解密。这些搜索导致的信息泄露仅限于查询模式，同时避免了明文数据和查询明文值的暴露。

文献[86]中提出了一种 SSE 协议，支持在对称加密数据上的联合搜索和通用布尔查询。这个 SSE 协议被扩展到非常大的数据库。它可以用于任意结构的数据，包括免费的文本查询，可能存在对外包服务器的适度和良好定义的泄露。文献中给出了应用于整个英语维基百科加密搜索原型的性能结果。该协议扩展了对范围、子字符串、通配符和短语查询的支持[168]。

下一个问题是，存储在专有云服务器上的敏感数据是否容易受到攻击？如果专有云受到有效防火墙的保护，外部攻击者构成的威胁就会减少。然而，内部人士也存在危险。如果这样的攻击者可以访问日志文件，则可以推断出数据库热点的位置，有选择地复制数据，并将数据用于不法活动。为了尽量减少内部人员构成的风险，应该强制执行一套保护环，以限制每个内部成员访问数据库的受限区域。

11.6 数据库服务安全

云用户通常将数据的控制权委托给几乎所有 CSP 支持的数据库服务，并关注 DBaaS 的安全方面。用于评估 DBaaS 安全性的模型包括几个实体组：数据所有者、数据用户、CSP 和第三方代理或第三方审计员（Third Party Auditors，TPA）。

数据所有者和 DBaaS 用户担心完整性和机密性受损，以及数据不可用。在 DBaaS 中，数据丢失的主要原因是：授权、认证和会计机制不充分、加密密钥和技术使用不一致，在不进行备份的情况下更改或删除记录，以及操作失败。

一些数据完整性和隐私问题是由于缺乏身份验证、授权和会计控制，或者缺乏加密和解密的密钥管理。机密性意味着只有授权用户才有权访问数据。未加密数据容易遭遇 bug、错误和攻击，这些攻击来自影响数据机密性的外部实体。内部攻击是 DBaaS 用户和数据所有者关心的另一个问题。超级用户拥有无限制的权限，滥用超级用户权限对医疗记录、敏感业务数据、专属产品数据等机密数据构成相当大的威胁。

恶意的外部攻击者使用欺骗、嗅探、中间人攻击、旁路通道和非法事务来发起 DoS 攻击。另一个问题是非法从存储设备恢复数据，这是多租户的副作用。CSP 经常在删除物理设备的数据后进行清洁操作，但是经验丰富的攻击者仍然可以从存储设备中恢复信息，除非进行彻底的清除操作。数据在从数据所有者通过公共网络传输到 DBaaS 时，很容易受到攻击。在数据传输之前进行加密，可以降低传输到云中的数据所面临的风险。

数据起源（data provenance）是建立数据源及其在数据库之间的移动的过程，它使用元数据来确定数据的准确性，但安全评估对时间敏感。此外，分析大型起源元数据图的计算成本很高。

云用户不知道数据的物理位置，这种不透明使得云服务供应商能够优化资源的使用，但在出现安全漏洞的情况下，用户几乎不可能识别出有问题的资源。DBaaS 用户不能对远程执行环境进行细粒度控制，也不能检查执行跟踪以检测非法操作的发生。

为了提高可用性、性能和可靠性，云数据库服务需要复制数据。确保副本之间的一致性是具有挑战性的。DBaaS 的另一个关键功能是对所有敏感和机密的数据进行及时备份，以便在灾难发生时迅速恢复。审计和监视是 DBaaS 的重要功能，但将其委托给 TPA 时，会产生自身的安全风险。传统的审计和监视方法要求对网络基础设施和物理设备有详细的了解。由于消费者不知道数据的实际存储位置，因此可能违反数据隐私法。欧洲和南美的隐私法禁止在来源国以外存储数据。

综上所述，DBaaS 数据的可用性受到以下几个威胁的影响：
- 由于用户需求规格不准确或用户规格评估不正确而导致的资源耗尽。
- 一致性管理失败；多个硬件或软件故障导致用户数据视图不一致。
- 监视和审计系统的故障。

DBaaS 数据机密性受到内部和外部攻击、访问控制问题、存储中的非法数据恢复、网络入侵、第三方访问、无法确定数据来源等因素的影响。

11.7 操作系统安全

操作系统允许多个应用程序根据一组策略共享物理系统的硬件资源。操作系统的一个关键功能是保护应用程序免受各种恶意攻击，例如未经授权访问特权信息、篡改可执行代码和欺骗。这种攻击甚至可以针对个人电脑、平板电脑或智能手机等单用户系统。输入系统的数据可能含有恶意代码，这可能是 Java applet 或浏览器从恶意 Web 站点导入的数据所导致的。

操作系统的强制安全性认为[295]："对于任何安全策略，其中策略逻辑的定义和安全属性的分配由系统安全策略管理员严格控制。"访问控制、认证用法和加密用法策略都是强制操作系统安全要素。

访问控制策略是指 OS 如何控制对不同系统对象的访问，认证用法定义 OS 用于认证某主体的认证机制，而密码用法策略指用于保护数据的密码机制。安全的一个必要但不充分的条件是，执行安全相关功能的子系统是防篡改的，不能被绕过。操作系统应该将应用程序限制在唯一的安全域中。

具有执行安全相关功能的特权应用称为可信应用。此类应用应该只允许执行其功能所需的最低权限级别。例如，类型强制（type enforcement）是一种强制性的安全机制，可用于将受信任的应用限制在最低权限级别。

通过留给用户自行决定的机制来实施强制安全可能会导致安全被破坏，有时是出于恶意，有时是由于粗心大意或缺乏理解。自行决定机制给各个用户带来了安全负担。此外，应用程序可以在未经用户同意的情况下更改精心定义的任意策略，而强制策略只能由系统管理员更改。

遗憾的是，商业操作系统不支持多级安全性。它们只区分完全享有特权的安全域和完全没有特权的安全域。一些操作系统，例如 Windows NT，允许程序继承调用它的程序的所有特权，而不管该程序的信任程度如何。

可信路径、支持用户与可信软件沟通的机制对于系统安全至关重要。当这种机制不存在时，恶意软件可以冒充可信软件。一些系统允许服务器对客户进行身份认证，并为一些功能（如登录认证和密码更改）提供可信路径。

可信路径问题的解决方案将复杂的机制分解为几个具有良好定义的角色组件[295]。例如，应用空间的访问控制机制可以由强制执行者（enforcer）和决策者（decider）组件组成。为了访问受保护的对象，强制执行者将收集有关试图访问对象的代理信息，并将该信息连同有关该对象和策略决策元素的信息一起传递给决策者；最后，它将执行决策者要求的操作。

需要使用可信路径机制来防止授权应用调用的恶意软件篡改对象的属性或策略规则。还需要一个可信路径来防止冒名顶替者模拟决策代理。一种基于密码学的解决方案被提出，可用于对调用机制的分析和对密码机制的分析。

另一个问题是，操作系统如何保护自己和运行在其下的应用程序免受恶意移动代码的攻击，这些恶意代码试图访问数据和其他资源，从而破坏系统的一致性和完整性。Java 安全性管理程序使用 Java 的类型安全（type-safety）属性来防止在"沙箱"中运行的应用程序的未授权操作。然而，Java 虚拟机（JVM）在违背语言语义的情况下接受字节码；此外，它不能保护自己免受其他应用程序的干扰。

即使可以消除这些安全性问题，安全性也依赖于文件系统保持 Java 类代码完整性的能力。要求数字签名 applet 并仅从受信任的源接受它们，可能会由于"全有或全无"安全模型而失败。保护移动通信安全的解决方案可以将浏览器限制在一个不同的安全域中。

专门的封闭式（closed-box）平台，例如一些手机、游戏机和 ATM 上的平台，可能已经嵌入了密码密钥，允许它们向远程系统展示真实身份，并对运行在其上的软件进行认证。这种设备不适用于开放式（open-box）平台，平台上的传统硬件是针对商用操作系统而设计的。

高度安全的操作系统是必要的，但还不够。应用程序特定的安全性也是必要的。有时，在操作系统之上实现的安全性更好，例如，电子商务需要对每笔交易都进行数字签名。

我们的结论是商用操作系统提供的保证很低。实际上，操作系统是一个由数百万行代码组成的复杂软件系统，它容易受到各种恶意攻击。操作系统很难将一个应用程序与另一个应用程序隔离开来；一旦应用程序被破坏，整个物理平台及其上运行的所有应用程序都会受到影响。因此，平台安全级别降低到运行在平台上的最脆弱应用的安全级别。

操作系统仅为应用程序提供弱机制来彼此认证，并且在用户和应用程序之间没有可信的路径。这些缺点增加了在分布式计算环境中提供安全性的挑战。例如，金融应用无法确定请求是来自授权用户还是来自恶意程序；反过来，人类用户无法将响应与模拟服务的恶意程序和服务提供的响应区分开来。

11.8 虚拟机安全

当虚拟机管理程序控制对硬件的访问时，以下对虚拟机安全性的讨论仅限于图 10.1b 中的传统系统虚拟机模型。图 10.1c 和 d 中分别显示的混合虚拟机模型和托管虚拟机模型，将整个系统暴露于主机操作系统的漏洞中，因此将不进行分析。

虚拟安全服务通常由虚拟机管理程序提供，如图 11.3a 所示；另一种选择如图 11.3b 所示，由专用虚拟机提供安全服务。安全可信任计算机基（Trusted Computing Base，TCB）是虚拟机环境中安全的必要条件。当 TCB 受到危害时，整个系统的安全性就会受到影响。

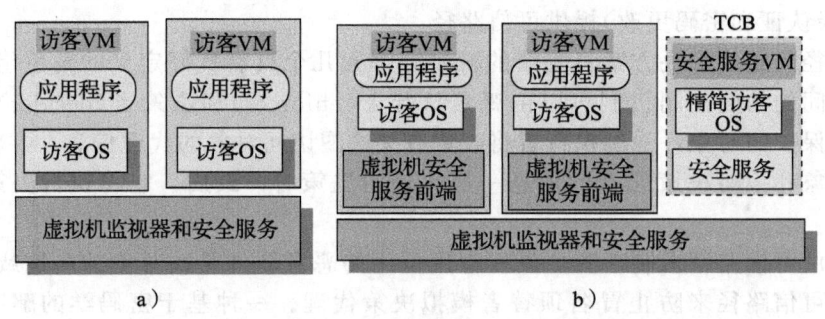

图 11.3　a）由虚拟机管理程序/虚拟机监视器提供的虚拟安全服务；b）专用安全虚拟机

10.5 节和 10.10 节对 Xen 和 vBlades 的分析表明，与传统操作系统中的进程隔离相比，虚拟机技术提供了更严格的虚拟机隔离。实际上，虚拟机管理程序控制特权操作的执行，因此可以强制内存隔离以及磁盘和网络访问。

虚拟机管理程序比传统操作系统要简单得多，结构也更好，因此能够更好地应对安全攻击。一个主要挑战是虚拟机管理程序只看到有关访客 OS 状态的原始数据，而安全服务通常在更高的逻辑级别上操作，例如，在文件级别而不是磁盘块级别。

访客 OS 在模拟的硬件上运行，虚拟机管理程序可以访问在同一硬件上运行的所有虚拟机的状态。虚拟机管理程序可以保存、恢复、克隆和加密访客虚拟机的状态。复制不仅可以确保可靠性，而且还支持安全性，而克隆可以用于识别恶意应用程序，方法是在克隆的系统上对其进行测试，并观察其行为是否正常。

我们还可以克隆正在运行的系统，并检查潜在危险应用的影响。另一个有趣的可能性是将访客虚拟机文件移动到专用虚拟机，从而保护其免受攻击[549]。这种解决方案可行，因为虚拟机之间的通信比两个物理机器之间的通信更快。

攻击老手能够对虚拟机留下指纹，并且可以避开研究攻击方法的虚拟机蜜罐。它们还可以尝试访问虚拟机日志文件，从而恢复敏感数据；这些文件必须被非常小心地保护，以防止未经授权地访问密码密钥和其他敏感数据。

我们期望付出一些代价，从而为虚拟化提供更好的安全性。这些代价包括：更高的硬件成本，因为虚拟系统需要更多的资源，如 CPU 周期、内存、磁盘和网络带宽；在半虚拟化的情况下，开发虚拟机管理程序和修改主机操作系统的成本；虚拟机管理程序涉及特权操作的虚拟化开销。

文献[549]总结了基于虚拟机的入侵检测系统，如 Livewire 和 Siren，它们利用 VM 的三种功能进行入侵检测、隔离、检查和插入。8.10 节对资源隔离进行了检验。审视（inspection）意味着虚拟机管理程序能够检查访客 VM 的状态，干预（interposition）意味着虚拟机管理程序可以捕获并模拟访客 WM 发出的特权指令。基于 VM 的入侵防御系统（如 SVFS、NetTop 和 IntroVirt）以及基于 VM 的信任计算平台 Terra 也在文献[549]中进行了讨论。Terra 使用一个可信的虚拟机管理程序在 VM 之间划分资源。

NIST 安全组区分了两组威胁，分别基于虚拟机管理程序和 VM。

基于虚拟机管理程序的威胁有以下几种类型：

- 某些 VM 资源不足和拒绝服务。可能的原因包括：某些 VM 的资源限制配置不当；能够绕过虚拟机管理程序设置的资源限制的流氓 VM。
- VM 边信道攻击：同一虚拟机管理程序下的流氓 VM 对一个或多个 VM 进行恶意攻击。可能的原因包括：由于驻留在虚拟机管理程序中的虚拟网络配置错误，导致 VM 间的通信缺乏适当的隔离；限制分组审视设备处理高速流量，如视频流量；存在由不安全的 VM 映像构建的 VM 实例，例如具有没有最新补丁的访客 OS 的虚拟机映像。
- 缓冲区溢出攻击。

还有几种基于 VM 的威胁：

- 部署流氓或不安全的 VM；未经授权的用户可能从映像创建不安全的实例，或者可能对现有 VM 执行未经授权的管理操作。可能的原因包括：对 VM 管理任务上的访问控制配置不当，如实例创建、启动、挂起、重新激活等。
- VM 映像库中存在不安全和篡改过的 VM 映像。可能的原因包括：缺乏对 VM 映像存储库的访问控制；缺乏核实映像完整性的机制，例如数字签名映像。

11.9 虚拟化安全

虚拟化和安全性之间的复杂关系有两个截然不同的方面：安全性的虚拟化和虚拟化的

安全性[302]。在第 10 章中，我们给出了虚拟化的优点。我们还讨论了与虚拟环境相关的两个问题：由于额外的开销而产生的对性能的负面影响；需要更强大的系统来运行多个 VM。在本节中，我们将进一步了解虚拟化的安全性。

VM 捕获在 VM 下运行的操作系统的完整状态。VM 状态可以保存在文件中，然后可以复制和共享该文件。虚拟化这一重要优点有几个有用的含义：

- 支持 IaaS 交付模型。IaaS 用户选择与本地应用环境匹配的映像，然后在使用该映像的云上上传并运行应用。
- 提高可靠性。复制操作系统及其上所有运行的应用，如果系统出现故障，则将其切换到热备用系统。回想一下，热备用系统是实现冗余的一种方法。主系统和备份系统同时运行，并且具有相同的状态信息。
- 实现资源管理策略的简单机制。OS 及其下运行的应用可以迁移到另一台服务器，以平衡系统负载。例如，可以将负载较轻的服务器的负载移到其他服务器，然后关闭负载较轻的服务器或将其置于待机模式，以减少功耗。
- 改进的入侵检测。在虚拟环境中，克隆可以在系统活动中查找已知模式并检测入侵。当检测到可疑事件时，操作员可以将服务器切换到热备用。
- 安全日志记录和入侵防护。当在 OS 级别实现时，入侵检测可以被禁用，入侵者可以修改日志记录。当在虚拟机管理程序层实施时，不能禁用或修改服务。此外，虚拟机管理程序可能只记录感兴趣的事件，以便进行攻击后的分析。
- 更高效和灵活的软件维护和测试。虚拟化允许许多 OS 实例共享不多的物理系统，而不是在不同操作系统、每个 OS 的不同版本以及每个版本的不同补丁下运行大量专用系统。

上述虚拟化的优点需要付出什么代价吗？硬币总是有另一面的，所以我们不应该对这个问题的答案是响亮的"是"而感到惊讶。在 2005 年的一篇论文[185]中，Garfinkel 和 Rosenblum 认为虚拟化对系统安全的严重影响不可忽视。Price[410]在 2008 年也重申了这一主题，并得出了类似的结论。

虚拟化的第一组不良影响导致组织管理其系统和跟踪其状态的能力下降。这些不良影响包括：

- 组织库存中物理系统的数量受到成本、空间、能耗和人力支持的限制。VM 数量激增是现实；要创建 VM，只需复制一个文件。VM 数量的唯一限制是可用的存储空间量。
- VM 数量激增也有定性的一面。传统上，组织安装和维护相同版本的系统软件。在虚拟环境中，这种一致性无法强制执行，不同操作系统的数量、版本以及每个版本的修补程序状态将会有所不同，这种多样性将会加重支持团队的负担。
- 虚拟化带来的最关键问题之一与软件生命周期有关。传统的假设认为软件生命周期是一条直线，因此补丁管理是基于单调前进的过程。虚拟执行模型映射到树结构而不是一条线。事实上，在任何时候都可以创建多个虚拟机实例，然后可以更新每个实例，安装不同的修补程序等。我们很快就会看到这个问题对安全的影响有多严重。

虚拟化对安全性的直接影响是什么？第一个问题是支持团队如何处理虚拟环境中攻击的后果。在虚拟环境中感染计算机病毒或蠕虫会更难以控制吗？令人惊讶的答案是，感染可能会无限期地持续下去。

在采取措施清理系统时，一些受感染的虚拟机可能处于休眠状态。稍后一段时间，受感染的虚拟机将会唤醒并感染其他系统。这种情况可能会重演，并使得感染无限期持续下去。这与在非虚拟环境中治疗感染的方式形成鲜明对比。一旦检测到感染，将隔离感染的系统，然后进行清理；之后系统将正常工作，直到下次感染发生。

更普遍的看法是，在传统的计算环境中可以达到稳定状态。在这种稳定状态下，所有系统都处于"理想"状态，而"不理想"状态——某些系统被病毒感染或表现出不理想行为模式的状态——只是短暂的。通过安装最新的系统软件版本，然后将最新的补丁应用到所有系统，便可达到理想的状态。

由于缺乏控制，虚拟环境可能永远不会达到如此稳定的状态。在非虚拟环境中，当受感染的笔记本电脑连接到受防火墙保护的网络，或者当病毒进入可移动介质时，安全性可能会受到威胁。但是，与虚拟环境不同，系统仍然可以达到稳定状态。

在文件中记录虚拟机完整状态的能力会产生副作用：可能会回滚 VM。这为攻击者在内存中记录事件从而引发的新类型的漏洞打开了大门。文献[185]中讨论了两个这样的情况。第一个是一次一密被明文发送，只有当攻击者没有可能访问以前会话中使用的密码时，才保证保护。

如果系统运行 S/KEY 密码系统，攻击者可以重放回滚版本并访问过去嗅出的密码。S/KEY 是基于 Leslie Lamport 方案的密码系统。它被几个操作系统使用，包括 Linux、OpenBSD 和 NetBSD。用户的真实密码与一组短字符和每次使用时递减的计数器组合而成，形成一个单次使用的密码。第二种情况与一些加密协议甚至非加密协议的要求有关，这些协议涉及用于会话密钥和随机数的随机数源的"新鲜度"。当生成了一个随机数但还没有使用时，VM 被回滚到一个状态，就会出现这种情况。

nonce 是一个认证协议中发出的随机或伪随机数，以确保旧通信不能在重放攻击中重复使用。例如，nonce 用于计算 HTTP 摘要访问认证密码的 MD5。每次出现认证挑战响应码时，随机数都是不同的，因此重放攻击实际上不可能发生。这保证了到亚马逊或其他在线商店的在线订单不会被重放。

甚至随机数的非密码使用也可能受到回滚场景的影响。例如，新 TCP 连接的初始序列号必须是"新的"，否则 TCP 劫持的大门就会打开。

虚拟环境的另一个问题是对信任的不良影响。回顾 11.4 节，信任取决于确保有关实体身份的能力。网络中的每个计算机系统都有唯一的物理地址，即 MAC 地址。MAC 地址的唯一性保证可以识别受感染或恶意的系统，然后关闭系统或拒绝网络访问。动态创建 VM 时，这个过程会崩溃。通常，一个随机的 MAC 地址被分配给一个新创建的虚拟机，以避免名字冲突。11.10 节详细讨论的另一个影响是，许多用户共享流行的 VM 映像。

保证敏感数据机密性的能力是受虚拟化影响的另一个安全支柱。虚拟化破坏了这样一个基本原则，即存储在任何系统上的时间敏感数据都应该减少到最少。首先，所有者对敏感数据的存储位置的控制非常有限，它可能分布在许多服务器上，并且可能无限期地保留在其中一些服务器上。虚拟机管理程序记录 VM 的状态，以便能够将其回滚；此过程使得攻击者可以访问所有者试图销毁的敏感数据。

11.10 共享映像带来的安全风险

即使我们假设云服务供应商是值得信任的，许多用户还是忽略或低估了他们带来的危险。其中之一是映像共享，这对 IaaS 云交付模型尤其重要。例如，AWS 用户可以选择通过 EC2 服务的快速启动或社区 AMI 菜单访问的亚马逊机器映像（Amazon Machine Images，AMI）。对于第一次使用 AMI 的用户或者新用户来说，选择使用其中一种 AMI 尤其具有吸引力。

首先，我们回顾创建 AMI 的过程。我们可以从正在运行的系统、另一个 AMI 或 VM 映像开始，并将文件系统的内容复制到 S3，该过程称为绑定（bundling）。绑定的三个步骤中的第一步是创建映像，第二步是压缩和加密映像，最后一步是将映像分割成几段，然后将这些段上传到 S3。

创建 AMI 有两个过程，即 ec2-bundle-image 和 ec2-bundle-volume。当数据以块的形式传输到映像时，第一种方法用于将准备好的映像作为环回文件⊖。要绑定一个正在运行的系统，当绑定工作在文件系统级别，并且文件被递归复制到映像时，映像的创建者可以使用第二个过程。

要使用映像，用户必须指定资源、提供登录凭据和防火墙配置并指定域，如 2.3 节所述。实例化映像后，将通知用户公共 DNS 和可用 VM。Linux 系统可以使用端口 22 处的 ssh 访问，而端口 3389 处的远程桌面则用于 Windows。

最近的一篇论文报告了在从 2010 年 11 月到 2011 年 5 月的时间内，通过亚马逊的公共目录可获得的超过 5 000 多个 AMI 的分析结果[49]。许多经过分析的映像允许用户使用标准工具轻松地恢复文件或恢复凭证、私钥等不同类型的敏感信息。这项研究的结果被分享给了亚马逊的安全团队，他们迅速采取行动，减少了对 AWS 用户的威胁。

测试方法的细节可以在文献[49]中找到，这里我们只讨论分析结果。这项研究针对美国、欧洲和亚洲的亚马逊网站，从 8448 个 Linux AMI 和 1202 个 Windows AMI 中审计了 5303 个映像。审计涉及软件漏洞、安全和隐私风险。

Windows 映像的平均审计时间为 77 分钟，Linux 映像的平均审计时间为 21 分钟；平均使用的磁盘空间分别为 1GB 和 2.7GB。Windows AMI 的整个文件系统都进行了审计，因为大多数恶意软件的目标是 Windows 系统。仅对 Linux AMI 中包含可执行文件的目录进行扫描；该策略和 Windows 的启动时间长，说明了两种类型的 AMI 审核的时间差异。

软件脆弱性审计显示，98% 的 Windows AMI（253 个中有 249 个）和 58% 的 Linux AMI（3432 个中有 2005 个）存在严重漏洞。Windows 和 Linux AMI 每个 AMI 的平均漏洞数分别为 46 个和 11 个。有些 AMI 映像相当古老；145、38 和 2 个 Windows AMI 以及 1197、364 和 106 个 Linux AMI 分别大于 2 年、3 年和 4 年。用于检测漏洞的工具是 Nessus 系统，可以从 http://www.tenable.com/productus/nessus 获得，根据漏洞的严重性分为四组，级别为 0 到 3。审计只报告了最高严重性级别的漏洞，例如远程代码执行。

分析了三种类型的安全风险：后门和剩余凭据、未经请求连接和恶意软件。令人震惊的发现是，扫描过的 Linux AMI 中大约有 22% 包含允许入侵者远程登录系统的凭据。识别了大约 100 个密码、995 个 ssh 密钥和 90 个两者都可以检索的案例。

要租用 Linux AMI，用户必须提供 ssh 密钥的公开部分，该密钥存储在 home 目录中

⊖ 环回文件系统（LOFS）是一个虚拟文件系统，提供了到现有文件系统的备用路径。当其他文件系统挂载到 LOFS 时，原始文件系统不会更改。LOFS 的一个用途是获取 CDROM 映像文件，即一个类型为 ".iso" 的文件，并将其安装到文件系统中，然后访问它，而不需要记录 CD-R。它在某种程度上相当于 Linux mount -o loop 选项，但是增加了抽象级别；大多数应用于设备的命令都可以用来处理映像文件。

的 authorized_keys 中。这为 AMI 的恶意创建者打开了后门，该创建者不从映像中删除自己的公钥，并且可以远程登录到此 AMI 的任何实例。当 ssh 服务器允许基于口令的认证，并且 AMI 的恶意创建者没有删除自己的密码时，另一个后门被打开。这个后门甚至更大，因为人们可以提取密码哈希，然后使用诸如 John the Riper 这样的工具破解密码，参见 http://www.openwall.com/John。

另一个威胁是在启动映像时调用的 cloud-init 脚本中的遗漏。这个由亚马逊提供的脚本重新生成 ssh 服务器，用于标识自身的主机密钥；此密钥的公开部分用于对服务器进行身份认证。当这个密钥在多个系统之间共享时，这些系统就容易受到中间人的攻击。

攻击者在中间人攻击中模拟通信信道两端的代理，使他们认为自己在通过安全通道进行通信。例如，如果 B 向 A 发送她的公钥，但 C 能够截获它，那么这样的攻击进行如下。C 向 A 发送一个声称来自 B 的伪造消息，并代之以 C 的公钥。然后 A 用 C 的密钥对自己的消息进行加密，认为自己是在使用 B 的密钥，并将加密后的消息发送给 B。入侵者 C 截取并使用自己的私钥对消息进行解密，可能会对消息进行更改，并使用 B 原来发送给 A 的公钥重新加密。当 B 收到新加密的消息时，她认为它来自 A。

当该脚本不运行时，攻击者可以使用 NMap 工具[⊖]将在 AMI 映像中发现的 ssh 密钥与使用 NMap 获得的密钥进行匹配。该研究报告称，作者在这个过程中识别了超过 2100 个实例。

未经请求（unsolicited）的连接对系统构成严重威胁。传出连接允许外部实体接收特权信息，例如，实例的 IP 地址和由 syslog 守护进程记录到 Linux 系统的 var/log 目录中的文件的事件。此类信息仅对具有管理权限的用户可用。

审计检测到两个 Linux 实例，它们具有修改的 syslog 守护进程，该守护进程向外部代理转发有关事件的信息，例如登录和 Web 服务器的传入请求。一些未经请求的连接是合法的，例如到软件更新站点的连接。区分合法连接和恶意连接几乎是不可能的。

恶意软件包括病毒、蠕虫、间谍软件和木马，它们是使用 ClamAV 识别的，ClamAV 是一种软件工具，其数据库包含大约 85 万个恶意软件签名，可从 http://www.clamav.net 获得。发现了两个受感染的 Windows AMI，一个带有木马间谍（变种 50112），另一个带有木马代理（变种 173287）。第一种木马进行密钥记录，允许从文件系统中窃取数据和监控进程；AMI 还包括一个名为 Trojan.Firepass 的工具，用于解密和恢复 Firefox 浏览器存储的密码。

共享 AMI 的创建者承担一些隐私风险。其私钥、IP 地址、浏览器历史记录、shell 历史记录和删除的文件可以从已发布的映像中恢复。恶意代理可以恢复不受密码保护的 AWS API 密钥。然后，恶意代理可以启动 AMI 并免费运行云应用，而不需要自己承担任何成本，因为计算费用会转嫁到 API 密钥的所有者。搜索的目标文件可以是 PK-[0-9A-Z] *.pem 或 cert-[0-9A-Z]*.pem，其用于存储 API 密钥。

恶意代理的另一个方法是恢复存储在名为 id_dsa 和 id_rsa 文件中的 ssh 密钥。尽管 ssh 密钥可以通过密码短语进行保护，但审计发现，大多数 ssh 密钥（56 个中的 54 个）都没有密码保护。密码短语是用来控制对计算机系统的访问的一系列单词。密码短语与密码相似，但提供了更高的安全性。对于高安全性的非军事应用，NIST 建议使用 80 比特强度

⊖ NMap 是一个安全工具，可以在大多数操作系统上运行来映射网络，这些操作系统包括 Linux、Microsoft Windows、Solaris、HP-UX、SSL-IRIX 和 BSD 的变体（如 Mac OS X）。映射网络意味着发现网络中的主机和服务。

的密码短语。因此，安全密码短语应至少包含 58 个字符，包括大写字母和数字字符。书面英语的熵小于每字符 1.1 比特。

恢复同一用户拥有的其他系统的 IP 地址需要访问 lastlog 或 lastb 数据库。审计发现 187 个 AMI 在其 lastb 数据库中总共有超过 66 000 个条目；9 个 AMI 包含 Firefox 浏览器历史记录，允许审计人员识别用户所接触的域。

612 个 AMI 包含至少一个 shell 历史文件。审计分析了 869 个名为 ~/.history、~/.bash_history 和 ~/.sh_history 的历史文件，其中包含了 160 000 行命令历史记录，并标识了 74 个标识凭据。用户应该知道，当 HTTP 协议用于将信息从用户传送到 Web 站点时，GET 请求被存储在 Web 服务器的日志中。通过 GET 请求传递的密码和信用卡号可以被恶意代理用于访问此类日志。当远程凭证（如 DNS 管理密码）可用时，恶意代理可以将流量从其原始目的地重定向到自己的系统。

恢复包含敏感信息的已删除文件对映像供应商构成另一个风险。当包含敏感信息的磁盘上的扇区实际上被另一个文件覆盖时，恢复敏感信息就困难得多。为了安全起见，映像工作的创建者应该使用诸如 shred、scrub、zerofree 或 wipe 之类的实用工具，使敏感信息几乎不可能恢复。如果使用本节开头讨论的块级工具创建映像，则映像将包含标记为空闲的文件系统块——这些块可能包含已删除文件的信息。审计过程能够使用 exundelete 实用程序从 98% 的 AMI 中恢复文件。从 AMI 中恢复的文件数量低至 6 个，高至 4 万个。

我们的结论是，已发布 AMI 的用户以及映像的供应商可能易受各种安全风险的影响，并且必须充分认识到映像共享带来的危险。

11.11 管理操作系统带来的安全风险

我们经常听到虚拟化增强了安全性，因为虚拟机监视器或虚拟机管理程序比操作系统要小得多。例如，10.5 节讨论的 Xen 虚拟机管理程序具有大约 60 000 行代码，比传统操作系统少一到两个数量级⊖。

与传统操作系统支持的进程之间的隔离相比，虚拟机管理程序支持在其下运行的虚拟机之间更强的隔离。然而，虚拟机管理程序必须依赖于管理操作系统来创建 VM，并将数据从访客 VM 中输入/输出到存储设备和网络接口。

可以仔细分析小型虚拟机管理程序，从而得出虚拟环境中的安全风险降低的结论。我们对这种笼统的说法必须谨慎。事实上，云计算环境的可信计算机基（TCB）⊖不仅包括虚拟机管理程序，还包括管理操作系统。管理操作系统支持管理工具、实时迁移、设备驱动程序和设备模拟器。

例如，基于 Xen 的环境的 TCB 不仅包括硬件和虚拟机管理程序，还包括在 Dom0 中运行的管理操作系统，参见图 11.4。软件组件 Xen 和管理操作系统都可能引入系统漏洞。Xen 漏洞分析显示，23 次攻击中有 21 次攻击针对控制 VM 的服务组件[116]；11 起攻击归因于缓冲区溢出导致的访客 OS 问题，8 次是拒绝服务攻击。缓冲区溢出允许在特权模式下执行任意代码。

⊖ Linux 操作系统的代码行数从 1995 年 3 月发布的 Linux 1.0.0 的 176 250，到 1999 年 1 月发布的 Linux 2.2.0 的 1 800 847，到 2001 年 1 月发布的 Linux 2.4.0 的 3 377 902，再到 2003 年 12 月发布的 Linux 2.6.0 的 5 929 913。

⊖ TCB 被定义为计算机系统（硬件、固件和软件）中保护机制的整体，所有这些元素的组合负责执行安全策略。

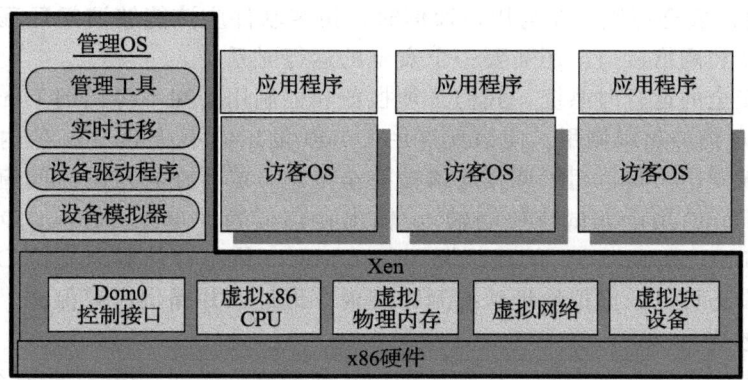

图 11.4 基于 Xen 环境的可信计算基包括硬件、Xen 和运行在 Dom0 中的管理操作系统。管理操作系统支持管理工具、实时迁移、设备驱动程序和设备模拟器。在它下面运行的访客 OS 和应用程序驻留在 DomU 中

Dom0 管理所有用户域（DomU）的构建，该过程包括几个步骤：

1. 在 Dom0 地址空间中分配内存，并从辅助存储器中加载访客 OS 的内核。
2. 为新 VM 分配内存，并使用外部映射将内核加载到新 VM。Dom0 使用 Xen 的外部映射机制，将 VM 的任意内存帧映射到其页表中。
3. 设置新 VM 的初始页表。
4. 释放新 VM 内存上的外部映射，设置虚拟 CPU 寄存器，并启动新 VM。

恶意的 Dom0 在创建 DomU 时可以使用一些恶意的技巧[302]：

- 拒绝执行启动新 VM 所需的步骤，这种行为可被视为拒绝服务攻击。
- 修改访客 OS 的内核，使第三方能够监视和控制在新 VM 下运行的应用的执行。
- 通过设置错误的页表或设置错误的虚拟 CPU 寄存器来破坏新 VM 的完整性。
- 在新 VM 运行时，拒绝释放外部映射并访问内存。

现在我们将注意力转向 Dom0 和 DomU 之间运行时的交互。回想一下，Dom0 使用拆分驱动程序向访客 OS 公开了一组抽象设备；这种驱动程序的前端位于 DomU 中，后端位于 Dom0 中，两者通过共享内存中的一个环进行通信，见 10.5 节。

在 Xen 的最初实现中，运行在 DomU 中的服务使用 Dom0 中的网络接口向位于云外的客户发送数据或从其接收数据；它使用 Dom0 中的设备驱动程序将数据传输到 I/O 设备。注意，Xen 的后续实现提供了直通选项。

因此，我们必须确保通过 Dom0 的运行时通信是加密的。然而，传输层安全性（Transport Layer Security，TLS）并不能保证 Dom0 不能从运行在 DomU 中的 OS 和应用的内存中提取密钥。Dom0 的一个重要安全弱点是系统的整个状态由 XenStore 维护，参见 10.5 节。恶意 VM 可以拒绝访问系统对其他 VM 而言的关键元素；它还可以访问 DomU 的内存。这给我们带来了额外的对 Dom0 的保密性和完整性的要求。

应该禁止 Dom0 使用外部映射与 DomU 共享内存，除非 DomU 响应来自 Dom0 的超级调用而启动该过程。当发生这种情况时，应该向 Dom0 提供内存页和虚拟 CPU 寄存器的加密副本。整个过程应该由虚拟机管理程序密切监视，在访问之后应该检查受影响的 DomU 的完整性。

文献 [302] 中介绍了一种虚拟化体系结构，它可以保证基于 Xen 系统的 TCB 的机密性、完整性和可用性。只有当访客应用能够安全地存储、通信和处理数据时，才能确保在

Dom0 不可信时的安全环境。在与用户通信时，访客软件应该能够访问远程存储服务器上的安全辅助存储和网络接口。还需要一个安全的运行时系统。

为了实现安全的运行时系统，我们必须拦截和控制用于在不可信的 Dom0 和希望保护的 DomU 之间通信的超级调用。应该允许由 Dom0 发出的不从 DomU 的内存或其虚拟寄存器读写的超级调用。其他超级调用应该被完全限制，或者在特定的时间窗口内限制。例如，应该禁止 Dom0 用于调试或控制输入/输出存储器管理单元（Input/Output Memory Management Unit，IOMMU）的超级调用。IOMMU 将主存储器与支持 DMA 的 I/O 总线连接；它将设备可见的虚拟地址映射到物理内存地址，并提供内存保护，使其不受行为不端的设备的影响。

我们不能限制 Dom0 发出的一些超级调用，即使它们会对 DomU 的安全性造成危害。例如，需要外部映射和对虚拟寄存器的访问来保存和恢复 DomU 的状态。在执行此类安全关键性超级调用之后，我们应该检查 DomU 的完整性。

需要保护新的超级调用：
- VM 虚拟 CPU 的隐私性和完整性。当 Dom0 想要保存 VM 的状态时，应该拦截超级调用，并对虚拟 CPU 寄存器的内容进行加密。应该对虚拟 CPU 环境进行解密，然后在恢复 DomU 时进行完整性检查。
- 虚拟内存的隐私性和完整性。应该拦截页表更新超级调用，并对页进行加密，以便 Dom 只处理虚拟机的加密页。虚拟机管理程序应该在 Dom0 保存所有内存页之前，计算所有内存页的哈希，以确保系统的完整性。地址转换是必要的，因为恢复的 DomU 可能被分配到不同的内存区域[302]。
- 虚拟 CPU 和 VM 内存的新鲜度。解决方案是向哈希中添加一个版本号。

正如预期的那样，安全性和隐私级别的提高导致了开销的增加。文献 [302] 中的测量结果显示：域构建时间增加了 1.7 到 2.3 倍，域节省时间增加了 1.3 到 1.5 倍，域恢复时间增加了 1.7 到 1.9 倍。

11.12 Xoar：打破 TCB 的整体设计

Xoar 是 Xen 的一个改进版本，旨在提高系统安全性[116]。Xoar 的安全模型假设系统是专业化管理的，并且只有系统管理员才有权访问系统。该模型还假定管理员既没有财务激励，也不想违背用户的信任。安全威胁来自访客 VM，它可能试图破坏同一平台上另一个访客 VM 的数据完整性或保密性，或者利用访客的代码。威胁的另一个来源是管理 VM 初始化代码中的 bug。

Xoar 基于微内核[⊖]设计原则。Xoar 模块化使风险暴露更加公开，并允许访客按需配置对服务的访问。模块化允许 Xoar 的设计者减少系统永久占用的大小，并提高关键组件的安全性。记录安全审计日志的能力是虚拟机管理程序的另一个关键功能，它为模块化设计提供了便利。Xoar 的设计目标如下：
- 维护 Xen 提供的功能。
- 确保现有管理和 VM 接口的透明性。
- 严格控制特权。每个组件应该只具有其功能所需的特权。

⊖ 微内核（μ-kernel）仅支持一个操作系统内核的基本功能，包括低级地址空间管理、线程管理、进程间通信。传统的操作系统组件（如设备驱动程序、协议栈和文件系统）都从微内核中删除，并在用户空间中运行。

- 最小化所有组件的接口，以减少攻击者使用组件的可能性。
- 减少共享。共享减少到不能再少，并公开共享，以允许有意义的日志记录和审计。
- 通过限制组件运行时的时间窗口，减少针对系统组件的攻击机会。

这些设计原则旨在打破基于 Xen 的系统的整体 TCB 设计。这种策略不可避免地会对性能产生影响，但实施时应尽量将模块化开销降至最低。

仔细分析表明，启动系统是一项复杂的活动，但是一旦系统启动并运行，就不再需要启动过程中使用的相当大的模块。在 10.5 节中，我们已经看到 XenStore 是一个关键的系统组件，因为它维护着系统的状态，因此它是需要加强的主要候选对象。工具堆栈仅用于管理功能，并且只能在请求时加载。

Xoar 系统有 4 种类型的组件：永久组件、自毁组件、按请求重启组件和定时重启组件。参见图 11.5。

- 永久组件：XenStore-State 维护有关系统状态的所有信息。
- 用于引导系统的组件，它们在启动任何用户 VM 之前自毁：这两个组件发现包括 PCI 驱动程序的服务器硬件配置，然后引导系统。
    - PCIBack——虚拟化对 PCI 总线配置的访问。
    - Bootstrapper——协调系统引导。
- 根据请求重启组件：
    - XenStore-Logic。
    - Toolstack——处理虚拟机管理请求，例如，它请求构建器根据用户请求创建新的访客 VM。
    - Builder——启动用户 VM。
- 定时重启组件：这两个组件将物理存储设备驱动程序和物理网络驱动程序导出到访客 VM。
    - BlkBack——使用 udev[⊖] 规则导出物理存储设备驱动程序。
    - NetBack——导出物理网络驱动程序。

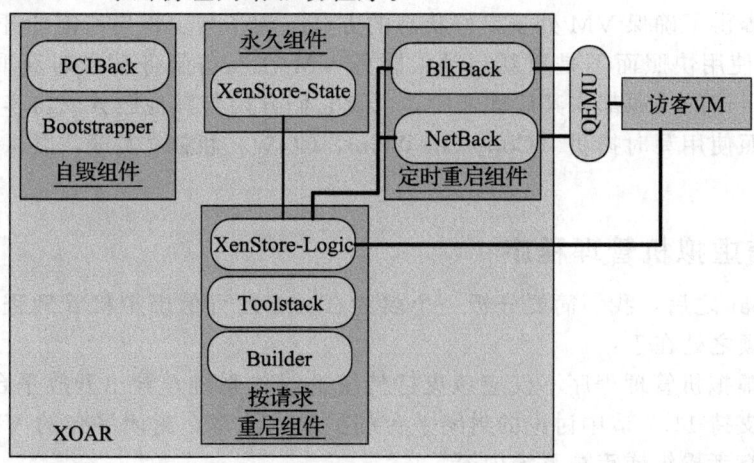

图 11.5　Xoar 有 9 种组件，分为 4 种类型：永久组件、自毁组件、按请求重启组件和定时重启组件。访客 VM 由 Builder 使用 Toolstack 启动，并由 XenStore-Logic 控制。访客 VM 使用的设备由 QEMU 组件模拟

⊖　udev 是 Linux 内核的设备管理器。

另一个组件 QEMU 负责设备模拟。Bootstrapper、PCIBack 和 Builder 是最具特权的组件，但是一旦 Xoar 初始化后，前两个组件就会被销毁。Builder 很小，只有 13 000 行代码。XenStore 分为两个部分：XenStore-Logic 和 XenStore-State。访问控制检查由 XenStore-State 中的小监视器模块完成。访客 VM 仅共享 Builder、XenStore-Logic 和 XenStore-State，参见图 11.6。

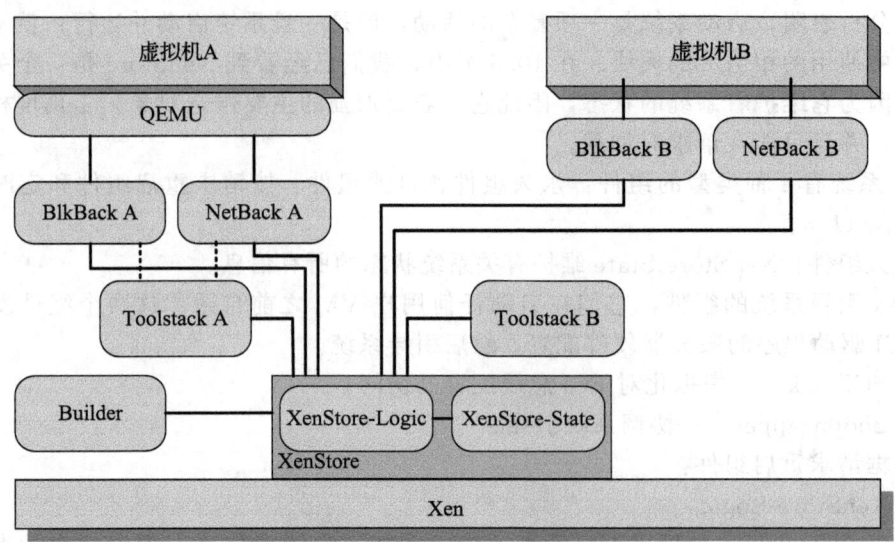

图 11.6　Xoar 中访客 VM 之间的组件共享。两个 VM 只共享 XenStore 组件，每一个都有一个 BlkBack、NetBack 和 Toolstack 的专用版本

Xoar 用户只能与他们控制的访客 VM 共享服务 VM，为此，它们在其托管 VM 的所有设备上指定一个标记。当 Xoar 创建、删除、停止或重新启动 VM 时，该操作记录到一个仅能追加信息的数据库中，该数据库位于通过安全信道访问的不同服务器上，使得审计更安全。

重新启动提供了确保 VM 处于良好状态的方法。为了减少重启所需的开销和增加的启动时间，Xoar 使用快照而不是重新启动。服务 VM 在准备服务请求时获取本身的快照。类似地，所有组件的快照都在其启动之后，以及它们开始与其他服务或访客 VM 交互之前立即获取。快照使用写时拷贝（Copy-On-Write，COW）机制⊖实现，以保存任何修改的页面。

11.13　可信虚拟机管理程序

在讨论 Xoar 之后，我们简要分析一个名为 Terra 的可信虚拟机管理程序的设计[184]。这种设计的新颖之处在于：

- 可信的虚拟机管理程序不仅应该支持传统的操作系统，导出开放平台的硬件抽象，还应该支持 11.7 节中讨论的封闭平台的抽象。注意，封闭平台的 VM 抽象不允许平台所有者操纵或审视系统内容。

⊖ 虚拟内存操作系统使用 COW 来最小化进程创建自身副本时复制进程虚拟内存的开销。然后，内存中可能被进程或其副本修改的页面被标记为 COW。当一个进程修改内存时，操作系统的内核拦截该操作并复制内存，这样一个进程内存中的更改对另一个进程透明。

- 应该允许应用根据自己的需要构建软件栈。需要非常高安全级别的应用程序，例如金融应用和电子投票系统，应该在仅支持应用程序所需功能和引导能力的瘦操作系统下运行。另一方面，应用程序要求较低的保障但功能丰富的操作系统。这种应用程序需要一个商业操作系统。信息保障（Information assurance，IA）指管理与信息的使用、处理、存储和传输相关的风险，以及保护用于这些目的的系统和过程。IA意味着保护应用程序数据的完整性、可用性、真实性、抗抵赖性和机密性。
- 支持增强系统保障的其他功能：
  - 提供从用户到应用的可信路径。我们在11.7节看到，这样的路径允许人类用户确定其正在与之交互的VM的身份，同时允许VM认证人类用户的身份。
  - 支持证明，即在封闭平台中运行的应用程序通过密码识别自身的方法来获得远程对象信任的能力。
  - 通过拒绝平台管理员的根访问，为虚拟机管理程序提供气密性隔离保证。

管理VM由平台所有者选择，但要区分开平台所有者和平台用户。管理VM对平台上运行的访客VM数量进行限制，拒绝访问被认为不适合运行的访客VM，向运行的VM授予I/O设备的访问权限，并限制其CPU、内存和磁盘使用。

访客VM向虚拟设备公开原始硬件接口，包括虚拟网络接口。可信虚拟机管理程序以最高特权级别运行，甚至对于平台所有者的操作也是安全的；它为应用程序开发人员提供了封闭平台的语义。

可信虚拟机管理程序的安全性面临的重大挑战，来自平台上运行的不同VM使用的设备驱动程序。设备驱动程序是大型或非常大型的软件组件，尤其是高端无线网卡和显卡的驱动程序。这种驱动程序还有很多种，许多是为了适应新的硬件特性而匆忙编写的。

通常，设备驱动程序是在操作系统内核中发现的质量最低的软件组件，因此它们具有最高的安全风险。为了保护可信虚拟机管理程序，设备驱动程序不应该被许可访问敏感信息，并且它们的内存访问也应该受到不同硬件保护机制的限制。恶意I/O设备可以使用不同的硬件能力（如DMA）来修改内核。

11.14 移动设备和云安全

移动设备是云生态系统的组成部分，移动应用程序使用云服务来访问和存储数据，或执行大量计算任务。移动设备与所有计算机和通信系统共有的安全挑战包括：
- 机密性——确保未经授权的各方无法读取传输和存储的数据；
- 完整性——检测传输和存储数据的有意或无意的变化；
- 可用性——确保用户可以在需要时访问云资源；
- 抗抵赖——确保合同当事方不能否认其发送信息的能力。

移动设备的技术栈由硬件、固件、操作系统和应用程序组成。移动设备的固件和硬件之间的分离是模糊的。基带处理器仅用于电话服务，包括运行于应用处理器上的移动操作系统控制之外的蜂窝网络上的数据传输。特定于安全性的硬件和固件在一些移动设备上存储加密密钥、证书、凭证和其他敏感信息。

移动设备的性质使它们比固态设备更容易受到威胁。移动设备的设计目的是轻松安装应用程序，使用来自应用程序商店的第三方应用程序，并通过通常不受信任的蜂窝网络和WiFi网络与计算机云通信。移动设备经常与其他系统交互以交换数据，并且经常使用不可信的内容。

移动设备通常需要一个短认证码,并且可能不支持强存储加密。定位服务增加了目标攻击的风险。潜在的攻击者能够确定用户的位置,将位置与用户联系的个人的其他来源信息关联起来,并推断出其他敏感信息。

由于移动设备受到特殊的安全威胁影响,必须采取特殊预防措施,包括:
- 移动恶意软件。
- 因丢失、盗窃或处理而被盗的数据。
- 未经授权的访问。
- 电子窃听。
- 电子跟踪。
- 第三方应用访问数据。

其中一些威胁可能会传播到移动设备连接的云基础设施。例如,存储在移动设备上的受勒索病毒控制并由恶意入侵者加密的文件,可以迁移到存储在云中的备份。移动设备给云基础设施带来的风险集中在数据泄露方面。这种安全风险是由一系列原因造成的,包括:
- 移动设备丢失、锁屏保护、使能污迹攻击以及导致移动访问控制的其他原因。污迹攻击是一种识别触摸屏设备(如手机或平板电脑)密码模式的方法。
- 在不安全或不可信的 WiFi 或蜂窝网络中传输的数据缺乏机密性保护。
- 不匹配的固件或软件,包括绕过安全架构的操作系统和应用软件,例如获取 root 权限/越狱设备。
- 绕过访问控制机制的恶意移动应用程序。
- 误用或错误配置 GPS 等定位服务。
- 接受伪造的移动性管理配置文件。

对企业移动管理(Enterprise Mobile Management,EMM)的深入讨论列出了包括移动设备管理(Mobile Device Management,MDM)和移动应用管理(Mobile Application Management,MAM)在内的不同的 EMM 服务,并提出了系统的若干功能和安全能力[179]。这些策略和机制中的一些也应该应用于连接到计算机云的移动设备上:
- 使用设备加密、应用级加密和远程擦除功能来保护存储。
- 对所有通信信道使用 TLS。
- 将用户级应用程序相互隔离,以防止使用沙盒的应用程序之间的数据泄露。
- 对引导确认、验证应用程序和操作系统更新使用设备完整性检查。
- 使用审计和日志。
- 强制设备所有者的身份认证。
- 自动定期检查设备完整性和合规性,以检查威胁和合规性。
- 策略违反的自动警报。

用于微软 Outlook 移动应用的系统要求希望参与管理方案的个人下载微软社区门户应用程序,并通过移动 OS 提供的锁屏和加密能力向移动操作系统输入所需信息,包括对移动 OS 的本地认证,以保护设备上数据。文献 [179] 中讨论的云 MDM 门户通过 Web 界面提供给管理员。

11.15 扩展阅读

云安全联盟(Cloud Security Alliance,CSA)是一个拥有 100 多个企业成员的组织。它旨在解决云安全的所有方面，并作为云安全标准孵化器。该组织网站提供的报告定期更新；最早的报告于 2009 年出版[122]，随后的报告见文献［123］和［124］。文献［382］介绍了一种开放的安全体系结构。

Garfinkel 和 Rosenblum 在 2005 年发表了一篇关于虚拟化对系统安全的负面影响的开创性论文[185]，题为"当虚拟比真实更难时：基于 VM 的计算环境中的安全挑战"，随后发表了另一篇论文，得出了类似的结论[410]。风险和信任在文献[153]、[252]和[317]中进行了分析。云安全也在文献[339]、[468]和[474]中进行了讨论。云信息泄露管理是[519]的主题。

2010 年的一篇论文[207]对计算机云攻击进行了分类，文献[138]涵盖安全服务生命周期的管理。安全问题根据文献[377]中讨论的云模型而异。云计算中的隐私影响是文献[478]的主题。2011 年出版的一本书[523]全面介绍了云安全。欧盟的个人资料私隐及保障参见 http://ec.europa.eu/justice/policies/privacy。

文献[40]分析了当前云计算风险控制的不足之处。互联网安全是文献[63]的主题。文献[66]讨论了安全协作。文献[303]提出了一种在不可信管理操作系统下安全执行 VM 的方法。文献[166]分析了隐私在云计算中的社会影响。文献[257]给出了一种匿名访问控制方案。

在 http://taviso.decsystem.org/virtsec.pdf 中可以找到对恶意虚拟环境主机的安全性暴露的实证研究。基于模型的云计算安全测试方法在文献[544]中给出。文献[217]讨论了对加密密钥的冷启动攻击。云安全问题和移动设备安全分别包含在文献[370]和[371]中。文献[405]介绍了一种用于查询处理的加密系统，文献[439]讨论了一种实用的安全学科。

11.16 练习和问题

问题 1　确定公共云上 SaaS 云交付模型的主要安全威胁。与在专用基础设施上运行的传统面向服务的体系结构所提供的类似服务相比，讨论这些威胁在公共云上的不同方面。

问题 2　分析 11.2 节讨论并在图 11.1 中说明的六个攻击面如何应用于 SaaS、PaaS 和 IaaS 云交付模型。

问题 3　分析 Amazon 的隐私策略，并设计一个服务级别协议，如果要使用 AWS 处理机密数据，将会签署该协议。

问题 4　分析商业操作系统中缺乏可信路径的含义，并给出一个或多个例子来说明这一缺陷的影响。分析商用操作系统的二级安全模型的含义。

问题 5　比较公共、专用和混合云上的虚拟化带来的好处和潜在问题。

问题 6　阅读文献[49]，并讨论亚马逊为解决 AWS 的共享映像带来的问题而采取的措施。在向公众发布之前，让云服务分析映像并对其进行签名是否有用？

问题 7　分析域外映射带来的风险和 Xoar 采用的解决方案。XenStore 带来的安全风险是什么？

问题 8　阅读文献[116]并讨论系统的性能。你能预见 IaaS 服务供应商采用它的障碍是什么吗？

问题 9　讨论有关隐私法的国际协议对云计算的影响。

问题 10　恶意软件在互联网上的传播与传染病的传播有相似之处。讨论传染病在有限种群中传播的三种模型：SI、SIR 和 SIS。证明每个描述系统动力学模型的公式是正确的。提示：阅读文献[76, 161]和[267]。

第 12 章
Cloud Computing: Theory and Practice, Second Edition

大数据、数据流和移动云

处理器、存储、软件和网络技术的进步使我们能够存储和处理海量数据,其目的在于造福人类、创造利益、丰富娱乐方式等。当科学家和决策者、记者和卫生保健供应商、艺术家和工程师、新手和领域专家都试图从数据中获取知识时,人们就可以谈论"数据的民主化"。

本章包含云应用中最令人激动和要求最高的三大类:大数据、数据流和移动云计算。大数据已经成为现实,我们每天产生 2.5×10^{18} 字节的数据⊖。这些海量的数据每天从各种渠道被各种设备收集上来,例如通过谷歌和亚马逊或是其他连接在互联网上的设备提供的在线服务,从手机上廉价的传感器到大型强子对撞机的探测器都在收集数据。

大数据是云计算中一个确实有挑战的领域,每天都有巨量数据被收集到计算机云上进行存储和处理。大数据和数据流应用需要低延迟、可伸缩性、通用性以及高度的容错性,在如此规模下保证这些特性极具挑战。

在此为本章讨论的应用的规模定义一个更全面的概念是非常有意义的。在这种情况下,"规模"意味着在大型数据中心协同操作的数百万台服务器、大量不同的应用程序、数千万用户以及一系列反映用户和 CSP 观点的性能指标。这样大的规模带来了颠覆性的影响,直接改变了我们设计和策划此类系统的方式,并且扩大了我们可以解决的问题范围和只能在计算机云上运行的程序的数量。

规模的扩大会放大一些意想不到的益处,但同样也是系统设计师的梦魇。即便单个服务器性能的轻微提升或资源管理算法的轻微改进也可以带来巨大的成本节约和如潮的好评。同样,数百万硬件和软件组件中一个微小的故障也可能会被无限放大,在系统中蔓延并导致系统崩溃。

在为大数据存储和处理设计大规模系统时,有一些重要的教训值得谨记:为意外事件做好准备,因为低概率事件的发生很可能造成重大的系统故障;在那样的规模下严格确保性能是完全不合理的;建立超出一定级别的系统复杂性的无故障系统是行不通的;理解这一现实问题推动了下一个最佳方案,即发展容错系统设计原则。

为性能指标的分布(如响应时间延迟)开发容错技术是本章讨论的应用程序的一个现实性可选方案。这意味着要理解性能指标为何具有重尾分布,并在可行的情况下尽早检测导致这种不良状态的事件,并采取必要的措施来限制其影响。大规模信息检索系统的另一个设计原则是,快速响应的近似结果优于延迟响应的最佳结果。

12.1 节分析了大数据的属性,接下来的章节将讨论如何存储和处理大数据。大量的数据需要大容量的数据仓库和数据库,而扩充数据仓库和数据库的容量本身就是一个挑战。12.2 节讨论了 Google 开发的 Mesa 数据存储区以及 Spanner 和 F1 数据库。

现在有许多的云应用在处理大数据,数据分析是这些应用中重要的一类。自引导技术

⊖ 参见 2015 年 4 月 http://www.vcloudnews.com/every-day-big-data-statistics-2-5-quintillion-bytes-of-data-createddaily/上的报告。

为查询非常大的数据集提供了低时延响应方案。这些技术和近似查询处理分别在 12.3 和 12.4 节中进行了分析。最后，结合仿真和测量的数学建模属于另一类大数据应用——动态数据驱动应用，将在 12.5 节讨论。

计算机云主导了很多类型的数据流应用，从内容分发数据流到处理连续事件流，这些应用将在 12.6、12.7 和 12.8 节讨论。

规模改变了云计算的一切，使得在云中添加一些要求非常高可用性的关键任务应用成为现实，这是 12.9 节讨论的内容。巨大的规模同时放大了易变性而导致关键性能指标（包括时延）的重尾分布，这将在 12.10 节讨论。

智能手机、平板电脑、笔记本电脑和可穿戴设备等移动设备无处不在，已成为现代社会生活中不可或缺的一部分。移动设备的一大好处在于它们与计算机云的共生关系。移动云的用户受益于数据处理的民主化。具有移动设备的个人可以访问计算机云上的巨量计算周期和计算云上的可用存储。

移动云计算定位在云计算、无线网络和移动设备的交叉点上。移动设备是云上数据的生产者和消费者。嵌入移动设备的传感器生成数据并且存储到云上与他人共享，在移动设备上运行的应用程序使用云上的数据并可以触发云计算的执行。

12.11 节介绍了移动计算及其应用，12.12 节介绍了移动计算的能效。12.13 节分析了延迟的影响，并提出了包括小云（Cloudlet）在内的其他移动计算模型，同样的主题将在 12.14 节中的移动边缘云和马尔可夫决策过程中继续讨论。

12.1 大数据

大数据的属性包括三 V——容量（volume）、速度（velocity）和多样性（variety），还有持久性。容量的定义不言自明，速度意味着提供对查询和数据分析请求的响应速度必须很快，多样性指可识别各种数据源和数据格式，持久性意味着数据具有持久价值，而不仅仅短暂保存。

大数据涵盖了广泛的数据，包括用户生成的内容和机器生成的数据。一些数据是高度结构化的，比如患者的医疗保健记录、保险声明和抵押文件。其他则来自传感器、日志文件或社交媒体生成的原始数据。

大数据影响了数据库系统的组织结构。传统的关系数据库无法满足一些云应用的特定要求，而 NoSQL 数据库被证明更适合许多云应用程序。数据库模式（schema）是一种将对象按一定的逻辑进行分组（如表、视图、存储过程等）的方法，可以将这种模式视为对象的容器，可以为单个模式分配用户登录权限，以便用户只能访问被授权的对象。

几十年来，数据库社区一直使用写时模式（schema-on-write）的方法。首先，定义一个模式，然后写入数据。在读取时，数据根据原始模式返回。另一种方法——读时模式（schema-on-read）按原样加载数据，然后使用用户定义的筛选器提取数据进行处理。读时模式有以下几个优点：

- 通常数据是具有不同兴趣和不同角色的个人之间的共享资产，他们希望从中获得不同的见解。而读取模式会按照最适合查询要求的模式提供数据。
- 合并多个数据集时，不必开发涵盖所有数据集的超级模式。

对数据库研究状况的深入讨论首先阐明了"大数据的需求将对我们设计、构建和部署数据管理解决方案的方式造成严重破坏"[2]。有三个原因造成了这样的状况：第一是低成本的存储、传感器、智能设备和方便的社交软件、多人游戏以及新兴的物联网，使得生成各种数据变得方便很多;第二是多核处理器、固态存储、廉价的云计算服务和开源软件的进步,使得处理海量数据的成本变得更低;第三,不仅仅是数据库管理人员和开发人员,更多的人已经密切地参与了包括数据生成、数据处理和数据消费的全过程。

大数据彻底改变了计算。我们在第 7 章讨论了大数据处理的专用框架,例如 MapReduce 和 Hadoop。第 8 章讨论的系统软件组件包括 Pig、Hive、Spark 和 Impala,是处理非结构化或半结构化数据的更有效的基础设施的基本要素。将云基础设施塑造成大数据需求的趋势是必然的。这些趋势的成功归功于这样一个事实:尽管存在多样性,大数据工作仍有一些共同特征。

- 数据是不可变的,被广泛使用的大数据存储系统(例如 HDFS)只允许 append 操作。
- MapReduce 等作业具有确定性,因此可以通过重新计算来确保容错性。
- 对不同服务器上的不同数据段执行相同的操作,复制程序比复制数据便宜。
- 识别工作集,即时间窗口中经常使用的数据子集,并将此工作集保存在大型集群服务器的内存中是可行的。诸如 Spark[542] 和 Tachyon[301] 等系统利用这一想法来显著提高性能。
- 本地化,即数据与其被处理的位置的接近程度,对性能至关重要。支持数据本地化是调度算法的主要目标,包括延迟调度[541] 和数据感知调度[499],我们在第 9 章讨论过这个问题。

云硬件基础设施也面临许多挑战。跨越处理器速度与通信延迟和带宽之间的差距是一个主要挑战。在云中处理大数据时,由于受到响应时间的限制,这一问题被大大扩大了。解决这一挑战需要迅速采用更快的网络,如无限带宽(InfiniBand)和 Myrinet,以及服务器之间的全对分带宽网络。远程直接内存访问能力也可以帮助弥补这一差距。

非易失性随机存取存储器,诸如 GPU 和现场可编程门阵列(FPGA)的专用处理器以及专用集成电路(ASIC),有助于开发可扩展的基础设施。存储技术已经有了显著改进,见表 12.1。

表 12.1 现代服务器的硬盘(HDD)、固态硬盘(SDD)和内存的容量和带宽。参见 http://www.dell.com/us/bussiness/p/servers。网络带宽是 1.25GB/秒

介质	容量(TB)	带宽(GB/秒)
硬盘(x12)	12~36	0.2~2
固态硬盘(x4)	1~4	1~4
内存	0.128~0.512	10~100

大数据带来的一些持久挑战包括:
- 开发可扩展的数据基础设施,能够迅速响应应用程序的时序约束。
- 开发有效的方法来适应数据管理系统的多样性。
- 支持全面的端到端处理和从数据中提取知识。
- 为参与数据收集和分析的外行开发便捷的界面。

接下来将讨论大型数据存储系统开发和处理巨量数据所面临的挑战。

12.2 大数据的数据仓库和谷歌数据库

云大数据的数据仓库和数据库是近年来发展起来的。数据仓库是企业重要数据的中央存储库,也是与所谓的商业智能相关的一系列应用程序所需的核心企业软件组件。来自多

个操作系统的数据被上传并用于预测分析,检测数据中的隐藏模式。使用统计学习理论开发的数据模型使企业能够优化运营并将利润最大化。

由于低延迟、多样性、可用性和容错要求,扩展数据存储库非常具有挑战性。谷歌早就意识到有必要为其云服务和 AdWords ⊖ 所需的海量数据开发一致的存储架构。这种存储体系结构反映出以下认识:"开发人员不会问简单的数据问题,不会经常更改数据访问模式,不使用隐藏存储请求的 API,同时期望性能的一致性、强大的可用性和一致的操作以及对分布式存储请求的可见性。[173]"

我们在 6.9 和 6.10 节分别介绍了谷歌的两个最受欢迎的数据库 BigTable 和 Megastore,他们最早被设计和开发以支持谷歌的云计算服务。其中 BigTable 的主要问题是不支持跨记录事务(cross-row transaction)。Megastore 支持模式化的半关系表和同步复制。谷歌至少有 300 个应用程序使用 Megastore,包括 Gmail、Picasa、Calendar、Android Market 和 AppEngine。

根据 BigTable 存储系统的开发经验,谷歌存储软件栈的开发人员认识到共享分布式存储是非常困难的,而分布式事务是保证高容量事务处理系统低时延性的唯一现实选择。他们还了解到,端用户的时延很重要,而且如果应用程序接近其数据存放的位置,应用程序的复杂性会降低[173]。开发大规模系统的另一重要教训是,不建议对应用程序做出严格假设。

这些经验促成了 Colossus 的开发,Colossus 是本章讨论的 Mesa 仓库、Spanner 和 F1 数据库以及 GFS 的继承者,有望成为下一代集群级文件系统。Colossus 是为实时服务开发的,支持几乎所有的网络服务,从 Gmail、Google Docs 和 YouTube,到为第三方开发者提供的谷歌云端存储服务。Colossus 允许客户驱动的复制和编码,通常使用 Reed-Solomon 码对数据进行编码以降低成本,自动共享的元数据层支持可用性分析。

Mesa:可伸缩的数据仓库。Mesa[212]是一种数据仓库,旨在支持谷歌的数十亿广告业务数据。该系统有望支持近实时数据处理、高可用性和可伸缩性。地理复制(geo-replication)确保了其极高的可用性。⊖

Mesa 能够处理数千兆字节的数据,响应每天访问数万亿条记录数据的数十亿次查询,同时每秒更新数百万条记录。系统复杂性反映了极严格的要求,包括对以下方面的支持:

- 复杂查询,例如特定广告客户在 12 月第一周的上午 11:00 到下午 2:00 之间点击具有"fig"关键字的广告的次数,或者在 google.com 上显示使用移动设备的用户的具体地理位置[212]。
- 具有两类属性的多维数据:维度属性(称为键)和度量属性(称为值)。
- 原子更新、一致性和正确性。为不同性能定义的多个数据视图受单个用户操作的影响,并且所有数据视图必须一致。BigTable 存储系统不支持原子性,而 Megastore 系统提供跨地理复制数据的一致性,请分别参见 6.9 和 6.10 节。
- 可用性。计划中的 Mesa 不允许停机,也不应该经历计划外停机。
- 可扩展性。该系统应该容纳巨量数据和大量用户。
- 近乎实时的表现。能够支持实时客户查询以及报告和更新。允许查询来自多个数据中心的多个数据视图。

⊖ AdWords 由支持谷歌广告服务的数百个应用程序组成。
⊖ 文献[212]的标题中使用的术语地理复制意味着 Mesa 系统同时在多个节点并发运行。文献[213]中用于支持高可用性策略的术语是多宿主(multi-homing)。

- 灵活性和支持新特性的能力。

Mesa 中的逻辑和物理数据组织。 系统使用具有非常大的键 K 和值 V 的空间的表来存储数据。这些空间由相同数据类型的项列元组表示,例如整数、字符串或浮点数。数据被水平划分和复制。

表结构和聚合(aggregation)函数 $F: V \times V \mapsto V$ 由表模式指定。函数 F 是关联的并且通常是可交换的。为了最大化吞吐量更新,每个(表名,键)对最多由一个聚合值组成,并将分批应用。

更新是按版本号应用的,并且是原子更新,下一次更新只能在前一次更新完成后执行。与版本关联的时间是生成版本的时间。查询还有版本号和键 K 上的谓词(predicate)P。

增量(delta)是版本化数据的预聚合,其由对应于一组版本 $[V_1, V_2]$ 且 $V_1 \leqslant V_2$ 的键集合的一组行记录组成。可以通过合并行键和相应地聚合值来聚合增量,例如,

$$[V_1, V_2] \& [V_2+1, V_3] \rightarrow [V_1, V_3] \tag{12.1}$$

Mesa 通过减少要查询的版本空间,也减少了查询时间。可以删除旧版本,并拒绝对此类版本的查询。例如,可以使用版本 $[0, B]$ 将更新聚合到版本 $B \geqslant 0$,并且可以删除具有 $0 \leqslant V_1 \leqslant V_2 \leqslant B$ 的 $[V_1, V_2]$ 的任何更新。

增量不可变,并且每一行记录在有限大小的文件中按序存储。一行由多个行块组成,每个行块都经过转置和压缩。每个表都有一个或多个表索引,每个表索引都有一个根据索引顺序排序的数据副本。

Mesa 实例。 一个 Mesa 实例在每个节点运行,由两个子系统组成,即更新/维护和查询子系统,如图 12.1 所示。第一个子系统的工作池对存储在 Colossus 中的数据进行操作。工作者在控制器的监督下加载更新、执行表压缩、应用模式更改和运行表校验和,这些控制器确定要完成的工作并管理存储在 BigTable 上的元数据。

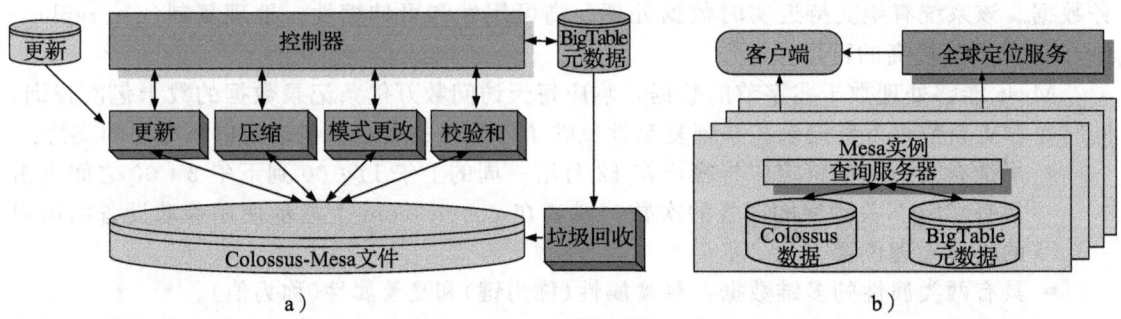

图 12.1 Mesa 实例。a) 控制器/工作者子系统。控制器与四种类型的工作者交互:更新、压缩、模式更改和校验和。数据和元数据分别存储在 Colossus 和 BigTable 上。b) Mesa 实例的查询子系统与客户和全局位置服务交互

为了动态调节,控制器按表格分片;回想一下,分片是数据存储中数据的水平划分,每个分片都保存在单独的物理存储设备上。控制器为每种类型的工作者维护单独的工作队列,并将慢工作者的工作负载重新分配给同一池中的另一个工作者。工作者在空闲时轮询控制器以进行额外的工作,并在完成任务时通知控制器。需要全局协调的工作(包括模式更改和校验和)由控制器外部的组件启动。

查询子系统包括处理客户端查询的查询服务器池。查询服务器查找 BigTable 以获取

元数据，确定存储数据的文件，执行数据的即时聚合，以及将数据从内部格式转换为客户协议格式。为了减少访问时间并且优化系统性能，将对同一个表执行的多个查询分配给一组服务器。

Mesa 实例在多个站点上运行，以支持高级别的可用性。提交者(committer)协调所有站点的更新。提交者为批量更新分配新版本号，并使用 Paxos 算法将更新的元数据发布到版本数据库，这是一个全局复制且一致的数据存储。控制器通过监听版本数据库中的更改来检测新更新的可用性，然后将工作分配给更新工作者。

Mesa 读取 30～60MB 的压缩数据，每秒增加 3×10^5 个新行，并更新 300 到 600 万个不同的行。它每天执行超过 5 亿次查询并返回 $(1.7～3.2) \times 10^{12}$ 行。更新大约每五分钟到达一批，中位数和 95% 提交时间分别为 54 秒和 211 秒。

Spanner：全球分布式数据库。 扩展传统数据库并非没有重大挑战。Spanner[119] 是一个分布式数据库，在全球许多站点上复制数据。一些应用程序在一个地理区域中跨越三到五个运行 Spanner 的数据中心来复制数据。其他应用程序将数据分布在更大的区域，例如，F1 在美国各地维护五个数据副本。F1 系统将在本节后面介绍。

自 2011 年发布以来，Spanner 已被许多 Google 应用程序使用，其中第一个使用 Spanner 的是 F1 系统。使用 Spanner 的每个应用的数据模型位于分布式数据库支持的目录桶键值映射的顶层。

Spanner 支持一致的备份、原子模式更新和一致的 MapReduce 执行，并提供外部一致的读写，以及在某个时间点上跨数据库的全局一致读取。这是有可能实现的，因为即使事务可能是分布式的，Spanner 也会为反映序列化顺序的事务分配全局有意义的提交时间戳。序列化顺序满足外部一致性。这意味着当 T_1 在 T_2 开始之前提交时，事务 T_1 的提交时间戳小于事务 T_2 的提交时间戳。

Spanner 应用可以控制副本所在的数据中心的数量和位置，以及读写延迟。读写延迟取决于数据与其用户的距离以及相互之间的相似程度。系统按区域(zone)组织，区域是管理部署和类似 AWS 区域的物理隔离的单元。

Spanner 组织。 在每个区域中，区域管理员负责数千个跨度服务器(spanserver)。客户使用位置代理来查找能够为其数据提供服务的跨度服务器。位置驱动程序处理跨区域的数据迁移，延迟为几分钟，全球主控制器(master)维护所有区域的状态。跨度服务器为客户提供数据。跨度服务器为每个 tablet 实现一个 Paxos 状态机，并管理 100～1 000 个 tablet。tablet 是实现映射包

$$(key: string, aimestamp: int64) \rightarrow string \qquad (12.2)$$

的数据结构。

Spanner 对复制和并发控制给予了极大的关注。一组副本称为 Paxos 组。系统管理员控制副本的数量和类型以及它们的地理位置，应用程序控制数据的复制方式。

每个跨度服务器都实现了一个用于并发控制的锁表。每个副本都有一个领导者，每次 Paxos 写都会记录两次，一次在 tablet 日志中，一次在 Paxos 日志中。其中(键，值)映射状态存储在 tablet 中。每个站点上的本地跨度服务器软件栈包括站点参与领导者与其他站点上的对等实体通信，该领导者控制事务管理器并管理锁表。

该系统将所有 tablet 存储在 Colossus 中，并优化了 Paxos 算法的实现。该算法采用流水线技术以减少延迟。3.12 节讨论的 Paxos 算法的领导者寿命很长，其生命周期大约为 10 秒。

Spanner 目录(也称为桶)是共享公共前缀的连续键集。目录是可以由应用程序指定其位置的最小数据单元。被称为 moved 的后台任务在 Paxos 组之间逐个目录地移动数据。此任务还用于向 Paxos 组中添加或从中删除副本。

Spanner 事务。 数据库支持读写事务、只读事务和快照读取。读写事务实现独立写入,并发控制则是保守的。只读事务受益于快照隔离⊖,它是无锁的,读不会阻止传入的写入,它在系统选择的时间戳上执行而不会锁定。快照读取在过去由客户指定的时间戳或在由客户指定的时间戳上限之前由系统选择的时间戳处是无锁读取的。

系统支持原子模式更改事务。事务在未来被分配一个时间戳 t。时间戳是在准备阶段注册的,这样数千台服务器上的模式更改可以在对其他并发活动干扰最小的情况下完成。根据模式隐式地进行的读和写与任何已注册的模式更改同步,如果它们的时间戳在时间 t 之前,则可以继续进行,否则必须阻塞,直到模式更改为止。

文献[119]中给出的微基准测试的一些结果如表 12.2 所示。这些数据是在分时系统上收集的,该系统是每个区域中运行的跨度服务器,配置为 4GB RAM 的四核 AMD Barcelona 2200MHz。两阶段提交可扩展性也同样得到了评估:从一个参与者的 17.0 ± 1.4 毫秒增加到 10 个参与者的 30.0 ± 3.7 毫秒,到 100 个参与者的 71.4 ± 7.6 毫秒和 200 个参与者的 150.5 ± 11.0 毫秒。

表 12.2 Spanner 对写操作、只读操作和快照读操作的延时和吞吐量。10 次运行结果的均值和标准差见文献[119]

副本	延时(ms)			吞吐量(kops/s)		
	写操作	只读操作	快照读操作	写操作	只读操作	快照读操作
1	14.4±1.0	1.4±0.1	1.3±0.1	4.1±0.5	10.9±0.4	13.5±0.1
3	13.9±0.6	1.3±0.1	1.2±0.1	2.2±0.5	13.8±3.2	38.5±0.3
5	14.4±0.4	1.4±0.05	1.3±0.4	2.8±0.3	25.3±5.2	50.0±1.1

TrueTime。 两阶段锁用于事务写入。基于 TrueTime 的时间戳管理的精细过程已经实现了。TrueTime API 使系统能够支持一致的备份、原子架构更新和其他所需的功能。此 API 将时间表示为 TTinterval,其类型为 TTstamp 的开始和结束时间。TTinterval 限制了时间的不确定性。支持使用 TTstamp 类型的 t 作为参数的三种方法为:

TT.now():返回 TT interval:[earliest, latest]

TT.after(t):如果 t 已经过去,则返回 true

TT.before(t):如果 t 尚未到达,则返回 true

对于调用而言,TrueTime 保证

$$tt = TT.now(), tt.earliest \leqslant t_{abs}(e_{now}) \leqslant tt.latest \quad (12.3)$$

其中,e_{now} 是调用事件。每个数据中心都有一个 timemaster,每个服务器都有自己的 timeslave 守护进程与多个 timemaster 交互,以减少出错的可能性。

TrueTime 保证了并发控制的正确性,并支持外部一致的事务、无锁只读事务和过去的非阻塞读取。它保证在时间 t 的整个数据库审计可以看到在时间 t 之前提交的每个事务的影响。结果表明,改善与抖动或偏斜相关的时钟不确定性能够构建具有更强时间语义的分布式系统。

F1:扩展传统的 SQL 数据库。 传统的数据库设计与数据仓库的目标一致,即可扩展

⊖ 快照隔离可保证事务中的所有读取都能看到数据库的一致快照。

性、可用性、一致性、使用性和延迟隐藏。谷歌系统开发人员意识到垂直扩展支持在线事务处理和在线分析处理系统的分片 MySQL 不能实现。作为代替，一个名为 F1 的分布式 SQL 数据库被开发出来了。F1 使用 Spanner 并将其数据存储在 Colossus 文件系统（Colossus File System，CFS）上。

自 2012 年以来，F1 数据库[451]被用于 AdWords 广告生态系统。F1 继承了 Spanner 的可伸缩性、同步复制、强一致性和排序属性，并增加了分布式 SQL 查询、二级指标交易一致、异步模式的变化、乐观型事务以及自动更改历史记录和发布。用户可以使用客户端库与 F1 进行交互。

F1 的组织如图 12.2 所示。F1 服务器与 Spanner 服务器一起位于每个数据中心。多个 Spanner 实例在每个站点上运行，同时还有多个 CFS 实例。CFS 不是全局复制的服务，并且 Spanner 实例仅与本地 CFS 实例通信。在本地存储数据可减少延迟。该系统具有可扩展性，可通过添加额外的 F1 和 Spanner 服务器来提高吞吐量。由于跨多个数据中心的同步数据复制，提交延迟在 50~150 毫秒的范围内。

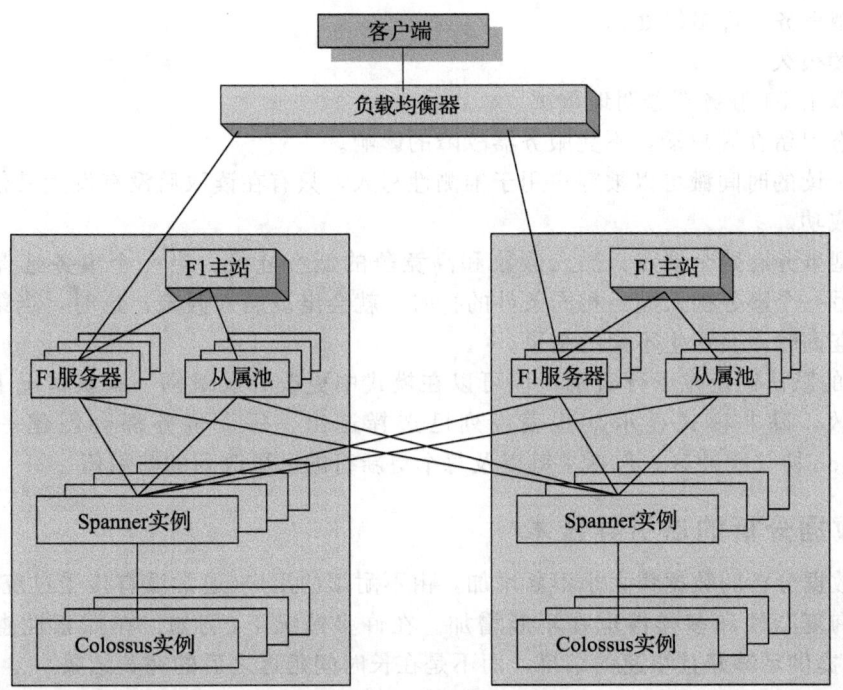

图 12.2 F1 架构。负载均衡器将工作负载分配到每个站点的 F1 服务器实例，而这些站点又与运行 F1 的所有站点上的 Spanner 实例进行交互。F1 数据存储在同一站点的 Colossus 上。共享从属池执行部分常规 F1 服务器的分布式查询计划。F1 主控制器监视从属池进程的运行状况，并向 F1 服务器传送可用从属列表

F1 具有逻辑关系数据库管理系统模式，并且具有一些扩展，包括显式的表层次和具有协议缓冲区数据类型的列。F1 存储每一个子表，这些子表在其父表的行中聚集并交错。表列包含基于谷歌开源协议缓冲区库的模式和二进制编码格式的结构化数据类型。尽管存在一些挑战，F1 仍支持非阻塞模式更改，包括：
- 系统规模。
- 高可用性和严格的延迟约束。
- 在模式更改时继续查询和事务处理的要求。

- 为所有服务器要求原子模式更新是不切实际的，因为出于效率原因，每个 F1 服务器都在本地内存中具有模式的副本。

模式更改算法要求在任何时候最多有两个不同的模式处于活动状态：一个可以是当前模式，另一个可以是下一个模式。服务器在租约到期后不能使用模式。模式更改分为多个阶段，以便连续的阶段能相互兼容。

F1 事务。 F1 支持 6.2 节中讨论的 ACID 事务，这是金融系统和 AdWords 等系统所要求的。在 Spanner 交易之上构建的三种类型的 F1 交易如下：

- 快照事务——SQL 查询和 MapReduce 使用的具有快照语义的只读事务。快照隔离可保证事务中的所有读取都能看到数据库的一致快照。只有当没有更新与自该快照以来的任何并发更新冲突时，事务本身才会成功提交。
- 悲观型事务——映射到相同的 Spanner 交易类型。
- 乐观型事务——具有任意长的无锁读取阶段，然后是一个短期的写阶段，这也是客户使用的默认事务。

乐观型事务有许多好处：

- 持续很久。
- 可以由 F1 服务器透明地重试。
- 状态保留在客户端，不受服务器故障的影响。
- 用于读的时间戳可以被客户用于推测性写入，只有在读取后没有发生其他写入时才能成功。

乐观型事务有两个缺点：插入假象和高竞争的低吞吐量。当一个事务选择一组行记录，然后另一个事务插入满足相同条件的行时，就会出现插入假象；这时，当第一个事务重新执行查询时，会产生不同的结果。

F1 中的默认锁定位于行级别，但可以在模式中更改并发级别。默认情况下，表会进行跟踪更改，除非模式显示某些表或列已选择退出。每个事务都会创建一个或多个 ChangeBatch 协议缓冲区，包括主键以及每个更新行的已更改列的前后值。

12.3 数据分析的自引导技术

用于数据分析的数据集大小不断增加，由不耐烦的用户（通常没有接受过统计学培训）导致的查询复杂性和多样性也在不断增加。在许多情况下（例如，在探索性查询的情况下），期望提供足够好且快速的结果，而不是在长时间延迟之后的完美结果。

这只能通过将搜索限制在数据子集上才能实现，但在这种情况下，除了结果之外，用户还希望估计返回的结果的质量。结果的质量取决于上下文，因此一个通用的解决方案是至关重要的。本节中讨论的自引导（bootstrapping）技术可广泛应用，以估计此类近似的质量。给定集合 F 和随机变量 U，自引导方法基于自引导替换原理。

为了确定 $U \equiv u(Y, F)$ 的概率分布，F 的随机采样 $Y = \{Y_1, Y_2, \cdots, Y_n\}$，则 F 由拟合模型 $\hat{F}$ 代替。

因此我们进行近似估计

$$\Pr\{u(Y, F) \leqslant u \mid F\} \approx \Pr\{u(Y^*, \hat{F}) \leqslant u \,\hat{F}\} \tag{12.4}$$

上标 $*$ 区分随机变量和从已经拟合到数据的概率模型中采样的相关量。有时，$u(Y,$

$F)=T-\theta$,其中 T 作为参数 $\theta \equiv t(F)$ 的估计量;更复杂的案例涉及 T 的变换。通常 $T=t(\tilde{F})$ 和 $\tilde{F}$ 是数据值的经验分布函数。

虽然自引导可以产生相当准确的结果,但也存在结果不可靠的情况。文献[87]中深入讨论了一些此类实例:

- 当模型、统计信息和重采样无法接近所需属性时,无论样本大小如何,自引导方法都不一致。
- 当数据的随机变化被错误建模时,在非同质数据的情况下重新采样模型不正确。
- 非线性的统计量 T 作为自引导的良好性质与精确的线性逼近 $T \approx \theta + n^{-1}\sum_{i} l(T_i)$ 相关联,其中 $l(y)$ 是 $t(\cdot)$ 在 (y, F) 处的影响函数。

一个关键的思想是为小于完全观察数据集的样本构建一个基于事实的代理,并将自引导程序的结果与此代理进行比较。本节讨论的自引导技术基于文献[273],其中指出:"现有的诊断方法仅针对特定的自引导故障模式,通常很脆弱或难以应用,并且通常缺乏实质性的经验评估……本文介绍了一种通用自引导性能诊断,不针对任何特定的自引导程序故障模式,而是直接自动确定自引导程序是否运行良好。"

自引导方法。设 P 是未知分布,$\theta(P)$ 是 P 的一些参数,$\mathcal{D}$ 为从 P 中采集的 n 个独立同分布(i.i.d.)数据点集 $\mathcal{D}=\{X_1, X_2, \cdots, X_n\}$。设 $\mathbb{P}=n^{-1}\sum_{i=1}^{n}\delta_{X_i}$ 为数据的经验分布。我们希望构造 $\theta(P)$ 的估计量 $\hat{\theta}(\mathcal{D})$,然后创建 $\xi(P, n)$——一种 $\hat{\theta}(\mathcal{D})$ 的质量评估,由一些数量 $u(\mathcal{D}, P)$ 的分布 Q_n 汇总组成。

因此,P 和 Q_n 都是未知的,在本讨论中称为基础事实的估计 $\xi(P, n)$ 不能直接计算,它可以通过使用蒙特卡罗程序用 $\xi(\mathbb{P}_n, n)$ 近似。以下步骤重复执行:

1. 形成由来自 $\mathbb{P}_n$ 的独立同分布采样点组成的大小为 n 的模拟数据集 $\mathcal{D}^*$;
2. 计算模拟数据集 $\mathcal{D}^*$ 的 $u(\mathcal{D}^*, \mathbb{P}_n)$;
3. 形成 u 的计算值的经验分布 $\mathbb{Q}_n$;
4. 返回此分步所需汇总。

最终的自引导输出将是实数值 $\xi(\mathbb{Q}_n, n)$。评估 $\xi(P, n)$ 可以计算:

- 偏差,

$$u(\mathcal{D}, P) = \hat{\theta}(\mathcal{D}) - \theta(P) \tag{12.5}$$

的期望。

- 基于分布的置信区间

$$u(\mathcal{D}, P) = n^{1/2}[\hat{\theta}(\mathcal{D}) - \theta(P)] \tag{12.6}$$

- 简化

$$u(\mathcal{D}, P) = \hat{\theta}(\mathcal{D}) \tag{12.7}$$

给定估计器、数据生成分布 P 和 n,n 为数据集的大小,我们想要确定自引导程序的输出是否足够接近事实。足够接近事实的公式避免了准确的精度表达,使程序具有一定的通用性,并允许其用于具有自身精度要求的一系列应用。

在实践中,我们只能观察一组具有 n 个数据点而不是许多独立的大小为 n 的集合。解决方案是随机抽样数据集 $\mathcal{D}$ 的 $p \in \mathbb{N}$ 个不相交子集,每个子集的大小为 $b \leq \lfloor n/p \rfloor$,然后,为了近似 Q_b 的分布,我们使用为每个子集计算的 u 值集,得到大小为 b 的数据集的基础事实 $\xi(P, b)$ 的近似值。然后,为了确定自引导程序是否在样本大小 b 上按预期执行,我

们在每个 p 子集上运行自引导程序并将这 p 个自引导程序输出与基础事实比较。

对单个样本大小 b 执行此程序是不够的，对于小样本量，自引导性能可能是可接受的，但随着样本量的增加可能会变差；或者相反，对于小样本而言可能会比较平庸，但随着样本量的增加而改善。因此，有必要比较一系列样本的自引导输出 $b_1, b_2, \cdots, b_k$，$b_k \leq \lfloor n/p \rfloor$。如果对所有较小的样本大小 $b_1, b_2, \cdots, b_k$，自引导输出分布单调收敛，那么我们得出结论，自引导对于尺寸 n 的表现令人满意。

收敛准则基于自引导输出与基础事实的绝对值和标准差大小的相对偏差。自引导性能诊断（BPD）算法的伪代码描述了这些步骤。

Pseudocode of the BPD Algorithm - Bootstrap Performance Diagnostic [273]

```
Input: 𝒟 = {X_1,⋯,X_n}: observed data
 - u: quantity whose distribution is summarized to yield estimator quality assessments
 - ξ: assessment of estimator quality
 - p: number of disjoint subsamples used to compute ground truth approximations
 - b_1,⋯,b_k: increasing sequence of subsample sizes for which ground truth approximations
       are computed with b_k ≤ ⌊n/p⌋ (e.g., b_i = ⌊n/(p2^{k−i})⌋ with k=3.
 - c_1 ≥ 0: tolerance for decreases in absolute relative deviation of mean bootstrap output
 - c_2 ≥ 0: tolerance for decreases in relative standard deviation of bootstrap output
 - c_3 ≥ 0, α ∈ [0,1]: desired probability that bootstrap output at sample size n has absolute
       relative deviation from ground truth less than or equal to c3 (e.g., c3 = 0:5; = 0:95)
Output: true if the bootstrap is deemed to be performing satisfactorily, and false otherwise
ℙ_n → n^{−1} ∑_{i=1}^n δ_{X_i}
for i ← 1 to k do
 - 𝒟_{i1},⋯,𝒟_{ip} → random disjoint subsets of 𝒟, each containing b_i data points
   for j ← 1 to p do
 -     u_{ij} ← u(𝒟, ℙ_n)
 -     ξ*_{ij} ← bootstrap(ξ, u, b_i, 𝒟_{ij})
 - end
 - // Compute ground truth approximation for sample size b_i
 - ℚ_{b_i} ← ∑_{j=1}^p δ_{u_{ij}}
 - ξ̃_i ← ξ(ℚ_{b_i}, b_i)
 - // Compute absolute relative deviation of mean and relative standard deviation
 - // of bootstrap outputs for sample size b_i
 - Δ_i ← | (mean{ξ̃*_{i1},⋯,ξ̃*_{ip}} − ξ̃_i)/ξ̃_i |    σ_i ← | (stddev{ξ̃*_{i1},⋯,ξ̃*_{ip}} − ξ̃_i)/ξ̃_i |
end
return true if all of the following hold, and false otherwise
```

$$\Delta_{i+1} < \Delta_i \text{ 或 } \Delta_{i+1} \leq c_1, \forall i = 1, \cdots, k \tag{12.8}$$

$$\sigma_{i+1} < \sigma_i \text{ 或 } \sigma_{i+1} \leq c_2, \forall i = 1, \cdots, k \tag{12.9}$$

$$\frac{\#\left(j \in \{1, \cdots, p\} : \left|\frac{\widetilde{\xi}^*_{kj} - \widetilde{\xi}_k}{\widetilde{\xi}_k}\right| \leq c_3\right)}{p} \geq \alpha \tag{12.10}$$

该算法生成了一个覆盖 $\alpha \in [0, 1]$[⊖] 的置信区间。假阳性（当逼近不够时判断为令人满意的）不如假阴性（当事实上令人满意时判断为拒绝逼近）可取。公式（12.10）反映了这种保

⊖ 置信区间可保证结果的质量。如果在该组实验的精确比例 α 上，该过程产生包括答案的区间，则称该过程产生具有指定覆盖 $\alpha \in [0, 1]$ 的置信区间。例如，95% 置信区间 $[a, b]$ 意味着 95% 的实验结果将在 $[a, b]$ 中。

守的方法。量 γ 与 γ_0 偏差的绝对值定义为 $|\gamma-\gamma_0|/|\gamma_0|$。如果在大小为 n 的数据集上运行的自引导输出与基础事实的相对偏差的绝对值以概率 $\alpha\in[0,1]$ 为最大值 c_3，则逼近令人满意。

选择靠近的样本大小或者选择的 c_1 或 c_2 太小将导致大量的假阴性。建议使用样本大小的指数分布，以确保对集合 $\{b_1,\cdots,b_i,b_{i+1},\cdots,b_k\}$ 中的连续值 b_i，b_{i+1} 的自引导性能进行有意义的比较。

本节中讨论的过程需要大量数据，但这在大数据时代似乎不是问题。例如，根据文献[273]，当 $p=100$ 且 $b_k=1\,000$ 时，则 $n\geqslant 10^{15}$；并且，如果 b_k 增加至 $b_k=10\,000$，则 $n\geqslant 10^{16}$。处理这样大的数据集需要大量资源。

关于 Normal(0; 1)、Uniform(0; 10)、StudentT(1.5)、StudentT(3)、Cauchy(0; 1)、0.95Normal(0; 1)+0.05Cauchy(0; 1) 和 0.99Normal(0; 1)+0.01Cauchy(104; 1) 的讨论见文献[273]。这些实验的结果表明，诊断在一系列数据生成分布和估计器中表现良好。此外，其性能随样本数据集大小而提高。

总之，给定 $\mathcal{S}$ 为来自 $\mathcal{D}$ 的随机样本，由 $\mathcal{S}$ 的不相交划分生成的子样本也是来自 $\mathcal{D}$ 的相互独立的随机样本。该过程必须使用越来越大的样本序列 $b_1,\cdots,b_i,\cdots,b_k$。有必要确保在增加样本量的同时误差减小，并且对于最大样本，误差足够小。

12.4 近似查询处理

对数据样本而不是整个数据集执行查询的优势非常明显，实际上，早在 20 世纪 70 年代，这个想法就被应用于对关系数据库进行抽样。自首次使用以来，已经研究出该技术的不同版本。近似查询处理和基于采样的近似查询处理已变得足够流行，以至于分别以缩写词 AQP 和 S-AQP 为人们所熟知，并且使我们认识到，如果伴随精确度估计，则近似答案是最有用的。

设 θ 是对数据集 $\mathcal{D}$ 的查询，对它的期望响应是 $\theta(\mathcal{D})$。具有插值估计的简单随机采样通常用于近似查询处理。该方法生成具有基数 $n=|\mathcal{S}|\leqslant|\mathcal{D}|$ 的替换样本 $\mathcal{S}\subset\mathcal{D}$，并且产生样本估计结果 $\theta(\mathcal{S})$，而不是计算 $\theta(\mathcal{D})$，其具有采样误差 error $\varepsilon=\theta(\mathcal{S}-\mathcal{D})$ 和采样误差分布 $\text{Dist}(\varepsilon)$。

在云上大型集群中处理大数据的兴起以及近实时响应的需求增加了对高质量误差估计的需求。可以向用户报告这样的错误估计，从而允许他们判断错误对其特定应用的影响；或者报告给应用程序开发者，使他们判断抽样方法是否足够有效。这些估计也可用于将误差与精确响应时间权衡所需的样本大小相关联。

用于产生误差棒⊖的封闭形式估计的两种方法基于中心极限定理⊜(CLT)和 Hoeffding 界限。Hoeffding 界限的推导始于均值的估计

$$\mu=\frac{1}{m}\sum_{i=1}^{m}v(i) \tag{12.12}$$

⊖ 误差棒是通过图形上的一个点的线段，平行于其中一个轴，表示该点的相应坐标的不确定性或误差。

⊜ 非正式地，CLT 指出大量独立随机变量的和具有正态分布。更确切地说，如果 $\{X_1,\cdots,X_n\}$ 是 i.i.d 的序列，随机变量 X_i 的期望 $E[X_i]=\mu$、方差 $\text{Var}[X_i]=\sigma^2$ 且样本均值 $s_n=(1/n)\sum_{i=1}^{n}X_i$，则随机变量 $\sqrt{n}(S_n-\mu)$ 收敛到正态分布 $N(0,\sigma^2)$，其中 n 趋于无穷大，即

$$\sqrt{n}\left[\left(\frac{1}{n}\sum_{i=1}^{n}X_i\right)-\mu\right]\xrightarrow{d}N(0,\sigma^2) \tag{12.11}$$

其中 v 是定义在集合 $S=\{1, 2, \cdots, m\}$ 上的实数函数且 m 是一个大于 1 的固定整数。设 $L_1, L_2, \cdots, L_n$ 和 $L_1', L_2', \cdots, L_n'$ 分别是来自集合 S 的带有替换或没有替换的随机样本。给定 $n>1$，设 $\overline{Y}_n$ 和 $\overline{Y}_n'$ 是 μ 的两个估计器，定义为

$$\overline{Y}_n = \frac{1}{n}\sum_{i=1}^{n} v(L_i),\quad \overline{Y}_n' = \frac{1}{\min(n,m)}\sum_{i=1}^{\min(n,m)} v(L_i') \quad (12.13)$$

如果 $E[\overline{Y}_n]=E[\overline{Y}_n']$，则这些估计器是无偏的。Hoeffding 表明，对于任何 $n\geqslant m$ 和凸函数 f，有

$$E[f(\overline{Y}_n')]\leqslant E[f(\overline{Y}_n)] \quad (12.14)$$

因此，当 $f(x)=x^2-\mu$ 时，

$$\mathrm{Var}[f(\overline{Y}_n')]\leqslant \mathrm{Var}[f(\overline{Y}_n)] \quad (12.15)$$

这些结果可用于限制估计偏离 μ 超过给定量的概率。如果在采样之前获得的唯一信息为

$$a\leqslant v(i)\leqslant b,\ 1\leqslant i\leqslant m \quad (12.16)$$

Hoeffding 为估计误差建立了以下界限

$$P\{|\overline{Y}_n-\mu|\geqslant t\}\leqslant 2e^{-2nt^2/(b-a)^2} \quad (12.17)$$

且

$$P\{|\overline{Y}_n'-\mu|\geqslant t\}\leqslant 2e^{-2n't^2/(b-a)^2} \quad (12.18)$$

当 $t>0$，$n\geqslant 1$ 且

$$n' = \begin{cases} n, & n<m \\ +\infty, & n\geqslant m \end{cases} \quad (12.19)$$

Hoeffding 边界高估了错误并增加了计算工作量。使用 Hoeffding 边界的系统的样本大小比基于 CLT 或基于自引导的方法大一到两个数量级，但它们的准确性要高得多。文献[10]中给出了用于估计样本大小以实现在数十TB 数据上完成不同水平的相对误差的实验，见图 12.3。

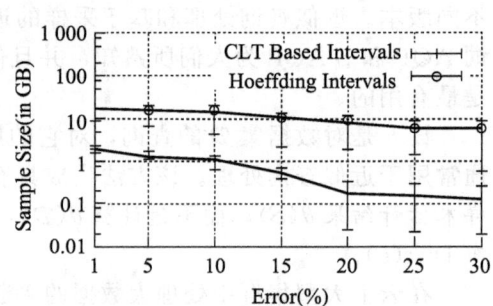

图 12.3　基于 CLT 和基于 Hoeffding 的误差棒估计方法与样本大小[10]

对无参数自引导、闭式方差估计和有界大偏差的研究证实了所有技术都有不同的失效模式。文献[10]指出，对于由 10^6 条行记录的 100 个不同样本组成的基准，只有具有 COUNT、SUM、AVG 和 VARIANCE 聚合的查询才适合闭式方差估计。所有聚合都适用于自引导程序，43.21% 的查询用于一个数据集，62.79% 的查询用于另一个数据集，只能使用基于自引导程序的错误估计方法逼近。正如我们所料，涉及 MAX 和 MIN 的查询分别对稀少的大值或小值非常敏感。在一个数据集中，这两个函数分别涉及所有查询的 2.87% 和 33.35%。对这些查询中的 86.17% 的自引导错误估计都有问题。

12.3 节讨论的诊断算法是计算密集型的，因此在许多情况下不太切合实际。文献[10]中提出了一种快速确定某技术是否适用于基于对称居中置信区间的特定查询的方法。提出的大规模分布式近似查询处理的工作流包含以下几个步骤：

1. 逻辑规划（LP）——将查询编译成 LP，其由三个计算程序组成：近似答案 $\theta(S)$、误差 ξ 和诊断测试。

2. 物理规划(PP)——启动涉及这些程序的 DAG 任务。

3. 数据存储层——将样本分发到一组服务器并管理缓存的数据。

系统支持泊松(Poissonized)重采样，从而允许自引导误差直接实施。例如，对于 SELECT foo(col_S) FROM S 形式的简单查询，通过使用下面显示的 BEC 伪代码计算自引导误差。

```
BEC: Bootstrap Error Computation for a SELECT query on S
SELECT foo(col_S), ξ̂(resample_error) AS error
FROM (
.    SELECT  foo(col_S) AS  resample_answer
.    FROM  S TABLE_SAMPLE  POISSONIZED  (100)
.      UNION  ALL
.    SELECT  foo(col_S) AS  resample_answer
.    FROM  S TABLE_SAMPLE  POISSONIZED  (100)
.      UNION  ALL
....
.      UNION  ALL
.    SELECT  foo(col_S) AS  resample_answer
.    FROM  S TABLE_SAMPLE  POISSONIZED  (100)
)
```

自引导方法效率低下的一个重要原因是在不同的数据样本上执行相同的查询。扫描整合（scan consolidation）可以消除这种低效率的来源。作为此过程的第一步，通过扩展重采样操作来优化逻辑规划。样本 S 中的每个元组用服从泊松分布的 100 个独立权重 w_1，w_2，…，w_{100} 进行扩展。为了给每组创建 100 个重采样，样本 S 被划分为多组，即 $a=50$、$b=100$ 和 $c=200MB$，三组权重为 D_{a1}，…，D_{a100}、D_{b1}，…，D_{b100} 和 D_{c1}，…，D_{c100}，其与每一行相关联。

重写逻辑规划以实现进一步优化。在找到不更改最终聚合列集的统计属性的最长连续操作符集之后，在查询图中的第一个非直通操作符⊖之前插入定制泊松重采样操作符。通过使用与每个元组相关联的权重适当地调节相应的聚合列，修改后续聚合操作符以计算一组重采样聚合。进一步优化高速缓存管理以改进文献 [10] 中讨论的过程的性能。

12.5 动态数据驱动应用

有许多应用将数学建模与模拟和测量相结合。这些应用中的一些涉及大数据。例如，大规模动态数据指通过感应仪器以及在工程、自然和社会系统中控制捕获的数据，一些感应仪器可以捕获非常大的数据；欧洲核子研究中心大型强子对撞机的情况参见 4.12 节。本节讨论了此类系统的一个特例：动态数据驱动应用系统（Dynamic Data-Driven Application Systems，DDDAS）。此类应用程序受益于数据流架构和编程模型，例如 Jack Dennis 教授在麻省理工学院开发的 FreshBreeze[141,142,304]。

动态数据驱动的应用系统。分析、理解和预测复杂系统行为通常需要动态反馈循环。有时，系统的模拟使用测量数据通过连续迭代来细化系统模型，或者加速模拟。或者，通过将数据送到系统模型中然后使用结果来控制测量过程，可以迭代地改善测量过程的准确性。在这些情况下，计算和仪器必须协同工作。DDDAS 系统的数学建模、仿真算法、控制系统、传感器和计算基础设施应通过此反馈回路支持最佳的逻辑和物理数据流。

⊖ 这些所谓的直通操作符可以是扫描、过滤器、投影等。

一些在 http://www.1dddas.org/activities/2016-pi-meeting 中讨论的 DDDAS 应用包括：自适应流挖掘、纳米粒子自组装过程建模、通过行为和神经数据的动态整合以捕获人类行为、实时评估和微电网控制、优化和大规模结构系统的健康监测。

FreshBreeze 多处理器架构和 FreshBreeze 线程执行模型。 文献［141］中描述的基于模块化编程原理自引导的芯片架构非常适合 DDDAS 应用，我们将在关于 Mahali 项目的讨论中看到。该系统旨在满足 4.7 节讨论的软件设计原则。该体系结构的一个显著特征是禁止内存更新并使用无循环堆。从内存中检索的对象是不可变的，并且固定内存块大小的分配，释放和垃圾收集由硬件机制实现。这完全消除了缓存一致性带来的难题。

系统的组织如图 12.4 所示。该系统包含几个多线程标量处理器（MTP）、一个共享内存系统（SMS）（作为 1024 比特固定大小块的集合），以及一个互连网络。MTP 最多支持四个涉及整数和浮点运算的执行线程。MTP 与指令访问单元（IAU）和数据访问单元（DAU）通信以分别访问包含指令和数据的块。访问单元具有多个大小等于内存块大小的槽，并维护块使用数据，这些数据被 LRU 算法用于将数据清除到 SMS。SMS 自动执行所有内存更新，包括垃圾收集。

数组由一个具有 0 级元素值的块树表示。树级别数由具有已定义元素的最大索引值确定，最多为 8 个级别。包含指向其他块的指针的块的集合形成堆。FreshBreeze 执行模型仅允许创建无循环堆。许多应用程序还使用流数据类型——统一类型的无限系列值。FreshBreeze 流由一系列块表示，每个块包含一组流元素。块可以包括对保存下一组流元素的块的引用。作为替代方案，辅助块可以包含"当前"和"下一个"引用。

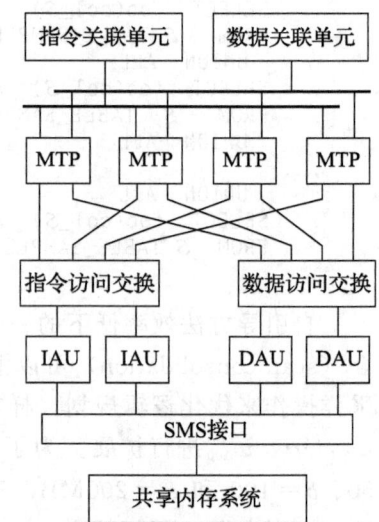

图 12.4 FreshBreeze 系统由多线程处理器（MTP）、共享内存系统（SMS）、指令和数据访问单元（IAU 和 DAU）以及指令和数据交换机组成[141]

FreshBreeze 执行模型在文献［142］中讨论。主线程生成从属线程并初始化一个连接点，为从属设备提供连接票证，类似于方法的返回地址。任何从属线程可能又是一组从属的主节点。产生一些从属线程后主线程不会继续，除了每个主线程对连续线程的贡献，主线程和从线程之间或者从属线程之间没有交互。程序可以生成与可用应用并行性相对应的任意并发线程层次结构。

连接点是主线程本地数据段中的特殊入口，它为主线程状态记录和从属线程产生的结果提供空间。只有一个从属线程可以获得到同一个连接点的连接票证，以避免竞争条件。有几条指令可用于访问连接点：

- Spawn——设置一个标志，在从线程的本地数据段中存储一个连接票证，并启动从属执行。
- EnterJoinResult——允许从线程将结果保存在连接点中，然后退出。
- ReadJoinValue——如果可用，则返回连接值；如果尚未输入连接值，则挂起主线程。

线程的操作是确定性的，任何堆操作都可以读取数据或创建专用数据。连接点处的操作与从线程的到达顺序无关。

接下来通过讨论两个向量点积的并行化来阐述 FreshBreeze 执行模型一个应用[304]。首先，将向量转换为基于树的内存块。向量被分成 16 个元素的段并组织成树结构。叶子块保存实际值，而树的内部节点存储块，其中包含指向其他块的句柄。

TraverseVector 线程将两个向量 A 和 B 的树根作为输入，并检查树的深度以查看它是否是叶节点。如果不是叶节点，那么递归地生成 TraverseVector 线程，将下一级别的根句柄作为输入。在叶级别，产生 Compute 线程以计算 16 个元素的点积，并将结果和返回到 Sync 块。延续的 Reduce 线程在由较低级 Compute/Reduce 线程填充的 Sync 块中添加所有部分结果。然后 Reduce 线程将 Sync 块的句柄返回上层 Sync 块，直到达到根级别 Sync 块作为最终结果。

太空天气监测。麻省理工学院的 Mahali ⊖ 太空天气监测项目是 DDDAS 应用的范例。该项目使用多核移动设备，如手机和平板电脑，形成全球太空天气监测网络。多频 GPS 传感器数据在云中处理以重建太空环境的结构，其动态变化见图 12.5。

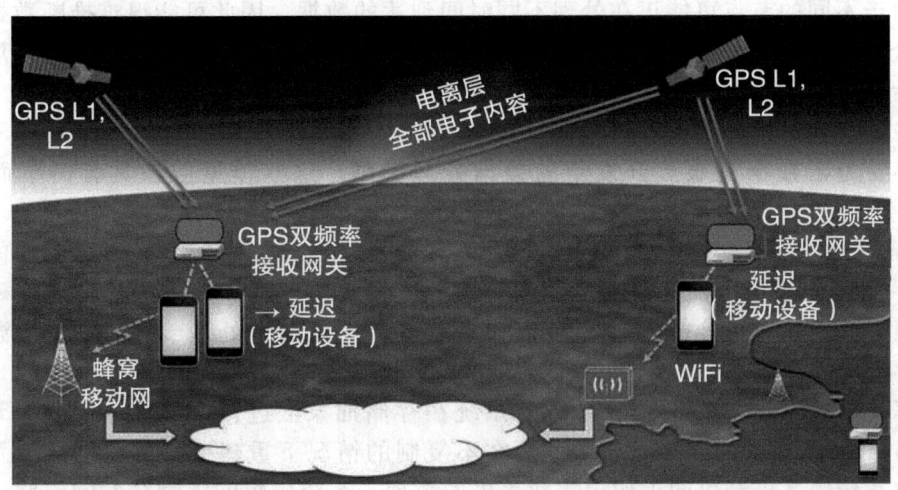

图 12.5　Mahali 系统使用整个电离层作为地基和空基传感器，使用大量移动设备来收集数据并将其提供给云基础设施（https://mahali.mit.edu/）

该项目的核心思想是利用整个电离层作为地基和空基传感器，并利用移动技术推动天文台相关技术的变革。

12.6　数据流

数据流以稳定的高速率传输数据，具有较低且控制良好的延迟。在数据流中，数据量非常大，必须实时做出决策。高清电视（High-Definition TeleVision，HDTV）是无处不在的数据流应用。

云数据流服务支持来自许多组织的内容分发，例如，AWS 托管 Netflix，谷歌云托管 YouTube。除托管内容供应商外，云还支持各种其他数据流应用。例如，AWS 支持多种流数据平台，包括 Apache Kafka、Apache Flume、Apache Spark Streaming 和 Apache Storm。

⊖　"Kila Mahali" 在斯瓦希里语中意为"无处不在"，参见 https://mahali.mit.edu/。

数据流与批处理。AWS 称："流数据……是由数千个数据源连续生成的，这些数据源通常同时发送数据记录，并以小尺寸（千字节量级）发送。流数据包括各种各样的数据，例如客户使用你的手机或网络应用程序生成的日志文件、电子商务购买、游戏内玩家活动、来自社交网络、金融交易大厅或地理空间服务的信息，以及来自连接设备或数据中心的仪器的遥测数据。这些数据需要在逐个记录的基础上或在滑动时间窗口上按顺序和递增处理，并用于各种分析，包括相关性、聚合、过滤和采样。"

流式处理和批处理数据处理之间存在重要差异：

- 流处理是指单个记录或微批处理，而不是大数据批处理。
- 流处理仅处理最新数据或滚动时间窗口中的数据，而不是整个数据集或数据集的大部分。
- 流式传输仅需毫秒延迟，而不是分钟或小时。
- 流提供简单的响应函数、聚合和滚动指标，而不是执行复杂的分析操作。
- 由于不同的节点可能正在处理不同时间到达的数据，因此可能很难推断数据流中的全局状态；而在批处理中，系统状态被很好地定义并且可以用于检查点稍后重新开始计算。

这些差异表明数据流编程模型和 API 将与第 7 章和第 8 章中讨论的批处理不同。因此，有必要为云数据流服务开发新的数据处理模型。这些模型应该具有简单而有效的特点。

Spark Streaming。文献[543]中讨论了 Spark Streaming 以及称为 D-Stream 的数据流模型。D-Stream 模型提供高级功能编程 API、强大的一致性和高效的故障恢复。这个模型的原型为 Spark Streaming，通过复制实现容错；它有两个处理节点，一个上游备份和一个下游节点。

为解决延迟问题，Spark Streaming 系统在存储抽象上进行中继，弹性分布式数据集（Resilient Distributed Dataset，RDD）可在不复制的情况下重建丢失的数据。涉及所有集群节点的并行恢复机制协同工作以重建丢失的数据。系统以短间隔划分时间，将每个间隔期间接收的输入数据存储在 RDD 中，然后通过可能涉及 MapReduce 和其他框架的确定性并行计算处理数据。D-Stream 是 RDD 的集合。

Spark Streaming 在 Scala 语言中提供类似于 DryadLINQ 的 API，并支持在每个时间间隔内独立执行的无状态操作，以及时间窗口上的聚合。在节点故障的情况下为了恢复，D-Stream 和 RDD 使用依赖关系图跟踪其世袭关系。

该系统支持：

- 批处理框架中可用的无状态变换，例如 map、reduce、groupBy 和 join，并提供两个操作符。
    - 无状态和有状态变换操作符，第一类操作符在每个时间间隔上独立运行，第二类操作符在间隔之间共享数据。
    - 输出保存数据的操作符，例如，在 HDFS 上存储 RDD。
- 新的状态操作：
    - 开窗，将来自一系列过去间隔的窗口组记录到一个 RDD 中。
    - 窗口上的增量聚合。
    - 当流与 RDD 组合时，有偏差的时间窗口的合并(join)。

Spark Streaming 使用低效的上游备份方法，不支持更精细的检查点，因为它每分钟创建一个检查点，并且依赖应用程序的幂等性和系统恢复的松弛率。

Zeitgeist 和 MillWheel。谷歌的 Zeitgeist ⊖ 是一个用于跟踪网络查询趋势的系统，属于数据流的典型应用。系统构建每个查询的历史模型，并不断识别峰谷或峰底查询。Zeitgeist 处理流水线包括一个带有查询搜索作为输入的窗口计数器、一个模型计算器和一个峰谷/峰底检测器，以及一个异常通知引擎。系统桶以 1 秒的间隔存储记录，然后将每个时间桶的实际流量与模型预测的预期流量进行比较。图 12.6 显示了文献[12]中给出的(键，值，时间戳)查询三元组的 1 秒钟桶的 Zeitgeist 聚合示例。

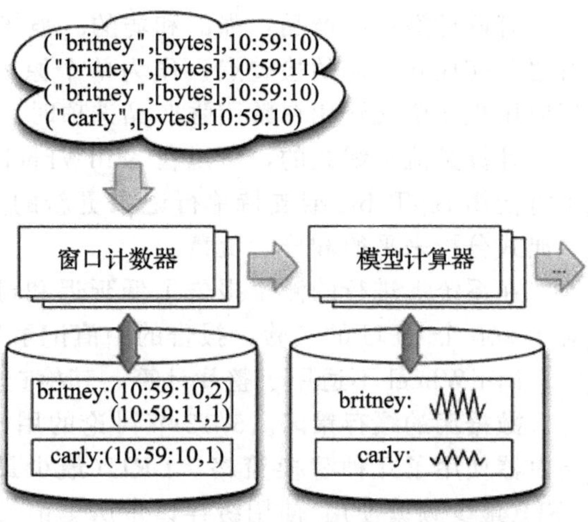

谷歌开发的用于构建容错和可扩展数据流系统的 MillWheel 框架支持持久状态[12]，并解决了 Spark Streaming 和其他数据流系统的一些限制。Zeitgeist 系统提供了 MillWheel 流处理服务的初始要求。其中一些要求包括：

图 12.6 （键，值，时间戳)查询三元组的 1 秒钟桶的 Zeitgeist 聚合

- 用于数据处理服务的数据立即可用。
- 将持久状态抽象暴露给用户应用。
- 优雅地处理无序数据。
- 一次完全(exactly-once)交付记录。
- 系统垂直扩展时的固定延迟。
- 单调增加数据时间戳的低位水印。

MillWheel 用户将其数据流应用程序的逻辑表达为有向图，其中数据记录流沿图形边缘传递。任意拓扑中的节点或边缘可能随时失败，而不会影响结果的正确性。记录传递是等幂⊖的。

MillWheel 用作输入和输出的数据结构是(键，值，时间戳)三元组。键和值可以是任何字符串。时间戳通常接近事件挂钟时间，但 MillWheel 可以为其指定任意值。输入数据触发计算，调用用户定义的操作或 MillWheel 原语。

键提取函数使用用户指定的键进行聚合和记录之间的比较。对于 Zeitgeist 等应用程序，键可以是查询的文本。MillWheel 使用低位水印约束未来记录的时间戳。等待低位水印允许计算反映更完整的数据情况。计时器是程序钩子，它在特定挂钟时间或特定键的低位水印值时触发。

用户定义的计算订阅输入流并发布输出流。该系统保证两个流的传递。计算在特定键的上下文中运行。传入记录的处理步骤如下：
1. 检查重复记录并丢弃先前看过的记录。
2. 运行用户代码并识别对计时器、状态和生产的挂起更改。

⊖ Zeitgeist 是一个德语单词，被翻译为时间思维或时间精神。这一概念归功于德国唯心主义哲学学派的重要人物 GeorgWilhelm Friedrich Hegel，反映了社会在特定时期的主导思想。

⊖ 等幂操作可以在不影响结果的情况下重复执行。

3. 提交对后备存储的挂起更改。
4. 确认发件人。
5. 发送挂起的下游产品。

有两种类型的产品：强的和弱的。强产品支持不一定按序或确定性的输入处理。在交付之前完成强产品的检查点，作为单个原子写操作；状态修改是在原子写的同时完成的。当应用程序语义让用户禁用强产品选项时，会生成弱产品。

计算是流水线式的，可以在 MillWheel 集群的不同主机上运行。要记录持久状态，系统将使用 BigTable 或支持单行记录更新的其他数据库。复制的主控制器根据对记录键的字典式分析来平衡和分配负载。

在系统上进行的测量报告了低延迟和可扩展性，完全符合为谷歌流处理设置的目标。对于 200 个 CPU 的实验，报告的中值记录延迟为 3.6 毫秒，95% 的延迟为 30 毫秒。

MillWheel 不适用于整片计算，其检查点会干扰确保低延迟所必需的动态负载均衡。

数据流的缓存策略。 5.12 节讨论的用于数据流的以内容为中心的网络（CCN）的缓存路由器使用了几种替换策略。LRU（最少最近使用）策略在缓存中保留最近使用的内容。LFU（最少频繁使用）使用缓存请求历史记录，将频繁使用的内容保留在缓存中。

LRU 和 LFU 都有明显的局限性。前者忽略了条目的普及性，后者忽略了历史记录，例如，尽管有新的访问模式，过去高度使用的条目仍保存在缓存中。毫无疑问，两者的组合，即所谓的最少最近/频繁使用的替换策略，通过指定每个请求随时间呈指数衰减的权重来支持权衡。

文献[425]中介绍的 sLRFU（流化最少最近/频繁使用）旨在最大化缓存。sLRFU 引入的创新点包括：

- 使用大小为 k 的滑动窗口和大小为 $C-k$ 的 LRU 管理区域，将大小为 C 的高速缓存划分到 LFU 管理区域。
- 在请求的滑动窗口中估计最受欢迎的 k 个数据条目，将常用的数据条目保存在缓存中，并丢弃旧的数据。k 是基于流算法给出的边界动态设置的。
- 对于每个请求：
  - 增加请求引用的数据条目的引用计数器，并减少窗口外请求的计数器。
  - 如果请求的数据不在缓存中，则恢复数据并传送数据。
  - 使用最后 N 个请求，可能重新排列缓存中的前 k 个最常用元素（添加或删除列表中的内容），并使用 $C-k$ 个最近请求的尚未在存中的元素补充缓存中的可用空间。

仿真结果在文献[425]中给出：SLRFU 有 70% 的命中率，而基线 LRU 只有 65%。

12.7 面向数据流的数据流模型

毫无疑问，谷歌已开发出更复杂的数据流编程模型。Alphabet 是一家控股公司，由谷歌的核心业务和面向未来的金融业务组成，通过数据流中嵌入的广告赚取了数十亿美元。这就是为什么谷歌有兴趣支持事件-时间相关的有效计算模型。文献[13]中描述的 Dataflow SDK 模型基于 MillWheel[12] 和 FlumeJava[92]。

这两种类型的数据处理通过输入数据的特征来标识，而不是广泛使用的区分批处理和流处理的术语：有界（bounded）用于批处理，而无界（unbounded）用于流处理。这种一分为二的含义是明确的，反映了执行引擎的预期。在有界情况下，引擎处理已知内容和大小的数据集。在无界的情况下，引擎处理动态数据集；由于不断添加新记录并且撤回旧记录，人们永远不知道该集合是否完整。

Dataflow SDK 开发新模型的动机是将无界数据集梳理得看起来像是有界数据集。无界数据集无法在正确性、延迟和成本之间达到最佳平衡，因此有必要对无界数据集的编程模型进行更新、简化和灵活处理。谷歌应用可以很好地说明以前模型的缺点。例如，假设流视频供应商希望向广告客户开账单，以将他们的广告与视频流一起按观看的广告量收费。这需要能够识别谁在观看视频以及观看视频流和每个广告的时间。

一些现有系统不提供一次完全性语义，不能很好地扩展、不容错且延迟高，而其他系统，如 MillWheel 或 Spark Streaming，没有对事件-时间相关性提供高级编程支持。文献 [13] 中介绍的模型"允许计算事件时序的结果，给数据本身的特征加窗，通过无界、无序数据源，在各种组合中具有正确性、延迟和成本微调性。"

它还"在四个相关维度上分解流水线实现，提供清晰、可组合和灵活性：什么是正在计算的结果；它们在事件-时间的何处被计算；在处理的什么时间被实现；早期结果如何与后来的改进相关。"系统的设计遵循以下几个原则：

- 永远不要依赖完整性的概念。
- 鼓励明确实施。
- 在收集的上下文中支持数据分析。

新模型使用窗口将数据集拆分为要一起处理的事件组，这是无界数据处理的基本概念。加窗几乎总是基于时间的，窗口可以是静态的/固定的或滑动的。滑动窗口具有尺寸和滑动周期，例如每 10 分钟开始的 2 小时窗口。会话是由数据属性关联的一组窗口，例如，键值数据集的键是其数据属性。

事件导致系统状态的改变，例如，在数据流中新记录的到达事件。通常，时间偏差（事件时间和事件处理时间之间的差异）随处理而变化。事件时间和事件处理时间之间的区别如图 12.7 所示。

Dataflow SDK 使用 3.14 节中讨论的 FlumeJava 的 ParDo 和 GroupByKey 操作，并定义了一个新操作 GroupByKeyAndWindow。流经流水线的实体是四元组（键，值，事件时间，窗口），定义了涉及窗口的几个操作。assignment（安排操作）在每个窗口中复制一个对象，（键，值）对在窗口中重复，与事件的时间戳重叠。

merging（合并操作）是一个更复杂的操作，涉及图 12.8 中的六个步骤，其中窗口大小为 30 分钟，有四个事件，三个用键 k_1，一个用键 k_2。在步骤 2 中，四元组（键；值；事件时间；窗口）被转换为三元组（键；值；窗口）。GroupByKey 在步骤 3 中将三个事件与 k_1 组合在一

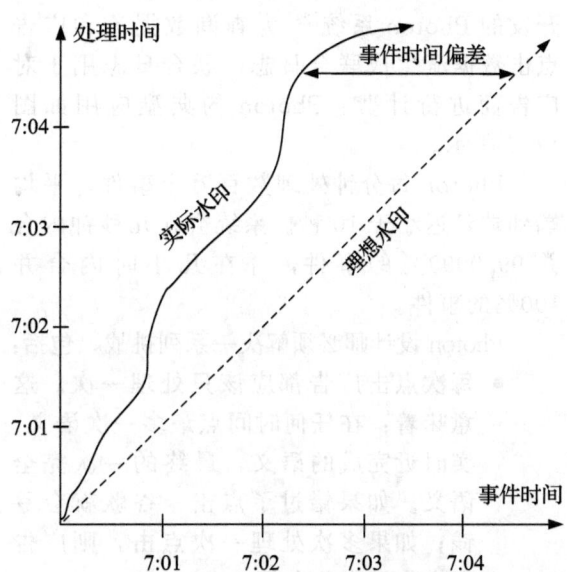

图 12.7 事件时间偏差。事件时间是事件发生时的挂钟时间，这个时间永远不会改变。事件处理时间是在处理流水线中观察事件的时间，这个时间随着事件流经处理流水线而改变。例如，在 7：01 发生的事件在 7：02 处理

起。对于 k_1，重叠窗口[13:02, 13:32]和[13:20, 13:50]在操作的步骤 4 中合并为[13:02, 13:50]。然后在步骤 5 中，将在同一窗口[13:02, 13:50]中具有值 v_1 和 v_4 的两个 k_1 事件组合在一起。最后，在步骤 6 中添加时间戳。

MillWheel 中用于触发窗口中事件处理的水印无法自行确保正确性，有时会遗漏后期数据。同时，水印可能会延迟流水线处理。Dataflow 数据流系统使用触发器来确定分组结果作为窗格⊖(pane)的时间。

该系统具有若干细化机制来控制多个窗格如何彼此相关。一旦被触发，窗口内容就被丢弃，前提是后来的流水线阶段期望触发器的值是独立的。当用户表示对后来的事件不感兴趣时，窗口内容也被丢弃。当需要精练系统状态时，窗口的内容可以保存在持久存储器中。

12.8 合并多个数据流

诸如广告、IP 网络管理和电话欺诈检测之类的应用要求能够关联在单独的高速数据流中发生的实时事件。例如，谷歌搜索引擎会提供广告以及查询答案。为谷歌广告系统开发的 Photon 系统[29]为查询数据流和广告点击数据流生成联合日志。联合日志用于对广告商进行计费。Photon 的典型应用如图12.9 所示。

Photon 每分钟处理数百万个事件，平均端到端延迟小于 10 秒。系统会在几秒钟内合并 99.9999% 的事件，并在几小时内合并 100% 的事件。

Photon 设计师必须解决一系列挑战，包括：

- 每次点击广告都应该只处理一次。这意味着：在任何时间点最多一次语义，实时近完成的语义，最终的一次完全语义。如果错过了点击，谷歌就会亏钱；如果多次处理一次点击，则广告客户会被多收费用。
- 自动数据中心级容错。手动恢复需要很长时间。多个数据中心中的 Photon 实例将尝试合并相同的输入事件，但必须协调其输出以保证每个输入事件最多一次合并。

$(k_1,v_1,13:02,[0,\infty))$,
$(k_2,v_2,13:14,[0,\infty))$,
$(k_1,v_3,13:57,[0,\infty))$,
$(k_1,v_4,13:20,[0,\infty))$
↓ AssignWindows(Sessions(30m))
$(k_1,v_1,13:02,[13:02,13:32))$,
$(k_2,v_2,13:14,[13:14,13:44))$,
$(k_1,v_3,13:57,[13:57,14:27))$,
$(k_1,v_4,13:20,[13:20,13:50))$
↓ DropTimestamps
$(k_1,v_1,[13:02,13:32))$,
$(k_2,v_2,[13:14,13:44))$,
$(k_1,v_3,[13:57,14:27))$,
$(k_1,v_4,[13:20,13:50))$
↓ GroupByKey
$(k_1,[(v_1,[13:02,13:32))$,
$(v_3,[13:57,14:27))$,
$(v_4,[13:20,13:50))])$,
$(k_2,[(v_2,[13:14,13:44))])$
↓ MergeWindows(Sessions(30m))
$(k_1,[(v_1,[13:02,13:50))$,
$(v_3,[13:57,14:27))$,
$(v_4,[13:02,13:50))])$,
$(k_2,[(v_2,[13:14,13:44))])$
↓ GroupAlsoByWindow
$(k_1,[(([v_1,v_4],[13:02,13:50))$,
$([v_3],[13:57,14:27))])$,
$(k_2,[(([v_2],[13:14,13:44))])$
↓ ExpandToElements
$(k_1,[v_1,v_4], 13:50[13:02,13:50))$,
$(k_1,[v_3], 14:27[13:57,14:27))$,
$(k_2,[v_2], 13:44[13:14,13:44))$

图 12.8 Dataflow SDK 中的 merging 操作涉及六个步骤[13]。(1) AssignWindow；(2) 丢弃时间戳；(3) GroupByKey；(4) MergeWindows——基于窗口策略；(5) GroupAlsoByWindow——按窗口为每个键组合值；(6) ExpandToElements——将每个键、每个窗口的值组扩展为（键；值；事件时间；窗口）元组，并使用新的每个窗口的时间戳

⊖ 窗格是窗口内明确定义的区域，用于显示该窗口应用或输出的一部分，或者与其交互。

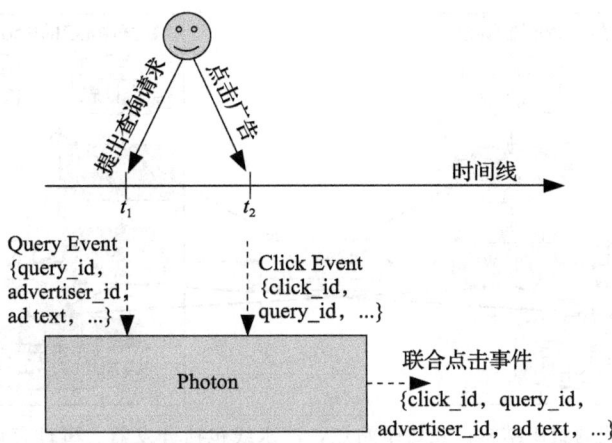

图 12.9 Photon 中的主要和辅助流事件是查询流和广告点击流事件。在时间 t_1，响应查询的 Web 服务器也服务于广告。用户在时间 t_2 点击广告，然后将查询事件和点击事件合并为一个联合点击事件[29]

- 延迟约束。广告商需要低延迟，因为这有助于优化营销活动。负载均衡程序将用户请求重定向到最近的运行服务器，在该服务器上处理而不与任何其他服务器交互。
- 可扩展性。现在事件发生率非常高，并且预计将来会增加，因此要满足系统垂直扩展的延迟约束。
- 组合有序和无序流。虽然查询流事件按时间戳排序，但点击流中的事件可能随时发生并且不会排序。实际上，用户可以在显示查询结果很久之后点击广告。
- 由于系统规模而导致的延迟。生成查询和点击事件的服务器分布在整个世界中。查询日志的数量远大于点击日志的数量，因此查询日志可以相对于点击日志延迟。

Photon 组织和操作。 IdRegistry 存储全世界运行的 Photon 实例之间共享的关键状态。此关键状态包括在过去 N 天内合并的所有事件的 eventId。在编写合并事件之前，每个实例都会检查 IdRegistry 中是否已存在 eventId；如果是，则跳过处理事件，否则将事件添加到 IdRegistry。

IdRegistry 使用 3.12 节中讨论的 Paxos 协议实现。基于 PaxosDB 的内存中键值存储一致地在多个数据中心之间复制，以确保在一个或多个数据中心发生故障时的可用性。所有操作都是作为读-修改-写事务执行的，以确保当且仅当事件尚未存在时才执行对 IdRegistry 的写入。eventId 唯一标识服务器、生成事件的服务器上的进程以及生成事件的时间：

$$\text{EventId} = (\text{ServerIP}, \text{ProcessId}, \text{Timestamp}) \qquad (12.20)$$

具有不同 ID 的事件可以彼此独立地处理。这允许将 IdRegistry 的 EventId 空间划分为不相交的碎片。来自独立碎片的 EventId 由独立的 IdRegistry 服务器管理。

相同的 Photon 流水线在世界各地的多个数据中心运行。Photon 流水线有三个主要组件，如图 12.10 所示：

- 分发器——读取点击流并将它们提供给合并器。
- 事件存储——支持高效的查询查找。
- 合并器——生成合并的输出日志。

合并过程包括以下几个步骤：

1. 分发器监视日志，当检测到新事件时，它会查找 IdRegistry 以确定是否已记录 clickId。

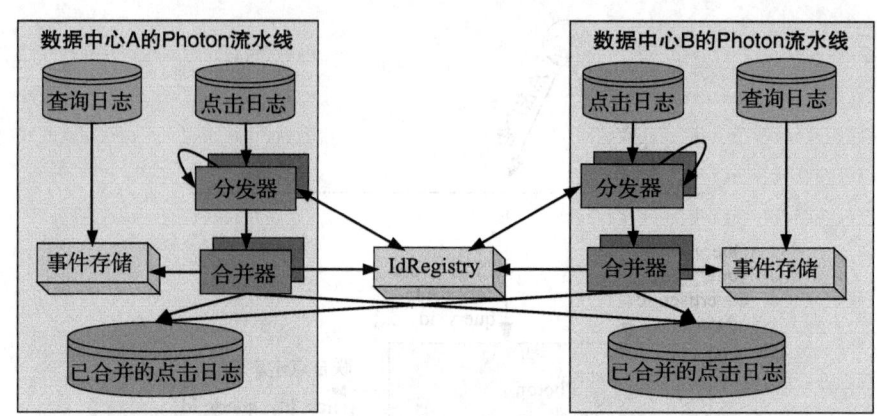

图 12.10 Photon 流水线的组织结构。在每个站点，流水线包括分发器、事件存储和合并器。这些组件对查询日志、点击日志和已合并的点击日志进行操作。IdRegistry 存储全世界运行的 Photon 实例之间共享的关键状态

- 如果已记录，则跳过处理单击。
- 否则，将事件发送给合并器并等待回复。为了保证至少一次语义，分发器将其重新发送给合并器，直到获得肯定确认。

2. 合并器提取 queryId 并执行事件存储查找以定位相应的查询。如果查询：
- 找到——合并器尝试在 IdRegistry 中注册 clickId。
  - 如果 clickId 位于 IdRegistry 中，合并器假定已经完成了合并。
  - 如果不是，则 clickId 记录在 IdRegistry 中，事件记录在联合事件日志中。
- 未找到——合并器向分发器发送失败响应；这会导致重试。

在美国，在三个地域的数据中心有五个 IdRegistry 副本，往返延迟时间间隔最长为 100 毫秒。流水线中的其他组件部署在东部和西部海岸的两个地理位置较远的地域。根据文献[29]："在高峰时期，Photon 可以垂直扩展到每分钟处理数百万个事件，……每天，Photon 消耗数 TB 的外部日志(例如点击次数)，以及数十 TB 的主要日志(例如查询)……每个数据中心运行着超过一千个 IdRegistry 碎片，……每个数据中心都拥有数千个分发器和合并器，以及数百个缓存存储和日志存储工作站。"

12.9 系统的规模可用性

随着云用户数量的增长和数据中心基础设施规模的扩大，对系统可用性的担忧被放大了。非常高的系统可用性和正确性对于数据流处理系统至关重要。这样的系统特别容易受到攻击，因为当事件处理所需的资源突然变得不可用时，错过事件的可能性非常高。

当我们考虑可用性时，99％的品质因数似乎相当高。还有另一种看待这个数字的方法：99％的可用性转换为每季度 22 小时的停机时间，这对于关键任务型系统来说不可接受。谷歌旨在为其数据流系统实现 99.999 9％～99.999 99％的可用性[213]。怎样实现这一目标？本节的主题就是寻找这个问题的答案。

可能存在多种故障情况。单个服务器可能会发生故障，一个机架中的所有服务器都可能受到电源故障的影响，并且电源故障可能会迫使整个数据中心基础设施关闭，尽管此类事件很少发生。互连的网络可能发生故障并对网络进行分区，连接数据中心与互联网的公共网络或连接数据中心与同一 CSP 的其他数据中心的专用网络也会发生故障。

如果部分故障影响资源子集，则可以将工作负载迁移到正常运行的系统。在这种情况

下，用户可能会遇到较慢的通信和延长的执行时间。当部分故障影响数据流时，会遗漏一些事件。通常，在发现部分故障的原因并采取纠正措施之前，需要一些时间。

可以有计划地关闭服务器，使得网络或整个数据中心进行软硬件更新或维护。此类事件是事先公布的，在这种情况下，关闭是优雅的，没有数据丢失或云用户的其他不愉快后果。计划外停机是 CSP 关注的问题。最严重的是数据中心级故障。

虽然当前的系统能够很好地管理单个服务器的故障，数据中心级故障很少发生，但却会产生灾难性的后果，特别是对于单宿主的软件系统而言，这些系统只能在受故障影响的站点运行。受影响较小的是基于故障转移的软件系统。此类系统仅在一个站点上运行，但会定期创建检查点并将其发送到备份数据中心。当主数据中心发生故障时，关键系统的最后一个检查点用于重新启动备份站点的处理。在这种情况下，数据流会受到影响，因为可能会错过事件。

检查点可以异步或同步完成。在第一种情况下，如果正在进行的事件在检查点之前，并且仅在有计划关闭时，那么所有事件在重新启动期间一次完全处理。原则上，即使在计划外关闭的情况下，同步检查点仍然可以捕获所有事件，但是它们的处理要复杂得多。对于有计划的关闭，需要每个流水线生成一个检查点并阻塞，直到检查点被复制。

事实上，所有 CSP 都有多个分布在多个地区的数据中心，处理数据中心级故障的基本假设是，不同地区数据中心同时发生故障的可能性极低。关键软件系统是多宿主的，工作负载在这些中心之间动态分配，当其中一个中心发生故障时，其工作负载份额将重新分配给仍在运行的中心。

多宿主系统的设计并非没有挑战。首先，系统的全局状态必须可供所有站点使用。应该最小化反映全局状态的元数据的大小。即使使用基于 Paxos 的提交来更新全局状态，通信延迟数十毫秒和有限的全局通信带宽也不会使判定全局状态变得容易。

其次，数据流流水线被实现为具有多个处理节点的网络。检查点必须捕获所有节点的状态，以及诸如挂起和完成的节点工作的输入和输出队列的状态之类的元数据。集群将节点组合在一起并仅记录集群的全局状态。集群可提高检查点效率并缩小检查点大小。

可以优化在多个站点处理相同的输入事件，以便检查点仅包括事件的一个副本。这实际上是针对由下面讨论的系统中的日志记录的事件完成的。此类主要事件可能需要数据库查找，如果数据库数据未更改，则主要事件的状态不应记录数据库信息。

最后，为多宿主系统确保一次完全语义是非常重要的，因为流水线可能在产生输出时发生故障；多个站点可以同时处理相同的事件。当全局状态存储在共享内存中时，更新全局状态可以是原子操作。等幂性可以帮助实现所需的语义。当多个站点更新同一记录时，可以保证所需的语义。如果无法实现等幂性，则可以使用两阶段提交将流式系统生成的结果写入输出。

数据流服务收集用户交互生成的数据并期望一致性。数据流一致性意味着当时间 t 的状态包括事件 e 的任何未来状态时，在时间 $t+\tau$ 必须包括事件 e；如果生成多个结果，观察者应该看到一致的结果。

对数据中心级故障的担忧迫使谷歌在不同的数据中心运行多个关键系统副本。几个大型谷歌系统在多个数据中心运行，包括 12.2 节讨论的 F1 数据库[451]和 12.8 节讨论的 Photon 系统[29]。

文献[213]讨论了谷歌用于支持广告管理的基础设施。支持流系统可用性和一致性的策略是记录多个数据中心中由用户交互引起的事件。然后，日志收集服务收集本地日志，并将其发送到指定为日志数据中心的几个位置。这些日志的一致性是至关重要的，并且需要精确的一次完全事件处理语义。

一旦为单个站点开发系统，就很难适应多站点操作，尤其是当站点之间的一致性是强烈的要求时。从头开始即设计为多宿主是关键任务系统的最佳解决方案。在多个站点运行系统会转移负担，解决了数据中心级故障导致的基础设施问题。这种负担落在传统系统中的用户身上，而这些系统只能在一个站点运行。实际上，用户必须定期做检查点并将其转移到备份站点。

多宿主对系统设计人员来说是一项挑战，并增加了资源成本。需要额外的资源来处理通常由故障数据中心处理的工作负载，并在延迟后赶上。必须提前预留备用容量，并准备接受额外的工作量。

12.10 规模和延迟

云的规模改变了我们对有效计算的想法。这样的规模还在计算机科学和计算机工程的几乎所有领域——从计算机架构到安全、软件工程和机器学习等——发起了新的挑战。用于并行处理的相当数量的模型和算法已经适应云环境。

大数据处理的框架、大规模系统的资源管理，第 7、8、9、10 章和第 12 章中讨论的延迟关键工作负载的调度算法仅提供了进入新计算环境的有限窗口。本节将讨论针对云计算未来的几个至关重要的想法。

延迟，即从启动操作的瞬间到其完成所经历的时间，一直是交互式应用程序服务质量的重要衡量标准，但在在线搜索和基于网络的电子商务时代，其相关性和影响力已大大增强。云计算现在有相当多的延迟关键应用，当物联网的大量网络物理系统布满我们的工作和生活空间时，它们的数量可能会爆炸。

延迟有三个主要部分：通信时间、等待时间和服务时间。本节仅讨论后两者，因为通信速度不受 CSP 控制，实际上它对延迟几乎没有影响。最后两个组件导致的延迟重尾分布是不需要的，它会影响用户体验，并最终影响服务供应商的竞争能力。

重尾分布。 如果具有以下性质：
$$\lim_{x \to \infty} e^{\lambda x} \Pr[X > x] = \infty, \quad \forall \lambda > 0 \tag{12.21}$$
则具有累积分布函数 $F_X(x)$ 的随机变量 X 被称为具有重右尾。

该定义也可以用尾部分布函数表示
$$\overline{F}_X(x) \equiv \Pr[X > x] \tag{12.22}$$
这意味着 $F_X(x)$ 的间隙（moment）生成函数 $MF(t)$ 在 $t > 0$ 时无穷大。Lévy 分布是重尾分布的一个例子。其域 $x \geqslant \mu$ 的概率密度函数（PDF）和累积分布函数（CDF）分别为
$$f_X(x; \mu, c) = \sqrt{\frac{c}{2\pi}} \times \frac{e^{-\frac{c}{2(x-\mu)}}}{(x-\mu)^{3/2}}, \quad F_X(x; \mu, c) = \mathrm{erfc}\left(\sqrt{\frac{c}{2(x-\mu)}}\right) \tag{12.23}$$
其中 μ 表示位置参数，c 表示尺度参数，$\mathrm{erfc}(y)$ 表示互补误差函数。图 12.11 显示了 Lévy 分布的 PDF 和 CDF。在概率论和统计学中，尺度参数是参数概率分布族的一种特殊数值参数。尺度参数越大，分布函数越分散。

谷歌的查询处理。 通过对谷歌查询处理的分析，我们可以深入了解延迟具有重尾分布的原因以及如何对其进行管理。查询会向缓存数据所在的许多服务器发出数千个请求。其中一些服务器包含图像、视频、Web 数据、博客、书籍、新闻以及可能响应查询的许多其他数据。

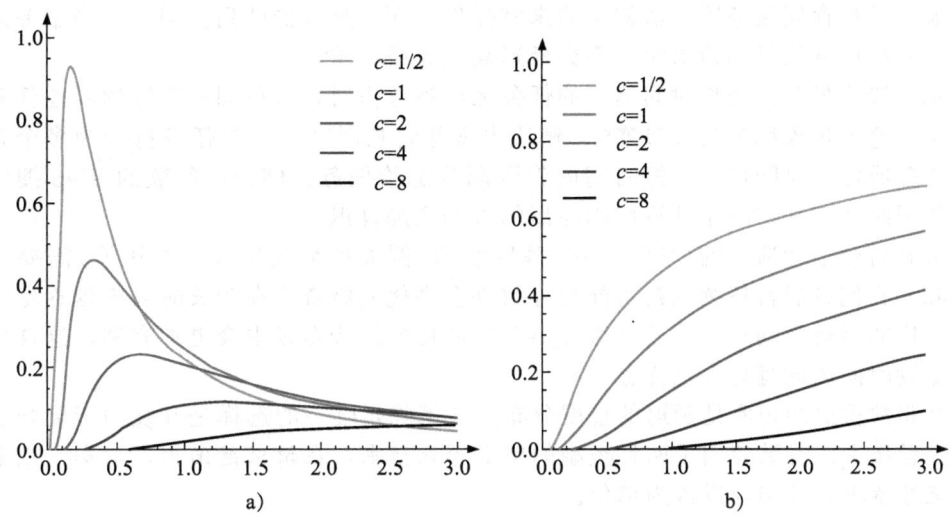

图 12.11　a) 无偏移 Lévy 分布的概率密度函数，$\mu = 0$；b) 累积分布函数

从根节点到查询扇出树的叶节点测量的单叶请求完成时间显示了重尾分布的影响[131]。随着延迟累积分布函数中的 x 从 50% 增加到 95%，然后再增加到 99%，延迟增加如下：

- 当观察树的单个随机选择的叶节点时，延迟分别从 1 毫秒增加到 5 毫秒，然后增加到 10 毫秒。
- 当我们请求 95% 的叶节点完成执行时，延迟分别从 12 毫秒增加到 32 毫秒，然后再增加到 70 毫秒。
- 当我们请求所有节点完成执行时，延迟分别从 40 毫秒增加到 87 毫秒，然后再增加到 140 毫秒。

这些测量表明延迟随着扇出树的叶数而增加；当我们等待更多的叶节点完成时，它也会增加。延迟尾部的范围显著，95% 和 99% 之间的差异显而易见，对于我们讨论的三个案例，延迟翻倍或接近翻倍，按收益递减规律，分别为 10 对 5、70 对 32 和 140 对 87。

谷歌能够解决重尾延迟分布带来的问题[131]："当根据到目前为止用户敲入的前缀预测最可能的查询时，系统会以交互方式更新查询结果、执行搜索并在几十毫秒内显示结果。" 本节将讨论如何完成此操作。

简要分析影响查询响应时间变化的因素有助于理解如何约束这种可变性。资源共享不可避免，对系统资源的竞争转化为对输家的响应时间更长。需要有人工作在幕后，执行系统管理和维护功能。例如，守护进程本身就是资源的使用者和工作负载的竞争者，它们偶尔增加了响应时间。数据迁移、数据复制、负载均衡、垃圾收集和日志压缩都是竞争系统资源的活动。

分层基础设施中的多层排队增加了等待时间，这可以通过优先级排队和下面讨论的技术来解决。资源利用和节能机制的优化导致延迟增加。例如，当工作负载下降时，服务器切换到省电模式。在这种情况下，延迟会增加，因为服务器唤醒需要一些时间才能处理需求高峰。动态频率和电压调节是一种使功耗适应工作负载强度的机制，也可能导致延迟变化。

有几种技术可以减少组件级可变性对重尾查询延迟分布的影响。这些技术包括：

- 定义不同的服务类并使用优先级排队来最小化对延迟关键型工作负载的等待。
- 保留服务器短队列，使得来自延迟关键型工作负载的请求从其高优先级中受益。例如，谷歌存储服务器保留较少的未完操作，而不是维护队列。因此，当服务来自低优先级任务的早期请求时，不会延迟高优先级请求。
- **减少线头阻塞。** 当长时间运行的任务无法被抢占时，等待同一资源的其他任务被阻止，这种现象称为线头阻塞⊖。解决方案是将长时间运行的任务拆分为多个较短的任务或使用时间切片在短时间内将资源分配给任务。例如，谷歌的Web搜索系统使用时间切片来防止计算成本高昂的查询增加延迟。
- **限制后台活动造成的中断。** 一些幕后活动（例如垃圾收集或日志压缩）需要多个资源。它们在后台持续运行可能会导致许多高优先级查询在较长时间内延迟增加。让这样的后台活动运行在几个服务器并发使用的同步爆发中会更加有利，这样仅影响爆发时间内的延迟关键任务。

一个非常重要的现实是延迟的重尾分布无法消除，唯一的选择是开发用于屏蔽长延迟的尾部容忍技术。谷歌使用了两种类型的尾部容忍技术：在请求范围内，短期，以毫秒为单位；交叉请求，长期，以秒为单位。

前一种技术适用于复制数据，例如，对于跨多个存储服务器的具有条带化及复制数据的分布式文件系统以及只读数据集。拼写校正服务受益于这种机制，因为模型每天更新一次并处理非常高的请求率，每秒数十万次。交叉请求技术旨在通过创建微分区、通过复制可能导致不平衡的条目或通过延迟诱导试探来增加并行性并防止不平衡。

对冲(hedged)和绑定(tied)请求是短期容错技术。在这两种情况下，客户都会发出请求的多个副本，以增加快速回复的机会。对冲请求以较短的时间间隔分隔；客户端发出请求，接受第一个答案，然后通知其他服务器取消请求。在发送请求副本以限制额外工作负载并避免重复之前，客户应等待平均响应时间达到某个百分点，如90%到95%。

当每个副本包含其他服务器的地址时，请求被绑定。在这种情况下，接收请求的服务器彼此通信；能够开始处理请求的第一个服务器在开始执行时向其他服务器发送取消消息。如果请求的所有收件人的输入队列都是空的，那么所有收件人几乎可以在同一时间开始处理，并且在网络中取消消息无法阻止工作重复。如果客户在发送请求的副本之前等待平均消息延迟两倍的时间，则可防止这种不期望的情况。

对冲请求非常有效。例如，谷歌基准测试会读取存储在100台服务器上的大型BigTable中的1000个键值对的键值。在原始请求之后10毫秒发送的对冲请求显著降低了99%的延迟，从1700毫秒减少到74毫秒，同时发送的请求只增加了2%。另一个谷歌基准测试显示了绑定1毫秒的查询对空闲集群和后台运行批处理作业集群的影响。BigTable数据未缓存，每个文件块在不同的存储服务器上有三个副本。表12.3显示了没有对冲和有对冲绑定请求的读取延迟。

表12.3 对一个延迟关键应用，文献[131]使用绑定请求1ms的毫秒级读取时延。第2和3列为大多闲置的系统。第4和5列为运行后台任务的系统，但不包括延迟关键应用

限制(%)	无对冲	对冲绑定	无对冲	对冲绑定
50	19	16	24	19
90	38	29	54	38
99	67	42	108	67
99.9	98	61	159	108

⊖ 可以将线头阻塞想象为在一条单行的、蜿蜒的山路上缓慢行驶的卡车，会有大量的车卡被挡在最前面的卡车后面。

表 12.3 中的结果首先表明，对冲和绑定请求不仅在系统负载较轻时，而且在较高的系统负载下也能很好地工作。这也意味着这种机制的开销很低，只给系统增加了 1 分钟的工作量。这些结果也显示了较重尾部的范围；对于轻载和重载系统，99%和 99.9%之间的延迟差异是显著的。

微分区、可能导致不平衡的条目复制以及延迟诱导试探是长期的尾部容忍技术。由于许多原因，大规模系统中的完美负载均衡实际上无法实现。这些原因包括服务器性能的差异、工作负载的动态性以及无法准确描述全局系统状态。一种相当直观的方法是对每个服务器上的细粒度资源分区，因此命名为微分区。

这些"虚拟服务器"更灵活，能够在更短的时间内处理细粒度的工作单元。错误恢复也不那么痛苦，因为在出现错误的情况下工作量减少了。长期以来，不可移动的数据复制一直是提高性能的首选方法，并且也被谷歌广泛使用。分层组织系统中的中间服务器可以识别响应速度慢的服务器，避免向其发送延迟关键任务，同时继续监控其行为。

12.11 移动计算和应用

根据 http://www.mobilecloudcomputingforum.com/："……最简单的移动云计算，指数据存储和数据处理都发生在移动设备之外的基础设施。移动云应用将计算能力和数据存储从移动电话转移到云端，使应用和移动计算不仅仅是智能手机用户，而是更广泛意义的移动客户。"

移动设备与计算机云存在共生关系。移动设备是存储在云上的数据的生产者和消费者。它们还利用云资源完成计算密集型任务。移动设备受益于这种共生关系；随着数据和应用程序在云上备份，它们的可靠性得到了提高。

云扩展了移动设备的实用性，移动设备可以访问存储在云服务器上的大量信息，还可以扩展其有限的物理资源：

- 处理能力和存储容量——移动设备的一种无处不在的应用是拍摄静态图像或视频，上传到计算机云，并通过 Flickr、Youtube 或 Facebook 等云服务提供服务。
- 电池寿命——将移动游戏组件迁移到云端可以节省 27%的电脑游戏能耗和 45%的国际象棋游戏能耗[126]。

移动设备在云生态系统中的集成具有很大的好处[442]：

- 移动设备拍摄了内容丰富的图像和视频，而不仅仅获取温度等简单的标量数据。这些信息可用于了解地震或森林火灾等灾难性事件的具体情况。
- 数量众多的能力——云源增强了传感能力，可用于与安全性、快速服务发现等相关的应用。
- 支持近实时数据一致性，这在救灾方案中非常重要。例如，地震的余震经常引发建筑物的主要结构变化。在活动之前和之后拍摄的图像和视频有助于评估损害的影响并确定要立即撤离的建筑物。
- 启用机会信息收集。例如，汽车上的防抱死制动装置在每次启动时传输其 GPS 坐标，使维护人员能够识别道路上的光滑点。
- 在云上运行的计算机视觉算法可以使用移动设备拍摄的图像来定位丢失的儿童，或估计人群规模。

移动云计算的应用。许多移动应用包括在移动设备上运行的轻量级前端组件以及在云上运行的后端数据密集型和计算密集型组件。在医疗保健、学习、电子商务、移动游戏、移动定位服务和搜索等多种领域，移动云计算应用都有大量的例子。

移动医疗的一个重要应用是使用计算机云和移动设备进行患者记录的存储和检索以及医学图像共享。该领域的其他应用包括[149]：使用无线服务监测患者信息的健康监测服务；应急管理中应急车辆的协调；可穿戴系统，用于监测手术后门诊患者的生命体征。

有许多教育工具可以帮助学生学习和理解解剖学、计算机科学和工程学或艺术等各种科目。虽然取得了一些进展，但目前尚未充分利用移动学习的潜力。使用人工智能算法的课堂工具可以识别学生在讲座期间提出的相关问题，并允许教师与学生进行互动，但这些工具尚未开发出来。

移动游戏有可能为 CSP 带来巨额收益。需要大型计算资源的引擎可以装载到云端，而游戏玩家只需与在其移动设备上运行的屏幕界面进行交互。例如，Maui 系统[126]在运行时基于网络通信的成本以及 CPU 功率和移动设备的能量消耗来划分应用代码，以最大程度地实现节能。在移动设备上运行的浏览器通常用于云上大幅贬值的基于关键字、语音或标记的搜索。

移动云计算的所有应用都面临着与通信和计算相关的挑战。低带宽、服务可用性和网络异构性带来严重的通信问题。安全性、数据访问效率和减负（offload）开销是计算方面最关心的问题。

移动设备面临各种威胁，包括病毒、蠕虫、特洛伊木马和勒索软件。当移动设备具有有限的功率资源时，这种威胁被放大，而且连续运行病毒检测软件不切实际。此外，一旦位于移动设备上的文件被感染，当文件被自动上载时，感染将传播到云。同时，随着基于位置的服务（LBS）数量的增加，GPS 的集成成为隐私关注的重点。云数据安全性、完整性、认证以及数字版权管理也是令人担忧的问题。

提高数据访问效率需要本地和远程操作之间的微妙平衡以及移动设备和云之间交换的数据量。针对移动设备请求的响应，在云上执行的 I/O 操作的数量应该最小，以减少访问时间和成本。应使用移动设备的内存和存储容量来提高数据访问速度、减少延迟并提高移动设备的能效。

移动云计算的未来。随着技术的进步，移动设备将配备更先进的功能单元，包括高分辨率摄像头、气压计和光传感器等。增强现实和移动游戏正成为重要的移动云计算应用程序。随着新移动设备的出现和可快速访问的计算机云的普及，增强现实可能无处不在。来自智能城市的集合交通数据感知、环境污染监测、交通和污染管理的实时交通地图的组合只是移动云计算未来潜在应用的一小部分。最近的一项调查[513]分析了这些应用程序，包括当前的解决方案以及未来的解决方案：

- 代码和计算减负——目前基于静态分区和动态分析，预计将来会自动化。
- 面向任务的移动服务——目前由移动数据即服务提供，移动计算即服务、移动多媒体即服务和基于位置的服务有望被以人为中心的移动服务所取代。
- 弹性和可伸缩性——资源分配和调度组件预计将使用有效流量 VM 迁移模型的算法进行确认。
- 云服务定价——目前基于拍卖和竞价的方式预计将由经验验证和优化算法取代。

毫无疑问，将移动设备纳入云生态系统具有很多好处。它开辟了学习、提高生产力和娱乐的新途径，但也可能产生不太理想的效果——它可以用海量信息淹没我们。Herb Simon 指出了信息超载的影响[452]："信息所带来的消耗相当明显：它消耗了接收者的注意力。因此，大量信息造成了人们的注意力不足，需要在可能产生消耗的过多信息来源中有效地分配注意力。"

12.12 移动计算的能效

移动计算享有云上计算机按需提供的几乎无限资源。效用计算为移动云用户提供了可观的经济优势。为了使用这些优势，移动系统需要通过网络访问这些拥有丰富计算和存储资源的岛屿。

云用户向云传输或从云上获取数据，但通过固定线路和使用固定设备连接到计算机云的云用户与通过蜂窝或无线局域网连接到移动设备的用户之间存在显著差异。首先是传输大量数据的时间和成本，而对于移动云用户来说，最关键的问题是通信的能耗。

电池技术滞后于现代移动设备的需求。存储在电池中的能量每年仅增长约 5%。增加电池尺寸不是一种选择，因为设备往往越来越轻。此外，没有主动冷却技术的小型移动设备的功率限制在大约 3 瓦[372]。

本节将讨论文献[342]中给出的移动设备每次消费的关键因素分析。正如预期的那样，计算与通信的比率是平衡本地处理和流量计算的关键因素。分析表明，不仅传输的数据量，而且传输模式也很重要。事实上，在单个爆发(burst)中发送更多的数据比发送一系列小数据包消耗的能量更少。

该分析使用了几个参数：E_{cloud} 和 E_{local}，分别是云和本地计算的能量；D，要传输的数据量；C，表示为 CPU 周期的计算量。C_{eff} 和 D_{eff} 分别是计算和设备特定数据传输的效率。C_{eff} 以每焦耳的 CPU 周期来度量，并且表示可以使用给定能量执行的计算量。

在执行期间，动态电压和频率调节仅略微影响 CPU 的功率和性能，即 C_{eff}。例如，N810 诺基亚处理器以 400MHz 运行时，需要 0.8W，C_{eff} = 480 周期/J；以 165MHz 运行时，仅需要 0.3W，C_{eff} = 510 周期/J。对性能更高的 N900 诺基亚处理器来说也是如此；以 600MHz 运行时，所需功率和 C_{eff} 分别为 0.9W 和 650 周期/J；而以 250MHz 运行时，相同参数分别为 0.4W 和 700 周期/J。

D_{eff} 以每焦耳的字节数来度量，表示可以使用给定能量传输的数据量。D_{eff} 受流量模式的影响。网络接口处于活动状态的时间会影响通信的能耗。通常，用于激活和停用蜂窝网络接口的功耗大于无线接口的功耗。时钟频率越大，功耗和 D_{eff} 越大。例如，对于 N810，以 400MHz 运行时的功耗和 D_{eff} 分别为 1.5W 和 390KB/J；以 165MHz 运行时，二者分别降至 1.1W 和 310KB/J。

将计算负载放到云上是有意义的，如果

$$E_{cloud} < E_{local} \tag{12.24}$$

且

$$E_{cloud} = \frac{D}{D_{eff}}, \quad E_{local} = \frac{C}{C_{eff}} \tag{12.25}$$

等式(12.24)表示的条件变为：

$$\frac{C}{D} > \frac{C_{eff}}{D_{eff}} \tag{12.26}$$

根据文献[342]中的经验法则："当工作负载需要为每个数据字节执行超过 1 000 个计算周期时，减负计算是有益的。"

在运行频率为 720MHz 的 ARM Cortex-A8 核的系统上测量的每字节 CPU 周期率为：330 用于 gzip ACII 压缩，1300 用于 x264 VBR 编码，1900 用于 CBR 编码，2100 用于

wikipedia.org 上的 htm12text，以及 5900 用于 en.wikipedia.org 上的 htm12text。

从文献[342]的实验中可得出几个结论：
- 移动设备的能耗受每个事务中涉及的端到端链的影响，因此，服务器端资源管理非常重要。
- 更高的性能通常有助于提高能效。
- 应开发能够指导提高能效的设计决策的简单模型。
- 应在移动云计算应用的中间件中构建自动决策，以确定是否应将计算上载到云中以最大限度地提高移动设备的能效。
- 与无线通信相关的延迟对于交互式工作来说是关键延迟。

短期来看，移动设备电池的储能容量不大可能会有明显改善。随着新的移动云计算数据和计算密集型应用的发展，对能源优化越来越复杂的软件需求应该激励对这一具有挑战性的领域的研究。与此同时，随着 WLAN 速度和移动设备天线效率的不断提高，移动云计算应用的其他关键约束、通信速度和有效性也在不断提高。

12.13 可选的移动云计算模型

在12.11节中，我们已经看到移动设备访问云计算数据中心中的大量资源是由广域网（WAN）、蜂窝网络和无线网络支持的。在本节中，我们将研究由于通信延迟和某种程度上的带宽导致的局限性，并讨论其他可选的移动云计算架构。

延迟的影响。事实表明，WAN 和无线网络的通信延迟不太可能改善。不难看出，网络安全、能效、网络可管理性以及带宽是网络公司和网络研究的主要关注点。

不幸的是，几乎所有解决这些问题的方法都有负面影响，它们会增加端到端的通信延迟。实际上，12.12节中讨论的提高能效的技术包括减少网络接口的活动时间、延迟数据传输直到发送大数据块、在短时间内打开移动设备的收发器以及接收和确认在基站缓冲的数据包。

最快的无线 LAN(802.11n)和无线互联网 HSPDA(高速下行链路分组接入)技术的速度分别为 400Mbps 和 2Mbps，4MB JPEG 图像对应的传输延迟分别为 80 毫秒和 16 秒。互联网延迟范围为 30~300 毫秒。例如，伯克利到特隆赫姆和伯克利到堪培拉的延迟分别为 197 毫秒和 174 毫秒，匹兹堡到香港和匹兹堡到西雅图分别为 223 毫秒和 83.9 毫秒（2008~2009 年测量）[441]。可以在 https://www.internetweathermap.com/map 找到地球上选定两点之间当前的互联网延迟。

延迟效果因应用程序而异。例如，考虑对于特定应用而言延迟 L 的主观影响，该应用为用于虚拟网络计算通信软件的 GNU 操作程序（GIMP），使用远程帧缓冲协议的图形桌面共享系统，结果如下：$L<150$ 毫秒时反应迅速；$150<L<1\,000$ 毫秒时开始令人厌烦；$1<L<2$ 秒时很令人厌烦；$2<L<5$ 秒时不可接受；$L>5$ 秒时无法使用[441]。

小云(Cloudlet)。减少端到端延迟的可能解决方案模拟了支持无线通信的模型，其中接入点分散在大型组织的校园和城市中。微数据中心或被称为小云的"箱中云"被放置在具有高度集中的移动系统的区域附近。小云可以是具有快速互连和高带宽无线 LAN 的多核处理器集群。

与云上的资源相比，小云上可用的资源显得苍白无力。小云仅协助移动设备进行数据和计算密集型任务，它们不会永久性地存储数据。移动设备可以连接到小云并将代码上传到小云。

文献[441]中提出的这种解决方案有明显的好处，但也有问题。主要的好处是在小云附近移动设备之间的端到端通信延迟较短。另一方面，能够支持大范围移动用户的小云成本和维护也值得关注。可以安全地假设，随着处理器技术的发展，硬件成本将会下降，处理器带宽和可靠性将增加。如果开发了自管理技术，则可以减少软件维护工作。在此解决方案获得足够的支持之前，必须解决包括小云分级在内的一系列业务和技术挑战。

文献[441]中提出的软件组织解决方案是为了拥有永久的小云主机软件环境和临时访客软件环境。由临时定制来配置用于运行某个应用的系统，并且一旦运行完成，清理阶段将为运行下一个应用而进行清理。虚拟机封装了临时访客环境。

可以在移动设备上创建虚拟机，在本地运行，直到虚拟机需要其他资源，然后停止，将其状态保存在文件中，并将文件发送到重新启动虚拟机的移动设备附近的某小云。这种直接解决方案的问题在于，当迁移到小云的虚拟机的占用空间很大时会增加延迟。

另一种解决方案是动态虚拟机合成，此时移动设备仅向小云传递一小部分内容（小覆盖）。此方案假设小云已经有了基础(base)VM，用于派生小覆盖，因此小云环境可以立即开始执行，而无须联系云或其他小云。但是相对较小的基础 VM 集足以应付大范围应用这一假设可能过于乐观。

Kimberlay——概念小云系统的证明。 小云基础设施包括运行 Ubuntu Linux 的桌面和移动设备（运行 Maemo 4.0 Linux 的诺基亚 N810 平板电脑[441]）。小云使用一个 Linux 的托管虚拟机管理程序（名为 VirtualBox）和一个包含三个组件（基础 VM、install-script 和 resume-script）的工具，为与该工具组件兼容的任何操作系统创建 VM 覆盖。

首先启动基础 VM，然后执行访客 OS 中的 install-script 安装脚本，最后访客 OS 中的 resume-script 启动应用程序。VM 封装了应用程序，可以在不需要重新引导的情况下激活所谓的 launchVM，最后对该 VM 进行压缩和加密。

图 12.12 中的金伯利（Kimberley）组织结构显示了在小云和移动设备上运行的软件组件。虚拟网络计算（VNC）通信软件和 Avahi ⊖ 支持通过无线链路进行通信，Avahi 是自由零配置⊖的自动网络实施组件，支持多播 DNS/DNS-SD 服务发现。

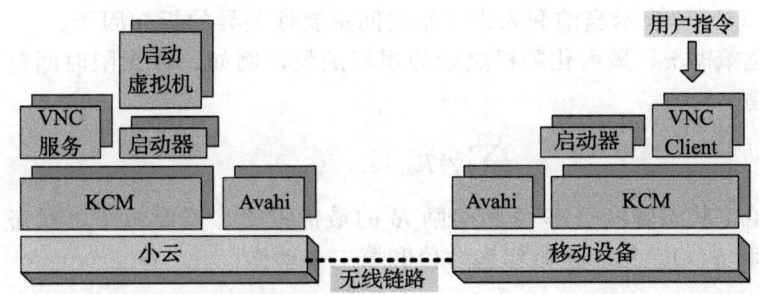

图 12.12　金伯利的组织结构。金伯利控制管理器（KCM）运行在小云和移动设备上，两者通过无线链路通信，使用虚拟网络计算通信软件和 Avahi[441]。

KCM 抽象服务发现，包括在 Linux 中使用 Avahi 进行浏览和发布。在 KCM 实例之间建立使用 SSL 的安全 TCP 隧道。在建立安全 TCP 隧道之后，执行使用简单认证和安全

⊖ Avahi 是马达加斯加原产的羊毛狐猴灵长类动物的马达加斯加和科学拉丁名称。
⊖ 零配置（zeroconf）网络自动配置网络设备数字网络地址、自动分配和解析计算机主机名以及自动定位网络服务，从而建立一个 TCP/IP 计算机网络。它用于互联计算机或网络外设。

层(SASL)框架的认证。然后，小云上的 KCM 从移动设备 KCM 获取 VM 覆盖，解密和解压缩 VM 覆盖，并将覆盖应用于基础 VM。

12.14 移动边缘云和马尔可夫决策过程

follow-me 云[477]和移动边缘云是 12.13 节讨论的小云的变体。这两个系统旨在减少云访问的端到端延迟。移动边缘云概念允许移动设备在分跨网络的小型数据中心的固定服务器上执行计算密集型任务，并直接连接到网络边缘的基站。

新的转折是支持动态服务放置，换句话说，允许移动设备发起的计算在移动设备移动后从一个移动边缘云服务器迁移到另一个移动边缘云服务器[491,514]。由于以下原因，最佳服务迁移策略带来了非常有挑战的问题：移动设备移动的不确定性，迁移和通信费用可能存在非线性。解决这些挑战的一种方法是根据下面讨论的马尔可夫决策过程来形式化迁移问题。

马尔可夫决策过程。 马尔可夫决策过程是一类离散时间的随机控制过程，用于解决各种结果部分随机、部分受决策者控制的优化问题。马尔可夫决策过程以选择和动机扩展马尔可夫链；动作（action）允许选择（choice），而奖励（reward）为动作提供动机（motivation）。

时隙 t 中的过程状态为 s_t，决策者可以选择在该状态下可用的任何动作 $a_t \in \mathcal{A}(s_t)$。作为动作的结果，系统移动到新状态并提供奖励 $\mathcal{R}_{a_t}(s_t, s')$。下一个状态仅取决于当前状态和所采取的动作。系统移动到状态的概率由转移函数 $p_{a_t}(s_t, s')$ 给出。

马尔可夫决策过程是一个 5 元组 $(\mathcal{S}, \mathcal{A}, \mathcal{P}(\cdot,\cdot), \mathcal{R}(\cdot,\cdot), \gamma)$，其中

- $\mathcal{S}$——一组有限的系统状态集。
- $\mathcal{A}$——一组有限的动作集；$\mathcal{A}_t \in \mathcal{A}$ 是时隙 t 在状态 $s_t \in \mathcal{S}$ 中可用的有限动作集。
- $\mathcal{P}$——转移概率集；$p_{a_t}(s_t, s') = \Pr(s(t+1) = s'|s_t, a_t)$——状态在时隙 t 中的动作将导致时隙 $t+1$ 中的状态的概率。
- $\mathcal{R}_{a_t}(s_t, s')$——从状态 s_t 过渡到状态 s' 后的直接奖励。
- $\gamma \in [0, 1]$——表示当前和未来奖励之间重要性差异的折扣因子。

目标是优化策略 π，最大化随机奖励的累积函数，例如，在无限时间范围内的预期折扣的奖励总和是

$$\sum_{t=0}^{\infty} \gamma^t \mathcal{R}_{a_t}(s_t, s_{t+1}) \tag{12.27}$$

为了计算给定状态转换概率 $\mathcal{P}$ 和奖励 $\mathcal{R}$ 的最优策略，需要两个由状态、值和策略索引的数组 $\mathcal{V}(s)$ 和 $\pi(s)$。第一个数组包含值和第二个动作：

$$\pi(s) = \arg\max_a \left\{ \sum_{s'} \mathcal{P}_a(s, s')(\mathcal{R}_a(s, s') + \gamma \mathcal{V}(s')) \right\} \tag{12.28}$$

$$\mathcal{V}(s) = \sum_{s'} \mathcal{P}_{\pi(s)}(s, s')(\mathcal{R}_{\pi(s)}(s, s') + \gamma \mathcal{V}(s')) \tag{12.29}$$

在 Bellman 提出的价值归纳中，$\pi(s)$ 的计算在 $\mathcal{V}(s)$ 的计算中被替代：

$$\mathcal{V}_{i+1}(s) = \max_a \left\{ \sum_{s'} \mathcal{P}_a(s, s')(\mathcal{R}_a(s, s') + \gamma V_i(s')) \right\} \tag{12.30}$$

马尔可夫决策过程可以通过线性规划或动态规划来解决。

移动云边缘的迁移决策和成本。 文献[491,514]中提出的解决方案假定：

- 用户在每个时隙中的位置是相同的，并且根据本节讨论的马尔可夫模型从一个时隙

到下一个时隙变化，见图 12.13。
- 所有可能位置的集合可以表示为二维向量，并且两个位置之间的距离为 $\|l_1-l_2\|$，其中 $l_1,l_2 \in \mathcal{L}$。
- 迁移时间非常短，可以忽略不计。

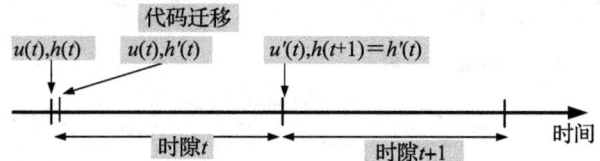

图 12.13　边缘云时隙。在时隙 t 的开始，用户和服务位置分别是 $u(t)$ 和 $h(t)$，一旦时隙 t 开始，服务就迁移到 $h'(t)$，在时隙 t 期间，系统用 $u(t)$ 和 $h'(t)$ 进行操作。在时隙 $t+1$ 的开头，服务位置为 $h(t+1)=h'(t)$

文献[514]中使用了以下符号：
- $u(t)$——用户在时隙 t 的位置。
- $h(t)$——时隙 t 的服务位置。
- $d(t)$——在时隙 t 中用户与服务之间的距离，$d(t)=\|u(t)-h(t)\|$。
- N——用户与服务之间允许的最大距离，$N=\max d(t)$。
- $s(t)=(u(t),h(t))$——时隙 t 开始时的初始系统状态。初始状态是 $s(0)=s_0$。
- $c_m(x)$——迁移成本是 x 的非递减函数，即两个边缘云服务器之间的距离为 $x=\|h(t)-h'(t)\|$。
- $c_d(x)$——传输成本是 x 的非递减函数，即边缘云服务器和用户之间的距离 x，其中 $x=\|u(t)-h'(t)\|$。初始状态为 $c_d(0)=0$。
- π——基于 $s(t)$ 的控制决策的策略。
- $a_\pi(s(t))$——当系统处于状态 $s(t)$ 时在策略上采取的控制动作。
- $\mathcal{C}_{a的}$——由时隙 t 中的控制 $a_\pi(s(t))$ 引起的迁移和传输成本之和。
$\mathcal{C}_{a的}=c_m(\|h(t)-h'(t)\|)+c_d(\|u(t)-h'(t)\|)$
- γ——折扣因子，$0<\gamma<1$。
- $\mathcal{V}_\pi$——π 策略下的预期折扣。

马尔可夫决策过程控制器在每个时隙的开头做出决定。决定可能如下：
- 不迁移服务，那么成本是 $c_m(x)=0$。
- 将服务从位置 $h(t)$ 迁移到位置 $h'(t) \in \mathcal{L}$；$c_m(x)>0$。

已知策略 π，其长期预期折扣总成本为

$$\mathcal{V}_\pi(s_0)=\lim_{t\to\infty}\mathbb{E}\left\{\sum_{\tau=0}^{t}\gamma^\tau \mathcal{C}_{a\pi}(s(\tau))\,|\,s(0)=s_0\right\} \quad (12.31)$$

最优控制策略是从任何初始状态开始最小化 $\mathcal{V}_\pi(s_0)$：

$$\mathcal{V}^*(s_0)=\min_\pi \mathcal{V}_\pi(s_0), \quad \forall s_0 \quad (12.32)$$

Bellman 方程式给出了一个稳定策略

$$\mathcal{V}^*(s_0)=\min_\alpha\left\{\mathcal{C}_\alpha(s_0)+\gamma\sum_{s_1\in\mathcal{L}\times\mathcal{L}}\mathcal{P}_\alpha(s_0,s_1)\mathcal{V}^*(s_1)\right\} \quad (12.33)$$

用 $\mathcal{P}_\alpha(s_0,s_1)$ 表示从状态 $s'(0)=\alpha(s_0)$ 到 $s(1)=s_1$ 的转移概率。当 $s(t)$ 和 $\alpha(\cdot)$ 已知时，中间状态 $s'(t)$ 非随机。

将服务迁移到远离移动设备当前位置的位置不是最佳的,这是一种直觉,以下命题

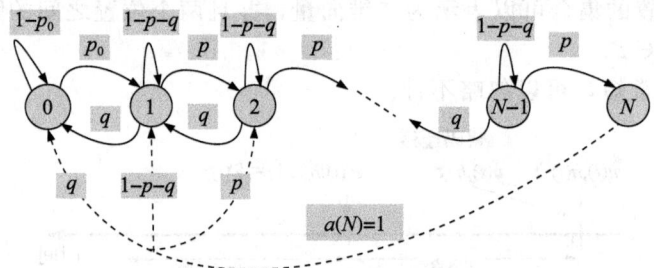

图 12.14 马尔可夫决策过程状态转移,假设边缘云的一维移动模型。移动设备以概率 r_1 向左或向右移动一步并且以概率 $1-2r_1$ 停留在相同位置,因此,$p=q=r_1$ 且 $p_0=2r_1$。当且仅当 $d(t) \geqslant N$ 时,在时隙 t 中发生迁移。对于 $d(t)>N$,时隙 t 中距离 $d(t)$ 的动作是 $\alpha(d(t))=\alpha(N)$。这意味着我们只需要研究 $d(t) \in [0, N]$ 的状态。在动作 $\alpha(N)$ 之后,系统分别以概率 q、$1-p-q$ 和 p 移动到状态 0、1 和 2

(proposition)具有直观含义,其简化了对最优策略的搜索[514]。

> **命题。** 如果 $c_m(x)$ 和 $c_d(x)$ 是常数且
> $$c_m(0) < c_m(x) \text{ 且 } c_d(0) < c_d(x), \quad x > 0 \tag{12.34}$$
> 那么当前的用户位置不是最佳的。

图 12.14 显示了转移概率为 p_0、p 和 q 时的系统转移模型,假设为均匀的一维移动模型。在该模型中,$u(t)$、$h(t)$ 和 $h'(t)$ 是标量。h' 是选择的新服务位置,因此有
$$\|h(t)-h'(t)\| = \|d(t)-d'(t)\|, \quad \|u(t)-h'(t)\| = d'(t) \tag{12.35}$$
迁移沿着连接 $u(t)$、$h(t)$ 和 $h'(t)$ 的最短路径发生。

文献[514]中讨论了操作过程,文献[491]中给出了边缘云的工作负载调度。

12.15 扩展阅读

包括文献[2,301,541,542]在内的一些参考文献讨论了大数据应用的属性。对大数据的谷歌存储架构的深入讨论可以在文献[173]中找到。包括 Mesa、Spanner 和 F1 在内的几个谷歌系统分别在文献[212]、[119]和[451]中介绍。

数据分析是文献[536]的主题,文献[106]分析大数据系统中的交互式分析处理。文献[203]涵盖大数据的内存性能。连续流水线在文献[143]中讨论。用于大数据分析的 Starfish 系统在文献[230]和[249]中讨论,涵盖企业对大数据的使用。包括文献[87]和[273]在内的几篇论文介绍了自引导技术,文献[10]分析了近似查询处理。Hoeffding 界限在文献[215]中讨论。一些参考文献如[141,142,304]涉及动态数据驱动应用系统(DDDAS)和 FreshBreeze 系统。

文献[543]和[12]中讨论的 Spark 流系统涵盖谷歌开发的 MillWheel 框架,用于构建容错和可扩展的数据流系统。文献[425]提出了数据流的缓存策略。文献[29]涵盖谷歌的 Photon 系统和系统可扩展性,大规模系统的性能是文献[213]的主题。文献[131]分析了重尾分布带来的问题。

移动设备和应用包括在文献[126,149,441,442,513]中。文献[342]分析了移动计算的能效。文献[390]讨论了用于太空天气监测的移动设备的使用。follow-me 云和边缘云计算在文献[477]和[491,514]中介绍。

12.16 练习和问题

问题 1 阅读文献[178]并分析与数据空间(dataspace)相关的益处和问题。研究有关数据空间在科学和工

程数据密集型应用数据管理中的潜在应用的文献。

问题 2 讨论文献[159]中提到的稳定云服务的可能解决方案,其灵感来自 BGP 路由[204,498]。

问题 3 讨论 12.3 节参考文献[273]中提出的自引导方法:"理想情况下,我们可以通过观察许多独立的数据集来获得给定 n 值的近似 $\xi(P,n)$,每个数据集的大小为 n。对于每个数据集,我们将计算 u 的对应值,并且得到的 u 值集合将近似于分布 Q_n,这又将产生基础真实值 $\xi(P,n)$ 的直接近似。此外,我们可以通过在大小为 n 的每个数据集上运行自引导程序来近似自引导输出的分布。然而不幸的是,在实践中我们只观察到一组 n 个数据点,这使得这种方法成为一种无法实现的想法。为了克服这个困难,我们的诊断 BPD 算法为小于 n 的数据集执行这个理想的过程。也就是说,对于给定的 $p \in \mathbb{N}$ 且 $b \leqslant \lceil n/p \rceil$,我们随机采样观察到的数据集 $\mathcal{D}$ 的 p 个不相交子集,每个子集的大小为 b。对于每个子集,我们计算 u 的值;得到的 u 值集合近似于分布 Q_b,反过来产生 $\xi(P,b)$ 的基础真实值的直接近似值,用于较小数据集 b 的实值。另外,我们在每个大小为 b 的 p 子集上运行自引导,并将得到的 p 自引导输出的分布与我们的基础真实近似进行比较,可以确定自引导在样本大小 b 下是否表现得非常好。"

(1) 估计 n、p、b 的自引导加速功能;忽略时间计算 Δ_i、σ_i。

(2) 检查文献[273]中的模拟结果,并讨论样本量的影响。

问题 4 阅读文献[10]并讨论仅使用单样本估计样本分布的三种技术的优点和缺点:无参数自引导、封闭形式估计和有界大偏差。

问题 5 什么是键提取函数?它在 MillWheel 中扮演什么角色?在 Zeitgeist 中举一个键提取函数的例子。

问题 6 在扇出非常高的系统中,请求可能会执行未经测试的代码路径,从而导致同时在数千台服务器上发生崩溃或极长的延迟。如何防止这个问题?

问题 7 在服务级,单个组件延迟分布的变化被放大了。例如,考虑一个系统,其中每个服务器通常在 10 毫秒内响应,但 99% 的延迟为 1 秒。如果用户请求必须并行收集来自 100 个此类服务器的响应,则 63% 的用户请求将花费超过 1 秒[131]。假设有 1 000 台服务器,并且用户请求需要来自并行运行的 1 000 台服务器的响应。响应延迟超过 1 秒的概率是多少?如果用户请求需要来自并行运行的 2 000 个服务器的数据,而不是 1 000 个单独请求,该怎么办?

问题 8 研究移动设备中使用的处理器的功耗及其能效。根据功耗对移动设备的组件进行排名。制定一套指南,以最大限度地降低移动应用程序的功耗。

问题 9 与标准方法相比,文献[513]中用于找到马尔可夫决策过程最优策略的算法 1 的主要优势是什么?

第 13 章

Cloud Computing: Theory and Practice, Second Edition

进 阶 主 题

随着新服务以及更加多样化且功能强大的实例的逐年发布，云的功能也在不断发展。例如，亚马逊最近推出了 Lambda 服务，它是一种通过用户定义的条件和事件触发的服务。在 2016 年底，AWS 添加了 P2 实例，这是一个功能强大、可扩展的应用，具有基于 GPU 的并行计算能力。为了实现基于 MapReduce 的粗粒度并行，谷歌一直在向软件栈中添加功能。Watson 在医疗保健和数据分析领域的成功展示了 IBM 的努力目标是计算智能。微软试图拓宽在不断增长的云基础设施支持下的商业应用范围。

本章的目的是为云计算实践者和云研究社区提供一份关于未来所面对挑战的综述。13.1 节综述了这些挑战。与物联网、智能城市和智能电网等相关的实时应用无疑将加入云应用的广阔领域。13.2 和 13.3 节讨论了实时调度所带来的一些挑战。

云基础设施的规模很可能会继续扩大，以满足日益扩大的云用户社区的需求。一个值得研究的问题是当前的云管理系统能否支持这种扩展。自组织和自管理的替代方案出现在人们的想法中，但是自治计算计划的进展非常缓慢，这可能会挫伤那些相信自管理的人的热情。我们在 13.4 节讨论了涌现和自组织，在 13.5 节讨论了基于市场的自组织和组合拍卖。

13.1 一窥未来

目前，云计算将持续对许多人和有权处理巨量数据的机构产生较大且持久的影响。然而，云研究社区却很有可能面临新的挑战。由于计算机云对环境有特殊要求，即需要在一切可变和冲突环境中运行，这种破坏性特质最终需要系统设计方面的新思维。

可变性是计算机云的一个确定属性。物理基础设施由不同架构和性能的服务器组成，但其一直随着固态技术和处理器架构的发展而频繁更新。每个月都会开发出编排连贯系统视图的新软件，并且软件栈的深度也在不断增加。如果云计算将继续获得成功，那么就会有更多新应用出现，云用户数量和多样性需求也将随之增加。

冲突在系统设计中比较常见，鉴于云基础设施的规模，这种冲突的深度和广度前所未有，而且质量上也存在差异，所以必须仔细衡量计算机中的许多冲突要求。例如，资源共享是一个基本的设计原则，但云应用的严格性能和安全隔离也至关重要。为了提供廉价的计算周期，云基础设施应该始终满负荷运行，同时保留足够的资源来响应较大的负载峰值。尽管便宜的、现成的系统组件的故障率可能相当高，系统作为一个整体也应该完美无缺。系统应该提供性能保证，而具有巨大差异的需求负载组合将继续动态共享系统资源。

毫无疑问，计算机云将继续发展，但怎样发展呢？云和互联网的并行不可避免。最初，互联网的前身 Arpanet 是一个尽力而为的网络，它在不提供端到端交付保证的情况下，尽最大努力将数据文件从一个位置传输到另外一个位置。支持实时交付约束的通信当初没有被预见到。互联网的成功带来了改变。今天的互联网支持低延迟和高带宽的数据流。网络通信被改造为能够保证路由器有足够的资源来传输低抖动的连续数据流。

如何同时提供 QoS 保证、增加资源利用率、支持弹性且更加安全？云的发展提出了值得进一步研究的基本问题。第一个问题是，具有特殊需求的应用（如实时约束或显示细粒度并行的应用)是否可以迁移到云。这样的迁移需要对软件进行更改,特别是在软件栈的资源管理和调度组件方面。同时正如我们在 7.10 节中所看到的那样,硬件和云互连网络必须提供更低的延迟和更高的带宽。

另一个问题是如何通过增加资源利用率来降低成本,而不影响云计算的 QoS 承诺。显然,如果没有某种形式的过度供应,云弹性就无法得到支持,而过度供应意味着平均资源利用率较低。得到的结论是,应考虑其他降低成本的办法。

AWS 和其他服务供应商实践的解决方案是将预留系统与点分配组合起来。点分配的目的是在资源可用的情况下消耗多余的资源。非常了解所需资源和应用程序所需时间的云用户应使用预留系统。他们将受益于 QoS 保证,付更多的服务费用,其他的云用户也应该争夺较低成本的点分配。

另一种方法就是使用机器学习并给出云用户或云应用画像。这种解决方案需要大量历史数据和数据分析数据库来预测资源需求和应用程序所需的时间。一旦获得此信息,虚拟专有云就应该配置最适合的应用程序和用户选项。另一种选择是支持云自组织和自管理[261,328]。基于市场的资源分配可能是这种方法的核心——尽管它存在问题[450],包括文献[329,330]中提出的拍卖。

云计算基础设施的同构性是早期的设计目标之一。基础设施同构性的明显优势是简化了资源管理,并降低了硬件和软件维护成本。此外,获得大量相同的硬件组件可以降低基础设施成本。

在过去几年中,CSP 意识到为什么云用户会要求异构性。因此,如今的云有不同类型的处理器和协处理器,如 GPU。除硬盘驱动器外,云基础设施现在还包括固态硬盘,在未来,云基础设施可能包括数据流引擎。通过无限带宽(InfiniBand)、Myrinet 或其他高性能网络进行通信的信息孤岛也会成为云计算蓝图的一部分,云中的这些孤岛至关重要,它们的存在便于细粒度并行的科学和工程应用在计算机云上有更好的表现。

有必要解决如何适应云异构性的问题,同时防止基础设施成本和实现这些策略的资源管理策略和机制的复杂性急剧增加。事实证明,市场机制已成功地处理了各种各样商品的问题,大量的消费者可为这一问题提供答案,这对计算机云的未来也十分重要。

13.2 有期限的云调度

通常,服务水平协议指出在云上完成计算结果的时间应该可用。这促使我们审查有期限约束的云调度,相关文献数量众多,并且推动了实时应用的发展。

任务描述和期限。 实时应用涉及周期性或非周期性任务以及截止期限(deadline)。任务由三元组 (A_i, σ_i, D_i) 刻画,其中 A_i 是到达时间,$\sigma_i > 0$ 是任务的数据大小,D_i 是相对期限。对于周期性任务的实例 Π_i^q,周期 q 相同,$\Pi_i^q \equiv \Pi^q$;对于到达时间 $A_0, A_1, \cdots, A_i, \cdots, A_{i+1} - A_i = q$。

期限满足约束 $D_i \leqslant A_{i+1}$,并且通常数据大小相同,$\sigma_i = \sigma$。非周期性任务的个体实例 Π_i 是不同的,它们的到达时间 A_i 通常是不相关的,且对于不同的实例数据量 σ_i 不同。非周期性任务 Π_i 的绝对期限是 $(A_i + D_i)$。

我们将硬期限与软期限区分开来。在第一种情况下,如果任务没有在截止期限之前完成,那么依赖于它的其他任务可能会受到影响而且会受到惩罚。硬期限是严格的,并且精确地表示为毫秒或者秒。

软期限更多地是一种指导方针,一般不存在惩罚,用于表示软期限单位的小数点部分可能丢失，例如，如果截止期限以小时为单位，那么分钟可能丢失，如果截止期限以天为单位，则丢失部分为小时。云中的任务调度通常受到软期限约束，但有时可能会遇到具有硬期限的应用程序。

系统的模型。 我们只考虑具有任意可分负载的非周期性任务。该应用程序在一个云的划分上运行，该虚拟云具有头节点 S_0 和 n 个工作者节点 $S_1, S_2, \cdots, S_n$。系统同构，所有工作者都是相同的，从头节点到每个工作者节点的通信时间相同。头节点将工作负载分配给工作者节点，并且此分发是按顺序完成的。在这种情况下，有两个重要问题：

- 执行任务的顺序为 Π_i。
- 工作负载划分和映射到工作者节点的任务。

调度策略。 用于确定任务执行顺序的常见调度策略包括：

- FIFO——先进先出，任务按照到达顺序安排执行。
- EDF——最早期限优先，有最早截止期限的任务排在第一位。
- MWF——最大工作量派生优先。

在将 $n^{\min}$ 个节点分配给应用程序时，任务 Π_i 的工作量派生（workload derivative）$DC_i(n^{\min})$ 定义为

$$DC_i(n^{\min}) = W_i(n_i^{\min}+1) - W_i(n_i^{\min}) \tag{13.1}$$

当云的 n 个节点可用时，$W_i(n)$ 是分配给任务 Π_i 的工作量。MWF 策略要求：

- 这些任务按其派生的顺序调度，其中具有最高派生 DC_i 的任务优先。
- 分配给应用程序的节点数量 n 保持最小，即 $n_i^{\min}$。

接下来讨论工作负载的最优划分和相等划分，以及到工作者节点的任务映射。在我们的讨论中，使用文献[307]中的推导和一些符号。表 13.1 总结了这些符号。

表 13.1 用于具有期限的调度的参数

参数名	描述
Π_i	应用 A 的任意可分负载的非周期任务
A_i	任务 Π_i 的到达时间
D_i	任务 Π_i 的相对截止期限
σ_i	分配给任务 Π_i 的工作量
S_0	分配给 A 的虚拟云的头节点
S_i	分配给 A 的虚拟云工作者节点 $1 \leqslant i \leqslant n$
σ	应用 A 的总工作负载
n	分配给应用 A 的虚拟云的节点数
$n^{\min}$	分配给应用 A 的虚拟云的最小节点数
$\varepsilon(n, \sigma)$	n 个工作节点者处理工作负载 σ 所需的执行时间
τ	将一个负载单元从头节点 S_0 传输给工作者节点 S_i 的时间
ρ	处理一个负载单元的时间
α	负载分布向量 $\alpha = (\alpha_1, \alpha_2, \cdots, \alpha_n)$
$\alpha_i \times \sigma$	分配给工作者节点 S_i 的工作负载的比例
Γ_i	传送数据到工作者节点 S_i 的时间，$\Gamma_i = \alpha_i \times \sigma \times \tau$, $1 \leqslant i \leqslant n$
Δ_i	工作者节点 S_i 处理 1 个数据单元需要的时间，$\Delta_i = \alpha_i \times \sigma \times \rho$, $1 \leqslant i \leqslant n$
t_0	应用 A 的开始时间
A	应用 A 的到达时间
D	应用 A 的期限
$C(n)$	应用 A 的完成时间

最优划分规则(OPR)。对工作负载进行划分,以确保尽早完成。OPR 调度的最优性要求所有任务同时完成执行。

头节点 S_0 将数据顺序分配给各个工作者节点。分配给工作者节点 S_i 的工作量为 $\alpha_{i\sigma}$。向工作者节点 S_i 传送输入数据的时间是 $\Gamma_i=(\alpha_i\times\sigma)\times\tau$,$1\leqslant i\leqslant n$。传输完成后,工作者节点开始处理数据。工作者节点的处理时间是 $\Delta_i=(\alpha_i\times\sigma)\times\rho$,$1\leqslant i\leqslant n$。

根据图 13.1 中的时序图可以确定 OPR 的执行时间 $\varepsilon(n,\sigma)$:

$$\begin{aligned}
\varepsilon(1,\sigma)&=\Gamma_1+\Delta_1\\
\varepsilon(2,\sigma)&=\Gamma_1+\Gamma_2+\Delta_2\\
\varepsilon(3,\sigma)&=\Gamma_1+\Gamma_2+\Gamma_3+\Delta_3\\
&\vdots\\
\varepsilon(n,\sigma)&=\Gamma_1+\Gamma_2+\Gamma_3+\cdots+\Gamma_n+\Delta_n
\end{aligned} \tag{13.2}$$

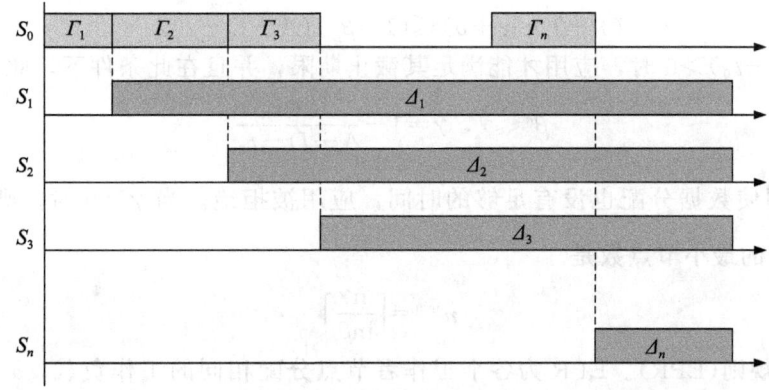

图 13.1 OPR 时序图。该算法要求所有工作者节点同时完成执行

我们替换表达式中的 Γ_i 和 Δ_i,$1\leqslant i\leqslant n$,并将这些等式重写为

$$\begin{aligned}
\varepsilon(1,\sigma)&=\alpha_1\times\sigma\times\tau+\alpha_1\times\sigma\times\rho\\
\varepsilon(2,\sigma)&=\alpha_1\times\sigma\times\tau+\alpha_2\times\sigma\times\tau+\alpha_2\times\sigma\times\rho\\
\varepsilon(3,\sigma)&=\alpha_1\times\sigma\times\tau+\alpha_2\times\sigma\times\tau+\alpha_3\times\sigma\times\tau+\alpha_3\times\sigma\times\rho\\
&\vdots\\
\varepsilon(n,\sigma)&=\alpha_1\times\sigma\times\tau+\alpha_2\times\sigma\times\tau+\alpha_3\times\sigma\times\tau+\cdots+\alpha_n\times\sigma\times\tau+\alpha_n\times\sigma\times\rho
\end{aligned} \tag{13.3}$$

从前两个方程中可以发现 α_1 和 α_2 之间的关系为

$$\alpha_1=\frac{\alpha_2}{\beta},\ \beta=\frac{\rho}{\tau+\rho},\ 0\leqslant\beta\leqslant 1 \tag{13.4}$$

这意味着 $\alpha_2=\beta\times\alpha_1$。通常情况下很容易看出

$$\alpha_i=\beta\times\alpha_{i-1}=\beta^{i-1}\times\alpha_1 \tag{13.5}$$

但 α_i 是负载分布向量的组成部分,因此,

$$\sum_{i=1}^{n}\alpha_i=1 \tag{13.6}$$

接下来,我们替换 α_i 的值并获得 α_1 的表达式:

$$\alpha_1+\beta\times\alpha_1+\beta^2\times\alpha_1+\beta^3\times\alpha_1\cdots\beta^{n-1}\times\alpha_1=1 \text{ 或 } \alpha_1=\frac{1-\beta}{1-\beta^n} \tag{13.7}$$

我们现在已经确定负载分布向量及执行时间为

$$\mathcal{E}(n,\sigma)=\alpha_1\times\sigma\times\tau+\alpha_1\times\sigma\times\rho=\frac{1-\beta}{1-\beta^n}\sigma(\tau+\rho) \tag{13.8}$$

称 $C^{\mathcal{A}}(n)$ 为应用 $\mathcal{A}=(A,\sigma,D)$ 的完成时间，$\mathcal{A}$ 从 t_0 开始处理，在 n 个工作者节点上运行，则有

$$C^{\mathcal{A}}(n)=t_0+\mathcal{E}(n,\sigma)=t_0+\frac{1-\beta}{1-\beta^n}\sigma(\tau+\rho) \tag{13.9}$$

应用满足截止期限，当且仅当

$$C^{\mathcal{A}}(n)\leqslant A+D \tag{13.10}$$

或

$$t_0+\mathcal{E}(n,\sigma)=t_0+\frac{1-\beta}{1-\beta^n}\sigma(\tau+\rho)\leqslant A+D \tag{13.11}$$

但是，$0<\beta<1$，因此，$1-\beta^n>0$。所以

$$(1-\beta)\sigma(\tau+\rho)\leqslant(1-\beta^n)(A+D-t_0) \tag{13.12}$$

只有当 $(A+D-t_0)>0$ 时，应用才能满足其截止期限，并且在此条件下，此不等式变为

$$\beta^n\leqslant\gamma,\quad \gamma=1-\frac{\sigma\times\tau}{A+D-t_0} \tag{13.13}$$

如果 $\gamma\leqslant 0$，即使数据分配也没有足够的时间，应用被拒绝。当 $\gamma>0$ 时，则 $n\geqslant\frac{\ln\gamma}{\ln\beta}$。因此，OPR 策略的最小节点数是

$$n^{\min}=\left\lceil\frac{\ln\gamma}{\ln\beta}\right\rceil \tag{13.14}$$

相等划分规则（EPR）。EPR 为各个工作者节点分配相同的工作负载，$\alpha_i=1/n$。分配给工作者节点 S_i 的工作量是 σ/n。头节点 S_0 将数据顺序分配给各个工作者节点。将输入数据传送到 S_i 的时间是 $\Gamma_i=(\sigma/n)\times\tau$，$1\leqslant i\leqslant n$。传输完成后，工作者节点 S_i 开始处理数据。节点 S_i 的处理时间是 $\Delta_i=(\sigma/n)\times\rho$，$1\leqslant i\leqslant n$。

从图 13.2 中可以看到，

$$\mathcal{E}(n,\sigma)=\sum_{i=1}^{n}\Gamma_i+\Delta_n=n\times\frac{\sigma}{n}\times\tau+\frac{\sigma}{n}\times\rho=\sigma\times\tau+\frac{\sigma}{n}\times\rho \tag{13.15}$$

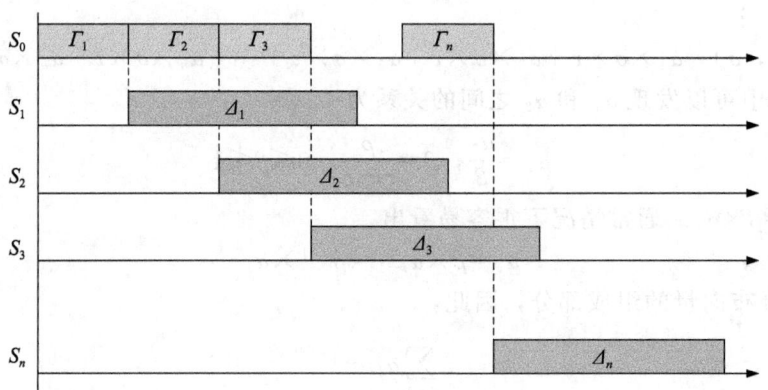

图 13.2 EPR 时序图

满足截止期限的条件，$C^{\mathcal{A}}(n)\leqslant A+D$，得到

$$t_0 + \sigma \times \tau + \frac{\sigma}{n} \times \rho \leqslant A + D \text{ 或 } n \geqslant \frac{\sigma \times \rho}{A + D - t_0 - \sigma \times \tau} \tag{13.16}$$

因此，

$$n^{\min} = \left\lceil \frac{\sigma \times \rho}{A + D - t_0 - \sigma \times \tau} \right\rceil \tag{13.17}$$

文献[307]中给出了可调度测试的伪代码，包括：用于 FIFO、EDF 和 MWF 调度策略的伪代码，用于两节点分配策略、MN（最小节点数）和 AN（所有节点）的伪代码，以及用于 OPR 和 EPR 划分规则的伪代码。该文献还进行了十种算法的模拟研究。

算法名称的通用格式是 Sp-No-Pa，其中，Sp＝FIFO/EDF/MWF，No＝MN/AN，Pa＝OPR/EPR。例如，MWF-MN-OPR 使用 MWF 调度、最小节点数和 OPR 划分。算法的相对性能取决于通信单位成本 τ 与计算单位成本 ρ 之间的关系。

13.3 有期限的 MapReduce 应用调度

我们现在讨论 MapReduce 应用程序在云上的调度问题，但要受截止期限的约束。调度 Apache Hadoop（MapReduce 算法的开源实现）的选项分别为 FIFO、公平调度器[541]、容量调度器、动态比例调度器[438]。

最近的一篇论文[264]将 13.2 节中讨论的截止期限调度框架应用于 Hadoop 任务。表 13.2 总结了用于此分析的符号。术语时隙与节点等效，表示实例数。

表 13.2　用于具有期限的 Hadoop 调度的参数

参数名	描述
Q	查询 $Q=(A, \sigma, D)$
A	查询 Q 的到达时间
D	查询 Q 的截止期限
Π_m^i	一个 map 任务，$1 \leqslant i \leqslant u$
Π_r^i	一个 reduce 任务，$1 \leqslant i \leqslant v$
J	执行查询 $Q=(A, \sigma, D)$ 的作业，$J=(\Pi_m^1, \Pi_m^2, \ldots, \Pi_m^u, \Pi_r^1, \Pi_r^2, \ldots, \Pi_r^v)$
τ	传输单位数据的成本
ρ_m	处理单位数据的 map 任务时间
ρ_r	处理单位数据的 reduce 任务时间
n_m	map 时隙的个数
n_r	reduce 时隙的个数
$n_m^{\min}$	map 任务的最小时隙数
n	总时隙数，$n = n_m + n_r$
t_m^0	map 任务的启动时间
$t_r^{\max}$	reduce 任务启动时间的最大值
α	map 分配向量；使用 EPR 策略，$\alpha_i = 1/u$
ϕ	过滤比率，map 进程产生的输入输出比

我们对初始推导做出两个假设：
- 系统同构，ρ_m 和 ρ_r 分别为通过 map 和 reduce 任务处理单位数据的成本，其对于所

有服务器都是相同的。
- 负载均衡。

在这些条件下，输入大小为 σ 的作业 J 的持续时间为

$$\mathcal{E}(n_m, n_r, \sigma) = \sigma\left[\frac{\rho_m}{n_m} + \phi\left(\frac{\rho_r}{n_r} + \tau\right)\right] \tag{13.18}$$

因此，具有到达时间 A 的查询 $Q = (A, \sigma, D)$ 满足截止期限 D 的条件可以表示为

$$t_m^0 + \sigma\left[\frac{\rho_m}{n_m} + \phi\left(\frac{\rho_r}{n_r} + \tau\right)\right] \leqslant A + D \tag{13.19}$$

紧接着 reduce 任务启动时间的最大值为

$$t_r^{\max} = A + D - \sigma\phi\left(\frac{\rho_r}{n_r} + \tau\right) \tag{13.20}$$

我们现在将 reduce 任务启动时间的最大值表达式插入满足截止期限的条件中，得到

$$t_m^0 + \sigma\frac{\rho_m}{n_m} \leqslant t_r^{\max} \tag{13.21}$$

即 map 任务的最小时隙数 $n_m^{\min}$ 满足条件

$$n_m^{\min} \geqslant \frac{\sigma\rho_m}{t_r^{\max} - t_m^0}, \quad \text{因此，} \quad n_m^{\min} = \left\lceil\frac{\sigma\rho_m}{t_r^{\max} - t_m^0}\right\rceil \tag{13.22}$$

可以放宽对服务器的同构性的假设，并假设各个服务器处理单位负载的成本不同，即 $\rho_m^i \neq \rho_m^j$ 和 $\rho_r^i \neq \rho_r^j$。在这种情况下，我们可以在导出的表达式中使用最小值 $\rho_m = \min\rho_m^i$ 和 $\rho_r = \min\rho_r^i$。

文献[264]中介绍了基于此分析的约束调度程序以及对该调度程序的有效性评估。

13.4 涌现和自组织

计算机云是一个复杂的系统，应该在其操作环境中进行分析。这些环境的多样性越高，对于云资源管理就越是一种挑战，但云自管理和自组织[328]为其提供了一些希望。

理解复杂系统的两个最重要的概念是涌现和自组织。涌现缺乏明确且广泛认可的定义，但它通常被理解为系统的属性，不能从单个系统组件的属性中预测。Halley 和 Winkler 认为，涌现通常跨越多个规模组织连续产生，简单的涌现发生在热力学平衡或接近热力学平衡的系统中，而复杂的涌现只发生在物质或能量输入远离平衡的非线性系统中[219]。

涌现呈现出的物理现象不是在微观尺度上而是在宏观尺度上。例如，温度是大量粒子微观行为的聚集体现。对于处于平衡态的此类系统，温度与每个自由度的平均动能成比例。对于少数粒子的集合，情况并非如此。甚至古典力学定律也可以被看作量子力学应用于大质量的极端情况。

对于金融系统、空中交通管制系统和电网等复杂系统而言，涌现可能至关重要。2010 年 5 月 6 日，道琼斯工业平均指数在短时间内下跌 600 点的事件，就是涌现的一种表现。对于其交易系统的失败，主要归因于独立开发和共同合作的组织所拥有的交易系统之间的互动，但是它们的动机都是出于自身利益。

最近的一篇论文[460]指出，用于金融活动的软件密集型系统的动态联盟面临严峻挑战，因为没有中央权威，也没有办法控制各个交易系统的行为。电网的故障(例如，2003 年美国东北的停电事件)也可归因于涌现。事实上，在这一事件的最初几个小时内，由于涉及

大量的独立系统，无法确定故障的原因。后来才发现，电力市场的放松管制和电网输电线路的不足等是造成这一故障的原因。

非正式地说，自组织指在没有单个元素充当协调者并且全局行为模式是分布式的情况下，各元素的协同活动[188,445]。阿兰·图灵的观察捕捉到了自组织的直观意义："全局秩序可以产生于局部互动。[490]"

自组织在自然界中普遍存在。例如，在化学中，这个过程负责分子的自组装、单层分子的自组装、液体和胶体晶体的形成，以及其他许多情况。蛋白质等生物大分子的自发折叠、脂质双层膜的形成、不同物种的群集行为、群居动物的结构创造等，都是生物系统自组织性的表现。

受生物系统的启发，研究者提出将自组织应用于不同类型的计算和通信系统[240,325]，包括传感器网络、空间探索[236]甚至经济系统[282]。

表 13.3 总结了呈现出自组织性的复杂系统的一般属性。用于构建计算和通信系统的物理系统的非线性有着无数的表现和后果。例如，当微处理器的时钟速率加倍时，功耗增加 4~8 倍，取决于所用的固态技术。这意味着，当我们把速度提高一倍时，速度快得多的微处理器的散热系统不得不使用不同的技术。

表 13.3 与自组织和复杂性相关的属性

简单系统，无自组织	复杂系统，自组织
大部分线性	非线性
接近平衡态	远离平衡态
组件级别易于处理	组件级别不易处理
一个或很少的组织规模	组织规模多样
在不同规模有相同的模式	在不同规模有不同的模式
不需要悠久历史	需要悠久历史
简单涌现	复杂涌现
不受相变影响	受相变影响
有限的扩展性	无标度

这种非线性是近年来我们看到通用微处理器的时钟速率仅略有增加的最终原因⊖。然而，正如摩尔定律所假设的，用于构建多核芯片的晶体管数量有所增加。这个例子也说明了所谓的不相称调节（incommensurate scaling），这是复杂系统的另一个属性。不相称调节意味着当系统的大小或者当其重要属性之一（例如速度）增加时，不同的系统组件受到不同调节规则的约束。

计算和通信系统运行得不均衡这一现状清楚地体现在互联网的流量上。每一天的特定时间都有特定的流量模式，但没有稳定的状态。组织有许多不同的规模以及在不同规模上存在不同模式的事实清晰地出现在互联网中，互联网是网络的集合，反过来，每个网络也是较小网络的集合，每个网络具有其自己特定的流量模式。

相变的概念来自热力学，描述了由于环境的变化，一个系统从一种状态转变为另一种状态的过程，通常是不连续的。相变的例子包括：凝固，从液体到固体的转变，以及相反

⊖ 1975 年，Intel 8080 的时钟频率为 2MHz；1992 年发布的 RISC 微处理器 HP PA-7100 和 1995 年发布的英特尔 P5 奔腾都有 100MHz 的时钟频率；2002 年，英特尔奔腾 4 的时钟速率为 3GHz。

的过程——熔化；凝华，从气体到固体的转变，以及相反的过程——升华；电离，从气体到等离子体的转变，以及相反的过程——重组。

在计算和通信系统中，由于雪崩现象，相变可能会发生，这时为消除不良行为原因而设计的进程会导致系统状态的进一步恶化。一个典型的例子是由于几个内存密集型进程之间的竞争而导致的抖动，这会导致过多的页面错误。

另一个例子是严重的拥塞，它可能导致网络完全崩溃；路由器开始丢弃分组，除非拥塞避免和拥塞控制策略到位并有效运行，否则负载会随着发送方重新发送分组的增加而增加，拥塞也会增加。为了防止这种现象出现，必须在系统中建立某种形式的负反馈。

自组织的一个确定属性是可扩展性，即系统在不影响其全局功能的情况下增长的能力。在自然界或人造环境中遇到的复杂系统具有一种耐人寻味的特性，它们具有无标度的组织结构[51,52]。此属性是自组织的少数几个可以精确量化的属性之一。

就系统的网络模型而言，随机图[71]可以用于解释无标度组织，其中顶点表示实体，链接表示它们之间的关系。在无标度组织中，顶点与 m 个其他顶点互动的概率 $P(m)$ 衰减为幂指数

$$P(m) \approx m^{-\gamma} \tag{13.23}$$

其中，γ 是实数，与系统的类型和功能、其成分所代表的含义以及它们之间的关系无关。

社交网络、电网、Web 或科技论文引用的经验数据证实了这一趋势。作为社交网络的一个例子，考虑电影演员的协作图，如果有两个演员在同一部电影中演出，那么就会存在链接。在这种情况下，$\gamma \approx 2.3$。美国西部的电网有大约 5 000 个顶点代表发电站，在这种情况下 $\gamma \approx 4$。

万维网无标度网络的指数 $\gamma \approx 2.1$。这意味着 m 页指向一页的概率是 $P(m) \approx m^{-2.1}$[52]。最近的研究表明，对于科学论文的引用，$\gamma \approx 3$。网络越大，$\gamma \approx 3$ 的幂律分布越相似[51]。

13.5 资源捆绑和云资源的组合竞拍模型

云中的资源以捆绑形式分配，用户从特定的资源组合中获得最大的收益。实际上，除了 CPU 周期外，应用程序还需要特定数量的主内存、磁盘空间和网络带宽等。资源捆绑使传统资源分配模型复杂化，并引起了对经济模型的研究兴趣，特别是在拍卖算法中。在云计算的背景下，拍卖是向最高竞价者分配资源。

组合竞拍。参与者可以对项目或包的组合进行竞标，这被称为组合竞拍[120]。这种竞拍为云资源分配提供了相对简单、可扩展且易处理的解决方案。最近的两个组合竞拍算法是同步时钟竞拍[41]和时钟代理竞拍[42]。本节中讨论并在文献[465]中引入的算法称为升序时钟竞拍(ASCA)。在所有这些算法中，每个资源的当前价格由竞拍中所有参与者看到的"时钟"表示。

我们考虑一个策略，价格和分配设定为竞拍的结果。在这次竞拍中，用户为所需的捆绑包按他们愿意支付的价格出价。我们假设有 U 个用户，$u=\{1, 2, \cdots, U\}$，以及 R 个资源，$r=\{1, 2, \cdots, R\}$。用户 u 的出价是 $\mathcal{B}_u=\{\mathcal{Q}_u, \pi_u\}$，$R$ 元素向量为 $\mathcal{Q}_u=(q_u^1, q_u^2, q_u^3, \cdots)$。

该向量的每个元素 q_u^i 代表用户想接受的一组资源，作为回报，支付总价格 π_u。每个向量元素 q_u^i 若为正数，则编码为所需的资源量；如果是负数，则编码为所供应的资源量。用户将其所需表达为无差异集 $\mathcal{I}=(q_u^1 \text{ XOR } q_u^2 \text{ XOR } q_u^3 \text{ XOR} \cdots)$。

各个资源的最终竞拍价格由向量 $p=(p^1, p^2, \cdots, p^R)$ 给出,分配给用户 u 的资源量为 $x_u=(x_u^1, x_u^2, \cdots, x_u^R)$。因此,表达式 $[(x_u)^\mathrm{T}p]$ 表示如果在时间 T 竞价成功,则用户 u 为资源包支付的总价格。标量 $[\min_{q\in Q_u}(q^\mathrm{T}p)]$ 是通过投标过程确定的最终价格。

招标过程旨在优化目标函数 $f(x, p)$。可以定制此功能以衡量所有交易资源的净值,或者可以评价总盈余,即用户愿意支付的最大金额与他们支付的金额之间的差额。可以对特定系统考虑其他优化功能,例如,最小化能量消耗或安全风险。

定价和分配算法。定价和分配算法将用户集分成两个不相交的集合——赢家和输家,分别表示为 $\mathcal{W}$ 和 $\mathcal{L}$。算法应该:

- 在计算上易于处理。诸如 Vickey-Clarke-Groves(VLG)机制的传统组合竞拍算法不符合这一标准,它们在计算上不易处理。
- 规模适当。鉴于系统的规模和服务请求的数量,可扩展性是必要条件。
- 客观。赢家和输家的划分应仅基于用户所出的价格 π_u;如果价格超过阈值,则该用户是赢家,否则是输家。
- 公平。确保价格统一,给定资源池中的所有获胜者支付相同的价格。
- 在竞拍结束时清楚地指出每个资源池的单价。
- 向所有参与者清楚地指出系统中的供需关系。

函数最大化为

$$\max_{x,p} f(x, p) \tag{13.24}$$

表 13.4 中的约束符合我们的直觉:第一个约束表明用户要么得到它选择的捆绑包之一,要么什么也得不到,不接受部分分配;第二个约束表明系统只授予可用资源,只能提供可分配的资源;第三个约束即获胜者出价超过最终价格;第四个约束表明获胜者获得他们的差异集中最便宜的捆绑包;第五个约束表明输家出价低于最终价格;最后一个约束表明所有价格都是正数。

表 13.4 组合竞拍算法的约束

$x_u \in \{0 \cup Q_u\}, \forall u$	用户得到所有资源,或者什么都不得到
$\sum_u x_u \leqslant 0$	最终分配导致资源净盈余
$\pi_u \geqslant (x_u)^\mathrm{T}p, \forall u \in \mathcal{W}$	竞拍获胜者愿意支付最终价格
$(x_u)^\mathrm{T}p = \min_{q\in Q_u}(q^\mathrm{T}p), \forall u \in \mathcal{W}$	获胜者得到 $\mathcal{I}$ 中最便宜的资源包
$\pi_u < \min_{q\in Q_u}(q^\mathrm{T}p), \forall u \in \mathcal{L}$	输家的出价在最终价格之下
$p \geqslant 0$	价格必须是非负数

升序时钟拍卖算法(ASCA)。非正式情况下,对于基于 ASCA 算法[465]的拍卖,参与者指定资源以及在那个时隙列出的该资源供应或需求价格的数量。然后计算超额向量

$$z(t) = \sum_u x_u(t) \tag{13.25}$$

如果该向量所有元素均为负,则拍卖停止;负数表示供过于求。如果需求大于供应,即 $z(t) \geqslant 0$,则拍卖师会提高需求为正的物品的价格,并以新价格招标。

该算法满足上文给出的条件。所有用户同时发现价格并支付或接收相对于统一资源价格的"公平"支付,计算易于处理,并且执行时间与竞拍的参与者数量和资源数量呈线性相关。无论系统的初始参数如何,计算都是稳健的,并产生合理的结果。

由于该算法涉及多轮用户出价，因此存在轻微的复杂性。为了解决这个问题，用户代理会代表实际的投标人自动调整他们的需求，如图 13.3 所示。这些代理可以被建模为在给定当前价格的情况下从每个 Q_u 集合计算"最佳捆绑"的函数

$$Q_u = \begin{cases} \hat{q}_u & \text{如果} \hat{q}_u^T p \leqslant \pi_u, \hat{q}_u \in \arg\min(q_u^T p) \\ 0 & \text{否则} \end{cases}$$
(13.26)

在该算法中，$g(x(t), p(t))$ 是用于设定价格增加的函数。该函数可以与超额需求 $z(t)$ 相关联，如 $g(x(t), p(t)) = \alpha z(t)^+$（符号 x^+ 表示 $\max(x, 0)$），α 为正数。另一种方法是确保价格不会增加更多的价格增量 δ，在那种情况下，$g(x(t), p(t)) = \min(\alpha z(t)^+, \delta e)$，其中 $e = (1, 1, \cdots, 1)$ 是一个 R 维向量，并且最小化按元素完成。

ASCA 算法的输入包括：用户 U，资源 R，起始价格 $\overline{p}$ 和更新增量函数 $g:(x, p) \mapsto \mathbb{R}^R$，该算法的伪代码是：

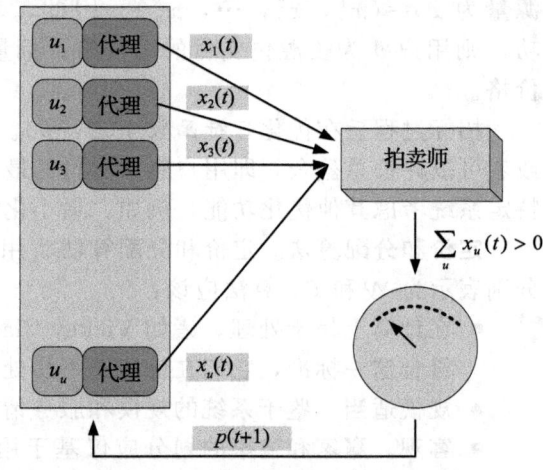

图 13.3 ASCA 算法的原理图。为了允许单轮竞价，用户由出价 $x_u(t)$ 的代理代表。竞拍师确定是否存在超额需求，在这种情况下，它会提高需求超过供应的资源价格并请求新的竞价

```
Pseudo code for the ASCA algorithm.
1    set t = 0, p(0) = p̄
2    loop
3        collect bids x_u(t) = G_u(p(t))  ∀u
4        calculate excess demand z(t) = ∑_u x_u(t)
5        if z(t) < 0 then
6            break
7        else
8            update prices p(t+1) = p(t) + g(x(t), p(t))
9            t ← t + 1
10       end if
11   end loop
```

只有当竞拍中的所有参与者是资源供应商或资源消费者，而不能同时是供应商和消费者时，优化问题的收敛性才得到保证。然而，时钟算法只能找到一个可行的方案，不能保证其最优性。

文献[465]的作者实现了该算法，并允许在谷歌内部使用该算法；他们的初步实验表明，该系统带来了实质性的改进。新资源分配策略最有趣的副作用之一是鼓励用户使他们的应用更加灵活和可移动，以利用被 ASCA 算法控制的系统的灵活性。

竞拍算法非常吸引人，因为它们支持资源捆绑，不需要系统模型。同时，这种算法的实际实现也具有挑战性。首先，服务请求在随机时间到达，而在竞拍中，所有参与者必须同时对出价给出反应，紧接着，必须组织定期竞拍，但这会增加响应时间的延迟。其次，云弹性（它保证现有应用的资源需求将立即得到满足）和定期拍卖之间存在不兼容性。

13.6 云互操作性和超云

因为供应商锁定是一个问题，所以云互操作性是云社区非常感兴趣的主题[91,313,332]。

本节讨论几个问题：有哪些挑战？现在的现实期待是什么？未来云互操作性可以做什么？仅仅 PaaS 和 IaaS 云交付模型的互操作性探讨是有意义的，期望一个 CSP 提供的 SaaS 服务将由他人提供——例如，谷歌的 Gmail 将由亚马逊提供支持——是不现实的。

工作负载可以从同一数据中心的一台服务器迁移到另一台服务器，也可以在同一 CSP 的数据中心之间迁移。目前，将工作负载迁移到其他 CSP 不可行。要使用多个云，必须复制数据，并且必须为所有目标云创建应用程序二进制文件。因此，这是一个代价高昂的命题，在实践中行不通。

NIST 已经进行了大量有关云标准化的工作，但是采用这些标准可能要花费一些时间。首先，云计算是一个瞬息万变的领域，早期的标准化会阻碍其发展，并减缓或扼杀创新。CSP 也可能会抵制标准化工作。

CSP 坚持分享其软件栈、策略、实施这些策略的机制以及数据格式的内部规范信息。每个 CSP 都确信这些信息比竞争对手的更具优势。还有一些技术原因导致云互操作的相当多的挑战，由于当前计算和通信技术的限制，我们无法应对这些挑战。

那么，为什么像互联网这样的复杂系统如此成功，同时开发一个允许 CSP 共享负载的全球组织互联云（Intercloud）却如此具有挑战性？互联网是网络中的网络，其架构基于两个简单的想法：

- 每个通信实体必须由地址标识，因此，互联网外围的主机或其核心的路由器必须具有一个或多个 IP 地址；
- 发送的数据应该能够在这个迷宫般的网络中到达目的地，因此每个网络都应该使用相同的协议 IP 来路由分组。

无论用于通信的物理基板如何，数字网络的功能都是传输数据比特，而与其来源无关，如音乐、语音、图像、传感器收集的数据、文本或任何其他可能的信息类型。为了使事情变得更容易，这些比特可以以小、大、中或任何所需大小的块的形式封装在一起，并且可以按需重新打包。重要的是，如果应用程序需要，可以在有限的时间内或在非常短的时间内将这些信息从比特源传送到目的地。

对于互联云来说，情况就大不相同了。首先，大多数运行在云上的应用程序需要大量的数据作为输入来产生结果。在一个 10Gbps 的网络上传输 1TB 的数据需要 $8×10^5$ 秒，略少于一天。对于大多数云应用来说，将网络速度提高一个数量级仍然需要几个小时来传输这个相对适中的数据量。通常，我们需要传输超过 1TB 的数据，而 100Gbps 的网速不太可能用于连接数据中心。

我们对互联云的期望与对互联网的预期不同，互联网所需的唯一功能是传输数据，所有路由器，无论其架构如何，都运行实施 IP 协议的软件。而对互联云来说，在云上完成的计算范围非常广泛，云基础设施的异构性也不容忽视。云使用具有不同体系结构的处理器以及不同的缓存、内存和二级存储配置，支持不同的操作系统，使用不同的虚拟机管理程序。

服务器的架构很重要：一个人只能在相同 ISA 的服务器上编译与执行代码。在服务器上运行的操作系统也很重要，因为用户代码使用系统调用来执行特权操作，并且在一个 OS 下运行的二进制文件无法迁移到另一个 OS。在服务器上运行的虚拟机管理程序也同样重要，因为每个虚拟机管理程序仅支持一组操作系统。

幸运的是，有 VM 和容器，所以有一丝希望。可以将包括 OS 和应用程序的虚拟机迁移到具有类似架构和相同虚拟机管理程序的系统。10.8 节讨论的嵌套虚拟化允许虚拟机管理程序运行另一个虚拟机管理程序，在该节后面讨论的这个想法中增加了虚拟机迁移的自由度。

容器技术，如 Docker 和 LXC，无疑非常有用，但是不能将 Docker 容器从一台主机移动到另一台主机。要保存应用程序在容器中创建的数据，可以使用 Docker commit 将容器中的更改提交到映像，将映像移动到新主机，然后使用 Docker run 启动新容器。

此外，Docker 容器旨在运行单个应用。有的 Docker 容器可以运行 MySQL 等应用程序。新的后端 Docker 引擎 libcontainer 可以运行任何应用程序。LXC 容器在 Linux 实例下运行应用，基于 Windows 的容器将应用程序作为 Windows 的实例运行。

13.7　迎接接连不断的挑战

粗略地看一下云计算文献就会发现，人们对这一新兴的计算机科学领域给予了极大的关注。计算机架构、并发性、数据管理和数据库、资源管理、调度和移动计算等领域蓬勃发展，以响应为云计算带来的挑战寻找有效解决方案的需求。甚至有些僵化的领域，如操作系统，也因为虚拟化和容器化带来的问题而恢复了生机。

对云计算未来至关重要的几个领域，包括通信和安全，仍然需要特别关注。增加带宽和降低通信延迟将使云计算对实时应用和与物联网相关的服务集成更具吸引力。优化通信协议可以将延迟降低到物理定律所施加的极限。最终，通信延迟取决于生产者和数据消费者之间的距离。

计算机云和移动设备彼此处于共生关系中，与云之间以及云基础设施内部的有效通信必须跟上处理器和存储技术的进步。更快的云互连也是必要的，以适应需要大量协同工作的服务器的数据密集型和通信密集型应用。计算科学和工程中的应用表现出精细化的并行性，这将从低延迟中获益。

数据安全性和隐私性是现有 SLA 没有妥善解决的主要问题。虽然敏感信息已从大型数据中心泄露或被盗，但许多云用户在将数据委托给第三方并信任 SLA 保证的保护时，并未意识到他们所面临的潜在危险。

强加密可保护存储中的数据，但处理加密数据仅适用于某些类型的查询。大多数应用程序仅使用明文数据，因此加密数据必须在处理之前解密。这会创建一个漏洞窗口，其可被内部攻击利用。混合云提供了保护敏感信息的替代方案。在这种情况下，必须设计有效的机制来隐藏存储在公共云上并且仅在云的私有侧显示的敏感信息。

虚拟化尽管有其好处，但却为软件维护带来了相当大的复杂性。含有无当前安全补丁的旧版操作系统的检查点虚拟机可能会在以后激活，从而打开可能影响整个云基础设施的漏洞窗口。

大多数交互式或实时应用无法容忍重尾分布困扰的响应时间，但消除云规模延迟的尾部是一个持久的挑战。另一个持久的挑战是降低能耗，并隐含地提高服务器的平均利用率。没有过度配置的弹性需要准确的关于资源消耗的信息。

资源预留可能有所帮助，但是这会给云用户带来额外的负担，因为他们需要了解自己的应用程序的需求。此外，只有当系统强制执行严格的性能隔离时，才能准确地预测资源消耗，这也是基于多租户系统的另一个主要问题。

即使对"大到不能倒"的系统的固有危险发出警告的怀疑论者，也必须认识到云生态系统在现代社会中扮演着重要的角色，它使计算民主化，就像 Web 完全改变了我们获取和使用信息的方式一样。互联网将继续演化，Web 将进化为语义 Web 或 Web 3.0。因此，在云服务消费者和新技术的压力下，计算机云将继续变化，这是合理的预期。

很难预测 5 年或 10 年后的云生态系统会是什么样子，但应该很清楚的是，计算机云的破坏性特质最终要求在系统设计上有新的思考。大型系统的设计需要对意外事件有完善的准备，因为低概率事件会发生，并可能导致重大崩溃。

我们已经看到，控制面与路由面在互联网上的分离，是新通信技术快速同化的部分原因。只有整体的方法才能导致对计算机云上类似关注的分离，并允许计算技术以闪电般的速度发展。

有一线希望的是，机器学习、数据分析和基于市场的资源管理将会在云计算中扮演变革性的角色[47,328]。当在应用程序的所有实例执行之后收集更多的数据时，就有可能构建应用程序画像文件，优化其执行，并最终优化整个系统的性能。还可以识别导致相变的条件，并防止它们的发生，这些情况通常会导致数据中心关闭。

在这个充满挑战和不确定性的迷宫中，有一种预测很少有人反对：在可预见的未来，对云计算的兴趣，以及对受过良好训练的云计算人才的需求将继续增长。云计算令人难以置信的发展速度为自身带来了挑战，我们需要掌握计算机科学和计算机工程等许多领域的基本概念，并拥有不断学习的好奇心和渴望。

推荐阅读

雾计算与边缘计算：原理及范式

作者：Rajkumar Buyya, Satish Narayana Srirama　ISBN：978-7-111-64410-1　定价：119.00元

　　本书对驱动雾计算和边缘计算的前沿应用程序和架构进行了全面概述，同时重点介绍了潜在的研究方向和新兴技术。

　　本书适时探讨了可扩展架构开发、从封闭系统转变为开放系统以及数据感知引起的道德问题等主题，以应对雾计算和边缘计算带来的挑战和机遇。书中由资深物联网专家撰写的章节讨论了联合边缘资源、中间件设计、数据管理和预测分析、智能交通以及监控应用等主题。本书能够帮助读者全面了解雾计算和边缘计算的核心基础、应用及问题。